北京高等教育精品教材
BEIJING GAODENG JIAOYU JINGPIN JIAOCAI
"十一五"国防特色规划·教材

研究生教学用书
教育部研究生工作办公室推荐

电子设备
热设计及分析技术

（第 3 版）

余建祖　高红霞　谢永奇　编著

U0208777

北京航空航天大学出版社

内 容 简 介

"电子设备热设计及分析技术"是为解决电子元器件及设备的温升控制问题而发展起来的新学科。

本书系统地介绍了电子元器件、组件及整机设备或系统的热设计、热分析技术及其相关理论,其中包括电子设备热设计的理论基础概述,电子设备用肋片式散热器、冷板和换热器设计,机箱和电路板的传导冷却、风冷设计,电子元器件与组件的热设计,电子设备的辐射冷却、相变冷却,热管散热及热电制冷在电子设备热设计中的应用,电子设备的瞬态冷却,电子设备热设计技术的新进展,电子设备数值热模拟方法等。对上述各种热设计及分析技术所涉及的传热学和流体力学的基础理论,本书都用适当篇幅进行了介绍,并且给出公式、曲线、图表和技术参数,以及实际设计计算例题,供工程应用时参考。

本书可作为高等院校相关专业研究生的教材,亦可供从事电子设备热设计、结构设计和可靠性技术研究的科研工作者、工程技术人员,以及从事飞行器与其他运载工具的热控制、环境控制和低温制冷工程的专业人员参考使用。

图书在版编目(CIP)数据

电子设备热设计及分析技术 / 余建祖,高红霞,谢永奇编著. –– 3 版. –– 北京 : 北京航空航天大学出版社,2023.3

ISBN 978 - 7 - 5124 - 3881 - 1

Ⅰ. 电… Ⅱ. ①余… ②高… ③谢… Ⅲ. 电子设备－温度控制－设计 Ⅳ. ①TN03

中国版本图书馆 CIP 数据核字(2022)第 163903 号

电子设备热设计及分析技术(第 3 版)
余建祖 高红霞 谢永奇 编著
策划编辑 董 瑞 责任编辑 杨 昕
*
北京航空航天大学出版社出版发行

北京市海淀区学院路 37 号(邮编 100191) http://www.buaapress.com.cn
发行部电话:(010)82317024 传真:(010)82328026
读者信箱: goodtextbook@126.com 邮购电话:(010)82316936
北京富资园科技发展有限公司印装 各地书店经销
*
开本:787×1 092 1/16 印张:27.5 字数:722 千字
2023 年 3 月第 3 版 2024 年 1 月第 2 次印刷 印数:1 001~1 500 册
ISBN 978 - 7 - 5124 - 3881 - 1 定价:99.00 元

第3版前言

本书第2版自2008年出版以来，已过去十余载。在此期间，电子技术迅猛发展，令人们的生活和工作发生了巨大的变化。伴随着信息网络、人工智能、航空航天及军工装备的发展需求，电子设备工作的环境越来越复杂，荒野沙漠、电磁、辐射及太空、微重力、高过载等各种恶劣环境对电子设备热设计提出了更高的要求。对于航空航天及军工电子产品而言，其最大的挑战是短暂的热冲击问题，这些产品经常处于一种极端或变化的热环境下，几分钟甚至几秒钟就改变了电子产品的热边界条件。另外，由于信息网络、人工智能、航空航天及军工任务的属性，势必要求这些电子产品承担较大的数据处理量，并且具有较快的数据处理速度，由此将导致电子产品的热耗急剧增加。因此，恶劣的环境条件、急剧增大的芯片热耗，使电子产品的热管理面临巨大的挑战。除此之外，产品轻量化及具备完美可靠性的要求也进一步增加了热设计的难度。

为适应科技发展的新形势，及时反映前沿科学技术成果并应用于解决电子设备热设计中出现的新问题，以及进一步强化学生创新思维能力的培养，本书在第2版的基础上进行了修订。第3版增添了"电子设备用换热器设计"的内容，重点介绍了近年来在航空航天及民用电子设备热控制系统中应用越来越广泛的板翅式换热器的设计理论和方法，并列举了工程实例以帮助读者掌握其设计计算方法。第12章中更新了环路热管（LHP）工作原理及设计方案的介绍，增添了"过载加速度环境下DCCLHP（双储液器环路热管）运行性能实验研究"、"过载加速度环境下涡旋微槽传热与流动特性实验研究"、"基于固液相变冷却的钛酸锂电池热管理研究"以及"功率器件芯片级先进散热技术"等前沿性内容。鉴于数值模拟技术在电子设备热设计和分析中发挥着越来越重要的作用，新增加了第13章，介绍了电子设备数值热模拟的基础理论和方法，并列举了元件级、（电路）板级及系统级的典型算例供读者参考。此外，第3～12章的内容也进行了精练和更新，重点是增补或突出了固—液相变冷却系统、高效液冷换热器及冷板、浸没（入）式液冷、蒸发冷却、射流冷却以及内嵌在芯片衬底中的高导热材料及微流体的近结集成散热等先进技术。总之，第3版在先进性及实用性方面都有较大提升。

全书由余建祖教授主持修订。高红霞副教授编写了第13章"电子设备数值热模拟方法"；谢永奇副教授更新了第12章中环路热管原理及设计方案的相关内容，增写了"过载加速度环境下DCCLHP运行性能实验研究""过载加速度环境下涡旋微槽传热与流动特性实验研究"等内容；中国电科55所施尚博士撰写了"基于固液相变冷却的钛酸锂电池热管理研究"。

作者长期参与电子设备热控制的理论和型号应用研究,书中内容较好地结合了国内科研及工程应用的实际情况,不仅介绍了电子设备热设计的方法和关键技术,还详细列举了大量工程实例。因此,本书除了在一些院校飞行器环境工程、电子热控制、制冷及低温工程专业作为研究生的教材外,还受到各行各业从事相关工作的科技人员的青睐,可作为他们进行电子设备热设计及分析工作的参考书。

　　由于作者水平有限,书中的缺点和错误在所难免,热忱期望广大读者予以批评指正。

余建祖

2022 年 3 月 18 日

第 2 版前言

本书第 1 版自 2002 年出版至今不过 6 年,但这期间我国航空航天事业取得了巨大进步和发展,与航空航天技术密切相关的电子设备热设计及分析技术,也受到越来越广泛和前所未有的高度重视。有航空航天的应用需求作为强大动力,借助材料、电子、热科学等学科迅猛发展所获得的丰硕成果,许多新理论、新技术、新材料和新工艺不断地被应用到电子设备热控制领域,极大地推动了电子设备热设计及分析技术的进步。笔者在这 6 年的教学和科研工作中,对电子设备热控制技术日新月异的发展深有感触,也因此萌发了对本书第 1 版进行修订,以适应科技发展新形势要求的想法。

此次利用国防科技工业局(原国防科工委)征集出版"十一五"国防特色学科专业教材的机会,根据"精练内容,反映学科前沿科学技术成果,加强理论联系实际,培养创新思维能力"的原则对原书进行修改再版。第 2 版增添了"电子元器件与组件的热设计"一章,在"电子设备热设计技术的新进展"一章中,增添了"纳米流体强化传热研究"、"多功能机/电/热复合结构热控制概念的研究"、"几项有应用前景的微小卫星热控新技术"以及"射流冷却技术研究"等内容。此外,第 2 版删掉了第 1 版第 5 章(电子元件的安装和冷却技术),对第 1 版第 1、2、3、6、8、9、10 章的内容进行了精练和更新。第 2 版还在每章后有针对性地列出了思考题与习题,在附录中列入了"电子设备热性能实验大纲与指导书"的内容,这些思考题与习题以及实验课内容如果运用得当,对学生掌握和领会本书核心内容、强化创新思维能力和培养工程素质将起到积极作用。总之,第 2 版保留了第 1 版的特色和基本内容,且在理论严谨、结构合理、文字精练以及先进性、实用性和学术性等方面均有所提高。

全书由余建祖主持修订,高红霞讲师和谢永奇博士后参加了本书的修订工作,高红霞还撰写了附录的有关内容。席有民博士、李明博士、张涛博士、迟澎涛博士、杨晟博士,以及袁建新、曹学伟、李林蔚、赵然、周懿、范俊磊和敖铁强等研究生为本书的再版做了大量工作,在此谨致衷心谢意。

"电子设备热设计及分析技术"是一门综合多学科的新技术,其领域宽广,理论和应用研究方兴未艾。此次再版虽进行了一些修改和更新,但限于作者水平,本书的缺点和错误仍在所难免,热忱期望读者予以批评指正。

余建祖
2008 年 10 月

第1版前言

自硅集成电路问世以来，电路的集成度增加了几个量级，同时，每个芯片产生的热量也大幅增加。因功率增大，体积缩小，热密度急剧上升，电子设备的温度迅速增高，使得电子设备的故障越来越多。今天，集成电路的散热问题已成为计算机微型化的关键。电子设备因过热发生故障，使得设备（或系统）性能下降，进而严重影响了军事电子系统和设备的可靠性，甚至造成灾难性后果。由此，为适应现代电子设备的冷却需要而迅速发展起来的热设计及分析技术受到了广泛重视。

电子设备热设计指对电子设备的耗热元器件以及整机或系统采用合适的冷却技术和结构设计，以对它们的温升进行控制，从而保证电子设备或系统正常、可靠地工作。

鉴于电子设备热设计问题在保证军用、民用电子设备的性能、可靠性方面的重要性和广泛适用性，以及在计算机微型化中的关键作用，美国于 20 世纪 70 年代即开始投入人力、物力进行研究。美国政府和军方从那时起颁布了一系列有关电子设备热管理和热设计的规范，并明确规定从方案论证阶段起，就必须分析过热引起的各种后果和危险程度，提供最佳热设计方案，并要求在整个设计过程中，电子设备设计工程师、热设计工程师和可靠性工程师要相互制约，密切合作，将热管理贯穿于电子系统和设备设计生产的全过程。目前，电子设备的热设计技术，已成为电子元器件、设备和系统可靠性设计的一项主要内容。国内电子行业已愈来愈重视电子产品的可靠性热设计，尤其在研究用于航空航天等部门的高可靠性电子元器件时更是如此。

对于军用电子设备设计方案的热分析，有以下两点重要要求：

① 预测各器件的工作温度，包括环境温度和热点温度；

② 使热设计最优化，以提高可靠性。

显然，热分析的目的是以最好的经济效益获得热设计所需的准确信息，因此，热分析是热设计的基础。由于热分析不需消耗硬件，因此热分析较热测试成本低，这使得热分析法还被广泛用于预测许多器件热可靠性的温度和故障以及为需要进行热测试的产品和器件确定最有效的测试方案。随着计算机软、硬件技术的发展，热分析技术的精度越来越高，成本越来越低，它在提高电子设备可靠性热设计的质量、降低系统全寿命费用方面正起着越来越重要的作用。

本书是为适应现代电子设备热设计及分析技术迅猛发展的需要而编写的。书中系统介绍了电子元器件、组件及整机设备或系统的热设计、热分析技术及其相关理论，其中包括电子设备热设计的理论基础概述，电子设备用肋片式散热器及冷板设计，机箱和电路板的传导冷却，电子元器件的安装和冷却技术,机箱及电路板的风冷设计,电子设备的辐射冷却和相变冷却,热管传热及热电制冷在电子设备热设计中的应用,电子设备的瞬态冷却及电子设备热设计技术的新进展等。

本书特点:

① 将现代集成电路的结构设计技术与热设计技术紧密结合,并提供了从分立元件到大规模集成电路,从设备到系统进行综合设计的广泛工程实例,从而为将热管理贯穿于电子设备设计的全过程指出了正确途径。

② 突出了分析问题和解决问题的方法。书中对各种热分析、热设计技术所涉及的传热学和流体力学的基础理论,都用相当篇幅简明扼要地进行了介绍。对各种电子元器件及设备的热应力、热点温度、稳态和瞬态温度分布以及冷却工质流动阻力的分析计算方法,都进行了深入细致的阐述,并结合工程实例,提出了降低热点温度、释放热应变和进行热匹配设计等的具体措施。书中还通过大量实例,介绍了设计各种高效、可靠冷却系统的既实用而又能有效降低成本的具体方法。

③ 在总结我国在这一领域的技术成果的同时,注意吸取国外的研究成果和最新技术成就。书中吸收了国内外资料提供的大量公式、曲线、图表和具体技术参数,以供读者在工程应用时参考。

本书还力求反映国内外目前采用的一些先进的热设计技术及其发展状况,并对近年来国内外开展的大型航天器毛细抽吸两相流体回路(CPL)的研究、军用飞机电子设备吊舱环境控制技术的研究,以及为了解决微细化和高密度化电子器件的散热问题而发展起来的微细尺度换热器及电子薄膜传热性能的研究,进行了介绍和探讨,以使读者跟上时代前进的步伐。

④ 对在卫星、导弹、飞机、潜艇等特殊环境中工作的电子设备的热特性及热设计技术,给予了一定篇幅的论述和研究,以满足在国防领域进行电子设备结构设计和热设计的工程技术人员的需要。

国防科工委可靠性工程技术研究中心电子元器件失效分析及测试室主任高泽溪教授仔细校阅了全书并提出了宝贵意见,国防科工委可靠性工程技术研究中心和北京航空航天大学电子工程系的有关专家,提供了有益的资料和富有建设性的建议,余雷、赵增会、王永坤、李琳和高红霞等同志为本书的出版做了大量工作,在此一并表示感谢。

由于作者水平有限,书中不足之处,恳请读者批评指正。

作 者

2000 年 10 月

目　　录

第1章　电子设备热设计的理论基础概述

1.1　引　言

电子设备热设计指对电子设备的耗热元件以及整机或系统采用合适的冷却技术和结构设计,以对它们的温升进行控制,从而保证电子设备或系统正常、可靠地工作。

近几十年来,电子设备在军用和民用方面的应用大大增加,不断的实践使人们逐渐认识到需要对电子元件进行热封装和热设计,同时也促进了热控制技术的发展。例如,为了改善真空管的冷却,进一步发展了加强表面对流换热技术和进行大功率行波管冷却剂(液体)通道的研制;为了安装小型电子元件并使其良好地散热,研究人员对各种冷板的设计技术进行了广泛研究。晶体管的采用大大减少了总的功耗;但是晶体管结温的稳定性要求,使得对电子设备的设计要有新的热约束条件。因为结温与晶体管的效率和可靠性成反比,而在卫星、导弹、飞机、潜艇等特殊环境中工作的电子设备,对其密集程度和可靠性方面的要求比地面设备更为严格,因而也更需要解决好散热问题。为此研究和发展了诸如浸没冷却、强化沸腾传热、热管及热电制冷器件等更新的技术。自 20 世纪 80 年代以来,由于微电子技术和大规模集成电路技术的迅速发展,以及对减少电子设备维护时间及费用所提出的更高要求,又一次推动了热控制技术的发展。各种新型冷却剂不断涌现,相变传热技术得到更广泛使用,研究和发展了毛细抽吸两相流体回路(CPL)/回路热管(LPH)、多功能机/电/热复合结构、智能型热控涂层、高导热复合材料、热开关及自主适应的电加热控温等一系列带有强烈航空航天产业特色的热控技术。微细化和高密度化是微电子器件的发展方向,虽然器件管芯尺寸的缩小,使得芯片上每个单管的功耗减少,但是,由于集成度的提高和封装管壳的小型化,整个芯片的功率密度却比以前高得多。研究表明,当微电子器件的功率密度超过 20 W/cm^2 时,常规的热控制方法根本满足不了芯片的散热要求,由热因素引起的可靠性问题变得更加突出。为了解决高密度微电子器件的散热问题,发展了微尺度换热器、微型热管、微型记忆合金百叶窗、纳米流体等微细尺度热控技术,推进了新型电子元器件、电子薄膜材料以及相关生产工艺的发展,拓展和更新了传统的传热理论和制冷技术。

防止电子元件严重的热失效是热控制的基本目的。热失效可以定义为一个规定的电子元件,直接由于热的原因而导致完全失去其电子功能。严重热失效,在某种程度上取决于局部温度场及元件的工作过程和形式。因此,要精确确定可能出现故障的温度是困难的。然而,通过失效分析和实验验证,还是可以确定大多数通用元器件的允许工作温度上限的。在进行电子设备热设计的方案论证时,可以根据元器件允许的最高工作温度及最大耗散功率,确定热控系统应采用的传热方式、冷却剂类型、冷却剂流量和入口温度等。

本章简要介绍与电子设备热设计有关的传热学概念及基本定律,以及电子元件及设备的各种热控制技术及其适用范围,而对各种热设计和分析技术所涉及的更进一步的理论知识,将结合有关内容在各章介绍。

1.2　热源与热阻

在工业领域中,电子设备一般都是依靠电流的流动与控制来完成各种功能。电流在诸如电阻器、二极管、集成电路、混合电路、晶体管、微处理器、继电器、双列直插式组件、大规模集成电路和超大规模集成电路等电子元、部件中流动均能产生热量,只要电流连续流动,热量就不断产生。随着热量的积聚,若不找出一条流通路径将热量导走,元件的温度便会上升。如果热流路径不畅通,温度就会不断上升,直到元件毁坏,电流中断为止;如果热流路径良好,温度可以一直上升到稳态平衡点,在这一点上,从元件中导走的热量等于电流在其中流动所产生的热量,以后温度便保持稳定。

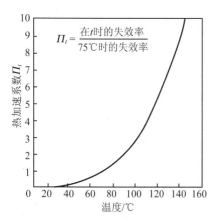

$$\Pi_t = \frac{\text{在}t\text{时的失效率}}{75℃\text{时的失效率}}$$

图 1-1　双级数字装置的热加速系数

电子设备(或系统)的可靠性研究表明,随着温度的增加,元器件的失效率呈指数增长(图 1-1),这在不同程度上降低了设备的可靠性。温度的上升轻则使元器件的电参数发生漂移变化,例如,双极型元器件的反向漏电流和电流增益上升,MOS 器件的跨导下降;重则可加速器件内部的物理、化学过程,激活某些潜在缺陷,导致器件寿命缩短或使器件烧毁。例如,高温引起的热电正反馈效应,会导致双极型器件二次击穿而失效;高温会使铝金属化的晶粒长大,加速铝的电迁移,导致铝条开路或短路;高温可促使铝-硅互熔加快,造成浅 PN 结短路,等等。同样,温度剧变(如温度循环或冲击)也使电子元件的失效率增加。如温度剧烈变化在具有不同热膨胀系数的材料之间形成热不匹配应力,造成芯片与引脚之间的键合失效、管壳的密封失效以及元器件中某些材料的热疲劳劣化等。因此,热设计的目的,就是要消除或削弱热因素对电子元器件性能和可靠性的影响。

从上面的分析可以看出,应用电子元器件时受到的热应力可以来自元器件内部,也可以来自元器件的外部。来自元器件内部的热应力主要取决于耗散功率的大小,以及元器件自芯片至壳体热流路径的通畅程度;由外部因素引起的热应力则取决于工作环境通过导热、对流和热辐射的形式传给元器件热量的多少,元器件焊接装配时所经受的温度变化,以及电子元器件(或设备)与大气环境或其他物体产生相对运动时,由于摩擦等原因所引起的温升。

如同电流流过电路会受到电阻的阻碍一样,热流自芯片流向外部环境也会受到阻碍,称为热阻。如果将电子元器件的热流路径以封装(壳体)外表面为界划分为内、外两部分,与它们对应的热阻分别称为内热阻和外热阻,那么可以认为,电子元器件热设计的原则就是自芯片至耗散环境之间,构建一条热阻尽可能低的热流路径。显然,要降低热流路径的热阻,一般要从控制电子元器件内热阻和控制电子元器件或整机设备外热阻两方面着手。

控制电子设备的外热阻可以采取 1.1 节中提到的各种强化传热的方法和制冷技术,包括空气或液体冷却剂的自然对流或强制对流,相变传热(液体蒸发与沸腾吸热、固体熔化吸热、固体升华吸热),热电制冷和热管传热等。

近几年来,随着功率密度的增加及对计算机等电子设备微型化的要求,控制电子设备外热阻的方式已不能满足要求,如何降低电子元器件的内热阻已成为热设计专家研究的热点问题。

主要探索方向包括合理选用电子元器件的材料,严格生产工艺,乃至直接在大规模集成电路的芯片上采取冷却措施等。计算机微型化的要求促进了微细尺度传热理论的发展和微细尺度换热器及电子薄膜导热性能的研究,拓展和更新了传统的传热理论和制冷技术。将这些新理论、新技术应用于电子元器件的温度控制,是电路设计工程师和热设计工程师需要充分重视和深入研究的课题。

1.3　传热的基本方式及有关定律

热传递有三种基本方式:导热(热传导)、对流和辐射。在电子设备的热设计工作中,与这些传递方式有关的一些概念和定律是至关重要的。

1.3.1　导热(热传导)

在物体各部分之间不发生相对位移时,依靠分子、原子及自由电子等微观粒子的热运动而产生的热量传递称为导热(或称热传导)。例如,物体内部热量从温度较高的部分传递到温度较低的部分,以及温度较高的物体把热量传递给与之接触的温度较低的另一物体都是导热现象。

导热现象的规律已经总结为傅里叶定律,即在导热现象中,单位时间内通过给定截面的热量与垂直于该截面上的温度变化率和截面面积成正比,其数学表达式为

$$\varPhi = -\lambda A \frac{\partial t}{\partial x} \tag{1-1}$$

式中:$\varPhi$——热流量,W;

　　A——垂直于热流方向的截面面积,m^2;

　　$\partial t / \partial x$——温度 t 在 x 方向的变化率;

　　λ——导热系数,是表征材料导热性能优劣的参数,W/(m·K);

　　负号表示热量传递方向指向温度降低的方向。

当用热流密度 q(单位为 W/m^2)表示傅里叶定律时有下列形式:

$$q = -\lambda \frac{\partial t}{\partial x} \tag{1-2}$$

对于图 1-2 所示单层平壁,若两个表面分别维持均匀恒定的温度 t_1 和 t_2,壁厚为 δ,则由傅里叶定律可推得

$$\varPhi = -\lambda A \frac{dt}{dx} = \lambda A \frac{t_1 - t_2}{\delta} = \frac{t_1 - t_2}{\frac{\delta}{\lambda A}} = \frac{\Delta t}{R} \tag{1-3}$$

式中:R——平壁导热热阻,K/W。而且

$$R = \frac{\delta}{\lambda A} \tag{1-4}$$

或写成

$$R = \frac{\Delta t}{\varPhi} \tag{1-5}$$

式(1-5)与电学中的欧姆定律

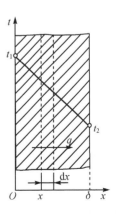

图 1-2　单层平壁导热

$$R = \frac{\Delta U}{I}$$

有对应关系,其中,ΔU 为电位差,I 为电流。也就是说,热阻与电阻、热流与电流、温差与电位差一一对应。这种关系称为热电模拟关系。

热电模拟关系为解决传热学问题提供了很大方便。电学中的许多规律,如电阻串、并联公式及基尔霍夫定律等各个关系均可等效地在传热工程上应用。

圆管壁导热时,传热热流量为

$$\Phi = \frac{2\pi\lambda L(t_{w1} - t_{w2})}{\ln(d_o/d_i)} = \frac{t_{w1} - t_{w2}}{\dfrac{\ln(d_o/d_i)}{2\pi\lambda L}} \tag{1-6}$$

式中:d_o——圆管壁外径,m;

d_i——圆管壁内径,m;

L——圆管壁长度,m。

圆管壁的导热热阻为

$$R = \frac{\ln(d_o/d_i)}{2\pi\lambda L} \tag{1-7}$$

1.3.2 对流换热

对流换热指流动的流体与其相接触的固体表面,在二者具有不同温度时所发生的热量转移过程。

按流体产生流动的原因不同,可分为自然对流和强制对流。自然对流是由于流体冷热各部分密度不同所致;而强制对流则是由于外力(风机、水泵等)迫使流体进行流动。

按流动性质来分,则有层流和湍流(紊流)之别。层流是在流体的流速相对较低时,相邻流层之间分子相互扩散,不存在流体质点的掺混,呈现出一种较有规则的流动。湍流指流速达到某一临界值后,流体质点明显出现不规则的掺混的流动。流体由层流过渡到湍流是流动失去稳定性的结果。一般以雷诺数(Re)的大小作为层流或紊流的判断依据。

对流换热以牛顿冷却公式为其基本计算式,即对流换热量为

$$\Phi = \alpha \cdot A \cdot \Delta t \tag{1-8}$$

式中:A——换热面积,m^2;

Δt——流体与壁面的温差,℃;

α——对流换热表面传热系数,$W/(m^2 \cdot K)$。

式(1-8)表明,对流换热量与换热面积和温差成正比,比例常数为对流换热表面传热系数。

式(1-8)可改写成

$$\Phi = \frac{\Delta t}{\dfrac{1}{\alpha A}} = \frac{\Delta t}{R} \tag{1-9}$$

或

$$\Delta t = \Phi R \tag{1-9a}$$

式中:R——对流换热热阻,K/W。而且

$$R = \frac{1}{\alpha A} \tag{1-10}$$

对流换热是一种十分复杂的换热过程。流体的物性、换热表面的几何条件、流体物态的改变及换热面的边界条件等对对流换热过程都有影响。因此,工程对流换热问题的计算,大多采用由实验建立起来的无量纲方程式(实验关联式)。

应用量纲分析法,可得到两个表示对流换热的无量纲方程式,即

强制对流

$$Nu = C \cdot Re^m \cdot Pr^n \tag{1-11}$$

自然对流

$$Nu = C(Gr \cdot Pr)^n \tag{1-12}$$

式中:$Nu = \dfrac{\alpha L}{\lambda}$——努塞尔数,表示对流换热与导热之间的关系。

$Re = \dfrac{uL}{\nu} = \dfrac{GL}{\mu}$——雷诺数,表示流体流动过程的惯性力与黏性力之间的关系。

$Pr = \dfrac{\nu}{a} = \dfrac{c_p \mu}{\lambda}$——普朗特数,表示流体流动过程的动量扩散与热量扩散之间的关系。

$Gr = \dfrac{L^3 \alpha_V g \Delta t}{\nu^2} = \dfrac{L^3 \alpha_V g \rho^2 \Delta t}{\mu^2}$——格拉晓夫数,表示自然对流过程中流体的浮升力与黏性力之间的关系。

以上四个特征数中:

L——特征长度,m;

α——表面传热系数;

u——流体速度,m/s;

G——流体质量流速,kg/(m$^2 \cdot$ s);

c_p——流体比定压热容,kJ/(kg$\cdot$K);

μ——流体动力黏度,Pa$\cdot$s;

λ——流体导热系数,W/(m$\cdot$K);

ν——流体运动黏度,m^2/s;

α_V——流体的体膨胀系数,K^{-1};

g——重力加速度,m/s^2;

a——流体的热扩散系数,m^2/s;

Δt——流体与壁面的温度差,℃。

式(1-11)和式(1-12)中的系数 C 及指数 m 和 n 由实验决定,并根据研究对象的不同而取不同数值。

注意到努塞尔数 $Nu = \alpha L / \lambda$ 中包含未知的表面传热系数 α,在用实验关联式求得 Nu 后,即可由下式求得 α,即

$$\alpha = \frac{Nu\lambda}{L} \tag{1-13}$$

在紧凑式传热型面中,大量实验数据是以柯尔朋传热因子 j 与 Re 的关系曲线提供的,即

$$j = C_1 Re^{n_1} \tag{1-14}$$

式中的系数 C_1 和指数 n_1 由实验确定。

传热因子 j 的定义式为

$$j = St \cdot Pr^{2/3} = \left(\frac{\alpha}{Gc_p}\right)Pr^{2/3} = \frac{NuPr^{-1/3}}{Re} \tag{1-15}$$

式中：$St = \alpha/(\rho u c_p) = \alpha/(Gc_p)$——斯坦顿数。

传热因子 j 中已经考虑了不同 Pr 的影响。根据式（1 - 14）确定了 j 值后，就可由式

$$\alpha = jGc_p/Pr^{2/3} = jGc_p Pr^{-2/3} \tag{1-16}$$

求出表面传热系数 α。

在上述关联式（1 - 10）、式（1 - 12）和式（1 - 14）中都包括流动过程的许多物理参数，如导热系数 λ、比定压热容 c_p、运动黏度 ν、体膨胀系数 α_V、热扩散率 a 等，而这些参数在不同程度上均为温度的函数。因此，有必要选择一个具有代表性的温度来确定这些物性参数，这个温度称为定性温度。同样，无量纲数中还包括几何尺寸 L，L 一般取对流动过程有决定性影响的几何尺寸，称为特征尺寸。

应明确指出，在使用无量纲方程式时，必须严格遵守方程式对定性温度、特征尺寸以及计算流速所使用的通道截面的规定。

1.3.3　辐射换热

由于热的原因而产生的电磁波辐射称为热辐射。热辐射的电磁波是在物体内部微观粒子的热运动状态改变时激发出来的。只要温度高于 0 K，物体总是不断地将热能变为辐射能，向外发出热辐射。同时，物体亦不断吸收周围物体投射给它的热辐射，并将吸收的辐射能重新转变为热能。辐射换热就是指物体之间相互辐射和吸收的总效果。

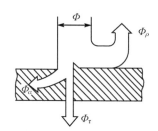

当热辐射的能量投射到物体表面上时，同可见光一样，也发生吸收、反射和穿透现象。参看图 1 - 3，在外界投射到物体表面上的总能量 Φ 中，一部分 Φ_α 被物体吸收，另一部分 Φ_ρ 被物体反射，其余部分 Φ_τ 穿透过物体。按照能量守恒定律，有

$$\Phi = \Phi_\alpha + \Phi_\rho + \Phi_\tau$$

图 1 - 3　物体对热辐射的吸收、反射和穿透

或

$$\frac{\Phi_\alpha}{\Phi} + \frac{\Phi_\rho}{\Phi} + \frac{\Phi_\tau}{\Phi} = 1$$

其中各能量百分数 Φ_α/Φ、Φ_ρ/Φ 和 Φ_τ/Φ 分别称为该物体对投入辐射的吸收比、反射比和穿透比，记为 α，ρ 和 τ。于是有

$$\alpha + \rho + \tau = 1 \tag{1-17}$$

实际上，当辐射能进入固体或液体表面后，在一个极短的距离内就被吸收完。对于金属导体，这一距离只有 1 μm 的数量级；对于大多数非导电体材料，这一距离亦小于 1 mm。实用工程材料的厚度一般都大于 1 mm，因此可以认为固体和液体不允许热辐射穿透，即 $\tau = 0$。于是，对于固体和液体，式（1 - 17）简化为

$$\alpha + \rho = 1 \tag{1-18}$$

就固体和液体而言，吸收能力大的物体其反射本领就小；反之，吸收能力小的物体其反射本领就大。

辐射能投射到气体上时，情况与投射到固体上或液体上不同。气体对辐射能几乎没有反射能力，可认为反射比 $\rho = 0$，从而式（1 - 17）简化为

$$\alpha + \tau = 1 \tag{1-19}$$

显然,吸收性大的气体,其穿透性就差。

为研究方便起见,将吸收比 $\alpha = 1$ 的(理想)物体叫做绝对黑体(简称黑体)。黑体在热辐射分析中有其特殊的重要性,可用它作为一个标准来比较其他物体的辐射特性。在相同温度的物体中,黑体的辐射能力最大。用辐射力 E 表征物体发射辐射能本领的大小。辐射力 E 是物体在单位时间内单位表面积向其上半球空间所有方向发射的全部波长的辐射能的总量,单位为 W/m^2。根据斯忒藩-玻耳兹曼定律,黑体的辐射力为

$$E_b = \sigma_0 T^4 \tag{1-20}$$

该式说明黑体的辐射力与其热力学温度 T 的四次方成正比。式中 σ_0 为黑体辐射常数,其值为 $5.67 \times 10^{-8} \ W/(m^2 \cdot K^4)$。

将实际物体的辐射力 E 与同温度下黑体辐射力 E_b 的比值称为实际物体的发射率(习惯上称为黑度),记为 ε,公式为

$$\varepsilon = \frac{E}{E_b} \tag{1-21}$$

由式(1-18)可得

$$E = \varepsilon E_b = \varepsilon \sigma_0 T^4 \tag{1-22}$$

将实际物体的发射率和吸收率看成与波长无关的物体,这种物体称为灰体。一般工程材料都可当成灰体处理。灰体的吸收率恒等于同温度下的发射率,即有

$$\alpha = \varepsilon \tag{1-23}$$

式中,ε 的大小与物体的温度、种类和表面状况有关。

任意放置的两个灰体间的辐射换热量,与由这两个灰体组成的换热系统的综合发射率 ε_s 有关。

由两个灰体组成的不同结构形状的综合发射率 ε_s 如表 1-1 所列。

表 1-1　不同结构形状的综合发射率

结构形状	ε_s
无限大平行板	$\dfrac{1}{1/\varepsilon_1 + 1/\varepsilon_2 - 1}$
表面 1 完全被表面 2 包围	$\dfrac{1}{1/\varepsilon_1 + A_1/A_2(1/\varepsilon_2 - 1)}$
物体 2 完全包住比它小得多的物体 1	ε_1
两个表面的总发射率	$\varepsilon_1 \varepsilon_2$

考察图 1-4 所示的两个黑体表面之间的辐射换热。假定两个表面的面积分别为 A_1 和

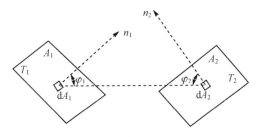

图 1-4　任意放置的两个黑体表面间的辐射换热

A_2，又分别维持 T_1 和 T_2 的恒温，并且表面之间的介质对热辐射是透明的。参看图 1-4，每个表面所辐射出的能量都只有一部分可以到达另一个表面，其余部分则落到体系以外的空间。将表面 1 发出的辐射能落到表面 2 上的百分数称为表面 1 对表面 2 的角系数，记为 $X_{1,2}$。同理，也可定义表面 2 对表面 1 的角系数 $X_{2,1}$。于是，单位时间从表面 1 发出而到达表面 2 的辐射能为 $E_{b1}A_1X_{1,2}$，单位时间从表面 2 发出而到达表面 1 的辐射能为 $E_{b2}A_2X_{2,1}$。因为两个表面都是黑体，所以落到其上的能量分别被它们全部吸收，于是两个表面之间的净换热量 $\Phi_{1,2}$ 为

$$\Phi_{1,2} = E_{b1}A_1X_{1,2} - E_{b2}A_2X_{2,1}$$

如果处于热平衡条件下，即 $T_1 = T_2$ 时，净换热量 $\Phi_{1,2} = 0$；而 $E_{b1} = E_{b2}$，由上式可得

$$A_1X_{1,2} = A_2X_{2,1} \tag{1-24}$$

表 1-2 表示了两个表面在辐射换热时角系数的相对性。尽管该关系是在热平衡条件下得出的，但因为角系数纯系几何因子，它只取决于换热物体的几何特性（形状、尺寸及物体的相对位置），而与物体的物质和温度等条件无关，所以对非黑体表面及不处于热平衡条件的情况，式（1-24）亦同样适用。角系数 $X_{1,2} = 0 \sim 1$，表示发射体对吸收体能见度的大小。几种不同形状物体的角系数如表 1-2 所列。

表 1-2 不同形状物体的角系数

形 状	角系数
无穷大平行平面	1.0
完全被其他物体包围而不能看到自身任何地方的物体	1.0
两垂直相交的正方形	0.2
两平行且相等的相距为边长的正方形	0.19
两平行且相等的相距为直径的圆	0.18

角系数的另一个重要性质是具有完整性，即在由几个表面组成的封闭系统中，任一表面对其余各表面的角系数之和等于 1。数学表达式为

$$\sum_{j=1}^{n} X_{1,j} = X_{1,1} + X_{1,2} + X_{1,3} + \cdots + X_{1,n} = 1 \tag{1-25}$$

由两个或多个表面组成的各种辐射几何体系的角系数计算公式及曲线图参见参考文献[4]。

两个非黑体间辐射热交换的热流量公式为

$$\Phi_{1,2} = \sigma_0\varepsilon_s X_{1,2}A_1(T_1^4 - T_2^4) = \sigma_0\varepsilon_s X_{2,1}A_2(T_1^4 - T_2^4) \tag{1-26}$$

进行适当的代数变换，式（1-26）可变为近似式

$$\Phi_{1,2} \approx 4\sigma_0\varepsilon_s X_{1,2}A_1 T_m^3(T_1 - T_2) \tag{1-27}$$

式中：ε_s——两个非黑体组成的换热系统的综合发射率；

$T_m = (T_1 + T_2)/2$——两个非黑体表面的平均温度，K。

非黑体凸表面对周围空气的角系数等于 1，因此非黑体凸表面与周围环境空气之间的辐射换热量公式可简化为

$$\Phi_r = \sigma_0\varepsilon_1 A_1(T_1^4 - T_a^4) \tag{1-28}$$

或

$$\Phi_r \approx 4\sigma_0\varepsilon_1 A_1 T_m^3(T_1 - T_a) \tag{1-29}$$

辐射换热量还可用辐射热阻 R_r 表示为

$$\Phi_r = \Phi_{1,2} = (T_1 - T_2)/R_r \tag{1-30}$$

式中，

$$R_r = [\sigma_0\varepsilon_s X_{1,2}A_1(T_1^2 + T_2^2)(T_1 + T_2)]^{-1} \tag{1-31}$$

或

$$R_r \approx (4\sigma_0\varepsilon_s X_{1,2} A_1 T_m^3)^{-1} \tag{1-32}$$

1.4　热控制方法的选择

在晶体管工作时,由耗散功率转换成的热量必须及时排散掉,否则晶体管会因温度过高而烧毁。晶体管中耗散功率主要耗散在集电极结附近,所以集电极的结温对晶体管的电学性能是至关重要的限制参数。

将有源与无源元件适当组合,分别组装在芯片上,然后将芯片再焊接到陶瓷或金属基板上,这种基板可以构成外部封装;也可以将芯片焊接到外壳上。这些封装形式还提供了与其他器件的必要电气连接。对于单芯片组件(SCM),每个封装只装进一个芯片;对于多芯片组件(MCM),则可封装几个甚至十几个芯片。芯片的耗散热由导热传至基板,或由导热、对流和辐射的某种组合传至扁平封装或密封外壳上。芯片的热流密度相当大,且不均匀,芯片与基板之间焊接材料的热阻很大,芯片与基板或外壳之间的导热路径往往是曲折的。一般情况下,可综合得到芯片中每个结点与集成电路封装外壳之间重要的总热阻。

为便于说明问题,从广义上将元器件的有源区称为"结",而将元器件的有源区温度称为"结温"。元器件的有源区可以是结型器件的 PN 结、场效应器件的沟道区或肖特器件的接触势垒区,也可以是集成电路的扩散电阻或薄膜电阻等。当结温 T_j 高于环境温度 T_a 时,芯片的耗散热就通过管壳向外排散,排散的热量随着温差($T_j - T_a$)的增大而增大。当结温上升到能将耗散功率全部排散到周围环境时,元器件处于热平衡状态,结温不再上升。平衡时结温的高低取决于耗散功率和元器件排散热的能力。

为了保证元器件能够长时间可靠地工作,必须根据元器件的芯片材料、封装材料和可靠性要求确定一个最高允许结温,记为 $T_{j,max}$。不同芯片材料(如 Si、Ge 及 GaAs)的最高允许结温 $T_{j,max}$ 不同;元器件封装和引线等材料的高温性能也同样影响 $T_{j,max}$,如用环氧树脂作封装材料的塑封器件,其 $T_{j,max}$ 将受到环氧树脂材料高温性能的限制。由于元器件的绝大多数失效模式均可被温度加速,且结温越高,元器件的寿命越短,故在实际工作中,限制元器件 $T_{j,max}$ 的因素大多是可靠性因素,如 GaAs 功率场效应管的 $T_{j,max}$ 取决于其金属化—半导体之间相互扩散而造成的接触退化,VLSI 电路的 $T_{j,max}$ 则往往受到金属互连线电迁移的限制。电子元器件的最高允许结温的一般民用规定如下:对于硅器件,塑料封装为 125~150 ℃,金属封装为150~200 ℃;对于锗器件,为 70~90 ℃;对于Ⅲ~Ⅴ族化合物器件,为 150~175 ℃。当结温较高时(如高于 50 ℃),结温每降低 40~50 ℃,元器件寿命可提高约一个数量级。所以对于在航空航天和军事领域应用的元器件,由于有特别长寿命或低维护性要求,并受更换费用限制以及须承受频繁的功率波动,所以平均结温要求低于 60 ℃。

从以上分析可以得出结论:在选择电子元器件和电子设备的散热或冷却方法时,元器件的最高允许结温是最重要的参数。但实际工作中,元器件的结温是无法测量的,而比较容易测量的是元器件的表面温度,并且元器件结温也与周围环境温度密切相关,故元器件制造商和可靠性工程师常通过试验获得对应于从元件表面到环境的温升 ΔT_{s-a} 的故障率,并以此作为元器件热设计的重要参考指标。当已知电子元器件或设备的耗散热量,同时又规定超过局部环境条件的允许温升时,1.3 节里的方程与结—壳温差 ΔT_{j-c} 值一起,可用来确定满足所希望的性能目标的散热方法(综合的或任一个的)。这种方法体现在图 1-5 所示的温差 ΔT_{s-a} 与各种冷却方法及热流密度的关系曲线中。

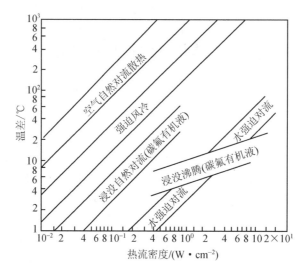

图 1-5 温差 ΔT_{s-a} 与各种冷却方法及热流密度的关系

由图 1-5 可知,当元件表面与环境之间的允许温差 ΔT_{s-a} 为 60 ℃时,自然对流和辐射的空气自然冷却方法仅对热流密度低于 0.05 W/cm² 时有效。但强迫对流风冷可使表面传热系数大约提高一个数量级,在允许温差 ΔT_{s-a} 为 100 ℃时,强迫风冷最大可能提供 1 W/cm² 的传热能力。为了促进从元件表面传输适度的和高的热流密度,热设计师可以采用肋化空气冷却散热器或采用直接和间接液冷的方法。为了改进对流换热表面传热系数,一方面,可采用增加肋片和采用其他更有效的技术来提高空气冷却的效率,以便逐渐提高元件的排散热流密度,但这常常会造成质量、成本和体积的增加。另一方面,当忽略冷板的传导热阻时,依靠液体在冷板通道中的高速流动,能有效地提高传输的热流密度,甚至在温差低于 10 ℃时也可以。

含氟化合物液体的沸腾换热可提高元件的排散热流密度。这些液体具有高的介电特性,大多数电气元件可直接浸没在含氟液体中。因此,当使大容器饱和沸腾且温差 ΔT_{s-a} 小于 20 ℃时,从元件传走的热流密度可超过 10 W/cm²。浸没冷却采用自然对流换热方法也具有明显的优势,如图 1-5 所示,它是衔接直接空气冷却和冷板技术的桥梁。

大多数电子设备在某种程度上都利用了导热、对流和辐射这三种基本传热方式,但在设计中往往只采用一种主要传热方式。例如,对于强迫对流冷却的电子设备机箱,可利用风扇抽出印制电路板上电子元件周围的空气,如图 1-6 所示。

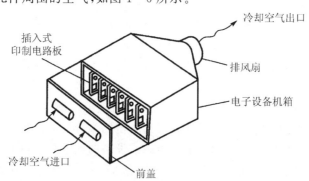

图 1-6 用排风扇冷却电子设备机箱

当冷却空气经过印制电路板上的各个电子元件时,强迫对流带走绝大部分热量。然而,电子元件的一部分热量靠元件体直接传导至元件体下面的印制电路板上,另一部分热量则通过元件的电气引线传导至印制电路板的背面,如图 1-7 所示。由于空气掠过印制电路板的两个表面,所以印制电路板背面的热传导为改善冷却提供了附加的表面积。

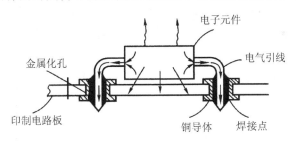

图 1-7　元件及其引线到印制电路板背面的热传导路径

　　此外,部分热量还可由发热元件辐射到周围的机壳壁和邻近印制电路板的较冷部位,这有助于降低元件的热点温度。

1.5　稳态传热

　　若电子设备通电并处于长期工作状态,为保证电子设备性能稳定,通常要求在此期间内电源稳定,电子元件及其安装结构如印制电路板的温度也应稳定。线电压的微小波动、各个元件物理特性以及外部环境的轻微改变,对电子设备内部的温度都会带来一定影响。但是,在实际应用中,由于电子设备内部在热源和终端散热器之间建立了一种或一种以上的热流路径,电子元件的热增益(或耗散功率)等于热耗散,也就是说电子设备通常在热平衡状态下工作。在达到热平衡状态时,在三种传热方式——导热、对流和辐射中,每一种方式的传热量均保持恒定。这时,热量从设备的较热部位流向较冷部位,直至最后到达终端散热器时的温度梯度保持不变。这些特性表明了设备已达到稳定传热状态。对于像晶体管和二极管那样的小元件,几分钟之内便可达到稳定状态;而对于大型的电子设备机架,可能要工作整整一天才能达到稳态传热条件。

1.6　瞬态传热

　　当电子设备内部的热流速率变化时,一般会使设备中某处的温度改变。同样,当电子设备内部出现温度变化时,通常设备中某处的热流速率也会发生变化。由于此时设备尚未达到热平衡,故定义这个变化过程为瞬态传热。例如,当电子设备的电源刚接通时,随着电流流经电子元件产生热量,元件内部的温度开始升高,此时电子设备即处于瞬态传热状态。

　　航空电子设备产品须经受温度循环试验。假定一设备处于环境温度为 -54~71 ℃ 的缓慢循环的试验箱内,在此情况下,电子设备机箱外部的温度往往比内部变化得快,于是,热量时而从机箱的内部向外流,时而从外部向内流,因为热量总是由热物体流向冷物体。由此可以看出,电子设备经受温度循环试验的过程即是瞬态传热过程。

　　绕地球轨道运行的卫星,因为太阳相对于卫星表面的角度在变化,尽管太阳的辐射强度可能是常数,但是卫星吸热将沿着表面变化,此时卫星经受的是瞬态传热。

有时必须在短时间内使用辅助的冷却装置或冷却技术来冷却电子设备，直至正常的冷却系统能有效工作为止。假定一架飞机的机翼下携带导弹，导弹的电子设备在受控飞行阶段，以及导弹从飞机上被发射后的自由飞行阶段，是由冲压空气冷却的。由于质量和成本的原因，飞机在滑跑和起飞期间没有冷却空气提供给导弹的电子设备，此时，电子设备必须依靠本系统的热容量或热惯性来吸热而不至于在这期间内产生过高的温度。在许多飞机列队等待起飞时，可能会推迟 30 min，这就可能会因电子设备的质量或热容量有限而使电子设备过热。为此热设计师采用相变传热技术来解决这一问题。

在物质从固态变为液态，或从液态变为气态过程中，可以吸收大量的潜热。将导弹的电子设备机壳设计成空心壁结构，在空心壁内充以在预定温度下熔化的蜡。蜡从固态熔化成液态，可以吸收大量的热，从而使电子设备在不提供冷却空气的情况下，能够维持 30 min 合适的工作温度范围。飞机在飞行时，冲压空气使蜡冷却，还原成固态。如果导弹不发射，熔化的蜡可以重复使用。

1.7　耗散功率的规定

对电子设备中的耗散功率应进行仔细估算，因为可靠性和平均故障间隔时间（MTBF）可能因元件温度过高而急剧下降。在确定元器件的耗散功率时应适当取得高些，是为了在使用过程中温度可能出现波动而留些余地，也为元器件额定功率和线电压在容许范围内的变化提供补偿。因此，对耗散功率增加一些安全系数是十分必要的。

在航空航天和军事应用场合，通常将最高环境温度和最大热耗散情况下的连续使用工况作为电子设备的热设计条件。虽然出现这种现象的概率较小或在这种工况下的使用时间很短，但是按照这种条件设计出来的热控系统在一般情况下余量较大，为了保证电子设备工作绝对可靠，这种做法是必要的。在一般民用场合，如果能对元器件的失效率和实际使用要求进行充分分析评估，制定切合实际的设计方案，则可适当降低产品成本，减小电子设备的质量和体积。过于保守会使规定的耗散功率远大于正常的期望值，这种情况就会增加费用、质量和体积。例如，由于有些人在确定耗散功率时太保守，可能会采用大而笨重的液体冷却系统来代替简单的风扇。

为了验证电子设备的热设计，就需要对许多不同条件做调查研究，例如在高空高温环境下，最高温度可能是产生在系统的逻辑部分而不是电源部分；而在高空低温环境下电源的问题可能最严重，因为在这种情况下预热所需的加热功率最大。大电流，即使是短时间的，也可能在控制电源的电子元件中产生热点。

航空航天和一些军用电子设备需要专门的测试装置，以模拟在外场实际使用的那些装置的工作条件。为了检验热设计的有效性，模拟试验中应确保受试（模拟）电子设备与外场实际使用电子设备具有同样的功耗是十分重要的，这会减小设计耗散功率与测试耗散功率之间的差异。

在进行电子设备的热控制设计时，电子设备的耗散功率是最重要的设计参数，因为耗散功率可决定散热方法，而散热方法又将决定元件的热点温度，从而电子设备的可靠性、体积、质量及成本均取决于耗散功率。所以，必须尽可能精确地确定电子设备和大功率元器件的耗散功率。

1.8　电子器件的理论耗散功率

电子器件耗散功率的精确确定是电子设备热设计的基础,耗散功率可以采用试验测量或理论计算的方法确定。本节给出几种电子器件理论耗散功率的计算方程,供读者在进行电子设备热设计时参考使用。

1.8.1　理论耗散功率

电子器件产生的热量是其正常工作时必不可少的副产物。当电流流过半导体或者无源器件时,一部分功率就会以热能的形式散失掉。耗散功率为

$$P_\mathrm{d} = VI \tag{1-33}$$

式中:P_d——耗散功率,W;

　　　V——器件两端的直流电压降,V;

　　　I——通过器件的直流电流,A。

如果电压或者电流随时间变化,则耗散功率由平均耗散功率 P_dm 给出,即

$$P_\mathrm{dm} = \frac{1}{\Delta \tau} \int_{\tau_1}^{\tau_2} V(\tau) I(\tau) \mathrm{d}\tau \tag{1-34}$$

式中:P_dm——平均耗散功率,W;

　　　$\Delta \tau = \tau_2 - \tau_1$——电流导通时间,s;

　　　$I(\tau)$——通过器件的瞬时电流,A;

　　　$V(\tau)$——通过器件的瞬时电压,V;

　　　τ_1——电流导通的时间上限,s;

　　　τ_2——电流导通的时间下限,s。

1.8.2　有源器件的耗散功率

1. 互补型金属氧化物半导体(CMOS)器件

双极元件的耗散功率是一个与频率相关的常数。CMOS 器件的耗散功率是频率的一阶函数和器件几何尺寸的二阶函数。CMOS 器件的转换功率占总耗散功率的 70%～90%。转换功率由下式确定:

$$P_\mathrm{d} = \frac{CV^2}{2} f \tag{1-35}$$

式中:C——输入电容,F(法拉);

　　　V——峰-峰电压,V;

　　　f——转换频率,Hz。

晶体管门电路在转换状态时产生的短路功率占总耗散功率的 10%～30%。为了确定短路时的耗散功率,必须知道晶体管的门电路数。短路功率的单位通常为[μW/MHz 门(电路)],则耗散功率为

$$P_\mathrm{d} = N_\mathrm{t} N_\mathrm{on} q f \tag{1-36}$$

式中:N_t——晶体管门电路总数;

　　　N_on——处于接通状态的门电路的百分数,%;

q——功率损失,W/Hz 门(电路);

f——转换频率,Hz。

2. 面结型场效应管(Junction FET)

面结型场效应管有三种工作状态:开、关和线性转换。当面结型场效应管处于开状态时,耗散功率为

$$P_{d_{ON}} = I_D^2 R_{DS(ON)} \qquad (1-37)$$

式中:I_D——漏极电流,A;

$\quad R_{DS(ON)}$——漏极-源极电阻,Ω。

在线性转换和关状态时,耗散功率为 VI。

3. 功率型金属氧化物半导体场效应晶体管(Power MOSFET)

Power MOSFET 的耗散功率由 5 部分电流损失组成:

① P_c 器件接通时的传导损失;

② P_{rd} 反向二极管传导损失;

③ P_L 器件处于关断状态时漏极-源极泄漏电流引起的功率损失;

④ P_G 栅结构的耗散功率;

⑤ P_s 转换操作的功率损失。

器件通电工作时的传导损失 P_c 为

$$P_c = I_D^2 R_{DS(ON)} \qquad (1-38)$$

式中:I_D——漏极电流,A;

$\quad R_{DS(ON)}$——漏极-源极电阻,Ω。

当器件处于线性工作范围时,P_c,P_L 和 P_{rd} 都等于 VI。转换操作功率损失 P_s 可用漏极-源极电压与漏极电流的乘积表示,即

$$P_s = f_s \left(\int_0^{\tau_1} V_{DS}(\tau) I_D(\tau) d\tau + \int_0^{\tau_2} V_{DS}(\tau) I_D(\tau) d\tau \right) \qquad (1-39)$$

式中:f_s——转换频率,Hz;

$\quad V_{DS}$——漏极-源极电压,V;

$\quad I_D$——漏极电流,A;

$\quad \tau_1$——第一次转换时间,s;

$\quad \tau_2$——第二次转换时间,s。

Power MOSFET 栅损失由电容性负载和一些电阻组成,则栅结构的耗散功率计算式为

$$P_G = V_{GS} Q_G \frac{R_G}{R_S + R_G} \qquad (1-40)$$

式中:V_{GS}——栅电压,V;

$\quad Q_G$——栅极电容的峰值电荷,C(库仑);

$\quad R_S$——源电阻,Ω;

$\quad R_G$——栅电阻,Ω。

栅结构的总耗散功率的计算式为

$$P_{G(TOT)} = V_{GS} Q_G f_s \qquad (1-41)$$

1.8.3　无源器件的耗散功率

1. 导　线

连接导线的稳态耗散功率由焦耳定律给出,即

$$P_D = I^2 R \qquad (1-42)$$

式中:I——稳态电流,A;

　　　R——稳态电阻,Ω。

连接导线电阻的计算公式为

$$R = \rho \frac{L}{A_c} \qquad (1-43)$$

式中:ρ——导线材料的电阻率,Ω/m(参见表 1-3);

　　　L——导线长度,m;

　　　A_c——导线横截面积,m^2。

表 1-3　部分连接导线材料的电阻率

材　料	电阻率 $\rho/(\mu\Omega \cdot cm^{-1})$	材　料	电阻率 $\rho/(\mu\Omega \cdot cm^{-1})$
合金 42	66.5	金	2.44
合金 52	43.0	铁镍钴合金	48.9
铝	2.83	镍	7.80
铜	1.72	银	1.63

2. 电　阻

电阻的稳态耗散功率由焦耳定律给出,即

$$P_D = I^2 R \qquad (1-44)$$

式中:I——稳态电流,A;

　　　R——稳态电阻,Ω。

如通过电阻的电流是随时间 τ 变化的,即 $I = I(\tau)$,则电阻的瞬时耗散功率 $P_D(\tau)$ 的计算式为

$$P_D(\tau) = I^2(\tau) R \qquad (1-45)$$

式中,$I(\tau) = I_M \sin(\omega\tau)$,$I_M$ 为正弦交流电流的峰值。当通过电阻的电流为正弦稳态电流时,电阻的平均耗散功率为

$$P_D = 0.5 I_M^2 R \qquad (1-46)$$

3. 电容器

虽然电容器通常被认为没有耗散功率,但实际上由于电容器内部也有阻抗,因而也会产生耗散功率。正弦波激励的电容器耗散功率的计算式为

$$P_D(\tau) = 0.5\omega C V_M^2 \sin(2\omega\tau) \qquad (1-47)$$

式中:C——电容量,F;

　　　V_M——正弦交流电压的峰值,V;

　　　ω——角频率,$\omega = 2\pi f$;

　　　f——频率,Hz。

交流电路电容器的等效阻抗可能产生非常大的功率耗散。这种电路的平均耗散功率的计算式为

$$P_{DM} = \frac{1}{\Delta\tau}\int_{\tau_1}^{\tau_2} I^2(\tau)R_{ES}\mathrm{d}\tau \tag{1-48}$$

式中：R_{ES}——等效阻抗，Ω。

4. 电感器和变压器

电感器和变压器的耗散功率的计算方法与电阻类似，即为

$$P_D = I^2 R_L \tag{1-49}$$

式中：R_L——电感器或线圈的直流阻抗，Ω。

电感器在通正弦交流电时的耗散功率的计算式为

$$P_D(\tau) = 0.5LI_M^2\omega\sin 2\omega\tau \tag{1-50}$$

式中：L——电感量，H(亨利)；

$\quad\ I_M$——正弦电流峰值，A；

$\quad\ \omega$——角频率，$\omega = 2\pi f$。

如果使用铁磁芯，则耗散损失由磁滞损失和涡流损失两部分组成。单位质量芯体的耗散功率为

$$\dot{P}_{D(CORE)} = 6.51f^n B_{MAX}^m \tag{1-51}$$

式中：$\dot{P}_{D(CORE)}$——耗散功率，W/kg；

$\quad\ n,m$——磁芯材料常数；

$\quad\ f$——转换频率，Hz；

$\quad\ B_{MAX}$——最大磁通密度，T(特斯拉)。

总的耗散功率为

$$P_D = \dot{P}_{D(CORE)}M \tag{1-52}$$

式中：M——铁磁芯质量，kg。

思考题与习题

1-1 说明电子设备热失效的诱因、表现形式及后果。

1-2 何谓电子元器件的内热阻和外热阻？说明控制电子元器件内热阻和外热阻的一般方法。

1-3 试写出傅里叶定律、牛顿冷却公式及斯忒藩-玻耳兹曼定律三个传热学基本公式，并说明其中每一个符号的物理意义。

图 1-8 习题 1-6 附图

1-4 试说明热电模拟关系的物理意义及其在传热工程上的应用。

1-5 简要说明确定电子元器件耗散功率的一般原则和方法。

1-6 如图 1-8 所示，将热电偶置入管道中测量管道中高温气流的温度 t_f，管壁温度 $t_w < t_f$。试分析热电偶结点的换热方式。

1-7　一长、宽各为 10 mm 的等温集成电路芯片安装在一块底板上,温度为 20 ℃的空气在冷却风扇作用下冷却芯片。芯片最高允许温度为 85 ℃,芯片与冷却气流间的平均表面传热系数为 175 W/(m² · K)。试确定不考虑辐射时芯片的最大允许功率是多少?假设芯片顶面高出底板的高度为 1 mm。

1-8　半径为 0.5 m 的球状航天器在太空中飞行,其表面发射比为 0.8。航天器内电子元件的散热量共为 175 W。假设航天器没有从宇宙空间接受到任何辐射能,试估算其外表面的平均温度。

第2章 电子设备用肋片式散热器

2.1 概 述

由 1.3 节传热的基本方式及有关定律可以看出,在导热、对流和辐射三种基本传热方式中,任何一种方式的传热热流量都与传热面积 A 成正比。例如,用牛顿冷却公式表示的对流换热热流量为

$$\varPhi = \alpha A \Delta t$$

上式表明,增加传热面积是提高传热量的一种有效途径。

在电子设备热设计中,为了强化电子元器件的散热能力,采用了各种形式的散热器以增大元器件的散热面积。散热器常用铝和铜等导热性能好的材料制成,虽然铜的导热系数比铝高,但因铝比铜轻且价格低,故多采用铝质的散热器。

最简单的散热器就是平板散热器(散热板或散热片),如图 2-1 所示,元器件放在铜散热片的中央,芯片采用焊接或粘接的方式与散热片紧密结合在一起,芯片的耗散热主要以导热方式传给散热片,然后再传输到周围环境。当导热方式不能满足元器件的散热需要时,就需要利用对流和辐射的传热方式。在这种情况下,通常采用扩展传热面,即如图 2-1 中所示的肋片式散热器。

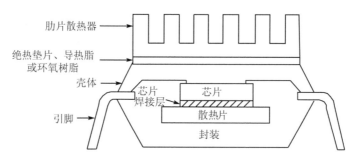

图 2-1 芯片散热器结构

各种具有功率耗散的设备均需要安装肋片式散热器。在电子设备的总尺寸、质量、所耗金属材料和流阻性能增加不多的前提下,采用肋片散热器的散热量最大可增加一个数量级。

图 2-2 为可采用的几种肋片形式。在电子设备热控应用中,设计者应尽量采用那些容易分析和制造的肋片,如矩形截面纵向肋、矩形截面径向肋和圆柱针肋等。分析和制造三角形截面的纵向肋比较困难,但是在热设计中却经常采用,因为其质量大约为矩形肋的一半。国标 GB 7423.3—87 中介绍了国内电子元器件常采用的两种散热器系列,即叉指形散热器(图 2-3)和型材散热器(图 2-4)。图 2-5 为一种在小型元器件上常采用的扇顶形散热器。叉指形、型材和扇顶形散热器是经加工成型,构成系列化产品的散热器,与平板散热器相比,它们的散热效果好,易于安装,适合进行大批量生产,但成本相对较高。

(a) 矩形截面纵向肋　(b) 有纵向肋的圆管　(c) 梯形断面的纵向肋　(d) 三角形断面的纵向肋

(e) 有矩形截面径向肋的圆管　(f) 具有三角形断面的径向肋管　(g) 圆柱针肋　(h) 锥形针肋　(i) 凹抛物线形针肋

图 2-2　几种典型的肋片表面

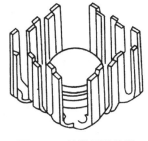
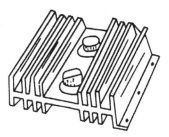

图 2-3　叉指形散热器　　　　**图 2-4　型材散热器**　　　　**图 2-5　扇顶形散热器**

2.2　肋片散热器的传热性能

现以图 2-6 所示的等截面矩形肋为例进行肋片散热器传热性能的讨论和分析,并进行如下简化假设。

肋片分析的前提是:

① 热流量稳定,即肋片上任何一点的温度都不随时间变化;

② 肋片材料的材质均匀,导热系数 λ 为常数;

③ 肋片与环境之间的对流换热表面传热系数 α 为常数;

④ 周围环境流体的温度 t_f 为常数;

⑤ 由于肋片的高度 h 和宽度 b 远大于肋的厚度 δ,故可认为肋片仅在其高度方向有温度梯度;

⑥ 在肋片根部不存在接触热阻;

⑦ 肋片根部温度 t_0 均匀且为常数;

⑧ 肋片内部无热源;

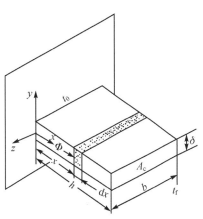

图 2-6　等截面矩形肋

⑨ 除非另有说明,忽略肋端面和侧面的对流换热,换句话说,图 2-6 中仅肋片上、下表面为传热表面。

经上述简化,所研究的问题就变成一维(沿肋片高度方向)稳态导热问题。

在上述简化假设条件下,按照能量守恒定律,对微元体 dx 可写出下列热平衡式:

导入微元体的总热流量＝导出微元体的总热流量

观察图 2 - 6 所示 dx 微元体在稳态条件下的热平衡情况,有

x 处导入的热量:

$$\Phi_x = -\lambda A_c \frac{dt}{dx}$$

$x + dx$ 处导出的热量:

$$\Phi_{x+dx} = \Phi_x + \frac{d\Phi_x}{dx} dx$$

dx 表面的对流换热量:

$$\Phi_c = \alpha U dx (t - t_f)$$

上面三式经整理后得

$$\frac{d^2 t}{dx^2} - m^2 (t - t_f) = 0 \tag{2-1}$$

上式中,U 为横截面周长;A_c 为横截面面积;$m = \sqrt{\dfrac{\alpha U}{\lambda A_c}}$ 为肋片材料和流体物性的函数。

式(2 - 1)为一个二阶、线性、具有常数项的微分方程,其通解为

$$t - t_f = C_1 e^{-mx} + C_2 e^{mx} \tag{2-2}$$

式中的积分常数 C_1 和 C_2 由边界条件决定。

根据简化假设⑦和⑨,可得边界条件为

$$\begin{cases} x = 0, t = t_0 \\ x = h, dt/dx = 0(略去末端损失,即端面绝热) \end{cases}$$

按照上述边界条件所得的肋片温度分布情况为

$$\frac{t - t_f}{t_0 - t_f} = \frac{\cosh[m(h - x)]}{\cos(mh)} \tag{2-3}$$

由傅里叶定律可知肋片的传热量为

$$\Phi = -\lambda A_c \frac{dt}{dx}$$

因此,对式(2 - 3)进行微分,则可得肋片的传热量为

$$\Phi = \sqrt{\alpha U \lambda A_c} (t_0 - t_f) \tanh(mh) = \lambda A_c m (t_0 - t_f) \tanh(mh) \tag{2-4}$$

肋片效率表示肋片实际散热量 Φ 与理想情况(即假定肋片材料的导热系数为无限大,肋片上任一点温度均等于肋根温度)下散热量 Φ_0 之比,即

$$\eta_f = \frac{\Phi}{\Phi_0} \tag{2-5}$$

对于等截面矩形肋,其理想散热量为

$$\Phi_0 = \alpha A_f (t_0 - t_f) \tag{2-6}$$

式中,肋表面积 $A_f = Uh$。

注意到 $A_c = b\delta$,$U = 2(b + \delta) \approx 2b$(因为 $b \gg \delta$),所以

$$m = \sqrt{\frac{\alpha U}{\lambda A_c}} \approx \sqrt{\frac{2\alpha}{\lambda \delta}} \tag{2-7}$$

由此得肋片效率的表达式为

$$\eta_{\mathrm{f}} = \frac{\tanh(mh)}{mh} \tag{2-8}$$

若将肋片末梢端面绝热的近似边界条件所提供的理论解应用于大量实际肋片,特别是薄而长结构的肋片,则由式(2-8)可以获得实用上足够精确的结果。

对于必须考虑肋片末梢端面散热的少数场合,则可采用一种简化处理方法来代替较烦琐的理论解。也就是说,为了照顾末梢端面的散热而将端面面积铺展到上、下传热表面上去,即用当量高度(假想高度)h'代替实际高度h。在工程应用上,肋片的效率通常可先计算其当量结构参数,再通过查图 2-7 和图 2-8 等类似图表解决。

图 2-7 和图 2-8 是根据如下推导得出的,式(2-8)中的 mh 也可表示为

$$mh = \sqrt{\frac{2\alpha}{\lambda\delta}} h = \sqrt{\frac{2\alpha}{\lambda\delta}} \frac{h^{1/2}}{h^{1/2}} = \sqrt{\frac{2\alpha}{\lambda\delta h}} h^{3/2} = 1.414\ 2h^{3/2} \left(\frac{\alpha}{\lambda A_{\mathrm{m}}}\right)^{1/2}$$

式中,$A_{\mathrm{m}} = \delta h$ 为肋片的断面面积(纵截面积),图 2-7 和图 2-8 所表示的不同形状直肋和环肋的 η_{f} 曲线,就是利用 η_{f} 和 $h^{3/2}(\alpha/\lambda A_{\mathrm{m}})$ 的关系绘制而成的理论解的结果曲线,并已考虑末梢端面散热的影响,将等厚度肋片的实际肋高 h 修正为当量高度 h'。

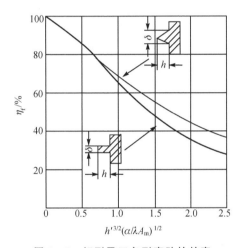

图 2-7 矩形及三角形直肋的效率

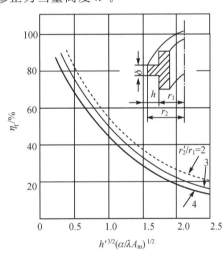

图 2-8 矩形截面环形肋的效率

常用的等截面矩形直肋、三角形直肋及矩形截面环形肋的当量结构尺寸的计算公式是
等截面矩形直肋:

$$\left.\begin{array}{l} h' = h + \delta/2 \\ A_{\mathrm{m}} = h'\delta \end{array}\right\} \tag{2-9}$$

三角形直肋:

$$\left.\begin{array}{l} h' = h \\ A_{\mathrm{m}} = h'\delta/2 \end{array}\right\} \tag{2-10}$$

矩形截面环形肋:

$$\left.\begin{array}{l} h = r_2 - r_1 \\ h' = h + \delta/2 \\ r'_2 = r_1 + h' \\ A_{\mathrm{m}} = \delta(r'_2 - r_1) \end{array}\right\} \tag{2-11}$$

在肋片的传热性能计算中,由图2－7和图2－8中曲线查得肋片效率 η_f 后,再算出理想情况下的散热量 Φ_0,即可按 $\eta_f = \Phi/\Phi_0$ 的定义式求出肋片的实际散热量 Φ。

由流体流过壁面的对流换热热阻的定义式(1－10),即

$$R = \frac{1}{\alpha A}$$

可得流体流过肋片散热器时的热阻为

$$R = \frac{1}{\alpha A_f \eta_f} \qquad (2-12)$$

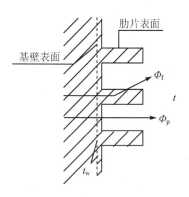

肋片表面
基壁表面
Φ_f
t
Φ_p
t_w

图2－9 流体通过带肋片的壁面换热

式(2－12)仅考虑了流体流过肋片表面的热阻,而未考虑肋片根部基壁表面对传热的影响。实际上,当流体流过带肋片的壁面时,是通过肋片表面和未被肋片根部遮盖的基壁表面同时换热的。图2－9所示为一洁净的带肋片的壁面。如果假设肋片表面积为 A_f,未被肋片根部遮盖的基壁表面积为 A_p,则带肋片壁面的总表面积为 $A = A_f + A_p$。因为肋片伸入流体中间,而肋片内部存在导热热阻,则沿肋片高度上的温度梯度降低了肋片表面的传热效率,因此从传热效果来看,与肋根基壁表面相比,肋片表面积应打一个折扣 η_f[即式(2－8)定义的肋片效率],这样其折算面积为 $\eta_f A_f$。假设流体对 A_f 和 A_p 两部分表面的传热系数相同,都是 α,则流体与壁面间的换热热流量为

$$\Phi = \Phi_p + \Phi_f = \alpha A_p(t_w - t) + \alpha A_f \eta_f(t_w - t) =$$
$$\alpha(A_p + A_f \eta_f)(t_w - t) = \alpha A_{ef}(t_w - t) \qquad (2-13)$$

式中:t——流体温度,℃;

$\quad t_w$——基壁表面温度,℃;

$\quad \eta_f$——肋片效率;

$\quad A_{ef}$——带肋片壁面的有效传热面积,$A_{ef} = A_p + \eta_f A_f$。

有效传热面积与总传热面积之比称为表面效率(有的书上称为总效率),并以 η_0 表示,即

$$\eta_0 = \frac{A_{ef}}{A} \qquad (2-14)$$

则

$$\eta_0 = \frac{1}{A}(A_p + A_f \eta_f) = 1 - \frac{A_f}{A}(1 - \eta_f) \qquad (2-15)$$

根据表面效率的概念,则式(2－13)可写为

$$\Phi = \alpha A \eta_0(t_w - t) = \frac{t_w - t}{1/\alpha A \eta_0} \qquad (2-16)$$

由此可得带肋片壁面的换热热阻为

$$R = \frac{1}{\alpha A \eta_0} \qquad (2-17)$$

热阻 $1/(\alpha A \eta_0)$ 包含了流体对肋片表面的对流传热热阻及肋片的导热热阻,后者反映在表面效率 η_0 上。

2.3　针肋散热器及其他断面肋

前面所述的散热器几乎都采用了纵向肋,而细针或柱体当作散热器使用时,可获得相当好的传热特性,因为针肋之间冷却剂通道增加了湍流,也增加了表面积。

德雷克塞尔(Drexel)在圆形和菱形针肋散热器方面进行了较全面的试验,并于 1961 年提出

$$Nu = 1.40Re^{0.28}Pr^{1/3} \qquad (2-18)$$

作为空气垂直流过交叉排列圆柱针肋的关系式。式中 $Re = ud/\nu$,其中 u 为空气流速,d 为针径,ν 为空气运动黏度。定性温度取针状散热器表面平均温度与环境空气温度的算术平均值。与流体在矩形通道内的关系式比较,可以看出针肋排列的优点。它的传热量增加了,但是由于流体呈湍流,所以伴随有较大的压力损失。

这种针肋散热器的热阻也是

$$R_s = \frac{1}{\alpha A \eta_f} \qquad (2-19)$$

式中,A 是所有针肋的总表面积;η_f 是圆柱针肋的效率。η_f 由下式计算,即

$$\eta_f = \frac{\tanh(mh)}{mh} \qquad (2-20)$$

而 $m = \sqrt{4\alpha/(\lambda d)}$,$\alpha$ 为由式(2-18)得到的对流换热表面传热系数。为了得到比较保守的设计,忽略了散热器基部表面的作用。

图 2-10 所示的几种纵向肋和针肋的效率是参数 mh 的函数。注意其中都有肋高 h,下面分别写出 m 的公式:

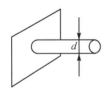

(a) 直径为d的圆柱形针肋

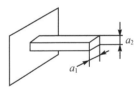

(b) 边长为a_1和a_2的矩形针肋
(如果$a_1=a_2$,则为方形针肋)

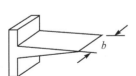

(c) 三角形断面的纵向肋

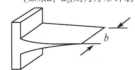

(d) 凹形抛物线断面的纵向肋

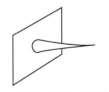

(e) 凹形抛物线断面的针肋

(f) 圆锥针肋

注:除非另有说明,所有肋的宽度为 b,肋高为 h,基部厚度为 δ_0。

图 2-10　几种针肋和纵向肋

① 对于圆柱形针肋,有

$$m = \left(\frac{4\alpha}{\lambda d}\right)^{1/2} \tag{2-21}$$

② 对于矩形针肋,有

$$m = \left(\frac{\alpha U}{\lambda A}\right)^{1/2} \tag{2-22}$$

式中,

$$U = 2(a_1 + a_2) \tag{2-23a}$$
$$A = a_1 a_2 \tag{2-23b}$$

③ 对于三角形断面纵向肋(忽略了锥角,是近似值),有

$$m = \left(\frac{2\alpha}{\lambda \delta_0}\right)^{1/2} \tag{2-24}$$

④ 对于凹形抛物线断面纵向肋,有

$$m = \left(\frac{2\alpha}{\lambda \delta_0}\right)^{1/2} \tag{2-25}$$

⑤ 对于凹形抛物线断面针肋,有

$$m = \left(\frac{2\alpha}{\lambda \delta_0}\right)^{1/2} \tag{2-26}$$

⑥ 对于圆锥针肋,有

$$m = \left(\frac{2\alpha}{\lambda \delta_0}\right)^{1/2} \tag{2-27}$$

2.4　肋片参数的优化

　　肋片参数的优化是肋片设计中的一个重要问题。例如,有的读者认为随着肋片高度的增加,肋片的散热量必定增加。然而从下面的讨论分析可以看出,事实并非如此。

　　为了讨论方便,略去肋末端损失,这时由式(2-4)可得等截面矩形肋的散热量为

$$\Phi = \lambda A_c m(t_0 - t_f) \tanh(mh)$$

或写为

$$\frac{\Phi}{\lambda A_c m(t_0 - t_f)} = \tanh(mh)$$

　　对于等截面矩形直肋,$A_c = b\delta$,$m \approx \sqrt{2\alpha/\lambda\delta}$。当 α,λ,b,δ 及 $t_0 - t_f$ 一定时,上式反映出肋片散热量 Φ 与肋高 h 之间的关系(图 2-11)。由图 2-11 中曲线(a)可以看出,散热量 Φ 开始是随肋高 h 的增加而增大,但当 $mh \approx 3$ 时,Φ 已达最大值。可见在工程设计中,肋片高度 h 应小于或等于 $3/m$。继续增加高度,无助于散热量的增加,反而会造成质量、体积增加和材料浪费。

　　由式(2-3)即

$$\frac{t - t_f}{t_0 - t_f} = \frac{\cosh[m(h-x)]}{\cosh(mh)}$$

可得肋片末端(即 $x = h$ 处)的温度过余度为

$$\frac{t - t_f}{t_0 - t_f} = \frac{1}{\cosh(mh)}$$

由图 2-11 中曲线(b)可以看出,当 $mh=$ 3 时,$1/\cosh(mh)\approx 0.1$,即肋端散热的温差 t_h-t_f 仅为肋基散热温差 t_0-t_f 的十分之一。由此可知,即使当肋高 $h=3/m$ 而散热量达到最大时,肋端温差也不大,对于厚度较小的薄肋片,即使忽略肋端散热,计算结果也能为工程设计所接受。

上述分析说明,在设计肋片时根据肋片形式的不同,肋片高度是有一定限度的,随着肋高的增加,其表面局部散热量不断减小。对于高而薄的肋片,其肋端处的散热能力很小。

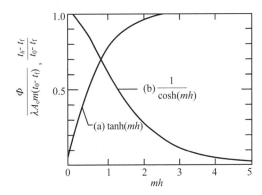

图 2-11 散热量、肋端过余温度随肋高的变化

进一步分析肋片各项结构参数对肋片散热量的影响,可以得出,在同样材料消耗的条件下,当肋片主要尺寸间满足某一关系后,其散热量将达到最大值。因此,由此关系可以确定该型肋片的最佳尺寸。表 2-1 给出了三种形状直肋达到最佳条件时各结构尺寸间应满足的关系。

表 2-1 三种形状直肋的最佳参数值

参数名称		矩形直肋	三角形直肋	凹形抛物线直肋
肋剖面型线		$y=\dfrac{\delta_0}{2}$	$y=\dfrac{\delta_0}{2}\cdot\dfrac{x}{h}$	$y=\dfrac{\delta_0}{2}\left(\dfrac{x}{h}\right)^2$
肋纵剖面面积 $A_m=C_0\delta_0 h$	C_0	1	1/2	1/3
达到最佳条件时,应满足的基本关系 $mh=\sqrt{\dfrac{2\alpha}{\lambda\delta_0}}\,h$	mh	1.419 2	1.309 4	$\sqrt{2}$
达到最佳条件时的肋效率	η_f	0.627	0.594	0.502
达到最佳条件时,所需的肋纵剖面面积 $A_{m,opt}=\dfrac{C_1}{\alpha^2\lambda}\left(\dfrac{\Phi_b}{\theta_0}\right)^3$	C_1	0.50	0.347	1/3
最佳肋根厚 $\delta_{opt}=\dfrac{C_2}{\alpha\lambda}\left(\dfrac{\Phi_b}{\theta_0}\right)^2$	C_2	0.632	0.828	1.0
最佳肋高 $h_{opt}=\dfrac{C_3}{\alpha}\left(\dfrac{\Phi_b}{\theta_0}\right)$	C_3	0.798	0.842	1.0

注:① Φ_b 表示单位宽度肋片散热量,W/m,$\Phi_b=\Phi/b$。

② $\theta_0=t_0-t_f$,t_0 为肋基温度,℃;t_f 为肋周围的流体温度,℃。

③ α 为对流换热表面传热系数,W/(m² · K);λ 为肋材料导热系数,W/(m · K)。

进一步分析达到最佳条件时所需的断面(纵剖面)面积公式,可以得出三条重要结论:

① 当材料、环境条件(α)和肋基热流量对肋基过余温度之比(Φ_b/θ_0)相同时,三角形断面所用材料质量只是矩形断面的 69%。因此,只要工艺条件许可,应尽量采用三角形断面肋。

② 断面面积和肋的体积,随热流量的三次方增加。因此,如果希望散热量加倍的话,可选用两个与原肋片相同的肋片或采用一个断面面积为原肋片 8 倍的新肋片。显而易见,设计者应采用多个小肋片方案,而不应采用少数大的肋片。当然,肋片数目也不能无限增多,其极限数目受边界层厚度及允许流动阻力的限制。

③ 断面面积与肋材料的导热系数 λ 成反比,肋的总质量与断面面积及所用材料的密度 ρ 成正比。因此,肋的质量与密度 ρ 成正比,与导热系数 λ 成反比。

在设计航空航天器上电子设备的散热器时,在考虑散热效率的同时还应兼顾减轻肋片质量的要求。这样,ρ/λ 较小的材料应优先使用。在航天器辐射器中,常选用铝材或铝镁合金,而不是铜材,因为铜材的 ρ/λ 值约是铝材的 1.95 倍。若以钢或不锈钢作为肋片材料,则无论在传热效果或质量上,均不可取。

2.5 散热器在工程应用中的若干问题

2.5.1 散热器的热阻

图 2-12 表示了半导体功率元器件芯体-散热器结构的主要热阻。由图可见,当接通电源后,除少部分电能作为有用电功率输出之外,大部分电能均转化为热能,通过散热器和器件壳体的导热、对流、辐射传至周围环境。功率器件耗散的热量(单位为 W)为

$$\Phi = \frac{\Delta t}{R_t} \qquad (2-28)$$

式中:Δt——结温与周围环境温度之差,℃;

R_t——总热阻,即半导体结点与环境之间热阻的总和,K/W。

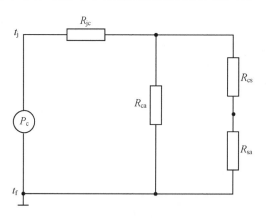

图 2-12 芯体-散热器结构的主要热阻

半导体的结温取决于 R_t(单位为 K/W)的大小。由图 2-12 的等效热路图可以得到

$$R_t = R_{jc} + \frac{R_{ca}(R_{cs} + R_{sa})}{R_{ca} + R_{cs} + R_{sa}} \qquad (2-29)$$

式中:R_{ca}——外热阻,元件壳体直接向周围环境排散热量的热阻,K/W;

R_{jc}——内热阻,结点至元件壳体的热阻,K/W;

R_{cs}——安装热阻,元件壳体至散热器的热阻,通常包括垫片热阻 R_w 和接触热阻 R_{co}, K/W;

R_{sa}——散热器热阻,散热器至环境的热阻,K/W。

R_{ca} 是热量从壳体流向周围环境的热阻,这个热阻通常很大,因为晶体管的外壳很小,只有很少耗散热可以从壳体排走,所以忽略这条散热路径对结果影响不大,因此式(2-29)可改写为

$$R_t = R_{jc} + R_{cs} + R_{sa} \qquad (2-30)$$

R_{jc} 是结点至元件壳体的热阻,该热阻由元件制造商采用的内部结构设计(如芯片、封装和管座的组成材料、结构尺寸)和制造工艺来确定。由于这个热阻发生在元件内部,肋片散热器或其他外部散热结构对其没有影响,故亦称其为内热阻。半导体制造商通过计算最大允许结温、元件成本和元件功耗来确定该热阻。例如,塑料壳体通常用于低功耗、成本较低的半导体元件,其典型的 $R_{jc}=50$ K/W。如果元器件在 35 ℃的环境中工作,耗散功率是 0.5 W,则结点温度为

$$T_j = T_a + R_{jc}\Phi = 35\ ℃ + (50\ ℃/W)(0.5\ W) = 60\ ℃$$

对于大功率元件,制造商应当采用成本较高的方法排散热量。这类元件典型的 $R_{jc}=2$ K/W。特殊用途的芯片采用昂贵的引脚形式,以及采用导热性能好的陶瓷和金刚石平板散热器可以进一步降低 R_{jc}。

R_{cs} 是元件壳体至散热器安装面之间的安装热阻,它包括壳体安装面与垫片、垫片与散热器安装面之间的接触热阻,以及垫片本身的热阻。壳体至散热器的热量主要通过导热传递,接触面之间的热阻非常复杂,没有模型能够预估各种情况下的接触热阻,即使实验测得的数据也相差 20%。在任何情况下,R_{cs} 可以通过使用导热脂、导热垫片、环氧树脂和增大接触面压力来减小。

R_{sa} 是散热器安装面至环境的热阻,有的书上则直接称为散热器热阻。该热阻对于电子封装工程师来说易于改变,且是三个热阻中最重要的一个热阻。该热阻值越小,总热阻值也就越小,元器件就能承受更大的功率而不至于超过其所允许的最大结温。对于简单模型,该值取决于散热器的导热物性、肋片效率、表面面积和对流换热表面传热系数,即有

$$R_{sa} = \frac{1}{\alpha A_s \eta_0} \qquad (2-31)$$

对流换热表面传热系数 α 在前面已经介绍过,其求解的是一个复杂的关系式,不能简单地归纳出通式应用。但是,一些经验公式可以得到较高的精度。如式(2-31)中所示,R_{sa} 与表面传热系数和传热面积呈反比。因此,增加传热面积就可以减小 R_{sa}。同样,增大 α 也可以减小 R_{sa}。当把散热器安装到半导体上时,结点相对环境的温升与耗散热流量之间的关系式为

$$\Delta t_{ja} = \Phi(R_{jc} + R_{cs} + R_{sa}) \qquad (2-32)$$

或写为

$$t_j = \Phi(R_{jc} + R_{cs} + R_{sa}) + t_f \leqslant t_{j,max} \qquad (2-33)$$

电子元器件是否能够正常工作,除元器件本身质量的好坏外,在很大程度上还取决于元器件与散热器的合理匹配和安装接触面的导热条件。所以,散热器的选配方法与安装工艺是电子元器件可靠应用的重要环节。

2.5.2 散热器与元器件的合理匹配

散热器与元器件的合理匹配问题包括散热器的合理选型,以及如何有效降低散热器热阻 R_{sa} 和安装热阻 R_{cs}。

1. 合理选择散热器的形式

从外形上看,电子元器件常用的散热器可分为两类,一类是平板型散热器(即散热板),其结构简单,容易自制,但散热效果较差,且所占面积较大。另一类是经加工成型、构成系列化产品的散热器,如型材散热器、叉指型散热器、扇顶型散热器和塑封器件专用散热器等,如图 2-3～图 2-5 所示。此类散热器的散热效果好,易于安装,适合进行大批量生产,但成本较高。对于不同类型的散热器,使用时应查阅有关的散热器手册来确定其热阻值。管子放在板的中央,板垂直放置在静态空气中的正方形铝散热板的热阻数据列于表 2-2。

表 2-2　正方形铝散热板的热阻

面积 A/mm^2		50^2	100^2	200^2	300^2	400^2
热阻/$(K \cdot W^{-1})$	3 mm	11.10	4.25	2.14	1.61	1.53
	4 mm	10.73	3.92	1.88	1.46	1.35

注:表中数据为管子放在板中央,板垂直放置在静态空气中的热阻值。

型材散热器由梯形肋片组成,肋片排列密集,散热面积有较大的增加,但由于肋片之间的热遮蔽作用,使其辐射散热能力有所降低。型材散热器适用于中功率电子器件的散热。

叉指型散热器由等截面矩形肋组成,由于肋片向上弯成手指状,并呈参差交错排列,因而改善了自然对流的效果,也减少了热辐射的遮蔽作用,有利于辐射换热。叉指型散热器适合于中小功率电子器件的散热。

扇顶型散热器是轻型散热器,用铍铜合金制成,其弹性作用是为散热器与元件外壳之间的配合提供一定结合力,这种结构的制造和使用较简便,但散热效率较低,扇顶型散热器适用于毫瓦级晶体管。

如前所述,肋片散热器有等截面矩形直肋、三角形断面直肋、梯形断面直肋及凹形抛物线断面直肋等多种结构形式。从表 2-1 可以看出,矩形直肋结构简单,易于制造,但质量大;三角形直肋在散热热流量相当的条件下,其所用材料质量只是矩形直肋的 69%,即质量减少 31%;而凹形抛物线直肋较三角形直肋在质量上又减少了 4%,但其工艺复杂、成本高。就热阻值而言,在相同体积条件下,矩形直肋最大,三角形次之,凹形抛物线形最小。在工程设计中,可根据设备或元器件耗散功率的大小及环境条件,并参考相关标准提供的热阻值进行选取。综合考虑,在对质量要求比较严格的航空航天器的电子设备上推荐使用三角形断面直肋。

2. 降低安装热阻 R_{cs}

安装热阻 R_{cs} 由垫片热阻和接触热阻两部分构成。为了实现散热器与元器件壳体之间的电隔离或良好的电接触,常在散热器与壳体之间夹入绝缘垫片或导电垫片。绝缘垫片在保证绝缘强度的前提下,应采用导热性好又可加工成较薄的材料。一般采用云母、聚酯薄膜、氧化铍或氧化铝瓷片等材料。云母的绝缘强度高,导热性能较好,且耐高温,但脆性大,难以加工成厚度均匀的薄片;聚酯薄膜的导热性能不及云母,但易做成均匀薄片;氧化铍的导热性能优于其他材料,但在机械加工过程中,易形成氧化铍烟尘而污染环境。最常见的绝缘垫片是选用

0.05 mm 厚的云母或聚酯片，其热阻分别为 1.10 K/W 和 0.59 K/W。导电垫片通常可采用铝箔或铜箔等。

接触热阻与接触表面的不平度、粗糙度和散热器的安装方式有关。散热器与元器件接触面的不平度应不超过 0.001 mm/mm，表面粗糙度 Ra 不低于 0.8 μm。为了改善接触热阻，安装散热器前可在元器件壳体与散热器或散热器与绝缘垫片之间的接触面上涂敷一层硅脂（或其他导热膏）。硅脂的作用在于保护接触表面，并填补接触面间的空隙，使接触热阻显著降低。

表 2-3 给出了不同功率器件管壳的安装热阻数据。采用绝缘垫片不可避免地要增加安装热阻，最好的办法是将器件直接安装在散热器上，而将散热器与电路其他部分绝缘。在有些应用条件下，制造商将半导体的"结"直接固定在铜片上，并将铜片延伸与外壳相连接，这样可大大降低接触热阻。

表 2-3　几种功率器件管壳的安装热阻

器件型号	$R_{cs}/(K \cdot W^{-1})$	器件型号	$R_{cs}/(K \cdot W^{-1})$
3DG6	225～450	DIP(陶瓷)	110
3DG12	130～170	DIP(环氧树脂)	110
3DD1	50～100	IC(扁平封装)	220
3DD15	15～30		

对于采用螺栓或螺钉紧固连接的散热器，在安装时应注意固紧扭矩的大小要适当，过小会使热阻增大，过大则会使器件变形，导致芯片产生裂纹、内引线断开或垫片破碎损坏等。在固紧螺钉时，最好使用测力扳手，以便根据螺钉直径大小，保证合适的固紧扭矩。

3. 降低散热器热阻 R_{sa}

散热器一般应采用导热系数高的材料制成，一般可用铝板或铜板。在截面积和厚度相同的条件下，以铜板的散热效果最好。但一般多用铝板，因为铝板的散热性能仅低于铜板，而质量比铜板轻得多，而且成本也远低于铜板。

散热器热阻 R_{sa} 除了与散热器材料有关外，还与散热器的冷却方式有关。冷却方式的改变，会极大改变对流换热表面传热系数 α 的值。

散热器的冷却方式可分为自然冷却和强迫冷却两类。强迫冷却又可分为强迫风冷和强迫液冷两种。自然冷却通过空气自然对流及辐射作用将热量带走，通常适用于额定电流在 20 A 以下的器件；强迫风冷需要配备风机，主要用于电流额定值在 50～500 A 的器件；强迫液冷需要配备循环液体系统，适用于电流 500 A 以上的器件。小型微电子器件应尽量采用自然冷却方式。对于单个元件耗散功率在 900 W 以上且需要质量轻的场合，需要使用热管散热器。

安装散热器时，还要考虑其位置状态。对于自然冷却的晶体管，散热器最好采取图 2-13 中的垂直安装形式，以利于自然对流。叉指形散热器则以指向上平放时的热阻为最小，如图 2-14(a)所示。对于强制风冷的元器件，当采用型材散热器时，肋片的纵向应与气流方向一致，这样的热阻最小，如图 2-14(b)所示。

在自然冷却条件下，对于散热器除了考虑导热和对流散热以外，还要考虑辐射散热，可通过对散热器表面进行处理来增加辐射散热能力。例如，可在外表面涂上高发射率的涂料，或采取化学发黑的方法来增加辐射散热能力。对铝或铝合金，常采用的化学方法包括黑色阳极氧化和镀铬酸盐等。

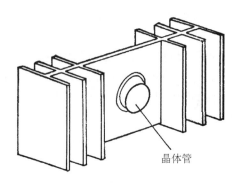

图 2 - 13　一种自然对流冷却晶体管散热器

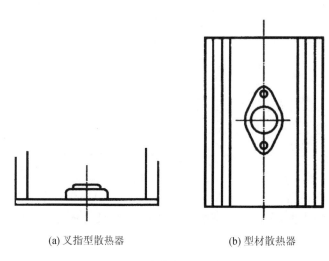

(a) 叉指型散热器　　　　　　　　　(b) 型材散热器

图 2 - 14　散热器的合理放置形式

　　例 2 - 1　一螺栓型晶体管,功耗为 10 W,安装在厚为 1.6 mm 的矩形截面环形铝板散热器上。铝板材料的导热系数为 202.5 W/(m・K)。管壳与散热器之间采用 0.03 mm 厚垫片绝缘,其导热系数是 0.433 W/(m・K)。晶体管结温必须小于或等于 125 ℃,生产厂商给出内热阻(结壳热阻) $R_{jc}=0.42$ K/W。如果自然对流换热的表面传热系数是 7.10 W/(m²・K),环境温度为 25 ℃,试问采用肋片外径 $d_f=100$ mm 的矩形截面环形翅片是否足以排散晶体管的耗散热? 假设晶体管底面直径是 $d_o=25$ mm,接触热阻 $R_{co}=0.40$ K/W。

　　解:

　　① 内热阻(结壳热阻)$R_{jc}=0.42$ K/W。

　　② 接触热阻 $R_{co}=0.40$ K/W。

　　③ 绝缘垫片热阻 $R_w=\dfrac{\delta}{\lambda A}=\dfrac{0.03\times10^{-3}}{0.433\left(\dfrac{\pi}{4}\right)(25\times10^{-3})^2}$ K/W$=0.141$ K/W。

　　④ 求散热器的效率和热阻。

　　散热面积为

$$A=2\left(\frac{\pi}{4}\right)(d_f^2-d_o^2)=2\left(\frac{\pi}{4}\right)(0.10^2-0.025^2)\ \text{m}^2=0.014\ 7\ \text{m}^2$$

　　自然对流换热表面传热系数 $\alpha=7.10$ W/(m²・K)。

肋片外半径 $r_f = 50$ mm $= 0.050$ m，肋基外半径 $r_o = 12.5$ mm $= 0.012\ 5$ mm，则有

$$\frac{r_f}{r_o} = \frac{50}{12.5} = 4$$

肋高为

$$h = r_f - r_o = 0.050\ \text{m} - 0.012\ 5\ \text{m} = 0.037\ 5\ \text{m}$$

肋片断面积为

$$A_m = \delta h = 1.6 \times 10^{-3} \times 0.037\ 5\ \text{m}^2 = 6.0 \times 10^{-5}\ \text{m}^2$$

综合性能参数为

$$h^{\frac{3}{2}} \left(\frac{\alpha}{\lambda A_m} \right)^{\frac{1}{2}} = 0.037\ 5^{\frac{3}{2}} \times \left(\frac{7.10}{202.5 \times 6.0 \times 10^{-5}} \right)^{\frac{1}{2}} = 0.175\ 5$$

查图 2-8 得环形散热器效率为

$$\eta_f = 0.96$$

故散热器热阻为

$$R_{sa} = \frac{1}{\alpha A \eta_f} = \frac{1}{7.10 \times 0.014\ 7 \times 0.96}\ \text{K/W} = 9.98\ \text{K/W}$$

⑤ 求总热阻。

安装热阻为

$$R_{cs} = R_w + R_{co} = (0.141 + 0.40)\ \text{K/W} = 0.541\ \text{K/W}$$

故得总热阻为

$$R_t = R_{jc} + R_{cs} + R_{sa} =$$
$$(0.42 + 0.541 + 9.98)\ \text{K/W} = 10.941\ \text{K/W}$$

⑥ 求晶体管结温。

晶体管结点相对环境的温升为

$$\Delta t = \Phi R_t = 10 \times 10.941\ ^\circ\text{C} = 109.41\ ^\circ\text{C}$$

故得晶体管结温为

$$t_j = t_a + \Delta t = 25\ ^\circ\text{C} + 109.41\ ^\circ\text{C} = 134.41\ ^\circ\text{C} > 125\ ^\circ\text{C}$$

计算结果表明，所设计的环形肋片散热器不足以排散晶体管的功率耗散热，晶体管结温高于要求的 125 ℃。

例 2-2　功率管功耗为 45 W，安装在含有 64 个 3 mm 直径的圆柱形针肋散热器上，散热器材料的导热系数是 202.5 W/(m·K)，柱长为 20 mm，放在送风的管道中；垫片直径为 25 mm，导热系数是 0.433 W/(m·K)，厚为 0.03 mm。如果接触热阻 $R_{co} = 0.25$ K/W，结壳热阻 $R_{jc} = 0.28$ K/W。试确定该功率管能否在 125 ℃ 的结温下工作。管道中的空气质量流速是 8.5 kg/(m²·s)，且空气的平均温度是 25 ℃。

解：

① 求圆柱形针肋底座表面（肋基）温度。

内热阻为 $R_{jc} = 0.28$ K/W。

接触热阻为 $R_{co} = 0.25$ K/W。

垫片热阻为

$$R_w = \frac{\delta}{\lambda A} = \frac{0.03 \times 10^{-3}}{0.433 \left(\frac{\pi}{4} \right) (25 \times 10^{-3})^2}\ \text{K/W} = 0.141\ \text{K/W}$$

安装热阻为

$$R_{cs} = R_w + R_{co} = 0.141 \text{ K/W} + 0.25 \text{ K/W} = 0.391 \text{ K/W}$$

则有

$$R_{jc} + R_{cs} = 0.28 \text{ K/W} + 0.391 \text{ K/W} = 0.671 \text{ K/W}$$

由此可得圆柱形针肋的底座（肋基）温度为

$$t_o = t_j - \Phi(R_{jc} + R_{cs}) = (125 - 45 \times 0.671) \text{ ℃} = 94.8 \text{ ℃}$$

② 求空气物性参数。

空气的定性温度取膜温，即空气的平均温度与底面温度的算术平均值为

$$t_f = \frac{94.8 + 25}{2} \text{ ℃} = 59.9 \text{ ℃}$$

查空气物性参数表可得

空气动力黏度：

$$\mu_a = 20.1 \times 10^{-6} \text{ Pa} \cdot \text{s}$$

空气导热系数：

$$\lambda_a = 2.90 \times 10^{-2} \text{ W/(m} \cdot \text{K)}$$

空气普朗特数：

$$Pr = 0.696$$

③ 求表面传热系数。

雷诺数为

$$Re = \frac{ud}{\nu} = \frac{Gd}{\mu_a} = \frac{8.5 \times 3 \times 10^{-3}}{20.1 \times 10^{-6}} = 1\,268$$

表面传热系数为

$$\alpha = 1.4 \frac{\lambda}{d} Re^{0.28} Pr^{\frac{1}{3}} = 1.4 \times \frac{2.90 \times 10^{-2}}{3 \times 10^{-3}} \times 1\,268^{0.28} \times$$

$$0.696^{\frac{1}{3}} \text{ W/(m}^2 \cdot \text{K)} = 88.68 \text{ W/(m}^2 \cdot \text{K)}$$

④ 求散热器效率。

翅片参数为

$$m = \sqrt{\frac{4\alpha}{\lambda d}} = \sqrt{\frac{4 \times 88.68}{202.5 \times 3 \times 10^{-3}}} = 24.16 \text{ m}^{-1}$$

则散热器的效率为

$$\eta_f = \frac{\tanh(mh)}{mh} = \frac{\tanh(24.16 \times 20 \times 10^{-3})}{24.14 \times 20 \times 10^{-3}} = \frac{0.448\,9}{0.483\,2} = 0.929$$

⑤ 求散热器可排散的热量。

散热器传热面积为

$$A = 61\pi dh = 61\pi \times (3 \times 10^{-3}) \times (20 \times 10^{-3}) \text{ m}^2 = 0.011\,5 \text{ m}^2$$

散热器热阻为

$$R_{sa} = \frac{1}{\alpha A \eta_f} = \frac{1}{88.68 \times 0.011\,5 \times 0.929} \text{ K/W} = 1.056 \text{ K/W}$$

则散热器可排散热量为

$$\varPhi=\frac{\Delta t}{R_{\mathrm{sa}}}=\frac{94.8-25}{1.056}\ \mathrm{W}=66.1\ \mathrm{W}>45\ \mathrm{W}$$

因此,散热器可以在结温小于 125 ℃ 的条件下工作。

思考题与习题

2-1　在电子设备热控应用中设计肋片散热器的原则是什么?电子元器件常采用哪几种系列的散热器?

2-2　对于必须考虑肋片末梢端面散热的场合,如何用简化处理方法代替较烦琐的理论解?

2-3　试用简洁语言阐述肋片散热效率 η_{f} 和带肋片壁面的表面效率(总效率) η_{o} 的物理意义,并分别写出它们的表达式。

2-4　试分别写出流体流过壁面、流体流过肋片以及流体流过带肋片壁面的换热热阻的定义式,并说明影响这些热阻的因素。

2-5　何谓针肋散热器?针肋强化传热的机理是什么?

2-6　有的读者认为随着肋片高度的增加,肋片的散热量必定增加,你认为这种观点对吗?根据图 2-11 和表 2-1 的研究结果,你对肋片参数的优化可得出什么结论?

2-7　如果要通过增加散热面积来增加散热量的话,为什么采用多个小肋片的方案要优于采用少数大肋片的方案?航空航天器上电子设备散热时,为什么应优先使用 ρ/λ 比值较小的材料?

2-8　分析并画出电子元器件芯体-散热器的热阻图,并分别说明降低内热阻 R_{jc}、安装热阻 R_{cs} 和散热器热阻 R_{sa} 的方法和途径。

2-9　在温度为 260 ℃ 的壁面上伸出一根纯铝的圆柱形肋片,直径 $d=25\ \mathrm{mm}$,高 $h=150\ \mathrm{mm}$。该柱体表面受温度 $t_{\mathrm{f}}=16\ ℃$ 的气流冷却,表面传热系数 $\alpha=15\ \mathrm{W/(m^2\cdot K)}$。肋端绝热。试计算该柱体的对流散热量。如果将柱体的长度增加一倍,其他条件不变,则柱体的对流散热量是否也增加一倍?从充分利用金属的观点来看,是采用一个长的肋好还是采用两个长度为其一半的较短的肋好?

2-10　在外径 $d_{\mathrm{o}}=25\ \mathrm{mm}$ 的管壁上装有铝制的等厚度环肋,肋片间距 $s_{\mathrm{f}}=9.5\ \mathrm{mm}$,环肋高 $h=12.5\ \mathrm{mm}$,厚 $\delta_{\mathrm{f}}=0.8\ \mathrm{mm}$。管壁温度 $t_{\mathrm{w}}=200\ ℃$,流体温度 $t_{\mathrm{f}}=90\ ℃$,管基及肋片与流体之间对流换热的表面传热系数为 $110\ \mathrm{W/(m^2\cdot K)}$。试确定每米长肋片管(包括肋片及基管部分)的散热量。

2-11　某铝制针状散热器(见图 2-15)的表面平均温度 $t_{\mathrm{s}}=80\ ℃$,环境温度 $t_{\infty}=35\ ℃$,强制风冷,风速 $u=5\ \mathrm{m/s}$。试问该换热器能否带走 $\varPhi=40\ \mathrm{W}$ 的热量?已知针数为 $8\times8=64$ 根,针高 $h=19\ \mathrm{mm}$,针径 $d=3.2\ \mathrm{mm}$,铝制针肋的导热系数 $\lambda_{\mathrm{f}}=170\ \mathrm{W/(m\cdot K)}$。

2-12　一块尺寸为 $10\ \mathrm{mm}\times10\ \mathrm{mm}$ 的芯片(见图 2-16 中的 1),通过 $0.02\ \mathrm{mm}$ 的环氧树脂层(见图 2-16 中的 2)与厚 $10\ \mathrm{mm}$ 的铝散热板(见图 2-16 中的 3)相连接。芯片与铝散热板间的环氧树脂的热阻可取为 $0.9\times10^{-4}\ \mathrm{m^2\cdot K/W}$。芯片及散热板的四周绝热,上下表面与 $t_{\infty}=25\ ℃$ 的环境换热,表面传热系数均为 $\alpha=150\ \mathrm{W/(m^2\cdot K)}$。芯片本身可视为一等温物体,其热流密度为 $1.5\times10^4\ \mathrm{W/m^2}$。铝散热板的导热系数为 $260\ \mathrm{W/(m\cdot K)}$。过程是稳态的。试画出这一热传递过程的热阻分析图,并确定芯片的工作温度。

提示：芯片的热阻为零，其内热源的生成热可以看成是由外界加到该节点上的。

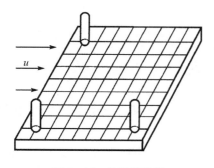

图 2-15　针状散热器

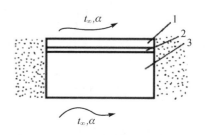

图 2-16　习题 2-12 附图

第3章 电子设备用冷板和换热器设计

3.1 冷板的功能和特点

卫星、宇宙飞船、飞机和导弹等航空航天器对体积和质量的严格限制,促进了电子设备用冷板冷却技术的发展。冷板是一种单流体的热交换器,经常用作电子设备的底座,它通过空气、水或其他冷剂在通道中的强迫对流,带走安装在其上的电子设备或元器件的耗散热。例如在宇宙飞行器上,经常通过采用了液体冷剂的循环冷却冷板系统,将电子设备的热量传递到辐射板或飞行器蒙皮上,再排散到温度为绝对零度的太空中。为提高冷板的散热能力,冷板通道中常装有各种高效肋片。

冷板具有如下特点:

① 冷板一般采用高导热系数材料制成,只要元器件放置适当,就可使冷板表面接近等温,从而带走较大的集中热载荷。

② 冷剂通过间壁吸收电子元器件的耗散热,由于两者不直接接触,故可避免冷剂对电子元器件的污染。

③ 由于冷板采用间接冷却方式,故可采用一些介电性能不好但是传热性能优良的冷剂,如水,从而提高冷板冷却效率。

④ 冷板通道的当量直径较小,通道可布置各种高效肋片,故冷板表面传热系数高。

因此,冷板冷却系统在电子设备热控制中得到越来越广泛的应用,尤其在功率密度高,体积和质量受到严格限制的场合,冷板更有特别优势。

3.2 冷板的结构类型

常用冷板按其所用冷剂不同可分为气冷式冷板和液冷式冷板两类。气冷式冷板一般是以空气为介质,使其与冷板对流,从而带走电子设备的耗散热。液冷式冷板则采用水和乙二醇等液体作为冷却介质。气冷式冷板和液冷式冷板的结构类似。由于气体的表面传热系数较低,故气冷式冷板通道内一般都要采用增强对流换热的各种肋表面。由于液体的表面传热系数较高,故在过去液冷式冷板一般不采用肋片增强换热。近年来,由于电子元器件的功率密度急剧增长,液冷式冷板也越来越多地采用各种特殊结构肋片,这样做不仅大大增加了传热面积,同时也使流体在通道中形成强烈扰动,从而有效地降低热阻,进一步提高液冷冷板的传热效率。目前,气冷冷板的适用功率密度可达 1.5 W/cm^2,液冷冷板的功率密度约为 5 W/cm^2。

冷板的选用可根据设备或元器件的热流密度、热源的分布状况(集中、均布、非均布)、许用温度、许用压降及工作环境条件等因素综合考虑。对于热量均匀分布的中、小功率器件,可选用强制空气冷却冷板;对于高功率密度器件,可选用强制液冷冷板。

典型的冷板一般由盖板、肋片、底板和封条组成,其结构形式如图 3-1 所示。

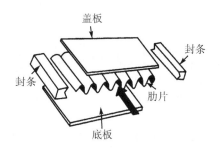

图 3-1 典型的冷板结构

3.2.1 冷板常用肋片形式

肋片是冷板的基本元件,传热过程主要通过肋片热传导及肋片与流体之间的对流换热来完成。根据冷剂与传热工况的不同,肋片可采用不同的结构形式。冷板常用肋片的结构形式如图 3-2 所示。

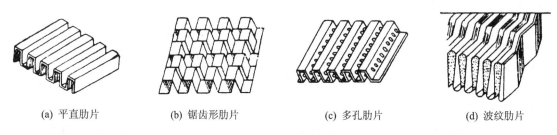

(a) 平直肋片　　　　(b) 锯齿形肋片　　　　(c) 多孔肋片　　　　(d) 波纹肋片

图 3-2 冷板常用肋片形式

1. 平直肋片

平直肋片由薄金属片冲压或滚轧而成,其换热和流动阻力特性与管内流动相似。相对其他结构形式的肋片,其特点是传热系数和流动阻力系数都比较小。这种肋片一般用于流动阻力要求较小而其自身的传热系数又比较大(例如液侧或相变)的场合。平直肋片具有较高的承压强度。

2. 锯齿形肋片

锯齿形肋片可看作是由平直肋片切成许多短小的片断,并且相互错开一定间隔而形成的间断式肋片。这种肋片对促进流体的湍动和破坏热阻边界层十分有效,属于高效能肋片;但流动阻力也相应增大。锯齿形肋片多用于需要强化换热(尤其是气侧)的场合。

3. 多孔肋片

多孔肋片是先在薄金属片上冲孔,然后再冲压或者滚轧成形。肋片上密布的小孔使热阻边界层不断破裂,从而提高了传热性能。多孔有利于流体均匀分布,但同时也使肋片的传热面积减小,肋片强度降低。多孔肋片多用于导流片及流体中夹杂颗粒或相变传热的场合。

4. 波纹肋片

波纹肋片是将金属片冲压或滚轧成一定的波形,形成弯曲流道,通过不断改变流体的流动方向,促进流体的湍动、分离和破坏热阻边界层,其效果相当于肋片的折断。波纹愈密、波幅愈大,越能强化传热。

如上所述,肋片形式很多,并各有所长。肋片的选择,需根据最高工作压力、传热能力、允许压力降、流体性能、流量和有无相变等因素的不同进行综合考虑。一般肋片的高度和厚度是根据传热系数 α 的大小来确定的。为了有效发挥肋片的作用,使其有较高的肋片效率,在传热系数较大的场合,选用低而厚的肋片;相反,在传热系数小的场合,以选用高而薄的肋片为宜,这样可以增加换热面积,弥补传热系数的不足。肋片的形状根据流体的性能和设计使用的条件来选定。对于高温流体和低温流体之间温差较大的情况,宜选用平直肋片;对于温差较小的情况,则宜选用锯齿肋片;若流体的黏度较大,如油等,宜选用锯齿肋片,以增加扰动;如果流体中含有固体悬浮物,则选用平直肋片;如果在传热过程中有冷凝和蒸发等情况,则宜选用平直肋片或多孔肋片。

表 3-1 和表 3-2 为国内、国外部分厂家生产的肋片结构参数。

表 3-1　国内生产的部分肋片参数

形　式	肋高 h/mm	肋厚 $\delta_{\text{f}}/\text{mm}$	肋距 b/mm	单位宽度通道截面积 $S_2/(\text{m}^2 \cdot \text{m}^{-1})$	单位面积冷板的传热面积 $S_1/(\text{m}^2 \cdot \text{m}^{-2})$	当量直径 d_{e}/mm	肋面积与传热面积比 A_{f}/A	单位面积肋片质量/ $(\text{kg} \cdot \text{m}^{-2})$
平直形	4.7	0.3	2	3.74×10^{-3}	6.1	2.45	0.722	2.498
	6.5	0.2	1.4	5.4×10^{-3}	10.714	2.02	—	2.93
	6.5	0.3	2.0	5.27×10^{-3}	7.9	2.67	0.785	3.24
	9.5	0.6	2.0	8.37×10^{-3}	11.10	3.02	—	3.03
	9.5	0.6	4.2	7.63×10^{-3}	5.952	5.13	—	4.88
锯齿形	4.7	0.3	2.0	3.74×10^{-3}	6.1	2.45	0.722	2.50
	6.5	0.2	1.4	5.4×10^{-3}	10.714	2.02	0.833	2.93
	9.5	0.2	1.4	7.97×10^{-3}	15.0	2.13	0.885	4.10
	9.5	0.2	1.7	8.21×10^{-3}	12.706	2.58	0.861	3.47
多孔形	4.7	0.3	2.0	3.47×10^{-3}	6.10	2.45	0.65	2.50
	6.5	0.2	1.4	5.4×10^{-3}	10.714	2.02	0.833	2.93
	6.5	0.2	1.7	5.56×10^{-3}	9.176	2.42	0.800	2.51
	6.5	0.3	0.2	5.27×10^{-3}	7.9	2.67	0.766	3.24

表 3-2　国外生产的部分肋片参数

形　式	肋高 h/mm	肋厚 $\delta_{\text{f}}/\text{mm}$	肋距 b/mm	单位宽度通道截面积 $S_2/(\text{m}^2 \cdot \text{m}^{-1})$	单位面积冷板的传热面积 $S_1/(\text{m}^2 \cdot \text{m}^{-2})$	当量直径 d_{e}/mm	肋面积与传热面积比 A_{f}/A	用　途
平直形	9.5	0.2	1.4	7.97×10^{-3}	15.0	2.12	0.885	气
	9.5	0.2	1.7	8.21×10^{-3}	12.7	2.58	0.861	
	9.5	0.2	2.0	8.37×10^{-3}	11.1	3.016	0.838	
	6.5	0.3	2.0	5.24×10^{-3}	7.9	2.688	0.785	液、蒸发
	4.7	0.3	2.0	3.74×10^{-3}	6.1	2.45	0.722	液

形　式	肋高 h/mm	肋厚 δ_f/mm	肋距 b/mm	单位宽度 通道截面积 S_2/(m²·m⁻¹)	单位面积冷板 的传热面积 S_1/(m²·m⁻²)	当量直径 d_e/mm	肋面积与 传热面积比 A_f/A	用　途
锯齿形	9.5	0.2	1.4	$7.97×10^{-3}$	15.0	2.12	0.885	气
	9.5	0.2	1.7	$8.21×10^{-3}$	12.7	2.58	0.861	
	4.7	0.3	2.0	$3.74×10^{-3}$	6.1	2.45	0.722	液
多孔形	6.5	0.3	2.0	$5.27×10^{-3}$	7.28	2.668	0.766	液、蒸发
	6.5	0.2	1.4	$5.4×10^{-3}$	10.26	2.016	0.833	
	6.5	0.2	1.7	$5.56×10^{-3}$	8.806	2.42	0.800	
	4.7	0.3	2.0	$3.74×10^{-3}$	5.1	2.45	0.647	液
备 注	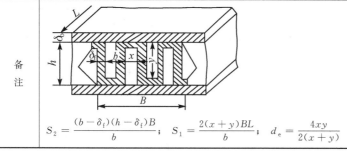 $$S_2 = \frac{(b-\delta_f)(h-\delta_f)B}{b}; \quad S_1 = \frac{2(x+y)BL}{b}; \quad d_e = \frac{4xy}{2(x+y)}$$								

注：表中数据为日本神户钢铁所生产肋片的数据。

3.2.2　盖板、底板及隔板

　　冷板的盖板、底板及多层冷板用的隔板材料一般都采用铝板(如 LF21)，并采用真空焊接工艺将肋片、封条固定，组成冷板的通道。盖板、底板的厚度一般为 3～6 mm，隔板的厚度取 0.4～2 mm。

　　两层肋片之间的隔板，又称复合板，它是在母体金属(铝锰合金)表面覆盖一层 0.1～0.14 mm 的铝硅钎料合金层。在钎焊时，合金熔化而使肋片与金属平板焊接成整体。盖板和底板一般可采用单面复合板。

　　钎料一般都是含硅 6.8%～8.2% 的铝合金，另外还含微量的铜、铁、锌、锰、镁等元素，这类合金的熔点一般比母材低 40 ℃ 左右。

3.2.3　封　条

　　封条位于每层通道的两侧，其结构形式有多种，但常用的有燕尾形、燕尾槽形、矩形和外凸矩形四种，如图 3－3 所示。封条一般用铝型材制成，在它两侧及上下两面均有 0.15 mm 高的斜度，这是为了在与盖板和底板(或两层隔板)组成通道时形成缝隙，便于钎料的渗透，以形成饱满的焊缝。

燕尾形　　　　燕尾槽形　　　　矩　形　　　　外凸矩形

图 3－3　封条形式

3.3　冷板传热表面的几何特性

在冷板设计计算中,首先需要确定与传热表面有关的几何特性。下面讨论各种冷板常用传热表面通用的几何特性。

1. 传热表面的几何特性

(1) 水力半径

水力半径定义为最小自由流通面积 A_c 与湿周 U 之比,用 r_h 表示,即

$$r_h = \frac{A_c}{U} = \frac{A_c}{A/L} = L\frac{A_c}{A} \tag{3-1}$$

式中:A——总传热面积,m^2;

　　　L——流体流动长度,m。

在冷板设计计算中,$A/A_c = L/r_h$ 也是一个直接有用的参数。

(2) 当量直径

当量直径定义为 4 倍的最小自由流通面积 A_c 与湿周之比,用 d_e 表示,即

$$d_e = \frac{4A_c}{U} = \frac{4A_c}{A/L} = \frac{4A_c L}{A} = 4r_h \tag{3-2}$$

对于圆截面管,$d_e = 4r_h$ 就是管的直径。

(3) 肋片面积比

冷板的肋片表面积 A_f 与总传热表面积 A 之比,称为肋片面积比,用 φ 表示,即

$$\varphi = \frac{A_f}{A} \tag{3-3}$$

(4) 孔　度

孔度定义为冷板通道的横截面积(最小自由流通面积 A_c)与冷板迎风面积 A_y 之比,用 σ 表示,即

$$\sigma = \frac{A_c}{A_y} \tag{3-4}$$

为了写出冷板传热表面的几何特性,特别规定下列符号:

- L——流体流动长度,m;
- B——流道总宽度,m;
- N——多层冷板流道层数;
- δ_f——肋片厚度,m;
- h——肋片高度,m;
- s——通道高度,m;
- δ_p——隔板(盖板、底板)厚度,m。

传热表面中最基本的两种肋片为平直矩形肋片和三角形肋片,其几何尺寸如图 3-4 所示。实际的矩形肋片为圆角而不是图 3-4(a)所示的直角。

对于单面热负荷的冷板,采用平直矩形肋片时,其肋片高度为

$$h = s - \delta_f \approx s \tag{3-5}$$

对于三角形肋片,其高度为

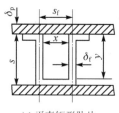　　　　　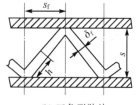

(a) 平直矩形肋片　　　　　　　(b) 三角形肋片

图 3 - 4　最基本的两种肋片

$$h = \sqrt{s^2 + s_f^2} \tag{3-6}$$

对于比较低矮的三角形肋片,由于存在钎焊焊缝,可以不考虑肋片倾斜的影响,仍可认为 $h = s$。

对于两面是均匀载荷的冷板,其肋片高度只能算到通道中部的绝热面为止,如图 3 - 4 所示,这种情况下,可得平直矩形肋片导热的高度为

$$h = (s - \delta_f)/2 \approx s/2 \tag{3-7}$$

对于三角形肋片,其高度为

$$h = \sqrt{s^2 + s_f^2}/2 \tag{3-8}$$

由于存在钎焊焊缝,可以不考虑肋片倾斜的影响,仍可用式(3 - 7)计算。

导热高度的另一近似式为

$$h = \frac{s}{2} - \delta_f \tag{3-9}$$

当 $h \gg \delta_f$ 时,式(3 - 7)和式(3 - 9)均可用于工程计算。

图 3 - 4 中的 s_f 表示肋片间距,设以 n 表示肋片密度,即每米长度上具有的肋片数,则

$$s_f = \frac{1}{n} \tag{3-10}$$

2. 常用传热表面的几何特性计算式

在冷板设计计算中,需要针对所选定的肋片形状和几何参数计算其当量直径 d_e 和肋片面积比 φ 等。下面对平直矩形肋片和三角形肋片分别列出计算公式。

(1) 矩形肋片

由图 3 - 4 可知,

肋片内距:

$$x = s_f - \delta_f$$

肋片内高:

$$y = s - \delta_f$$

水力半径:

$$r_h = \frac{xy}{2(x+y)}$$

当量直径:

$$d_e = \frac{4xy}{2(x+y)} = \frac{2xy}{(x+y)}$$

对于多层冷板有,

一次(隔板)传热面积:

$$A_p = 2NxLB/s_f$$

二次(肋片)传热面积:

$$A_f = 2NyLB/s_f$$

总传热面积:

$$A = A_p + A_f = 2NLB(x + y)/s_f$$

肋片面积比:

$$\varphi = \frac{A_f}{A} = \frac{2NyLB/s_f}{2N(x + y)LB/s_f} = \frac{y}{x + y}$$

(2) 三角形肋片

三角形肋片的当量直径为

$$d_e = \frac{2(s_f s - 2h\delta_f)}{(s_f - \delta_f) + 2h} \approx \frac{2(s_f s - 2h\delta_f)}{s_f + 2h}$$

对于多层冷板有,

一次传热面积:

$$A_p = 2N(s_f - \delta_f)LB/s_f$$

二次传热面积:

$$A_f = 4NhLB/s_f$$

总传热面积:

$$A = A_p + A_f = 2NLB[(s_f - \delta_f) + 2h]/s_f$$

肋片面积比:

$$\varphi = \frac{A_f}{A} = \frac{2h}{(s_f - \delta_f) + 2h}$$

3.4　无相变工况下冷板传热表面的传热和阻力特性

本节重点介绍各种形式的冷板传热表面在无相变工况下传热及阻力特性的经验关系式和曲线,设计者应很好掌握并正确选用。

3.4.1　传热和阻力特性的经验关系式

传热表面基本上可分为连续流道表面和具有边界层频繁间断的流道表面。在连续流道表面上,横截面上的速度和温度分布通常是充分发展的;而在后一种表面上,当每次边界层间断时,流动都是正在发展中。充分发展的流动和正在发展的流动的传热和阻力特性通常是明显不同的,下面分别加以讨论。

1. 充分发展的层流流动

理论分析得出,恒物性下充分发展层流的 Nu 为常数,与 Re 和 Pr 无关,但与流道的几何形状和热边界条件有关,壁面与流体的换热主要按导热的方式来处理。范宁摩擦系数 f 与雷诺数 Re 的乘积 fRe 为常数,与流道的几何形状有关。

Shah 与 London 得出的几种简单几何形状流道的充分发展型层流的理论解如表 3-3 所列。表中的两种不同边界条件分别为:

① 通道的轴向与周向壁面温度保持恒定,以下标 T 表示;

② 通道的任一截面的周向壁面温度与轴向热流密度保持不变,以下标 H 表示。

由表 3-3 可以看出,对于矩形通道,从上到下 Nu_H 逐渐增大,可见宽高比大的矩形通道优于三角形通道,因为 Nu 大,j/f 也大。对同样热负荷,宽高比大的通道,不仅可以减小换热面积,而且可减小迎风面积。

表 3-3　充分发展层流传热和压降理论解

几何结构 $(L/d_e > 100)$	Nu_H	Nu_T	fRe	$\dfrac{Nu_H}{Nu_T}$	$\dfrac{j}{f}$
60° 三角形	3.11	2.47	13.33	1.26	0.263
正方形 $\dfrac{b}{a}=1$	3.61	2.98	14.2	1.21	0.286
圆形	4.364	3.66	16	1.19	0.307
矩形 $\dfrac{b}{a}=4$	5.33	4.44	18.3	1.20	0.328
矩形 $\dfrac{b}{a}=8$	6.49	5.60	20.6	1.16	0.355
矩形 $\dfrac{b}{a}=\infty$	8.235	7.54	24	1.09	0.386

2. 充分发展的湍流流动

在充分发展的湍流流动下,流经管子的范宁摩擦系数取决于管壁表面粗糙度和雷诺数。

对于传热特性,在 $2\,300 < Re < 5 \times 10^6$ 和 $0.5 < Pr < 2\,000$ 时,Gnielinsk 推荐下面的关系式:

$$Nu = \frac{(f/2)(Re - 1\,000)Pr}{1 + 12.7(f/2)^{0.5}(Pr^{2/3} - 1)} \qquad (3-11)$$

式中,f 值按下式计算:

$$f = (1.58\ln Re - 3.28)^{-2} \qquad (3-12)$$

式(3-11)和式(3-12)适用于通道为圆形或非圆形、流体为气体和液体的情况,在常物性、湍流条件下,它们优于其他关系式(如 Dittus-Boelter 和 Colburn 等)。

此外,在充分发展湍流流动范围内常用的精度较高的方程还有 Dittus-Boelter 方程,即

$$Nu = 0.023Re^{0.8}Pr^n \qquad (3-13)$$

流体被加热时,$n = 0.4$;流体被冷却时,$n = 0.3$。

式(3-13)的适用范围是:

① 流体与壁面温差　气体不超过 50 ℃,水不超过 20～30 ℃;

② 定性温度　管道进出口截面算术平均值;

③ 特性尺度　圆形通道取管内径 d，非圆形通道取当量直径 d_e；

④ 实验验证范围　$10^4 \leqslant Re \leqslant 1.25 \times 10^5$，$0.7 \leqslant Pr \leqslant 120$，$L/D > 60$。

3. 过渡区域的层流流动

雷德(Reid)根据蜂窝状管的试验数据，提出一个空气在 $Re = 10^3 \sim 10^4$ 时(试验压力约 1.01×10^5 Pa)适用的经验关系式

$$\left.\begin{array}{l} Nu = 6\left(\dfrac{Re}{1\,000}\right)^{2/3} = 0.06 Re^{2/3} \\[3mm] f = 0.021\left(\dfrac{Re}{1\,000}\right)^{-0.25} \end{array}\right\} \tag{3-14}$$

式(3-14)常用来计算三角形或矩形肋片的冷板传热系数，但只有在 $Re > 2\,200$ 时才比较准确。

4. 正在发展的层流流动

冷板中常采用的间断传热表面，其传热问题一般属于正在发展的层流流动或热入口段的层流换热。在讨论时通常假设一种便于理论求解的情况，即速度分布已充分发展而温度分布正在发展，Pr 高的介质($Pr \geqslant 5$)可以认为近似符合这种假设。这是因为普朗特数 $Pr = \nu/a = c_p\mu/\lambda$，它反映黏性扩散与热扩散能力之比。常用流体的 Pr 为 $0.6 \sim 4\,000$，可以说，最小的 Pr 是接近于 1 的。当 $\nu/a > 1$ 时，黏性扩散能力大于热扩散能力，流动边界层厚度 δ 大于热边界层厚度 δ_t。对于 Pr 高的介质($Pr \geqslant 5$)，就会出现速度分布已充分发展而温度分布正在发展的情况。对于 $Pr \approx 1$ 的介质，热边界层和速度边界层以相同的速率发展，属于正在发展的速度和温度分布的情况。

正在发展的层流流动可由比值 x^* 来判断，即

$$x^* = \frac{x/d_e}{RePr} \tag{3-15}$$

当 $x^* \geqslant 0.05$ 时为充分发展的层流流动；当 $x^* < 0.05$ 时为正在发展的层流流动，其对流换热的 Nu 值与 x^* 有关。

Shah 和 London 总结了圆管和非圆管具有充分发展的速度分布和正在发展的温度分布情况，公式是

$$\left.\begin{array}{l} Nu_{x,T} = 0.427(fRe)^{\frac{1}{3}}(x^*)^{-\frac{1}{3}} \\[2mm] Nu_{m,T} = 0.641(fRe)^{\frac{1}{3}}(x^*)^{-\frac{1}{3}} \\[2mm] Nu_{x,H} = 0.517(fRe)^{\frac{1}{3}}(x^*)^{-\frac{1}{3}} \\[2mm] Nu_{m,H} = 0.775(fRe)^{\frac{1}{3}}(x^*)^{-\frac{1}{3}} \end{array}\right\} \tag{3-16}$$

式中，f 为充分发展流动下的范宁摩擦系数；Re 为雷诺数；下标 T 和 H 分别表示有恒壁温和恒热流两类热边界条件；对于间断表面，$x = l$，l 为间断表面长度，各种传热表面的间断长度 l 如图 3-5 所示。

式(3-16)推荐用于 $x < 0.001$ 的情况。

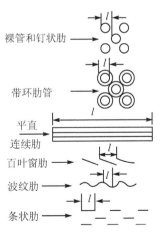

图 3-5　各种传热表面的间断长度

3.4.2 扩展表面的试验数据和关系式

大量文献提供了各种扩展表面传热和阻力特性的实验数据,并表示成统一格式的表格和图线,具有极高的使用价值。图 3-6 给出了几种常用肋片组成的冷板通道的 j 和 f 因子的实验曲线图。实验数据一般以 j - Re 和 f - Re 的曲线表示。

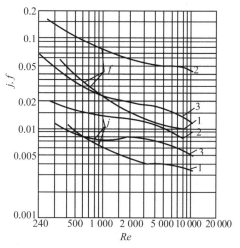

1—平直形; 2—锯齿形; 3—多孔形

图 3-6 不同肋片组成的冷板通道 j 和 f 系数的实验曲线

对于采用不同肋片形式的冷板通道,其 j 和 f 因子也可按公式计算。

Weiting 根据 22 种锯齿肋片的传热和压降实验数据拟合出下列关系式:

层流区,$Re \leqslant 1\ 000$ 时,

$$\left. \begin{array}{l} f = 7.661 \left(\dfrac{a}{d_e} \right)^{-0.384} \left(\dfrac{s_f - \delta_f}{s - \delta_f} \right)^{-0.092} Re^{-0.712} \\[3mm] j = 0.483 \left(\dfrac{a}{d_e} \right)^{-0.162} \left(\dfrac{s_f - \delta_f}{s - \delta_f} \right)^{-0.184} Re^{-0.536} \end{array} \right\} \qquad (3-17)$$

湍流区,$Re \geqslant 2\ 000$ 时,

$$\left. \begin{array}{l} f = 1.136 (a/d_e)^{-0.781} (\delta_f/d_e)^{0.534} Re^{-0.198} \\[3mm] j = 0.242 (a/d_e)^{-0.322} (\delta_f/d_e)^{0.089} Re^{-0.368} \end{array} \right\} \qquad (3-18)$$

实验的参数范围为

$$0.7 \leqslant a/d_e \leqslant 5.6, \quad 0.03 \leqslant \delta_f/d_e \leqslant 0.166$$

$$0.162 \leqslant \frac{s_f - \delta_f}{s - \delta_f} \leqslant 1.196, \quad 0.65\ \text{mm} \leqslant d_e \leqslant 3.41\ \text{mm}$$

式中:a——锯齿肋片的切开长度,mm。

为得到过渡区的 j 和 f 数据,先根据下式确定参考 Re^*:

$$\left. \begin{array}{l} Re_f^* = 41 \left(\dfrac{a}{d_e} \right)^{0.772} \left(\dfrac{s_f - \delta_f}{s - \delta_f} \right)^{-0.179} \left(\dfrac{\delta_f}{d_e} \right)^{-1.04} \\[3mm] Re_j^* = 61.9 \left(\dfrac{a}{d_e} \right)^{0.952} \left(\dfrac{s_f - \delta_f}{s - \delta_f} \right)^{-1.1} \left(\dfrac{\delta_f}{d_e} \right)^{-0.53} \end{array} \right\} \qquad (3-19)$$

这里参考雷诺数 Re_{f}^{*} 是层流区（$Re \leqslant 1\,000$）与湍流区（$Re \geqslant 2\,000$）两条 $f\text{-}Re$ 曲线交点处的 Re；同理，Re_{j}^{*} 是两条 $j\text{-}Re$ 曲线交点处的 Re。若 $Re < Re_{\mathrm{f}}^{*}$，用式（3-17）拟合 f；否则用式（3-18）确定 f。若 $Re < Re_{\mathrm{j}}^{*}$，用式（3-17）拟合 j；否则用式（3-18）确定 j。上述经验关系式，在有 85% 数据拟合的均方根差中，f 在 15% 以内，j 在 10% 以内。在实验参数范围内，对肋片性能预测得相当好。式（3-17）和式（3-18）只能作有限的外推延伸，且仅适用于空气或气体工质。

3.4.3　强迫液体流动的基本方程

和空气一样，可以用标准的流体流动方程来求解液体的传热问题。对大多数的空气流动方程进行一些较小的修改后也可以用于液体的流动。

对于通过光滑管道的层流状态，雷诺数 Re 小于 $2\,000$，传热因子 j 可由下式求得

$$j = \frac{1.6}{\left(\dfrac{L}{d}\right)^{0.333} Re^{0.666}} \tag{3-20}$$

强迫对流换热表面传热系数 α_{c} 在层流区域内随低质量流速 G 值的变化相当小。在该区域内，强迫对流换热表面传热系数实际上由当量直径决定，它随当量直径减小而迅速增加。但在湍流区，质量流速增加会导致对流换热表面传热系数也相应增加。

对于通过光滑管道的湍流状态，雷诺数 Re 大于 $7\,000$，传热因子 j 可由下式求得

$$j = \frac{0.025}{Re^{0.2}} \tag{3-21}$$

上述关系应用于普朗特数 Pr 为 $1.5 \sim 2.0$ 的低速液体。

液体流经光滑导管和管道的压降关系由达西空气流动方程决定。当用水柱高度表示压力损失时，使用下式计算：

$$H_{\mathrm{L}} = 4f\,\frac{L}{d}\,\frac{u^{2}}{2g} \tag{3-22}$$

式中，H_{L} 的单位为 $\mathrm{mH_2O}$（$1\ \mathrm{mH_2O} = 9\,806\ \mathrm{Pa}$），该式可用于层流或湍流状态。对于圆管中的层流状态，在式（3-22）中使用的范宁摩擦因子 f 如表 3-3 所列，其中

$$f = \frac{16}{Re} \tag{3-23}$$

有时用哈根-波伊塞利摩擦系数 f' 来表示速度头损失更方便。此时，速度头损失关系用下式表示：

$$H_{\mathrm{L}} = f'\,\frac{L}{d}\,\frac{u^{2}}{2g} \tag{3-24}$$

对于圆管内的层流，使用的哈根-波伊塞利摩擦系数如下式所示：

$$f' = \frac{64}{Re} \tag{3-25}$$

对于雷诺数达到 $10\,000$ 的湍流状态，式（3-24）中的摩擦系数如下式所示：

$$f' = \frac{0.316}{Re^{0.25}} \tag{3-26}$$

对于雷诺数高达 $30\,000$ 的湍流状态，式（3-24）使用的摩擦系数用下式表示：

$$f' = \frac{0.184}{Re^{0.2}} \tag{3-27}$$

3.5 冷板的压力损失

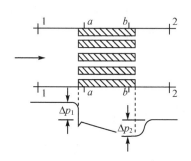

图 3-7 冷板的进出口压力变化

流体流经冷板装置时,一般在冷板进口处发生流动收缩,而在出口处发生流动膨胀。这种突然的流动收缩和膨胀,都会引起附加的流动压力损失。流体流经冷板通道(内装肋片或不装肋片)时有摩擦损失。如图 3-7 所示,流体由截面 1—1 流入通道截面 a—a 时,压力损失由两部分组成:

① 由于面积收缩,使流体动能增加而引起的压力损失,是压力能与动能之间的能量转换。这种压力变化是可逆的,即当截面由小变大时,它又可使压力增加;

② 由于突缩段不可逆自由膨胀而引起的压力降低。

同样,流体由截面 b—b 到截面 2—2 的出口压力回升也类似地分成两部分:

① 由于流体截面变化引起的压力升高;

② 由于突扩段不可逆自由膨胀和动量变化而引起的压力损失。

流体在冷板通道内的压力损失主要是由流体与传热表面之间的黏性摩擦损失以及因流体动量变化而引起的压力降低这两部分组成。

将冷板进口的压力损失 Δp_1、出口的压力回升 Δp_2 及通道内的压力损失 Δp_{cf} 加起来,可得冷板的压降为

$$\Delta p = \Delta p_1 + \Delta p_{cf} - \Delta p_2 \tag{3-28}$$

通过理论推导得出

$$\Delta p = \frac{G^2 v_1}{2}\left[(1-\sigma^2+K_c)+2\left(\frac{v_2}{v_1}-1\right)+\frac{4fL}{d_e}\frac{v_m}{v_1}-(1-\sigma^2-K_e)\frac{v_2}{v_1}\right] \tag{3-29}$$

式中:G——单位面积的质量流量,又称为质量流速,kg/(m² · s);

v_1——冷却剂进口时的比体积,m³/kg;

v_2——冷却剂出口时的比体积,m³/kg;

v_m——冷却剂的平均比体积,m³/kg;

σ——冷板孔度;

K_c——由突缩段不可逆过程引起的收缩损失系数或进口压力损失系数;

K_e——由突扩段不可逆过程引起的扩大损失系数或出口压力损失系数;

f——摩擦系数,查图 5-18 或用公式计算。

式(3-29)中,括号内各项与 $G^2 v_1/2$ 的乘积分别代表:第 1 项为进口压力损失 Δp_1;第 2 项为通道中流体动量变化引起的压力损失;第 3 项为通道中流体的黏性摩擦损失;第 4 项为出口的压力回升 Δp_2。在各项压力损失中,通常以黏性摩擦项占最大比例,因此在近似计算中可以主要考虑黏性摩擦项,而将其他各项暂时略去。

K_c 与 K_e 值的大小与通道的截面形状、σ 值和 Re 有关,通常可根据图 3-8 和图 3-9 的压力损失系数曲线查取。

应该指出,上述曲线是根据冷却剂以匀速流入通道并形成充分发展(全展开)流的条件下

得到的。但是,这样的假定不适用于由间断式肋表面(如锯齿状肋)所组成的通道。在这种情况下,可将各种截面通道的 K_c 和 K_e 值按 $Re = \infty$ 取值。当 $Re = \infty$ 时,各种表面 K_c 和 K_e 值的曲线相同。试验结果表明,冷却剂在肋片式通道中的进、出口损失约占总压降损失的 10% 左右。

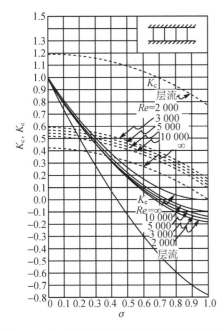

图 3-8 矩形冷板通道的进口压力损失系数

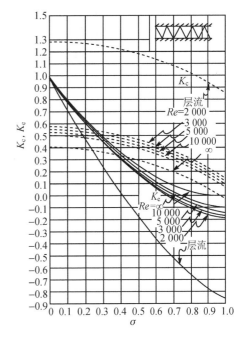

图 3-9 三角形冷板通道的进口压力损失系数

3.6 冷板传热计算中的基本参数和方程

冷板传热计算的基本方程如下:

对流换热热流量为

$$\Phi = \alpha A \Delta t_m \eta_0 \tag{3-30}$$

式中:α——对流换热表面传热系数,W/(m² · K);

　　　A——参与对流换热的表面面积,m²;

　　　Δt_m——平均对数温差,℃;

　　　η_0——冷板的表面效率(总效率)。

冷却剂所吸收的、冷板上电子元器件所耗散的热流量为

$$\Phi = q_m c_p (t_2 - t_1) \tag{3-31}$$

式中:q_m——冷却剂的质量流量,kg/s;

　　　c_p——冷却剂的比定压热容,J/(kg · K);

　　　t_2——冷却剂的出口温度,℃;

　　　t_1——冷却剂的进口温度,℃。

若略去冷板向外界的散热热流量,则通过冷板的对流换热热流量与冷却剂所吸收的热流量相等,即

$$\alpha A \Delta t_m \eta_0 = q_m c_p (t_2 - t_1) \qquad (3-32)$$

如前所述,由于冷板材料(铜或铝)的导热系数较高,以及冷板本身传热的特点,使冷板表面趋向于等温,冷板实际的工作状态类似于图 3-10 的情况。

根据图 3-10,由传热学可知,式(3-30)中的对数平均温差可写成

$$\Delta t_m = \frac{(t_s - t_1) - (t_s - t_2)}{\ln[(t_s - t_1)/(t_s - t_2)]} = \frac{t_2 - t_1}{\ln[(t_s - t_1)/(t_s - t_2)]} \qquad (3-33)$$

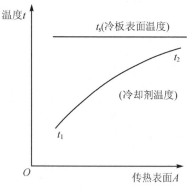

图 3-10　冷板表面的温度分布曲线

将式(3-33)代入式(3-32)得

$$\ln \frac{t_s - t_1}{t_s - t_2} = \frac{\alpha A \eta_0}{q_m c_p} = \mathrm{NTU}$$

式中,$\mathrm{NTU} = \alpha A \eta_0 / (q_m c_p)$ 为冷板的传热单元数。由上式可得

$$e^{\mathrm{NTU}} = \frac{t_s - t_1}{t_s - t_2} \qquad (3-34)$$

因此,冷板的表面温度 t_s 为

$$t_s = \frac{e^{\mathrm{NTU}} t_2 - t_1}{e^{\mathrm{NTU}} - 1} \qquad (3-35)$$

如前所述,冷板是单流体的热交换器,其传热单元数 $\mathrm{NTU} = \alpha A \eta_0 / (q_m c_p)$,其中 $\alpha A \eta_0$ 表示当冷板的平均对数温差为 1 ℃ 时所传递的热量,$(q_m c_p)$ 是流体的热容量,因此 NTU 是表示冷板传热能力的一个重要的无量纲量。

冷板热效能(效率)的定义为

$$\eta = \frac{t_2 - t_1}{t_s - t_1} \qquad (3-36)$$

式(3-34)的两边变号再加 1,可得

$$1 - e^{\mathrm{NTU}} = 1 - \frac{t_s - t_1}{t_s - t_2} = \frac{t_s - t_2 - t_s + t_1}{t_s - t_2} = \frac{t_2 - t_1}{t_s - t_1}$$

将上式代入式(3-36)可得

$$\eta = 1 - e^{-\mathrm{NTU}} \qquad (3-37)$$

3.7　冷板的设计计算

冷板的设计计算,通常可分为两类问题:校核性计算和设计性计算。

校核性计算是对已有冷板装置的散热能力进行核算或变工况计算;设计性计算是根据给定的工作条件及耗散热量,确定冷板所需的传热面积,进而决定冷板的结构尺寸。

在这两类设计问题中,都存在着冷板上的热负载是属于均温或非均温分布的问题。非均温冷板的计算比较复杂,需要采取数值模拟传热的计算方法,读者可参考有关资料,本节只讨论均温冷板的设计计算。

3.7.1　冷板的校核性计算

校核性计算的步骤是:

① 对已有冷板装置,需通过查阅相关设计资料、测量或计算,确定如下参数:冷板尺寸、

肋片参数、当量直径 d_e、通道截面积 A_c、总换热面积 A、肋片换热面积 A_f 以及原设计的冷却剂流量和热负载功率。

② 根据所要求的散热量,计算冷却剂的温升,即

$$\Delta t = \frac{\Phi}{q_m c_p}$$

③ 计算定性温度。

定性温度取流体在通道中的平均膜温。平均膜温是表面温度与流体平均温度的算术平均值,即

$$t_f = \frac{t_s + t_a}{2} = \frac{1}{2}\left[t_s + \frac{1}{2}(t_1 + t_2)\right]$$

或

$$t_f = \frac{1}{4}(2t_s + t_1 + t_2) \quad （冷板表面平均温度 \ t_s \ 为设定值）$$

④ 查取在定性温度下的物性参数(如 c_p,μ,Pr 等),计算流体在流道中的质量流速和雷诺数,即

$$G = \frac{q_m}{A_c}$$

$$Re = \frac{d_e G}{\mu}$$

⑤ 计算对流换热表面传热系数。

由 Re 值,根据所用传热表面的换热特性(实验关联式和相应曲线图或表)确定对应的传热因子 j 或努塞尔数 Nu,然后可用 j 或 Nu 的定义式求得表面传热系数 α 为

$$\alpha = jGc_p Pr^{-\frac{2}{3}}$$

或

$$\alpha = \frac{\lambda}{d_e}Nu$$

⑥ 计算肋片效率及总效率(表面效率)。

肋片效率为

$$\eta_f = \frac{\tanh(mh)}{mh}$$

式中：$m = \sqrt{\dfrac{2\alpha}{\lambda_f \delta_f}}$——肋片参数,$m^{-1}$;

　　h——肋片高度,m;

　　λ_f——肋片材料的导热系数,W/(m·K);

　　δ_f——肋片厚度,m。

总效率(视盖板和底板的效率为1)为

$$\eta_0 = 1 - \left(\frac{A_f}{A}\right)(1 - \eta_f)$$

式中,A_f/A 值可查表 3-1 或表 3-2。

⑦ 计算传热单元数(NTU),即

$$\text{NTU} = \alpha\eta_0 A/(q_m c_p)$$

⑧ 计算冷板表面温度,即

$$t_s = \frac{e^{NTU} \cdot t_2 - t_1}{e^{NTU} - 1} \leqslant [t_s]$$

其中,带方括号的数值表示该值的最大允许值。

⑨ 计算压降。

由 Re 值,根据所用传热表面的阻力特性(实验关联式和相应曲线图或表),确定对应的摩擦系数 f 或其他阻力系数值,然后计算压降 Δp,并须保证

$$\Delta p \leqslant [\Delta p]$$

⑩ 比较 $t_s \leqslant [t_s]$ 和 $\Delta p \leqslant [\Delta p]$。如不满足条件,则需改变冷剂的流量,重复步骤④~⑨,直至达到要求为止。

3.7.2 冷板的设计性计算

冷板的设计性计算问题,因其基本几何尺寸及传热面积未知,计算难以着手,在这种情况下,往往需要凭借设计者的经验或资料,根据已经给定的运行参数要求,假设传热表面和流动方式,先构想一个冷板结构,然后再按校核设计的方法验算其是否满足性能要求,如不满足则修改原设定的几何结构参数,再重新进行性能计算,直至满足要求为止。通过采用这种试凑和迭代的方法,一般最后都能获得较为满意的设计方案。其设计步骤如下:

① 根据预设的冷板结构尺寸、选取的肋片材料和规格尺寸,通过查表或计算获得冷板通道的当量直径 d_e、单位面积冷板的传热面积 S_1(m^2/m^2)、单位宽度冷板通道的横截面积 S_2(m^2/m)、肋面积与传热面积比 A_f/A,以及冷板质量、体积和强度等参数。

② 取定性温度为 t_1 时冷却剂的物性参数。

③ 计算冷却剂的温升,即

$$\Delta t = \frac{\Phi}{q_m c_p}$$

④ 计算冷却剂的出口温度,即

$$t_2 = t_1 + \Delta t$$

⑤ 计算定性温度,即

$$t_f = \frac{1}{4}(2t_s + t_1 + t_2)$$

按定性温度查取冷却剂的物性参数(c_p, μ, Pr 等)。

⑥ 设冷板宽度为 B,则得通道截面积为

$$A_c = BS_2$$

⑦ 计算冷却剂的质量流速,即

$$G = \frac{q_m}{A_c}$$

⑧ 计算雷诺数,即

$$Re = \frac{d_e G}{\mu}$$

⑨ 计算表面传热系数。

由 Re 值,根据所用传热表面的换热特性(实验关联式和相应曲线图或表)确定对应的传

热因子 j 或努塞尔数 Nu,然后可用 j 或 Nu 的定义式求得表面传热系数 α 为

$$\alpha = jGc_p Pr^{-\frac{2}{3}}$$

或

$$\alpha = \frac{\lambda}{d_e} Nu$$

⑩ 计算肋片效率及总效率。

肋片效率:

$$\eta_f = \frac{\tanh(mh)}{mh}$$

总效率:

$$\eta_0 = 1 - \left(\frac{A_f}{A}\right)(1 - \eta_f)$$

⑪ 计算热效能(效率)。

根据设定的冷板表面平均温度 t_s,由式(3-36)得冷板效能(效率)为

$$\eta = \frac{t_2 - t_1}{t_s - t_1}$$

⑫ 计算传热单元数,即

$$e^{NTU} = 1/(1 - \eta)$$

⑬ 计算传热总面积,即

$$A = \frac{NTU q_m c_p}{\alpha \eta_0}$$

⑭ 计算冷板的长度 L,即

$$L = \frac{A}{S_1 B}$$

⑮ 计算压降。

由 Re 值,根据所用传热表面的阻力特性(实验关联式和相应曲线图或表),确定对应的摩擦系数 f 或其他阻力系数值,然后计算压降 Δp,并须保证

$$\Delta p \leqslant [\Delta p]$$

⑯ 比较 $A \leqslant [A]$ 和 $\Delta p \leqslant [\Delta p]$,若不满足要求,则重新设定冷板宽度 B,重复步骤 ⑥~⑯。如果只改变 B 难以满足要求,则可重新选择肋片规格尺寸,直至符合要求为止。

例 3-1 已知气冷式冷板的结构尺寸如图 3-11 所示,该冷板采用锯齿形肋片强化传热,肋片参数:

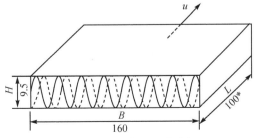

图 3-11 锯齿形肋片冷板

---

* 本书图中未注单位的长度尺寸均以 mm 为单位。

- 尺寸 $(H \times \delta_f \times B) = 9.5 \text{ mm} \times 0.2 \text{ mm} \times 1.4 \text{ mm}$;
- 当量直径 $d_e = 2.13 \text{ mm}$;
- 单位面积冷板的传热面积 $S_1 = 15 \text{ m}^2/\text{m}^2$;
- 单位宽度冷板的通道截面积 $S_2 = 7.97 \times 10^{-3} \text{ m}^2/\text{m}$;
- $A_f/A = 0.885$。

当设定冷却空气进口温度 $t_1 = 30 \text{ ℃}$,流量为 $0.4 \text{ m}^3/\text{min}$ 时,试校核该冷板能否排散单面均布功率器件的耗散热 100 W,并保证冷板表面的温度 $t_s \leqslant 70 \text{ ℃}$,通道压力损失 $\Delta p \leqslant 480 \text{ Pa}$。

解:

① 计算冷板相关几何参数:

- 冷板的体积 $V = BLH = 160 \text{ mm} \times 100 \text{ mm} \times 9.5 \text{ mm} = 1.52 \times 10^{-4} \text{ m}^3$;
- 冷板迎风面积 $A_y = BH = 160 \text{ mm} \times 9.5 \text{ mm} = 1.52 \times 10^{-3} \text{ m}^2$;
- 冷板通道截面积 $A_c = BS_2 = 160 \times 10^{-3} \text{ m} \times 7.97 \text{ m}^2/\text{m} = 1.27 \times 10^{-3} \text{ m}^2$;
- 总换热面积 $A = BLS_1 = 160 \times 10^{-3} \text{ m} \times 100 \times 10^{-3} \text{ m} \times 15 \text{ m}^2/\text{m}^2 = 0.24 \text{ m}^2$。

② 计算冷却空气的流量。

查空气物性表得 $t_1 = 30 \text{ ℃}$ 时其密度 $\rho = 1.165 \text{ kg/m}^3$,比定压热容 $c_p = 1\,005 \text{ J/(kg·K)}$。

流经冷板的流速为

$$u = \frac{q_v}{A_c} = \frac{0.4/60}{1.275 \times 10^{-3}} \text{ m/s} = 5.23 \text{ m/s}$$

流经冷板的质量流量为

$$q_m = q_v \rho = \frac{0.4}{60} \times 1.165 \text{ kg/s} = 7.767 \times 10^{-3} \text{ kg/s}$$

③ 计算冷却空气的温升。

冷却空气的温升为

$$\Delta t = \frac{\Phi}{q_m c_p} = \frac{100}{7.767 \times 10^{-3} \times 1\,005} \text{ ℃} = 12.81 \text{ ℃}$$

$$t_2 = t_1 + \Delta t = (30 + 12.81) \text{ ℃} = 42.81 \text{ ℃}$$

④ 计算定性温度并查取物性参数。

取 $t_s = 80 \text{ ℃}$,于是可得

$$t_f = \frac{1}{4}(2t_s + t_1 + t_2) = \frac{1}{4}(2 \times 70 + 30 + 42.81) \text{ ℃} = 53.2 \text{ ℃}$$

查空气物性表得 $t_f = 53.2 \text{ ℃}$ 时物性参数为 $c_p = 1\,005 \text{ J/(kg·K)}$,$Pr = 0.697$,$\mu = 19.76 \times 10^{-6} \text{ Pa·s}$,$\rho = 1.082 \text{ kg/m}^3$,并得质量流量为

$$q_m = q_v \rho = \frac{0.4}{60} \times 1.082 \text{ kg/s} = 7.213 \times 10^{-3} \text{ kg/s}$$

⑤ 计算表面传热系数。

质量流速:

$$G = \rho u = 1.082 \times 5.23 \text{ kg/(m}^2 \cdot \text{s)} = 5.66 \text{ kg/(m}^2 \cdot \text{s)}$$

雷诺数:

$$Re = \frac{Gd_e}{\mu} = \frac{5.66 \times 2.13 \times 10^{-3}}{19.76 \times 10^{-6}} = 610$$

由图 3-6 查得 $j=0.015$，故得表面传热系数为

$$\alpha = jGc_pPr^{-2/3} = 0.015 \times 5.66 \times 1\,005 \times 0.697^{-2/3}\ \text{W/(m}^2 \cdot \text{K)} = 108\ \text{W/(m}^2 \cdot \text{K)}$$

⑥ 计算肋片效率和总效率。

已知肋高 $H=9.5 \times 10^{-3}$ m，肋厚 $\delta_f = 0.2 \times 10^{-3}$ m，肋片材料导热系数 $\lambda_f = 192$ W/(m·K)，故得

$$m = \left(\frac{2\alpha}{\lambda_f \delta_f}\right)^{\frac{1}{2}} = \left(\frac{2 \times 108}{192 \times 0.2 \times 10^{-3}}\right)^{\frac{1}{2}}\ \text{m}^{-1} = 75.0\ \text{m}^{-1}$$

$$mH = 75 \times 9.5 \times 10^{-3} = 0.712\,5$$

$$\eta_f = \frac{\tanh(mH)}{mH} = \frac{0.611\,8}{0.712\,5} = 0.859$$

$$\eta_0 = 1 - \frac{A_f}{A}(1-\eta_f) = 1 - 0.885 \times (1-0.859) = 0.875$$

⑦ 计算传热单元数。

传热单元数为

$$\text{NTU} = \frac{\alpha A \eta_0}{q_m c_p} = \frac{108 \times 0.24 \times 0.875}{7.213 \times 10^{-3} \times 1\,005} = 3.12$$

⑧ 计算冷板表面温度。

冷板表面温度为

$$t_s = \frac{\text{e}^{\text{NTU}} t_2 - t_1}{\text{e}^{\text{NTU}} - 1} = \frac{\text{e}^{3.12} \times 42.81 - 30}{\text{e}^{3.12} - 1}\ ℃ = 43.4\ ℃ < 70\ ℃$$

⑨ 计算压力损失。

根据式（3-29）计算

$$\Delta p = \frac{G^2 v_1}{2}\left[(K_c + 1 - \sigma^2) + 2\left(\frac{v_2}{v_1} - 1\right) + \frac{4fL}{d_e}\frac{v_m}{v_1} - (1 - \sigma^2 - K_e)\frac{v_2}{v_1}\right]$$

孔度 $\sigma = A_c/A_y = 0.838\,8$。

进口 $K_c = f(\sigma, Re)$，查图 3-8 得 $K_c = 0.11$。

出口 $K_e = f(\sigma, Re)$，查图 3-8 得 $K_e = 0.03$。

于是有

$$K_c + 1 - \sigma^2 = 0.406\,4$$

$$1 - \sigma^2 - K_e = 0.266\,4$$

$$G^2 = 32.0\ [\text{kg/(m}^2 \cdot \text{s)}]^2$$

查图 3-6 得 $f=0.09$。

查空气物性表：

$t_1 = 30$ ℃ 时，

$$\rho_1 = 1.165\ \text{kg/m}^3, \quad v_1 = 1/\rho_1 = 0.858\,4\ \text{m}^3/\text{kg}$$

$t_2 = 42.81$ ℃ 时，

$$\rho_2 = 1.118\ \text{kg/m}^3, \quad v_2 = 1/\rho_2 = 0.894\,3\ \text{m}^3/\text{kg}$$

则有

$$v_m = \frac{v_1 + v_2}{2} = 0.876\,4\ \text{m}^3/\text{kg}$$

又已知 $L=0.1$ m，$d_e = 2.13 \times 10^{-3}$ m，将以上数据代入式（3-29），得

$$\Delta p = \frac{32.0 \times 0.858\,4}{2}\left[0.406\,4 + 2 \times \left(\frac{0.894\,3}{0.858\,4} - 1\right) + \frac{4 \times 0.09 \times 0.1}{2.13 \times 10^{-3}} \times \frac{0.876\,4}{0.854\,8} - \right.$$

$$\left. 0.266\,4 \times \frac{0.894\,3}{0.854\,8}\right] = 13.68 \times (0.404\,6 + 0.08 + 17.33 - 0.28)\ \text{Pa} =$$

$$240\ \text{Pa} \leqslant 480\ \text{Pa}$$

校核结果表明,该冷板用于耗散功率 100 W 时,在冷却空气进口温度为 30 ℃,体积流量为 0.4 m³/s 的情况下,冷板表面温度 t_s 和压力损失 Δp 值均低于许用值且有较大余量。

3.8　冷板式强迫液体冷却系统

大功率耗散的电子设备常用强迫液体冷却的冷板装置来控制热点温度。冷板由传热能力高的铝板或铜板制成,电子组件直接紧固到冷板上,这就在从组件到冷板中的冷却液体之间提供了一条热阻尽可能小的热流路径,如图 3 - 12 所示。

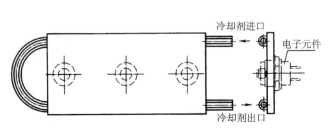

图 3 - 12　液冷式冷板

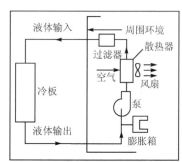

图 3 - 13　冷板式液体强迫对流冷却系统

典型的冷板式液体强迫对流冷却系统如图 3 - 13 所示。这种系统用泵把吸收了电子设备耗散热的冷却剂抽到远处的空气——液体热交换器(散热器),然后用大型风扇驱动冷却空气通过热交换器使液体冷却。经冷却的液体又被抽回冷板,再次吸收电子设备的耗散热,而吸收了冷却液体热量的空气则被排放到周围环境中。

冷板式液体冷却系统常常用于在外层空间工作的导弹和卫星上。冷却液体通常循环通过冷板,吸收安装在冷板上的组件的热量,然后将液体抽到飞行器背阳面上的空间辐射体。液体的热被空间辐射体吸收,并散入温度为绝对零度(-270 ℃)的空间。经冷却的液体又被抽回电子设备再次吸热。

美国海军广泛利用这种冷却系统排散电子系统热量。电子组件安装在冷板上,用去离子蒸馏水(淡水)作为冷却剂。用淡水强迫对流冷却要比用强迫空气对流冷却有效得多。水的比热容是空气的 4 倍,所以在同样温升和质量流量的情况下,水吸收热量是空气的 4 倍。

淡水循环通过远处的热交换器进行冷却,热交换器的一边是吸收了电子设备耗散热的淡水,另一边是海水,淡水被冷却后返回到电子设备的冷板。海水吸收淡水的热量后又被排入大海。使用时应注意防止淡水在冬天或在寒冷的工作环境中结冰。

3.8.1　液体冷却系统用泵

在液体冷却系统中,为了选择合适的泵,必须计算冷却液流过全系统的总压力损失。通常要计算三个主要的压降:

①摩擦压降,它由液体的速度和管内的表面粗糙度决定。

②高度差压降。

③由弯头、三通和过渡段等附件引起的压降。这些附件常常是电子设备液体冷却系统的主要压降源。

如同在空气冷却系统中那样,很难得到液体冷却系统压降的精确计算结果,所以常采用近似计算方法。一种比较方便的方法是利用各种附件(如弯头、三通等)的等效管长。由于通过不同粗糙度的直管道的压降已有众多资料给出了精确的理论分析或实验测量结果,所以直管压降的计算已被大大简化。一些研究人员通过理论和实验研究,得出了将各种类型管道附件的压降等效成相应长度直管段压降的数据。为了得到计算各种附件等效管长的共同基础,可把有效长度表示成圆管道的直径数。按照这种方法,可以确定许多管道附件的等效长度。表 3-4 列出了用等效直径表示的几种附件的有效长度。这些值适用于湍流流动条件,但它们也可近似用于层流流动时的压降估算。

表 3-4　各种管道附件的等效长度

附件类型	等效长度(直径数)
45°弯管	15
90°弯管,45°斜接,半径为 0	60
90°弯管,弯曲半径为 1.0 个管径	32
90°弯管,弯曲半径为 1.5 个管径	26
90°弯管,弯曲半径为 2.0 个管径	20
180°弯管,弯曲半径为 1.5 个管径	50
180°弯管,弯曲半径为 4~8 个管径	10
球形阀,全开	300
闸阀,全开	7
闸阀,关闭 1/4	40
闸阀,关闭 1/2	200
闸阀,关闭 3/4	800
管接头	0

在管道进口处也会产生压力损失,这取决于进口的几何形状。表 3-5 中列出了一些典型进口形式的损失。进口压力损失表示成等效管长,该等效管长也用圆管直径数表示。

泵除了必须克服系统所有附件、热交换器和冷板等的总压降外,还须保证有适量的冷却剂在冷却系统中循环以满足电子设备的控温要求。此外,驱动泵的电动机要与泵匹配,以防止电动机过载。

有各种不同类型的泵可供选用,如齿轮泵、往复式泵以及离心泵等。齿轮泵具有一对相互啮合的齿轮,通过齿轮旋转,冷却液被吸入并被齿轮挤压而使其压头和动能都得到提高。齿轮泵结构紧凑,且不像离心泵那样易被气体阻塞。往复式泵依靠活塞(或滑阀)在泵缸内作往复运动来吸入和压出液体冷剂。往复式泵常用于高压力、小流量场合。离心式泵则是通过叶轮高速旋转产生的离心力使液体冷剂获得能量,从而使压力能和动能提高。离心泵可获得较高扬程,特别是多级离心泵更是如此。过去,离心泵的运行常受转轴动密封失效而引起的泄漏问题的困扰,近年来,已研制成一些运行时不用转轴密封的离心泵,因而可望获得长期不泄漏的系统。

表 3-5　各种管道进出口等效长度

开口形式	说　明	有效长度(直径数)
	直角边缘进口	20
	圆滑进口	2
	伸出进口	40
流向　A点	三通:在 A 点进入弯头	60
B点　支流	三通:在 B 点分叉进入弯头	90

液体冷却系统须配设各种安全和保护装置。如果液体的流动被阻塞或液体漏出,安全装置可用来关闭泵。各种保护装置可用于防止液体冷却系统因超压而损坏。

3.8.2　存储和膨胀箱

用来冷却电子设备的液体冷却系统常采用全密封结构。因此,必须采取一些措施来吸纳由于温度升高和流体热膨胀而增加的体积。此外,还必须去除冷却剂中的空气,提供某种缓冲装置来降低系统的压力波动。所有这些都是用膨胀箱来完成的,膨胀箱也起着液体冷却剂存储箱的作用。

3.8.3　液体冷却剂

从密度、黏度、导热系数和比热容等物性参数来看,水大概是最好的冷却液。为了长期正常运行,应使用去离子蒸馏水。当预计水的工作温度会降到冰点以下或者超过 100 ℃时,应该在水中添加乙二醇。当冷却回路中使用了铝和铜时,加入乙二醇还能防止通道腐蚀。但是,乙二醇的导热系数比水的低,所以加入乙二醇后将降低水的热性能。

其他多种液体都可用来冷却电子设备,如硅油,但它们的导热系数要比水低得多。coolanol45(由蒙斯安托化学公司制造的一种硅脂)是一种很有效的冷却剂,它的有效冷却范围为 −50～200 ℃。coolanol45 的黏度比水的高得多,用 coolanol 类冷却液代替水后,由于压降增加,系统中可能需要使用更大的泵电动机。

一种黏度与水近似的液体是 FC75。它是一种含氟化合物,由 3M 公司制造。这种液体的比热容大约是水的 1/4。表 3-6 列出了几种不同冷却液分别在 20 ℃、25 ℃和 60 ℃时的物性参数。

有关冷板式强迫空气冷却系统设计的详细内容在第 5 章中介绍。

表 3 - 6　常用冷却剂的物性参数

冷却剂		动力黏度/ (Pa·s)	密度/ (kg·m^{-3})	导热系数/ [W·(m·K)$^{-1}$]	比热容/ [kJ·(kg·K)$^{-1}$]	沸点/℃	冰点/℃
水	25 ℃	896×10^{-6}	995	0.610 9	4.178 4	100	0
	60 ℃	470×10^{-6}	982	0.654 2	4.178 4		
FC75	25 ℃	1 441×10^{-6}	1 757	0.064	1.038 3	101	−113
	60 ℃	847×10^{-6}	1 658	0.060 6	1.101 1		
coolanol25	25 ℃	4 500×10^{-6}	900	0.131 5	1.884 1	179	−87
	60 ℃	2 450×10^{-6}	875	0.128 1	2.009 7		
coolanol45	25 ℃	17 900×10^{-6}	890	0.135	2.009 7	179	−67
	60 ℃	6 960×10^{-6}	870	0.129 8	1.884 1		
质量浓度为 40%的乙二 醇水溶液	20 ℃	—	1 052	0.423	3.516 0	105	−24
	60 ℃	—	1 029	0.453	3.672 0		

　　例 3 - 2　水冷冷板底座上用螺栓安装有 16 个晶体管,每个晶体管耗散功率为 37.5 W,总耗散功率为 600 W。在进口温度为 35 ℃ 的情况下,冷却水以 62.8 g/s 的流量流经内径为 7.92 mm 的管道,如图 3 - 14 所示。晶体管安装表面的最高允许温度为 71 ℃。当在晶体管的安装接触面上使用硅脂时,求晶体管的表面温度和水以 62.8 g/s 的流量通过系统引起的压降。

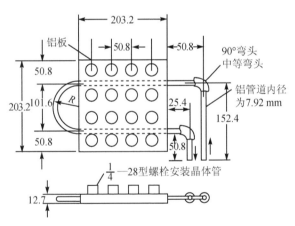

图 3 - 14　有 16 个晶体管的水冷冷板

解:

1) 求晶体管表面温度

首先求晶体管安装表面的温度,其方法是分段计算从晶体管到冷却水的热流路径上的温升。晶体管到冷却水的温升分段如下:

- Δt_1　晶体管壳体到散热器表面间的晶体管安装接触面的温升,接触面上使用硅脂;
- Δt_2　从晶体管到冷却水管道间的铝冷板的温升;
- Δt_3　从管壁到冷却水间的冷却水对流边界层的温升;
- Δt_4　当冷却水流经冷板吸收晶体管的热量时冷却水的温升。

① 根据表 3-7 求晶体管接触面的温升 Δt_1。在采用 1/4—28 型螺栓安装的晶体管的接触面上使用导热脂时，

$$\Delta t_1 = R\Phi = 0.3 \times 37.5 \ ℃ = 11.2 \ ℃$$

表 3-7　螺栓安装晶体三极管和二极管,从管壳到散热器的接触热阻 R

K/W

螺栓号	干　式	导热脂	云母垫片(厚 0.127 mm)
10—32	0.60	0.40	2.4
1/4—28	0.45	0.30	2.0

② 利用对称性求从一个晶体管到冷却水管道之间铝冷板的温升 Δt_2,如图 3-15 所示。热量经铝板传导,因此由导热方程(1-3)可得

$$\Delta t_2 = \frac{\Phi L}{\lambda A}$$

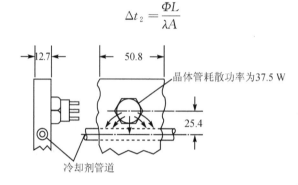

图 3-15　从晶体管到冷却水管道的传热路径

已知 $\Phi = 37.5 \ \text{W}, L = 25.4 \times 10^{-3} \ \text{m}, \lambda = 173.07 \ \text{W/(m·K)}, A = 50.8 \times 12.7 \times 10^{-6} \ \text{m}^2 = 0.645 \times 10^{-3} \ \text{m}^2$,故

$$\Delta t_2 = \frac{37.5 \times 25.4 \times 10^{-3}}{173.07 \times 0.645 \times 10^{-3}} \ ℃ = 8.5 \ ℃$$

③ 管内冷却水对流边界层的温升为

$$\Delta t_3 = \frac{\Phi}{\alpha_c A}$$

只有确定冷却水的流动是层流或湍流之后,才能求出冷却水管道中液体边界层的强迫对流换热表面系数 α_c。因此,须先求雷诺数

$$Re = \frac{Gd}{\mu}$$

已知 $q_m = 62.8 \ \text{g/s}, A_c = \frac{\pi}{4} \times (7.92 \times 10^{-3})^2 \ \text{m}^2 = 49.3 \times 10^{-6} \ \text{m}^2, G = \frac{q_m}{A_c} = \frac{62.8 \times 10^{-3}}{49.3 \times 10^{-6}}$ kg/(m²·s) $= 1.27 \times 10^3 \ \text{kg/(m}^2 \cdot \text{s)}, d = 7.92 \ \text{mm}, \mu = 722 \times 10^{-6} \ \text{Pa·s}, Re = \frac{1.27 \times 10^3 \times 7.92 \times 10^{-3}}{722 \times 10^{-6}} = 1.39 \times 10^4$。

由于雷诺数已超过 3 000,所以冷却水的流动是湍流流动。湍流流动的传热因子可根据式(3-21)求得

$$j = \frac{0.025}{Re^{0.2}} = \frac{0.025}{(1.39 \times 10^4)^{0.2}} = 0.003 \ 71$$

根据水的进口温度为 35 ℃,查得

$$c_p = 4\ 174\ \text{J/(kg·K)}$$

$$Pr = \frac{c_p \mu}{\lambda} = 4.8$$

故可由 $\alpha_c = jGc_pPr^{-2/3}$ 得

$$\alpha_c = 0.003\ 71 \times 4\ 174 \times 1.27 \times 4.8^{-2/3}\ \text{W/(m}^2\text{·K)} = 6\ 902\ \text{W/(m}^2\text{·K)}$$

管内冷却水边界层的温升为

$$\Delta t_3 = \frac{\Phi}{\alpha_c A}$$

已知 $\Phi = 600\ \text{W}, \alpha_c = 6\ 902\ \text{W/(m}^2\text{·K)}, A = \pi dL = \pi \times 7.92 \times 10^{-3} \times 203.2 \times 10^{-3} \times 2\ \text{m}^2 = 10.12 \times 10^{-3}\ \text{m}^2$,故

$$\Delta t_3 = \frac{600}{6\ 902 \times 10.12 \times 10^{-3}}\ ℃ = 8.5\ ℃$$

④ 冷却水流经冷板时的温升为

$$\Delta t_4 = \frac{\Phi}{q_m c_p}$$

已知 $\Phi = 600\ \text{W}, q_m = 62.8\ \text{g/s}, c_p = 4\ 174\ \text{J/(kg·K)}$,故

$$\Delta t_4 = \frac{600}{62.8 \times 10^{-3} \times 4\ 174}\ ℃ = 2.3\ ℃$$

⑤ 将热流路径上的所有温升与冷却水进口温度相加,求出晶体管的表面温度为

$t_s = (35 + \Delta t_1 + \Delta t_2 + \Delta t_3 + \Delta t_4) = (35 + 11.2 + 8.5 + 8.5 + 2.3)\ ℃ = 65.5\ ℃$
由于晶体管的表面温度低于 71 ℃,所以设计符合要求。

2) 求压降

系统压降可根据式(3-24)确定,即

$$\Delta p = f' \frac{L}{d} \cdot \frac{u^2}{2g}\quad (\text{mH}_2\text{O})$$

式中,f' 为哈根-波伊塞利摩擦系数,因为雷诺数 $Re = 1.39 \times 10^4 > 10\ 000$,故由式(3-26)得

$$f' = \frac{0.316}{Re^{0.25}} = \frac{0.316}{(1.39 \times 10^4)^{0.25}} = 0.029\ 1$$

又 $d = 7.92 \times 10^{-3}\ \text{m}, g = 9.8\ \text{m/s}^2$(重力加速度),$q_m = 62.8\ \text{g/s} = 62.8 \times 10^{-3}\ \text{kg/s}$(水的质量流量),$\rho = 994\ \text{kg/m}^3$(水的密度),故

$$A_c = \frac{\pi}{4} d^2 = 4.93 \times 10^{-5}\ \text{m}^2\quad (\text{流通面积})$$

$$u = \frac{q_m}{\rho A_c} = 1.28\ \text{m/s}\quad (\text{管内水流速度})$$

冷却水流动路径的总等效管长由直管长度加上表 3-4 所列的用等效直径数表示的等效管道附件长度求得。管道直径为 7.92 mm,如表 3-8 所列。

故

$$\Delta p = 0.029\ 1 \times \frac{1.079}{7.92 \times 10^{-3}} \times \frac{1.28^2}{2 \times 9.8}\ \text{mH}_2\text{O} = 0.331\ 4\ \text{mH}_2\text{O} = 3\ 249\ \text{Pa}$$

表 3－8　例 3－2 中各种管道附件的等效直径数和长度

附件类型	等效直径数	等效管道附件长度/cm
180°弯头,半径为 6 倍管径	10	7.9
90°弯头,半径为 2 倍管径	20	15.7
90°弯头,半径为 2 倍管径	20	15.7
直管：20.32＋20.32＋5.08＋2.54＋5.08＋15.24	—	68.6
总的等效管长		107.9

3.9　电子设备用换热器设计

换热器是电子设备热控系统中最常用的散热设备。电子设备冷却用换热器多采用间壁式换热器,其结构可看成是多层冷板叠加构成,间壁相邻两层通道中冷、热流体分别流过,热流体通过间壁将热量传给冷流体,从而使热流体可循环使用以吸走电子设备的耗散热。根据间壁两侧冷热流体流向相同、相反和交叉,可分为顺流型、逆流型和叉流型换热器,其中逆流型换热器换热效率最高,叉流型换热器效率次之。对于散热量要求较高的场合,常采用由多个芯体组成的逆流型叉流换热器。从上面的介绍可看出,换热器的传热计算可参考电子设备用冷板的传热计算,但须考虑间壁对两侧流体传热的影响。

3.9.1　换热器传热计算中的基本参数和方程

图 3－16 给出了换热器传热分析中有关基本参数的名称、单位及本书所采用的符号。流过换热器的热、冷两种流体分别用下标 1 和 2 来表示。如果把流体 1 传至流体 2 的热流量称为换热器的传热热流量,则间壁式换热器计算的基本方程如下：

流体 1 的放热热流量为

$$\Phi = q_{m1}c_1(t_1' - t_1'') = W_1(t_1' - t_1'') \tag{3-38}$$

流体 2 的吸热热流量为

$$\Phi = q_{m2}c_2(t_2'' - t_2') = W_2(t_2'' - t_2') \tag{3-39}$$

换热器的传热热流量为

$$\Phi = \int_A K(t_1 - t_2)\mathrm{d}A \tag{3-40}$$

如略去换热器向外界的散热热流量,则通过换热器的传热热流量、流体 1 的放热热流量及流体 2 的吸热热流量三者是相等的。

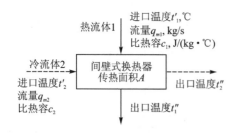

图 3－16　间壁式换热器的基本参数

式(3－38)和式(3－39)中流体的质量流量 q_m 与其比热容 c 的乘积 $q_m c = W$,简称为该流体的热容量(速率),即对应单位温度变化产生的流动流体的能量储存速率,单位为 W/K,令其中数值较小者为 $W_{min} = (q_m c)_{min}$,较大者为 $W_{max} = (q_m c)_{max}$。

式(3－40)用微元传热面传热热流量的积分来表示换热器总的传热热流量。通过微元传热面的传热热流量为

$$\mathrm{d}\Phi = K(t_1 - t_2)\mathrm{d}A \tag{3-41}$$

它正比于微元面两侧流体的温差$(t_1 - t_2)$和微元面面积。比例系数 K 称为传热系数,单位为 $\mathrm{W/(m^2 \cdot K)}$。流体在沿壁面流动的过程中,随着热量的传递,流体自身的温度也相应地发生变化。因此,在换热器的不同部位,传热间壁两侧流体间的温差$(t_1 - t_2)$是不同的,它取决于两流体流过间壁不同部位的顺序以及两流体的热容量。换热器中不同部位的传热系数也是不同的,它与该处间壁两侧流体的流动情况和流体物性有关。因此,式(3-40)中的 K 及$(t_1 - t_2)$为对应于 $\mathrm{d}A$ 处的值。

式(3-41)可写成积分形式,即

$$\int_\Phi \frac{\mathrm{d}\Phi}{t_1 - t_2} = \int_A K\,\mathrm{d}A \tag{3-42}$$

通常为简便起见,换热器的传热热流量可以用平均传热系数 K_m 及平均温差 Δt_m 来表示,即

$$\Phi = K_m \Delta t_m A \tag{3-43}$$

用这样的表达式计算比较简单。平均传热系数 K_m 和平均温差 Δt_m 的定义可以通过比较式(3-42)和式(3-43)得到

$$K_m = \frac{1}{A} \int_A K\,\mathrm{d}A \tag{3-44}$$

$$\frac{1}{\Delta t_m} = \frac{1}{\Phi} \int_\Phi \frac{\mathrm{d}\Phi}{t_1 - t_2} \tag{3-45}$$

一般情况下,换热器中传热系数变化不大,在换热器传热分析中,通常可以将它看成常数。因此,式(3-43)可写成

$$\Phi = K \Delta t_m A \tag{3-46}$$

与式(3-40)比较,则得出平均温差的定义式为

$$\Delta t_m = \frac{1}{A} \int_A (t_1 - t_2)\mathrm{d}A \tag{3-47}$$

3.9.2　换热器的传热热阻

由式(3-46),换热器的传热热流量可写成

$$\Phi = \frac{\Delta t_m}{\dfrac{1}{KA}} = \frac{\Delta t_m}{R} \tag{3-48}$$

式中,$R = 1/(KA)$ 称为换热器的热阻,单位为 $\mathrm{K/W}$。

间壁式换热器的总传热热阻由下述几项组成:

① 热流体侧对流换热热阻 R_1,包括该侧扩展表面或翅片的温度不均匀性产生的热阻;

② 间壁的导热热阻 R_w;

③ 冷流体侧对流换热热阻 R_2,包括该侧扩展表面或翅片的温度不均匀性产生的热阻;

④ 污垢热阻,考虑了热、冷流体两侧运行过程中的结垢影响。

图 3-17 给出了表述这个概念的热通路。为便于说明问题,通路中忽略了污垢热阻。依据图 3-17,将式(3-48)改写后得

$$\Phi = \frac{t_1 - t_2}{R_1 + R_w + R_2} \tag{3-49}$$

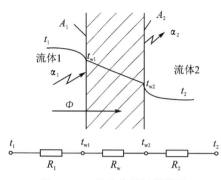

图 3-17　间壁传热过程简图

根据热电模拟关系,还可得到传热热流量、各处温度和各项热阻之间的关系如下:

$$\Phi = \frac{t_1 - t_{w1}}{R_1} = \frac{t_{w1} - t_{w2}}{R_w} = \frac{t_{w2} - t_2}{R_2}$$

$$(3-50)$$

式中:t_{w1},t_{w2}——间壁热、冷表面上的温度,℃。

对照式(3-48)和式(3-49)可以看出,

$$R = \frac{1}{KA} = R_1 + R_w + R_2 \qquad (3-51)$$

即间壁式换热器的总传热热阻为传热过程中各项热阻之和。式中间壁的导热热阻 R_w 的计算可参看第 1 章式(1-4)和式(1-7)。R_1 和 R_2 为流体与洁净光壁面间的对流换热热阻,其计算可参看式(1-10);当流体通过带肋片的壁面换热时,对流换热热阻的计算可参看第 2 章式(2-17)。

换热器中常使用换热器的“传热面积”和“传热系数”两个术语,要注意这二者是相关联的,因为换热器间壁两侧的表面积可能不同,所以传热系数是相对于约定的某一侧的表面积而言的。因此,常规两流体换热器的总传热热阻可表示为

$$\frac{1}{KA} = \frac{1}{K_1 A_1} = \frac{1}{K_2 A_2} \qquad (3-52)$$

由式(3-52)可知

$$K_1 A_1 = K_2 A_2 \qquad (3-53)$$

在换热器结构布置和估算中使用“传热面积”和“传热系数”是方便的;而在换热器传热分析中,则用传热热阻 $\frac{1}{KA}$ 较方便,因为它将间壁两侧的特征都包括在内了。

表 3-9 列出了典型间壁的传热热阻的组成。

表 3-9　典型间壁的传热热阻

间壁形式	间壁传热热阻 $\frac{1}{KA}\Big/(\mathrm{K \cdot W^{-1}})$
平　壁	$\dfrac{1}{KA} = \dfrac{1}{A_w}\left[\left(\dfrac{1}{\alpha} + r_d\right)_1 + \dfrac{\delta}{\lambda} + \left(r_d + \dfrac{1}{\alpha}\right)_2\right]$
圆管壁	$\dfrac{1}{KA} = \dfrac{1}{\pi d_i L}\left(\dfrac{1}{\alpha} + r_d\right)_1 + \dfrac{\ln(d_o/d_i)}{2\pi\lambda L} + \dfrac{1}{\pi d_o L}\left(\dfrac{1}{\alpha} + r_d\right)_2$
平壁两侧带翅片	$\dfrac{1}{KA} = \left[\left(\dfrac{1}{\alpha} + r_d\right)\dfrac{1}{A\eta_0}\right]_1 + \dfrac{\delta}{\lambda A_w} + \left[\left(r_d + \dfrac{1}{\alpha}\right)\dfrac{1}{A\eta_0}\right]_2$
圆筒壁外侧带翅片	$\dfrac{1}{KA} = \dfrac{1}{\pi d_i L}\left(\dfrac{1}{\alpha} + r_d\right)_1 + \dfrac{\ln(d_o/d_i)}{2\pi\lambda L} + \left[\left(r_d + \dfrac{1}{\alpha}\right)\dfrac{1}{A\eta_0}\right]_2$

符号:K——传热系数,W/(m² · K);　　　　　　d_i,d_o——圆管壁内、外径,m;

　　　A——表面积,m²;　　　　　　　　　　　　r_d——污垢系数,(m² · K)/W;

　　　A_w——平壁面积,m²;　　　　　　　　　　　L——圆管壁长度,m;

　　　δ——平壁厚度,m;　　　　　　　　　　　　η_0——表面效率。

　　下标:1——与流体 1 接触侧;

　　　　　2——与流体 2 接触侧

在确定换热器传热热阻时,重要的是先确定两侧流体对壁表面的对流传热系数 α 及污垢系数 r_d。对带翅片的换热表面,还要确定其表面效率 η_0。

表面效率 η_0 取决于翅片和基壁的结构参数及翅片效率。翅片效率与流体对翅片表面的传热系数、翅片形状、翅片材料的导热系数有关。

3.9.3　换热器传热计算的 η - NTU 法

在换热器设计计算中,平均温差法和 η - NTU 法都可以使用。而在校核计算中,推荐使用 η - NTU 法。这是因为在平均温差法中,由于出口温度估计值的偏差对平均温差计算值影响较大,往往需要多次试算才能满足要求;而在 η - NTU 法中出口温度估计值的偏差仅通过流体物性参数影响传热热阻,且一般情况下其影响较小。因而在相同计算误差要求下,使用 η - NTU 法作校核计算时,需要进行迭代计算的次数要比平均温差法少得多。因此,本小节重点介绍换热器传热计算的 η - NTU 法。

1. 基本参数

在换热器传热计算的效率-传热单元数(η - NTU)法中,涉及换热器效率、传热单元数、热容比等基本参数,下面分别加以讨论。

(1) 换热器效率

换热器效率(效能)定义为换热器的实际传热热流量 Φ 与理论上最大可能的传热热流量 Φ_{max} 之比,即

$$\eta = \frac{\Phi}{\Phi_{max}} = \frac{W_1(t_1' - t_1'')}{W_{min}(t_1' - t_2')} = \frac{W_2(t_2'' - t_2')}{W_{min}(t_1' - t_2')} \qquad (3-54)$$

当 $(q_m c_p)_1 = W_1 = W_{min}$ 时,有

$$\eta = \frac{t_1' - t_1''}{t_1' - t_2'} = \frac{热流体的冷却程度}{两流体的进口温差} \qquad (3-55)$$

当 $(q_m c_p)_2 = W_2 = W_{min}$ 时,有

$$\eta = \frac{t_2'' - t_2'}{t_1' - t_2'} = \frac{冷流体的加热程度}{两流体的进口温差} \qquad (3-56)$$

当换热器效率以式(3-55)和式(3-56)表示时,常称为换热器的温度效率。

换热器效率定义式中的 Φ_{max} 只能在传热面积无限大的逆流式换热器内实现。此时,热流体理论上可冷却到 $t_1'' = t_2'$(见图 3-18),即热流体所能达到的最大程度的冷却;或冷流体理论上可加热到 $t_2'' = t_1'$,即冷流体所能达到的最大程度的加热。因此,温差 $(t_1' - t_2')$ 为热流体或冷流体的最大温差。若 $W_2 < W_1$,则 $\Phi_{max} = W_2(t_1' - t_2')$;若 $W_1 < W_2$,则 $\Phi_{max} = W_1(t_1' - t_2')$。

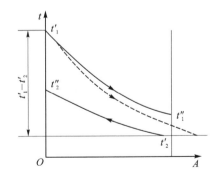

图 3-18　逆流式换热器中的最大温差

(2) 传热单元数

传热单元数定义为

$$NTU = \frac{KA}{W_{min}} \qquad (3-57)$$

式中，KA 值表示当换热器的平均温差为 1 ℃时所传递的热量，W_{min} 是两流体中较小的热容量。之所以采用 W_{min} 是因为热容量小的流体温度变化较大，计算结果的准确性高。NTU 是表示换热器传热能力的一个重要无因次量。

（3）热容比

热容比定义为较小的热容量 W_{min} 与较大的热容量 W_{max} 的比值，以符号 C^* 表示，即

$$C^* = \frac{W_{min}}{W_{max}} \leqslant 1 \tag{3-58}$$

2. η–NTU 关系式

一般而言，换热器效率可表示为

$$\eta = f(\text{NTU}, C^*, 流动形式) \tag{3-59}$$

在一定流动形式下，η 仅为 NTU 和 C^* 的函数，即

$$\eta = f(\text{NTU}, C^*) \tag{3-60}$$

下面介绍几种常见的流动形式下的 η–NTU 关系式，并对影响 η 值的因素作简要分析。

（1）逆流流动

逆流流动下换热器效率关系式为

$$\eta = \frac{1 - e^{-\text{NTU}(1-C^*)}}{1 - C^* e^{-\text{NTU}(1-C^*)}} \tag{3-61}$$

根据式（3-61）作出的效率关系曲线如图 3-19 所示。从图中可以看出，在 C^* 一定的情况下，η 随 NTU 的增加而增加，且最终效率都趋近于 1。但当 NTU 值超过 5 时，η 随 NTU 增加提高的幅度已很小，此时应考虑经济效益比；其次，在 NTU 一定的情况下，C^* 值减小，η 值增加。这是因为 C^* 值小表示 W_{min} 值小，若为热流体则会被充分冷却，若为冷流体则会被充分加热，其温差大，故 η 值高。

（2）顺流流动

顺流流动下换热器效率关系式为

$$\eta = \frac{1 - e^{-\text{NTU}(1+C^*)}}{1 + C^*} \tag{2-62}$$

根据式（3-62）绘制的效率曲线如图 3-20 所示。对照图 3-19 和图 3-20 可知，除 $C^* = 0$ 的情况下 η 接近于 1 外，其余 C^* 下的 η 值都小于逆流情况下的 η 值（同样的 NTU 值时）；当 $C^* = 1$ 时，顺流的最大可能效率只有 50%，即仅为逆流式效率的一半。

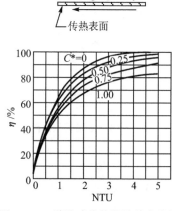

图 3-19　逆流式换热器的效率曲线

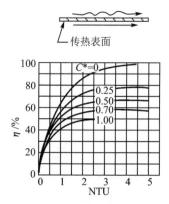

图 3-20　顺流式换热器的效率曲线

（3）一种流体混合和另一种流体非混合的单流程叉流流动

这是一种常见的换热器流动形式。例如在单流程管壳式换热器中，一种流体在相互隔开的管内流过，互不混合；另一种流体在管外横掠管束，在沿途与流动方向相垂直的任一平面内完全混合且不存在温差。这两种流体以某一角度（通常为 90°）交叉流过。图 3 - 21 表示这种流动形式及其效率曲线。

这种流动形式的效率关系式须分两种情况进行讨论（为区别起见，以下标 m 表示混合，um 表示非混合）：

① $W_1 = W_m = W_{min}$，$W_2 = W_{um} = W_{max}$（即 $W_m < W_{um}$），此时换热器效率表示为

$$\left.\begin{aligned} \eta &= 1 - e^{-\Gamma/C^*} \\ \Gamma &= 1 - e^{-C^* \text{NTU}} \end{aligned}\right\} \tag{3 - 63}$$

② $W_1 = W_m = W_{max}$，$W_2 = W_{um} = W_{min}$（$W_m > W_{um}$），此时换热器效率表示为

$$\left.\begin{aligned} \eta &= \frac{1 - e^{-\Gamma'C^*}}{C^*} \\ \Gamma' &= 1 - e^{-\text{NTU}} \end{aligned}\right\} \tag{3 - 64}$$

以上所讨论的情况①，对应于图 3 - 21 中的最高曲线 $W_m/W_{um} = 0$ 变化到最低曲线 $W_m/W_{um} = 1$；情况②，则对应于图中的最低曲线 $W_m/W_{um} = 1$ 变化到最高曲线 $W_m/W_{um} = \infty$，其中间部分的曲线为图中的虚线所示。

对于 $W_m = W_{min}$ 的情况，其效率高于另一种 $W_{um} = W_{min}$ 的情况。因此，如设计条件无特殊规定，最好是采取热容量较小的流体为混合流体（即在管外），以获得较高的效率。

（4）两种流体各自均非混合的单流程叉流流动

热冷流体均在彼此隔开的流道中通过，不发生混合，航空上常用的单流程叉流板翅式换热器就是这种流动形式。马逊（Mason）应用拉普拉斯变换法，得出这种叉流式换热器效率 η 与 NTU 和 C^* 的关系式是一个无穷级数解，不便于进行实际计算，因此，根据马逊的解作出 η 与 NTU 和 C^* 的关系曲线，如图 3 - 22 所示，表 3 - 10 列出了其数字结果。图 3 - 22 和表 3 - 10 可供传热计算时查取。

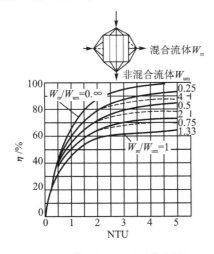

注：一种流体混合，另一种流体非混合。

图 3 - 21　叉流式换热器的效率曲线（一）

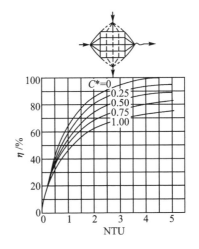

注：两种流体各自均非混合。

图 3 - 22　叉流式换热器的效率曲线（二）

表 3-10　两种流体各自均非混合的叉流式换热器性能

NTU	指定热容比 C^* 下的 η 值				
	0	0.25	0.50	0.75	1.00
0.00	0.000	0.000	0.000	0.000	0.000
0.25	0.221	0.215	0.209	0.204	0.199
0.50	0.393	0.375	0.358	0.341	0.326
0.75	0.528	0.495	0.466	0.439	0.413
1.00	0.632	0.588	0.547	0.510	0.476
1.25	0.714	0.660	0.610	0.565	0.523
1.50	0.777	0.716	0.660	0.608	0.560
1.75	0.826	0.761	0.700	0.642	0.590
2.00	0.865	0.797	0.732	0.671	0.614
2.50	0.918	0.851	0.783	0.716	0.652
3.00	0.950	0.888	0.819	0.749	0.681
3.50	0.970	0.915	0.848	0.776	0.704
4.00	0.982	0.934	0.869	0.797	0.722
4.50	0.989	0.948	0.887	0.814	0.737
5.00	0.993	0.959	0.901	0.829	0.751
6.00	0.997	0.974	0.924	0.853	0.772
7.00	0.999	0.983	0.940	0.871	0.789
∞	1.000	1.000	1.000	1.000	1.000

在工程计算中目前常用德雷克(Drake)提出的一个近似关系

$$\eta = 1 - \exp\left\{ \frac{NTU^{0.22}}{C^*} - \left[\exp(-C^* NTU^{0.78}) - 1\right] \right\} \qquad (3-65)$$

此式计算简便,且具有较高的精度。

(5) 逆流型多流程叉流换热器效率

逆流型多流程叉流式换热器的总效率与单流程换热器的效率之间的关系一般以图解并辅以解析的方法得出。图 3-23 所示为航空上常用的逆流式三流程叉流换热器的流程示意图。热、冷两流体在总体上沿着相反方向流动,故为逆流型叉流流动形式。为工艺实施方便,一般组成换热器的三个芯体的尺寸相同,其热容比 C^* 相等,故可假设其中每一芯体的效率均相等,即

$$\eta_1 = \eta_2 = \eta_3 = \eta_i$$

式中:η_1、η_2、η_3——依次表示三个芯体的效率;

η_i——单个芯体的效率。

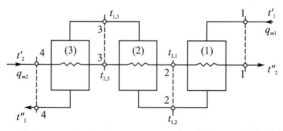

图 3-23　逆流型三流程叉流换热器流程示意图

如果假定流体在流程之间相互充分混合,则可推得逆流型三流程叉流换热器总效率 η 与单流程效率 η_i 之间的关系式为

$$\eta = \frac{\left(\dfrac{1-C^{*}\eta_i}{1-\eta_i}\right)^{3}-1}{\left(\dfrac{1-C^{*}\eta_i}{1-\eta_i}\right)^{3}-C^{*}} \qquad (3-66)$$

对于任意 n 流程换热器,则有

$$\eta = \frac{\left(\dfrac{1-C^{*}\eta_i}{1-\eta_i}\right)^{n}-1}{\left(\dfrac{1-C^{*}\eta_i}{1-\eta_i}\right)^{n}-C^{*}} \qquad (3-67)$$

若已知 η,欲求 η_i,可由式(3-67)解出

$$\eta_i = \frac{\left(\dfrac{1-C^{*}\eta}{1-\eta}\right)^{\frac{1}{n}}-1}{\left(\dfrac{1-C^{*}\eta}{1-\eta}\right)^{\frac{1}{n}}-C^{*}} \qquad (3-68)$$

为便于查阅,将各类换热器的效率关系式列于表 3-11 中。

表 3-11 各类换热器的效率关系式

换热器类型		$\eta = f(\mathrm{NTU}, C^{*})$
套管式	逆流	$\eta = \dfrac{1-e^{-\mathrm{NTU}(1-C^{*})}}{1-C^{*}e^{-\mathrm{NTU}(1-C^{*})}}$
	顺流	$\eta = \dfrac{1-e^{-\mathrm{NTU}(1+C^{*})}}{1+C^{*}}$
管壳式(1-2,1-4,1-6 型)		$\eta = 2\left[1+C^{*}+(1+C^{*2})^{\frac{1}{2}}\dfrac{1+e^{-\mathrm{NTU}(1+C^{*2})^{\frac{1}{2}}}}{1-e^{-\mathrm{NTU}(1+C^{*2})^{\frac{1}{2}}}}\right]^{-1}$
叉流式	两流体均混合	$\eta = \left(\dfrac{1}{1-e^{-\mathrm{NTU}}}+\dfrac{C^{*}}{1-e^{-C^{*}\mathrm{NTU}}}-\dfrac{1}{\mathrm{NTU}}\right)^{-1}$
	$W_{m}=W_{\min}$ $W_{um}=W_{\max}$	$\eta = 1-e^{-\Gamma/C^{*}}$ $\Gamma = 1-e^{-C^{*}\mathrm{NTU}}$
	$W_{m}=W_{\max}$ $W_{um}=W_{\min}$	$\eta = \dfrac{1-e^{-\Gamma'C^{*}}}{C^{*}}$ $\Gamma' = 1-e^{-\mathrm{NTU}}$
	两流体均非混合	$\eta = 1-\exp\left\{\dfrac{\mathrm{NTU}^{0.22}}{C^{*}}\left[\exp\left(-C^{*}\mathrm{NTU}^{0.78}\right)-1\right]\right\}$

3.9.4 设计性计算问题的主要方程和求解步骤

关于换热器的设计性计算问题,与冷板的设计计算一样,往往需要凭借设计者的经验,根据已经给定的运行参数要求,假设传热表面、流动方式,只能采用试凑和迭代的方法才能获得

满意的设计方案,其设计步骤如下:

① 预备计算,根据给定的运行条件和性能指标,考虑留有一定余度,假设一换热器效率(或出口温度),据此计算冷、热流体总体平均温度和热物性参数。

② 产品结构规划及计算,根据给定的运行条件和性能指标,初步规划换热器材料、流程及芯体结构等,并对传热表面几何特性进行计算。

③ 计算质量流速、雷诺数、对流换热表面传热系数、翅片效率和表面效率。

④ 计算壁面热阻和总传热系数。

⑤ 计算传热单元数、换热器效率和出口流体温度,将计算效率与步骤①中假设效率相比较,看其相对误差是否符合要求。如不符合要求,则须返回步骤②重新设定产品结构。

⑥ 阻力计算,可参照冷板的阻力计算。

⑦ 产品质量估算。

⑧ 强度校核。

要注意的是,步骤⑥、⑦、⑧中有任何一步不符合要求,都必须返回步骤②重新设定换热器结构,并再次进行迭代计算,直至所设计换热器指标全部达到要求为止。

下面以一个工程实例来说明。

例 3-3 试设计某电子设备舱所使用的一台气-水换热器。该换热器利用纯水(去离子水)冷却热侧空气,以使空气温度降低到电子设备允许的温度以下。对流换热器的主要性能要求如表 3-12 所列。

表 3-12 对流换热器的主要性能要求

参　数	热　侧	冷　侧
工作介质	空气	水
进口温度/℃	43	21
进口压力(绝对)	101 725 Pa	2.5 atm(1 atm=101.325 kPa)
进口流量/(kg·h⁻¹)	228.6	80~170
阻力/Pa	300	100×2
效率	≥0.70	
换热量	水流量为 80 kg/h 时,≥750 W 水流量为 170 kg/h 时,≥930 W	
流体流动长度(芯体)/mm	130	150
非流动方向尺寸	100 mm<L_3<150 mm	

解:

1) 预备计算

首先假设换热器 $\eta = 0.74$,则

$$t''_1 = t'_1 - \eta(t'_1 - t'_2) = [43 - 0.74 \times (43 - 21)] \ ℃ = 26.72 \ ℃$$

$$t''_2 = t'_2 + \frac{W_1}{W_2}(t'_1 - t''_1) = t'_2 + \frac{q_{m1}c_{p1}}{q_{m2}c_{p2}}(t'_1 - t''_1)$$

作为第一近似,假设热侧空气的比热容 c_{p1} 和冷侧水的比热容 c_{p2} 均按照入口参数取值,由有关物性手册或参考文献[20]附录 C 中推荐的公式计算可得空气和水的物性参数为

$$c_{p1} = (1\,003 + 0.02 \times 43 + 4 \times 10^{-4} \times 43^2)\,\mathrm{J/(kg \cdot K)} = 1\,004.6\ \mathrm{J/(kg \cdot K)}$$

$$c_{p2} = (4\,184.4 - 0.696\,4 \times 21 + 1.036 \times 10^{-2} \times 21^2)\,\mathrm{J/(kg \cdot K)} = 4\,174.3\ \mathrm{J/(kg \cdot K)}$$

当水侧流量为 170 kg/h 时，

$$t_2'' = \left[21 + \frac{0.063\,497 \times 1\,004.6}{\dfrac{170}{3\,600} \times 4\,174.3}(43 - 26.72) \right]\,\text{℃} = 26.27\ \text{℃}$$

由于

$$C^* = \frac{W_{\min}}{W_{\max}} = \frac{W_1}{W_2} = \frac{q_{m1}c_{p1}}{q_{m2}c_{p2}} \approx \frac{0.063\,497 \times 1\,004.6}{\dfrac{170}{3\,600} \times 4\,174.3} = 0.324 < 0.5$$

故 $W_{\max}$ 侧（冷侧）取算术平均温度为

$$t_{m2} = \frac{t_2' + t_2''}{2} = \frac{21 + 26.27}{2}\,\text{℃} = 23.63\ \text{℃}$$

两流体对数平均温差为

$$\Delta t_{lm} = \frac{(t' - t_{m2}) - (t_1'' - t_{m2})}{\ln \dfrac{t' - t_{m2}}{t_1'' - t_{m2}}} = \frac{43 - 26.72}{\ln \dfrac{43 - 23.63}{26.72 - 23.63}}\,\text{℃} = 8.864\ \text{℃}$$

热侧平均温度为

$$t_{m1} = t_{m2} + \Delta t_{lm} = (23.63 + 8.864)\,\text{℃} = 32.50\ \text{℃}$$

根据平均温度可求得冷却水和热空气的物性参数，如表 3-13 所列。

表 3-13 冷、热侧流体介质物性参数计算结果

参 数	$\mu\ /(\mathrm{Pa \cdot s})$	$\lambda\ /(\mathrm{W \cdot m^{-1} \cdot K^{-1}})$	$c_p/(\mathrm{J \cdot kg^{-1} \cdot K^{-1}})$	Pr
热空气	18.827×10^{-6}	$2.725\,1 \times 10^{-2}$	$1\,004.1$	$0.693\,7$
冷却水	9.337×10^{-4}	$6.274\,7 \times 10^{-1}$	$4\,173.7$	$6.210\,4$

2）产品结构规划及计算

根据对流换热器效率的要求，初步选定换热器热侧为一流程，冷侧为两流程，产品芯体结构如图 3-24 所示，翅片形式如图 3-25 所示。

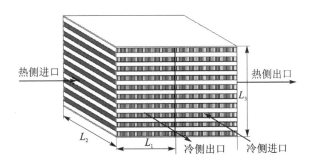

图 3-24 换热器芯体结构简图

产品结构尺寸如表 3-14 所列。

非流动方向长度为

$$L_3 = N_1 S_1 + N_2 S_2 + 2 N_2 \delta_p = (10 \times 7.5 + 11 \times 2.5 + 2 \times 11 \times 0.6)\,\mathrm{mm} = 115.7\ \mathrm{mm}$$

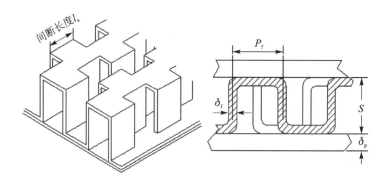

图 3-25　翅片形式图

流道当量直径为

$$d_{e1} = \frac{2(P_{f1} - 2\delta_{f1})(s_1 - \delta_{f1})}{(P_{f1} - \delta_{f1}) + (s_1 - \delta_{f1}) + (s_1 - \delta_{f1})\delta_{f1}/l_{s1}} = 3.154 \text{ mm}$$

$$d_{e2} = \frac{2(P_{f2} - 2\delta_{f2})(s_2 - \delta_{f2})}{(P_{f2} - \delta_{f2}) + (s_2 - \delta_{f2}) + (s_2 - \delta_{f2})\delta_{f2}/l_{s2}} = 1.851 \text{ mm}$$

表 3-14　产品结构尺寸

参　数	热　侧	冷　侧
型面	锯齿形	锯齿形
间断长度 l_s/mm	12	3
翅片间距 P_f/mm	2.5	2.0
板间距 s/mm	7.5	2.5
翅片厚度 δ_f/mm	0.2	0.15
翅片高度 h/mm	3.55	2.5
翅片层数	10	11
隔板厚度 δ_p/mm	0.6	
侧板厚度 δ_s/mm	2.0	
封条宽度 b_s/mm	6	4

翅片面积比

$$\varphi_1 = \frac{s_1 - \delta_{f1}}{P_{f1} - 2\delta_{f1} + s_1} = 0.7604$$

$$\varphi_2 = \frac{s_2 - \delta_{f2}}{P_{f2} - 2\delta_{f2} + s_2} = 0.5595$$

对于多流程换热器,一般取组成换热器的各个芯体的尺寸和结构相同,故以下取单个芯体(如第一芯体)为计算单元:

迎风面积为

$$A_{y1} = (L_2 - 2b_s)(L_3 - 2\delta_s) = 0.015\,415 \text{ m}^2$$

$$A_{y2} = (L_1 - 1.5b_s)(L_3 - 2\delta_s) = 0.006\,590 \text{ m}^2$$

板间体积为

$$V_{p1} = (L_1 - 1.5b_{s2})(L_2 - 2b_{s1})N_1 S_1 = 0.000\,611 \text{ m}^3$$

$$V_{p2} = (L_1 - 1.5b_{s2})(L_2 - 2b_{s1})N_2 S_2 = 0.000\ 224\ \text{m}^3$$

传热面积密度为(以各侧板间体积为基准)

$$\beta_1 = \frac{A_1}{V_{p1}} = \frac{2[(P_{f1} - \delta_{f1}) + (S_1 - \delta_{f1})]}{S_1 P_{f1}} = 1\ 024\ \text{m}^2/\text{m}^3$$

$$\beta_2 = \frac{A_2}{V_{p2}} = \frac{2[(P_{f2} - \delta_{f2}) + (S_2 - \delta_{f2})]}{S_2 P_{f2}} = 1\ 680\ \text{m}^2/\text{m}^3$$

总传热面积为

$$A_1 = \beta_1 V_{p1} = 0.625\ 306\ \text{m}^2$$

$$A_2 = \beta_2 V_{p2} = 0.376\ 160\ \text{m}^2$$

最小自由流通面积为

$$A_{c1} = \frac{d_{e1} A_1}{4L_1} = 0.007\ 585\ \text{m}^2$$

$$A_{c2} = \frac{d_{e2} A_2}{4L_2} = 0.001\ 160\ \text{m}^2$$

每侧孔度为

$$\sigma_1 = \frac{A_{c1}}{A_{y1}} = 0.492\ 1$$

$$\sigma_2 = \frac{A_{c2}}{A_{y2}} = 0.176\ 0$$

一次传热面积(隔板导热面积)为

$$A_p = (2N_1 + 2)(L_1 - 1.5b_{s2})(L_2 - 2b_{s1}) = 0.179\ 124\ \text{m}^2$$

3) 计算质量流速、雷诺数、对流表面传热系数、翅片效率和表面效率

质量流速为

$$g_{m1} = \frac{q_{m1}}{A_{c1}} = \frac{228.6/3\ 600}{0.007\ 585}\ \text{kg}/(\text{m}^2 \cdot \text{s}) = 8.371\ \text{kg}/(\text{m}^2 \cdot \text{s})$$

$$g_{m2} = \frac{q_{m2}}{A_{c2}} = \frac{170/3\ 600}{0.001\ 160} = \text{kg}/(\text{m}^2 \cdot \text{s}) = 40.701\ \text{kg}/(\text{m}^2 \cdot \text{s})$$

雷诺数为

$$Re_1 = \frac{g_{m1} d_{e1}}{\mu_1} = \frac{8.371 \times 3.154 \times 10^{-3}}{18.827 \times 10^{-6}} = 1\ 402.3$$

$$Re_2 = \frac{g_{m2} d_{e2}}{\mu_2} = \frac{40.701 \times 1.851 \times 10^{-3}}{9.337 \times 10^{-4}} = 80.67$$

对于空气或气体工质,层流区 $Re \leqslant 1\ 000$ 时,适用 Weiting 拟合关系式(3-17);紊流区 $Re \geqslant 2\ 000$ 时,适用 Weiting 拟合关系式(3-18)。

对于过渡区需要根据下式确定参考 Re_j^*,若 $Re < Re_j^*$,则用式(3-17)确定 j,否则用式(3-18)确定。

$$Re_j^* = 61.9 \left(\frac{l_{s1}}{d_{e1}}\right)^{0.952} \left(\frac{P_{f1} - \delta_{f1}}{s_1 - \delta_{f1}}\right)^{-1.1} Re^{-0.53} = 16.91$$

根据题意,$Re_1 > Re_j^*$,因此热侧空气传热系数可用 Weiting 公式(3-18)计算:

$$j_1 = 0.242 \left(\frac{l_{s1}}{d_{e1}}\right)^{-0.322} \left(\frac{P_{f1} - \delta_{f1}}{s_1 - \delta_{f1}}\right)^{0.089} Re^{-0.368} = 0.008\ 557$$

对于冷侧水的传热系数采用下式计算:

$$j_2 = 0.287 Re_1^{-0.42} Pr^{0.167} = 0.042\ 710$$

对流传热表面系数为

$$\alpha_1 = j_1 g_{m1} c_{p1}/Pr_1^{2/3} = 91.782\ 7$$

$$\alpha_2 = j_2 g_{m2} c_{p2}/Pr_2^{2/3} = 2\ 147.402$$

翅片参数为

$$m_1 = \sqrt{\frac{2\alpha_1}{\lambda_{f1}\delta_{f1}}\left(1 + \frac{\delta_{f1}}{l_{s1}}\right)} = 74.306\ \text{m}^{-1}$$

$$m_2 = \sqrt{\frac{2\alpha_2}{\lambda_{f2}\delta_{f2}}\left(1 + \frac{\delta_{f2}}{l_{s2}}\right)} = 421.772\ \text{m}^{-1}$$

$$(mh)_1 = 74.306 \times 3.55 \times 10^{-3} = 0.263\ 788$$

$$(mh)_2 = 421.772 \times 2.5 \times 10^{-3} = 0.463\ 949$$

$$\eta_{f1} = \frac{\tanh(mh)_1}{(mh)_1} = 0.977\ 43$$

$$\eta_{f2} = \frac{\tanh(mh)_2}{(mh)_2} = 0.933\ 93$$

两侧翅片表面效率

$$\eta_{01} = 1 - \frac{A_{f1}}{A_1}(1 - \eta_{f1}) = 1 - \varphi_1(1 - \eta_{f1}) = 0.982\ 8$$

$$\eta_{02} = 1 - \frac{A_{f2}}{A_2}(1 - \eta_{f2}) = 1 - \varphi_2(1 - \eta_{f2}) = 0.949\ 8$$

4)计算壁面热阻和总传热系数

$$R_w = \frac{\delta_p}{\lambda_w A_p} = \frac{0.6 \times 10^{-3}}{169 \times 0.179\ 124}\ \text{K/W} = 1.982 \times 10^{-5}\ \text{K/W}$$

对气-水换热器,暂不考虑污垢热阻,故有

$$\frac{1}{KA} = \frac{1}{(\eta_0 \alpha A)_1} + R_w + \frac{1}{(\eta_0 \alpha A)_2} =$$

$$0.017\ 728\ 1\ \text{K/W} + 1.982 \times 10^{-5}\ \text{K/W} + 0.001\ 303\ 5\ \text{K/W} =$$

$$0.019\ 230\ \text{K/W}$$

$$KA = \frac{1}{0.019\ 230}\ \text{W/K} = 52.003\ \text{W/K}$$

因为 $KA = K_1 A_1 = K_2 A_2$,当以热流体侧的总传热面积 A_1 为基准时,对应的传热系数为

$$K_1 = \frac{KA}{A_1} = \frac{52.003}{0.625\ 306}\ \text{W/(m}^2 \cdot \text{K)} = 83.163\ \text{W/(m}^2 \cdot \text{K)}$$

5)计算传热单元数、换热器效率和出口流体温度

$$W_1 = q_{m1} c_{p1} = (0.063\ 497 \times 1\ 004.1)\text{W/K} = 63.756\ \text{W/K}$$

$$W_2 = q_{m2} c_{p2} = (0.047\ 222 \times 4\ 173.7)\text{W/K} = 197.093\ \text{W/K}$$

$$C^* = \frac{W_{\min}}{W_{\max}} = 0.323\ 5$$

$$\text{NTU} = \frac{KA}{W_{\min}} = \frac{52.003}{63.756} = 0.815\ 23$$

两流体各自非混合的叉流换热器效率,此处按德雷克近似关系式计算单个芯体效率:

$$\eta_i = 1 - \exp\left\{\frac{NTU^{0.22}}{C^*}[\exp(-C^* NTU^{0.78}) - 1]\right\} = 0.509\ 5$$

换热器总效率为

$$\eta = \frac{\left(\frac{1 - C^* \eta_i}{1 - \eta_i}\right)^2 - 1}{\left(\frac{1 - C^* \eta_i}{1 - \eta_i}\right)^2 - C^*} = 0.737\ 4$$

符合指标性能 $\eta > 0.70$。

换热器的传热热流量为

$$\Phi = \eta W_{\min}(t_1' - t_2') = 1\ 034.8\ \text{W}$$

流体的出口温度为

$$t_1'' = t_1' - \frac{\Phi}{W_1} = \left(43 - \frac{1\ 034.8}{63.756}\right)\ ℃ = 26.78\ ℃$$

$$t_2'' = t_2' + \frac{\Phi}{W_2} = \left(21 + \frac{1\ 034.8}{197.093}\right)\ ℃ = 26.25\ ℃$$

与假设效率相对误差

$$\Delta\eta = \left|\frac{\eta - \eta_{设}}{\eta_{设}}\right| \times 100\% = \left|\frac{0.737\ 4 - 0.74}{0.74}\right| \times 100\% = 0.35\%$$

可看出计算值与假设已相当接近,故认为上面的 Φ、t_1'' 及 t_2'' 即所求的解。

根据上述规划的换热器芯体结构,校核其他流量下的换热量,结果如表 3-15 所列。

表 3-15　不同流量下出口温度及换热量计算结果

水流量/(kg·h⁻¹)	$t_1'/℃$	$t_2''/℃$	换热量/W	效率 $\eta/\%$
80	28.68	30.85	913.6	65.1
100	27.97	29.27	958.7	68.3
120	27.50	28.11	988.7	70.5
150	27.01	26.86	1 020.0	72.7

6) 计算阻力

根据空气侧和水侧的进出口温度,预设 $\Delta p_1 = 100\ \text{Pa}$,由有关物性手册或参考文献[20]附录 C 中推荐的公式计算可得两侧流体的比体积,如表 3-16 所列。

表 3-16　比体积计算结果

流　体	$t'/℃$	$t''/℃$	$v'/(\text{m}^3 \cdot \text{kg}^{-1})$	$v''/(\text{m}^3 \cdot \text{kg}^{-1})$	$v_m/(\text{m}^3 \cdot \text{kg}^{-1})$
空气	43	26.78	0.891 96	0.847 03	0.869 50
水	21	26.25	$1.002\ 1 \times 10^{-3}$	$1.003\ 4 \times 10^{-3}$	$1.002\ 7 \times 10^{-3}$

① 计算热侧阻力。

$\sigma_1 = 0.492\ 1$,得 $\sigma_1^2 = 0.242\ 1$,查图 3-8 得,$K_1' = 0.30$,$K_1'' = 0.26$,故

$$1 - \sigma_1^2 + K_1' = 1 - 0.242\ 1 + 0.30 = 1.057\ 9$$

$$2\left(\frac{v_1''}{v_1'} - 1\right) = -0.100\ 759$$

由于空气侧雷诺数 Re_1 处于过渡区,因此需要首先确定参考 Re_f^* 的数值,再确定摩擦系数计算公式,有

$$Re_f^* = 41\left(\frac{l_{s1}}{d_{e1}}\right)^{0.772}\left(\frac{P_{f1} - \delta_{f1}}{s_1 - \delta_{f1}}\right)^{-0.179} Re^{-1.04} = 0.08$$

根据题意, $Re_1 > Re_f^*$,因此热侧空气摩擦系数可用 Weiting 公式(3-18)计算:

$$f_1 = 1.136\left(\frac{l_{s1}}{d_{e1}}\right)^{-0.781}\left(\frac{P_{f1} - \delta_{f1}}{s_1 - \delta_{f1}}\right)^{0.534} Re^{-0.198} = 0.051\,43$$

$$4f_1\frac{2L_1}{d_{e1}} \cdot \frac{v_{m1}}{v_1'} = 8.265\,86$$

$$(1 - \sigma_1^2 + K_1'')\frac{v_1''}{v_1'} = 0.472\,794$$

$$\Delta p_1 = \frac{g_{m1}^2 v_1'}{2}\left[1 - \sigma_1^2 + K_1' + 2\left(\frac{v_1''}{v_1'} - 1\right) + 4f_1\frac{2L_1}{d_{e1}} \cdot \frac{v_{m1}}{v_1'} - (1 - \sigma_1^2 + K_1'')\frac{v_1''}{v_1'}\right] = 273.5 \text{ Pa}$$

由此可知,热侧阻力损失低于性能要求的 300 Pa。

② 计算冷侧阻力。

冷侧为双流程,对于单流程预设 $\Delta p_{20} = 80$ Pa,采用与热侧阻力相同算法可得单流程下 $\Delta p_{20} = 70.9$ Pa,因此认为双流程下冷侧压降为 $\Delta p_{20} = 141.8$ Pa,小于性能指标要求。

7) 校核强度

换热器热侧空气的入口温度为 43 ℃,由于铝材料随着温度的升高强度指标有所下降,故可选取 100 ℃时铝材料的强度指标进行强度校核。

防锈铝 LF6-M 的许用应力为

$$[\sigma] = \frac{\sigma_b}{4} = \frac{300}{4} \text{ MPa} = 75 \text{ MPa}$$

防锈铝 LF21-M 的许用应力为

$$[\sigma] = \frac{\sigma_b}{4} = \frac{95}{4} \text{ MPa} = 23.75 \text{ MPa}$$

① 计算翅片厚度。

考虑材料强度影响的翅片厚度校核计算公式如下:

$$\delta_f = \frac{px}{[\sigma] \cdot \varphi} + C$$

对于热侧锯齿形翅片,其开孔削弱系数 $\varphi = 1$,壁厚修正系数取 $C = 0.01$ mm,翅片平均内距取 $x = s_{f1} = 2.5$ mm,热侧空气工作压力为 $p_1 = 101\,725$ Pa,故翅片厚度为

$$\delta_{f1} = \left(\frac{101\,725 \times 0.002\,5}{23.75 \times 10^3 \times 1} + 0.01\right) \text{ mm} = 0.021 \text{ mm}$$

根据强度核算结果可知,热侧翅片材料厚度为 $\delta_{f1} = 0.2$ mm,满足要求。

对于冷侧锯齿形翅片,其开孔削弱系数 $\varphi = 1$,壁厚修正系数取 $C = 0.01$ mm,翅片平均内距取 $x = s_{f2} = 2$ mm,热侧空气工作压力为 $p_2 = 253\,312.5$ Pa,故翅片厚度为

$$\delta_{f2} = \left(\frac{253\,312.5 \times 0.002}{23.75 \times 10^3 \times 1} + 0.01\right) \text{ mm} = 0.031 \text{ mm}$$

根据强度核算结果可知,冷侧翅片材料厚度为 $\delta_{f2} = 0.15$ mm,满足要求。

② 计算隔板厚度。

隔板强度的计算公式为

$$\delta_p = s_f \sqrt{\frac{6 \cdot p}{8[\sigma]}} + C$$

热侧空气压力 $p_1 = 101\,725$ Pa，翅片间距 $s_{f1} = 2.5$ mm，壁厚修正系数取 $C = 0.05$，所以隔板厚度为

$$\delta_{p1} = \left(2.5 \times \sqrt{\frac{6 \times 101.725}{8 \times 23.75 \times 10^3}} + 0.05 \right) \text{mm} = 0.192 \text{ mm}$$

冷侧水压力 $p_2 = 253\,312.5$ Pa，翅片间距 $s_{f2} = 2$ mm，壁厚修正系数取 $C = 0.05$，所以隔板厚度为

$$\delta_{p2} = \left(2 \times \sqrt{\frac{6 \times 253.312\,5}{8 \times 23.75 \times 10^3}} + 0.05 \right) \text{mm} = 0.229 \text{ mm}$$

实际取隔板厚度为 0.6 mm，强度符合要求。

8）试验验证

为了在不同流量下对所设计的换热器的换热能力进行校核，搭建了如图 3-26 所示的换热器换热性能综合试验平台。

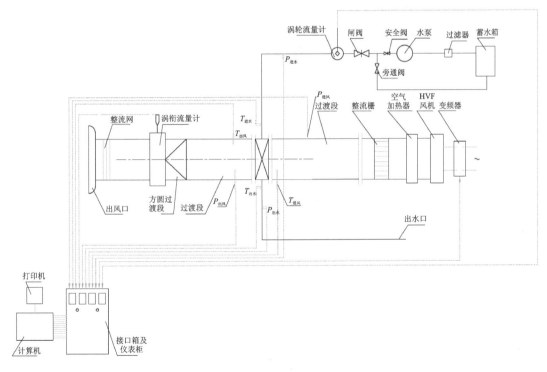

图 3-26　换热性能综合测试平台

试验中采用变频器调节空气流量；通过温度反馈和输出功率控制实现空气加热器出口温度自动控制，控制精度为 ±0.1 ℃；通过控制旁通阀和闸阀开度，调节低温水槽出口，即换热器水侧入口的冷却水压力和流量，保证水侧冷却水流量分别稳定为 80 kg/h、100 kg/h、120 kg/h、150 kg/h、170 kg/h。

以上每种试验工况下，空气侧各传感器、流量计读数和水侧各传感器、流量计读数均由数据采集仪记录，待换热器热侧和冷侧的进出口温度基本稳定后，采集空气侧进出口温度 T_{air_in}、

$T_{\text{air\_out}}$,进出口压力 $P_{\text{air\_in}}$、$P_{\text{air\_out}}$,流量 Q_{air} 以及水侧进出口温度 $T_{\text{water\_in}}$、$T_{\text{water\_out}}$,水侧进出口压力 $P_{\text{water\_in}}$、$P_{\text{water\_out}}$,冷却水流量 Q_{water} 等数据,作为计算换热器换热能力的原始数据。

试验结果如表 3-17 所列和图 3-27 所示。

表 3-17 换热器设计校核性试验结果

通　道	入口温度 $T_{\text{in}}/℃$	出口温度 $T_{\text{out}}/℃$	温度变化 $\Delta T/℃$	压力损失 $\Delta P/\text{Pa}$	流量 Q	换热量 Φ/W
水	21.31	31.85	10.54	553.62	79.87 kg/h	976.76
空气	43.07	28.96	14.11	110.62	205.55 m³/h	934.98
水	21.24	30.29	9.05	851.16	100.47 kg/h	1 055.03
空气	43.08	27.96	15.12	111.35	205.04 m³/h	992.49
水	20.90	28.92	8.02	1 186.54	120.24 kg/h	1 118.57
空气	43.14	27.12	16.12	110.84	204.75 m³/h	1 050.37
水	20.97	27.53	6.56	1 794.90	151.31 kg/h	1 152.26
空气	43.09	26.50	16.59	113.12	204.63 m³/h	1 086.89
水	21.14	27.11	5.97	2 231.33	169.70 kg/h	1 174.21
空气	43.18	26.43	16.75	114.34	204.74 m³/h	1 096.07

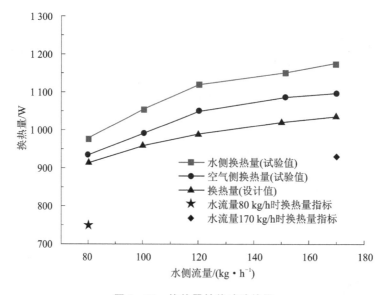

图 3-27 换热器性能试验结果

由表 3-17 和图 3-27 可知,所设计的换热器的换热量和压降都满足技术指标规定的换热量和压降要求。试验结果验证了设计方案及计算程序的正确性。

思考题与习题

3-1 什么是冷板?试说明冷板的类型、结构及主要特点。

3-2 在冷板中肋片起何作用?说明平直肋片、锯齿形肋片、多孔肋片和波纹肋片各自的结构特点、强化传热机理及其主要应用场合。

3-3　传热表面基本上可分为连续流道表面和具有边界层频繁间断的流道表面,试说明为什么前者易形成充分发展流动,而后者通常是正在发展的流动,其对传热和阻力特性的影响如何?

3-4　试说明 Pr 较高的介质($Pr \geqslant 5$)在间断传热表面构成的冷板通道中流动时,为什么会形成速度分布已充分发展而温度分布却正在发展的情况?

3-5　试说明管槽内对流换热的入口效应,并简单解释其原因。

3-6　通道内置肋片的气冷式冷板的总压降由哪几部分组成?定性说明各部分压力损失形成的原因。

3-7　简要阐述冷板设计性计算的主要内容和步骤。

3-8　说明冷板式强迫液体冷却系统的结构组成和工作原理。

3-9　冷板式强迫液体冷却系统的压降主要由哪几部分组成?何谓管道附件的等效管长?等效管长是如何表征的?

3-10　将例 3-1 中气冷冷板由锯齿形肋片改用三角形肋片强化传热,肋片参数为:肋片厚 $\delta_f = 0.2$ mm,肋片间距 $s_f = 0.7$ mm,通道高度 $s = 9.5$ mm[图 3-4(b)]。当设定冷却空气进口温度 $t_1 = 30\ ℃$,流量为 $0.4\ \mathrm{m^3/min}$ 时,试校核该冷板能否排散单面均布功率器件的耗散热 100 W,并保证冷板表面温度 $t_s \leqslant 70\ ℃$,通道压力损失 $\Delta p \leqslant 480$ Pa。

3-11　将例 3-2 中水冷冷板的水管由内径为 7.92 mm 的圆管改为 7.92 mm × 7.92 mm 的正方形管,其他条件不变,求晶体管的表面温度和水以 62.8 g/s 的流量通过系统引起的压降(各种管道附件的等效直径数按当量直径计算)。

3-12　美国机动车工程师学会根据一种典型冷板结构[图 3-28(a)]数据得到了如下的计算公式:

$$B = 105 q_m (\Delta t / \Delta t_p \sigma \Delta p)^{0.43} \tag{1}$$

$$L = 0.019 \sigma \Delta p (\Delta t / \Delta t_p \sigma \Delta p)^{0.83} \tag{2}$$

$$m \approx 14.2 BL \tag{3}$$

式中:B——冷板宽度,m。

　　L——冷却剂(空气)流道长度,m。

　　m——冷板质量,kg。

　　q_m——空气质量流量,kg/s。

　　Δt——空气温升,℃。$\Delta t = t_2 - t_1 = 10^{-3} \Phi / q_m$,其中,$\Phi$ 为总输入热量(两面输入之和),W;t_1,t_2 为空气进、出口温度,℃。

　　Δt_p——冷板与空气的局部温差,℃。$\Delta t_p = t_p - t$,其中,t_p 为局部冷板温度;t 为局部空气温度。

　　Δp—— 进出口的空气压差,Pa。

　　$\sigma = \rho / \rho_0$——ρ 为平均空气密度,$\rho_0 = 1.225\ \mathrm{kg/m^3}$。

各几何物理量如图 3-28(b)所示。典型冷板结构的数据为:通道高 9.5 mm,肋片厚度 0.2 mm,肋片间距 6.35 mm,每单位体积表面积为 1 512 $\mathrm{m^2/m^3}$,肋片面积/总面积 = 0.87,$H \approx 13$ mm,材料为铝质。

如图 3-28(b)所示,用冷板冷却两个电子设备 Ⅰ 和 Ⅱ。已知:载荷 $\Phi_1 = 96$ W,$\Phi_2 = 224$ W,接触面积 $A_1 = 0.06\ \mathrm{m^2}$,$A_2 = 0.04\ \mathrm{m^2}$,空气进口温度 $t_1 = 20\ ℃$,允许空气温升 $\Delta t =$

40 ℃，允许压降 $\sigma\Delta P = 174$ Pa，接受热载荷的最小板面积 $A = 0.11$ m²。试计算冷板的尺寸、质量与冷板平均温度。

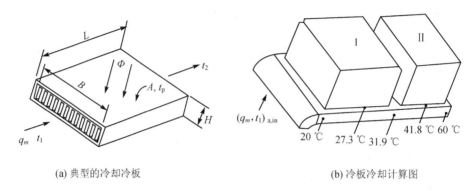

(a) 典型的冷却冷板　　　　　　　　(b) 冷板冷却计算图

图 3 - 28　习题 3 - 12 附图

第4章 机箱和电路板的传导冷却

4.1 集中热源的稳态传导

电子设备工作时,电子元件是最热部件。为了控制元件的热点温度,必须畅通热流路径。

热流路径的材料显著影响路径上产生的温度梯度。任何材料——固体、液体或气体都可以传热。材料的传热能力由其物理性质和结构形状决定。对单纯集中的热负荷,其稳态传导热流的基本关系式根据傅里叶定律得

$$\Phi = \lambda A \frac{\Delta t}{L} \qquad (4-1)$$

式中:Φ——耗散功率,W;

λ——导热系数,W/(m·K);

A——垂直于热流方向的截面积,m^2;

Δt——温差,℃;

L——长度,m。

式(4-1)可改写成如下形式:

$$\Delta t = \frac{\Phi L}{\lambda A} \qquad (4-2)$$

各种常用材料的导热系数如表4-1所列。

表4-1 各种材料的导热系数

材料(室温)		导热系数/ $[W·(m·K)^{-1}]$	材料(室温)			导热系数/ $[W·(m·K)^{-1}]$
铝	纯铝	216	铜		纯铜	398
	5052	144			铜丝	287
	6061T6	156			青铜	225
	2024T4	121			黄铜	93
	7075T6	121			5%磷青铜	52
	356T6	151	金			294
铍		164	铁		精制铁	59
铜铍合金		87			铸铁	55
柯伐合金		16	环氧玻璃纤维板	多层0.127 mm 环氧		34.61
铅		33		带0.071 1 mm 敷铜层	与板平行	—
镁	纯镁	159			与板垂直	3.461
	铸镁	71	玻璃			0.865
钼		130	玻璃纤维			0.039 8

材料(室温)		导热系数/ $[W \cdot (m \cdot K)^{-1}]$	材料(室温)		导热系数/ $[W \cdot (m \cdot K)^{-1}]$
镍	纯镍	80	冰		2.129
	铬镍铁合金	17	云母		0.71
	蒙乃尔合金	30	聚酯薄膜		0.19
银		419	尼龙		0.242
钢	SAE 1010	59	酚醛塑料	普通酚醛塑料	0.519
	SAE 1020	55		纸基酚醛塑料	0.277
	SAE 1045	45	耐热有机玻璃		0.19
	SAE 4130	42	聚苯乙烯		0.106
白铁皮		62	聚氯乙烯		0.156
钛		16	硼硅酸玻璃		1.263
锌		102	橡胶	丁基橡胶	0.26
空气		0.026 5		硬橡胶	0.19
氧化铝		29		软橡胶	0.139
胶木		0.19	硅脂		0.208
氧化铍(99.5%)		197	硅橡胶		0.19
碳		6.923	泡沫聚苯乙烯		0.034 6
环氧树脂	无填料	0.208	聚四氟乙烯		0.19
	高级填料	2.163	水		0.658
环氧玻璃纤维板		0.26	木头	枫木	0.166
				松木	0.116

4.2 均匀分布热源的稳态传导

在安装托架或电路板上,通常将相同的电子元件排在一起,如图 4-1 所示。当每个元件的耗散功率近似相等时,热负荷基本上是均匀分布的。

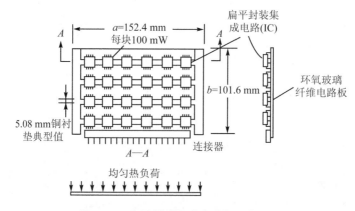

图 4-1 扁平封装集成电路印制电路板

当考虑任一窄条上的电子元件时(如截面 A—A 所示),热输入可按均匀分布的热负荷来估算。在典型的印刷电路板上,热量是从元件流向元件下面的散热条,然后再流到印制电路板的边缘而散去。散热条通常是用铝或铜制造,具有高导热系数。对热源均匀分布的印制电路板,其最高温度在印制电路板的中心,最低温度在印制电路板的边缘,形成抛物线式的分布,如图 4-2 所示。

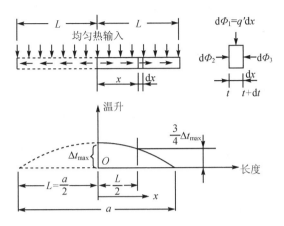

图 4-2　电路板上均匀热负荷的温度抛物线分布

鉴于热源分布的对称性,将电路板按其中心线分为左、右两侧。当只考虑一侧的一窄条时,研究跨距为 L 的窄条上的 $\mathrm{d}x$ 微量,可以得到热平衡方程

$$\mathrm{d}\Phi_1 + \mathrm{d}\Phi_2 = \mathrm{d}\Phi_3$$

式中,

$$\mathrm{d}\Phi_1 = q'\mathrm{d}x = 输入热流量$$

其中,q' 为单位长度输入热流量,即单位长度窄条上电子元件的耗散热流量,W/m;

$$\mathrm{d}\Phi_2 = -\lambda A \frac{\mathrm{d}t}{\mathrm{d}x} = 导入热流量$$

$$\mathrm{d}\Phi_3 = -\lambda A \frac{\mathrm{d}}{\mathrm{d}x}(t + \mathrm{d}t) = 导出热流量$$

则

$$q'\mathrm{d}x - \lambda A \frac{\mathrm{d}t}{\mathrm{d}x} = -\lambda A \frac{\mathrm{d}t}{\mathrm{d}x} - \lambda A \frac{\mathrm{d}}{\mathrm{d}x}(\mathrm{d}t)$$

即

$$\frac{\mathrm{d}^2 t}{\mathrm{d}x^2} = -\frac{q'}{\lambda A}$$

这是二阶微分方程,可以用两次积分法求解,积分一次得

$$\frac{\mathrm{d}t}{\mathrm{d}x} = -\frac{q'x}{\lambda A} + C_1$$

积分两次得

$$t = -\frac{q'x^2}{2\lambda A} + C_1 x + C_2$$

由于在 $x=0$ 处,印制电路板是绝热的,即温度变化率 $\frac{\mathrm{d}t}{\mathrm{d}x}=0$,常数 $C_1=0$。

令印制电路板末端的温度为 t_e,则得常数

$$C_2 = t_e + \frac{q'L^2}{2\lambda A}$$

沿印制电路板(或窄条)任意点的温度是

$$t = -\frac{q'x^2}{2\lambda A} + t_e + \frac{q'L^2}{2\lambda A}$$

当用 Δt 表示 $t - t_e$ 时,有

$$\Delta t = \frac{q'}{2\lambda A}(L^2 - x^2) \qquad (4-3)$$

该方程产生抛物线式的温度分布,表示在图 4-2 中。

当考虑一侧窄条的全长时,式(4-3)中的 $x=0$,沿 L 全长的总热量变为

$$\Phi = q'L \qquad (4-4)$$

当 $x=0$ 时,将式(4-4)代入式(4-3),在具有均匀分布热负荷的窄条上,最大的温升是

$$\Delta t_{max} = \frac{\Phi L}{2\lambda A} \qquad (4-5)$$

当求一侧长为 L 的散热条中间点的温升时,将 $x=L/2$ 值代入式(4-3)中,得到窄条中间点的温升公式为

$$\Delta t = \frac{3\Phi L}{8\lambda A} \qquad (4-6)$$

当只考虑长为 L 的窄条时,窄条中间点温升与最大温升之比表示为

$$\frac{中间点 \Delta t}{最大 \Delta t_{max}} = \frac{3\Phi L/8\lambda A}{\Phi L/2\lambda A} = \frac{3}{4} \qquad (4-7)$$

例 4-1 一系列扁平封装的集成电路安装在如图 4-1 所示的多层印制电路板上,每块扁平封装的耗散功率为 100 mW。元件的热量要通过印制电路板上的铜衬垫传导至印制电路板的边缘,然后进入散热器。设散热器表面温度为 26 ℃,元件壳体允许温度约为 100 ℃。铜衬垫质量为 56.7 g(厚 0.071 1 mm)。试计算从印制电路板边缘到中心的温升,并核查设计是否满足要求。

解: 扁平封装产生均匀分布的热负荷,导致抛物线式的温度分布,如图 4-3 所示。由于对称性,只须计算半个系统,用式(4-5)求从印制电路板边缘到中心的温升。

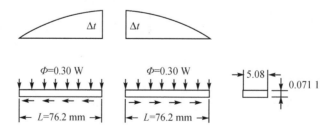

图 4-3 在一块铜条上均匀分布的热负荷

已知 $\Phi = 3 \times 0.1 = 0.3$ W(1/2 铜条的输入热流量),$L = 76.2$ mm(长度),$\lambda = 287$ W/(m·K)(铜的导热系数),$A = 5.08 \times 0.071\ 1 \times 10^{-6} = 3.613 \times 10^{-7}$ m²(横截面面积),将以上数据代入式(4-5)得到该铜条的温升

$$\Delta t = \frac{\Phi L}{2\lambda A} = \frac{0.30 \times 76.2 \times 10^{-3}}{2 \times 287 \times 3.613 \times 10^{-7}} \ ℃ = 110 \ ℃$$

元件壳体温度由散热器表面温度加上铜条温升确定,即

$$t_c = (26 + 110) \ ℃ = 136 \ ℃$$

对于这种形式的系统,其对流和辐射的散热量很小,主要依靠传导散热。在这种情况下,显然系统温升偏高。因为规定的壳体允许最高温度约为 100 ℃,所以这项设计不能采纳。

如果铜条的厚度加倍,质量达到 113.4 g,即厚度为 0.142 2 mm,温升将是 55 ℃。这个温升对于任何表面高于 46 ℃左右的散热器来说,还是太高了。考虑到高温应用,良好的设计是必须将铜衬垫的厚度增加到 0.284 4 mm 左右。

4.3　非均匀截面壁的机箱

电子设备机箱一般都有切口、槽口及清洁用孔,以便于装配接近、固定走线或维护。这些孔一般都开在隔板或其他构件上,有时要求它们能够散去某些关键性的大功率元件的热量,各种孔构成了不均匀截面的壁,因此必须分析它们的热流动能力。

分析非均匀截面壁的一种简便方法是将非均匀截面壁细分成相对均匀的小单元,这样,每个较小的比较均匀的截面的热性能可用热阻的形式定义。每个截面的具体热阻值由其几何尺寸和物理性质决定。将这些小单元的热阻串联或并联起来形成热模拟电阻网络或数学模型,它描述了电子设备结构截面的热特性。

利用热阻概念及热传导基本方程(4-1),可得传导热阻定义式为

$$R = \frac{L}{\lambda A} \tag{4-8}$$

把该值代入式(4-1),得到温升与热阻及热流量的关系式

$$\Delta t = \Phi R \tag{4-9}$$

在研究简单或复杂机箱的数学模型时,使用热阻概念是很方便的。一维、二维和三维热流的模拟热阻网络很容易建立。复杂形状的热特性可用简单的热阻来描述,进而可确定电子设备的温度分布。下面以一实例说明。

例 4-2　在一块铝隔板上将 6 个电阻器安装成一排,每个电阻器的耗散功率为 1.5 W,则总的耗散功率为 9 W。隔板向侧面机箱壁传热,机箱壁靠装有波纹肋片的冷板冷却。隔板有两个切口让连接器通过,如图 4-4 所示。求横跨板长度的温升。

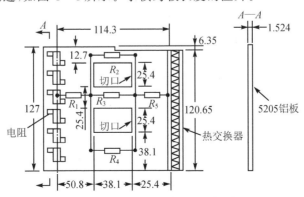

图 4-4　有两个连接器切口的隔板

解：为了表示热流路径,建立具有串联和并联热阻网络的数学模型,如图 4-5 所示。

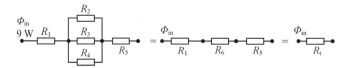

图 4-5　采用串联和并联热阻网络的隔板热模型

为简化热模拟电阻网络,首先求由热阻 R_2、R_3 和 R_4 表示的并联部分的等效热阻。

① 求热阻 R_2。

已知 $L_2 = 38.1$ mm(长),$\lambda_2 = 144$ W/(m·K)(5052 铝的导热系数),$A_2 = 12.7 \times 1.524 \times 10^{-6}$ m^2 = 19.35 $\times 10^{-6}$ m^2(横截面面积),则

$$R_2 = \frac{L_2}{\lambda_2 A_2} = \frac{38.1 \times 10^{-3}}{144 \times 19.35 \times 10^{-6}} \text{ K/W} = 13.67 \text{ K/W}$$

② 求热阻 R_3。

已知 $L_3 = 38.1$ mm(长),$\lambda_3 = 144$ W/(m·K)(5052 铝的导热系数),$A_3 = 25.4 \times 1.524 \times 10^{-6}$ m^2 = 38.71 $\times 10^{-6}$ m^2(横截面面积),则

$$R_3 = \frac{L_3}{\lambda_3 A_3} = \frac{38.1 \times 10^{-3}}{144 \times 38.71 \times 10^{-6}} \text{ K/W} = 6.835 \text{ K/W}$$

③ 求热阻 R_4。

已知 $L_4 = 38.1$ mm(长),$\lambda_4 = 144$ W/(m·K)(5052 铝的导热系数),$A_4 = 38.1 \times 1.524 \times 10^{-6}$ m^2 = 58.06 $\times 10^{-6}$ m^2(横截面面积),则

$$R_4 = \frac{L_4}{\lambda_4 A_4} = \frac{38.1 \times 10^{-3}}{144 \times 58.06 \times 10^{-6}} \text{ K/W} = 4.557 \text{ K/W}$$

根据并联电阻计算公式可知,热阻 R_2、R_3 和 R_4 并联合成等效热阻,计算式为

$$\frac{1}{R_6} = \frac{1}{R_2} + \frac{1}{R_3} + \frac{1}{R_4} = \left(\frac{1}{13.67} + \frac{1}{6.835} + \frac{1}{4.557} \right) \text{ W/K}$$
$$R_6 = 2.278\ 4 \text{ K/W}$$

④ 求热阻 R_1。

已知 $L_1 = 50.8$ mm(长),$\lambda_1 = 144$ W/(m·K)(5052 铝的导热系数),$A_1 = 127 \times 1.524 \times 10^{-6}$ m^2 = 193.548 $\times 10^{-6}$ m^2(横截面面积),则

$$R_1 = \frac{L_1}{\lambda_1 A_1} = \frac{50.8 \times 10^{-3}}{144 \times 193.548 \times 10^{-6}} \text{ K/W} = 1.822\ 7 \text{ K/W}$$

⑤ 求热阻 R_5。

已知 $L_5 = 25.4$ mm(长),$\lambda_5 = 144$ W/(m·K)(5052 铝的导热系数),$A_5 = 120.65 \times 1.524 \times 10^{-6}$ m^2 = 183.87 $\times 10^{-6}$ m^2(横截面面积),则

$$R_5 = \frac{L_5}{\lambda_5 A_5} = \frac{25.4 \times 10^{-3}}{144 \times 183.87 \times 10^{-6}} \text{ K/W} = 0.959\ 3 \text{ K/W}$$

⑥ 求总热阻 R_t。

以上已求出图 4-5 中的 R_1、R_6 和 R_5 三个热阻值,因而可用串联电阻的计算公式求三个热阻串联后的总热阻

$$R_t = R_1 + R_6 + R_5 = (1.822\ 7 + 2.278\ 4 + 0.959\ 3) \text{ K/W} = 5.060\ 4 \text{ K/W}$$

因此,横跨隔板长度的温升可由式(4-9)求得。

⑦ 求温升 Δt。

已知 $\Phi = 9\ \mathrm{W}, R_t = 5.060\ 4\ \mathrm{K/W}$,则

$$\Delta t = \Phi R_t = 9 \times 5.060\ 4\ ℃ = 45.54\ ℃$$

4.4　二维热阻网络

典型电子设备机箱的热传导路径,通常在两个或更多的方向上同时存在。如果热流路径上有多个集中的输入热源,则沿热流路径的温度分布难以估算。一种简化求解的方法是将结构分成一组较小的单元,这些单元用热阻互连起来,形成热阻网络。每个小单元的质量集中在它的几何中心上,该点叫单元的节点,如图 4-6 所示。

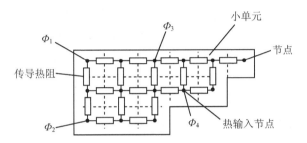

图 4-6　平板中二维热流的热阻网络

很大的二维和三维的热阻网络常要用高速数字计算机进行计算,以求得复杂结构的温度分布图形。小型样机中的温度常可用基本的热传导方程(4-1)求得。在数学模型中,对每个节点写出热平衡方程,然后联立求解这些方程,即可得出每个节点的温度。

当用热导概念代替热阻概念时,使用热平衡方程较方便,热导被定义为热阻 R 的倒数,即

$$k' = \frac{1}{R} = \frac{\lambda A}{L} \tag{4-10}$$

将式(4-10)代入式(4-1),得到用热导表示的稳态热流量关系式为

$$\Phi = k'\Delta t = k'(t_2 - t_1) \tag{4-11}$$

例 4-3　用一个悬臂铜托架支持电源的部件。电源部件由两个功率晶体管和两个线绕电阻器组成,耗散功率如图 4-7 所示。铜托架兼作电源散热器,并用螺栓固定在冷板上,冷板表面温度保持在 71 ℃。求电源散热器上四个元件安装点的温度。

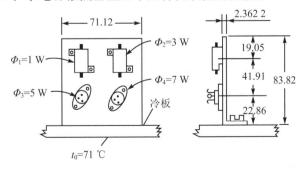

图 4-7　安装在散热器托架上的元件

解：将托架分成小矩形单元,节点位于每个单元的几何中心。

每个单元的节点互连构成矩形栅格图形,便得到托架散热器的数学模型,这是模拟导热网络的形式,表示系统在两个方向具有热流,如图4-8所示。

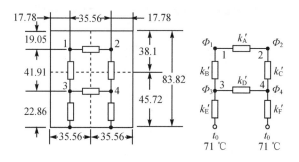

图4-8 元件托架的数学模型

要想求出每个节点的温度,须先写出数学模型中每个节点的热平衡方程。为避免在托架散热器上规定正(＋)、负(－)热流方向而产生错误的可能性,建议按如下方法处理:假定全部热量流入正被研究的每一个节点。当对不同节点写出热平衡方程时,将须改变在不同热导体中假定的热流方向。从节点1开始,假定热量从节点2流入节点1,从节点3流入节点1,从 Φ_1 流入节点1。这与假定的相符,即节点2和节点3的温度高于节点1的温度。式(4-11)表示的热流关系式可用于每个节点。

节点1的热平衡式为

$$\left.\begin{array}{r} k'_A(t_2 - t_1) + k'_B(t_3 - t_1) + \Phi_1 = 0 \\ (k'_A + k'_B)t_1 - k'_A t_2 - k'_B t_3 = \Phi_1 \end{array}\right\} \tag{1}$$

节点2的热平衡式为

$$\left.\begin{array}{r} k'_A(t_1 - t_2) + k'_C(t_4 - t_2) + \Phi_2 = 0 \\ -k'_A t_1 + (k'_A + k'_C)t_2 - k'_C t_4 = \Phi_2 \end{array}\right\} \tag{2}$$

节点3的热平衡式为

$$\left.\begin{array}{r} k'_B(t_1 - t_3) + k'_D(t_4 - t_3) + k'_E(t_0 - t_3) + \Phi_3 = 0 \\ -k'_B t_1 + (k'_B + k'_D + k'_E)t_3 - k'_D t_4 = \Phi_3 + k'_E t_0 \end{array}\right\} \tag{3}$$

节点4的热平衡式为

$$\left.\begin{array}{r} k'_C(t_2 - t_4) + k'_D(t_3 - t_4) + k'_F(t_0 - t_4) + \Phi_4 = 0 \\ -k'_C t_2 - k'_D t_3 + (k'_C + k'_D + k'_F)t_4 = \Phi_4 + k'_F t_0 \end{array}\right\} \tag{4}$$

以上有四个方程(1)~(4),四个未知数 $t_1 \sim t_4$,一旦求出所有的热导 $k'_A \sim k'_F$,就可联立解方程(1)~(4)。每个热导可由图4-7及式(4-10)求出。

计算热导 k'_A。

已知 $\lambda_A = 287$ W/(m·K)(铜的导热系数), $A_A = 38.1 \times 2.362\ 2 \times 10^{-6}$ m² $= 90 \times 10^{-6}$ m² (横截面面积), $L_A = 35.56$ mm(长),则

$$k'_A = \frac{\lambda_A A_A}{L_A} = \frac{287 \times 90 \times 10^{-6}}{35.56 \times 10^{-3}}\ \text{W/K} = 0.726\ 4\ \text{W/K} \tag{5}$$

计算热导 k'_B。

已知 $\lambda_B = 287$ W/(m·K)(铜的导热系数), $A_B = 35.56 \times 2.362\ 2 \times 10^{-6}$ m² $= 84 \times 10^{-6}$ m²

（横截面面积），$L_B=41.91$ mm（长），则

$$k'_B=\frac{\lambda_B A_B}{L_B}=\frac{287\times84\times10^{-6}}{41.91\times10^{-3}}\text{ W/K}=0.575\ 2\text{ W/K} \tag{6}$$

计算热导 k'_E。

已知 $\lambda_E=287$ W/(m·K)（铜的导热系数），$A_E=35.56\times2.362\ 2\times10^{-6}\text{ m}^2=84\times10^{-6}\text{ m}^2$（横截面面积），$L_E=22.86$ mm（长），则

$$k'_E=\frac{\lambda_E A_E}{L_E}=\frac{287\times84\times10^{-6}}{22.86\times10^{-3}}\text{ W/K}=1.054\ 6\text{ W/K} \tag{7}$$

计算铜板的热导 k'_D。

已知 $A_D=45.72\times2.362\ 2\times10^{-6}\text{ m}^2=108\times10^{-6}\text{ m}^2$（横截面面积），$L_D=35.56$ mm（长），则

$$k'_D=\frac{\lambda_D A_D}{L_D}=\frac{287\times108\times10^{-6}}{35.56\times10^{-3}}\text{ W/K}=0.871\ 7\text{ W/K} \tag{8}$$

由对称性知

$$k'_C=k'_B\quad\text{和}\quad k'_F=k'_E \tag{9}$$

四个节点中的耗散功率为

$$\left.\begin{array}{l}\Phi_1=1\text{ W}\\ \Phi_2=3\text{ W}\\ \Phi_3=5\text{ W}\\ \Phi_4=7\text{ W}\end{array}\right\} \tag{10}$$

将式（5）、式（6）和式（10）代入式（1），得

$$(1.301\ 6t_1-0.726\ 4t_2-0.575\ 2t_3)\text{ W}=1\text{ W} \tag{11}$$

将式（5）、式（9）和式（10）代入式（2），得

$$(-0.726\ 4t_1+1.301\ 6t_2-0.575\ 2t_4)\text{ W}=3\text{ W} \tag{12}$$

将式（6）、式（8）、式（7）和式（10）代入式（3），得

$$(-0.575\ 2t_1+2.501\ 5t_3-0.871\ 7t_4)\text{ W}=(5+1.054\ 6\times71)\text{ W}$$
$$(-0.575\ 2t_1+2.501\ 5t_3-0.871\ 7t_4)\text{ W}=79.876\ 6\text{ W} \tag{13}$$

将式（9）、式（8）和式（10）代入式（4），得

$$(-0.575\ 2t_2-0.871\ 7t_3+2.501\ 5t_4)\text{ W}=(7+1.054\ 6\times71)\text{ W}$$
$$(-0.575\ 2t_2-0.871\ 7t_3+2.501\ 5t_4)\text{ W}=81.876\ 6\text{ W} \tag{14}$$

联立解方程（11）~（14）可得到节点 1~4 的温度为

$$t_1=81.6\ ℃,\quad t_2=82.8\ ℃,\quad t_3=78.3\ ℃,\quad t_4=79.1\ ℃$$

4.5　空气接触面的热传导

电子工业广泛使用托架、散热器和电路板来安装靠传导冷却的电子部件。传导冷却要通过界面传递热量，界面可以螺接、铆接或适当夹在一起。如果大量热量通过这些界面传导，须特别谨慎。因为不良的热接触，将产生较大的热阻，从而引起较大的温升。高温将会导致电气故障。

由图 4-9 两接触界面的放大图可以看出，两个表面只有若干高点是处于实际接触中。两

个接触面间的绝大部分热流将通过彼此接触的各个高点传导,单位面积上彼此接触的高点数一般与两个配合面间的平面度、粗糙度、刚度和接触压力等有关。

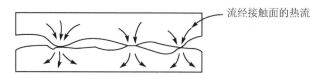

图4-9 两接触界面的放大图

通过接触面间传导的热量还与界面间的空气、油或润滑脂等介质有关。使用硅脂或导热软膏、导热的金属氧化物填充界面间隙,可以改善总的传热性能。这些材料在温度大大超过多数电子元件的最高工作温度下也不会出现干硬现象。水具有高导热系数,是一种极好的界面导体,但容易汽化。

如果两个大面积的接触表面不平滑,则界面间必须垫上干式接触材料,常用软的薄金属片诸如铝片、铜片或钢片,厚度约0.05 mm,来改善界面的传热性能。

大型表面应使用硬质接触材料,以减少翘曲。还可用含碳量高的、用橡胶灌注的软线网组成的接触材料,以改善传热性能。用薄铍铜板冲压成上千个弹簧式的小指状物,在许多工程应用中热性能良好。

用热传导系数α_i表示接触面的热特性很方便,仿照计算对流换热的牛顿冷却公式,可以得到通过接触面的热流量为

$$\Phi = \alpha_i A \Delta t \qquad (4-12)$$

式中,α_i——接触面的热传导系数,W/(m²·K)。

科学家针对不同结合方式、不同金属、不同表面粗糙度和不同接触材料的接触传导问题,进行了广泛的实验研究,获得了大量测试数据。这些数据一般是根据两配合表面的接触压力和表面粗糙度测得的。表面粗糙度用表面上存在的尖峰和凹处的高度和深度微小变化的均方根值表示。不同加工方法所获得的一些典型表面粗糙度的数值列于表4-2。

一般说来,光滑表面粗糙度的均方根值低于0.38,粗糙表面粗糙度的均方根值大于2.03。

表4-2 不同加工方法的典型表面粗糙度

加工方法	表面粗糙度的均方根值 /μm
抛光	0.1
研磨	0.25
滚轧表面	0.38~0.51
车削,精车	2.03
车削,粗车	3.05
洗削加工,粗铣	3.18
蜡膜铸造	3.18~6.1
锉光	6.1
砂型铸造	6.1~7.62
刨削	25.4

表4-3表示各种材料在接触压力为68.95 kPa情况下的接触热传导系数值。

研究表明,在给定表面粗糙度和接触压力的情况下,坚硬的材料如钢的接触面热传导系数值比软材料如铝的热传导系数值低。此外,当改善了表面粗糙度和表面平面度后,接触面的热传导系数值会显著提高。

夹紧力增加时,接触面的热传导系数值也增加,夹紧力小的热传导系数值小于夹紧力大的热传导系数值。光滑表面在夹紧力相当小的情况下,具有高的接触面热传导系数值;在光滑表面之间加大夹紧力不会明显改善接触面的热传导系数值。粗糙表面在低接触压力的情况下,接触面的热传导系数值小;如果增加粗糙表面间的夹紧力,将明显提高接触面的热传导系数值。

表 4 - 3　接触压力为 68.95 kPa 时各种材料的热传导系数值

材　料	粗糙度的均方根值		接触面热传导系数/ $[kW \cdot (m^2 \cdot K)^{-1}]$	
	1	2	干　式	油
钢 SAE 4141	0.076	0.076	12.492	
	1.778	2.159	2.271	7.666
铝 5051	0.406	0.432	10.221	
	1.524	1.524	7.382	11.356
	0.381	2.286	4.543	9.085
铍青铜 AMS4846	1.778	2.032	4.543	6.814

注：油的导热系数为 $\lambda = 0.126\ 3\ W/(m \cdot K)$。

测试表明,在给定接触压力和表面粗糙度的情况下,较高的热流密度将产生较高的接触面热传导系数值。测试数据还表明,当温度增加时接触面的热传导系数值明显增加。

概括地说,工程上常用的提高接触面的热传导系数值(即减小接触热阻)的主要措施有:

① 增大接触面积;

② 加大接触表面之间的压力,并使接触压力均匀;

③ 提高两个接触面的加工精度,使接触表面保持平滑;

④ 在接触表面之间垫以导热衬垫,或涂抹导热脂、导热膏等介质;

⑤ 在结构强度允许的条件下,选用软的金属材料制作散热器安装表面或器件的壳体。

例 4 - 4　如图 4 - 10 所示,元件托架与散热器用螺栓连接,螺栓产生的接触压力为 1.379×10^6 Pa。托架上元件的总耗散功率是 12 W,螺栓连接接触的表面粗糙度大约是 1.651 μm(均方根值),托架处于一个对流或辐射耗散热量都很小的有限区域,接触面热传导系数 $\alpha_i = 11.356$ kW/(m² · K)。求铝托架与散热器接触面的温升。

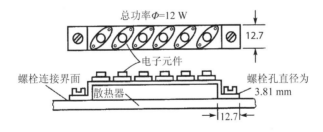

图 4 - 10　螺栓连接的元件托架与散热器

解：已知 $\Phi = 12$ W(输入热流量),$A = 2 \times (12.7 \times 12.7 - \pi/4 \times 3.81^2) \times 10^{-6}$ m² $= 0.299 \times 10^{-3}$ m²(接触面面积),$\alpha_i = 11.356$ kW/(m² · K)(接触面热传导系数),将以上数据代入公式(4 - 12)求温升

$$\Delta t = \frac{\Phi}{\alpha_i \cdot A} = \frac{12}{11.356 \times 10^3 \times 0.299 \times 10^{-3}}\ ℃ = 3.5\ ℃$$

空气是一种热的良导体,如果接触面很粗糙或者接触压力很低,则接触面的空气往往会吸纳大部分热量,从而使连接体温升大大升高。稍微修改上例就可说明问题。

例 4 - 5　在例 4 - 4 中,托架上有污物,所以元件托架和散热器之间的实际接触很差。在托架下面有一层 0.025 mm 的空气隙,求薄空气隙的温升。

解:用式(4-2)表示的传导关系式求空气隙的温升。已知 $\Phi=12$ W(输入热流量),$L=0.025$ mm(空气隙长度),$\lambda=0.029\,4$ W/(m·K)(160 ℃时空气的导热系数),$A=0.299\times10^{-3}$ m²(接触面面积),将以上数据代入式(4-2)得

$$\Delta t=\frac{\Phi L}{\lambda A}=\frac{12\times0.025\times10^{-3}}{0.029\,4\times0.299\times10^{-3}}\ ℃=34.2\ ℃$$

若在安装托架的界面上使用导热脂,则可减少连接体的温升。导热脂的导热系数一般是 0.35~1.56 W/(m·K)。考虑导热系数的平均值为 0.865 W/(m·K),导热脂的平均厚度为 0.051 mm,则横跨连接体的温升将是

$$\Delta t=\frac{\Phi L}{\lambda A}=\frac{12\times0.051\times10^{-3}}{0.865\times0.299\times10^{-3}}\ ℃=2.3\ ℃$$

为了得到没有导热脂的横跨托架接触面的同样温升,需要采用比较光的表面和比较高的接触压力。

4.6　接触面在高空的热传导

在高空,夹紧的两表面间的传热量往往会急剧减少。在高真空环境中,两个邻近的表面如果不是紧密接触,则不会有热传导,但根据各表面的温度和物理性质,有少量的热可以从一个表面向另一个表面辐射。但是,如果在两个邻近表面间加入某些介质如固体、液体或气体,则可以通过这些介质传热。

对于从海平面到真空的各种高度,具有低接触压力的邻近表面间,其接触面的热传导变化如图 4-11 所示。图中曲线表明,直到 24 384 m(80 000 ft)的高度,接触面的热传导系数几乎不变,超过 24 384 m,接触面的热传导系数值开始急剧下降。因此,必须特别注意在外层空间利用传导冷却的电子设备热界面的设计。

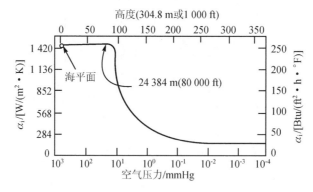

注:表面粗糙度的均方根值为 0.254 μm 的 0.011 TIR 铜与表面粗糙度的均方根值为 0.558 8 μm 的 0.004 TIR 黄铜接触,接触压力为 13.79 kPa。

图 4-11　接触面的热传导系数与高度的关系

要想在真空环境中传递热量,必须提供刚性的热接触面。测试数据表明,真空环境中典型的薄板金属结构具有的界面热传导系数值只有海平面的 10%。

工程实际应用的电子设备结构,其接触面面积往往较大,接触面的压力不均匀,并且表面也不是刚性、平直的。由于这些原因,一些大型薄板金属结构的实际接触面热传导系数值通常

比公布的数据低得多。表 4－4 给出了用螺栓连接的两块铝板的接触面热传导系数的测试数据。

表 4－4　只在四角用螺栓连接的两块铝板采用各种接触材料的平均热传导系数

接触面热传导系数 $\alpha_i/[\mathrm{W} \cdot (\mathrm{m}^2 \cdot \mathrm{K})^{-1}]$		
接触面材料	海平面空气	真空$(1.33 \times 10^{-4}\ \mathrm{Pa})$
铜箔或铝箔$(0.051\ \mathrm{mm})$	1 703	568
橡胶灌注的铝网 $(0.508\ \mathrm{mm})$	1 136	227
铍铜合金箔带 1 000 个指状物	1 136	227
无接触材料	1 136	114

注:铝板尺寸为 25.4 cm×50.8 cm×0.635 cm。

4.7　电路板边缘导轨

插入式印制电路板往往要利用导轨,以帮助其上的插头对准机箱的插座,这些导轨通常被紧固在机箱的侧壁上,当插、拔印制电路板时,它们夹紧印制电路板的边缘。如果导轨和印制电路板边缘之间的接触面有足够的压力和表面积,则导轨边缘可用来传导印制电路板的热量。典型的带边缘导轨的插入式印制电路板如图 4－12 所示。

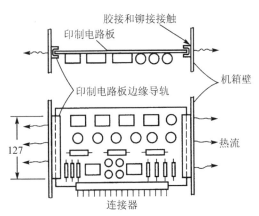

图 4－12　带边缘导轨的插入式印制电路板

插入式印制电路板必须将其插头插入隐蔽的插座。插座通常被紧固在底板上,如果底板插座是刚性的,没有可松动的预防措施,则导轨必须有一定柔性以提供松动的措施,否则插头上的许多插针将会弯曲和断裂。底板上的刚性插座用于电气连接,在电子设备制造过程中采用了札线束、弯曲带状线束以及多层内部连接控制母板,这些内部电连线不能承受松动插座所需的过分运动。因此,柔性机构往往装在电路板边缘的导轨上。

如果边缘导轨是良好的热导体,则这种插头必须提供可承受高压力的干燥光滑表面。在这些界面上,不宜有导热脂,因为它们很脏,影响操作;而且为了检查或维修,每次要拉出印制电路板更换导热脂。

电子设备热设计及分析技术(第 3 版)

有许多不同形式的电路板边缘导轨用于电子工业,这些边缘导轨的热阻值很难精确计算,一般要通过实验进行测试。图 4-13 表示了四种不同形式的边缘导轨以及各自的热阻值。

(a) G型:0.305 (m・K)/W (b) B型:0.203 (m・K)/W (c) U型:0.152 (m・K)/W (d) 楔形夹:0.051 (m・K)/W

图 4-13　边缘导轨板的典型热阻值

图 4-13 所示的电路板边缘导轨用在海平面或 15 000 m 以下的中等高度一般是满意的。在 30 000 m 的高空,对于图 4-13(a)~(c)的导轨,测试的热阻数值将增加 30% 左右,而图 4-13(d)的楔形夹导轨热阻值只增加 5% 左右。

对于高真空条件,当压力低于 1 333 Pa(10 mmHg)时,如同在外层空间工作中的情况,除非耗散功率很小,否则,这些边缘导轨无法满足要求。为了有效地导热,外层空间环境一般要求接触表面是平直、光滑的高压界面。楔形夹在这里很有效,因为它能提供高接触压力。螺栓连接也被广泛使用,因为即使很小的螺栓也能产生很大的接触力,不过螺栓连接的维修不如插入式连接的维修方便。

例 4-6　求图 4-12 所示的印制电路板边缘导轨的温升(从边缘导轨到机箱的侧壁),边缘导轨如图 4-13(c)所示,长度为 127 mm。印制电路板的总耗散功率为 10 W,均匀分布,工作高度为 30 000 m。

解: 由于有两个边缘导轨,所以,印制电路板总耗散功率的一半将经过一个边缘导轨传热。在海平面条件下,边缘导轨的温升可根据下式求出:

$$\Delta t = \frac{R'\Phi}{L} \tag{4-13}$$

已知 $R'=0.152$ (m・K)/W(由图 4-13 查得),$\Phi=\frac{10}{2}$ W=5 W(印制电路板一半的耗散功率),$L=127$ mm(导轨的长度),则

$$\Delta t = \frac{0.152 \times 5}{127 \times 10^{-3}} \text{℃} = 6 \text{℃} \quad (海平面温升)$$

在 30 000 m 高空测试的数据和图 4-14 表明,边缘导轨的热阻值将增加约 30%,所以在 30 000 m 高空的温升为

$$\Delta t = 1.30 \times 6 \text{℃} = 7.8 \text{℃}$$

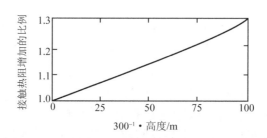

图 4-14　边缘导轨的接触热阻随高度的变化关系

92

思考题与习题

4-1 试写出导热傅里叶定律的一般形式,并根据该定律分析影响热流路径传热能力的因素。

4-2 电路板上均匀热负荷的温度分布有何特点?常用强化电路板传导散热能力的措施有哪些?

4-3 试说明串、并联热阻的计算原则及其使用条件。

4-4 何谓接触热阻?试用简明语言说明接触面热传导系数 α_i 的物理意义以及提高 α_i 的主要措施。

4-5 接触面热传导系数 α_i 随高度变化的趋势是什么?在高真空环境中设计传热接触面时应注意哪些问题?

4-6 试说明二维和三维热阻网络的建立和计算方法。

4-7 电路板边缘导轨的作用是什么?减小边缘导轨的措施有哪些?

4-8 晶体管用螺栓固定到铝(5052 铝)托架上,如图 4-15 所示。托架用胶粘剂粘接在散热器壁上,托架温度保持在 55 ℃。在晶体管安装表面上有云母绝缘垫。晶体管的耗散功率为 7.5 W。已知环氧树脂胶导热系数为 0.289 W/(m·K),5052 铝托架的导热系数为 144 W/(m·K),10—32 号螺栓与 0.127 mm 厚云母垫片配合安装的接触热阻 $R=2.4$ K/W(参考表 3-7)。装置的对流和辐射传热很小,可忽略不计。试确定晶体管壳体的表面温度。

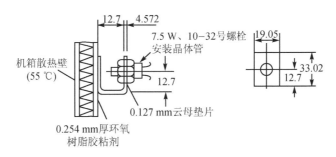

图 4-15 在托架上安装晶体管

4-9 在一电子器件中有一晶体管可视为半径为 0.1 mm 的半球热源,如图 4-16 所示。该晶体管被置于一块很大的硅基板中。硅基板的一侧绝热,其余各表面的温度均为 t_∞。硅基板的导热系数 $\lambda=120$ W/(m·K)。试导出硅基板中温度分布的表达式,并计算当晶体管发热量为 $\Phi=4$ W 时,晶体管表面的温度值。

提示:相对于 0.1 mm 这样小的半径,硅基板的外表面可以视为外半径趋于无穷大的球壳表面。

4-10 一圆筒体的内、外半径分别为 r_i 和 r_o,相应的壁温为 t_i 与 t_o,其导热系数与温度的关系可表示成 $\lambda=\lambda_0(1+bt)$ 的形式,式中 λ 及 t 均为局部值。试导出单位长度上导热热流量的表达式及导热热阻的表达式。

4-11 用一个悬臂铜托架支持电源的部件,电源部件由两个功率晶体管和两个线绕电阻器组成,耗散功率如图 4-17 所示。电源散热器用螺栓固定到冷板上,冷板温度保持在 71 ℃。求电源散热器上四个元件安装点的温度。

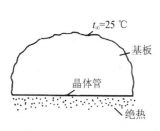

图 4 - 16　习题 4 - 9 附图

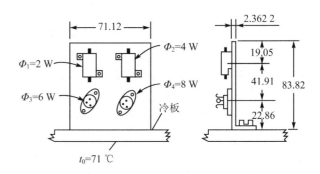

图 4 - 17　安装在散热器托架上的元件

第 5 章　机箱和电路板的风冷设计

5.1　概　述

空气是最安全、可靠且方便、廉价的工质,因此,机箱和电路板的风冷设计受到电子设备热设计工程师的普遍重视。

机箱和电路板的风冷设计与空气的流动状态密切相关。一般用格拉晓夫数 Gr 与雷诺数 Re 平方之比(实质是浮升力与惯性力之比)来确定使用中的空气的流动状态。当 $Gr/Re^2 > 1$ 时,自然对流效应占优势;反之,当该值小于 1 时,强迫对流占主导地位。一般认为,当 $Gr/Re^2 \geqslant 0.1$ 时,自然对流的影响不能忽略;而当 $Gr/Re^2 \geqslant 10$ 时,强制对流的影响相对自然对流可以忽略不计。按照这个原则,B. Metais 等人提出:对于管内对流换热,自然对流对总换热量的影响低于 10% 的作为纯强制对流;强制对流对总换热量的影响低于 10% 的作为纯自然对流;这两部分都不包括的中间区域为自然对流与强制对流并存的混合对流。在混合对流区,在换热壁面附近,当自然对流与强迫对流方向相同时起强化作用,方向相反时则起减弱作用。故在混合对流范围内,计算对流换热表面传热系数要特别注意这种差别。本章 5.2 节讲述空气自然对流冷却,5.3 节讲述空气强迫对流冷却。由于实际工程应用中涉及混合对流冷却较少,故本书不予介绍,有兴趣的读者可参阅有关文献。

5.2　印制电路板机箱的自然对流冷却

电子设备机箱的自然冷却包括传导、自然对流和辐射换热。电子设备机箱向外的自然散热量是三者之和。自然冷却具有安全、可靠、价格便宜和维修量小等优点,因此,在选择电子设备的冷却方式时,在满足温升要求的前提下应优先予以选用。自然冷却印制电路板机箱内电子元件的温升,既取决于印制电路板上电子元件的耗散功率和设备的环境条件,又受到印制电路板叠装情况,特别是印制电路板间距的影响。

5.2.1　印制电路板之间的合理间距

印制电路板在机箱中往往是竖直放置,多块印制电路板平行排列。因此,在自然冷却条件下,在由印制电路板组成的电子设备中,间距的合理布置问题引起了广泛注意。1942 年以来,W. Elembass,A. B. Cohen 等人对这一问题进行了深入研究。

由于印制电路板上电子元件的形状各异,各类元件的热耗形式和系统工作模式不同,给最佳布置间距的研究带来了一定困难。因此,在进行研究时须将印制电路板进行模化处理。

如图 5-1 所示,通常是将印制电路板的布置形式等效为竖直平行板,先分析在自然对流状态下的换热特性,然后求出合理的印制电路板之间的间距。

按照牛顿冷却公式,竖直平行板的总换热量为

$$\Phi_T = \alpha A \Delta t = \alpha (2L \cdot D) \cdot \Delta t \cdot n \tag{5-1}$$

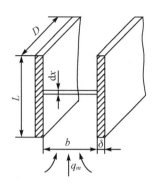

图 5-1　竖直通道的流动模型

式中：α——对流换热表面传热系数，$\alpha = (Nu \cdot \lambda)/b$，W/(m²·K)；

　　L——板高度，m；

　　D——板宽度，m；

　　Δt——板壁与气体的温差，℃；

　　λ——气体的导热系数，W/(m·K)；

　　n——板片数，$n = W/(b+\delta)$；

　　W——印制电路板叠装总宽度，m；

　　b——板的间距，m；

　　δ——板的厚度，m。

Elembas 通过试验研究得出，对称的等温竖直平行板在最大传热量时，平行板通道的

$$Ra = GrPr = 54.3, \quad Nu = 1.31$$

将有关参数代入，经数学处理后，得到最佳间距为

$$b_{opt} = 2.714/P^{1/4} \tag{5-2}$$

式中：P——$(c_p \bar{\rho}^2 g\alpha_V \Delta t)/(\mu\lambda L)$；

　　c_p——比定压热容，kJ/(kg·K)；

　　$\bar{\rho}$——空气平均密度，kg/m³；

　　g——重力加速度，m/s²；

　　α_V——气体的体膨胀系数，K⁻¹；

　　Δt——板与空气的温差，℃；

　　μ——气体的动力黏度，Pa·s；

　　λ——气体的导热系数，W/(m·K)。

用同样方法可得出非对称等温板、对称恒热流板及非对称恒热流板的最佳间距。表 5-1 汇总列出了四种情况的最佳间距和最大间距值。

表 5-1　印制电路板模化通道的最佳间距

模化类型	最佳间距 b_{opt}	$Ra = Gr \cdot Pr$	$Nu = ab/\lambda$	最大间距 b_{max}
对称等温板	$b_{opt} = 2.714/P^{1/4}$	54.3	1.31	$b_{max} = 4.949/P^{1/4}$ $Ra = 600$
非对称等温板	$b_{opt} = 2.154/P^{1/4}$	21.6	1.04	$b_{max} = 3.663/P^{1/4}$ $Ra = 180$
对称恒热流板	$b_{opt} = 1.472R^{-0.2}$	6.916	0.62	$b_{max} = 4.782R^{-0.2}$ $Ra = 2\,500$
非对称恒热流板	$b_{opt} = 1.169R^{-0.2}$	2.183	0.492	$b_{max} = 3.81R^{-0.2}$ $Ra = 800$
备注	① $P = (c_p \bar{\rho}^2 g\alpha_V \Delta t)/(\mu\lambda L)$　m⁻⁴。 ② $R = (c_p \bar{\rho}^2 g\alpha_V q)/(\mu\lambda^2 L)$　m⁻⁵　（q 为热流密度，W/m²）			

对于依靠自然通风散热的印制电路板，为提高其散热效果，应考虑气流流向的合理性。对于一般规格的印制电路板，其竖直放置时的表面温升较水平放置时小。计算表明，竖直安装的

印制电路板,其最小间距应为 19 mm,以防止自然流动的收缩和阻塞。在这种间距条件下的 71 ℃的环境中,对于小型的印制电路板,如组件的耗散功率密度为 0.015 5 W/cm^2,则组件表面温度约为 100 ℃(即温升约为 30 ℃)。因此,0.015 5 W/cm^2 的功率密度值是自然对流冷却印制电路板耗散功率的许用值。

5.2.2　自然对流换热表面传热系数的计算式

参考文献[2,4]综合给出了大气压力下,温度为 10~40 ℃的空气与 50~100 ℃的壁面间的自然对流换热表面传热系数的计算公式,如表 5-2 所列。

表 5-2　自然对流换热表面传热系数计算公式

表面形状及位置	自然对流换热表面传热系数		特征尺寸 l/m
	层　流 $GrPr=10^4\sim10^9$	湍　流 $GrPr=10^9\sim10^{13}$	
① 竖直平壁或圆柱	$\alpha=1.49\left(\dfrac{\Delta t}{l}\right)^{1/4}$	$\alpha=1.13(\Delta t)^{1/3}$	高度 L
② 水平圆柱	$\alpha=1.34\left(\dfrac{\Delta t}{l}\right)^{1/4}$	$\alpha=1.47(\Delta t)^{1/3}$	外径 $d_\circ$
③ 水平壁(热面向上或冷面向下)	$\alpha=1.36\left(\dfrac{\Delta t}{l}\right)^{1/4}$	$\alpha=1.58(\Delta t)^{1/3}$	正方形为边长;长方形为二边长的平均值;不对称平面为 $l=A/U$(A 为面积,U 为表面周长);圆盘为 $0.9d$
④ 水平壁(热面向下或冷面向上)	$\alpha=0.68\left(\dfrac{\Delta t}{l}\right)^{1/4}$	—	
⑤ 圆球	$\alpha=1.24\left(\dfrac{\Delta t}{l}\right)^{1/4}$	—	直径 d
⑥ 小部件及导线	$\alpha=3.48\left(\dfrac{\Delta t}{l}\right)^{1/4}$	—	根据元件形状不同,参照表面①~⑤选取。如导线按水平圆柱,则取其外径 $d_\circ$ 为特征尺寸
⑦ 电路板上的元件	$\alpha=2.44\left(\dfrac{\Delta t}{l}\right)^{1/4}$	—	
⑧ 自由空气中的小元件	$\alpha=3.53\left(\dfrac{\Delta t}{l}\right)^{1/4}$	—	
⑨ 积木式微型组件中的元件	$\alpha=1.22\left(\dfrac{\Delta t}{l}\right)^{1/4}$	—	
备　注	$\Delta t=t_w-t_\infty$,其中:t_w 为壁面温度,℃;t_∞ 为流体温度,℃		

对于靠自然对流冷却的电子设备机箱,如果机箱的表面积明显增大,那么其散热量也随之显著增加。加大表面积的一种普遍方法是采用具有低热阻的散热片。此时散热片的温度与电子设备机箱表面的温度几乎相等,散逸到大气的热量增加的量值与所增加的表面积近似成正比。散热片将增加电子设备机箱的体积和质量。但是,就降低成本和提高可靠性而言,用散热片取代冷却风扇付出的代价较小。

采用散热片时,散热片的效率取决于伸出机箱表面散热片上的温度梯度。如果散热片的温度梯度小,那么散热片末端的温度几乎等于散热片根部的温度或机箱表面的温度,因而散热片的效率高。当散热片的效率低于 100 ％时,则必须采用肋片效率公式(2－8)来修正自然对流换热表面传热系数。

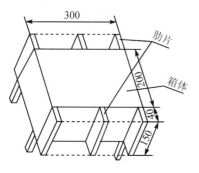

图 5－2　机箱结构图

例 5－1　某电子设备机箱的结构尺寸如图 5－2 所示。

已知:箱体表面的平均温度为 55 ℃,周围环境的温度为 25 ℃,箱体两侧的散热肋片总数为 34 片,散热片厚 1.5 mm,散热片铝材的导热系数 $\lambda = 144$ W/(m·K)。

试估算:

① 在不考虑箱体辐射换热的情况下,求箱体自然对流时排散的热量。

② 若箱体和肋表面的发射率 $\varepsilon = 0.85$,求箱体辐射换热排散的热量。

解:① 求在自然对流状态下,箱体的对流换热量。

根据表 5－2,空气自然对流换热表面传热系数的计算公式为

箱顶部(水平壁热面向上):

$$\alpha_t = 1.36 \left(\frac{\Delta t}{L_t} \right)^{1/4}$$

箱底部(水平壁热面向下):

$$\alpha_b = 0.68 \left(\frac{\Delta t}{L_b} \right)^{1/4}$$

侧面和肋片(竖直平板):

$$\alpha_s = 1.49 \left(\frac{\Delta t}{L_s} \right)^{1/4}$$

特征尺寸为

侧面及肋片:

$$L_s = 0.15 \text{ m}$$

顶部:

$$L_t = (a+b)/2 = 0.25 \text{ m}$$

底部:

$$L_b = L_t = 0.25 \text{ m}$$

温差为

$$\Delta t = 55 \text{ ℃} - 25 \text{ ℃} = 30 \text{ ℃}$$

表面传热系数为

$$\alpha_t = 1.36 \times \left(\frac{30}{0.25} \right)^{1/4} \text{ W/(m}^2 \cdot \text{K)} = 4.50 \text{ W/(m}^2 \cdot \text{K)}$$

$$\alpha_b = \alpha_t / 2 = 2.25 \text{ W/(m}^2 \cdot \text{K)}$$

$$\alpha_s = 1.49 \times \left(\frac{30}{0.15} \right)^{1/4} \text{ W/(m}^2 \cdot \text{K)} = 5.60 \text{ W/(m}^2 \cdot \text{K)}$$

相应各表面面积为

箱顶部:

$$A_t = 0.2 \times 0.3 \text{ m}^2 = 0.06 \text{ m}^2$$

箱底部：
$$A_b = A_t = 0.06 \ \text{m}^2$$

肋表面：
$$A_f = [40 \times 1.5 + 150 \times 1.5 + 2 \times (150 \times 40)] \times$$
$$10^{-6} \times 34 \ \text{m}^2 = 0.417\,7 \ \text{m}^2$$

侧面：
$$A_s = 0.2 \times 0.15 \times 2 \ \text{m}^2 + [(0.3 \times 0.15 \times 2) -$$
$$(2 \times 17 \times 0.15 \times 1.5 \times 10^{-3})] \ \text{m}^2 = 0.142 \ \text{m}^2$$

散热片效率为
$$m = \sqrt{\frac{2\alpha_s}{\lambda_f \delta_f}} = \sqrt{\frac{2 \times 5.60}{144 \times 1.5 \times 10^{-3}}} \ \text{m}^{-1} = 7.2 \ \text{m}^{-1}$$
$$mh = 7.2 \times 40 \times 10^{-3} = 0.288$$
$$\eta_f = \frac{\tanh(mh)}{mh} = \frac{\tanh(0.288)}{0.288} = 0.972$$

因此，自然对流状态下，箱体的对流换热量为
$$\Phi_c = \alpha A \Delta t = \Delta t [\alpha_t A_t + \alpha_b A_b + \alpha_s (\eta_f A_f + A_s)] =$$
$$30 \times [4.5 \times 0.06 + 2.25 \times 0.06 + 5.6 \times$$
$$(0.972 \times 0.417\,7 + 0.142)] \ \text{W} = 104.2 \ \text{W}$$

② 辐射换热量。

计算辐射换热量首先要确定辐射几何体系的角系数。现考虑单组肋片的角系数计算（见图 5 - 3）。

根据参考文献[4]，得
$$\begin{cases} x = \dfrac{150}{17.16} = 8.74 \\ y = \dfrac{40}{17.16} = 2.33 \end{cases}$$

查得 $X_{1,2} \approx 0.61$。

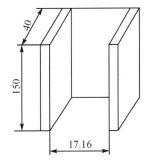

图 5 - 3　肋片的角系数计算

每片肋片的辐射换热量为
$$\Phi_{rf} = \sigma_b \varepsilon (1 - X_{1,2}) A_{rf} (T_1^4 - T_2^4) =$$
$$5.67 \times 10^{-8} \times 0.85 \times (1 - 0.61) \times 150 \times 40 \times 10^{-6} \times$$
$$[(273 + 55)^4 - (273 + 25)^4] \ \text{W} = 0.83 \ \text{W}$$

肋片总数 $n = 34$ 片，故通过辐射由肋片排散的热量为
$$\Phi_{rf} = 34 \times 0.83 \ \text{W} = 28.2 \ \text{W}$$

除肋片外，其余参与辐射的表面面积为
$$A_r = 2A_t + 2A_{s1} + 2A_{s2} =$$
$$(2 \times 0.06 + 2 \times 0.03 + 2 \times 0.045) \ \text{m}^2 = 0.27 \ \text{m}^2$$

对应辐射换热量为
$$\Phi_r = \sigma_b \varepsilon X_{1 \to \infty} A_r (T_1^4 - T_2^4) =$$
$$5.67 \times 10^{-8} \times 0.85 \times 1 \times 0.27 \times 36.88 \times 10^3 \ \text{W} \approx 48.0 \ \text{W}$$

箱体总的辐射换热量为

$$\Phi_R = \Phi_r + \Phi_{rf} = 28.2\ \text{W} + 48.0\ \text{W} = 76.2\ \text{W}$$

所以整个箱体在自然冷却状态下,耗散的总热量为

$$\Phi = \Phi_c + \Phi_R = 104.2\ \text{W} + 76.2\ \text{W} = 180.4\ \text{W}$$

由上述计算得知,在自然冷却状态下,箱体辐射换热量约占总换热量的42%。可见,在自然冷却条件下,辐射的散热作用不容忽视。

5.2.3 自然对流热阻网络

利用计算机模拟技术求解自然对流传热问题时,首先要求建立某种数学模型来模拟系统的物理特性。图5-4所示是一块竖直板综合传导和自然对流的计算机模拟热阻网络的模型。

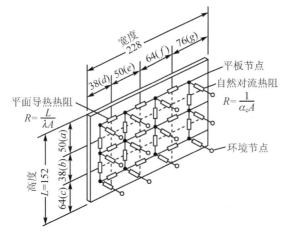

图5-4 综合传导和自然对流的数学模型

自然对流热阻由式(1-10)定义,即

$$R = \frac{1}{\alpha_c A}$$

竖直板的自然对流数学模型建立以后,需要求出每个节点间的导热热阻以及到环境的对流热阻。如图5-4所示,把竖直板分割成若干矩形网格,计算板上各网格节点间的传导热阻。要注意的是,自然对流换热表面传热系数 α_c 取决于整块板的高度,因此在计算自然对流换热表面传热系数时必须使用整块板的高度(152 mm),而不是 a、b 和 c 各段的高度。

5.2.4 自然冷却开式机箱的热设计

机箱热设计的任务是,在保证设备承受外界各种环境、机械应力的前提下,充分保证对流换热、传导和辐射,最大限度地把设备产生的热量排散出去。

设计时应根据设备的情况,先设定与实际设备相近似的模型,并对所设定的模型进行热计算,使计算的结果在工程应用所允许的误差范围内。然后对试制出来的设备进行温度测量,并与计算结果进行比较,采取相应的修改措施,使机箱的热设计达到预定的效果。

开式机箱是指开有通风孔的机箱。其结构形式及热阻网络图如图5-5所示。自然冷却开式机箱内的设备工作时产生的热量要通过与基座的热传导、与周围空气的热对流、向空间的辐射以及通风孔自然通风来排散。

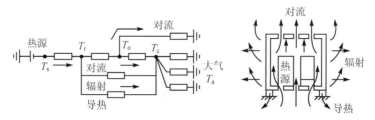

图5-5 开式机箱热路图

电子设备安装时,箱底与基座的接触面很小,因而由基座传导的散热量可略去不计。因此,自然冷却开式机箱内电子设备排散的热量在工程上可近似用下式来估算:

$$\varPhi_{\mathrm{T}} = 1.86\left(A_{\mathrm{s}} + \frac{4}{3}A_{\mathrm{t}} + \frac{2}{3}A_{\mathrm{b}}\right)\Delta t^{1.25} + 4\sigma\varepsilon T_{\mathrm{m}}^{3}A_{\mathrm{r}}\Delta t + c_{p}\rho A u \Delta t \tag{5-3}$$

式中,第一项为自然对流的换热量;第二项为辐射换热量;第三项为通过通风孔散走的热量。其中:A_{s}——机箱的侧面面积,m^2;

$\quad\quad A_{\mathrm{t}}$——机箱的顶面面积,$\mathrm{m}^2$;

$\quad\quad A_{\mathrm{b}}$——机箱的底面面积,$\mathrm{m}^2$;

$\quad\quad \Delta t$——机箱的温升值,℃;

$\quad\quad \sigma$——黑体辐射常数,$\sigma = 5.67 \times 10^{-8}\ \mathrm{W/(m^2 \cdot K^4)}$;

$\quad\quad \varepsilon$——机箱的平均发射率;

$\quad\quad T_{\mathrm{m}}$——$T_{\mathrm{m}} = \frac{1}{2}(T_{\mathrm{s}} + T_{\mathrm{a}})$,$T_{\mathrm{s}}$ 为机箱表面的平均热力学温度,T_{a} 为工作环境的热力学温度,K;

$\quad\quad A_{\mathrm{r}}$——参与辐射的机箱表面面积,$A_{\mathrm{r}} = A_{\mathrm{s}} + A_{\mathrm{t}} + A_{\mathrm{b}}$,$\mathrm{m}^2$;

$\quad\quad c_{p}$——空气的比定压热容,$\mathrm{J/(kg \cdot K)}$;

$\quad\quad \rho$——空气的平均密度,$\mathrm{kg/m^3}$;

$\quad\quad A$——通风孔的面积,m^2;

$\quad\quad u$——风速,$\mathrm{m/s}$。

开式机箱的散热受到机箱表面积和通风孔面积的限制。开式机箱最小通风孔的面积 $A_{\min}$(单位为 cm^2)可按下式计算:

$$A_{\min} = \frac{\varPhi}{(7.4 \times 10^{-5})H \cdot \Delta t^{1.25}} \tag{5-4}$$

式中:$\varPhi$——由通风孔散走的热量,W;

$\quad\quad H$——机箱的竖直高度,cm;

$\quad\quad \Delta t$——温差,$\Delta t = t_{\mathrm{s}} - t_{\mathrm{a}}$,℃;

$\quad\quad t_{\mathrm{s}}$——箱内空气的平均温度,℃;

$\quad\quad t_{\mathrm{a}}$——周围环境温度,℃。

5.2.5　自然冷却闭式机箱的热设计

对于无通风孔的闭式机箱,其换热情况及热阻网络图如图 5-6 所示。

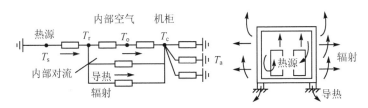

图 5-6　闭式机箱热路图

自然冷却闭式机箱主要通过与周围空气的热对流和向空间的辐射来散热。其排散的热量可用下式计算:

$$\Phi_{\mathrm{T}} = 1.86 \left(A_{\mathrm{s}} + \frac{4}{3} A_{\mathrm{t}} + \frac{2}{3} A_{\mathrm{b}} \right) \Delta t^{1.25} + 4\sigma\varepsilon T_{\mathrm{m}}^{3} A_{\mathrm{r}} \Delta t \qquad (5-5)$$

式中符号同式(5-3)。

电子设备机箱外表面的自然对流换热能力随空气密度降低而减小,其对流换热量的计算公式可简化为

$$\Phi_{\mathrm{c}} = \sum_{n=1}^{m} 4.54 A_{n} e \xi_{\mathrm{h}} \Delta t_{n}^{1.25} \qquad (5-6)$$

式中:Φ_{c}——对流换热量,W;

Δt_{n}——第 n 个表面的温差,$\Delta t_{n} = t_{\mathrm{w}n} - t_{\mathrm{a}n}$,℃;

$t_{\mathrm{w}n}$——机箱第 n 个表面的表面温度,用该表面几何中心点的温度表示,℃;

$t_{\mathrm{a}n}$——环境空气温度,指与机箱第 n 个方位的表面几何中心相距 75 mm 以内处的温度值,℃;

A_{n}——机箱外表面第 n 个方位的表面面积,m²;

e——表面有效系数,是量纲一的量[①],与表面结构形式有关,可按下式计算:

$$e = 0.302 L^{-0.26} \qquad (5-7)$$

其中,L 为不同特征和位置表面的特性尺寸,单位为 m。不同特征和位置的几种典型表面自然对流换热时,其特征尺寸如下:

① 竖直板,H(高)×W(宽),$H < 0.6$ m 时,
$$L = H$$

② 水平板,B(长)×W(宽),热面向上时,
$$L = BW/(B+W)$$

③ 水平板,热面向下时,
$$L = BW/2(B+W)$$

④ 球,直径为 D 时,
$$L = D/2$$

⑤ 竖直圆柱体,直径 $D > 0.005$ m,高 $H < 0.6$ m 时,
$$L = H$$

⑥ 水平圆柱体,直径为 D 时,
$$L = 2.76D$$

ξ_{h}——海拔高度修正系数,量纲一的量,表达式为

$$\xi_{\mathrm{h}} = 1 - 0.053\,8h + 0.000\,79h^{2} \qquad (5-8)$$

其中,h 为海拔高度,km。

例 5-2 某机载电子设备机箱,结构尺寸如图 5-7 所示,已知机箱表面的平均温度为 70 ℃,表面的平均发射率 $\varepsilon = 0.86$,机舱内的温度为 30 ℃,飞行高度为 10 000 m,试估算由自然对流和辐射排散的总热量。

解:自然对流换热量,按式(5-6)计算,即

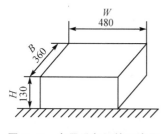

图 5-7 电子设备机箱示意图

① 量纲一的量即习惯上所说的无量纲量,下同。

$$\Phi_c = \sum_{n=1}^{m} 4.54 A_n e \xi_h \Delta t_n^{1.25}$$

由图 5-7 可知,该机箱散热面由 4 块竖直侧面板和 1 块水平板(热面向上)组成。4 块竖直板的表面有效系数及表面面积分别为

$$e_1 = 0.302 L^{-0.26} = 0.302 H^{-0.26} = 0.302 \times (0.13)^{-0.26} = 0.513$$

$$A_1 = 2[(H \times W) + (H \times B)] = 2[(0.13 \times 0.48) + (0.13 \times 0.36)] \text{ m}^2 = 0.218\,4 \text{ m}^2$$

一块水平板的表面有效系数及表面面积分别为

$$e_2 = 0.302 L^{-0.26} = 0.302 \left(\frac{BW}{B+W}\right)^{-0.26} = 0.302 \times \left(\frac{0.36 \times 0.48}{0.36 + 0.48}\right)^{-0.26} = 0.456$$

$$A_2 = BW = 0.36 \times 0.48 \text{ m}^2 = 0.172\,8 \text{ m}^2$$

依题意,海拔高度修正系数为

$$\xi_h = 1 - 0.053\,8h + 0.000\,79h^2 =$$
$$1 - 0.053\,8 \times 10 + 0.000\,79 \times 10^2 = 0.541$$

故

$$\Phi_c = \sum 4.54 A_n e \xi_h \Delta t_n^{1.25} = 4.54 \xi_h \Delta t_n^{1.25} \sum A_n e = 4.54 \xi_h \Delta t_n^{1.25} (A_1 e_1 + A_2 e_2) =$$
$$4.54 \times 0.541 \times (70-30)^{1.25}(0.218\,4 \times 0.513 + 0.172\,8 \times 0.456) \text{ W} = 47.15 \text{ W}$$

辐射换热按式(1-29)计算,即

$$\Phi_r = 4\sigma_b \varepsilon T_m^3 A_r \Delta t =$$
$$4 \times 5.67 \times 10^{-8} \times 0.85 \times \left[\frac{(273+70)+(273+30)}{2}\right]^3 \times$$
$$(0.218\,4 + 0.172\,8) \times (70-30) \text{ W} = 101.66 \text{ W}$$

该电子设备机箱排散的总热量为

$$\Phi = \Phi_c + \Phi_r = (47.15 + 101.66) \text{ W} = 148.81 \text{ W}$$

5.2.6　闭合空间内空气的等效自然对流换热表面传热系数

靠自然对流冷却的印制电路板如放得靠机箱壁很近,形成的间隙很小,则空气的自由流动受到阻塞,致使间隙变成了闭合空间。此时,虽然自然对流被抑制,但由于气隙的传导作用,热传递仍然可以发生,因此可以根据气隙传导的热量定义一个等效的传热系数。由傅里叶定律可得传导热流量为

$$\Phi = \lambda A \frac{\Delta t}{L}$$

由牛顿冷却定律得对流换热热流量为

$$\Phi = \alpha A \Delta t$$

当上述两种情况下传递的热量相同时,二式肯定是相等的,因此空气隙的等效对流换热表面传热系数 α_{AG} 可按下式求得

$$\alpha_{AG} A \Delta t = \lambda A \frac{\Delta t}{L}$$

$$\alpha_{AG} = \frac{\lambda}{L} \qquad\qquad (5-9)$$

式中:λ——空气隙的导热系数;

L——空气隙的厚度。

下面举例说明式(5-9)的应用。

例 5-3 按自然对流冷却设计的电子设备机箱,印制电路板之间保持 19 mm 的间隙。然而设计变更需要增加一块印制电路板。如图 5-8 所示,新增的印制电路板必须十分靠近机箱的侧壁放置,间隙只有 5.1 mm。152.4 mm×228.6 mm 的印制电路板的耗散功率为 5.5 W。电子设备机箱处于海平面时,其最高环境温度为 43.3 ℃,元件表面最高允许温度为 100 ℃。铝制机箱经抛光,发射率不高,因此辐射散热可以忽略不计。要求校核增加新的印制电路板后,其热设计是否符合要求。

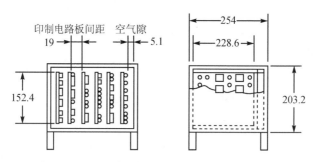

图 5-8 靠近端部壁板放置的印制电路板

解:由 5.2.1 小节的内容可知,在原给定的条件下,印制电路板间隙为 19 mm,将导致温度上升 30 ℃,使元件表面温度达到 73.3 ℃,即机箱内原有印制电路板的热设计均满足元件表面温度低于 100 ℃ 的要求。因此,现在只需考察靠近端壁安装的新印制电路板,看其热设计是否合理。

新印制电路板上的元件产生的热量必须流到外部环境,这将要求热量流过两个主要的热阻区,即内部空气隙 5.1 mm 的热阻 R_1 和外部对流附面层热阻 R_2,如图 5-9 所示。

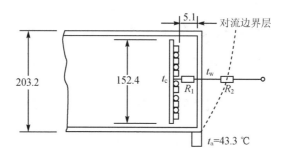

图 5-9 由元件到外部环境间的热流路径上的热阻

在空气隙中,空气的导热系数是未知的,假定空气的平均温度为 79 ℃(后面证明),那么厚度为 5.1 mm 的空气隙对应的对流换热表面传热系数的热阻为

$$R_1 = \frac{1}{\alpha_{AG} A_1}$$

查空气热物性参数表得空气温度为 79 ℃ 时,其导热系数 $\lambda = 3.04 \times 10^{-2}$ W/(m·K),故得空气隙等效对流换热表面传热系数为

$$\alpha_{AG} = \frac{\lambda}{L} = \frac{3.04 \times 10^{-2}}{5.1 \times 10^{-3}} \text{ W/(m}^2 \cdot \text{K)} = 5.96 \text{ W/(m}^2 \cdot \text{K)}$$

印制电路板面积
$$A_1 = 152.4 \times 228.6 \times 10^{-6} \text{ m}^2 = 0.035 \text{ m}^2$$

空气隙等效对流换热热阻为
$$R_1 = \frac{1}{\alpha_{AG} A_1} = \frac{1}{5.96 \times 0.035} \text{ K/W} = 4.79 \text{ K/W}$$

由于机箱表面到环境的温升是未知的,所以必须估算外部的对流换热表面传热系数。一般说来,这种结构形式的自然对流换热表面传热系数的数值范围是 $3.4 \sim 5.7$ W/(m² · K)。其起始值假定为 4.8 W/(m² · K),如果分析表明误差大,则可以通过迭代计算修改这个值。由式(1-10)得

$$R_2 = \frac{1}{\alpha_2 A_2}$$

已知:假定起始值 $\alpha_2 = \alpha_c = 4.8$ W/(m² · K),$A_2 = 203.2 \times 254 \times 10^{-6}$ m² $= 0.051\,6$ m²,所以

$$R_2 = \frac{1}{4.8 \times 0.051\,6} \text{ K/W} = 4.04 \text{ K/W}$$

根据式(1-5)求每个热阻对应的温升。对于热阻 R_1,则
$$\Delta t_1 = \Phi R_1 = 5.5 \times 4.79 \text{ ℃} = 26.35 \text{ ℃}$$

对于热阻 R_2 有
$$\Delta t_2 = \Phi R_2 = 5.54 \times 4.04 \text{ ℃} = 22.22 \text{ ℃}$$

下面求实际的对流换热表面传热系数值。由图 5-8 知,机箱壁的竖直高度为 0.203 2 m,则
$$\alpha_c = 1.49 \left(\frac{\Delta t_2}{L} \right)^{0.25} = 1.49 \times \left(\frac{22.22}{0.203\,2} \right)^{0.25} \text{ W/(m² · K)} = 4.81 \text{ W/(m² · K)}$$

该值与假定值相当接近。

端部印制电路板上的元件表面温度可按下式计算:
$$t_c = t_a + \Delta t_1 + \Delta t_2 = 43.3 \text{ ℃} + 26.35 \text{ ℃} + 22.22 \text{ ℃} = 91.87 \text{ ℃}$$

现在可以核算箱壁和元件之间 5.1 mm 间隙内空气的平均温度。为了求出空气的导热系数,原假定空气温度是 79 ℃,则间隙实际空气平均温度为
$$t_{av} = \frac{t_c + t_w}{2} = \frac{t_c + t_a + \Delta t_2}{2} = \frac{91.87 + 43.3 + 22.22}{2} \text{ ℃} = 78.7 \text{ ℃}$$

该值与假定值相当接近。由于元件的表面温度低于最大允许值 100 ℃,因此热设计是合理的。

机箱的内表面和外表面阳极化或涂银色以外的任何颜色,将增强辐射的散热作用,从而使印制电路板的表面温度更低。

5.2.7　高空对自然对流散热的影响

上述所有自然对流计算关系式均适用于海平面条件下。自然对流依赖于冷却空气吸热时密度降低,从而迫使重力场中的热空气上升,并导致邻近区域冷空气流过来填补热空气上升的区域。

高空的空气密度比海平面低得多,因此空气的吸热能力大大下降。结果是空气上升的能力也减小,导致对流换热表面传热系数更小。

由式(1-12)可知,对流换热表面传热系数 α 与空气密度的 $(\rho^2)^n$ 有关。式中 n 的值为

0.25,这意味着对流换热表面传热系数与空气密度的平方根值(即$\sqrt{\rho}$)有关。结合气体基本定律可知,当空气温度不变时,空气的密度只与空气的压力有关,因此,对流换热表面传热系数α也正比于空气压力的平方根,如下式:

$$\alpha_h = \alpha_0 \sqrt{\frac{\rho_h}{\rho_0}} = \alpha_0 \sqrt{\frac{p_h}{p_0}} \tag{5-10}$$

例如,若在海平面的对流换热表面传热系数是 4.25 W/(m² · K),则可求 9 000 m 高空自然对流换热表面传热系数,相应的大气压力是 30.8 kPa(绝对压力)。当温度不变时,

$$\alpha_h = \alpha_0 \sqrt{\frac{p_h}{p_0}} = 4.25 \times \sqrt{\frac{30.8}{101.3}} \text{ W/(m}^2 \cdot \text{K)} = 2.34 \text{ W/(m}^2 \cdot \text{K)}$$

当温度变化时,为了获得较精确的计算结果,应使用空气密度比代替压力比。空气导热系数随高度或空气压力的变化很小,直到高度约为 25 000 m 都是如此。因此,在高空自然对流散热量下降。但是,只要空气的温度不变化,小空气隙的传导散热量不受影响。下面用实例说明其高度与温度的特性。

例 5 - 4 用例 5 - 3 和图 5 - 8 的实例,求在 9 000 m 高空元件的表面温度。铝制机箱经镀铬抛光,发射率低,因此辐射散热可以忽略不计。

解:在高空,机箱外表面的对流换热表面传热系数将变小,它的实际值是未知的,借助例 5 - 2 给出的结果,用式(5 - 10)可以求得 9 000 m 高空自然对流换热表面传热系数的粗略近似值。但是,这一结果并不精确,因为机箱外表面在高空比在海平面的温度高,它将改变对流换热的表面传热系数。利用下列各式可以求出 9 000 m 高空自然对流换热表面传热系数的近似值:

$$\alpha_0 = 1.49 \left(\frac{\Delta t}{L}\right)^{0.25} \quad \text{(见表 5 - 2 中的公式)}$$

$$\alpha_h = \alpha_0 \sqrt{\frac{p_h}{p_0}}$$

$$\alpha_h = 1.49 \left(\frac{\Delta t}{L}\right)^{0.25} \sqrt{\frac{p_h}{p_0}} = 1.49 \left(\frac{\Delta t}{L}\right)^{0.25} \times \sqrt{\frac{30.8}{101.3}} = 0.821\,6 \left(\frac{\Delta t}{L}\right)^{0.25}$$

由式(1 - 8)得高空换热量为

$$\Phi = \alpha_h A \Delta t$$

将其变换为下列形式:

$$\alpha_h = \frac{\Phi}{A \Delta t}$$

求解 Δt 为

$$\frac{\Phi}{A \Delta t} = \frac{0.821\,6 \Delta t^{0.25}}{L^{0.25}}$$

$$\Phi L^{0.25} = 0.821\,6 A \Delta t^{1.25}$$

$$\Delta t = \left(\frac{\Phi L^{0.25}}{0.821\,6 A}\right)^{0.8}$$

当耗散功率为 5.5 W、竖直高度为 0.203 2 m、表面积为 0.203 2 m×0.254 m=0.051 6 m² 时,9 000 m 高空的温升为

$$\Delta t_2 = \left(\frac{5.5 \times 0.203\,2^{0.25}}{0.821\,6 \times 0.051\,6}\right)^{0.8} \text{℃} = 35.65 \text{ ℃}$$

显然,这个值大于海平面条件下外表面对流附面层的 22.22 ℃的温升。

9 000 m 高空的外部对流换热表面传热系数为

$$\alpha_h = \frac{\Phi}{A_2 \Delta t_2} = \frac{5.5}{0.051\ 6 \times 35.65}\ \text{W/(m}^2 \cdot \text{K)} = 2.99\ \text{W/(m}^2 \cdot \text{K)}$$

在厚度为 5.1 mm 的空气隙中,空气的导热系数将增加到约 0.031 5 W/(m·K),这是因为气隙内空气的平均温度将增加到 92 ℃左右。在计算出初始温升以后,可以验证这个空气隙的平均温度。然后,利用式(5-9)得

$$\alpha_{AG} = \frac{\lambda}{L} = \frac{0.031\ 5}{5.1 \times 10^{-3}}\ \text{W/(m}^2 \cdot \text{K)} = 6.18\ \text{W/(m}^2 \cdot \text{K)}$$

厚度为 5.1 mm 的空气隙对应的等效对流热阻为

$$R_1 = \frac{1}{\alpha_{AG} A_1} = \frac{1}{6.18 \times 0.035}\ \text{K/W} = 4.62\ \text{K/W}$$

空气隙热阻的温升为

$$\Delta t_1 = \Phi R_1 = 5.5 \times 4.62\ ℃ = 25.43\ ℃$$

该值与海平面的 $\Delta t_1 = 26.35$ ℃相差甚微,说明在高空小空气隙的传导散热不受影响。

求 9 000 m 高空的元件表面温度,已知环境温度为 43.3 ℃,则

$$t_c = t_a + \Delta t_1 + \Delta t_2 = 43.3\ ℃ + 25.43\ ℃ + 35.65\ ℃ = 104.4\ ℃$$

因为该值超过元件表面的最大允许温度 100 ℃,所以热设计不合理。为此,必须对计算 α_{AG} 时所取空气隙的平均温度进行检查,以验证所用的导热系数[0.031 5 W/(m·K)]是否合理,即

$$t_{av} = \frac{t_c + t_w}{2} = \frac{104.4 + 43.3 + 35.65}{2}\ ℃ = 91.7\ ℃$$

这一结果接近假设值 92 ℃,说明上述计算结果是有效的,即在 9 000 m 高空,该设备热设计不满足要求。

当已知海平面的表面传热系数 α_0 时,也可以用表 5-3 所给出的修正系数 S,粗略估算不同海拔高度时的表面传热系数值 α_h。

表 5-3　空气密度变化时的修正系数 S

公　式	海拔高度/m	S 值
$\alpha_h = S\alpha_0$ S——修正值; α_0——海平面时的表面 传热系数	0	1.0
	6 000	0.625
	12 000	0.428
	24 000	0.166
	32 000	0

5.3　印制电路板机箱的强迫通风设计

当采用自然对流冷却无法满足电子设备的温控要求时,就必须借助于外界的动力(如风机或泵)来提供强制冷却。对于采用强迫通风冷却的电子设备,其热设计应着重考虑两个问题:

① 选用合适的风机;

② 设计合理的风道。

5.3.1 风机的选择

1. 结构类型

电子设备的常用风机主要是离心式风机和轴流式风机。

(1) 离心式风机

离心式风机的工作原理是,气流从轴向流进叶轮,然后在叶轮内转 90°做径向流动,再从叶轮外缘经蜗壳排出,如图 5 - 10 所示。

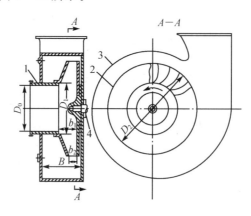

1—集流器;2—叶轮;3—蜗壳;4—传动件

图 5 - 10　离心式风机

离心式风机的叶轮有前向、径向和后向三种,其形式如图 5 - 11 所示。在直径、转速和进口条件相同的情况下,这三种叶轮各有短长。前向叶轮产生的风压和出口速度较大,相对来说其结构尺寸紧凑,质量较小;但前向叶轮因其出口气流速度较大,在蜗壳中转变为压力能时,损失较大,故风机效率不高(80% 左右)。后向叶轮产生的气流和风压较小,结构不如前向叶轮紧凑;但因其气流速度小,在蜗壳中转变为压力能时,损失较小,所以效率高。径向叶轮因压力低、效率也不高,目前在风机中少用。离心式风机适用于小风量、高风压的场所。

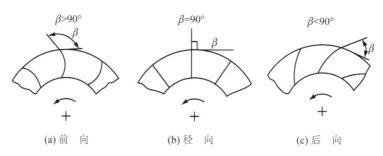

(a) 前　向　　　　(b) 径　向　　　　(c) 后　向

图 5 - 11　前向、径向和后向叶轮

(2) 轴流式风机

轴流式风机气流的进、出方向与轴向一致。叶轮的形式多为机翼型,如图 5 - 12 所示。轴流式风机适用于大风量、低风压的场所。

2. 风机的性能

风机的主要性能参数包括:风量、风压、功率和效率。

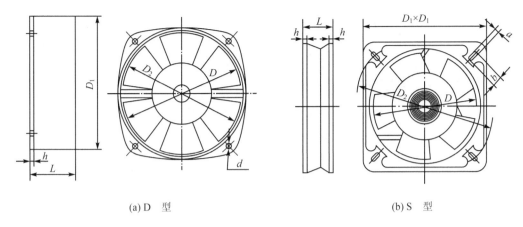

(a) D　型　　　　　　　　　　　　　　　(b) S　型

图 5 - 12　轴流式风机

① 风量 q_V　单位时间内风机输送出的气体体积，$\mathrm{m^3/s}$。

② 风压 p　单位体积气体在风机出、进口处能量之差，通常即是气体在风机出、进口处静压差与动压差之和，Pa。

③ 功率 P_e　风机的有效功率（或空气功率），kW；计算公式为

$$P_e = \frac{pq_V}{1\,000} \qquad (5-11)$$

④ 效率 η_0　由于气体流经叶轮槽道、外壳时有阻力损失，以及机壳中气体的泄漏，因此，风机的总效率为

$$\eta_0 = \frac{P_e}{P} \qquad (5-12)$$

式中：P——风机轴功率，W。

风机的性能是指风机在额定转数 n 下，其风量 q_V 与风压 p（或 p_s）、风量 q_V 与轴功率 P、风量 q_V 与效率 η（或 η_s）之间的诸关系曲线。其中，q_V-p 曲线最常用，为主要性能曲线，反映了风机的工作状况，因此一般称为工况性能曲线；而 q_V-P 曲线称为功率性能曲线；$q_V-\eta$（或 η_s）称为效率曲线。

由于气体通过叶轮、螺旋形机壳等部件的流动较为复杂，按目前流体力学理论还不能用计算方法得到准确的性能曲线，因此，性能曲线都是通过实验测定绘制出来的，即在一定转数 n 下，逐次测定风量 q_V 及其相应的风压 p 和轴功率 P。相应的效率则由式（5-11）和式（5-12）计算得出。

当风机在较高效率范围内工作时，动压占全压的比例为 $10\%\sim20\%$。因此，厂家提供的风机性能曲线，一般均标称静压与风量的关系。

从图 5-13 中可以看出：

① 风机的静压 p_s 在风量为零时达最大值，然后随风量增加 p_s 下降，直至风量最大时 p_s 降为零。

② 风机的轴功率随风量的增加而加大，在风量为零时功率消耗最小。此时功率消耗在轴承中机械摩擦、叶轮槽道内气体与叶片的摩擦以及轮盘与气体的摩擦等产生的阻力上。由于功率在风量为零时最小，因此，使用时必须使风道的阀门在关闭情况下启动，以保护电动机不致因负荷突然增大而损坏。

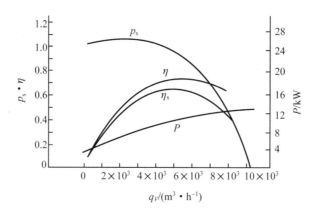

图 5-13　某型离心风机的性能曲线

③ 风机的效率 η 是先随风量的增加而加大,达到一最大值后又随风量的增大而减小。风机于额定转速下相应于效率最高点的工况,叫做最佳工况或额定工况,风机在此工况下运转最为经济。风机的性能参数如不加说明,均为额定工况下的性能参数。风机实际工况虽不在额定工况,但应在合理工作区内。所谓合理工作区是指风机在该区工作时具有较好的稳定性和经济性。一般认为风机的经济工作区的效率 $\eta = (0.85 \sim 0.90)\eta_{max}$。

3. 风机的串、并联特性

在电子设备的强迫风冷中,如果采用单台风机达不到温升控制的要求,则可采用几台风机联合工作来达到对风量或压力的要求。联合工作的方式通常有并联和串联两种。

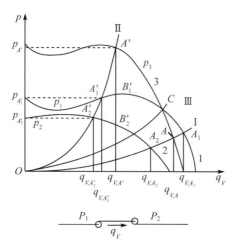

图 5-14　风机串联特性曲线

风机串联的目的是提高输送气流的压力。其特性曲线如图 5-14 所示。从图示曲线中可以看出,风机串联工作时每台风机的风量相同,而风压为两台风机所产生的风压之和。

曲线中绘制了三条不同管网(机箱风道)的阻力曲线。其中,曲线 I 较平坦,曲线 II 较陡。风机串联后的工作效果,随所连管网的不同而不同。当风机与管网 II 连接工作时,串联工作点为 A',此时的风压 $p_{A'}$ 大于风机各自独立工作时的风压 $p_{A'_1}$ 和 $p_{A'_2}$。串联后的风量 $q_{V,A'}$ 较风机各自独立工作时的风量 q_{V,A'_1}、q_{V,A'_2} 稍大。

当风机与管网 III 连接时,其工作点为 C,它的风量与风压与第一台风机单独工作时相同,第二台风机不起作用。

当风机与管网 I 连接时,其工作点为 A,它的风压和风量均小于第一台风机单独工作时的风量和风压,即第二台风机干扰了第一台风机的工作。

可见,两台风机串联工作并不都是有利的,只有在阻力较大的管网中串联工作才有利。

风机并联的目的是增加风量。并联工作时,风压不变,风量为两台风机之和。其特性曲线如图 5-15 所示。

风机并联的工作性能,可用类似于上面的方法进行分析。风机并联后的工作效果,同样与

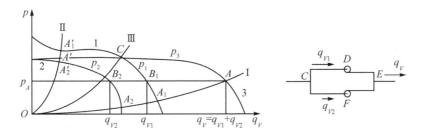

图 5-15　风机并联特性曲线

所连管网有关。只有在阻力较小的管网中工作时，并联后的风量和风压才有利（见曲线 A 点）。因此，风机的并联应在机箱风道的阻力曲线较平坦时使用。

4．风机的合理安装

轴流式风机在机箱风道中的安装部位将影响其冷却效果。图 5-16 所示为风机叶轮安装位置对气流速度分布的影响。

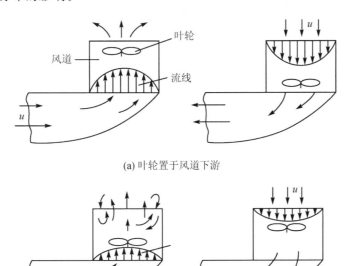

(a) 叶轮置于风道下游

(b) 叶轮置于风道上游

图 5-16　风机叶轮安装部位对气流的影响

对高速轴流式风机的研究表明，由于空气具有质量和动能，为了有效地降低空气流动阻力，必须使空气具有较好的流态。当风机的叶轮置于风道下游时，空气流经的路径较长，大大改善了气流的速度剖面，如图 5-16(a) 所示，使气流有利于形成全展开流。

图 5-16(b) 所示为风机叶轮置于风道上游（进口）或靠近节流区的情况。由于空气进入叶轮前未经风道整流，故其气流速度分布较差。这导致风道中的气流流态较差，上部易于造成短路。

5．空气的质量流量的计算

由风机输送的冷空气，流经机箱并吸收箱内的电子元件散发的耗热量后，其温度上升。这

时,空气的质量流量 q_m（单位为 kg/s）与耗热量、温升之间的关系,可表示为

$$q_m = \frac{\Phi_t}{\Delta t_1 c_p} \qquad (5-13)$$

式中: Φ_t——电子设备的总耗热量,W;

c_p——空气的比定压热容,J/(kg · K);

Δt_1——空气出、进口的温差,即空气吸收热量后的温升,℃。

为保证电子设备的正常工作,空气的出口温度以不超过 70 ℃ 为宜,故 $\Delta t_1 \leqslant 70$ ℃ $-t_a$（t_a 为工作环境温度）。

在计算总耗热量 Φ_t 时,通风若为鼓风,还应包含驱动风机的电动机在工作过程产生的耗热,即

$$\Phi_t = \sum \Phi + \Phi_d$$

式中: $\sum \Phi$ ——各元件耗热量的总和,W;

Φ_d——风机电动机产生的耗热量,W。

除空气吸收热量引起的温升外,还有空气流经元器件表面时,由对流热阻引起的温升,即

$$\Delta t_2 = \frac{\Phi_B}{\alpha_c A_B}$$

式中: Φ_B——单块印制电路板上各元件的耗热量总和,W;

α_c——对流换热表面传热系数,W/(m² · K);

A_B——印制电路板对流换热面积,m²。

对流换热表面传热系数 α_c,可按式(1-16)计算,即

$$\alpha_c = j c_p G Pr^{-2/3}$$

式中: j——Colburn 传热因子;

G——单位面积质量流量,kg/(m² · s)。

传热因子 j 按风道结构或印制电路板的布置形式(见图 5-17)由表 5-4 选取。

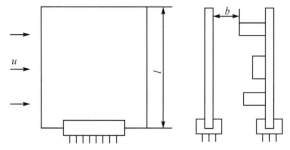

图 5-17 印制电路板的布置形式

表 5-4 不同风道结构或印制电路板布置形式的传热因子

风道结构	传热因子 j	雷诺数 Re
长宽比 $l/b > 8$	$6/Re^{0.98}$	$200 < Re < 1\,800$
长宽比 $l/b = 1$	$2.7/Re^{0.95}$	$Re < 1\,800$
	$0.023/Re^{0.2}$	$10^4 < Re < 1.2 \times 10^5$
风道中有肋片	$0.72/Re^{0.7}$	$400 < Re < 1\,500$

电子元件表面的温升为

$$\Delta t = \Delta t_1 + \Delta t_2 \qquad (5-14)$$

电子元件表面的温度

$$t_s = t_a + \Delta t_1 + \Delta t_2 \leqslant [t_s]_{\text{许用值}} \qquad (5-15)$$

6. 空气流过机箱风道时的压力损失

该压力损失包括两部分：

① 空气流经管道壁面时引起的摩擦损失，称为静压损失；

② 空气通过进、出口以及流经弯头、槽道横截面变化、过滤器等处，由于冲击、摩擦和分离引起的压力损失以及随后动量速率变化引起的压力变化，称为动压损失。

静压损失 Δp_f（单位为 Pa）可用下式表示：

$$\Delta p_f = \frac{1}{2}\rho u^2 \frac{l}{d_e} f \qquad (5-16)$$

式中：l——流道长度，m；

d_e——当量直径，m；

f——摩擦系数，$f = F(\Delta/Re)$，查图 5-18 或用实验关联式计算，Δ 为槽壁表面的相对粗糙度；

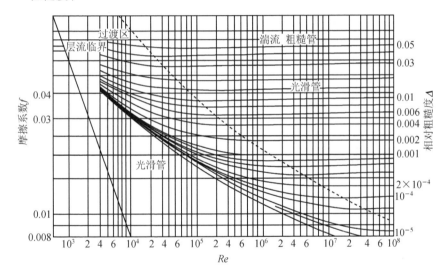

图 5-18 摩擦系数 $f = F(\Delta/Re)$

u——空气流速，m/s；

ρ——空气密度，kg/m^3。

动压损失 Δp_d（单位为 Pa）用下式表示：

$$\Delta p_d = \frac{1}{2}\rho u^2 \xi \qquad (5-17)$$

式中：ξ——动压损失系数，与流道的进出口形状、流道横截面的变化程度等结构因素有关。

5.3.2 风道设计

为了合理地分配和组织气流沿预定的方向流动，以达到最佳冷却效果，需要进行风道设计。风道设计应注意以下几个方面：

1. 风道类型的选择

下面是几种风道的类型供选择：

① 射流式风道　风机输送出来的气流以自由扩散的形式对发热元件进行冷却（见图 5-19）。因气流没有导向板或固定边界的约束，故这种风道冷却效果差。

② 水平风道　风机输送出的冷气流，沿印制电路板所形成的风道做水平方向流动（见图 5-20）。采用这种风道时应注意将耗散功率大的印制电路板放在下面，耗散功率小的印制电路板放在上面；或者根据印制电路板耗散功率的大小，在通往各印制电路板的供气支路中加一个相应的限流孔，由限流孔的尺寸来控制各支路气流的大小。

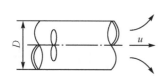

图 5-19　射流式风道

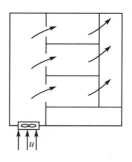

图 5-20　水平风道

③ 变截面风道　可将机箱的风道设计成图 5-21 所示的变截面式。在这种风道中，从下到上气流越来越少，相应主通道面积也越来越小，使流入各支路的气流速度基本相同，因而压力 p 也相等，可达到等量送风目的。

④ 隔板式风道　为避免进入下面支路中的风量大，而进入上面支路中的风量小，在风道的进口处设置隔板（见图 5-22），以使风量在各支路中基本均匀分配。

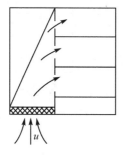

图 5-21　变截面风道

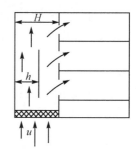

图 5-22　隔板式风道

2. 风道布置的注意事项

① 风道要短而直。当必须采用弯头时，应尽量加大弯头半径，以减小局部的阻力损失。

② 风道截面的形状尽量与被冷却设备（机箱）的形状一致，以避免风道截面的突然改变。

③ 在结构尺寸允许范围内，选用大截面风道。风道截面增大可减小阻力损失，同时可降低风机的噪声。

④ 风道内壁应光滑，以减小气流流动的摩擦阻力。当风道中需安装过滤网时，在过滤效果和流阻之间应予权衡。

例 5-5　如图 5-23 所示的电子设备，整机内包括 7 块印制电路板，每块印制电路板的总

耗热量 $\Phi_B=20$ W,工作环境温度为 55 ℃时,印制电路板上电子元件表面的温度不允许超过 80 ℃。设风扇耗散功率为 25 W。要求验算该设备热设计是否满足要求,并分别计算在三种不同风量(即 $q_V=4.72\times10^{-4}$ m³/s, $q_V=94.4\times10^{-4}$ m³/s, $q_V=141.6\times10^{-4}$ m³/s)下,空气流过电子设备机箱的压力损失。

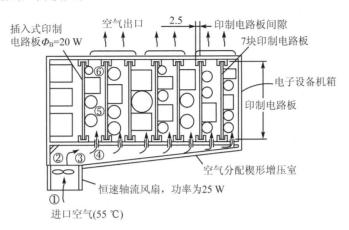

图 5 - 23　印制电路板机箱

解:1) 求流过机箱的空气质量流量 q_m

由式(5 - 13)

$$q_m=\frac{\Phi_t}{\Delta t_1 c_p}$$

式中:Φ_t——总耗热量,$\Phi_t=7\times20$ W$+25$ W$=165$ W。

先假定 $\Delta t_1=14$ ℃,$c_p=1\ 005$ J/(kg·K),代入公式得

$$q_m=\frac{165}{14\times1\ 005}\ \text{kg/s}=1.17\times10^{-2}\ \text{kg/s}$$

2) 求由对流热阻引起的温升 Δt_2

首先按换热关系式(1 - 16)计算印制电路板表面的对流换热表面传热系数 α:

当量直径(见图 5 - 24)为

$$d_e=\frac{2ab}{a+b}=\frac{2\times230\times2.5}{230+2.5}\ \text{mm}=4.95\ \text{mm}$$

单位面积质量流量(质量流速)为

$$G=\frac{q_m}{A_c}=\frac{1.17\times10^{-2}}{7\times230\times2.5\times10^{-6}}\ \text{kg/(m}^2\cdot\text{s)}=$$
$$2.91\ \text{kg/(m}^2\cdot\text{s)}$$

定性温度为

$$t_f=(55+69)/2=62\ ℃$$

此时,$\mu=20.2\times10^{-6}$ kg/(m·s),则雷诺数为

$$Re=\frac{Gd_e}{\mu}=\frac{2.91\times4.95\times10^{-3}}{20.2\times10^{-6}}=713$$

由表 5 - 4 得传热因子为

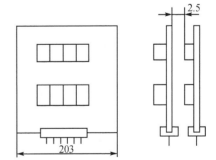

图 5 - 24　d_e 的计算图形

$$j = \frac{6}{Re^{0.98}} = \frac{6}{713^{0.98}} = 9.6 \times 10^{-3}, Pr = 0.696$$

对流换热表面传热系数为

$$\alpha = jGc_pPr^{-2/3} = 9.6 \times 10^{-3} \times 2.91 \times 1\,005 \times 0.696^{-2/3} \text{ W/ (m}^2 \cdot \text{K)} =$$
$$35.75 \text{ W/ (m}^2 \cdot \text{K)}$$

由对流热阻引起的温升为

$$\Delta t_2 = \frac{\Phi_B}{\alpha A}$$

式中：Φ_B——单块印制电路板总耗热量，$\Phi_B = 20$ W。

如第4章所述，把元件引线穿过印制电路板用射流焊接，可利用印制电路板背面的某些表面散热。上述印制电路板的背面敷铜时，热量可流经印制电路板到铜层，铜层可起散热作用，印制电路板背面30%的有效面积可用来传热。考虑到印制电路板背面的散热，将散热面积增加30%。因此

$$A'_B = 1.3A_B = 1.3 \times 203 \times 230 \times 10^{-6} \text{ m}^2 = 0.060\,7 \text{ m}^2$$

即

$$\Delta t_2 = \frac{20}{35.75 \times 0.060\,7} \text{ ℃} \approx 9.2 \text{ ℃}$$

3）总温升

$$\Delta t = \Delta t_1 + \Delta t_2 = 14 \text{ ℃} + 9.2 \text{ ℃} = 23.2 \text{ ℃}$$

4）印制电路板上元件的表面温度 t_s

$$t_s = t_a + \Delta t = 55 \text{ ℃} + 23.2 \text{ ℃} = 78.2 \text{ ℃} < 80 \text{ ℃}$$

计算结果表明，该设备热设计满足要求。

5）压力损失计算

压力损失包括以下几个部分：

① 外界空气进入轴流风机的损失；

② 经90°转弯，再过渡至圆弧段的损失；

③ 气流经收缩过渡至直角段的损失；

④ 气流进入印制电路板槽道时的损失；

⑤ 气流流经印制电路板槽道的损失；

⑥ 气流流出印制电路板槽道时的损失。

要求分别计算在三种不同风量下的压力损失。经计算得总的压力损失如下表所列：

流量/(m³·s⁻¹)	4.72×10^{-4}	94.4×10^{-4}	141.6×10^{-4}
压降/Pa	36.87	147.59	333.44

5.3.3 高空条件对风扇冷却系统性能的影响

在高空，空气的密度很低，冷空气的质量流量会急剧减少，对于用风扇冷却的系统可能会使电子设备由于过热而损坏。

在飞机环境控制系统中，由制冷涡轮带动的风扇，将随空气密度的减小而加速，所以它们能在高空条件下提供较大的体积流量和质量流量。但要注意超转会损坏涡轮-风扇组件。

采用单相或三相电源驱动的恒速风扇,其转速不受高度影响,输气的体积流量也不随高度改变,但风扇送气的质量流量将随空气密度或高度改变。因此,恒速风扇在不同的高度上将提供不同的质量流量,而空气流经电子设备机箱的质量流量变化时,机箱内的温度也将改变。

随着高空空气密度的减小,风扇克服高静压的排风能力也下降,因此,静压曲线也下降,如图 5 - 25 所示。与此同时,由于高度增加,空气密度减小,质量流量减小,导致空气流经机箱的阻力减小,而且机箱阻力曲线下降的比例与风扇静压曲线下降的比例是相同的。所以,两条曲线在同一体积流量处相交。由于这个原因,当高度变化时空气流经机箱的体积流量保持基本不变。

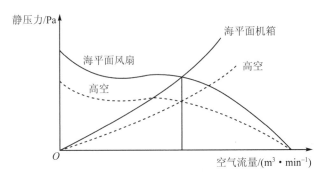

图 5 - 25　空气密度(或高度)对风扇性能的影响

如果已知高空和海平面的空气密度,则可根据在海平面空气流经机箱的静压降决定高空条件下空气流经机箱的静压降,它们之间是线性关系,表达式为

$$\Delta p_{\mathrm{h}} = \Delta p_0 \frac{\rho_{\mathrm{h}}}{\rho_0} \tag{5-18}$$

例 5 - 6　如图 5 - 23 所示,用恒速风扇冷却机箱,风扇可提供的体积流量为 0.85 m³/min。机箱的总耗散功率为 165 W,其中包括风扇耗散功率 25 W。根据有关电子设备技术规范,设备舱的环境温度控制在 40.0 ℃。试确定风扇是否能在 9 000 m 高空工作。

解:由于出口的空气温度未知,所以通过机箱的冷却空气平均密度也是未知的。为此,先假定温升并求出空气平均密度,然后根据耗散功率计算温升,并与假定温升进行比较,必要时进行修正,重复上述过程,直到得到合理的修正值。假定初始温升为 36 ℃,则空气的平均温度为

$$t_{\mathrm{av}} = \frac{t_{\mathrm{in}} + t_{\mathrm{out}}}{2} = \frac{40 + 76}{2} \ ℃ = 58 \ ℃$$

由大气参数表查得,9 000 m 高度的空气压力为 30.8 kPa。由气体状态方程求得空气的密度为

$$\rho = \frac{p}{RT} = \frac{30.8 \times 10^3}{287 \times (273 + 58)} \ \mathrm{kg/m^3} = 0.324 \ 2 \ \mathrm{kg/m^3}$$

空气流经机箱的平均质量流量

$$q_m = \rho q_V = \frac{0.324 \ 2 \times 0.85}{60} \ \mathrm{kg/s} = 0.004 \ 6 \ \mathrm{kg/s}$$

用式(5 - 13)求得冷却空气流经机箱后的温升为

$$\Delta t_1 = \frac{\Phi}{q_m c_p} = \frac{165}{0.004 \ 6 \times 1 \ 005} \ ℃ = 35.7 \ ℃$$

假定的温升 36 ℃ 与计算的温升 35.7 ℃ 相当一致，所以假定值是准确的。

求得质量流速为

$$G = \frac{q_m}{A_c} = \frac{0.004\ 6}{7 \times 230 \times 2.5 \times 10^{-6}}\ \text{kg}/(\text{m}^2 \cdot \text{s}) = 1.142\ 9\ \text{kg}/(\text{m}^2 \cdot \text{s})$$

定性温度 $t_f = t_{av} = 58$ ℃，查空气物性表得 $\mu = 20.0 \times 10^{-6}$ kg/(m·s)，故雷诺数为

$$Re = \frac{Gd_e}{\mu} = \frac{1.142\ 9 \times 4.95 \times 10^{-3}}{20.0 \times 10^{-6}} = 283$$

由表 5-4 查得传热因子为

$$j = \frac{6}{Re^{0.98}} = \frac{6}{283^{0.98}} = 0.023\ 7$$

代入式(1-16)，计算 9 000 m 高度的强迫空气对流换热表面传热系数 α_c，由空气物性表查得 58 ℃ 时，空气 $c_p = 1\ 005$ J/(kg·K)，$Pr = 0.696$，所以得

$$\alpha_c = jGc_p Pr^{-2/3} = [0.023\ 7 \times 1.142\ 9 \times$$
$$1\ 005 \times (0.696)^{-2/3}]\ \text{W}/(\text{m}^2 \cdot \text{K}) = 34.66\ \text{W}/(\text{m}^2 \cdot \text{K})$$

已知：$\Phi_B = 20$ W(单块印制电路板的热流量)，$\alpha_c = 34.66$ W/(m²·K)，$A'_B = 1.3 A_B = 0.060\ 7$ m²(包括背面面积在内的一块印制电路板的有效面积)，求得空气对流附面层到元件表面的温升为

$$\Delta t_2 = \frac{\Phi_B}{\alpha_c A'_B} = \frac{20}{34.66 \times 0.060\ 7}\ ℃ = 9.5\ ℃$$

并求得元件的热点温度为

$$t_s = t_a + \Delta t_1 + \Delta t_2 = 40\ ℃ + 35.7\ ℃ + 9.5\ ℃ = 85.2\ ℃$$

由于热点温度高于 80 ℃，所以热设计不能满足高空条件。

为保证该电子设备的热设计满足高空条件，可改用耗散功率为 25 W 的排气风扇。排气风扇电机的耗散热量不会加到进口冷却空气中去，这将使冷却空气的温度下降约 5.4 ℃，元件的热点温度也将降低约 5.4 ℃，即

$$\Delta t = \frac{\Phi}{q_m c_p} = \frac{25}{0.004\ 6 \times 1\ 005}\ ℃ = 5.4\ ℃$$

例 5-5 中已计算出在海平面环境温度为 55 ℃，体积流量 $q_V = 0.85$ m³/min $= 141.6 \times 10^{-4}$ m³/s(按箱内空气的平均温度为 60 ℃ 估算，对应质量流量为 150.1×10^{-4} kg/s)时，空气流经机箱的压力 $\Delta p_0 = 333.44$ Pa。此时，空气的温升为

$$\Delta t_1 = \frac{\Phi}{q_m c_p}\ ℃ = \frac{165}{150.1 \times 10^{-4} \times 1\ 005} = 11.0\ ℃$$

则机箱内空气平均温度为

$$t_{av} = \frac{t_{in} + t_{out}}{2} = \frac{55 + (55 + 11.0)}{2}\ ℃ = 60.5\ ℃$$

那么，在此温度下空气密度为 $\rho_0 = 1.058$ kg/m³。已求得在 9 000 m 高度空气的平均温度为 58 ℃ 时的空气密度 $\rho_h = 0.324\ 2$ kg/m³，故 9 000 m 高度空气流经机箱的压力降可由式(5-18)求得

$$\Delta p_h = \Delta p_0 \frac{\rho_h}{\rho_0} = \left(333.44 \times \frac{0.324\ 2}{1.058}\right)\ \text{Pa} = 102\ \text{Pa}$$

5.3.4　强迫对流换热表面传热系数的实验关联式

空气以湍流状态流经管道时,对流换热表面传热系数可以变得很大。这些管道可能是插入式印制电路板或两个电子设备机箱之间的输气导管形成的通道。对流换热表面传热系数可由下式求出:

$$\alpha = 0.019\,8\,\frac{\lambda}{D}Re^{0.8} \tag{5-19}$$

可以用式(5-19)求增压密封管道的强迫对流换热表面传热系数。

对于气体平行流过平板表面,通用的对流换热表面传热系数可由下式求出:

$$\alpha = 0.055\,\frac{\lambda}{L}Re^{0.75} \tag{5-20}$$

式中:L——表面长度,L 限制在 0.6 m,超过 0.6 m 的也取 0.6 m。

当空气掠过圆柱体或导线时,对流换热表面传热系数可用下式求出:

$$\alpha = b\,\frac{\lambda}{D}Re^{m} \tag{5-21}$$

式中:b 和 m——雷诺数的函数,表 5-5 列出了各种情况下 b 和 m 的值。

表 5-5　式(5-21)中 b 和 m 的取值

形　状	雷诺数 Re	b	m
⇒○	0.4~4.0	0.891	0.330
	4.0~40	0.821	0.385
	40~4 000	0.615	0.466
	4 000~40 000	0.174	0.618
	40 000~400 000	0.023 9	0.805
⇒□	5 000~10 000	0.092 1	0.675
⇒◇	5 000~100 000	0.222	0.585

如果是正方形和菱形截面,则式(5-21)中的特征尺寸 D 就是周边尺寸相同的圆形截面的直径 D。

如果空气流过球体,对流换热表面传热系数可用下式求得

$$\alpha = 0.33\,\frac{\lambda}{D}Re^{0.6} \tag{5-22}$$

对于 Re 在 400~1 500 的层流流动状态,带散热片的冷板和热交换器的传热因子 j 的值可用下式求得

$$j = \frac{0.72}{Re^{0.7}} \tag{5-23}$$

例 5-7　在稳定功率条件下,一个晶体管在 71 ℃ 的环境中的耗散功率为 0.25 W,元件厂提供的结点到壳体的热阻 $R_{jc} = 33$ K/W。晶体管安装在电路板上,如图 5-26 所示,当掠过晶体管的空气速度为 1.27 m/s 时,求结点的温度。

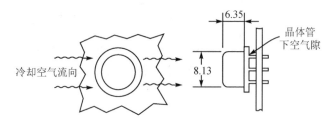

图 5-26　经晶体管的空气流

解：先计算雷诺数。已知：空气速度 $u=1.27$ m/s，晶体管外径 $D=8.13$ mm$=8.13\times10^{-3}$ m。在环境空气温度为 71 ℃时，空气密度为

$$\rho=\frac{p}{RT}=\frac{1.013\ 25\times10^5}{287\times(273+71)}\ \text{kg/m}^3=1.026\ 3\ \text{kg/m}^3$$

空气动力黏度 $\mu=20.65\times10^{-6}$ kg/(m·s)，空气导热系数 $\lambda=2.97\times10^{-2}$ W/(m·K)，计算出雷诺数为

$$Re=\frac{uD\rho}{\mu}=\frac{1.27\times8.13\times10^{-3}\times10.026\ 3}{20.65\times10^{-6}}=513$$

可见，雷诺数在 400～4 000 之间，由表 5-5 中查得 $b=0.615$，$m=0.466$。

将这些值代入式(5-21)得

$$\alpha=b\frac{\lambda}{D}Re^m=0.615\times\frac{2.97\times10^{-2}\ \text{W/(m·K)}}{8.13\times10^{-3}\ \text{m}}\times513^{0.466}=41.16\ \text{W/(m}^2\cdot\text{K)}$$

从周围空气到晶体管表面即边界层的温升为

$$\Delta t=\frac{\Phi}{\alpha A}=\frac{0.25}{41.16\times\left[\left(2\times\frac{\pi}{4}\times8.13^2\right)+(\pi\times8.13\times6.35)\right]\times10^{-6}}\ ℃=22.83\ ℃$$

晶体管的壳体温度为

$$t_{\text{case}}=71\ ℃+22.83\ ℃=93.83\ ℃$$

用元件厂提供的结点到壳体的热阻 R_{jc} 求晶体管的结点温度。已知 $R_{jc}=33$ K/W，则壳体到结点的温升为

$$\Delta t_{jc}=\Phi R_{jc}=0.25\times33\ ℃=8.25\ ℃$$

因此，晶体管的结点温度为

$$t_j=t_{\text{case}}+\Delta t_{jc}=93.83\ ℃+8.25\ ℃=102.1\ ℃$$

例 5-8　具有大量分立式、混合式和大规模集成元件的电子设备，采用几块 100 mm× 160 mm 的插入式印制电路板，其周围环境温度为 55 ℃，采用强迫通风冷却。印制电路板的示意图如图 5-27 所示。电子元件用厚度为 0.25 mm 的导热绝缘胶粘接在空芯结构印制电路板的两侧，并且均匀分布，每侧的最大功率为 50 W，元件安装表面的最高允许温度为 100 ℃。由于功耗大，采用内置波纹肋片的冷板式空芯结构形式，尺寸如图 5-27 所示，每米长度上的肋片数为 $n=712.8$ 个。试确定：① 通过每块印制电路板的冷却空气的质量流量；② 内置波纹肋片的冷板式空芯结构的表面传热系数；③ 设每个元件尺寸为 25 mm×25 mm，有一块混合电路的最大耗散功率为 4 W，导热绝缘胶的导热系数为 0.4 W/(m·K)，印制电路板厚度为 1 mm，导热系数为 0.34 W/(m·K)，求安装表面的最高温度。

解：假设冷却空气的出口温度为 65 ℃，已知 $\Phi=50$ W，按定性温度 $t_f=0.5\times(55+65)\ ℃=$

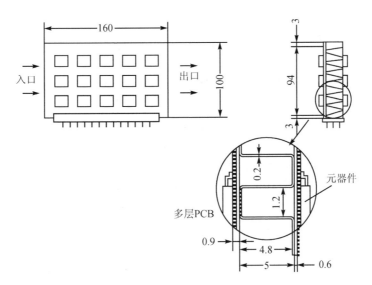

图 5 - 27　印制电路板示意图

60 ℃,查得空气物性参数为 $c_p = 1\,005\ \mathrm{J/(kg \cdot K)}, \lambda = 2.9 \times 10^{-2}\ \mathrm{W/(m \cdot K)}, Pr = 0.696,$
$\nu = 18.97 \times 10^{-5}\ \mathrm{m^2/s}, \mu = 2.05 \times 10^{-5}\ \mathrm{Pa \cdot s}_{\circ}$

① 通过每块印制电路板的质量流量 q_m,可由热平衡方程求得

$$q_m = \frac{2\Phi}{c_p \Delta t} = \frac{2 \times 50}{1\,005 \times 10}\ \mathrm{kg/s} \approx 1 \times 10^{-2}\ \mathrm{kg/s}$$

② 利用式 $\alpha_c = jGc_p Pr^{-2/3}$ 求对流换热表面传热系数 α_c,每个冷却空气通道的当量直径为

$$d_e = \frac{4A_c}{U} = \frac{4 \times 4.8 \times 1.2}{2 \times (4.8 + 1.2)}\ \mathrm{mm} = 1.92\ \mathrm{mm} = 1.92 \times 10^{-3}\ \mathrm{m}$$

由单位长度(m)上的肋片数 $n = 712.8$ 个及空芯印制电路板结构尺寸,计算得冷却空气的通道为 $712.8 \times 94 \times 10^{-3} = 67$ 个,每个通道的质量流量 $q_{m,B}$ 为

$$q_{m,B} = q_m/67 = 1.5 \times 10^{-4}\ \mathrm{kg/s}$$

每个通道的质量流速 G 为

$$G = q_{m,B}/A_c = 26\ \mathrm{kg/(m^2 \cdot s)}$$

每个通道的雷诺数 Re 为

$$Re = \frac{ud}{\nu} = \frac{\rho ud}{\mu} = \frac{Gd}{\mu} = 2\,435$$

由于是波纹肋片式冷板,传热因子 j 用式(5 - 23)计算得

$$j = \frac{0.72}{Re^{0.7}} = 0.003\,1$$

表面传热系数 α_c' 为

$$\alpha_c' = jGc_p Pr^{-2/3} = 103.26\ \mathrm{W/(m^2 \cdot K)}$$

由于是肋片式冷板,应考虑肋片效率。元件安装在相互对称的印制电路板上,热量从两个不同表面传入。已知肋片厚 $\delta = 0.2$ mm,肋片高 $h = 5/2$ mm $= 2.5$ mm,肋片材料为铝,取其导热系数为 204 W/(m·K),所以

$$m = \sqrt{\frac{2\alpha_c'}{\lambda\delta}} = \sqrt{\frac{2 \times 103.26}{204 \times 0.2 \times 10^{-3}}}\ \mathrm{m^{-1}} = 71.1\ \mathrm{m^{-1}}$$

$$mh = 71.1 \times 2.5 \times 10^{-3} = 0.177\ 8$$

$$\eta = \frac{\text{th}(mh)}{mh} = \frac{\text{th}(0.177\ 8)}{0.177\ 8} = 0.99$$

$$\alpha_c = \eta \cdot \alpha_c' = 0.99 \times 103.26\ \text{W}/(\text{m}^2 \cdot \text{K}) = 102.2\ \text{W}/(\text{m}^2 \cdot \text{K})$$

③ 元件表面温度为

$$t_c = t_f + \Delta t_1 + \Delta t_2 + \Delta t_3 + \Delta t_4$$

式中：Δt_1——元件安装表面(导热绝缘胶)的温升；

Δt_2——冷板式肋片至印制电路板的温升；

Δt_3——冷却空气流束中心至肋片表面对流层的温升；

Δt_4——冷却空气进、出口温升。

(a) 每个元件的尺寸为 25 mm×25 mm，导热绝缘胶的导热系数 $\lambda_1 = 0.4$ W/(m·K)，厚度 $\delta_1 = 2.5 \times 10^{-4}$ m，则

$$\Delta t_1 = \frac{\Phi \delta_1}{\lambda_1 A_1} = \frac{4 \times 2.5 \times 10^{-4}}{0.4 \times 25 \times 25 \times 10^{-6}}\ \text{℃} = 4\ \text{℃}$$

(b) 印制电路板的厚度 $\delta_2 = 1 \times 10^{-3}$ m，$\lambda_2 = 0.34$ W/(m·K)，则

$$\Delta t_2 = \frac{\Phi \delta_2}{\lambda_2 A_1} = \frac{4 \times 1 \times 10^{-3}}{0.34 \times 25 \times 25 \times 10^{-6}}\ \text{℃} = 18.8\ \text{℃}$$

(c) $\Delta t_3 = \dfrac{\Phi}{\alpha_c A_2}$，此处 A_2 为冷板式肋片的总传热面积，即

$$A_2 = (160 \times 100 \times 2 + 67 \times 4.8 \times 160 \times 2) \times 10^{-6}\ \text{m}^2 = 0.135\ \text{m}^2$$

$$\Delta t_3 = \frac{\Phi}{\alpha_c A_2} = \frac{50}{102.2 \times 0.135}\ \text{℃} = 3.6\ \text{℃}$$

(d) $\Delta t_4 = 65\ \text{℃} - 55\ \text{℃} = 10\ \text{℃}$，所以元件的表面温度为

$$t_c = (55 + 4 + 18.8 + 3.6 + 10)\ \text{℃} = 91.4\ \text{℃}$$

满足设计要求。

思考题与习题

5-1 理论上，空气自然对流和强迫对流总是伴随在一起发生，那么如何判定一种流动状态是自然对流占主导地位还是强迫对流占主导地位？在混合对流范围内计算对流换热表面传热系数时，要注意什么问题？

5-2 对于依靠自然通风散热的印制电路板，为提高它的散热效果，应该如何放置？为防止自然流动的收缩与阻塞，印制电路板间的最小间距应为多少？

5-3 何谓开式机箱？对自然冷却开式机箱的散热量计算在工程上主要考虑哪几部分？开式机箱最小通风孔的面积如何确定？

5-4 何谓闭式机箱？简述闭合空间内空气的等效自然对流换热表面传热系数的物理意义。

5-5 定性阐述海拔高度对自然对流散热的影响，并说明为什么到了 25 000 m 高空，空气导热系数随高度或空气压力的变化仍然很小。

5-6 风机的主要性能参数包括哪几个？阐述风机的工况性能曲线、功率性能曲线及效

率曲线的物理意义。

5 - 7　轴流式风机和离心式风机各适用于什么场合？何谓风机的额定工况？何谓风机的合理工作区？

5 - 8　阐述风机叶轮安装部位对气流流态的影响,以及风道设计的一般原则。

5 - 9　阐述高空条件对风扇冷却系统性能的影响。

5 - 10　如果在工作中遇到一种对流换热现象需要做计算,当决定从参考资料中去寻找适用的换热特性关联式时,应当注意些什么问题？

5 - 11　为保证某电子组件正常工作,采用一个小风机按图 5 - 28 所示方向将气流平行吹过 6 个集成电路块表面。试分析：

① 如果每个集成电路块的散热量相同,那么 6 个集成电路块的表面温度是否一样,为什么？对温升值要求较严的集成电路块应当放在什么位置上？

② 哪些量纲一的量影响对流换热？

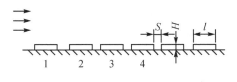

图 5 - 28　习题 5 - 11 附图

5 - 12　尺寸为 1.4 cm×1.4 cm 的芯片水平置于一机箱的底面上。设机箱内空气温度 $t_a = 25\ ℃$,芯片的散热量为 0.23 W,试确定：

① 当散热方式仅有自然对流时芯片的表面温度。设芯片周围物体不影响其自然对流运动。

② 如果考虑辐射换热的作用,请进一步分析并确定芯片的表面温度。

5 - 13　一电子器件的散热器系由 5 块相互平行竖直放置的肋片组成,如图 5 - 29 所示, $l = 20$ mm, $H = 150$ mm, $\delta_f = 1.5$ mm。平板上的自然对流边界层厚度 $\delta(x)$ 可按下式计算：

$$\delta(x) = 5x(Gr_x/4)^{-1/4}$$

其中,x 为从平板底面起算的当地高度,Gr_x 以 x 为特征长度。散热片的温度几乎可认为是均匀的,并取为 $t_f = 75\ ℃$,环境温度 $t_\infty = 25\ ℃$。试确定：

① 使相邻两平板上的自然对流边界层互不干扰的最小间距 s;

② 在上述间距下,肋片总的自然对流散热量。

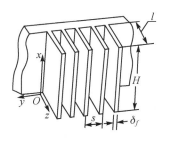

图 5 - 29　习题 5 - 13 附图

5 - 14　一微型计算机机箱内装有 15 块插入式印制电路板,其安装形式如图 5 - 30 所示。系统还包括空气过滤器和一吸风式冷却风扇,可提供流量为 0.426 4 m³/min 的空气通过机箱。印制电路板尺寸为 127 mm×228.6 mm，每块印制电路板上都装有耗散功率总共为 8 W 的若干排双列直插式组件。元件表面允许最高温度为 71 ℃，环境温度为 43.3 ℃。

① 确定系统热设计是否满足要求；

② 若元件引线穿过印制电路板用射流焊接，印制电路板背面敷铜，热量可流经印制电路板到铜层，因而印制电路板背面约 30% 的有效面积可用来传热，求这种情况下元件表面的最高温度。

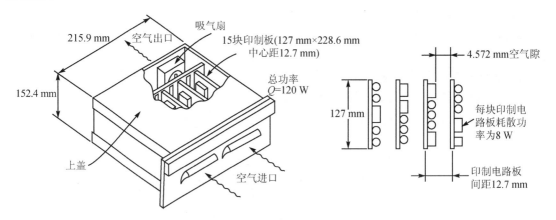

图 5 - 30　习题 5 - 14 附图

第6章 电子元器件与组件的热设计

6.1 电子元器件热设计

电子元器件热设计的目的是防止元器件因过热或温度交变诱发热失效。电子元器件热设计包括两方面：一方面是元器件本身的热设计，包括管芯、封装键合和管壳的热设计等；另一方面则是电子元器件的安装冷却技术，其中特别值得注意的是电子元件在印制电路板上的安装问题。随着电子技术的发展，双列直插式封装、大规模集成电路、混合电路以及最新的微处理器等已代替了分立式电阻器、电容器、晶体三极管和二极管等。然而，由于许多分立元件的成本低，性能好，所以仍被一些电子设备采用。

对于一台电子设备，不管使用哪一类元件，安装技术都必须提供有效的冷却方法，以允许器件在所处的环境中有效工作。确定冷却效率的最好方法，是测量各个电子元件的壳体和结点温度，但结点温度一般难以直接测量。可靠性研究表明，对于长期通电使用的电子设备，如元件的壳体温度超过 100 ℃，则会导致故障率大大增加。

6.1.1 管芯的热设计

管芯热设计主要是通过版图的合理布局和器件内热阻的降低，使芯片表面温度尽量均匀分布，防止出现局部过热点。

典型的功率晶体管管芯温度分布如图 6-1 所示。在管芯的中心部分因散热条件最差，所以温度最高，容易形成热点。输出功率 5 W 以上的 Si 和 GaAs 微波功率管，由于芯片面积大，有源区的长宽比一般大于 10，故芯片中心部位的结点温度可以比边缘部位的结点温度高出 50～100 ℃。因此，为了有利于大功率器件的散热，常将管芯分割成多个单元相并联的形式，每个单元的布局要合理，使芯片的温度在各个方向上都尽量均匀分布，单元与单元之间也应保持一定间隔。

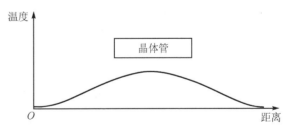

图 6-1 功率晶体管管芯温度分布示意图

降低器件内热阻的措施如下：

① 对器件结构进行热设计，如在器件有源区上方覆盖铜块，或用高热导率介质膜、陶瓷片制作的热沉，以加强功率晶体管各管芯之间的热耦合；将高热阻 GaAs 衬底的厚度减至 100 μm 以下，并在背面制作电镀热沉（见图 6-2）等。

② 提高器件芯片和封装材料的质量和纯度，改善大面积扩散、合金和烧结等工艺的均匀性，可降低芯片内热阻，有效防止芯片中出现不期望的热点。

③ 采用良好的烧结工艺、焊接材料及底座材料，以降低芯片与底座间的接触热阻。

除此之外，还可通过正确使用和合理安装散热器，以降低器件的外热阻。在这方面一个值

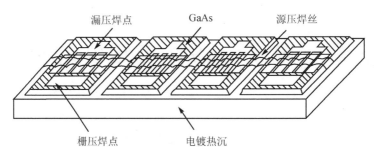

图 6－2　GaAs MESFET 功率管的电镀热沉结构

得重视的发展趋势是将微槽散热器用于电子芯片的冷却,即采用光刻、定向蚀刻和微型工具精确切削等手段,在芯片底座或器件衬底上加工出微型槽道和/或翅片,通过槽道内冷却液体单相流动或相变过程,吸收芯片或器件的耗散热。理论和实际研究结果表明,微槽散热器是解决高功率密度电子元器件和芯片散热问题的有效手段。

6.1.2　封装键合的热设计

封装键合的热设计主要通过合理选择封装、键合和烧结材料,尽量降低材料的热阻以及材料之间的热不匹配性,防止出现过大的热应力。

1. 芯片与底座之间的热匹配

对于功率晶体管,为了减小硅芯片与铜底座之间热膨胀系数的差别,通常在铜底座上加烧一层厚约 0.4 mm 的钼片或柯伐合金片作为过渡层。钼或柯伐合金材料的热膨胀系数与硅更为接近,但钼和柯伐合金片的热导率比铜低,过渡层的加入会使管座的热阻增大。

在芯片需要与底座电绝缘时,可在芯片与铜底座之间加一层导热的电绝缘材料,如氧化铍陶瓷或氧化铝陶瓷。氧化铍的热导率略高于氧化铝,而且其热膨胀系数可与硅很好地匹配,但氧化铍加工时呈现一定的毒性,成本也较高,在功率不很大时,建议采用导热性略差但无毒性且工艺较成熟的氧化铝陶瓷。

在功率晶体管芯片背面采用多层金属化,即可实现良好的欧姆接触,又可有效降低芯片与底座之间热膨胀系数不同造成的影响。通常是根据芯片结构和材料的不同,选用 Au－Sb,Al－Ti－Au,Cr－Cu－Au 或 Ni－Au 合金片将芯片烧结在铜底座上。

2. 引线与芯片的键合

从改善器件的热特性考虑,键合工艺采用金丝球焊要好于铝丝超声键合。金丝的热膨胀系数与塑封管壳接近,其抗热疲劳能力也优于铝丝或硅铝丝。

为了避免金-铝键合点不良接触产生的失效,在工艺实施过程中,要根据实际经验将键合压力、键合时间和键合温度严格控制在最佳值,同时,还要保证底座镀金层的纯度。

3. 塑封器件的封装

塑封器件的封装,重点是选择与硅芯片热匹配良好的封装树脂,防止因热应力导致密封性失效。如选用热导率高、热膨胀系数与硅接近的热可塑性树脂和液晶聚合物;也可采用在环氧树脂中添加直径 1 μm 以下的硅酮和橡胶材料来缓冲应力,以减小树脂的热膨胀系数和弹性系数。

4. 防止铝金属化再结构

通过在铝中掺入 1%～2% 的硅或铜,形成 Al－Si 或 Al－Cu 合金膜,可以增加膜的降服强度,滞缓金属的流动;在铝膜上低温沉积 SiO_2 或 Si_3N_4,可以改善铝膜的散热性,降低铝膜温升及温度梯度;通过提高蒸铝时的衬底温度,加快铝蒸发的速度,可以增大晶粒直径,改善铝膜的无规则性,降低晶界扩散的比例,增加晶格扩散的比例。以上措施可以有效防止铝金属化再结构,同时可提高铝膜抗电迁移能力。

6.1.3　管壳的热设计

　　管壳的热设计主要应考虑降低热阻,即对于特定耗散功率的器件,应具有足够大的散热能力。电子器件管壳的种类繁多,目前已逐步系列化、规格化和标准化。例如,对于分立晶体管,有玻璃管壳(A 型)、金属管壳(B～H 型)和塑封管壳(S 型);对于集成电路,有双列直插(陶瓷、玻璃、塑料)、扁平(陶瓷、玻璃)和圆形(金属)封装外壳。在同种材料制造的管壳中,按结构的不同可分为不同的型号,如金属管壳可分为适用于中小功率晶体管的B、C、D 型管壳和适用于大功率晶体管的F、G、H 型管壳。每种形状的管壳按尺寸大小的不同又可分为不同的分型号,如F 型管壳又可分为F-1型和F-2型等。

　　设计小功率晶体管时,主要根据晶体管的总热阻来选取管壳。设计大功率晶体管时,可根据器件耗散功率与使用频率来选取管壳。表 6-1 列出了几种典型功率晶体管管壳的适用范围。从表中可以看出,与 F 型管壳相比,G 型管壳的使用功率较大,频率也较高。其原因可由图 6-3 中的F、G 型管壳结构示意图分析得出。

表 6-1　典型功率晶体管管壳的适用范围

型　号	F-1	F-2	G-1	G-2	G-3	G-4
耗散功率 P_{CM}/W	2～20	20～50	5～15	10～30	25～75	100～200
工作频率 f/MHz	≤100	≤100	≤400	≤400	≤400	≤400

　　如图 6-3 所示,F 型管有两条柯伐合金引出线,管芯的集电极用金锑合金片烧结在铜管座上,基极和发射极则通过压焊连接在外引线上。而 G 型管壳的三条引出线都从壳顶部引出,管芯通过导热绝缘体烧结在管座上,这样集电极与管座间是电绝缘的,管座和散热器的寄生电容对晶体管的高频特性影响很小,故其使用频率高;另外,由于其散热器可以直接通过管座底盘上的螺栓固定,接触热阻小,故 G 型管壳的使用功率也比 F 型管壳大。

　　从以上分析可以看出,采用不同标准管壳封装的集成电路具有不同的热阻值。如表 6-2 所列,在器件引脚数相同的条件下,从结点到外部环境的热阻值 R_{ia} 是扁平陶瓷管壳最大,双列直插塑封管壳与扁平陶瓷管壳相当或略低,而双列直插陶瓷管壳的热阻较之前二者都小。

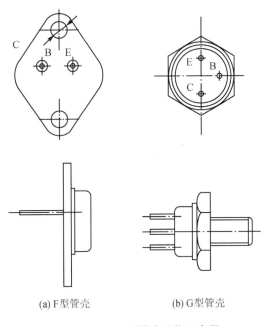

(a) F型管壳　　　　(b) G型管壳

图 6-3　F、G 型管壳结构示意图

表 6-2 采用不同标准管壳的集成电路热阻典型值

器件引脚数	热阻 R_{ja}/(℃·W^{-1})		
	扁平陶瓷	双列直插陶瓷	双列直插塑封
8	150	135	150
14	120	110	120
16	120	100	118
24	90	60	85

6.1.4 元器件在印制电路板上的安装

在电子设备中，电子元件通常是主要的热源。元件在传导冷却的印制电路板上的安装方式，应能使元件到印制电路板上的热阻值较小。由于铝和铜的导热系数高，故常用铝和铜加工成薄板散热器覆盖印制电路板，如图 6-4 所示。

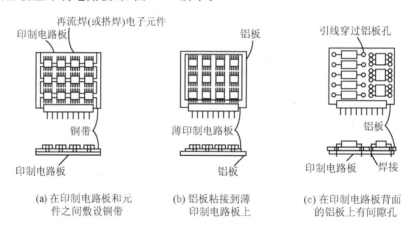

图 6-4 在传导冷却的印制电路板上安装电子元件的各种方法

有几种元件，如双列直插式组件、大规模集成电路、混合电路以及微处理器等，在壳体上有大量的引线。这些元件的耗散热约有一半可以经引线传导，而另一半经各个元件的壳体传导。当在印制电路板上安装这些元件时，应采取措施充分发挥这些引线的散热作用。例如，如果在印制电路板上采用金属化孔进行焊接安装，金属化孔应当位于有引线连接的每一个焊接点上。金属化孔能够降低印制电路板的热阻，减小从元件体到铝散热板的温升。当元件焊接到搭焊连接的焊盘上时，金属化孔还能防止印制电路板上焊盘的剥落。

在印制电路板上安装大功率元件和高耗散热元件（大于 0.62 W/cm^2），应使用胶粘剂，如 RTV 胶粘剂、双面胶带（聚酯薄膜或 Kapton）和环氧树脂等。这样可使元件壳体到薄板散热器的热流路径具有较小的热阻。如果不用胶粘剂，只有一层空气隙存在，则很难控制空气隙的尺寸。印制电路板经几次装卸后，小的空气隙可以发展成大空气隙，从而导致空气隙的热阻增加，空气隙的温升增大，元件壳体的温度升高。

为了保护印制电路板，还可采用敷形涂覆的胶接面。为了有效冷却电子元件，应当合理设计从元件到最终散热器的热流路径，如图 6-5 所示。

表 6-3 列出了几种型号炭质电阻采用不同方法安装在铝板散热器上时热阻值的比较。

另外，对 6.35 mm×6.35 mm 扁平封装集成电路进行了试验，电路安装在厚度为 0.127 mm

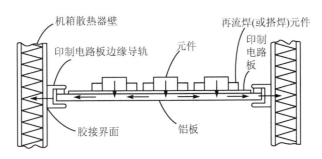

图 6-5　元件到散热器的热流路径

的印制电路板上,用厚度为 0.076 2 mm 的聚酯薄膜胶粘剂把印制电路板叠合到铝板散热器上,制成印制电路板的总厚度为 0.203 2 mm,试验结果见表 6-4。

表 6-3　安装在铝板散热器上的电阻的热阻

元　件	用 Humiseal 敷形涂覆的胶接面的热阻/$(K \cdot W^{-1})$	无胶粘剂的热阻/$(K \cdot W^{-1})$
1/4 W 电阻 RC07	46.2	75
1/4 W 电阻 RC20	34.2	58
1/4 W 电阻 RC32	19.1	26

表 6-4　从集成电路壳体经 0.203 2 mm 的环氧玻璃纤维板到铝板散热器的热阻

元　件	元件下面用胶粘剂时的热阻	元件下面有空气隙时的热阻
6.35 mm×6.35 mm 扁平封装	20 K/W,用厚度为 0.127 mm 的 Humiseal 敷形材料	
	29 K/W,胶接界面上装有厚度为 0.076 2 mm 的聚酯薄膜带	60 K/W,空气隙厚度为 0.127 mm
	30 K/W,在厚度为 0.101 6 mm 的 Stycast 环氧树脂上用厚度为 0.050 8 mm 的 RTV 胶粘剂。Stycast 环氧树脂使铜与印制电路板绝缘	35 K/W,在厚度为 0.101 6 mm 的 Stycast 环氧树脂上有厚度为 0.025 4 mm 的空气隙。Stycast 环氧树脂使铜与印制电路板绝缘

需要注意的是,对于有维修要求的印制电路板,应当避免在元件下面使用环氧树脂胶粘剂。因为元件与环氧树脂胶粘剂结合后就很难拆卸了。所以,如果要求维修,应该使用其他胶粘剂,如 RTV 胶粘剂等。

如果采用双面聚酯薄膜胶带将元件固定在印制电路板上时,要注意用来清除焊剂薄层的清洁剂会溶解某些聚酯薄膜,并把它冲洗掉,从而影响元件与印制电路板的粘接强度。在安装过程中必须确保大多数聚酯薄膜没有被洗掉。

对于小功率耗散元件,可以不用任何胶粘剂而直接紧固在印制电路板上。如果元件下面空气隙的厚度能控制在 0.127 mm 左右,则元件的耗散热可通过空气隙的传导排散掉。表 6-4 中的测试数据表明,厚度为 0.127 mm 的空气隙的热阻(包括厚度为 0.203 2 mm 的环氧树脂玻璃纤维层)是 60 K/W。

当 6.35 mm×6.35 mm 集成电路的耗散功率只有 0.10 W 时,厚度为 0.127 mm 的空气隙的温升(包括 0.203 2 mm 的叠层)只有 6 ℃ 左右。如果这个温升值允许,将可以节省印制电路板的大量制造费用。

利用元件下面空气隙传导散热的印制电路板,不能用于很高的高空或宇宙空间,因为在真空中没有空气存在,空气隙失去热传导作用。

例 6-1 求某航空电子设备插入式印制电路板上集成电路的热点温度。

由于航空电子设备机箱一般必须具备在 30 000 m 高空工作的能力,有许多插入式印制电路板的电子设备机箱需用螺栓连接到液体冷却的冷板上。在高空,自然对流急剧下降,此外,在同一设备底板上装有其他发热的电子组件盒,将阻止有效的辐射冷却。因此,传导冷却是唯一可靠的冷却方法。已知某航空电子设备插入式印制电路板上均匀分布着扁平封装的集成电路,每块印制电路板的总耗散功率为 8 W,如图 6-6 所示。元件安装在中心有铝板散热器芯的印制电路板的两侧。元件壳体允许的最高温度为 100 ℃,设冷板温度 $t_0=26.6$ ℃,试确定该电子设备的热设计是否满足要求。

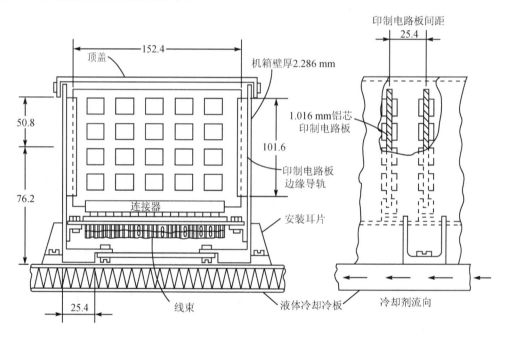

图 6-6 安装扁平封装集成电路印制板的机箱截面

解:沿着从元件到液体冷却的冷板散热器的热流路径分段计算温升,可求得扁平封装集成电路壳体的热点温度。热流路径划分为下列五段:

Δt_1——从集成电路壳体经集成电路下面的厚度为 0.127 mm 的空气隙和 0.203 2 mm 的印制电路板到铝散热器芯的温升。

Δt_2——印制电路板上铝散热器芯中心到边缘导轨散热器侧面的温升。

Δt_3——在 30 000 m 高空条件下,从铝散热器芯到机箱侧壁的边缘导轨板(包括从导轨到侧壁的胶接界面在内)的温升。

Δt_4——沿电子设备机箱侧壁向下,从印制电路板边缘导轨板到电子设备机箱底面的温升。

Δt_5——在 30 000 m 的高空条件下,从电子设备机箱底面到液体冷却的冷板之螺栓连接界面的温升。

机箱内所有的印制电路板都很相似,间距都是 25.4 mm,因此,为方便计算,可只针对

25.4 mm 的机箱宽度分析一块典型印制电路板的热性能。

Δt_1：表示耗散热为 0.2 W 的单块集成电路经过厚度为 0.203 2 mm 的印制电路板到铝散热器芯引起的温升。为了降低成本，集成电路不胶接到印制电路板上，而是在它下面留有厚度为 0.127 mm 的空气隙。空气隙的厚度由用特制钢模加工成形的电气引线控制。集成电路搭焊在叠层印制电路板上，它到铝散热板芯中心的热阻，包括厚度为 0.203 2 mm 的印制电路板和厚度为 0.127 mm 的空气隙的热阻，可从表 6-4 中得到。由 $\Delta t = \Phi R$ 可得

$$\Delta t_1 = 60 \times 0.20 \ ℃ = 12 \ ℃$$

Δt_2：表示铝散热板芯从板中心到侧面边缘的温升。在印制电路板的两侧面均匀分布的热负荷为 8 W。由于热负荷是对称的，所以可以只分析半块散热器，如图 6-7 所示。已知：半块板的热流量 $\Phi = 4.0$ W，长度 $L = 76.2$ mm，铝的导热系数 $\lambda = 143.65$ W/(m·K)，面积 $A = 101.6 \times 1.016 \times 10^{-6}$ m² $= 1.03 \times 10^{-4}$ m²。代入式(4-5)求得散热板芯中心到侧面边缘的温升为

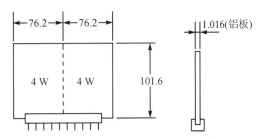

图 6-7　印制电路板铝散热器芯

$$\Delta t_2 = \frac{\Phi L}{2\lambda A} = \frac{4 \times 7.62 \times 10^{-3}}{2 \times 143.65 \times 1.03 \times 10^{-4}} \ ℃ = 10.3 \ ℃$$

Δt_3：表示从印制电路板铝芯到电子机箱侧壁边缘导轨的温升，当用如图 4-13(a) 所示的 G 型边缘导轨(热阻 $R' = 0.305$ (m·K)/W，长度 $L = 101.6$ mm)时，在海平面的温升为

$$\Delta t_3 = \frac{\Phi R'}{L} = \frac{4 \times 0.305}{101.6 \times 10^{-3}} \ ℃ = 12 \ ℃$$

在 30 000 m 高空，这种边缘导轨的热阻值将增加 30%，如图 4-14 所示，温升为

$$\Delta t_3 = 1.3 \times 12 \ ℃ = 15.6 \ ℃$$

Δt_4：表示沿电子设备机箱侧壁向下到电子设备机箱底面的温升。这个温升可以按沿机箱侧壁向下的集中热负荷或按均匀分布热负荷和集中热负荷相结合的方法进行计算。两种算法的结果相同。印制电路板的间距为 25.4 mm，因此下面分析该间距的电子设备机箱截面。

① 集中热负荷。

按沿机箱侧壁向下的集中热负荷情况进行计算，即认为印制电路板的全部热负荷集中在印制电路板的中心，热流路径的长度是从印制电路板的中心到底部凸缘的中心，如图 6-8 所示。已知：热流量 $\Phi = 4$ W，长度 $L = 76.2$ mm $+ 12.7$ mm $= 88.9$ mm，机箱侧壁铝材导热系数 $\lambda = 144$ W/(m·K)(参考表 4-1)，面积 $A = 25.4 \times 2.286 \times 10^{-6}$ m² $= 58.1 \times 10^{-6}$ m²。代入式(4-2)求得温升为

$$\Delta t_{4a} = \frac{\Phi L}{\lambda A} = \frac{4 \times 88.9 \times 10^{-3}}{144 \times 58.1 \times 10^{-6}} \ ℃ = 42.6 \ ℃$$

② 均分布热负荷与集中热负荷相结合。

对于这种机箱沿侧壁向下的均匀分布热负荷和集中热负荷相结合的情况，均匀分布热负荷只作用在机箱的上部分，如图 6-9 所示。

利用式(4-5)，求均匀分布热负荷的温升，并利用式(4-2)求得集中热负荷的温升为

$$\Delta t_{4b} = \frac{\Phi L_1}{2\lambda A} + \frac{\Phi L_2}{\lambda A} =$$

$$\frac{4 \times 101.6 \times 10^{-3}}{2 \times 144 \times 58.1 \times 10^{-6}} \text{℃} + \frac{4 \times 38.1 \times 10^{-3}}{144 \times 58.1 \times 10^{-6}} \text{℃} =$$

$$24.3 \text{℃} + 18.2 \text{℃} = 42.5 \text{℃}$$

结果与①符合。

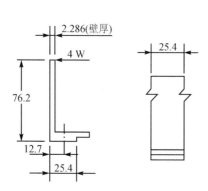

图 6-8　机箱侧壁上的集中热负荷

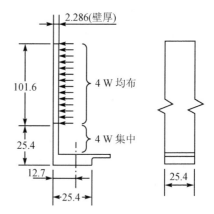

图 6-9　均匀分布热负荷和集中热负荷综合示意图

Δt_5：表示从机箱底面到液体冷却冷板之螺栓连接界面的温升。机箱的宽度为 25.4 mm。对于在海平面条件下用螺栓连接、界面上无接触材料只有空气的情况,由表 4-4 查得接触面的热传导系数值为 1 136 W/(m² · K)。在 30 000 m 高空,温升将增加 30%。已知:热流量 $\Phi = 4$ W;接触面热传导系数 $\alpha_i = 1 136$ W/(m² · K);面积 $A = 25.4 \times 25.4 \times 10^{-6}$ m² $= 645.16 \times 10^{-6}$ m²。代入式(4-12),求得 30 000 m 高空的温升为

$$\Delta t_5 = \frac{1.3\Phi}{\alpha_i A} = \frac{1.3 \times 4}{1\ 136 \times 645.16 \times 10^{-6}} \text{℃} = 7.1 \text{℃}$$

印制电路板中央的集成电路安装接触面的热点温度,可以由冷板温度 26.6 ℃和从印制电路板到冷板的热流路径各段温升的总和求得

$$t_{IC} = t_0 + \Delta t_1 + \Delta t_2 + \Delta t_3 + \Delta t_4 + \Delta t_5 =$$

$$(26.6 + 12 + 10.3 + 15.6 + 42.5 + 7.1) \text{℃} = 114.1 \text{℃}$$

对于一台可靠的电子设备,元件表面的最高温度不应超过 100 ℃。因此,该设备的热设计不符合要求。如果耗散功率不能减小,则必须更改结构设计。

研究各段温升值表明,Δt_4 具有最大值(42.5 ℃),减小温升的最简便方法就是增加机箱侧壁的厚度。如果质量要求不太苛刻,壁厚可以从 2.286 mm 增加到 3.048 mm,可以直接用厚度比得到壁厚增加后的温升为

$$\Delta t_4' = 42.5 \times \frac{2.286}{3.048} \text{℃} = 32 \text{℃}$$

由此得到集成电路表面的最高温度是 103.5 ℃。该值仍然太高,必须配合采用其他改进措施。如果将各集成电路改用胶粘剂胶接到印制电路板上,由表 6-4 知,温升可以减小,但装配的成本会提高。如果采用其他形式的印制电路板边缘导轨,温升也可能减小。例如,如果用图 4-13(b)所示的 B 型边缘导轨,导轨的热阻值将是 0.203 (m · K)/W。在 30 000 m 高空时,导轨的新温升可以直接用热阻比求得

$$\Delta t_3' = 15.6 \times \frac{0.203}{0.305} \text{℃} = 10.4 \text{℃}$$

这将使集成电路元件表面的最高温度改变为 98.4 ℃,它稍低于 30 000 m 高空允许的最高温度,所以设计是合理的。

6.1.5　大功率元件的安装

像晶体管和二极管这样的大功率元件常安装在托架上,然后又把托架安装在散热器上。当几种不同的元件安装在同一散热器上时,由于元件的壳体带电,因此每个元件必须与其他元件绝缘。通常在每个元件下面使用传热性能相当好的电绝缘体来实现绝缘,可用的各种绝缘体,从填充热传导金属氧化物到硬而脆的氧化铍垫片,范围很广。

大功率元件在安装使用过程中,如果安装面条件发生变化,则会导致温度急速上升,而很快出现故障。用螺栓安装二极管和晶体管时,所使用的某些绝缘垫片在温度循环试验以后会发生损坏和冷变形,这可能导致元件和散热器之间安装面的压力减小。装配时使用敷形涂覆,可把元件固定在应有的位置上。但是,在振动和冲击的环境中,敷形涂覆层有可能会破裂,元件会松动。由于没有良好的散热路径,这些大功率元件将会迅速损坏。

绝缘垫片必须用在高接触压力条件下不会破裂或冷变形的材料来制造。它们必须能经受住外来的尖锐小点状物的穿刺力,必须有高性能的绝缘强度以防止短路。绝缘垫片的制造与安装应力求简便。

当安装螺栓被安装元件的螺母拉紧时,软质硅橡胶衬垫将变形。软质衬垫的冷变形对配合表面的小空隙有好处,它消除了元件和托架之间的空隙。软质硅衬垫导热系数不很高,但其变形后进入小空隙的能力和配合凹凸表面的能力有助于减小安装表面的热阻。

必须提供平直和光滑的接触面作为元件和散热器安装表面。所有的零件一定要无毛刺和无外来的尘粒,使接触面具有良好的传热性能。用螺栓安装的元件,其螺母应扭转固紧到某一合理位置,以保证均匀的高接触压力。在航空航天电子设备上已广泛使用如图 6-10 所示的弹簧垫片,这种弹簧垫片装在螺母下以补偿绝缘垫片较小的冷变形,同时有助于在各种条件下保持元件的高接触压力。

氧化铍垫片导热系数高,等于铝的导热系数,并能保持良好的绝缘。如果安装接触面不平整,那么当螺栓安装较紧时,这些易脆的垫片会产生裂纹。如果安装

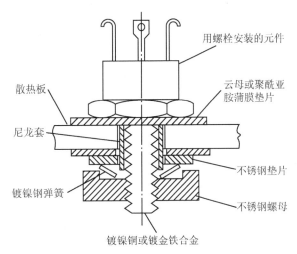

图 6-10　用螺栓安装元件的截面图

接触面有空隙,垫片不能变形填充。因此,对于大功率元件的应用,为了易于更换,垫片通常胶接到散热器上,元件通常用 RTV 胶粘剂粘到垫片上,这样容易拆除。

导热脂可使接触面的热传导系数值增加 30%,但维修时必须把原有导热脂清洗掉,并在维修后仔细更换新导热脂,以保证良好的导热。当使用胶接或敷形涂覆时使用导热脂必须谨慎。硅导热脂容易流动,且很难清洗掉,如污染干净的表面,会影响胶粘剂和敷形涂覆的粘附。

对大功率元件,更须注意控制结点温度,以免元件迅速损坏。大多数元件厂都会给出元件的 PN 结到壳体的内热阻,用 R_{jc} 或 θ_{jc} 表示。对于大功率元件,内热阻值一般小于 1.0 K/W。

厂家往往把它们的元件标定为 175 ℃ 或 200 ℃。这意味着允许元件工作时的结点温度接近这些值。对于高可靠性的应用,功率元件的最高结点温度通常规定为 125 ℃。

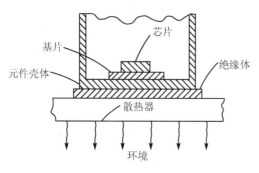

图 6-11 功率元件各传热内接触面的横截面图

控制功率元件的结点温度或芯片温度,通常须控制许多内接触面的热阻,这些内接触面的典型横截面如图 6-11 所示,图中,内接触面是芯片到基片、基片到壳体、壳体到绝缘体、绝缘体到散热器、散热器到环境。通过精确计算和仔细分析,找出关键接触面(即最高温升的接触面)的位置,并有针对性地采取措施减小该接触面的热阻,往往可以有效降低大功率元件的结点温度或芯片温度。

有时通过改变大功率元件在底座或印制电路板上的安装位置,即可达到降低元件热点温度的良好效果。

例 6-2 有几个耗散热为 5 W 的功率晶体管,安装在厚度为 2.36 mm 的 5052 铝散热器板的电源电路板上,如图 6-12 所示。当把元件安装在电路板的边缘(见图 6-12(b)),而不是安装在中心(见图 6-12(a))时,求元件壳体的温度会降低多少。

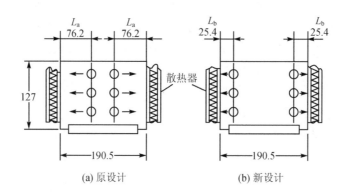

(a) 原设计   (b) 新设计

图 6-12 安装在铝散热器板上的功率晶体管

解: 因为两种安装情况下插入式电路板相对于中心都是对称的,所以分析时只需考虑半块板的情况。已知:热流量 $\Phi=3\times5$ W $=15$ W,原设计长度 $L_a=76.2$ mm,新设计长度 $L_b=25.4$ mm,5052 铝的导热系数 $\lambda=144$ W/(m·K),面积 $A=127\times2.36\times10^{-6}$ m^2 $=300\times10^{-6}$ m^2。代入式(4-2)求得两种不同的安装位置的温升:

对于原设计,温升为

$$\Delta t_a = \frac{\Phi L_a}{\lambda A} = \frac{15\times76.2\times10^{-3}}{144\times300\times10^{-6}} \text{ ℃} = 26.5 \text{ ℃}$$

对于新设计,温升为

$$\Delta t_b = \frac{\Phi L_b}{\lambda A} = \frac{15\times25.4\times10^{-3}}{144\times300\times10^{-6}} \text{ ℃} = 8.8 \text{ ℃}$$

这表明,将晶体管更靠近电路板的边缘,可以降低元件表面的温度达 26.5 ℃ $-$ 8.8 ℃ $=$ 17.7 ℃。

6.2 多芯片组件的热设计

6.2.1 多芯片组件热设计的概念及原则

多芯片组件 MCM(Multi-Chip Module)采用高密度多层布线结构、细线工艺与微电子焊封技术,并外贴裸芯片和小型片式元器件。高集成度、立体化与微小型化是 MCM 的显著特点,也是其今后的发展方向。多芯片组件的出现标志着电子技术在高密度、高速度、高性能的方向上进入了更高的层次。随着 MCM 集成度的提高和体积的缩小,其单位体积内的功耗不断增大,导致发热量增加和温度急剧上升。如第 1 章所述,元器件的失效率与其结点温度成指数关系,性能则随结点温度升高而下降。所以,对 MCM 除了进行合理的电设计,力求在不降低性能的前提下减小其功耗外,还必须对 MCM 进行最佳的热设计。

降低或保持结点温度是对 MCM 热设计的具体要求。MCM 结点温度的设计范围通常为 80~180 ℃。根据相关工业标准,大多数芯片的结点温度上限规定为 125 ℃。

与单芯片组件 SCM(Single Chip Module)相比,一个多芯片组件含有多个耗散功率不同的热源和多个必须控制温度的元器件(一个 SCM 仅有一个),以及多种界面不对称的材料(一个 SCM 通常只含有两种材料:一种是金属,另一种是塑料或陶瓷)。因此,MCM 的热设计比 SCM 要复杂得多。

MCM 热失效的诱因来自以下两方面:

① 由于 MCM 的组装密度很大,所以各种功率器件的耗散热导致基片单位面积上的发热量很大。如果结构设计或材料选择不合理,MCM 工作时热量不能很快地散发出去,就会导致 MCM 内外的温度梯度过大,在 MCM 内部形成过热区或者过热点,使元件性能恶化,或由于热应力过大而使电路结构破坏。

② 随着 MCM 内部温度升高元件及相关结构材料会发生膨胀现象。由于各种材料的热膨胀系数不同,因而会产生热应力。如果热应力超过材料的弹性限度,就会导致材料损坏破裂。如果设计时没有充分考虑这些问题,那么 MCM 经过多次温度循环和通断电循环后,将引起失效。国外研究资料表明,温度波动超过额定平均温度的±15 ℃,会明显降低元器件的可靠性;温度波动超过 20 ℃,失效率将增大 8 倍,并且几乎与额定温度的水平无关。

解决上述问题可以从两方面入手:一方面是改进 MCM 电设计,在保证性能的前提下,减小其功耗,以求最大限度地减小 MCM 中各元器件的耗散热;另一方面是改进 MCM 的结构设计与材料选择,寻求最佳的导热材料、散热结构及冷却方法,使 MCM 中产生的热量尽快排放到周围环境中去。

综上所述,要有效解决好高集成度、立体化、微小型化 MCM 的热控制问题,必须注意以下几点:

① 从 MCM 方案论证阶段起就必须分析过热引起的各种后果和危险程度,提供最佳热设计方案,并要求在整个设计过程中,电设计工程师和热设计工程师要密切合作,相互制约,将热管理贯穿于 MCM 设计生产的全过程。只有这样,才能获得 MCM 的最佳热设计。如果在 MCM 设计、研制过程中不考虑或者不重视热设计问题,直到 MCM 的安装使用时才考虑其热控制问题,那么这样的热控制实施方案是不可能高效、经济,并具有优良可用性、可靠性和可维修性的。

② 热控制的基本目标是预防元器件失效。MCM 中元器件的安装密度往往很高,各种元器件的耗散功率不同,对环境因素的敏感程度也不一致。在确定热控制方案时,必须考虑元器件的多样化,营造一个各种元器件都可以接受的内部环境。不管外界环境条件如何变化,热控制系统必须在规定使用期内,按预定方式完成所规定的功能,保证 MCM 正常工作。热控制装置的可靠性一般应高于 MCM 的可靠性或便于更换。

③ MCM 热控制系统的设计必须考虑维修性问题。这个问题包括两方面:一方面是热控制系统的故障率一般应低于被保护 MCM 的故障率,在规定使用期内,系统各组成部件的维修次数尽可能少,易损或关键部件要便于维修和更换。另一方面则是传热结构和冷却装置的设计安装不能影响 MCM 中关键元器件的测试、修理和更换,这可能给 MCM 的热设计带来严重影响。例如,为了缩短更换 MCM 元器件花费的时间,一些减小传热热阻和防止冷却工质泄漏的紧固和密封措施就不能使用。因此,在热控制效果和 MCM 可维修性两者之间必须很好地协调兼顾。

④ MCM 热控制系统的设计必须考虑与周围环境的相容性。例如,当 MCM 的热控制方案采用蒸气压缩制冷系统时,应避免使用 CFCs 类对大气臭氧层具有破坏作用的制冷剂,尽量选用 HFC‐134a 等环保类型制冷剂。在热控制系统中需要使用其他制冷剂和载冷剂时,除考虑热性能外,应尽量选用无毒、不燃烧、不爆炸,具有良好化学稳定性,不与油、水、金属材料及密封材料产生化学反应,本身也不易分解的产品。对应用于航空航天器上 MCM 的热控制系统,应尽量压缩体积和质量;此外,为了保护人员和设备的安全,热控制装置排出的废气不能有毒性或腐蚀性;采用空气对流冷却时,应限制空气流速,避免产生过大噪声污染等。

⑤ MCM 热控制系统的设计必须考虑经济性,即必须考虑热控制系统的投资成本、日常运行和维修等费用。对于民用产品,经济性是主要原则,虽然新的热控制技术在不断涌现,但空气冷却方式最为价廉和安全,应优先考虑。对于飞机、卫星、飞船和舰艇等特殊环境下工作的 MCM,其热控制系统必须充分利用环境因素,采取因地制宜、就地取材的原则。例如,对于航天器上应用的 MCM,其热控方案应充分利用太空这个无穷大的低温热沉;对于舰船和潜艇上的 MCM 的冷却,应充分利用海水作为冷源。

MCM 的最佳热设计方案,应是在综合考虑上述所有设计原则的基础上,经过一系列技术方案论证后得到的折中结果。

现代电子技术的迅猛发展与热控制技术的不断进步有着非常密切的关系,热设计已成为高性能多芯片组件设计的重要组成部分。多芯片组件热控制方案的选择对其性能、可靠性和成本具有深远影响。随着多芯片组件向更高层次发展,热设计的重要性将更为突出。多芯片组件的热设计技术必须与其高集成度、立体化、微小型化技术同步发展,否则就会严重影响微电子科学与技术的发展。因此,研究多芯片组件热设计的概念和应用具有重要意义。

6.2.2　多芯片组件的热控制方法

多芯片组件的热流路径指的是 MCM 内部热源产生的热量向外部环境和终端散热器传输所必须通过的路径。多芯片组件中最主要的热源是芯片,其次是电阻器。当功耗超过 4 W/cm² 或对 MCM 有特殊要求时,需要设计高效冷却系统以对 MCM 进行有效的热控制。

同单芯片组件类似,多芯片组件的热流路径可分为内、外两部分,从热源到 MCM 封装外壳外表面为内热流路径,从封装外壳外表面到耗散环境为外热流路径。内热流路径直接涉及 MCM 内部结构,其主要传热方式是传导,对应热阻即是内热阻。外热流路径取决于电路板和系统的组成,其传热方式包括传导、对流和辐射三种方式,对应热阻即是外热阻。

MCM 由于组装密度大,一般需对其内热阻和外热阻同时进行控制。

1. 内热阻控制

内热流路径散热的主要方式是传导,传导的热量往往再通过对流冷却排散到耗散环境。对内热流路径进行热控制涉及 MCM 的材料及芯片的键合方式。主要内热流路径有两种:穿过基板或直接从芯片背面传热。当需要采用强制对流冷却时可选用空气、氮气,也可选用水、氟碳化合物等液体作为冷却剂。MCM 的散热路径与冷却方法如图 6-13 所示。

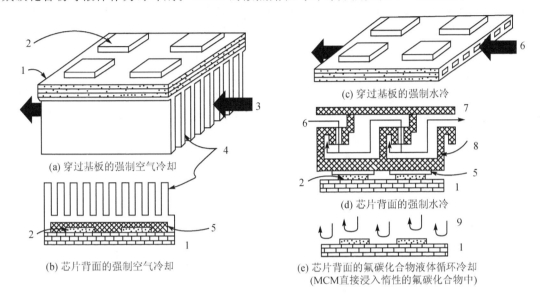

(a) 穿过基板的强制空气冷却

(b) 芯片背面的强制空气冷却

(c) 穿过基板的强制水冷

(d) 芯片背面的强制水冷

(e) 芯片背面的氟碳化合物液体循环冷却
(MCM直接浸入惰性的氟碳化合物中)

1—基板;2—芯片;3—空气;4—铝片散热器;5—高导热焊料或导热环氧树脂;
6—水;7—塑料盖;8—铝传热器;9—氟碳化合物

图 6-13 多芯片组件的散热路径与冷却方法

采用穿过基板的强制空气冷却方法(见图 6-13(a)),最为经济方便。采用这种方法必须设计一条穿过基板的高热导路径,但大多数常用基板材料(如氧化铝)的导热系数较低。因此,如能选用传导性较高的材料,例如,用氮化铝替代氧化铝作为基板材料,可以显著降低内热阻。如果由于某些原因,不能采用高导热性能材料作为基板,则可以采用在基板内部置入铜通道或把芯片嵌入基板内部的方法来减小热流路径的热阻,如图 6-14 所示。

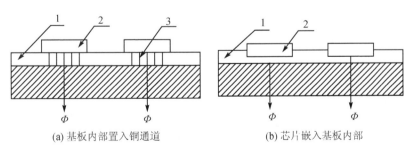

(a) 基板内部置入铜通道

(b) 芯片嵌入基板内部

1—聚酰亚胺;2—芯片;3—铜通道

图 6-14 提高基板导热能力的方法

从降低内热阻考虑,内引线与芯片之间的键合、外引线与基板之间的键合宜采用金丝球焊而不要采用铝丝超声键合,芯片与基板之间可采用导热环氧树脂粘合,也可采用凸点焊接。这样,芯片的耗散热一部分可通过导热环氧树脂或者通过焊接凸点和空气隙导出;另一部分耗散热可通过引线导出。为了强化散热,采用凸点焊接时,还可有意多增加一些凸点。

采用通过芯片背面的强制空气冷却方式和强制水冷方式分别如图 6-13(b)和 6-13(d)所示。采用这种通过芯片背面散热的方法,主要散热表面在芯片上方,因此要采用高导热焊料或导热环氧树脂将芯片背面与散热器(片)连接。采用焊接时,为了避免损伤芯片表面,应采用倒装 TAB 或凸点焊接方法进行焊接;在采用环氧树脂粘接时,要注意排除两种材料界面上的空气,如果环氧树脂或界面上有许多空气泡,则热阻会显著增大。图 6-13(e)采用芯片背面的氟碳化合物液体循环冷却。由于 MCM 直接浸入惰性的氟碳化合物中,使其外壳与冷却剂之间的热阻减到最小,从而可显著提高芯片的散热能力。

适应 MCM 向更高集成度发展的需要,未来强化散热、降低内热阻的发展趋势是直接在 MCM 芯片和基板上采取冷却措施,如利用蚀刻和微细加工技术,在芯片衬底或基板上直接加工出微槽散热器。有的资料认为,这种微细尺寸散热器采用单相或多相液体工质,其排散热流密度可达 100 W/cm^2 以上,是一种很有发展和应用前景的热控技术。

2. 外热阻控制

MCM 外热阻的控制包括以下几种形式:

(1) 对流换热

利用空气或液体(如水、乙二醇、氟利昂和氟碳化合物等)作为冷却介质,利用自然对流或强制对流方式,带走 MCM 的耗散热。

(2) 制 冷

利用液体汽化制冷、气体膨胀制冷、涡流管制冷及热电制冷等技术,使 MCM 的工作环境温度低于周围环境温度。其中,液体汽化制冷的应用最为广泛,它是利用液体汽化时的吸热效应来实现制冷的,如在军用和民用领域广泛使用的蒸气压缩式制冷系统即属于液体汽化制冷。气体膨胀制冷在飞机上得到广泛使用。涡流管制冷及热电制冷在航空航天等高新技术领域得到越来越广泛的使用。

(3) 传导或辐射

传导或辐射冷却采用冷板或辐射板排散 MCM 耗散热,辐射板在军用或空间电子技术方面得到广泛应用。

(4) 相变冷却

利用液体蒸发与沸腾吸热(从广义上讲,上述液体汽化制冷也属这种相变冷却方式)、固体熔化吸热以及固体升华吸热,使 MCM 的工作温度恒定在某一温度值或保持在一定温度范围内,保证其工作的稳定性。

(5) 热管传热

利用热管的高效传热特性,可解决大温差环境条件下温度的均衡、密闭电子设备机箱内耗散热的传递等问题,减小温差对 MCM 的危害。在热管技术的基础上发展了毛细抽吸两相流体回路(CPL)/回路热管(LPH)技术,以及微(小)型热管技术。其中,CPL/LPH 技术最适于航天器热管理系统的要求,而微(小)型热管技术在排散高密度 MCM 耗散热方面极具应用前景。

（6）射流冲击

利用压缩机和射流喷嘴,将获得的高压空气膨胀直接吹到 MCM 的散热器或其他需要冷却的合适部位,而不采用外部冷却。显然,这是一种基于空气的高效热控制方式。

利用微喷嘴把液体工质雾化后喷向冷却对象,工质受热后汽化(蒸发相变)带走 MCM 的热量,则是一种更高效的热控制手段。

（7）浸没冷却

将高热流密度 MCM 浸没在具有合适沸点温度的氟碳化合物等介电液体中,可使 MCM 外壳到冷却剂之间的热阻减到最小,因为这种冷却方法消除了冷板热控制方法中存在的界面热阻。当介电液体浸没 MCM 时,对于低热流,冷却剂处于自然对流状态;对于高热流,冷却剂可以沸腾方式传热,此时可显著提高冷却剂与 MCM 表面之间的传热系数。浸没沸腾冷却是解决未来超高热流密度计算机用 MCM 热控制的有效途径。

概括地说,功率密度、系统封装和结点温度限制是选择 MCM 热控制方法的基础。此外,这一选择还受制于制造能力、成本和产品的应用方向。MCM 热控制方法首先取决于系统,因为 MCM 装配和性能要求均与系统等级或应用方向有关。例如军事和航空宇航类产品往往使用环境恶劣,而且对温度控制和可靠性要求严格,此时系统就需要研制独特的专用冷却系统;而消费类电子产品由于受到应用限制,常寻求简单、经济的被动冷却技术。对于热流密度为 $0.21\ W/cm^2$ 的电子组件,CRAY-2 型超级计算机的设计人员认为虽然可以采用空气冷却,但由于大容量的气流需求在该系统的应用环境中难以实现,故改用了液冷系统。这说明热控制方法的选用不可能制定通用的设计规则。其次则是热阻最小化是 MCM 热设计的重要目标。热设计工程师必须花费大量时间和精力减小 MCM 的内、外热阻。例如,IBM 设计的某高热导组件(TCM),采用氦气代替空气以提高作为冷却工质气体的导热系数后,内热阻从 25 K/W 降为 8.08 K/W,这一改进对保证系统性能起到重要作用。此外,设计芯片时采用合理的组装技术和材料,是降低 MCM 内热阻的有力举措,也须予以高度重视。

对流与相变冷却法的一般特性如表 6-5 所列。

表 6-5　对流与相变冷却法的一般特性

冷却方法	表面传热系数/ $(W \cdot m^{-2} \cdot K^{-1})$	相对效率	功率密度	复杂程度
自然对流(空气)	10	0.1	低	很低
强制对流(空气)	100	1.0	中	低
自然对流(液体)	100	1.0	中	中
强制对流(液体)	1 000	10.0	高	高
相变(液体)	5 000	50.0	高	高

6.2.3　多芯片组件热控系统的应用实例

为了提供工业中实用热控制系统的概貌,有必要考察某些多芯片组件热控制系统的工程应用实例。系统性能和芯片结点温度限制是热控制系统的共同设计依据。

1. 空气冷却低热流密度 MCM

日立公司的碳化硅随机存储器是低热流密度 MCM 的代表,其剖面图如图 6-15 所示。

该组件有 6 个 1 W 的芯片。依靠一个高 8 mm 具有 4 个肋片的散热器冷却,用空气作为冷却剂。芯片有 77 个焊接凸点,其中 52 个纯粹是为了强化导热。用凸点作为热流路径,把耗散热从芯片经过硅电路板传到陶瓷基板。由于碳化硅陶瓷基板的导热系数几乎是氧化铝的 14 倍,因此散热效果很好。

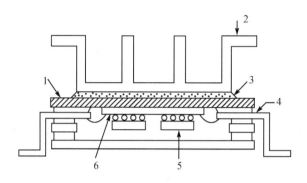

1—SiC 陶瓷;2—散热器;3—硅层;4—引线框架;5—存储器芯片;6—硅电路板

图 6-15 日立公司的空气冷却多芯片组件剖面图

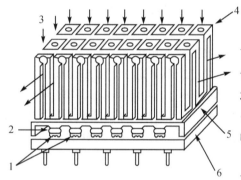

1—芯片;2—导热膏;3—冲击空气气流;
4—散热器;5—陶瓷帽;6—多层陶瓷基板

图 6-16 IBM4381 处理器的空气射流
冷却多芯片组件

2. 空气射流冲击冷却高热流密度 MCM

IBM4381 处理器是采用空气射流冲击冷却的高热流密度多芯片组件的例子,如图 6-16 所示。该组件的尺寸是 64 mm×64 mm×64 mm,包含 36 个芯片。用凸点焊接法把芯片键合在多层陶瓷(MLC)基板上,并用一层绝缘导热膏将芯片与陶瓷帽隔离。

芯片排布紧密以提高运算速度。每个芯片的功耗较大(最大为 3.8 W),为了使系统可靠工作,要求每个芯片的温度不超过 90 ℃。对于这样的功耗水平和额定温度限制,每个芯片需要单独的热控制。散热器和空气射流冲击机配合工作提供了符合结点温度要求的热控制。

3. 液体冷却高热流密度 MCM

用于 IBM3081 处理器中的高热导组件(TCM)是液体冷却多芯片组件的典型例子,如图 6-17 所示。芯片温度上限按设计要求为 85 ℃,实际达到 69 ℃。系统性能要求 9 个 TCM 安装在一块 PCB 上。每个 TCM 的功耗达 300 W,所以该 PCB 的总功耗达 2 700 W。由于封装密度大,芯片和组件的峰值热流密度分别达到 20 W/cm² 和 4 W/cm²,空气冷却已不能满足芯片温度控制要求,因此高热导组件(TCM)采用了水冷冷板系统。

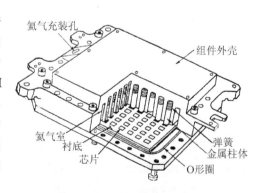

图 6-17 高热导组件(TCM)

水冷冷板应尽量使其靠近芯片。同时由于制造公差,还必须考虑芯片高度和位置变化。此外,还要考虑到在内部结构件发生热胀冷缩的情况下不能影响热流路径的通畅。为了达到这些要求,采用氦气充填导热组件,并在该组件的每个芯片上装一个金属柱体,以提供热量流向外壳的路径。

一个 TCM 包含许多芯片及其到冷板的热流路径,为了简化分析,考查如图 6-18 所示的芯片及其相应的热流路径。

芯片置于柱体的下面,柱体上部的弹簧保证柱体与芯片紧密接触。耗散热从芯片流向柱体首先要克服芯片自身的传导热阻 R_c(0.4 ℃/W)。尽管柱体与芯片表观上是接触着的,实际上从芯片到柱体的大部分热量是借助于接触点周围的气隙导出的。为尽量减小此热阻 R_{c-p}(3.0 ℃/W),先抽空组件,而后再充以氦气(其导热系数比空气大 6 倍)。随后热量由柱体底部区域通过导热热阻 R_t(1.0 ℃/W)传到柱体的主部。接着热量沿柱体并穿过周围充满着的氦气隙,热阻为 R_{p-h}(2.2 ℃/W),此处是将柱体与周围壳体从热学上当作耦合翅片来计算热流。其后,热量通过组件壳体的导热热阻 R_h(1.6 ℃/W)传到冷板换热器的界面。芯片耗散热最后通过组件外壳到水的外热阻 R_{ext},由冷板通道中流过的冷却水带走。图 6-18 中每个热阻在数学上都可以导出。此处省略计算过程只给出典型数据以说明问题。

日本富士通公司的 FACOMM-780 是一种带水冷波纹管的多芯片组件,如图 6-19 所示。FACOMM-780 有 336 个芯片组件,安装在尺寸为 540 mm×488 mm 的印制电路板两侧。电路板的总功耗是 3 kW,其中最大的芯片功率是 9.5 W。它的热控制单元由包含波纹管和水喷嘴在内的冷板冷却系统组成。波纹管底部端面通过柔性材料与芯片表面接触,以保证二者之间有良好的热接触。波纹管具有伸缩性,不仅可容纳组件结构材料和冷却水热膨胀增加的尺寸和体积,而且可增加接触界面的压紧力。

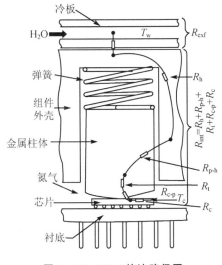

图 6-18　TCM 热流路径图

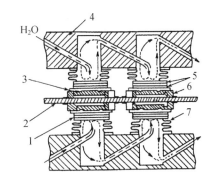

1—柔性衬垫;2—印制电路板;3—芯片;4—水冷板;
5—传热板;6—引线;7—波纹管

图 6-19　富士通公司带水冷波纹管的
多芯片组件的剖面图

4. 浸没冷却高热流密度 MCM

计算机运算速度进一步提高的要求,必然导致多芯片组件与元器件的进一步微型化和封装密度的进一步提高,未来 MCM 的高热流密度耗散热采用常规热控制方法已不能满足结点温度控制要求。许多电子设备热设计工作者将希望寄托于浸没冷却方式。

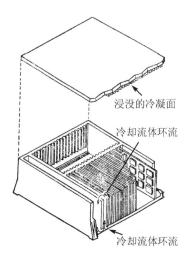

浸没的冷凝面

冷却流体环流

冷却流体环流

图 6-20 大型计算机 MCM 和 PCB 浸没冷却

浸没冷却即是将 MCM 直接浸没在介电冷却剂中,利用 MCM 的耗散热直接加热冷却剂并使其沸腾,冷却剂吸收汽化潜热,从而达到控制 MCM 温度的目的。这种冷却方式由于消除了采用冷板热控制方法中存在的界面热阻,同时又利用了冷却剂由液相变为气相过程中吸收的巨大汽化潜热的特点,故可以显著提高冷却剂与 MCM 表面之间的传热系数。

图 6-20 所示为大型计算机 MCM 和 PCB 浸没冷却的示意图。图中浸没冷却系统冷却剂相变后的蒸气上升到机箱顶部的冷凝面而冷凝成液体,并在重力作用下掉落到下部冷却剂槽中,得以循环使用。

在一些飞行器上,由于 MCM 工作时间往往只有几分钟至几小时,其相变后的冷却剂蒸气一般不回收而直接散逸到大气中。这种消耗性浸没系统可省掉输运泵和冷凝器等部件,但须注意及时补充液态冷却剂,不得让 MCM 露出液面。

如果容许在 MCM 芯片表面直接沸腾,从而消除了结—壳热阻,可使结点温度降低到比冷却剂沸点高 $10\sim20$ ℃,这种散热效果更佳。但这种方法的采用需要保护芯片,可采用敷形涂覆和(或)多孔介质或类似陶瓷基板材料的筛网,并须与过程或材料系统充分相容,以确保芯片的完整性。

思考题与习题

6-1 管芯热设计的主要内容是什么?降低元器件内热阻的主要措施有哪些?

6-2 封装键合热设计的目标和主要内容是什么?

6-3 在传导冷却的印制电路板上安装电子元器件时,减小热阻的方法有哪些?应注意一些什么问题?

6-4 大功率元件安装时,如何做到既能有效降低各接触面的热阻,又能保证高度电绝缘?

6-5 有效降低罐封组件内热阻的措施有哪些?

6-6 为什么要重视元件引线应变的释放?二极管、三极管、双列直插式组件及罐封组件在印制电路板上安装时,它们各自的应变释放方式及应注意的问题是什么?

6-7 多芯片组件热设计的原则是什么?

6-8 如何控制多芯片组件的内热阻?多芯片组件的外热阻的控制方式有哪些?

6-9 通过几个多芯片组件热控制系统工程应用实例的分析和相关知识的学习,你认为高热流密度 MCM 热控制系统的主要设计方向是什么?

6-10 如图 6-21 所示,晶体管用云母垫片绝缘安装在托架上。当云母垫片去除后,把晶体管直接安装到铝托架上,求晶体管元件的壳体温度。由于托架是带电热体,在散热器和托架之间附加厚度为 0.050 8 mm 的环氧玻璃纤维绝缘体,比较带与不带云母垫片绝缘体的晶体管壳体温度(其余条件参考习题 4-8)。

6-11 如图 6-22 所示为大规模集成电路(LSI)和小规模集成电路(SSI)混合安装情况

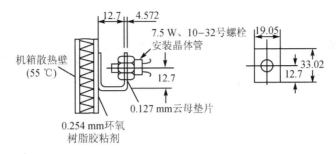

图 6 - 21　习题 6 - 10 附图

下的两种排列方式,LSI 的功耗为 1.5 W,SSI 的功耗为 0.3 W。实测结果表明,图 6 - 22(a)所示方式使 LSI 的温升达 50 ℃,而图 6 - 22(b)所示方式导致的 LSI 的温升为 40 ℃,显然采纳后面一种方式对降低 LSI 的失效率更为有利。

　　根据上面的工程实例实测结果,分析图 6 - 22(b)排列方式优于图 6 - 22(a)排列方式的原因。

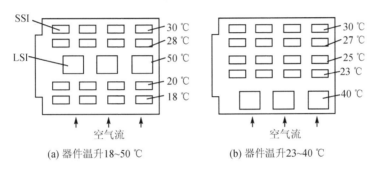

图 6 - 22　集成电路的排列方式对其温升的影响实例

　　6 - 12　图 6 - 23 中集成电路在印制电路板上有两种排列方式:(a)纵长排列;(b)横长排列。你认为哪种排列方式适用于空气自然对流冷却,哪种方式更适用于空气强制对流冷却?为什么?

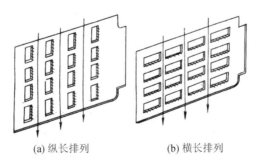

图 6 - 23　集成电路在印制电路板上的排列方式

第7章　电子设备的辐射冷却

7.1　电子设备辐射传热

如第 1 章所述,物体表面辐射的热量与发射率 ε 有关,发射率取决于物体的表面状况,如温度、表面粗糙度、涂覆,若是金属体则还与金属氧化的程度有关。

电子设备中使用的金属和塑料对辐射一般是不透明的。因此,辐射可以认为是一种表面现象,此处金属材料有效的表面深度大约只有 0.002 5 mm,而非金属约为 0.51 mm。

纯金属材料的发射率是很低的,而非金属材料的发射率却高得多。此外,与金属材料相反,非金属材料的发射率随温度升高而降低。

地球轨道或月球轨道上的宇宙飞船可以同时接受太阳辐射和地球(或月球)辐射。大多数的辐射在紫外线和可见光的频率范围内,其波长约达 1 μm,如图 7-1 所示。

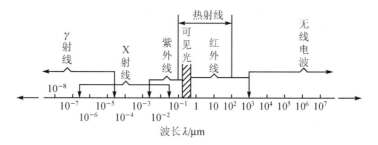

图 7-1　电磁波谱

一般来说,无光泽的深色表面是良好的热吸收体和发射体,所以它们的发射率高。抛光金属表面的发射率很低,而金属氧化时它们的表面发射率迅速提高。喷过砂的金属表面比那些抛光金属表面的发射率高得多。抛光的铜表面在涂覆前发射率约是 0.03,然而喷上厚度为 0.012 7 mm 的薄漆层后,同样表面的发射率会突变到 0.8 左右。

电子设备在通常的工作温度下,其辐射波长相当长,约 7 μm,并且人肉眼看不见,处在红外区。在红外区,颜色不太起作用,黑色涂料具有与白色涂料很相似的辐射特性。在红外区,一个良好的发射体也是一个良好的吸收体。深色表面并不比浅色表面辐射或吸收更多的热量,因为在红外区吸收比和发射率与涂料的颜色无关。

随着物体温度的增加,辐射波长变短,一直短到约 0.7 μm 的可见光谱区。在可见光谱区内物体颜色严重地影响辐射能的吸收,深色比浅色吸收的辐射能更多。一辆黑色轿车和一辆白色轿车同时在阳光下曝晒几小时后,当同时触摸两辆车的车顶时,会明显感觉到黑色汽车顶比白色的热得多。

黑色和白色汽车表面的热又以长的波长即红外谱区的波长辐射到周围的环境中,这里涂料起到灰体表面的作用。

各种材料的典型发射率值如表 7-1 所列。

表 7 - 1　100 ℃时典型材料的发射率

材　料	发射率	材　料	发射率
铝(已抛光)	0.06	铸钢(抛光)	0.52～0.56
铝(商用板材)	0.09	玻璃(光滑)	0.85～0.95
铝(粗抛光)	0.07	氧化铝	0.33
铝(镀铬)	0.10	阳极化铝	0.81
金(高度抛光)	0.018～0.035	粗制铁(涂白色瓷漆)	0.9
钢(抛光)	0.06	铁(喷光亮黑漆)	0.8
铁(抛光)	0.14～0.38	黑漆或白漆	0.80～0.95
铸铁(机械切削)	0.44	铝涂料或铝漆	0.52
黄铜(抛光)	0.06	橡胶(硬的或软的)	0.86～0.94
铜(抛光)	0.023～0.052	水(0～100 ℃)	0.95～0.96

实际上,辐射包含能量的交换,因为在接收的能量中总有一部分要反射出去。在一般的工程应用中,所反射的能量取决于能量交换过程中每个物体的吸收比和发射率。

几种材料的 α/ε 值如表 7 - 2 所列。

表 7 - 2　几种典型材料的 α/ε 值

材　料	曝晒吸收比 α	标称总发射率 ε (37.8 ℃)	α/ε
铝(新蒸发的)	0.10	0.025	4
金	0.16	0.02	8
钼	0.43	0.03	14
钯	0.41	0.03	14
铂	0.33	0.03	11
铑	0.28	0.02	14
银	0.07	0.01	7.0
钛	0.59	0.02	29
在 0.012 7 mm 的聚酯薄膜上蒸发沉积铝层铝表面	0.13	0.04	3.25
聚酯薄膜表面	0.18	0.90	0.20
厚度为 0.025 4 mm 的白色涂料	0.15	0.94	0.16
厚度为 0.025 4 mm 的黑色涂料	0.97	0.94	1.03
铝上涂 0.001 3 mm 透明凡立水	0.20	0.10	2.0
铝上涂 0.025 4 mm 透明凡立水	0.20	0.80	0.25
0.006 1 mm 黑漆涂层	0.96	0.48	2.0

两个非黑体间辐射换热量可用式(1-26)表示如下:

$$\Phi_r = \sigma_0 \varepsilon_s X_{1,2} A_1 (T_1^4 - T_2^4)$$

辐射传递的热量与表面积 A 成正比,但为了传热,辐射表面必须彼此相"视"。如果表面不规则，应采用投影面积。图 7－2 中以绷紧的绳子为边界的投影面积才是有效传热面积。

形状不规则物体的辐射角系数 X 不易求得，除非表面①完全包容在表面②中，如图 7－3 所示。在这种情况下，从表面①到表面②的角系数 $X_{1,2}=1.0$。

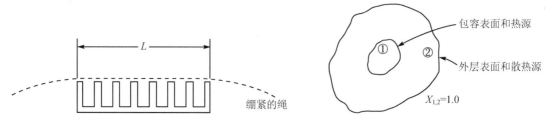

图 7－2　不规则表面的投影面积　　　　图 7－3　完全包容的不规则物体的角系数

在辐射交换中，如果涉及部分表面，那么必须对角系数进行计算或估算。在电子设备中，印制电路板上的晶体管到较冷的箱壁的角系数可能是极其复杂的，要进行许多数学计算，如果在不同电路板上的不同位置有 50 个晶体管，也许要花费几个星期的时间进行计算，这是很不经济的。因此，一般采用简化方法估算每个晶体管的角系数。

辐射传热与视线有关，因此重要的是确定冷却壁从每个晶体管表面沿各个方向发出的辐射能量中大约截获了多少，也就是求晶体管到箱壁的角系数问题。

从一块印制电路板上的一个热晶体管壳到临近印制电路板的角系数是没有意义的，除非临近印制电路板的温度比这个晶体管低很多。一般来说，相邻的印制电路板元件之间由辐射而散失的热量很少，这些元件彼此相"视"，所以有辐射交换，但不能散热（见图 7－4）。

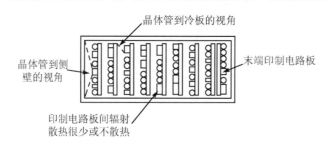

图 7－4　电子设备机箱内的辐射传热

在最边上的一块印制电路板上安装的电子元件，通常对机箱侧壁有良好的视角。如果机箱侧壁是冷的，这些元件的辐射传热就相当好（见图 7－5）。

例 7－1　底面积为 25.4 mm×25.4 mm、高为 4.6 mm 的扁平封装混合电路安装在最靠机箱侧壁的印制电路板上，因此它面对机箱侧壁。电子机箱的壁温为 50 ℃，如图 7－5 所示。混合电路距侧壁 10.2 mm 左右，所以自然对流和传导的热量可以忽略不计。混合电路壳体的最高允许温度为 100 ℃。求混合电路在敷形涂层有和无两种情况下的最大允许耗散功率。铝机箱壁的内侧表面涂成浅蓝色。

解：混合电路顶部表面和它的电引线对机箱侧壁具有良好的视角。混合电路侧壁到机箱侧壁的视角被混合电路附近的其他电子元件挡住。混合电路底部表面对任何壁都没有视角。不计引线的辐射，混合电路顶部表面到侧壁的角系数很高，因为机箱侧壁靠近混合电路，而且机箱侧壁比混合电路顶部表面大得多。在这种情况下，混合电路壳体到机箱侧壁的角系数约为 0.95。利用式（1－26）可以求出混合电路的允许散热量。

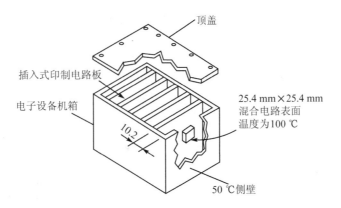

图 7 – 5 正对机箱侧壁安装的混合电路

根据几何形状估计 $X_{1,2}=0.95$，裸钢壳混合电路的发射率 $\varepsilon_1=0.066$，涂覆铝壁的发射率 $\varepsilon_2=0.90$。由表 1-1 可得混合电路与机箱侧壁的综合发射率为

$$\varepsilon_s=\frac{1}{1/\varepsilon_1+1/\varepsilon_2-1}=\frac{1}{1/0.066+1/0.90-1}=0.065\ 5$$

面积 $A_1=25.4\times25.4\times10^{-6}\ \text{m}^2=6.45\times10^{-4}\ \text{m}^2$，混合电路的壳体温度 $t_1=100\ ℃$，机箱壁温度 $t_2=50\ ℃$。代入式(1-26)求得混合电路在没有敷形涂覆情况下的辐射传热量为

$$\Phi=\sigma_0\varepsilon_s X_{1,2}A_1(T_1^4-T_2^4)=$$
$$5.67\times10^{-8}\times0.065\ 5\times0.95\times6.45\times10^{-4}\times$$
$$[(273+100)^4-(273+50)^4]\ \text{W}=0.019\ \text{W}$$

在混合电路上增加一层薄薄的敷形涂层后，发射率将突变到 0.80 左右，综合发射率也将突变为

$$\varepsilon_s'=\frac{1}{1/0.80+1/0.90-1}=0.734$$

因辐射传热量与发射率成正比，因此，当混合电路的壳体使用敷形涂层时可以直接用综合发射率的比值求得辐射传热量为

$$\Phi'=\Phi\frac{\varepsilon_s'}{\varepsilon_s}=0.019\ \text{W}\times\frac{0.734}{0.065\ 5}=0.213\ \text{W}$$

这表明，应用敷形涂层可使混合电路的传热能力提高 11 倍。

7.2 宇宙空间的辐射传热

在宇宙空间的高真空环境中，物体接收的辐射能量与物体离太阳的距离、对太阳的视角和物体与行星或卫星的接近程度有关。在围绕地球轨道或月球轨道上运行的宇宙飞船，能够同时接收来自太阳、地球和月球的辐射热，大多数的辐射在紫外线和可见光的频率范围之内，其波长可达 1 μm 左右，即 1×10^{-6} m，如图 7-1 所示。在接近地球的轨道上，直接辐射强度约是 1 400 W/m^2。

除直接的太阳辐射能外，还有由于大气层、云层和行星表面等对太阳辐射的反射而返回到空间的能量。地球的反射率约为 0.40，与天空中云层的多少及厚度有关，月球的反射率更低，约为 0.07，因为月球的表面没有大气层。

根据遥测观察,地球的平均温度约为 -29 ℃,地球表面的平均温度约为 14 ℃;在约 45 720 m 的高空,大气层的平均温度约为 -65 ℃。用遥测观察太阳时,太阳的温度约为 5 760 ℃。

在宇宙空间中,物体接收的辐射能量取决于它与太阳、月亮或其他行星的接近程度及其对它们的视角。表 7-3 所列为各种行星从太阳接收到的辐射能量值,这些值指到达行星的大气层的辐射能量,而不是到达行星表面的能量(月球除外)。

表 7-3 行星辐射性能参数的平均值

行　星	入射的辐射能量/ $(W \cdot m^{-2})$	反射辐射 (反射率)	等效黑体温度/℃
水　星	9 218	0.06	172
金　星	2 713	0.61	52.8
地　球	1 400	0.40	-20.5(夜空=-40 ℃)
月　球	1 369	0.072	10.5
火　星	605	0.15	-48.9
木　星	51	0.41	-152.2
土　星	15	0.42	-182.8
海王星	1.5	0.54	-221.1
天王星	3.8	0.45	-210
冥王星	0.9	0.15	-228.9

在地球的大气层衰减了从太阳接收到的辐射能,从而减少了实际到达地球表面的辐射能量。实际到达地球表面的辐射能量取决于月份、时间、纬度以及云层。在晴朗的天空中,辐射能量的一些典型的最大值如下:北纬 40° 为 946 W/m^2;北纬 32° 为 978 W/m^2;北纬 24° 为 1 010 W/m^2。

深空实际上具有无限的吸热能力,这使它成为非常有用的散热器,其温度为 -273 ℃(习惯上称为绝对零度)。在深空,物体的角系数为 1.0,因为物体能沿各个方向向深空辐射能量。

7.3　宇宙空间中 α/ε 对温度的影响

当辐射热能照射物体时,物体从入射的辐射能中吸收的那一部分能量在红外线即长波范围内,颜色对吸收比毫无影响,黑色表面与白色表面吸收的辐射能量几乎相等;在可见光即短波范围内(见图 7-1),表面颜色严重影响着物体所吸收的辐射能量。在宇宙空间中达到稳定状态的物体温度与阳光吸收比 α_s 和红外线发射率 ε 之比,即 α_s/ε 有关。

在宇宙空间中的抛光铝球为

$$\frac{\alpha_s}{\varepsilon} = \frac{阳光吸收比}{红外线发射率} = \frac{0.10}{0.025} = 4$$

在宇宙空间中涂白色的铝球为

$$\frac{\alpha_s}{\varepsilon} = \frac{阳光吸收比}{红外线发射率} = \frac{0.15}{0.94} = 0.16$$

比值 α_s/ε 越高,吸收的太阳辐射能就越多,所以在宇宙空间中的物体温度就会更高;反之,比值 α_s/ε 越低,吸收的太阳辐射能就越少,温度也越低。如图 7-6 所示,白色铝球的平衡温度约为 26.6 ℃,而抛光铝球的温度则达 232 ℃。在宇宙空间,物体平衡温度的控制在很大程度上取决于控制比值 α_s/ε。

图 7-6 涂覆和未涂覆铝球在空间的温度

宇宙空间中的物体吸收太阳辐射,并向 −273 ℃(绝对零度)的深空辐射能量。如果物体所吸收的辐射能量(包括反射)用 $\alpha_s q_s A_s$ 表示,则可将式(1-26)表示的一般辐射关系变化为

$$\Phi_i + \alpha_s q_s A_s = \sigma_0 \varepsilon A T^4 \qquad (7-1)$$

式中:α_s——表面接收太阳辐射的吸收率;

q_s——太阳的辐射照度,即太阳辐射到达物体的热流密度;

Φ_i——内部耗散功率;

A_s——物体正投影到太阳的面积;

ε——向宇宙空间辐射的物体表面发射率;

A——向宇宙空间辐射的物体表面积;

T——物体在宇宙空间中的热力学温度。

当空间物体离开所有行星,并且没有内部耗散功率时,如果物体的投影面垂直于太阳光,则物体的背面就不存在进出的热量传递。在这种状态下,宇宙空间中物体的热力学温度为

$$T = \left(\frac{\alpha_s q_s}{\sigma_0 \varepsilon}\right)^{0.25} \qquad (7-2)$$

在类似金星轨道那样的深空轨道,远离所有的行星,太阳的直接辐射照度 q_s 约为 2 713 W/m^2,代入式(7-2),就可得到物体在类似于金星轨道的深空轨道上的绝对温度关系式:

$$T = \left(\frac{2\,713 \alpha_s}{5.67 \times 10^{-8} \varepsilon}\right)^{0.25} = 467.7 \left(\frac{\alpha_s}{\varepsilon}\right)^{0.25} \qquad (7-3)$$

由于对阳光的吸收比 α_s 和红外线的发射率 ε 是物体表面的两种特性,因此控制这些特性值有助于控制物体的温度。

例 7-2 电子设备机箱上有一块表面积为 0.305 m×0.305 m 的隔热面板,在深空,它相距太阳的距离与地球相距太阳的距离基本相同。隔热板涂白色,并且始终是面向太阳。求该板在无内部耗散功率和内部耗散功率为 50 W 两种情况下的稳定温度。

解:已知在类似于地球轨道的轨道上,板上的太阳辐射照度 $q_s = 1\,400$ W/m^2,查表 7-2 得白色涂料对阳光的吸收比 $\alpha_s = 0.15$,以及白色涂料的发射率 $\varepsilon = 0.9$。把这些值代入式(7-2),求出该板在无内部耗散功率时的稳定温度为

$$T = \left(\frac{\alpha_s q_s}{\sigma_0 \varepsilon}\right)^{0.25} = \left(\frac{0.15 \times 1\,400}{5.67 \times 10^{-8} \times 0.9}\right)^{0.25} \text{ K} = 253.3 \text{ K}$$

$$t = 253.3 \text{ ℃} - 273.15 \text{ ℃} = -20.15 \text{ ℃}$$

在有耗散功率的情况下,可以用式(7-1)和式(7-2)求出该板的稳定温度,而只需增加 50 W 的内部耗散功率为

$$T' = \left(\frac{\Phi_i/A + \alpha_s q_s}{\sigma_0 \varepsilon}\right)^{0.25} = \left(\frac{\dfrac{50}{0.305 \times 0.305} + 0.15 \times 1\,400}{5.67 \times 10^{-8} \times 0.9}\right)^{0.25} \text{ K} = 347.89 \text{ K}$$

$$t' = 347.89\ ℃ - 273.15\ ℃ = 74.74\ ℃$$

如果电子设备机箱在地球的轨道上，则该板能接收到地球反射率的 40% 的辐射。此时，该板应接收一附加的入射辐射，其值为 $1\ 400 \times 0.40\ \text{W/m}^2 = 560\ \text{W/m}^2$。代入式（7-2）求面板温度，得到

$$T'' = \left[\frac{0.15 \times (1\ 400 + 560) + \dfrac{50}{0.305^2}}{5.67 \times 10^{-8} \times 0.9}\right]^{0.25} \text{K} = 357.28\ \text{K}$$

$$t'' = 357.28\ ℃ - 273.15\ ℃ = 84.13\ ℃$$

另外，电子设备机箱和地球之间也存在有辐射能的交换，它取决于电子设备机箱所在的行星轨道，本题没有考虑这种能量交换。

7.4 辐射传热的简化方程

采用类似于对流散热基本计算式（1-8）的形式来表示辐射散热通常是很方便的。这样，辐射传热方程可以简化为

$$\Phi = \alpha_r A \Delta t \tag{7-4}$$

式中：α_r——辐射传热系数，$\text{W/(m}^2 \cdot \text{K)}$。

令式（7-4）等于式（1-26），可得

$$\alpha_r = \frac{5.67 X_{1,2} \varepsilon_s \{[(t_1 + 273)/100]^4 - [(t_2 + 273)/100]^4\}}{t_1 - t_2} \tag{7-5}$$

例7-3 一个用于宇宙飞船的电子设备机箱，在箱盖的内侧面装有混合电路，箱盖的外侧面能够"看见"宇宙飞船上空间辐射板的背面，如图7-7所示。混合电路壳体的最大允许温度是 100 ℃，箱盖到壳体的温升是 6.7 ℃，这意味着箱盖的最大允许温度是 93.3 ℃。辐射板的温度为 -6.7 ℃，发射率 $\varepsilon_2 = 0.75$，电子设备机箱盖喷涂料，其发射率 $\varepsilon_1 = 0.85$。求箱盖上的电子元件所能耗散的最大允许功率。

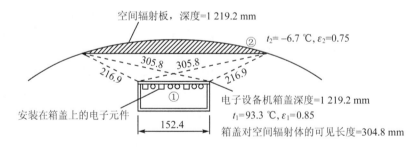

图7-7 安装在宇宙飞船内的电子设备机箱

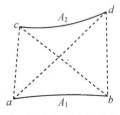

图7-8 两个表面之间的角系数

解： 图7-7中箱盖和空间辐射板之间的位置关系，可以抽象成图7-8中两个表面 A_1 和 A_2 之间的关系。根据角系数的相对性和完整性，可以推得图中 A_1 和 A_2 两个辐射表面间的角系数关系为

$$X_{1,2}（或\ X_{2,1}）= \frac{交叉线之和 - 非交叉线之和}{2 \times 表面1（或2）的断面长度} \tag{7-6}$$

这种方法又称为交叉线法。

由式(7-6)可得图7-7中箱盖与空间辐射板之间的角系数关系为

$$X_{1,2} = \frac{2 \times 0.305\,8 - 2 \times 0.216\,9}{2 \times 0.152\,4} = 0.583$$

$$X_{2,1} = \frac{2 \times 0.305\,8 - 2 \times 0.216\,9}{2 \times 0.304\,8} = 0.292$$

由表1-1查出综合发射率公式为

$$\varepsilon_s = \frac{1}{1/\varepsilon_1 + 1/\varepsilon_2 - 1} = \frac{1}{1/0.85 + 1/0.75 - 1} = 0.662$$

代入式(7-5)得辐射传热表面传热系数为

$$\alpha_r = \frac{5.67 X_{1,2} \varepsilon_s \{[(273 + t_1)/100]^4 - [(273 + t_2)/100]^4\}}{t_1 - t_2} =$$

$$\frac{5.67 \times 0.583 \times 0.662 \times \left[\left(\frac{93.3 + 273}{100}\right)^4 - \left(\frac{-6.7 + 273}{100}\right)^4\right]}{93.3 - (-6.7)} \text{ W/(m}^2 \cdot \text{K)} =$$

$$2.84 \text{ W/(m}^2 \cdot \text{K)}$$

代入式(7-4),求出辐射的最大传热量为

$$\Phi = \alpha_r A_1 (t_1 - t_2) =$$

$$2.84 \times (152.4 \times 1\,219.2 \times 10^{-6}) \times [93.3 - (-6.7)] \text{ W} =$$

$$52.8 \text{ W}$$

7.5 对流和辐射的综合传热

在许多电子设备的机箱中,辐射传热和对流(自然对流和强迫对流)传热同时发生。因此,可在式(1-8)和式(7-4)的基础上写出综合传热的关系式为

$$\Phi = (\alpha_r + \alpha_c) A \Delta t \qquad (7-7)$$

式中:α_c——对流换热表面传热系数,W/(m² · K);

α_r——辐射传热表面传热系数,W/(m² · K);

A——面积,m²;

Δt——表面与环境的温差,℃。

对于小型电子设备机箱,典型的 α_c 值约是 4.54 W/(m² · K),典型的 α_r 值约是 6.81 W/(m² · K),因此综合传热系数($\alpha_c + \alpha_r$)=11.35 W/(m² · K)。

例7-4 一个安装在飞机座舱内的电子设备机箱必须能在 15 000 m 的高空工作而无需增压室,机箱内的插入印制电路板靠传导方式把热量导向机箱侧壁进行冷却。再利用自然对流和辐射方式冷却机箱的外表面。舱内的最高温度是 37.8 ℃,机箱表面的最大允许温度是 60 ℃。因为顶盖和底盖是用几个小螺钉紧固在机箱上的,所以箱盖与机箱的接触较差,它们不是有效的传热表面,见图7-9。求在海平面和 15 000 m 高度两种情况下机箱到周围环境的传热量。机箱表面有涂覆层。

解:只有垂直的侧壁和端面的对流与辐射传热有效。这里不计顶盖和底盖的传热,这是因为箱盖与机箱接触不良。

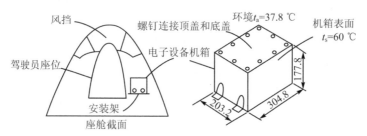

图 7-9 安装在飞机架上的电子设备

首先，求竖直侧壁和端面在海平面条件下的对流换热表面传热系数：

$$\alpha_c = 1.49 \left(\frac{\Delta t}{L} \right)^{0.25} \quad \text{（见表 5-2 中公式）}$$

已知：温差 $\Delta t = 60\ ℃ - 37.8\ ℃ = 22.2\ ℃$，垂直高度 $L = 177.8\ \text{mm}$，故

$$\alpha_c = 1.49 \left(\frac{22.2}{0.177\,8} \right)^{0.25} \text{W}/(\text{m}^2 \cdot \text{K}) = 4.981\ \text{W}/(\text{m}^2 \cdot \text{K})$$

其次，求辐射传热表面传热系数。假定有涂覆层的表面发射率为 0.9。电子设备机箱的角系数为 1.0。在散热环境温度为 37.8 ℃ 和温差 $\Delta t = 22.2\ ℃$ 的情况下，代入式（7-5）得

$$\alpha_r = \frac{5.67 X_{1,2} \varepsilon_s \{ [(t_1 + 273)/100]^4 - [(t_2 + 273)/100]^4 \}}{t_1 - t_2} =$$

$$\frac{5.67 \times 1.0 \times 0.9 \times \left[\left(\frac{60 + 273}{100} \right)^4 - \left(\frac{37.8 + 273}{100} \right)^4 \right]}{22.2} \text{W}/(\text{m}^2 \cdot \text{K}) =$$

$6.816\ \text{W}/(\text{m}^2 \cdot \text{K})$

有效的传热面积只是机箱的侧壁和端面，即

$$A = (2 \times 304.8 + 2 \times 203.2) \times 177.8 \times 10^{-6}\ \text{m}^2 = 0.180\,6\ \text{m}^2$$

将以上参数代入式（7-7），求出海平面条件下的传热量为

$$\Phi = (\alpha_c + \alpha_r) A \Delta t = (4.918 + 6.816) \times 0.180\,6 \times 22.2\ \text{W} = 47.04\ \text{W}$$

在 15 000 m 高度时，辐射特性只有少许变化，但是自然对流的特性［式（5-10）］变化较大（机箱的表面温度在高空稍有增加），即

$$\alpha_h = \alpha_0 \sqrt{\frac{p_h}{p_0}}$$

查大气参数表，得海平面大气压力 $p_0 = 101.325\ \text{kPa}$，15 000 m 高空的大气压力为 $p_h = 12.111\ \text{kPa}$，故得

$$\alpha_h = 4.98 \times \sqrt{\frac{12.111}{101.325}}\ \text{W}/(\text{m}^2 \cdot \text{K}) = 1.722\ \text{W}/(\text{m}^2 \cdot \text{K})$$

再用式（7-7）求出 15 000 m 高度上的传热量为

$$\Phi = (\alpha_h + \alpha_r) A \Delta t =$$

$$(1.722 + 6.816) \times 0.180\,6 \times 22.2\ \text{W} = 34.2\ \text{W}$$

结果证明，在 15 000 m 高度的散热量约减少 27%。

7.6 大型机柜内的密封组件

印制电路板常被密封在小的薄金属盒内，然后再把这些盒子装在大型机柜中，薄金属外壳

使射频干扰和电磁干扰减至最小,但它们也妨碍了任何形式的直接通风冷却。由元件产生的热量必须通过内部传导、对流和辐射的综合作用传到密封外壳的内壁,然后这些热量必须通过密封外壳的各壁以对流或某些辐射方式传递到外部环境,如图 7－10 所示。

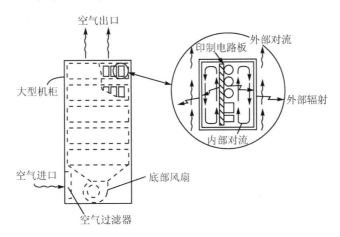

图 7－10　安装了多个封装有小型印制电路板金属盒的大型机柜

当印制电路板上的所有元件的高度大体相同时,可以把元件放在很靠近密封组件的侧壁上。这样,元件的热量便通过小空气隙靠传导和辐射传递,以利于更有效的冷却。但是,在大多数系统中元件的尺寸差别很大。当高元件靠近侧壁时,侧壁与矮小元件之间的空气隙很大。大空气隙将会增加矮小元件与侧壁之间的传导阻力,导致大的温升。此外,高元件还可能阻塞内部空气的对流通路,致使对流传热大大减少。因此,当印制电路板上的各种元件高度差别很大时,应保证最高元件与侧壁之间的空气隙为 19 mm 左右,从而保证在印制电路板密封外壳内除辐射传热外还可以进行对流散热。

如果空气隙小于 19 mm,将使内部自然对流散热量下降并引发热问题。测试数据表明,印制电路板元件和密封外壳内表面之间的空气隙若减小为 12.7 mm 左右,则内部自然对流换热表面传热系数可能减小 50%。

对密封外壳内部和外部建立对流和辐射热阻的数学模型如图 7－11 所示。辐射热阻和对流热阻用并联的形式表示,因为二者在同一节点间传热。由于通过 19 mm 空气隙的热传导很小,所以可以忽略不计。

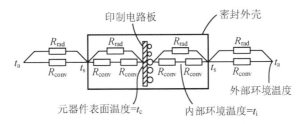

图 7－11　密封金属外壳内小型印制电路板的热阻网络数学模型

外壳内表面涂漆或铝表面阳极化(如果外壳是铝制的),可以增加印制电路板到外壳壁的辐射传热量。多数有机漆和任何有色涂料,包括亮漆,都将增加表面的发射率。

当密封组件相互靠近时,组件能彼此"相见",所以组件外部表面不会有有效的辐射传热。面向大型机柜侧壁的组件表面,存在着较大的辐射传热。因为机柜壁通常要比小型密封组件壁冷得多。

例 7 - 5 把印制电路板安装在密封金属外壳内，以便防止射频干扰。该密封外壳又安装在采用强迫对流冷却的大型机柜内。通过机柜的冷却空气平均速度约为 0.762 m/s，组件间距为 2.54 mm，每块组件的尺寸为高 127 mm、宽 139.7 mm、厚 38.1 mm，耗散功率为 4.0 W，如图 7 - 12 所示。在海平面条件下预计的冷却空气最高温度为 50 ℃，印制电路板外壳的内表面涂黑漆，以改善它的辐射传热。求印制电路板表面热点的近似温度和外壳表面的温度。

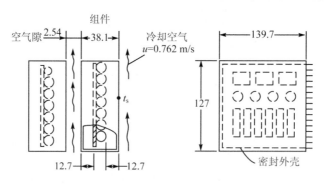

图 7 - 12　密封金属外壳内的印制电路板

解：由于密封金属外壳的外表面彼此接近，所以外部辐射冷却可以忽略不计。系统的数学模型如图 7 - 13 所示。为稳妥起见，假定全部热量只从密封外壳的一个表面散掉。这种假设使系统模型得到了简化。但这种假设成立的前提是，壳内印制电路板的背面铜线很少，或者有很少元件的引线穿过印制电路板焊接到背面。此时，印制电路板背面耗散的热量相当少。

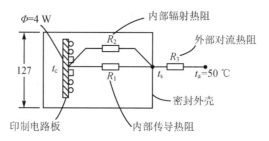

图 7 - 13　密封金属外壳内印制电路板的简化数学模型

首先确定外壳对流热阻 R_3（见图 7 - 13）。R_3 的值可以根据强迫对流换热系数 α_c 和外表面面积 A_s，由式（1 - 10）求得。下面先计算雷诺数（估计空气的平均温度为 54.5 ℃）。

已知：冷却空气速度 $u = 0.762$ m/s，2.54 mm 空气隙的当量直径为

$$d_e = \frac{2ab}{a+b} = \frac{2 \times 139.7 \times 2.54 \times 10^{-6}}{(139.7 + 2.54) \times 10^{-3}} \text{ mm} = 4.99 \text{ mm}$$

平均温度为 54.5 ℃ 的空气密度和动力黏度分别为 $\rho = 1.078$ kg/m³ 和 $\mu = 19.8 \times 10^{-6}$ Pa·s。

用以上参数求出雷诺数为

$$Re = \frac{u\rho d_e}{\mu} = \frac{0.762 \times 1.078 \times 4.99 \times 10^{-3}}{19.8 \times 10^{-6}} = 207$$

当通风道的长宽比大于 8 时，可以用表 5 - 4 中所列公式求出传热因子 j 为

$$j = \frac{6}{Re^{0.98}} = \frac{6}{207^{0.98}} = 0.032 \ 2$$

密封组件间的体积流量为

$$q_V = uA = 0.762 \times (139.7 \times 2.54 \times 10^{-6}) \ \text{m}^3/\text{s} = 2.7 \times 10^{-4} \ \text{m}^3/\text{s}$$

求出密封组件间的质量流量为

$$q_m = \rho q_V = 1.078 \times 2.7 \times 10^{-4} \ \text{kg/s} = 2.91 \times 10^{-4} \ \text{kg/s}$$

求出质量流速为

$$G = \frac{q_m}{A_c} = \frac{2.91 \times 10^{-4}}{139.9 \times 2.54 \times 10^{-6}} \ \text{kg/(m}^2 \cdot \text{s)} = 0.82 \ \text{kg/(m}^2 \cdot \text{s)}$$

用式(1-16)求对流换热系数。在 54.5 ℃条件下,空气的普朗特数 Pr 取为 0.7,比定压热容 c_p 取为 1 005 J/(kg·K),则

$$\alpha_c = jc_p GPr^{-2/3} = 0.032\ 2 \times 1\ 005 \times 0.82 \times (0.70^{-2/3}) \ \text{W/(m}^2 \cdot \text{K)} = 33.66 \ \text{W/(m}^2 \cdot \text{K)}$$

根据题中所给已知条件,表面积 $A_s = 127 \times 139.7 \times 10^{-6} \ \text{m}^2 = 17\ 741.9 \times 10^{-6} \ \text{m}^2$,由式(1-10)求出热阻 R_3 为

$$R_3 = \frac{1}{\alpha_c A_s} = \frac{1}{33.66 \times 17\ 741.9 \times 10^{-6}} \ \text{K/W} = 1.675 \ \text{K/W}$$

环境和外壳表面之间的强迫对流薄膜层温升可由式(1-9a)求得

$$\Delta t_3 = \Phi R_3 = 4 \times 1.675 \ ℃ = 6.7 \ ℃$$

求出密封外壳的表面温度 t_s(已知环境温度为 50 ℃)为

$$t_s = 50 \ ℃ + 6.7 \ ℃ = 56.7 \ ℃$$

为了确定 R_1 和 R_2 的值,必须假定从组件表面(t_s)到元件表面(t_c)的温升,然后比较假定值与计算值。如果二者的一致性较差,再用二次迭代进行修正。一般来说,二三次迭代就可得到良好的近似温升值。首先假定温升值为 22.2 ℃。

印制电路板电子元件和外壳内壁之间只有厚度为 12.7 mm 的空气隙,没有足够的空间形成充分对流。因此,要根据厚度为 12.7 mm 的空气隙的热传导求等效的对流换热表面传热系数 α_{AG}。取空气隙的平均温度为 65.5 ℃左右,则公式为

$$\alpha_{AG} = \frac{\lambda}{L}$$

查空气热物性表,得空气导热系数 $\lambda = 0.029\ 4 \ \text{W/(m} \cdot \text{K)}$,空气隙厚度 $L = 12.7 \ \text{mm} = 12.7 \times 10^{-3} \ \text{m}$,代入上式得

$$\alpha_{AG} = \frac{0.029\ 4}{12.7 \times 10^{-3}} \ \text{W/(m}^2 \cdot \text{K)} = 2.317 \ \text{W/(m}^2 \cdot \text{K)}$$

根据式(1-10),求内部等效对流热阻:

$$R_1 = \frac{1}{\alpha_{AG} A_s}$$

将 α_{AG} 和 $A_s = 12.7 \times 139.7 \times 10^{-6} \ \text{m}^2 = 0.017\ 7 \ \text{m}^2$ 代入,得

$$R_1 = \frac{1}{2.317 \times 0.017\ 7} \ \text{K/W} = 24.326 \ \text{K/W}$$

辐射传热系数 α_r 可由式(7-5)求得。取角系数为 1.0,发射率为 0.9,假定温升为 22.2 ℃,热接收体壁温前面已求得为 56.7 ℃。略去计算过程得 $\alpha_r = 7.95 \ \text{W/(m}^2 \cdot \text{K)}$。根据式(1-10),计算出辐射热阻 R_2 为

$$R_2 = \frac{1}{\alpha_r A_s} = \frac{1}{7.95 \times 0.017\ 7} \ \text{K/W} = 7.11 \ \text{K/W}$$

R_1 与 R_2 并联,根据并联电路电阻的计算公式,有

$$\frac{1}{R_c} = \frac{1}{R_1} + \frac{1}{R_2} = \frac{1}{24.326} + \frac{1}{7.11}$$

则 $R_c = 5.5$ K/W 由式(1-9a)计算出温升为

$$\Delta t_c = \Phi R_c = (4 \times 5.5)\ ℃ = 22\ ℃$$

原来假定的温升为 22.2 ℃,计算值是 22 ℃,其一致性很好,所以假定值是合适的。现在,计算出元件的表面温度为

$$t_c = t_s + \Delta t_c = 56.7\ ℃ + 22\ ℃ = 78.7\ ℃$$

上面求出的元件表面温度代表印制电路板中心的平均温度。印制电路板顶部的元件温度将比平均温度高几摄氏度,而印制电路板底部的元件温度则比平均温度低几摄氏度。

7.7 等效环境温度在可靠性预测中的应用

电子设备的零部件的可靠性故障率通常与元件工作的环境温度有关,例如 MIL-HDBK-217B 给出了各种元件故障率与环境温度的关系。

对于某个特定的元件,其结—壳温差(热阻)是一定的;在额定工作状态下,元件表面温度的变化是由于环境温度变化引起的,所以元件故障率与环境温度密切相关。可靠性工程师计算系统的故障率时通常需要与环境温度有关的数据。

采用传导冷却时,无法得到预测故障率用的实际工作环境的真实温度,只能根据元件的表面温度计算出等效的环境温度。对于一组给定的条件和特定的元件,可由元件的表面温度求出等效环境温度。当只知道元件的表面温度时,可以借助等效环境温度求出元件的故障率。

一个电子元件安放在试验箱内的受控环境中,元件到环境的传热方式为辐射和自然对流。元件制造者和元件测试工程师常用上述等效的方法确定元件所耗散的功率,以及各种环境温度条件下的故障率。

通常,印制电路板上元件的表面温度由测试数据给出,也可以通过计算求出。根据元件到周围环境的温升,用下式可得到这个元件的等效环境温度(这一环境温度会导致同样的元件表面温度):

$$t_s = t_a + \Delta t_{s\text{-}a} \tag{7-8}$$

式中:t_s——元件的表面温度;

t_a——环境温度;

$\Delta t_{s\text{-}a}$——元件表面到环境的温升。

从元件表面到环境的温升 $\Delta t_{s\text{-}a}$ 由下式求出:

$$\Delta t_{s\text{-}a} = \frac{\Phi}{(\alpha_c + \alpha_r)A} \tag{7-9}$$

由元件的物理特性可求出表面积、辐射传热表面传热系数以及自然对流换热表面传热系数等。但在大多数应用中,由于电器引线短,引线通过自然对流和辐射散失的热量甚微,因此计算中可忽略不计。

热辐射取决于元件表面的实际温度,但有时这个实际温度是未知的。在这种情况下,求解的方法是,首先假定辐射的温升值 Δt 和待求的自然对流换热表面传热系数,再根据自然对流换热表面传热系数计算 Δt 值,并与假定值进行比较。如果 Δt 不符合假定值,则加以修正,反

复多次,直至假定值 Δt 与计算值 Δt 比较一致为止。现用例题说明这种方法。

例 7-6 一个军用(MIL)1/4W RC07 型合成碳质电阻器如图 7-14 所示。把它安装在传导冷却的印制电路板上,耗散功率为 0.125 W。在工作环境中,电阻体上的小型热电偶指示出其表面温度为 100 ℃。可靠性工程师必须求出该电阻器的平均故障间隔时间 MTBF,只要有环境温度就可得到故障率数据。求出等效环境温度,在这一温度下的故障率将与元件的表面温度为 100 ℃时的一样。

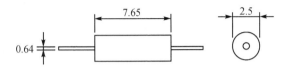

图 7-14 军用(MIL)1/4W RC07 型合成碳质电阻器

解:由于引线比电阻器体积小得多,所以不予考虑。假定把电阻器安放在有温控的试验箱内。对于图 7-14 中所示的在自由空气中的小型元件,可以在表 5-2 中选取公式

$$\alpha_c = 3.53 \left(\frac{\Delta t}{L} \right)^{0.25}$$

求出自然对流换热表面的传热系数。因为 Δt 是未知的,假定温升的初始值为 37.0 ℃。已知 $L = 2.5 \text{ mm} = 2.5 \times 10^{-3} \text{ m}$,代入上式可计算出自然对流换热表面传热系数为

$$\alpha_c = 3.53 \times \left(\frac{37.0}{2.5 \times 10^{-3}} \right)^{0.25} \text{ W/(m}^2 \cdot \text{K)} = 38.93 \text{ W/(m}^2 \cdot \text{K)}$$

箱内电阻的角系数为 1.0,电阻表面的发射率约为 0.9,四周的壁温与环境温度 t_a 相同,可由式(7-8)求出。已知:表面温度 $t_s = 100$ ℃,假定初始温升值 $\Delta t_{s-a} = 37.0$ ℃,则环境温度为

$$t_a = t_s - t_{s-a} = 100 \text{ ℃} - 37 \text{ ℃} = 63 \text{ ℃}$$

可由式(7-5)求得

$$\alpha_r = \frac{5.67 \times 1.0 \times 0.9 \times \left[\left(\frac{100+273}{100} \right)^4 - \left(\frac{63+273}{100} \right)^4 \right]}{37} \text{ W/(m}^2 \cdot \text{K)} = 9.12 \text{ W/(m}^2 \cdot \text{K)}$$

另外,已知:热流量 $\Phi = 0.125$ W,面积

$$A = 2 \times \pi/4 \times (2.5 \times 10^{-3})^2 \text{ m}^2 + \pi \times (2.5 \times 10^{-3}) \times (7.65 \times 10^{-3}) \text{ m}^2 = 69.9 \times 10^{-6} \text{ m}^2$$

代入式(7-9)可求出 Δt 为

$$\Delta t = \frac{\Phi}{(\alpha_c + \alpha_r)A} = \frac{0.125}{(38.93 + 9.12) \times 69.9 \times 10^{-6}} \text{ ℃} = 37.2 \text{ ℃}$$

计算值 $\Delta t = 37.2$ ℃接近假定值 37 ℃,所以假定值 Δt 是成立的。

用以预测可靠性的环境温度可由式(7-8)求出:

$$t_a = t_s - \Delta t_{s-a} = 100 \text{ ℃} - 37 \text{ ℃} = 63 \text{ ℃}$$

这意味着,当 RC07 型电阻处在温度为 63 ℃的环境中,耗散功率为 0.125 W 时,其表面温度为 100 ℃。可以根据工作环境温度 63 ℃预测可靠性故障率。

7.8 扩大表面积以提高有效发射率

扩大表面积,如增加散热片,常用来改变电子设备的传热特性。在对流换热的情况下,因

为散热直接与散热片的表面积有关,故增加散热片可显著提高对流换热量。在辐射换热的情况下,散热与散热片的投影面积和发射表面的发射特性有关。

粗糙表面的发射率比同样面积的光滑表面的高,带散热片表面的发射率比同样面积但不带散热片的高。这两种情况下发射率的增加是由于它们的表面有许多小空腔,这些小空腔有点像许多单独的小黑体在起作用。

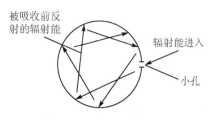

图 7-15　用具有小孔的空心球代表黑体

理想黑体应 100%地吸收它所接收的能量,而没有任何能量反射。常用具有小孔的空心球来代表黑体,能量进入小孔内并投射到对面的壁上,一部分能量被吸收,另一部分能量被反射。反射能量又投射到对面的壁上,在那里又有一部分能量被吸收,另一部分能量被反射。这个过程一直持续进行下去,直至能量全部被吸收,如图 7-15 所示。

带有散热片的表面对辐射传热的作用类似于空腔的情况,较厚的散热片与较薄的散热片相比,前者的发射率高。如果已知平板的表面发射率,可以用图 7-16 近似表示带散热片表面的发射率。

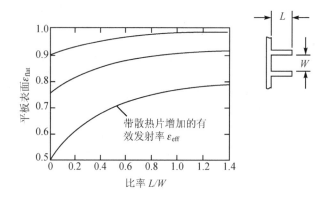

图 7-16　带散热片的表面可以提高表面发射率

设散热片的高度为 L、散热片的间距为 W。图 7-16 表明,对于低发射率的表面,当比值 $L/W > 1.0$ 时,带散热片表面的发射率可以显著提高,其表达式为

$$\varepsilon_{eff} = \varepsilon_{flat} + \left(\frac{1 - \varepsilon_{flat}}{2}\right) \tag{7-10}$$

当 $\varepsilon_{eff} = 0.5$ 时,若比值 $L/W = 1.0$,则有效发射率 ε_{eff} 变为

$$\varepsilon_{eff} = 0.5 + \frac{1 - 0.5}{2} = 0.75 \quad (近似)$$

7.9　可展开式热辐射器在航天器上的应用

从传热学角度讲,宇宙空间是温度为绝对零度的巨大热沉,航天器上的废热通过其表面可以方便地辐射到空间。随着航天器功率的逐渐增大,有越来越多的废热需要通过辐射向空间散热,由于航天器表面积有限,不能提供足够的面积用于散热。为此,需要制作向外延伸的辐射板来扩大散热面积,但这势必会增大发射状态的体积。为适应航天器技术发展的需要,人们

研究出一种航天器发射状态时收拢,入轨后展开的热辐射器,即可展开式热辐射器。

事实上,可展开式热辐射器早在 20 世纪七八十年代就开始研究了,当时因卫星的功率还不是很高,可展开式热辐射器主要是解决空间站、航天飞机等载人航天器的散热问题。散热能力要求较大,一般按 10 kW 左右设计,传热采用机械泵驱动的流体回路,采用多板折叠式,配有较为复杂的驱动机构,可实现辐射板的展开与回收。如现在运行的国际空间站就采用两组共 6 套可展、可收的热辐射器(见图 7-17),总有效辐射面积(双面)为 837.2 m^2,采用液氨作为冷却工质,每套辐射器上有用泵驱动相互独立的两套液氨回路系统,可满足 70 kW 的热辐射要求。

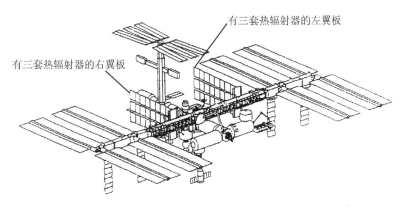

图 7-17　ALPHA 国际空间站

进入 20 世纪 90 年代以来,卫星特别是通信卫星的功率显著增加,同样需要利用可展开式热辐射器来增加散热面积,美国、俄罗斯、欧联和日本等国的一些航天机构相继在一些新立项的卫星上开始使用可展开式热辐射器(见图 7-18 和图 7-19)。中国空间技术研究院研制的东方红四号新一代通信卫星平台用于大功率通信和广播卫星时,整星电功率可达 10~12 kW,其中需通过表面热辐射器耗散的热量高达 5~6 kW。在卫星横向尺寸受火箭整流罩限制不能增加,且卫星高度也不可能随整星功率增大而任意增高的情况下,只能采用可展开式热辐射器增大散热面积。

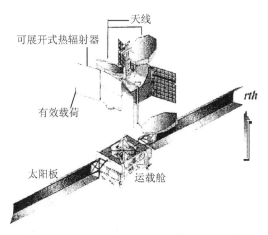

图 7-18　702 平台(HUGHES,1999 年发射)

辐射器可展,对机构和传热提出了新的要求。从机构上,要求有铰链机构、发射时的锁定装置、展开时的解锁装置、展开驱动机构及展开后的锁定装置。从传热的角度上,需要有可活

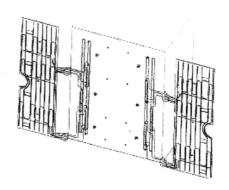

图 7 - 19　Alcatel 的 1 200 W 可展开式热辐射器

动的传热关节（Moveable Thermal Joint）简称"热关节"。活动热关节是可展开式热辐射器的关键部分,对它的基本要求是传热能力大,热阻小,展开力矩小,质量轻,寿命长。也就是说,由星体向辐射板传热的装置必须满足展开运动的要求。

与空间站等大型载人航天器相比,卫星用可展开式热辐射器具有以下特点：

① 散热能力一般为 500～2 000 W,采用单板式,若要求散热量大,可布置多个辐射器。

② 体积小,质量轻（20 kg/kW 以下）,结构简单,机械运动部件少或没有,尽量全部采用被动散热和调节方式。

③ 便于安装,最好不必太多修改现有卫星平台即可安装。

④ 启动、运行可靠,寿命长（10～15 年）,不需要在轨调试维修。

思考题与习题

7 - 1　什么叫黑体？为什么说温度均匀的空心球壁面上的小孔具有黑体辐射特性？

7 - 2　为什么说辐射是一种表面现象？发射率与物体表面的哪些因素有关？

7 - 3　试述在不同光谱区时物体颜色影响其吸收比和发射率的情况。

7 - 4　对于一般物体,吸收比等于发射率在什么条件下才成立？

7 - 5　为什么说一般情况下,相邻印制电路板元件之间由辐射而散失的热量很少？

7 - 6　物体在宇宙空间接收的辐射能量主要来自于哪几方面？

7 - 7　试述在宇宙空间的物体的阳光吸收比 α_s 与红外线发射率 ε 之比,即 α_s/ε 对其稳态温度的影响。

7 - 8　有一水平放置的正方形太阳能集热器,边长为 1. 1 m,吸热表面的发射率 $\varepsilon = 0. 2$,对太阳能的吸收比 $\alpha_s = 0. 9$。当太阳的辐射照度 $q_s = 800$ W/m² 时,测得集热器吸热表面的温度为 90 ℃。此时环境温度为 30 ℃,天空可视为 23 K 的黑体。试确定此集热器的效率。设吸热表面直接暴露于空气中,其上无夹层（集热器效率定义为集热器所吸收的太阳辐射能与太阳辐射照度之比）。

7 - 9　一空间飞行器的散热装置向 0 K 的环境通过辐射排散飞行器运行中内部产生的热量。如果该散热表面的最高允许温度为 2 500 K,发射率 $\varepsilon = 0. 8$,试确定所允许的最大散热功率。

7 - 10　如图 7 - 20 所示为装在某种规格壳体中的双极型场效应晶体管开关,其耗散功率为 0.150 W,安装在电子设备机箱内的一块印制电路板上。机箱壁有涂覆层,温度为 85 ℃,允许的最大结点温度是 150 ℃。场效应管的结点到壳体的热阻 R_{jc} 为 27.3 K/W(制造厂额定值)。开关的壳体为铁制抛光,其壳体到机箱壁的角系数 $X_{1,2}$ 估计为 0.8 左右,已知裸铁壳开关的发射率 $\varepsilon_1 = 0.24$,带涂层机箱壁的发射率 $\varepsilon_2 = 0.84$。机箱是密封的,所以自然对流和传导传热可忽略不计,确定设计是否满足要求。

　　7 - 11　宇宙飞船上的一肋片散热结构如图 7 - 21 所示。肋片的排数很多,在垂直于纸面的方向上可视为无限长。已知肋根温度为 330 K,肋片相当薄,且肋片材料的导热系数很大,环境是 0 K 的宇宙空间,肋片表面发射率 $\varepsilon = 0.83$。试计算肋片单位面积上的净辐射散热量。

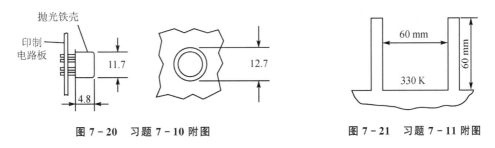

图 7 - 20　习题 7 - 10 附图　　　　图 7 - 21　习题 7 - 11 附图

　　7 - 12　为防止电磁干扰,把一块印制电路板安装在金属盒内,该金属盒又安装在采用强迫对流冷却的大型机柜内。假设盒内印刷电路板背面有较多的铜导线,并且有较多元件引线穿过印制电路板焊到背面,即必须考虑印制电路板背面的耗散热量。试画出该印制电路板的热阻网络图。

第8章 电子设备的相变冷却

相变传热的冷剂与前述传热方式相比要复杂得多,相变包括下述过程:

固体转变为液体——熔化或融化;

液体转变为气体——蒸发或沸腾;

气体转变为液体——凝结;

液体转变为固体——结晶或凝固;

固体转变为气体——升华;

气体转变为固体——沉积。

由于这些过程都涉及流体介质,通常把它们归到对流换热过程进行研究。除了对流换热过程用到的参数外,还必须增加如下变量:表面张力 σ;环境压力 p;汽化潜热或焓 r_{fg};凝固潜热 r_{fs};升华潜热 r_{sg}。潜热是指单位质量物质由一种相状态转变为另一种相状态时所需要的热量。当气泡产生时,由于气液之间密度差的存在,会产生浮升力。另外,相变过程中介质的温度往往保持不变。事实上,是在很小的温度变化范围内,可以得到大量的传热量(相变潜热)。此外,与自然对流或强迫对流相比,增加温差可能导致相变传热系数的减小。由于影响相变传热的因数较多,没有精确的通用方程或关联式可用。而可用的方程中大多数都包括一些经验值,这些值随着表面特性而改变,必须由实验来确定。在没有实验修正的情况下,这些关联式的精度为 $\pm50\%$。

虽然相变传热还没有广泛应用于电子设备散热,但随着元件热流密度的增大,高效的冷却技术将由空气冷却向液体冷却和相变冷却发展。

8.1 相变参数的定义

本节介绍几个相变参数的定义。

1. 蒸发压力

在温度高于绝对零度时,液体中的分子总是处于不断的运动中。其中,有些分子的速度高于平均速度。如果这些高速运动的分子具有的能量大于吸附力,分子会从液体表面"逃逸"。这个过程就是蒸发。由于这些逃逸分子包含的能量高于其他留下的分子,故总能量的减少将使液体变冷。

如果液体在封闭的空间,则逃逸的分子将充满该封闭空间。一些逃逸的液体分子甚至会重新进入液体。最终,从液体中逃逸的分子数与重新进入液体的分子数会达到平衡。此时,称封闭空间的气体为饱和蒸气。蒸气分子作用于封闭腔壁的压力称为饱和蒸气压力。如果增加封闭腔的压力,或者减小封闭腔体积,蒸气中将包含更多的液体分子,此时的蒸气称为过饱和蒸气。过饱和的状态只是暂时的。

2. 相 变

以上讨论了液体到气体的相变过程。如果上述封闭腔的壁面突然变冷,将使蒸气再次处于过饱和状态。液体分子随机的移动与冷壁面发生碰撞将使它们由气态重新变为液态,这个过程即为凝结,即由气体到液体的相变。水由固态冰融化为液态水的过程即是相变过程。

物质由固态直接变到气态的过程称为升华。与升华相反的过程称为沉积。该过程中气体直接转变为固体。

三相点是指在一定温度和压力条件下,物质能够以固、液、气三相同时存在的状态。水在610.6 Pa 时的三相点温度为 0.01 ℃。升华点是在一定温度和压力下,物质固、气共存的状态。临界点是指某一特定温度下,任何压力都不可能使气体液化。当气体分子运动速度很高以致内聚力不足以形成表面时将会发生这种现象。

图 8-1 所示为水的相图,图中,A 为三相点,B 为临界点,AB 为气液共存线,AC 为固液共存线,AD 为固气共存线。标准大气压为 101 325 Pa(760 mmHg)。沿着 101 325 Pa 压力线,可以看到水在 0 ℃ 由固体变为液体,由液体变为气体的温度为 100 ℃。升华曲线为 efg,在该曲线上固体可直接变为气体,而不需要先变为液体。B 点温度为 374 ℃,在 B 点及温度高于 B 点时,在任何压力下,水都不能液化。该点称为临界温度,此时气体分子以高速运动以致内聚力无法形成表面。从学术上讲,当超过临界点后蒸气即称为气体。

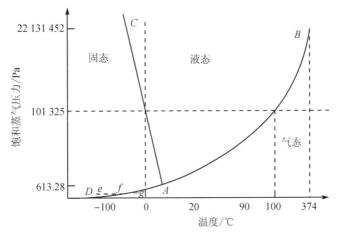

图 8-1　水的相图

如前所述,当蒸气压力低于饱和压力时,液体将会蒸发。饱和压力随着温度的升高而增加。如果饱和压力等于环境压力,液体将全部形成气泡并沸腾。

3. 潜　热

当物体吸收能量时,温度就会上升,这可用物体的比热容来描述。这种温度上升时吸收的热称为显热。另一种形式的热称为潜热,这时物体吸收热能,其相态发生变化但温度不上升。由于气体分子间的距离比液体分子间的距离要大,所以汽化潜热大于熔化潜热。

8.2　相变传热的基础理论

8.2.1　液体的沸腾方式

1. 沸腾和凝结过程的量纲一的量

研究沸腾和凝结过程常用到两个量纲一的量:雅可比(Ja)数和波德(Bond)数。在沸腾过程中,雅可比(Ja)数为液体吸收的最大显热与蒸气吸收的汽化潜热之比,凝结过程则相反。雅可比数也可以用温差的形式来描述,即

$$Ja = \frac{c_p(t_s - t_{sat})}{r_{fg}} \tag{8-1}$$

该量纲一的量反映了相变过程的传热特性。通常 Ja 都很小。如,令 t_s 为冰块表面液体的温度,t_i 为冰块内部温度。假设冰块内部与液体表面的温差为 10 ℃,则 $Ja = 0.58$。波德(Bond)数为浮升力与表面张力的比值。

2. 液体的沸腾传热类型

当壁面温度 t_w 超过液体饱和温度 t_{sat} 时,液体将沸腾。沸腾过程由加热壁传递给液体的热量可由下式表示:

$$q = \alpha_b(t_w - t_{sat}) = \alpha_b \Delta t \tag{8-2}$$

式中:q——热流密度,W/m^2;

　　　α_b——沸腾换热表面传热系数,W/(m^2·K);

　　　Δt——壁面过热度,即加热壁面与液体饱和温度间的温差,℃。

由经验可知,液体中产生气泡是沸腾过程的特征。气泡自壁面向表面的运动引起流体的流动,产生对流。

沸腾传热包括两种基本类型:一种是池沸腾,即发生在静止液体中的沸腾;另一种是流动沸腾,即发生在液体以一定速度运动中的沸腾。在没有可见气泡时,这两个过程中都可能发生沸腾,称为过冷沸腾。此时,液体温度低于饱和温度。过冷沸腾中,气泡在壁面的过热液体中产生,在气泡长大到进入主体过冷液体中时被冷却重新凝结。当蒸气进入过冷液体时,向液体散热同时气泡本身破裂。图 8-2 所示为过冷沸腾液体中气泡从产生到破裂的过程。饱和沸腾是最熟悉的类型:液体温度超过饱和温度,气泡形成并上升到液体表面。

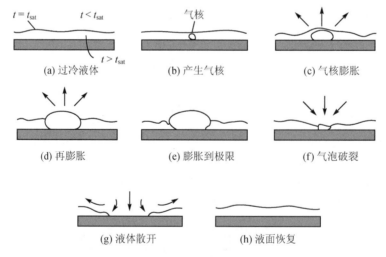

图 8-2　过冷沸腾液体中气泡从产生到破裂的过程

气泡产生是饱和沸腾的重要特征。在加热表面微观不平整区域(称汽化核心)首先形成单个气泡。气泡生长到一定程度会脱离加热面,到达液体表面。热流密度高时,气泡产生、脱离、再产生的速度很快,从而可大大加快液体与加热壁面的换热。

饱和池沸腾如图 8-3 所示。沸腾过程除加热面上的液体外,液体的温度几乎为常数。靠

近加热面,液体的温度急剧上升。

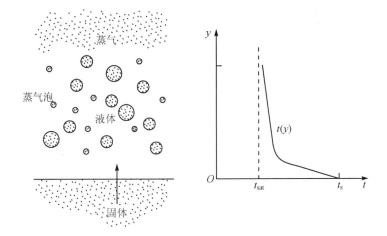

图 8 - 3　饱和池沸腾时固体加热面和沸腾液体的温度曲线

8.2.2　池沸腾曲线

沸腾传热时,热流密度 q 与加热表面和液体饱和温度间的温差 $\Delta t = t_s - t_{sat}$ 之间的变化关系曲线称为沸腾曲线。图 8 - 4 所示的沸腾曲线即表示水在一个大气压下由加热器加热时 q 与 Δt 的变化关系。对于不同压力下的不同流体,沸腾曲线的趋势是相似的。图中, $\Delta t < \Delta t_A$ 的区域称为自然对流沸腾区。在该区域内,由于壁面热流密度小,不能产生足够的蒸气与液体接触,所以不能形成气泡,流体的流动靠自然对流。当加热面产生单个的气泡并上升到液体表面时,则出现核态沸腾。起始沸腾点即曲线上的 A 点。从 A 点到 B 点,是沸腾的开始阶段。此时加热面上的气泡彼此互不干扰,故称曲线 AB 为孤立气泡区。当加热面温度继续升高时,气泡以更快的速度产生,将会形成蒸气柱。该区域由图中的曲线

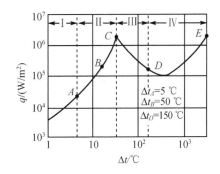

图 8 - 4　沸腾曲线

BC 表示。核态沸腾出现的温度范围是 $\Delta t_A < \Delta t < \Delta t_C$。 Δt_C 约为 30 ℃,这是大多数传热工作中使用的范围,因为在这个区域,气泡的扰动剧烈,换热系数和热流密度都急剧增大,在温度保持不变的情况下,大量的热可以被散掉。 C 点表示最大传热系数点,理想情况下设备应该运行在该点。对于水,在这个工作区域对流传热系数可以达到 10^4 W/(m² · K)。

$\Delta t_C < \Delta t < \Delta t_D$ 的区域称为过渡沸腾、部分膜态沸腾或者不稳定膜态沸腾区, Δt_C 约为 120 ℃。在前述的几个阶段中,当气泡离开加热面后,液体重新覆盖了加热面直到新的气泡产生。而过渡沸腾阶段,新气泡在液体还未重新覆盖加热面时就会产生,从而在加热面形成了连续的蒸气膜。整个加热面在液体和蒸气间波动。随着 Δt 的增加,加热面更多的部分被蒸气膜层覆盖。由于蒸气膜层的导热系数远低于液体膜层,所以 α_c 减小,从而 q 也减小。

$\Delta t > \Delta t_D$ 的区域称为膜态沸腾区。沸腾曲线的 D 点称为莱顿弗罗斯特(Leidenfrost)点。1756 年,莱顿弗罗斯特注意到将水滴放在加热面上时,水滴在蒸气膜层的上部沿加热面快速掠过。我们知道,在过渡沸腾阶段,随着 Δt 的增加,加热面越来越多的部分被蒸气膜层所覆

盖。达到莱顿弗罗斯特点时,整个加热面被蒸气膜层所覆盖,热流达到最小,$q_D = q_{min}$。在膜态沸腾阶段,热量只能通过蒸气膜层的导热进行传输。超过莱顿弗罗斯特点后,加热面通过蒸气膜层向液体的辐射传热越来越大,热流密度随着 Δt 的增加而增大。

研究者已对 C 点后的区域进行了实验研究,但在实际工程应用中这个区域是很难控制的。C 点之后热流密度的增大会使温度大幅上升。温度的急剧上升可能会导致加热面破坏。为此,C 点也称为烧毁点,或更普遍地称为临界热流密度点 CHF(Critical Heat Flux)。

8.2.3 池沸腾关联式

基于池沸腾曲线,研究者拟合了许多关联式来解释池沸腾现象。在 Δt_A 点之前,努塞尔数 Nu 的计算可以使用标准自然对流关联式。在核态沸腾区,这时 $\Delta t_A < \Delta t < \Delta t_C$,$\Delta t_C$ 约为 30 ℃,Nu 主要受气泡生成速率的影响。虽然没有精确的数学模型来描述这个现象,Yamagata 等人采用以下关联式来分析汽化核心对核态沸腾热流密度的影响:

$$q = C\Delta t^a n^b \tag{8-3}$$

式中:q——表面热流密度,W/m^2;

　　　C——依赖于液体与加热表面的常数;

　　　Δt——壁面过热度($\Delta t = t_s - t_{sat}$),℃;

　　　a——常数,$a \approx 1.2$;

　　　n——汽化核心密度($\propto \Delta t^6$),N/m^2;

　　　b——常数,$b \approx 1/3$。

Rohsenow 关联式是最常用的关联式,即

$$q = \mu_1 r_{fg}\left[\frac{g(\rho_1 - \rho_v)}{\sigma}\right]^{0.5}\left(\frac{c_{p,1}\Delta t}{C_{wf} r_{fg} Pr_1^n}\right)^3 \tag{8-4}$$

式中:μ——动力黏度,$Pa \cdot s$;

　　　r_{fg}——汽化潜热,J/kg;

　　　g——重力加速度,$g = 9.806\ m/s^2$;

　　　ρ——密度,kg/m^3;

　　　σ——表面张力,N/m;

　　　c_p——比定压热容,$J/(kg \cdot K)$;

　　　C_{wf}——液体/加热面组合特性系数;

　　　Pr——普朗特数,$Pr = c_p\mu/k$;

　　　n——液体经验指数,对于水,$n = 1$,对于其他液体,$n = 1.7$。

下标:v——气相;

　　　l——液相。

图 8-5 为采用 Rohsenow 方法关联的水在不同压力下的池沸腾实验数据。

Collier 推荐了如下比 Rohsenow 关联式更为简单的关联式:

$$q = 0.000\ 481\Delta t^{3.33} p_{cr}^{2.3}\left[1.8\left(\frac{p}{p_{cr}}\right)^{0.17} + 4\left(\frac{p}{p_{cr}}\right)^{1.2} + 10\left(\frac{p}{p_{cr}}\right)^{10}\right]^{3.33} \tag{8-5}$$

式中:Δt——过热度,℃;

　　　p_{cr}——临界压力,大气压力(101 325 Pa);

　　　p——工作压力,大气压力(101 325 Pa)。

将 Rohsenow 关联式予以变换可整理得到用雅可比数 Ja 表示的努塞尔数 Nu,即

$$Nu = \frac{\left[\dfrac{c_{p,1}(t_w - t_{sat})}{r_{fg}}\right]^2}{C_{wf}^3 Pr_1^m} = \frac{Ja^2}{C_{wf}^3 Pr_1^m} \tag{8-6}$$

式中:对水指数 $m = 2.0$,对其他液体指数 $m = 4.1$。

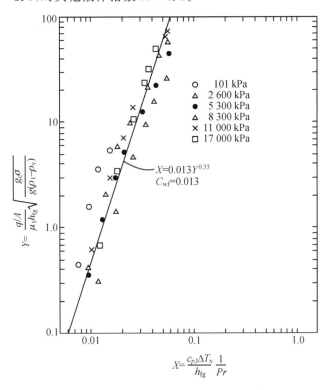

图 8 - 5　Rohsenow 关联式得到的水沸腾曲线

Danielson 等报道了 C_{wf} 的一系列值。当实验值未知时,可以认为 C_{wf} 约为 0.013。Hetsroni 报道,该值可以关联范围很大的实验数据,误差在 20% 以内。影响 C_{wf} 的最重要的变量是加热面的表面粗糙度以及蒸气泡与加热表面的接触角。表面粗糙度影响成核位置,接触角是加热表面润湿性的一种度量。接触角小,意味着浸润面有较大的润湿性。总浸润表面蒸气量越小,则传热系数越大。液体/加热面组合特性系数 C_{wf} 的值如表 8-1 所列。

表 8 - 1　液体/加热面组合特性系数 C_{wf}

液体/加热面组合	C_{wf}	液体/加热面组合	C_{wf}
苯-铬	0.01	水-黄铜	0.006
四氯化碳-铜	0.013	水-铜	0.013
四氯化碳-抛光铜	0.007	水-有刻纹铜	0.006 8
乙醇-铬	0.002 7	水-抛光铜	0.013
异丙醇-铜	0.002 3	水-镍	0.006
n—戊烷-铬	0.015	水-化学腐蚀的不锈钢	0.013 3
n—戊烷-抛光铜	0.015 4	水-机械抛光的不锈钢	0.013 2
n—戊烷-研磨铜	0.004 9	水-磨光并抛光的不锈钢	0.008

表 8-2 列出了常用电子设备核态沸腾冷剂的重要热物性参数。

表 8-2 常用沸腾冷剂的热物性参数(101 325 Pa)

冷 剂	FC-72	FC-77	FC-84	FC-87	L-1402	R-12	R-113	水
沸点/℃	52.0	100.0	83.0	30.0	51.0	−30.0	48.0	100.0
液体密度/(kg·m^{-3})	1 592	1 590	1 575	1 633	1 635	1 487	1 511	958.0
蒸气密度/(kg·m^{-3})	12.68	14.31	13.28	11.58	11.25	6.34	7.40	0.59
动力黏度 μ/(Pa·s)	0.000 45	0.000 45	0.000 42	0.000 42	0.000 52	0.000 36	0.000 50	0.000 27
比定压热容/(J·(kg·K)$^{-1}$)	1 088	1 172	1 130	1 088	1 059	—	979	4 184
汽化潜热/(J·kg^{-1})	87 927	83 740	79 533	87 927	104 675	165 065	146 824	2 257 044
导热系数/(W·(m·K)$^{-1}$)	0.054 5	0.057	0.053 3	0.055 1	0.059 6	0.090 0	0.070 2	0.68 3
表面张力/(N·m^{-1})	0.008 5	0.008 0	0.007 7	0.008 9	0.010 9	0.011 8	0.014 7	0.058 9
膨胀系数 /(K^{-1})	0.001 6	0.001 4	0.001 5	0.001 6	0.001 6	—	0.001 7	0.000 2

按照对流换热的牛顿冷却公式,沸腾换热量为

$$\Phi = \alpha_b A \Delta t \tag{8-7}$$

式中:α_b——沸腾换热表面传热系数,W/(m^2·K);

Δt——加热壁面与液体饱和温度间的温差,$\Delta t = t_w - t_{sat}$,℃。

沸腾换热表面传热系数 α_b 与工质的种类、加热壁面和液体饱和温度间的温差等诸多因素有关。水在池内核态沸腾区换热系数的计算关系见表 8-3。

表 8-3 水在池内核态沸腾的表面传热系数

沸腾换热表面传热系数 $\alpha_b = C\cdot(\Delta t)^n(p/p_a)^{0.4}$, W/(m^2·K)			
$\Delta t = t_w - t_{sat}$;p——系统压力;p_a——大气压力			
表面位置	适用范围	C	n
水平表面	$q < 15.8$ kW/m^2	1 040	1/3
	15.8 kW/m$^2 < q < 236$ kW/m^2	5.56	3
竖直表面	$q < 3.15$ kW/m^2	539	1/7
	3.15 kW/m$^2 < q < 63.1$ kW/m^2	7.95	3

池内饱和沸腾时,竖直加热表面上的最大临界热流密度计算式为

$$q_{max,z} = \frac{\pi}{24} r_{fg} \rho_v^{1.2} [\sigma g (\rho_1 - \rho_v)]^{1/4} \tag{8-8}$$

式中:r_{fg}——汽化潜热,J/kg;

ρ_1——液体密度,kg/m^3;

ρ_v——蒸气密度,kg/m^3;

σ——液—气表面张力,N/m;

g——重力加速度,m/s^2。

其他形状加热表面上最大临界热流密度的计算式见表 8-4。

表 8 - 4　池内饱和沸腾时,不同形状加热面上最大临界热流密度计算公式

加热面形状	计算公式	无因次特征尺寸 $L_c = l\left[g(\rho_1 - \rho_v)/\sigma\right]$
水平放置的大平板	$q_{max} = 1.14 q_{max,z}$	$L_c > 2.7$, l——板宽或圆板直径
水平放置的小平板	$q_{max} = 1.14 \dfrac{A}{\lambda_d} q_{max,z}$	A——板受热面积, $\lambda_d = 2\pi\sqrt{3}\left[\dfrac{\sigma}{g(\rho_1 - \rho_v)}\right]^{1/2}$
水平圆柱	$q_{max} = \left[0.80 + 2.27\exp(-0.14\sqrt{L_c})\right]q_{max,z}$	$L_c \geq 0.15$, l——圆柱半径
大直径球体	$q_{max} = 0.84 q_{max,z}$	$L_c \geq 4.26$, l——球半径
小直径球体	$q_{max} = 1.734 q_{max,z}/\sqrt{L_c}$	$0.15 \leq L_c \leq 4.26$, l——球半径
任意截面的细柱体	$q_{max} = 1.4 q_{max,z}/L_c^{0.25}$	$0.15 \leq L_c \leq 5.86$, l——横向尺寸

8.2.4　流动沸腾

强迫对流沸腾中,流体运动是靠外力来驱动的,如泵。与对流换热类似,流动也可分为两种:外流和内流。电子设备冷却中,外流通常发生在大的封闭发热元件的表面;内流发生在管路或槽道中,由于流体部分是液体,部分是蒸气,故需对其进行综合分析。池沸腾中,过热度是一个问题。过热度是由液体到沸腾的初始阻力。在实际核态沸腾发生之前,加热面温度可高于正常沸点温度约 30 ℃。在强迫对流沸腾中不存在这个问题。

两相流中,经常用到的一个参数是干度 χ。蒸气的干度为蒸气的质量流量与总质量流量之比,即

$$\chi = \frac{q_{mv}}{q_{mv} + q_{ml}} \tag{8-9}$$

式中:q_{mv}——蒸气的质量流量,kg/s;

　　　q_{ml}——液体的质量流量,kg/s。

两相内流中,经常用到的另一个参数为质量流速 G,即单位面积的质量流量。质量流速可进一步分为蒸气质量流速 G_v 和液体质量流速 G_1。

这里,$G_v = \dfrac{q_{mv}}{A_c}$,$G_1 = \dfrac{q_{ml}}{A_c}$。

1. 外部强迫对流

电子设备冷却中,外流通常是一种相对的说法,流动在发热元件的外部,但也还是在管道中。这种流动中的压降仍处在研究中。已有一些关联式,但其应用范围都很狭窄,对工程设计几乎没有指导作用。在这种直接流过发热元件的管道流中,工程师需要建立比例模型来确定压降。

在沸腾开始之前,可以使用标准强迫对流的关联式,同时注意单相中温度对物性的影响。强迫对流沸腾中最大热流密度将大幅增加。研究人员已有的记录达到 35 MW/m² 。Lienhard 和 Eichhorn 采用韦伯(Weber)数建立了最大热流密度关联式,韦伯数与雷诺数类似。它们的关联式误差约 20%。韦伯数 We 为惯性力与表面张力之比,即

$$We = \frac{\rho_v u^2 D}{\sigma} \tag{8-10}$$

液体低速横掠热圆柱面时,临界热流密度可由下式估算:

$$q_{max} = \rho_v r_{fg} u \frac{1}{\pi} \left[1 + \left(\frac{4}{We_D} \right)^{1/3} \right] \tag{8-11}$$

式中,低速由下式确定:

$$\left(\frac{q_{max}}{\rho_v r_{fg} u} \right) < \left[\frac{0.275}{\pi} \left(\frac{\rho_1}{\rho_v} \right)^{0.5} + 1 \right]$$

液体高速横掠热圆柱面时,临界热流密度由下式估算:

$$q_{max} = \rho_v r_{fg} u \left[\frac{\left(\frac{\rho_1}{\rho_v} \right)^{0.75}}{169\pi} + \frac{\left(\frac{\rho_1}{\rho_v} \right)^{0.5}}{19.2\pi We_D^{1/3}} \right] \tag{8-12}$$

式中,高速由下式确定:

$$\left(\frac{q_{max}}{\rho_v r_{fg} u} \right) > \left[\frac{0.275}{\pi} \left(\frac{\rho_1}{\rho_v} \right)^{0.5} + 1 \right]$$

2. 内部强迫对流沸腾

管道中的强迫对流沸腾是很复杂的。研究人员把竖直管道中的对流沸腾传热分为六个区。这六个区可能互相混合,没有明确的定义。

竖直管中两相流的分区大致如图8-6所示。液体流入表面温度高于饱和温度的管道时,首先被加热到饱和温度,开始核态沸腾。当核态沸腾开始时,流动由单相液体流动(模式1)进入两相泡状流(模式2),流体中包括液体和蒸气泡。随着流体温度的上升,蒸气泡合并为更大的蒸气泡,称为块状流(模式3)。乳泡沫流(模式4)是高度不规则和不稳定的流动,流动中大的气泡不断破裂又不断合并。管道的上部会出现环形流(模式5)。环形流发生时与壁面接触的只有液体,管道中央部分是液雾与蒸气混合形成的气芯。再往上,流体包括纯蒸气和液雾(液相以液滴状态弥散在气流中)称为弥散流或雾状流(模式6),直到最后液雾蒸发,工质仅以单相蒸气形式存在(模式7)。

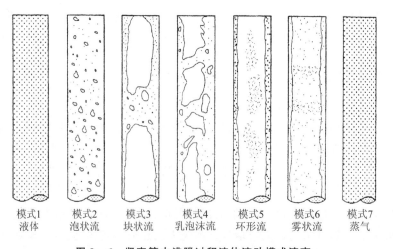

| 模式1 | 模式2 | 模式3 | 模式4 | 模式5 | 模式6 | 模式7 |
| 液体 | 泡状流 | 块状流 | 乳泡沫流 | 环形流 | 雾状流 | 蒸气 |

图8-6 竖直管内沸腾过程流体流动模式演变

水平管道中存在相同的传热模式,但由于重力和浮力效应,会引起相分布不对称性和层状流动。在波状或环状流区,管道上部可能会发生间歇性干涸和润湿,不仅影响传热特征,还可能使临界热流现象提早出现,如图 8-7 所示。

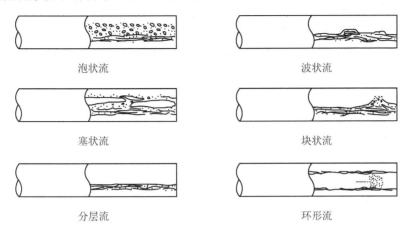

图 8-7　水平管内沸腾过程流体流动模式演变

管道中两相流压降的计算极其复杂。近来,在该领域开展了广泛的研究,但成功的很少。广为接受的模型采用的是基于均匀流的假设,即模型不考虑流动模式的不同,而把流体按蒸气和液体的平均来处理。对通过圆形管路的简单流动情况,总的压力梯度为壁面摩擦力、重力阻力和动量变化所引起的压力梯度之和。其表达式为

$$\rho = \chi \rho_v + (1 - \chi)\rho_1 \tag{8-13}$$

对内部强迫沸腾流动,研究人员提出了许多复杂而各不相同的传热关联式。Klimenko 给出了一种相对简单而精度较高的适用于雾状流之前传热段的计算方法。使用该方法,必须首先确定传热过程是液膜蒸发还是核态沸腾占主导,这可以由量纲一的量 φ 来确定:

$$\varphi = \frac{Gr_{fg}}{q}\left[1 + \chi\left(\frac{\rho_1}{\rho_v} - 1\right)\right]\left(\frac{\rho_1}{\rho_v}\right)^{1/3} \tag{8-14}$$

如果 $\varphi > 1.6 \times 10^4$,液膜蒸发在传热中占主导;如果 $\varphi < 1.6 \times 10^4$,则核态沸腾占主导。下一步确定 Nu,从而得到两相传热系数 α_{TP}。Nu 计算中特征尺度为气泡的尺度,即

$$L_b = \left[\frac{\sigma}{g(\rho_1 - \rho_v)}\right]^{0.5} \tag{8-15}$$

传热模式为核态沸腾,$\varphi < 1.6 \times 10^4$,努塞尔数可由下式计算:

$$Nu = 7.4 \times 10^{-3} q^{*0.6} p^{*0.5} Pr_1^{-1/3}\left(\frac{\lambda_w}{\lambda_1}\right)^{0.15} \tag{8-16}$$

式中:$q^* = \dfrac{qL_b}{r_{fg}\rho_v a_1}$;

a_1——液体的热扩效率;

$p^* = \dfrac{p}{[\sigma g(\rho_1 - \rho_v)]^{0.5}} = \dfrac{pL_b}{\sigma}$;

λ_w——壁面材料导热系数,$W/(m \cdot K)$。

传热模式为液膜蒸发,$\varphi > 1.6 \times 10^4$,努塞尔数可由下式计算:

$$Nu = 0.087 Re^{0.6} Pr_1^{-1/6}\left(\frac{\rho_v}{\rho_1}\right)^{0.2}\left(\frac{\lambda_w}{\lambda_1}\right)^{0.09} \tag{8-17}$$

式中：$Re = \dfrac{\rho u L_b}{\mu_1}$；

$$u = \dfrac{G}{p_1}\left[1 + \chi\left(\dfrac{\rho_1}{\rho_v} - 1\right)\right]。$$

最后，已知传热模式的 Nu，就可以计算基于流体中液体部分流动 Re 的单相传热系数。通常单相传热系数 α_{FC} 与两相传热系数 α_{TP} 相比要小很多，基本可以忽略。但如果单相传热系数较大，总传热系数可由下式计算：

$$\alpha_c = (\alpha_{TP}^3 + \alpha_{FC}^3)^{1/3} \tag{8-18}$$

Klimenko 的关联式，如图 8-8 和图 8-9 所示，与大多数电子设备散热用冷剂的实验数据相比较其平均绝对偏差约 13%。使用条件如下：

$$6.1 \times 10^3 \text{ Pa} < p < 3.04 \times 10^6 \text{ Pa}$$

$$50 \text{ kg/(m}^2 \cdot \text{s)} < G < 2\,690 \text{ kg/(m}^2 \cdot \text{s)}$$

$$0.017 < \chi_v < 1.00$$

$$0.001\,63 \text{ m} < D < 0.041\,3 \text{ m}$$

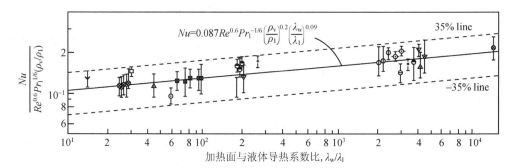

图 8-8 内部强迫对流沸腾壁面导热性能对 Nu 数的影响

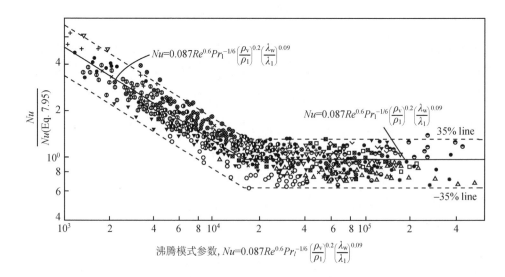

注：本图参见 Klimento V. V, Int. J. Heat Mass。

图 8-9 内部强迫对流由核态沸腾到液膜蒸发过程过渡传热

8.2.5　蒸　发

如果表面温度低于饱和温度 t_{sat}，则液体可以在表面存在。与沸腾一样蒸发也被认为是对流换热过程。当液体分子得到足够的能量从液体结合能中脱离成为蒸气态就是蒸发。由于逸离液体的分子包含过余的能量，故总效果是液体能量的降低。温度是能量的量度，故蒸发过程液体温度降低。表面蒸发对流与传质系数 α_m 相关。蒸发冷却的强度可用下式表示：

$$t_\infty - t_s = r_{fg}\left(\frac{\alpha_m}{\alpha_c}\right)\left[\rho_{A,sat}(t_s) - \rho_{A,\infty}\right] \tag{8-19}$$

式中：α_m——对流传质表面传质系数，m/s；

$\quad\ \ \alpha_c$——对流换热表面传热系数，$W/(m^2 \cdot K)$；

$\quad\ \ \rho_{A,sat}(t_s)$——饱和蒸气密度，$kg/m^3$；

$\quad\ \ \rho_{A,\infty}$——无限远处蒸气密度，kg/m^3。

传热系数与传质系数之比 α_c/α_m，可由量纲一的量路易斯（Lewis）数 Le 表示如下：

$$\frac{\alpha_c}{\alpha_m} = \frac{\lambda}{D_{AB}Le^n} = \rho\, c_p Le^{1-n} \tag{8-20}$$

式中：D_{AB}——质扩散系数，m^2/s；

$\quad\ \ Le$—— 路易斯数，α_c/D_{AB}；

$\quad\ \ n$——$n \approx 1/3$。

利用这个关系式，冷却效果可用下式描述：

$$t_\infty - t_s = \frac{\mu_A r_{fg}}{R\rho c_p Le^{2/3}}\left[\frac{p_{A,sat}(t_s)}{t_s} - \frac{p_{A,\infty}}{t_\infty}\right] \tag{8-21}$$

式中：μ_A——分子摩尔质量，kg/kmol；

$\quad\ \ R$——气体常数，$R = 8.314\ kJ/(kmol \cdot K)$；

$\quad\ \ p_{A,sat}(t_s)$——饱和蒸气压，Pa；

$\quad\ \ p_{A,\infty}$——无限远处蒸气压，Pa。

Gilliland 和 Sherwood 给出了湿润圆柱由液体到空气的传质系数关联式

$$\alpha_m = 0.023\left(\frac{D_{AB}}{D}\right)Re_L^{0.83}Sc^{0.44} \tag{8-22}$$

式中：D——管径，m；

$\quad\ \ Sc$——施密特（Schmidt）数，$Sc = \mu/D_{AB}\rho$，$0.6 < Sc < 2.5$；

$\quad\ \ Re$——雷诺数，$2\,000 < Re < 35\,000$。

Rohsenow 和 Choi 使用 Chilton - Colburn 因子 j，分析得到润湿平板层流流动蒸发的传质系数为

$$\alpha_m = 0.664\,\frac{u}{\sqrt{Re_L}\,Sc^{0.67}} \tag{8-23a}$$

湍流流动为

$$\alpha_m = 0.037\,\frac{u}{\sqrt{Re_L^{0.2}}\,Sc^{0.67}} \tag{8-23b}$$

式中：u——流动速度，m/s；

$\quad\ \ Re_L$——以平板长度为特征尺度的雷诺数。

还提出了基于下落蒸气膜厚度的 Re。这里,下落膜的雷诺数 Re_δ 由膜的水力直径 D_H 和平均速度 u_m 来定义

$$Re_\delta = \frac{\rho_1 u_m D_H}{\mu_1} = \frac{\rho_1 \left(\dfrac{\Gamma}{\rho_1 \delta}\right) 4\delta}{\mu_1} = \frac{4\Gamma}{\mu_1} \tag{8-24}$$

式中:$D_H = \dfrac{4A_c}{P} = \dfrac{4\delta}{P}, u_m = \dfrac{\Gamma}{\rho_1 \delta}$;

Γ——单位膜宽度的质量流量,kg/(m·s),$\Gamma = \displaystyle\int_0^\delta \rho_1 u \mathrm{d}y = \dfrac{g\rho_1 \delta^3 (\rho_1 - \rho_v)}{3\mu_1}$。

Chun 和 Seban 给出了如下水下落膜蒸发时的 Nu 关联式:

$$Nu = \left(\frac{3}{4} Re_\delta\right)^{-1/3}, \quad 0 < Re_\delta < 30 \tag{8-25}$$

$$Nu = 0.822 Re_\delta^{-0.22}, \quad 30 < Re_\delta < Re_{tr} \tag{8-26}$$

$$Nu = 3.8 \times 10^{-3} Re_\delta^{0.4} Pr_1^{0.65}, \quad Re_{tr} < Re_\delta \tag{8-27}$$

式中:Re_{tr}——湍流雷诺数,$Re_{tr} = 5\,800\, Pr_1^{-1.06}$。

8.2.6 凝 结

如果与表面接触的蒸气处于饱和状态,而且表面温度低于饱和蒸气温度,则蒸气将在表面上凝结。凝结时,蒸气中的潜热传递到冷表面。通常,凝结将在表面形成液滴。如果发生冷凝时是稳态的,表面是清洁的,液滴将会聚合,在表面形成液膜。在重力场中,液膜将会流动。如果表面足够长,冷凝液膜将由层流转为波状流甚至湍流。

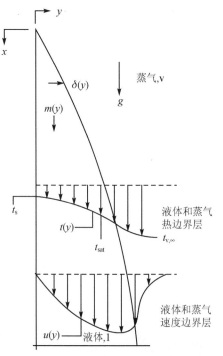

图 8-10 描述竖直表面上膜态凝结的术语和结构

与其他传热方式相比,温差增大将降低凝结传热系数。这是由于温差增加,将有更多的蒸气凝结,使得液膜层变厚。由于液膜传热是一个导热的过程,液膜变厚将使导热条件变差。

由于液膜变厚而使传热热阻增加,所以实际应用冷凝时通常会设计短的流动通道或采用小的水平圆柱。短流动通道可以阻止膜变厚。由于膜状凝结的作用,珠状凝结有更高的传热系数。珠状凝结的传热系数比膜状凝结高一个数量级。因此,实际工程中常在凝结表面采用涂覆层来促进液滴形成。

凝结液膜在 $x=0$ 点开始向下流动。液膜厚度随 x 增加而增加,如图 8-10 所示。由于流动以常速进行,同时 x 越大膜越厚,所以质量流量随 x 的增大而增大。

Addoms 给出的下列关联式对估计凝结换热中液膜温度是非常准确的,即

$$t_{eval} = t_w + 0.33(t_{sv} - t_w) \tag{8-28}$$

1916 年 Nusselt 得出第一个凝结换热关联式。Nusselt 采用简化假设得出膜厚度 δ 的基本关系

式为

$$\delta = \left[\frac{4\mu_1\lambda_1 x(t_{sat} - t_w)}{g\rho_1(\rho_1 - \rho_v)r'_{fg}} \right]^{0.25} \tag{8-29}$$

局部传热系数 α_x 为

$$\alpha_x = \left[\frac{g\rho_1(\rho_1 - \rho_v)r'_{fg}\lambda_1^3}{4\mu_1 x(t_{sat} - t_w)} \right]^{0.25} \tag{8-30}$$

局部努塞尔数 Nu_x 为

$$Nu_x = \frac{\alpha_x x}{\lambda_1} \left[\frac{g\rho_1(\rho_1 - \rho_v)r'_{fg}x^3}{4\mu_1 x(t_{sat} - t_w)} \right]^{0.25} \tag{8-31}$$

对单位宽度和高度为 L 的竖直表面,平均传热系数可写成

$$\bar{\alpha} = 0.943 \left[\frac{g\rho_1(\rho_1 - \rho_v)r'_{fg}\lambda_1^3 \sin\psi}{\mu_1 L(t_{sat} - t_w)} \right]^{0.25} \tag{8-32}$$

在 Nusselt 给出的上述方程中,修正汽化潜热为

$$r'_{fg} = r_{fg}0.375c_{p,1}(t_{sat} - t_w)$$

Rohsenow 对 $Pr > 0.5, c_{p,1}(t_{sat} - t_w)/r'_{fg} < 1.0$ 的实验范围采用修正关系

$$r'_{fg} = r_{fg}0.68c_{p,1}(t_{sat} - t_w)$$

来匹配实验数据。Sadasivan 和 Lienhard 未使用 Nusselt 简化假设,对汽化潜热修正为

$$r'_{fg} = r_{fg} + (0.683 - 0.228/Pr_1)c_{p,1}(t_{sat} - t_w)$$

Chen 进一步考虑动量力和界面剪切力,对 Nusselt 方程进行了修正。Chen 修正的传热系数表达式为

$$\bar{\alpha}'_c = \bar{\alpha}_c = \left[\frac{1 + 0.68\dfrac{c_{p,1}(t_{sat} - t_w)}{r_{fg}} + 0.02\dfrac{c_{p,1}(t_{sat} - t_w)}{r_{fg}}\dfrac{\lambda_1(t_{sat} - t_w)}{\mu_1 r_{fg}}}{1 + 0.85\dfrac{\lambda_1(t_{sat} - t_w)}{\mu_1 r_{fg}} - 0.15\dfrac{c_{p,1}(t_{sat} - t_w)}{r_{fg}}\dfrac{\lambda_1(t_{sat} - t_w)}{\mu_1 r_{fg}}} \right]^{0.25} \tag{8-33}$$

式中:$\dfrac{c_{p,1}(t_{sat} - t_w)}{r_{fg}} < 2.0, \dfrac{\lambda_1(t_{sat} - t_w)}{\mu_1 r_{fg}} < 20, 1 < Pr_1 < 10.05$。

Chun 和 Seban 提出了如下关联式来计算水凝结时向下流过平板表面的局部和平均努塞尔数。当基于液膜厚度的雷诺数在 $0 < Re_\delta < 30$ 范围内时,为层流膜状凝结:

$$Nu = \left(\frac{3}{4}Re_\delta \right)^{-1/3} \tag{8-34}$$

当 $30 < Re_\delta < Re_{tr}$ 时,为波状层流膜状凝结:

$$Nu = 0.822Re_\delta^{-0.22} \tag{8-35}$$

当 $Re_{tr} < Re_\delta$ 时,为湍流膜状凝结:

$$Nu = 3.8 \times 10^{-3}Re_\delta^{0.4}Pr_1^{0.65} \tag{8-36}$$

式中:Re_{tr}——湍流雷诺数,$Re_{tr} = 5\,800\,Pr_1^{-1.06}$。

计算平均 Nu 时,采用基于凝结液沿表面向下流动长度的方程,即 Re 的特征尺度采用这一流动的长度(记为 Re_L),则对层流膜状凝结,即当 $Re_L < 30$ 时,有

$$\overline{Nu} = \frac{4}{3} \left[\frac{Pr_1}{4Ja_1} \frac{\left(\dfrac{u_1^2}{g} \right)^{1/3}}{L} \right]^{0.25} \tag{8-37}$$

对层流波状膜状凝结,即当 $30 < Re_L < Re_{tr}$ 时,有

$$\overline{Nu} = \left[\frac{Pr_1}{4Ja_1} \frac{\left(\frac{u_1^2}{g} \right)^{1/3}}{L} \right]^{0.18} \qquad (8-38)$$

对湍流膜状凝结,即当 $Re_L > Re_{tr}$ 时,平均 Nu 可由下式给出:

$$\overline{Nu} = \left[\frac{Pr_1}{4Ja_1} \frac{\left(\frac{u_1^2}{g} \right)^{1/3}}{L} \right] \left[\frac{9.12 \times 10^{-3} Ja_1 (L - x_{tr})}{\left(\frac{u_1^2}{g} \right)^{1/3} Pr_1^{0.35}} + Re_{tr}^{0.6} \right]^{10/6} \qquad (8-39)$$

图 8-11 所示为根据 Chun 和 Seban 收集的数据得出的层流和湍流膜状凝结局部 Nu 与 Re 的关系。

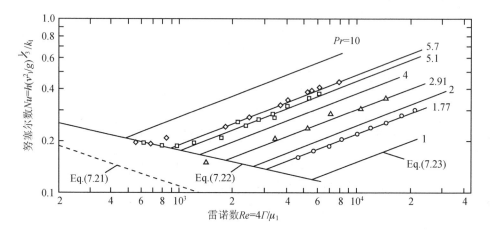

图 8-11　水层流和湍流流动局部 Nu 与 Re 的关系

纯饱和蒸气在单根水平管上凝结过程的平均传热系数可由下式计算:

$$\bar{\alpha}_c = 0.725 \left[\frac{g\rho_1 (\rho_1 - \rho_v) r'_{fg} \lambda_1^3}{D\mu_1 (t_{sat} - t_w)} \right]^{0.25} \qquad (8-40)$$

一些换热设备常沿竖直方向布置多排水平管,即传热管的布置使得液膜可以由上部的水平管流向下部的水平管。假设凝结流动是连续的,则对于这种管束上的冷凝传热系数的计算可将上述方程中管径 D 用 DN 来代替,此处 N 为管数。该方法给出的结果是保守的,因为凝结流很少是连续的。

Chen 提出由于凝结流动是过冷的,当凝结发生在水平管间时将会出现附加凝结。假设全部过冷度都用于附加凝结,Chen 得到以下计算平均传热系数的关联式:

$$\bar{\alpha}_c = 0.728 \left[1 + 0.2 \frac{c_p (t_{sv} - t_w)}{r_{fg}} (N-1) \right] \left[\frac{g\rho_1 (\rho_1 - \rho_v) r'_{fg} \lambda_1^3}{DN\mu_1 (t_{sat} - t_w)} \right]^{0.25} \qquad (8-41)$$

此关联式在满足以下条件时是很精确的:

$$\left[\frac{(N-1) c_p (t_{sv} - t_w)}{r_{fg}} \right] < 2.0$$

8.2.7　熔化和凝固

相变材料应用于许多专用电子设备的冷却中。通常,瞬时功率设备,如导弹中电子设备的冷却就利用相变材料。如前所述,材料在相变过程中可吸收大量的能量而温度的上升很小。以导弹为例,其上所封装的相变材料可以吸收电子设备发出的大量的热,而不需要设置专用的冷却系统。相变材料吸热后熔化。冷却效果取决于发热量和相变材料的质量,冷却过程将持续到所有材料熔化。与此相反的过程是凝固,当材料向周围环境释放其潜热后将会凝固。导弹发射后短暂离开大气层时,凝固过程用来保护电子设备不被外层空间极冷环境破坏,直到再进入大气层。

相变材料的吸热量可由下式计算:

$$\Phi = \rho \left[a_m r_m + \overline{c_{p,s}}(t_m - t_i) + \overline{c_{p,l}}(t_2 - t_m) \right] \tag{8-42}$$

式中:Φ——储热量,W;

ρ——相变材料密度,kg/m^3;

a_m——熔化分数,%;

r_m——熔化潜热,J/kg;

t_i——初始温度,℃;

t_m——熔点温度,℃;

t_2——最终熔化温度,℃;

c_p——比定压热容,J/(kg·K);

$\overline{c_{p,s}}$——t_i 与 t_m 间平均比定压热容,J/(kg·K);

$\overline{c_{p,l}}$——t_m 与 t_2 间平均比定压热容,J/(kg·K)。

相变材料凝固可视为图 8-12 中一个边界条件值。可以看出该问题的解是非常复杂的。至今,研究人员所得到的解只是针对很简单的情况。求解的方法之一是通过假设过冷固相热容相对凝固潜热可忽略来得到近似解;另一种方法则是假设物性均匀,导热系数和热沉温度在整个过程中保持常数。计算固相达到一定厚度所需的时间可采用下式:

$$\tau = \frac{\dfrac{L^2}{2\lambda} + \dfrac{L}{U}}{\dfrac{t_s - t_o}{\rho \, r_{fs}}} \tag{8-43}$$

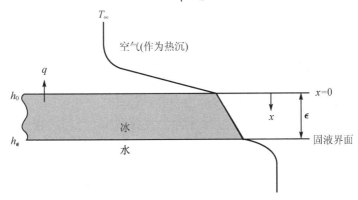

图 8-12　空气作热沉冰熔化为水的温度分布图

式中：L——固相凝固厚度；

$\quad\quad U$——总传热系数；

$\quad\quad t_s$——冰表面液体温度；

$\quad\quad t_0$——热沉温度。

8.3　液—气相变冷却系统

电子设备用的液—气相变冷却系统，通常包括以下两种形式：

① 直接浸没式相变冷却系统；

② 间接式相变冷却系统。

8.3.1　浸没式相变冷却系统

直接浸没式相变冷却，是将电子功率器件直接浸没于冷剂，利用器件（或组件）工作时发出的热量直接加热冷剂并使其沸腾。在冷剂由液相变为气相过程中吸收汽化潜热，以达到冷却器件的目的。

由于直接浸没式相变冷却系统是利用冷剂直接吸收电子功率器件（功率管、发射管等）所耗散的热量，并在器件表面沸腾的过程中散热，故在采用直接浸没式相变冷却系统时需考虑以下因素：

① 沸腾过程中在任何一点的冷剂随着气泡的形成、长大和消失，液相和气相可能交替存在；

② 在工作压力下液体的沸点将工作温度限制在一个很狭窄的范围内；

③ 沸腾过程本身就包含对冷剂的剧烈扰动和局部的湍流作用；

④ 必须谨慎地布置元器件，以保证对气泡的形成和逸散留有足够的空间，并保证没有蒸气阱的存在。

考虑到这些因素，就可从热、电、化学和机械等方面对冷剂与电子系统的相容性作出评定。从热学角度考虑，冷剂的选择必须使它在系统压力时的沸腾温度满足于电路的可靠工作温度的要求。

电路和冷剂的电气相容性，在高频电路时主要涉及冷剂的电阻率和冷剂的耗散因数，在高压电路时要考虑介电强度。冷剂的两相性（即蒸气和液体）使得对这些影响因素的评价变得更为复杂。如果断续出现蒸气使电路发生故障，就需要采用间接式相变冷却的方法。

冷剂和电路的化学相容性有可能受冷剂的两相性影响，也可以受通常所遇到的高温工作的影响。蒸气在化学性质上往往要比它们原来的液态活泼。必须检查元器件外壳、电路板材料、树脂、罐封化合物、焊料及组装件内的其他材料对液相和气相二者所具有的相容性。

元器件的封装和机械支撑应能够耐受沸腾流体的湍动所产生的力。这些力可能相当大，采用普通的自由空气对流或直接液体冷却的封装和支撑结构可能不适于沸腾冷却方法。

浸没式相变冷却系统可分为两类：

① 消耗性冷剂冷却系统。

② 非消耗性冷剂冷却系统。

消耗性冷剂与非消耗性冷剂，是按冷剂相变后的产物（蒸气）是否进行回收加以区分的。蒸气不回收直接排放空间的系统称为消耗性冷剂冷却系统；将蒸气冷凝，通过泵的输送使冷剂形成闭路循环的系统,称为非消耗性冷剂冷却系统。

图 8-13 所示是冷剂为消耗性的冷却系统,一般用于工作时间只有几分钟或几小时的空用电子设备,按其规定的功能,完成任务后不再进行回收(所谓一次性工况)。系统汽化过程一直可以进行到贮液罐内的介电液体(冷剂)用尽。介电液体的沸点及其元件的温度,可用调节蒸气压力的方法来控制。这种系统所需的冷剂的质量流量(kg/s)可按下式计算:

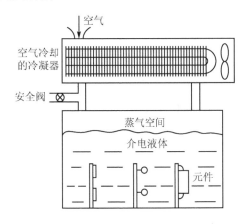

图 8-13 消耗性冷剂冷却系统图

$$q_m = \frac{\Phi}{r_{fg}}$$

式中:Φ——电子器件的耗散功率,W;

r_{fg}——汽化潜热,J/kg。

常见的非消耗性冷剂冷却系统有两种:一种是冷凝器放在冷却槽外,如图 8-14 所示;另一种是将冷凝器放在冷却槽上方的蒸气空间内,如图 8-15 所示。这两种浸没冷却系统有两个主要缺点:一是封装高度和有利方位为液体高度所限制;二是蒸气空间即使只有很少非凝气体也能使冷凝性能显著下降。因为非凝气体集中在蒸气空间,妨碍蒸气流向冷凝器表面,使冷凝器换热性能变坏;还可能因为空气溶解于介电冷剂中而加剧。要降低空气的溶解度,必须对上述浸没冷却系统制定完善的充装和脱气程序,但这样会降低系统的可靠性而增加系统的维修费用。

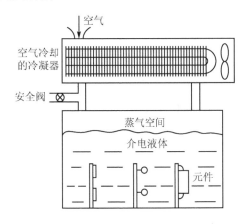

图 8-14 外置冷凝器的浸没冷却系统图

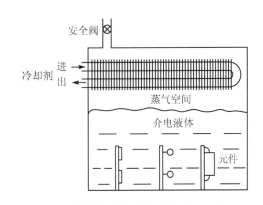

图 8-15 冷凝器置于蒸气空间的浸没冷却系统

为了克服上述两系统的冷凝器工作所固有的缺点,可以将冷凝器也浸没在液体中,如图 8-16 所示。在该系统中,冷凝器传热表面的主要作用是使其周围的液体过冷,电子器件表面产生的气泡上升并在液体中冷凝。在液体中溶解的非凝气体降低气泡的破灭率,不过浸没冷凝器表面的轻微倾斜,可以引导冲撞其上的小气泡跑向气体收集器或膨胀室。另外,蒸气空间的取消大大削弱了非凝气体对浸没槽热性能的影响,并减小了体积和质量。

利用冷却槽侧壁作为主要冷却表面与浸没冷凝器作用相同,如图 8-17 所示,这种带扩展表面的冷凝器也可作为与水平浸没冷凝器配合使用的辅助冷却表面。在此系统中,虽然在元件有限表面上有极高的热流,但在浸没冷凝器扩展表面上的热流却相当低,因为这种冷凝器的传热面积很大,以致可以用空气强制或自然对流来冷却整个槽。

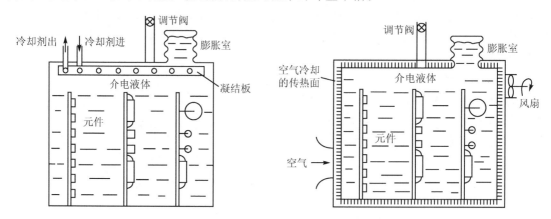

图 8-16　带水平浸没冷凝器的浸没冷却系统图　　图 8-17　带扩展表面浸没冷凝器的浸没冷却系统

图 8-18 所示为一用于冷却发射管的典型非消耗性冷剂冷却系统,整个系统包含以下几个主要部件:

① 蒸发锅(冷却槽);

② 液体和蒸气的绝热管系;

③ 控制水箱;

④ 冷凝器;

⑤ 系统温度、压力和流量的控制设备。

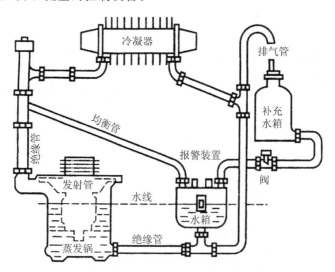

图 8-18　用于冷却发射管的非消耗性冷剂冷却系统

当系统中的大功率发射管工作时,其耗散热量使冷剂(水)沸腾变成蒸气,吸收汽化潜热后的蒸气经蒸气管进入冷凝器进行冷凝(二次冷却),通过泵将冷凝水输送回蒸发锅,形成闭路循环。

速调管在飞机监视雷达装置中作为参量放大器的激励源,速调管稳定的频率特性是保证雷达装置正常工作的基本条件,而速调管频率特性的稳定依赖于其工作温度的稳定。为此设计了图 8-19 所示的浸没冷却系统。

这种冷却系统的基本特点是:氟碳化合物冷剂的沸点决定了速调管的最高工作温度。当速调管将惰性冷剂加热到沸点时,不管速调管再增加多少能量,该液体的温度都一直停留在沸点上。

在上述闭合循环系统中,被速调管的热量所蒸发的冷剂蒸气通过冷却管被输送到冷凝器,在冷凝器中被凝结成液体,然后再回流到存贮箱(蒸发锅),从而再次进行蒸发冷却循环。

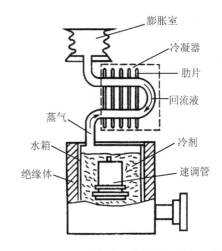

图 8-19　用于冷却速调管的浸没冷却系统

沸腾在密封系统内部产生蒸气压力,这种压力势必会使流体的沸点提高,继而使速调管的温度升高。为解决这个问题设计出了用具有挠性的合成橡胶波纹管制成的膨胀室,膨胀室在蒸发过程中缓慢膨胀,而使内压保持相对稳定。

当在冷剂存贮箱内产生蒸气时,膨胀室接收系统中排出的气体,当系统在所能遇到的最高环境温度下工作时,还要能够容纳所有排出的气体。

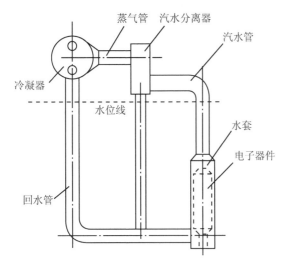

图 8-20　汽—水两相流冷却系统工作原理图

使用结果证明这种冷却系统很有效,成本低且结构简单,很少需要维护。不管系统外的环境温度变化多么剧烈,所选用的氟碳化合物冷剂均能保持速调管工作温度恒定。

图 8-20 所示为汽—水两相流冷却系统的工作原理。汽—水两相流是指(浸没)沸腾换热与汽液两相的对流换热所组成的复合冷却系统。

由图 8-20 可见,功率电子器件耗散的热量,加热盛于水套(蒸发锅)中的水,使部分水汽化。汽水共存的混合液进入汽水输出管,在汽水分离器内进行分离。分离后的水经回水管靠重力作用送回水套,而蒸气则进入冷凝器中冷凝后再送回水套,以此构成一个闭式两相循环系统。在汽水输出管与回水管之间由于汽和水的密度差,形成自然对流循环。

汽—水两相流冷却系统依靠浮力和重力保持冷剂循环,其结构简单,系统省去了水箱、均衡管及其他一些辅助设备。独立的汽水分离器有利于汽水的分离,提高了系统的热效率。两相流系统中的水位高,可保证有足够的动压头驱动系统循环工作。但为提高汽—水两相流冷却系统的效率,要求电子器件集电极的齿形做成纵向深槽,以利于汽水的流动;集电极内部电子束的分布应均匀,避免过热。

汽—水两相流流动的形式,按 Re 的大小可分为泡状流区、块状流区、泡沫流区、环状流区和喷雾流区。其换热计算可按核态沸腾和强制对流两种形式的复合传热来进行。

8.3.2 间接式相变冷却系统

在间接式冷却系统中,各类功耗电子器件(组件)不与冷剂直接接触,电子器件耗散的热量以导热的形式传给冷剂。图8-21(a)所示为消耗性冷剂间接冷却系统,电子器件耗散的热量是通过冷板以导热的形式传给冷剂带走的。

图8-21(b)所示为非消耗性冷剂间接冷却系统。电子组件耗散的热量传给冷剂(具有直接液冷的性质),冷剂在热交换器中将其热量传给沸腾的水。水沸腾过程中产生的蒸气,既可排至大气,也可通过另一个热交换器冷凝并进行再循环。

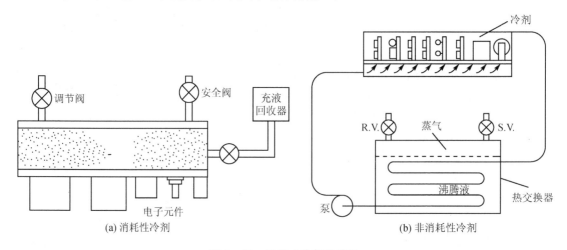

图8-21 间接式冷却系统图

间接式相变冷却系统,同样需要有蒸发器(热源)、冷凝器、沸腾液的存贮器(即锅炉)、泵、管系以及温度和压力安全装置等一整套辅助设备。图8-21(b)中,R.V.为调节阀,S.V.为安全阀。调节阀用于控制水箱(热交换器)中的压力,从而达到控制沸腾温度的目的。

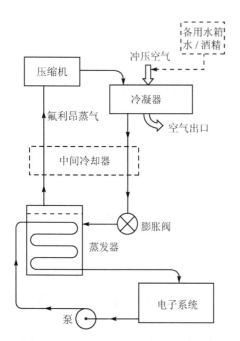

图8-22 飞机电子设备的蒸发冷却系统

由于沸腾冷剂不与功耗电子器件直接接触,为二者的相容性提供了有利条件。例如,某些高频线路以及某些器件因出现故障,需要迅速维修或更换时,间接冷却系统就较为方便。同时,间接式冷却系统有可能充分发挥冷剂的热特性。例如,水作为沸腾冷剂具有很高的汽化潜热和比热容,但它的电绝缘性能差,不宜直接与电子器件相接触,而作为间接系统的冷剂,它的热特性则可充分得到利用。间接冷却系统的缺点是它的冷却效果受到冷板接触热阻的影响。

图8-22所示为一个用于飞机电子设备冷却的机载蒸气循环冷却系统。电子设备采用液体载冷剂冷却(包括直接液体冷却、通过冷板的间接冷却)。然后载冷剂在蒸发器中将其热量传给氟利

昂制冷剂,氟利昂被加热到沸点,其蒸发的潜热使液体环路中的载冷剂得到冷却。压缩机使氟利昂蒸气循环,并使其压力和温度升高。冷凝器靠冲压空气排出高温氟利昂蒸气的热量,并使蒸气变为液体。氟利昂液体通过膨胀阀得到膨胀。由于通过膨胀阀产生了压降,所以,有些氟利昂液体被蒸发。在这个过程中,液体中的汽化热被排出,继而使其温度下降。然后,低温氟利昂液体和很少量的蒸气进入蒸发器进行再循环。

图 8-22 所示系统有两个特点:

① 中间冷却器使流出冷凝器的液态氟利昂与刚离开蒸发器而尚未进入压缩机的气态氟利昂在其中交换热量。其结果使液态氟利昂在进入膨胀阀之前排热,因而温度得以降低。这部分排热被刚流出蒸发器的气态氟利昂所吸收。这不仅使系统传热性能得到进一步改善,而且还能使蒸气在离开蒸发器的时候所产生的液体微滴得到蒸发,因而保证进入压缩机的蒸气是"干的",这对提高压缩机性能是有益的。

② 在高速飞行并出现高冲压空气温度时,应在冲压空气经过冷凝器前注入消耗用水和酒精的混合物,以便靠混合液体的蒸发使冲压空气温度降低。

8.3.3　液—气相变冷却系统的设计

无论是直接式还是间接式相变冷却系统,其设计的总原则是在蒸发器(热源)与散热系统之间提供一条使热阻尽量低的通路。具体设计时,应考虑以下几个因素:

① 沸腾冷剂的选择;

② 直接浸没冷却电子器件表面的设计;

③ 冷凝器的选择或设计;

④ 压力效应与温度控制问题。

1. 冷剂的选择

对电子设备相变冷却系统所用冷剂的要求:

① 在系统压力时的沸腾温度适合于电路的可靠工作温度要求,并具有较高的传热能力;

② 较好的电绝缘性质;

③ 与电路板和电子器件(或组件)有较好的电气相容性和化学相容性(参见 8.3.1 小节)。

常用沸腾冷剂的热物性参数参见表 8-2。

由表 8-2 可见,设计间接相变冷却系统时,如果单从传热性能考虑,那么水为最合适的沸腾冷剂。而作为直接浸没相变冷却的冷剂,一般可选用氟碳化合物或氟利昂。

2. 电子器件表面的形状

在直接浸没相变冷却系统中,电子器件的表面直接与冷剂相接触,因此,它的表面形状、所用的材料和放置的位置对沸腾换热有相当的影响。电子器件表面设计的原则是尽可能避免蒸气在器件的表面沸腾时形成蒸气膜层,因为蒸气膜层热阻较大,降低了器件与冷剂之间热交换的能力,有可能造成器件过热烧毁。

图 8-23 为常用电子器件蒸发表面的形状。

由图 8-23 可见,为了使器件表面不发生过热,通常将表面加工成厚的垂直肋条,或者再进一步在垂直肋条上加工水平环形槽,从而在器件表面形成一个个凸块。表面上的凸块,可增加与冷剂的接触面积;凸块的分割,使流体在表面上不易形成蒸气膜层,同时也有利于产生汽化核心及形成湍流。

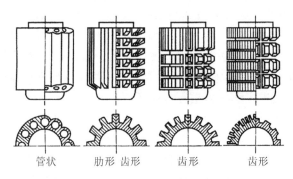

管状　　肋形 齿形　　齿形　　齿形

图 8 - 23　常用电子器件蒸发表面形状

3. 冷凝器的设计和选用

在非消耗性的闭式冷却循环系统中,都采用冷凝器将冷剂蒸气冷凝成液体,再通过泵输送回冷却槽,以便冷剂能循环使用。

冷凝器的结构形式(种类)很多。除 8.3.1 小节所介绍的几种冷凝器外,图 8 - 24 所示的三种冷凝器在实际工程中也常用到。在图示几种非消耗浸没冷却系统中,通过调节阀(R.V.)的调节作用,冷剂蒸气的流量足以使电子设备冷却槽内的压力保持在预定值,由此也使冷剂液体的饱和温度保持在预定值。由调节阀排放出的蒸气在外部冷凝器中得到液化并被输送回冷却槽,但是需要增加管道附件、冷凝器、导管、泵和控制机构。在图 8 - 24(b)中,所有被排放的蒸气在一个冷凝器中循环,所以,管道附件、冷凝管、导管和泵的尺寸必须容纳流体的全部流量。在图 8 - 24(b)和(c)中,主要的冷凝器(无论是内部的,还是外部的)必须传递大部分的热量。而调节阀、(辅助)冷凝器及泵只能传递能够达到控制目的的小部分热量。这两个装置,以提供两个冷凝器为代价,其体积尺寸就可以小一些。

图 8 - 24 中的每一系统都有一个安全阀(S.V.)。在沸腾传热系统中总要装这样一个阀门,以便在发生故障时防止装置破裂或爆炸。这些阀门除了能够解除内部压力外,还可以切断电子系统的电源,或者发出音响警报或光信号,或者两种都用。有关冷凝器的设计和选用可参阅有关资料。

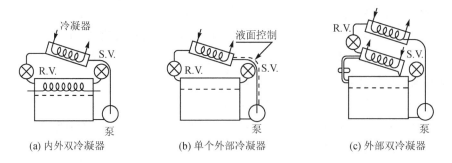

(a) 内外双冷凝器　　　　　(b) 单个外部冷凝器　　　　　(c) 外部双冷凝器

图 8 - 24　冷凝器的几种结构形式

作为估算用,经验数值选取:当蒸气在管外流动时,每千瓦热量冷凝器的面积按 $0.01\sim0.02\ m^2$ 设计;蒸气在管内流动时,每千瓦热量冷凝器的面积按 $0.02\sim0.03\ m^2$ 设计。

4. 压力效应与温度控制

在液—气相变冷却系统中,压力的增加将使沸点的温度提高,蒸气密度相应增大。沸点温度的变化又会使汽化潜热和表面张力改变,最终导致峰值热流密度的变化。在系统压力升高时,峰值热流密度随该压力升高而升高,直至达到最高点,但当压力增加到临界压力时,汽化潜热为零,这时的峰值热流密度也减小至零。因此,对每一种冷剂而言,都存在着一个最佳压力,并在该压力下峰值热流密度达到最大值。这个最佳压力一般出现在临界压力的约 $1/3$ 处。例如,水的最佳压力为 105×10^5 Pa,相应的峰值热流密度为 3.8×10^6 W/m^2,此时的饱和温度约为 310 ℃。

　　图 8 - 25 所示曲线为水与部分有机液体的压力与沸腾温度的关系曲线。由曲线可以看出,系统内部的沸腾温度稍有增加,则系统的压力就有较大的变化。换言之,即使系统压力稍有提高也会使峰值热流密度有显著增加。可以利用下列方法估算系统压力,适度提高所产生的效果,即:将以标准大气压计算出的传热系数乘以系数$(p/p_a)^{0.4}$,式中的 p 和 p_a 分别是所应用的主要的压力和大气压力。

　　在池内沸腾传热中,系统压力与工作温度有严格的对应关系。由于在沸腾过程中流体的主体处于饱和温度,所以其温度可以根据蒸气压力精确确定。为使流体主体温度维持在所使用的流体温度范围之内的任何一

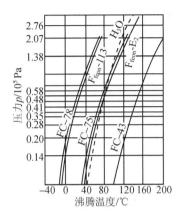

图 8 - 25　沸腾冷剂的压力-温度曲线

点,系统应装设一个减压阀。当然,减压阀会放出一些蒸气,这些放出的蒸气必须用液体冷剂予以补充,或者通过冷凝,并用泵送回系统。

　　如果没有减压系统,冷凝器的容量必须与系统沸腾过程很好匹配。如果冷凝器不能使所有的蒸气液化,系统的压力就会升高,从而使液体的主体温度相应增加。而冷凝器的容积和尺寸过大势必使整个相变冷却系统的初期投资和运行费用增加。通过对流经冷凝器的冷剂流量进行调节,以维持一个特定的蒸气压力,系统的工作温度在理论上是可以得到控制的。然而,这种控制系统颇为复杂,而且冷凝器工作中又存在热的时间滞后,这就使得设计要求非常苛刻。因此这种冷凝器的冷剂流量调节系统在工程上较少采用。

5．其他问题

相变冷却系统的设计,还应注意如下问题:

（1）腐蚀效应

通常应采取有效的措施来消除或减少冷却系统的腐蚀效应,主要有:

① 尽量选用抗蚀材料或表面涂镀层,以防止大气腐蚀。

② 必要时可在设备的外表面采取热绝缘措施,以防止发生冷凝。

③ 为避免发生电化学腐蚀,对于相互接触的部位,尽量选用电极电位相同的金属材料;如果要使用不同性质的金属时,应在它们的接触部位配置隔离垫,以断开电蚀回路。

④ 如果可能,应在高电位时避免使冷剂与电子设备有直接接触,应将所有电子设备接地,不要使用冷剂系统的导管作接地回路。

⑤ 在选择冷剂时,应慎重地估计在工作温度范围内冷剂(液相或气相)与所有将要与它接触的元器件之间的化学相容性。

（2）清除结垢

在液—气相变冷却系统中,流体流经的表面容易结垢以及生成其他有污染性质的沉积物。

蒸发器初期的结垢使表面的粗糙度增加，可能会使沸腾的效果有所改善，但长期的作用将使热阻增大，降低其冷却效率。密封的再循环系统不太容易形成污垢，但是在最初灌注时要非常谨慎地排出污物。对于形成污垢的系统应该具有清洗措施，这应作为常规维修程序的一个组成部分。

（3）控制系统

液—气相变冷却系统中应设置各种控制装置，其中包括：温度、压力和流量的监控装置，液位控制装置以及其他一些控制装置。这些装置都必须根据气相和液相二相流体循环的特点进行设计和选用。

（4）安全设计

液—气相变冷却系统工作时的压力一般与环境压力之间有一个压差。在设备设计时，必须保证所有外壳、密封处、导管、接头等能够在这个压差下工作，而无破裂和漏泄现象产生。内部压力相对于环境压力来说可以是正压，也可以是负压，这取决于系统的设计。一个给定的系统在不同条件下可能会处于两种（正的和负的）内部压力下，例如在正常工作时处于正压，在电子设备关机时会处于负压。

在下述情况下，可能形成极高的正压力：

① 当电子设备发生故障时，产生异常的高热耗量；

② 当冷却系统发生故障，不能向终端散热器传递热量时。

所有蒸发冷却系统都必须装有安全阀，通过安全阀减压，以使压力低到足以保证冷却系统所有零件都不会破裂的程度。安全阀的位置必须避免使热气接触操作和维修人员。

供给或补充冷剂的系统都必须在输入管路里装有过滤器，所有再循环调节系统都应该配备一个液体管路过滤器，以保护泵的轴承和阀门。需要时还须配有过滤器压降报警装置，其作用是对液体管路过滤堵塞进行报警。

对于已选定的冷剂，应计算它的峰值热流密度值。从长期安全工作考虑，计算所得到的峰值热流密度值应高于发热元件的最大功率耗散热量，并应留有一定的裕度（一般减额系数取 50%）。

（5）优化设计

由于相变冷却系统所包含的参数较多，可采用计算机来进行数值模拟，以便获取一个优化方案，最后经过试验加以验证。

8.3.4 应用液—气相变冷却系统的注意事项

对于各类地面电子系统的液—气相变冷却，包括通信机、导航设备、高功率发射机或电源设备等，一般可采用集中的中央冷却系统或大型的制冷设备作为末级的散热装置。大型固定设备往往用水作消耗性冷剂或冷凝器流体，因此，系统还需附有水质处理（过滤、软化、除气）装置，以使流体管道和冷凝器内通道不结垢，保证额定的传热量。

对于移动式地面电子设备，一般均备有自持式制冷装置，供空调和冷却使用。如采用消耗性相变冷却系统，还必须备有冷剂存储箱，以供补充冷剂用。

船用电子设备的相变冷却系统，一般是用蒸气—水热交换器，或蒸气—空气热交换器组成冷凝系统。在这两种冷却手段中，以用淡水冷凝器为好，这是因为用水作传热流体的效率要比空气的效率高得多，而且用水作传热流体便于构成闭合循环系统。同样，船上也应附设有海水淡化设备和水质处理（包括防锈、防冻）装置。对于使用强迫空气循环的冷凝器，既可使用外部空气循环,也可使用内部空气循环。当采用外部空气冷却时,应注意空气温度变化引起的结露和空气带进尘沙和污物的处理问题。而采用内部空气循环将增加船舱空调系统的热负荷。无节制地用船舱空气进行冷却的做法,曾造成过使船舱温度难以忍受或不舒适的情况。因此,必须避免把电子系统的热负荷加到船舱空调负荷上去。

由于利用船舶淡水作冷剂需要许多添加剂(如:防冻剂、防锈剂等),并且船上淡水源是有限的,所以不宜把淡水用作船舶电子设备的消耗性冷剂。

航空电子设备的液—气相变冷却系统,通常采用蒸气闭路循环和消耗性冷剂两种方案。机载电子设备冷却系统的选择是一个复杂的过程,必须考虑传热系统的重量及泵、压缩机、风机等动力装置所需的燃料质量。最佳冷却系统的选择必须结合飞机的飞行范围和飞行任务剖面图,评估供选择的系统所造成的重量、阻力及电源功耗的增加对飞机性能的影响。蒸气循环系统必须与其他各种系统,如简单的空气循环、自持空气循环及再生系统相比较,通过对飞机性能代偿损失的计算并综合考虑其他因素,来确定冷却系统的最终设计方案。

机载电子设备不论是采用蒸气闭路循环冷却系统,还是采用消耗性冷剂冷却系统,都面临一个重力效应带来的影响问题。由于相变冷却系统中存在着两相(气、液相)流动,而飞机在助力起飞、机动飞行以及着陆阶段,要承受方向和大小不同的加速度(其值要超过重力加速度许多倍)。在这种过载加速度环境下,液相冷剂的力学特征变化会造成管道堵塞、泵抽空和液相冷剂脱离散热面(散热器件),从而引起元器件过热烧毁。为了保持传热量的恒定,空用设备相变冷却系统都设有喷射装置,根据飞机高度和飞行姿态的变化,正确调节好喷射系统的流量。另外,对于各种再循环系统所用的泵,应保证能在各种高度下工作,不造成泵的压头失控,引起热力循环的中断。

太空温度为 −273 ℃(习惯上称为绝对零度),这使其成为非常有用的终端散热器。太空实际上具有无限吸热能力。因此,宇航电子设备的冷却系统主要靠设备向宇宙空间的辐射散热。某些极短期工作的电子元件,也可采用消耗性冷剂进行散热。

8.4　固—液相变冷却系统

8.4.1　固—液相变冷却系统的应用

固—液相变储热(蓄冷)装置利用相变材料(Phase Change Material,PCM)从固相熔化为液相过程中,可以从环境吸收热量,而当其从液相凝结为固相过程中,又可以向环境释放出热量的特性,以此达到热量的储存和释放的目的。

采用固—液相变原理制造的储热(蓄冷)装置在工作中只发生物理状态的转变,无运动件,不消耗能量,安全可靠,运行和维护成本低,有良好恒温相变特性以及巨大的相变潜热,能够较好地解决短时、周期性工作的大功率设备或受周期性高热流影响设备的温度控制问题。因此固—液相变储热(蓄冷)技术在国外航空、航天和微电子等高科技系统和装备上得到广泛应用,并发挥了重要作用。

固—液相变储热装置早先用于太阳能蓄热或废热回收系统。近年来,固—液相变储热装置首先在航空航天工程中获得应用,例如,巡航导弹或现代高性能飞机上装载的电子仪器。由于恶劣的飞行环境,加上希望热控制装置小而轻,能耗尽可能地小,不同的仪器又需要相对独立的散热(冷却)措施,在这些场合,单纯采用常规集中式的机械冷却系统显然难以达到要求。

而根据电子设备特点,结合或单独采用固—液相变储热装置就能较好满足上述各项要求。如飞机外挂导弹上的电子设备,其机壳常采用空心壁结构,并在空心壁内充以在一定温度下融化的石蜡,当飞机在起飞前对导弹进行地面检查时,利用石蜡从固态到液态的熔化潜热,可使电子设备在不提供冷却空气情况下维持工作 30 min。飞机起飞后,冲压空气使石蜡冷却,还原成固态。又例如,航天器在宇宙空间飞行,由于航天器飞过行星(如地球)的受阳面和背阴面的温度变化极为悬殊,加上航天器上的一些电子设备是周期性工作或一次性使用,即航天器的热环境和电子设备的耗散热都作周期性变化。为了防止大功耗电子器件过热,一个可能的解决办法就是采用固—液相变储热装置。利用相变材料的相变可以排除或暂时储存电子元件的耗散热能,使元件避免过热。一些短时大功率模式工作的航天器设备就是采用这种相变储热装置来吸收峰值功率时段的耗散热,如侦察卫星用星载合成孔径雷达/移动目标指示器组合遥感器(其峰值功率大于 2 000 W,平均功率则小于 600 W)、通信卫星上的行波管、月球车上的通信继电器和信号运算器、火星探测器上的电池组等。

8.4.2 固—液相变冷却系统的材料

目前,常用的固—液相变材料包括结晶水合盐类、熔融盐类、金属或合金类等无机物相变材料,以及高级脂肪烃、脂肪酸及其酯类、醇类、芳香烃类及高分子聚合物类等有机物相变材料。绝大多数无机物相变材料具有腐蚀性,相变过程中存在过冷和相分离的缺点,不适用于电子设备冷却。而在有机类相变材料中,从电子设备的热控制角度出发,目前得到应用的只限于石蜡类(C_nH_{2n+2} 烷类)相变材料。这是由于石蜡材料具有合适的熔点,相变潜热大,可靠的凝固特性,在相变期间的容积变化小,在其熔点附近的蒸气压低,在很大的温度范围内其热稳定性好,与金属接触无腐蚀性,没有过冷现象;此外,它们的费用低且易获得。正是由于上述这些特性,使石蜡获得了广泛的采用。18 烷和 20 烷在国外已作为电子设备相变冷却装置的工质用于航天工程。

18 烷($C_{18}H_{38}$)的熔点是 28.2 ℃(纯度约 99.9%),熔化潜热是 237 kJ/kg,然而,其导热系数在 28 ℃下仅为 0.150 W/(m·℃)。为了提高其导热能力必须填充具有高导热系数的材料。

铝是 PCM 控温器最好的填充材料和结构材料。这是由于铝的密度小,良好的热和机械工艺性能,以及其无腐蚀性。传统上铝蜂窝和铝翅片是主要的填充结构。

除石蜡类相变材料外,水和极少数无机水合盐(如三水化硝酸锂)在电子设备相变冷却系统中也偶有应用。

对相变材料的基本要求是:

① 相变温度符合电子器件温控要求;

② 有较大的相变潜热;

③ 熔化时的体积膨胀较小;

④ 材料的比热容、密度、导热系数较大;

⑤ 发生相变时的蒸气压力较低;

⑥ 与结构材料和填充材料具有相容性,相变时不产生有害物质。

表 8-5 为电子设备适用的相变材料的物理性能。

表 8 - 5　固—液相变材料的物理性质

名　　称	熔点/ ℃	熔化潜热 r/ $[kJ \cdot kg^{-1}]$	密度 ρ/ $[kg \cdot m^{-3}]$	导热系数 $\lambda \times 10^2$/ $[W \cdot (m \cdot K)^{-1}]$	比定压热容 c_p/ $[kJ \cdot (kg \cdot K)^{-1}]$
十四烷 $C_{14}H_{30}$	5.5	226	固 825 液 771	15.0	2.07
十六烷 $C_{16}H_{34}$	16.7	237	固 835 液 776	15.1	2.11
十八烷 $C_{18}H_{38}$	28	243	固 814 液 778	15.1	2.16
二十烷 $C_{20}H_{42}$	36.7	247	固 856 液 778	15.1	2.2 2.0
二十二烷 $C_{22}H_{46}$	44.4	249	液 780	15.1	2.12
二十四烷 $C_{24}H_{50}$	51.5	253	液 780	15.1	2.12
二十六烷 $C_{26}H_{54}$	56.1	256	液 780	15.1	2.12
二十八烷 $C_{28}H_{58}$	61.1	253	液 780	15.1	2.12
三十烷 $C_{30}H_{62}$	65.5	251	液 780	15.1	2.12
三水化硝酸锂 $LiNO_3 \cdot 3H_2O$	29.9	296	固 1550 液 1430	80.6 54.1	1.8 2.68
水 H_2O	0	334	固 917 液 1000	226 58.6	2.04 4.19

8.4.3　固—液相变冷却系统的结构形式及热特性

电子器件用固—液相变冷却系统常采用图 8-26 所示储热冷板的形式。

储热冷板是在冷板腔体内填装具有高熔化潜热的相变材料,在其受热熔化时吸收冷板上电子器件所耗散的热量,以达到控制芯片温升目的的装置。

储热冷板的基本结构形式如图 8-27 所示,冷板底面是电子器件的安装面,也就是受热面。顶面是绝热面,也可以与紧凑式换热器连接作为散热面,或者做成辐射散热面。为简化分析,本节先作为绝热面处理。冷板中的隔板主要起承压作用(取板厚为 1 mm 的铝板),它也起导热的填充材料的作用,为提高储热冷板的导热能力,在冷板内填充铝蜂窝,并以蜂窝轴线与受热面平行的方式放置(即平放),铝蜂窝上的 ϕ1.5 mm 小孔是 PCM 的充装孔。冷板的外壳和隔板材料也是铝(Al-5052)。

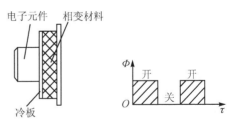

图 8 - 26　储热冷板

整个冷板的横截面面积为 200 mm×300 mm,总质量不大于 3 kg。冷板要求的散热热流量为 83.3 W。

相变材料是 18 烷,熔点为 28 ℃。

储热冷板的节点布置及其热阻网络如图 8-28 所示。

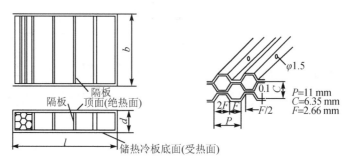

图 8-27   储热冷板蜂窝结构的配置及其尺寸

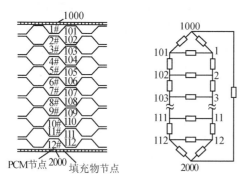

图 8-28   储热冷板的节点布置及热阻网络图

按图 8-28 的节点布置,采用数值模拟的方法可求出储热冷板的热特性。图 8-29 所示为壁面(受热面和绝热面)的温度随加热时间变化的曲线。由图可看出:受热面温度(t_{1000})在电子器件启动工作后很快超过 PCM 的熔点,但当 PCM 在壁面区域开始熔化时,温度的上升速率就降低了。当壁面附近的所有 PCM 都熔化时,曲线的斜率又逐渐陡起来。受热面温度再次陡峭升高的时刻对应于所有 PCM 都已熔化的时间。

绝热面通过隔板和填充材料的导热从受热面接受热量。由于壁-壁的热导($k_{1000-2000}$)远高于壁-PCM 的热导,故绝热面温度很快升高并超过 PCM 的熔点;所以,在绝热面区域的 PCM 也逐渐熔化,其温度瞬态变化特性类似于受热面的变化。

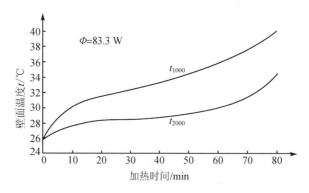

图 8-29   壁面温度随加热时间变化曲线图

图 8-30 表示在 PCM 和填充材料中沿冷板厚度方向随时间变化的温度曲线,填充材料节点与其邻近的 PCM 节点的温差是 PCM 熔化的温度势。由温度变化曲线可看出,固—液界面不对称地向着冷板水平中心移动,受热面一侧比绝热面一侧熔化要快些。当最后一个 PCM 节点的温度达到熔点(28 ℃)时,认为 PCM 全部熔化。

图 8-27 中的蜂窝结构形成,以及绝热面与隔板之间的连接均采用胶接,其热阻较焊接要大得多。对于更大的热能储存和更严格的温度控制要求,必须采取其他更有效的措施来提高储热冷板的热特性。

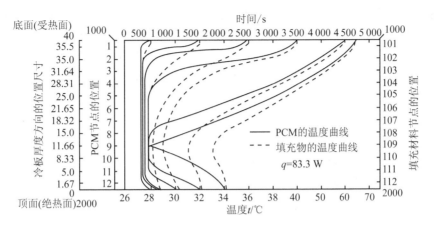

图 8 - 30　PCM、填充材料和冷板壁面的温度随时间变化曲线图

8.4.4　快速热响应固—液相变储热装置设计概念的探讨

固—液相变储热技术尽管有上述诸多优点,但却因相变材料导热系数低而限制了其使用范围。大多数相变材料的导热系数仅在 0.1～1.0 W/(m·K) 的量级区间,为提高相变材料的传热性能,可以在相变材料中填充铝粉、铝网、铝蜂窝等。从大量研究文献可以看出,其中铝蜂窝因能明显改善储热装置传热性能而应用较广,历史比较悠久。但由 8.4.3 小节的热特性分析看出,铝蜂窝作为填充材料对提高相变储热装置的热性能有限,满足不了需要更快热响应速度、更大热负荷和更严格温度控制要求的电子设备的需要。航空、航天、微电子及光电子技术的发展,往往要求大功率组件工作时产生的大量耗散热只能在有限的散热面积和极短时间内排散掉。例如:对于空间攻防系统来说,要提高航天器攻击的突然性并保持其生存能力,航天器必须具备很大的轨道机动能力,其行为随机性较大,不再像目前一般航天器呈周期性变化规律。在这个过程中,航天器姿态可能发生较大变化,导致外部空间热流变化较大并影响到舱内仪器设备。此外,航天器可能使用的激光、微波等攻击载荷,由于在攻击的瞬间,其工作功率巨大,相应的发热功率也很大。对于先进飞机来说也是如此,例如多电飞机的飞行控制系统执行机构的控制组件,仅在起飞、着陆或机动飞行时才在大功率状态下工作,此时所耗功率可为巡航功率的 10 倍以上;隐身飞机上的许多设备,往往是飞机到达目的地时才开机,然后在大功率状态下以极短时间完成工作后返回。在其他系统和设备上也有类似情况,例如,全电动机车的刹车控制系统也只是在刹车时在大功率状态下工作极短时间;有些在特殊环境下工作的电动机短时或瞬间的过热保护,如采用快速热响应相变装置也要安全、经济得多。总之,随着科技的进步和新的任务要求不断涌现,短时或瞬间工作的大功率组件越来越多,而这些组件由于其任务的复杂性、突发性和瞬时性,把相变材料同热系统组合在一起的常规系统常因为所选择相变材料具有很差的导热性能而难以发挥作用。因为把电子组件的耗散热导入和随后导出相变材料是一个缓慢、低效甚至无效的过程,而实际应用要求热响应时间相对短(如大约 1 min)。这就意味着,虽然相变材料的潜热是大多数材料显热的 5～10 倍,但是航空器、航天器及其他一些高科技设备上的电子组件却因为要求热响应时间短而在峰值排热功率时段难以利用这一优点。

对于这种工作时间很短的大功率组件的冷却问题,国内外提出的解决方案之一是发展大制冷量的主动冷却系统。主动冷却系统对外部反应灵活、温度调节精度高,但其在寿命和可靠性上面临挑战,在重量和能耗上也受到限制,这一点在航空器、航天器和其他运载工具上体现特别明显。面对在大功率工况下工作时间短、散热多,而在常功率或低功率工况下工作时间长、散热少的情况,如果主动冷却系统依据大功率工况设计,其结果必然会造成系统重量过大,能耗大,且大多数情况下容量过剩;如果按常功率工况进行设计,其结果会造成大功率工况下组件的性能和热可靠性下降。这对于航空器和航天器有可能带来灾难性后果。

因此针对电子组件散热随时间变化,变工作周期、峰值功耗大大高于平均功耗以及要求局部散热的特点,必须采用新颖的热控系统设计概念:热控系统必须提供一个简单的主动冷却系统,其性能适应平均热载荷的需要;同时还须提供强化的、分布式的被动储热能力,以有效吸收分散、短时或瞬间工作的大功率组件的耗散热。

1. 提高瞬态热响应速度和有效传热能力的设计概念

图 8-31 所示为快速热响应相变储热装置的一种方案原理图。该装置包括一个内部装有高导热的平板式翅片结构的箱体和一个冷板(热交换器)。电子组件通过高导热材料底板和翅片能有效地把低功率工况下的耗散热传到冷板(热交换器)。来自主动冷却系统的冷却工质(液体或空气)的流量或温度指标是按大功率组件的平均耗散热设计的。冷却工质可通过冷板内部高性能翅片结构吸收大功率组件低功率时段的耗散热。相变材料被充装在箱体内的翅片结构之间,相变材料的质量根据大功率组件的排热要求确定。

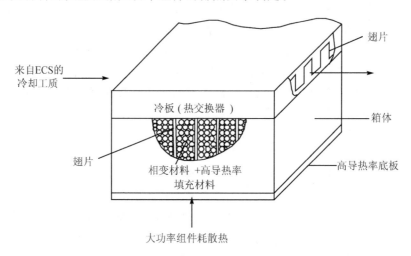

图 8-31 快速热响应相变储热装置方案 1

相变材料的瞬态热响应和有效传热能力的提高取决于以下设计概念:

① 采用高导热率的填充材料。

② 将固态相变材料分割成许多足够小的单元,使每一个相变材料小单元都具有小尺寸和大的传热面积/体积比。最好的方案就是利用填充材料把相变材料分割成小单元,这样可达到一举两得的效果。

③ 保证填充材料与翅片、底板和隔板的良好连接,以使热流通路热阻最小。最好是采用钎焊连接,避免采用导热脂、胶或环氧树脂连接,因为后者在高热流密度下热阻很大。采用焊接工艺使填充材料与底板、隔板和翅片连成一体,可在相变储热装置内部形成一体化的高导热性能传热网络。

④ 在相变材料中掺入 Cu、Al 等纳米粒子,利用这些纳米粒子的高导热性能、小尺寸效应

以及大的表面积/体积比,进一步提高相变材料瞬态热特性。

　　图 8-32 所示是另外一种快速热响应相变储热装置方案原理图,在这个方案中,"翅片+相变材料+高导热性能填充材料"的组合体被高导热性能隔板分割成模块式结构,在隔板与隔板(即模块与模块)之间布置高性能翅片,形成冷却空气或液体工质的通道。这种方案将冷板和相变储热装置在结构上合二为一,可以具有更好的传热效果,但工程实施上困难些。

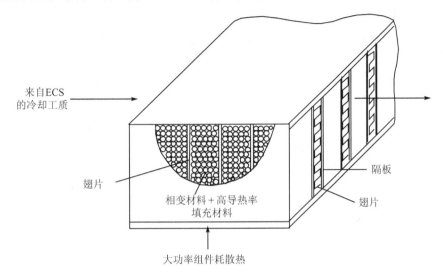

图 8-32　快速热响应相变储热装置方案 2

　　快速热响应相变储热装置中,冷板热沉可以是闭式蒸发循环制冷系统中的制冷剂,也可以是由蒸发循环制冷系统冷却的载冷剂回路的液体工质;可以是航天器中由辐射换热器冷却的单相流体回路的液体工质,也可以是飞机环境控制系统的引来的冷却液体或冷却空气。不论热沉的来源如何,但其流量和温度的设计指标是根据被冷却大功率组件的平均功率确定的,而不是按照传统热控制系统的设计概念由最大功率值来确定。由于短时大功率组件的平均功率大大小于其最大(峰值)功率,因此按平均功率设计可大大节省系统的体积、重量和能耗。当电子组件在低功率状态工作时,其耗散热通过底板及翅片传入冷板,由冷却工质带走,此时相变材料保持固态,没有发挥作用。由于冷却工质参数是按平均功率确定的,在冷却低功率状态时其冷量有余,因而尚有多余冷量储存于相变材料中。而当电子组件在短时大功率状态工作时,主要依靠储热装置中的相变材料迅速熔化的潜热吸收其耗散热(可用的有效储热还包括结构的显热、固态相变材料的显热和液态相变材料的显热),使电子组件芯片温度保持在允许范围内。而当电子组件恢复低功率状态工作时,冷板中的冷却工质利用其冷却电子组件富余的冷量,通过对流换热使相变材料冷凝成固体。

2. 快速热响应相变储热装置实施方案及相关问题的研究

　　快速热响应相变储热装置可以满足航空航天器上短时或周期工作大功率组件所要求的稳态散热能力、瞬态热响应和优良的储热特性,但其在设计和工艺上有一系列问题需要研究解决。

(1) 相变材料的选择

　　根据短时工作大功率密度器件的一般特性和环境条件,相变材料的熔点选择在 28～50 ℃范围内,要求质地均匀并具有良好的可充装性,与翅片和填充材料具有较好浸润和结合能力;

另外，可供选择的相变材料有精制石蜡等。

（2）填充材料的选择及强化传热机理的研究

随着新技术、新材料研究的进展，泡沫铜、泡沫铝等泡沫金属因其密度小、空隙率高、表面积/体积比（比表面积）大，从而使其具有其他填充材料所没有的优异特性。以泡沫铜为例，由于泡沫铜是由铜或铜合金基体在一定工艺下发泡制成，形如相互交结在一起的纤维，且在纤维的交点处存在着不规则的金属结点，因此泡沫铜具有良好的导热性能。尤其重要的是，泡沫铜可以使用焊接工艺将其与储热装置传热面（包括底板、隔板和翅片）焊接起来，这样可在相变储热装置内部形成一体化的传热网络，大大减小了装置内部热阻，增强了传热能力。而铝蜂窝由于其形成主要靠结构胶，因此不能用焊接工艺将它和受热面连接，只能采用胶接。这样使得传热面和填充材料间接触热阻较大，不利于传热。此外，泡沫铜在保证相变材料的可充装性及提高装置结构强度方面也优于铝蜂窝。

选择泡沫铜作为填充材料的另一个重要原因是泡沫铜是一种在铜基体中均匀分布着大量连通和不连通的通孔洞的新型轻质多功能材料，其本身具有很大比表面积。当相变材料在液态被注入装置中时，泡沫铜的孔洞自然将相变材料分隔成一个一个的小单元，而这每一相变材料小单元都具有小尺寸和大的比表面积，并被高导热率泡沫铜材料包覆，从而可大大提高相变材料热响应的速度和整体结构的有效传热。纯相变材料和填充有泡沫铜的相变材料储热装置传热示意图，如图8-33所示。

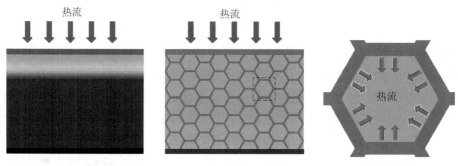

（a）纯相变材料储热装置　　　（b）泡沫铜的相变材料储热装置

图8-33　纯相变材料和填充泡沫铜的相变材料储热装置传热示意图

从理论上讲，泡沫铝也具有上述优点，因此泡沫铜和泡沫铝都可以作为强化固—液相变储热装置的填充材料。但泡沫铜除具有上述优点外，它在强度、延展性、可加工性、耐腐蚀以及储热性能等方面都优于泡沫铝。此外，泡沫铜可采用电化学方法生产，其优点是成本低，工艺流程相对简单，过程易于控制，能制造出高孔隙率、高强度和韧性好的泡沫铜材料，而国内目前制造高空隙率通孔泡沫铝的工艺尚不过关。因此，在现阶段泡沫铜应是首选的填充材料。泡沫铜的不足之处是铜密度大，约为铝的3倍。

（3）相变储热装置的制造工艺研究

泡沫铜（铝）与箱体、翅片的紧密接触和有效焊接，可保证整个装置具有尽可能低的热阻，也是快速热响应相变储热装置方案能否实现的关键之一。为此必须在泡沫铜（铝）的制造和切削加工、其他零部件的设计和制造公差控制、焊接夹具的合理对准和加载等工艺步骤上都必须仔细计算、摸索和试验。特别是要选择合适的焊料和最佳的焊接工艺。

另外，如何消除潜在的污染问题；如何选择、计算相变材料注入壳体的温度，以保证能注入最大质量且在冷凝后具有最小空率；此外，如何保证相变储热装置箱体能耐受相变材料在冷凝-融化过程中的膨胀和收缩而不泄漏和破坏，也是相变储热装置制造中具有挑战性的问题。

（4）稳态和瞬态传热特性的数值仿真研究

综上所述，无论是快速热响应相变储热装置方案的论证，还是系统设计参数的优化，都是一件非常庞杂的工作。计算机软、硬件技术的发展，使我们能够采用数值仿真技术对系统的稳态和瞬态热特性进行分析和计算，并根据数值仿真和热分析结果，完成方案论证和确定设计参数。这可以大大缩短设计、研制、试验的周期和降低成本，提高设计质量，并有助于深入探讨和研究一些理论问题。由于要重点解决相变储热装置的瞬态热响应问题，所以须建立装置三维瞬态热模型，并采用有限元方法对系统进行数值仿真。由于相变储热装置内部传热途径复杂，并涉及两相流传热、复杂边界条件和局部间歇发热源等问题，三维瞬态有限元热模型的建立和数值仿真都有一定难度，有需要探索、研究的新内容。

数值仿真重点研究：

① 不同系统设计方案下的稳态和瞬态热特性；

② 结构设计参数（包括翅片、泡沫铜（铝）的结构参数）对系统稳态和瞬态热特性影响；

③ 相变材料热物性参数和质量，以及主动冷却系统所提供冷却工质流量、温度等对系统稳态和瞬态热特性影响。

8.4.5　翅片/泡沫金属高效相变储能装置的实验研究

为了改善相变储热装置的导热性能，文献[26]采用泡沫铜作为填充材料制作了复合相变储热装置，实验表明泡沫金属的添加使得相变储热装置热性能得到了一定的改善。为了获得具有更优异热性能的相变储能装置，文献[27]进一步将泡沫铜与铜翅片相结合作为填充材料制作了翅片/泡沫金属相变储能实验件，对其在不同功率密度下的储能情况进行了测试，并与只添加泡沫铜作为填充材料的相变装置进行了对比。结果表明：金属翅片与泡沫金属相结合，同时改善了装置内部的导热能力和热扩散能力，使得储能效率明显提高。

1. 实验描述

（1）实验材料

实验中采用熔点较低（35.6 ℃）的石蜡作为相变材料，其纯度≥98%，这样实验过程中不会出现过高的温度，造成较大的热量损失。泡沫金属则选用孔径 2~3 mm、空隙率为 96% 的通孔型泡沫铜作为填充材料。实验中所涉及材料的热物性在表 8-6 中列出。

表 8-6　实验所涉及材料的热物性

名　称	密度/$(kg \cdot m^{-3})$	相变潜热/$(J \cdot kg^{-1})$	比定压热容/$(J \cdot kg^{-1} \cdot K^{-1})$	导热系数/$(W \cdot m^{-1} \cdot K^{-1})$
石蜡	770	241 000	2 350.0	0.274
铜	8 440	—	377	109

（2）实验件结构

将铜翅片嵌入泡沫铜作为实验件芯体，其尺寸为 100 mm×100 mm×25 mm，如图 8-34 所示。为减小接触热阻，芯体与铜底板、铜顶板通过焊接制成"三明治"结构，利用酚醛树脂绝热板封装以达到绝热效果，采用真空灌注法将石蜡填充到实验件壳体后完成实验件壳体的封装，如图 8-35 所示。为了测试储能装置的热性能，实验件沿厚度方向分为 5 个温度层，共

25 个测温点,实验件芯体结构及测温点布置示意图如图 8 - 36 所示。

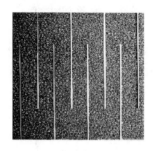

图 8 - 34　翅片/泡沫铜芯体

(a) "三明治"结构

(b) 实验件外观

图 8 - 35　实验件结构图

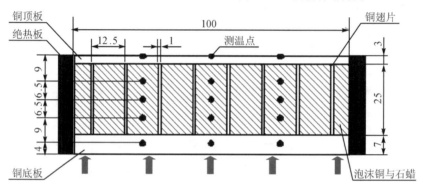

图 8 - 36　芯体结构及测温点布置示意图

同时制作了仅以泡沫铜为芯体的对比实验件,其结构尺寸及制作过程与翅片/泡沫铜实验件类似。

(3) 实验工况

实验在恒温箱内进行,环境温度 25~26 ℃。装置除顶板外表面,其余各面均采用绝热棉包裹以绝热,包裹厚度大于 50 mm,这样保证了热流从底板完全进入储热装置中,对环境的热量损失可忽略不计。为了避免液态石蜡出现自然对流,对实验结果造成影响,实验时将装置悬挂倒置(即受热面在上)。通过可调稳压电源控制底板中加热片的加热功率,进行了 500 W/m²、1 000 W/m²、2 000 W/m² 三种不同加热功率下的储热实验。

2. 测试及分析

进行了不同加热功率密度下的相变储能过程实验及热平衡实验,从稳态和瞬态两方面进行热性能分析,以获得翅片/泡沫铜装置在导热能力及储能效率上的改善程度。

(1) 装置有效导热系数

傅里叶定律:

$$q = \lambda \cdot \frac{\Delta t}{\delta}$$

式中,q 的单位为 W/m²。

为获得装置的有效导热系数,需测量一定功率密度下装置的温差。实验中测量了不同加热功率下达到稳定状态后的装置温度,并整理了各功率下装置顶-底层温差,如图 8 - 37 所示。

根据傅里叶定律,并对三个功率情况取平均,可得到装置有效导热系数如下:

$$\lambda_{\text{eff}} = \left(\frac{q_1 \delta}{\Delta T_1} + \frac{q_2 \delta}{\Delta T_2} + \frac{q_3 \delta}{\Delta T_3} \right) \cdot \frac{1}{3} = 2.84 \ \text{W/(m} \cdot \text{K)}$$

$$\lambda_{\text{eff}}^* = \left(\frac{q_1 \delta}{\Delta T_1^*} + \frac{q_2 \delta}{\Delta T_2^*} + \frac{q_3 \delta}{\Delta T_3^*} \right) \cdot \frac{1}{3} = 10.81 \ \text{W/(m} \cdot \text{K)}$$

式中：λ_{eff}——泡沫铜试件有效导热系数；

λ_{eff}^*——翅片/泡沫铜试件有效导热系数。

从结果可以看出，由于铜的导热能力远远大于石蜡，在泡沫铜的作用下，热量传递速度增大，导热能力为纯相变材料的 10 倍；而金属翅片的添加则使得装置沿翅片方向的导热能力大大提高，其有效导热系数约为单纯石蜡的 50 倍左右。

由于泡沫铜具有较高孔隙率，且通孔分布均匀细腻，泡沫铜与石蜡的混合物可假设为各向同性的均一物质。在此假设下，翅片与泡沫金属结合后装置的有效导热系数可利用如图 8 - 38 所示的并联导热模型，通过式(8 - 44)计算得出。

$$\lambda_{\text{eff}}^* = \frac{l_{\text{fin}}}{l_{\text{fin}} + l_{\text{min}}} \cdot \lambda_{\text{cop}} + \frac{l_{\text{mix}}}{l_{\text{fin}} + l_{\text{mix}}} \cdot \lambda_{\text{eff}} \tag{8 - 44}$$

式中：fin——翅片部分；

mix——泡沫铜与石蜡的混合物部分；

λ_{cop}——铜翅片的导热系数。

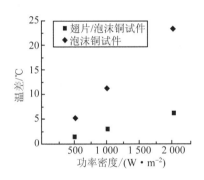

图 8 - 37　不同功率下装置顶-底层温差

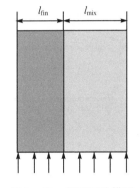

图 8 - 38　并联导热模型

将图 8 - 36 中的尺寸及根据实验数据计算所得到的混合物有效导热系数 λ_{eff} 代入式(8 - 44)，得到：

$$\lambda_{\text{eff}}^* = \left(\frac{1}{12.5} \times 109 + \frac{11.5}{12.5} \times 2.84 \right) \ \text{W/(m} \cdot \text{K)} = 11.33 \ \text{W/(m} \cdot \text{K)}$$

可以看出，计算结果与实验结果基本吻合，故而在已获得泡沫金属与石蜡混合物的有效导热系数的情况下，可将此混合物看作单一均匀物质并运用热阻分析对翅片/泡沫金属复合相变装置的有效导热能力进行估算。

（2）储能过程分析

对不同功率下各测温点的温度变化过程进行了测量和记录，数据采集时间间隔为 10 s，各测温层的温度变化曲线如图 8 - 39～图 8 - 41 所示，其中(a)图代表泡沫铜试件结果，(b)图代表翅片/泡沫铜试件结果。

图 8 - 39～图 8 - 41 的(a)图中，虽然泡沫铜在一定程度上提高了装置的导热能力，但其导热率绝对值仍然较小，储能过程中熔化层形成较大热阻，致使热量难以到达未熔化部分，底部

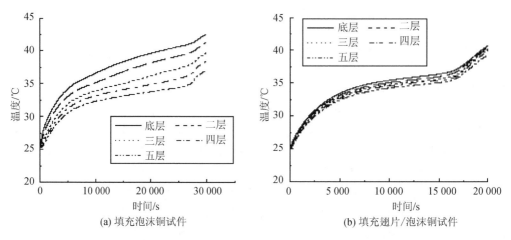

(a) 填充泡沫铜试件   (b) 填充翅片/泡沫铜试件

图 8-39　500 W/m² 工况下相变装置各温度层温度变化图

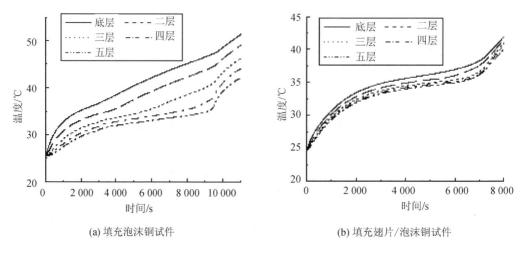

(a) 填充泡沫铜试件   (b) 填充翅片/泡沫铜试件

图 8-40　1 000 W/m² 工况下相变装置各温度层温度变化图

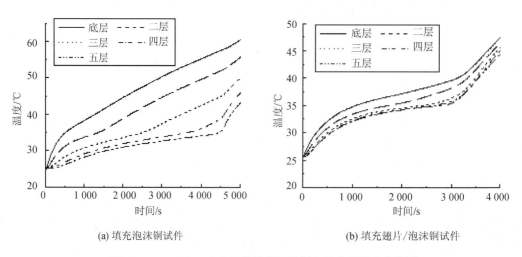

(a) 填充泡沫铜试件   (b) 填充翅片/泡沫铜试件

图 8-41　2 000 W/m² 工况下相变装置各温度层温度变化图

温度快速升高,装置内部也具有较大的温度梯度;而(b)图中,金属翅片的加入极大提高了热流方向的导热能力,并且热量沿翅片传递途中不断被泡沫铜扩散到整个装置内部,由石蜡相变吸收,形成一种树状热沉,大大缓解了底部热量堆积问题,底部温度低于泡沫铜试件 $10\sim30\ ^{\circ}\mathrm{C}$,并且整个储能过程中装置内部温度均匀,不存在较大的温度梯度。由于翅片热传递作用和泡沫铜热扩散作用的结合,使得翅片/泡沫铜相变装置内储能效率大大提高,相变储能过程所用时间远低于泡沫铜装置。

考虑到金属翅片的添加在提高了装置导热性能的同时,增加了装置重量并减少了装置内所含相变材料的量,即减少了装置单位质量所能吸收的热量。为了综合比较不同相变装置的储能效率,根据换热强化度提出储能强化度的概念。

以无相变的瞬态传热为参考,由相变引起的换热强化度为

$$\eta=\left(\frac{\pi}{2Ste}\right)^{1/2} \tag{8-45}$$

其代表了由于相变而引起的对加热面吸热速度(或散热面放热速度)的增强程度。据此,本文所提出的相变装置的储能强化度定义为

$$\eta_{\mathrm{X/Y}}^{*}=\frac{\eta_{\mathrm{X}}}{\eta_{\mathrm{Y}}}=\left(\frac{Ste_{\mathrm{Y}}}{Ste_{\mathrm{X}}}\right)^{1/2} \tag{8-46}$$

其中,储能强化度 $\eta_{\mathrm{X/Y}}^{*}$ 表示了所考察的相变储能装置 X,相对于作为参考的相变装置 Y 的储热速度的提高程度。

将斯蒂芬数 $Ste=\dfrac{\Delta t\cdot c_{p}}{L}=\dfrac{q\delta\cdot c_{p}}{\lambda L}$ 代入式(8-46),得

$$\eta_{\mathrm{X/Y}}^{*}=\left(\frac{c_{p\mathrm{Y}}\cdot\lambda_{\mathrm{X}}\cdot L_{\mathrm{X}}}{c_{p\mathrm{X}}\cdot\lambda_{\mathrm{Y}}\cdot L_{\mathrm{Y}}}\right)^{1/2} \tag{8-47}$$

式中:c_{p}——比定压热容,$\mathrm{J/(kg\cdot K)}$;

λ——导热系数,$\mathrm{W/(m\cdot K)}$;

L——相变潜热,$\mathrm{J/kg}$。

式(8-47)即为相变装置 X 相对于相变装置 Y 的储能强化度计算式。可以看出,当相变装置 X 的储能效率低于相变装置 Y 时,$\eta_{\mathrm{X/Y}}^{*}<1$;当相变装置 X 的储能效率等于相变装置 Y 时,$\eta_{\mathrm{X/Y}}^{*}=1$;当相变装置 X 的储能效率高于相变装置 Y 时,$\eta_{\mathrm{X/Y}}^{*}>1$。

运用式(8-47)分别对泡沫铜相变装置和翅片/泡沫铜相变装置相对于单纯相变材料的相变装置的储能强化度进行计算,其中有效比定压热容和有效潜热用以下方法计算:

$$c_{p}=\frac{\sum_{i}\omega_{i}\rho_{i}c_{pi}}{\sum_{i}\omega_{i}\rho_{i}} \tag{8-48}$$

$$L=\frac{\omega_{\mathrm{PCM}}\cdot\rho_{\mathrm{PCM}}\cdot L_{\mathrm{PCM}}}{\sum_{i}\omega_{i}\rho_{i}} \tag{8-49}$$

式中:ω——复合物中各组分的体积百分比;

ρ——密度。

泡沫铜相变装置和翅片/泡沫铜相变装置的储能强化度分别为

$$\eta_{\mathrm{foam/pcm}}^{*}=\left(\frac{2\ 350\times2.84\times165\ 441.3}{1\ 731.4\times0.274\times241\ 000}\right)^{1/2}=3.11$$

$$\eta^{*}_{\text{fin-foam/pcm}}=\left(\frac{2\ 350\times10.81\times98\ 385.1}{1\ 182.5\times0.274\times241\ 000}\right)^{1/2}=5.66$$

翅片/泡沫铜相变装置相对于泡沫铜相变装置的储能强化度为

$$\eta^{*}_{\text{fin-foam/foam}}=\frac{\eta^{*}_{\text{fin-foam/pcm}}}{\eta^{*}_{\text{foam/pcm}}}=1.82$$

由计算结果可以看出，泡沫金属的添加，通过改善导热能力从而大大提高了相变储能装置的储能效率，将翅片与泡沫金属相结合，其相变装置内储能效率得到进一步提高，达到了普通相变装置的 5 倍以上。

以上所推导的储能强化度计算式(8-47)在金属添加物分布均匀且空隙率较高时普遍成立，在类似情况下如果能准确知道金属添加物添加到相变储能装置后的有效导热系数与添加比例的关系，则可以通过寻求最大储能强化度以获得最优混合比例。

3. 结　论

① 通过添加泡沫金属和翅片/泡沫金属可以改善相变储能装置内部的导热能力，从而大大提高其储能效率。

② 翅片/泡沫金属相变储能装置的有效导热系数可以将泡沫金属与相变材料的混合物看作是均匀的单一物质，通过热阻分析进行估算。

③ 泡沫金属虽然在一定程度上改善了装置导热能力，但导热系数绝对值仍然较小，热阻较大，会形成热量堆积；然而将翅片与泡沫金属相结合，增强了热传导能力和热扩散能力，很好地缓解了因相变过程中产生的液态区热阻较大而引起的热量堆积问题，极大提高了储能效率。

④ 储能强化度概念较为全面地反映了相变储能装置的储能效率，在设计复合相变装置时，可以通过寻求最大储能强化度以获得最优混合比例。从储能强化度反映出，相对普通相变装置而言，泡沫金属和翅片/泡沫金属的添加分别将储能效率提高了 3.11 倍和 5.66 倍。

思考题与习题

8-1　简述相变过程的类型及其定义。

8-2　相变过程往往都涉及到流体介质，因而把它们都归到对流换热过程进行研究。与自然对流或强迫对流相比，增加温差会导致相变传热系数增大吗？

8-3　何谓显热，何谓潜热？为什么物质的汽化潜热大于熔化潜热？

8-4　用简单明确的语言说明对池沸腾、强制对流沸腾、过冷沸腾、饱和沸腾、核态沸腾及膜态沸腾的理解。

8-5　试说明池沸腾的 $q-\Delta t$ 曲线中各部分的换热机理。

8-6　什么叫珠状凝结，什么叫膜状凝结？膜状凝结时热量传递过程的主要阻力在何处？

8-7　从换热表面的结构而言，强化沸腾换热和强化凝结换热的基本思想各是什么？

8-8　采用直接浸没式相变冷却系统须考虑哪些主要因素？试从热、电、化学和机械等方面对冷剂-电子系统的相容性作出说明。

8-9　说明在液—气相变冷却系统中，压力效应与温度控制的关系。

8-10　说明提高固—液相变冷却系统传热性能的设计概念和主要措施。

8-11　大规模集成电路块采用如图 8-42 所示浸没冷却方法散热。冷剂受热沸腾后所产生的蒸气在其上部空间的竖直翅片表面上凝结。今有若干块面积为 25 mm² 的集成电路浸入一种冷剂中。已知 $t_s=50$ ℃，冷剂物性为 $\rho_1=1\,650$ kg/m³，$c_{p1}=1\,000$ J/(kg·K)，$\mu_1=6.85\times10^{-4}$ Pa·s，$\lambda_1=0.06$ W/(m·K)，$Pr_1=11$，$\gamma=6\times10^{-3}$ N/m，$r=1.05\times10^5$ J/kg，$C_{wl}=0.004$，$n=1.7$，集成电路块的表面温度 $t_w=70$ ℃，冷凝翅片表面的温度 $t_c=15$ ℃（采用外部制冷措施对其进行温度控制），每个冷凝翅片高 45 mm。试确定：

① 每个集成电路块的发热量；

② 冷却 200 个集成电路块所需的总冷凝翅片面积（m²）。

8-12　如图 8-43 所示：计算机芯片置于一热虹吸管的底部，通过制冷剂的沸腾吸收其散出的热量，在热虹吸管的上部通过凝结换热而把热量传递给冷却水。已知工质为 R134a，芯片处于稳态运行，其发热率设计为工质临界热流密度的 90%，芯片尺寸为 20 mm×20 mm，直径 $d=30$ mm，冷凝段壁温为 $t_w=30$ ℃。试计算芯片的表面温度及冷凝段长度 l。（沸腾温度为 50 ℃，$\rho_v=66.57$ kg/m³，$\gamma=5.26\times10^{-3}$ N/m。）

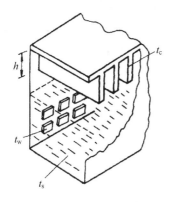

图 8-42　习题 8-11 附图

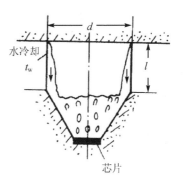

图 8-43　习题 8-12 附图

第9章 热管散热器

9.1 概述

热管是近几十年发展起来的一种具有很高导热性能的传热元件。热管这一概念最早是由美国 G. M 公司的高格勒（Gaugler）于1942年提出的。但由于当时科技发展的局限性，这一发明一直未能实现实际应用。直到1964年，由于宇宙航行对传热所提出的特殊要求，美国的格鲁弗（Grouer）等人再次提出并研制热管。自那时起，热管的理论研究和工程应用得到了突飞猛进的发展。1973年以来，已先后召开了多次国际热管会议。讨论的内容涉及热管理论、工作特性、相容性、特种热管和工程应用等问题。热管的应用范围已经从航天、航空器中的均温和控温，扩展到了工业技术的各个领域，石油、化工、能源、动力、冶金、电子、机械及医疗等各个部门都已应用了热管技术。随着科学技术的发展，人们对于热管的认识逐步深化，所提出的新概念也层出不穷，热管的性能将进一步提高，应用范围也将不断扩大。

9.1.1 热管及其工作原理

普通热管由管壳、起毛细作用的多孔结构物——吸液芯，以及传递热能的工质构成。吸液芯牢固地贴附在管壳内壁上，并被工质（如水等）所浸透。热管自身形成一个高真空的封闭系统，其结构如图9-1所示。

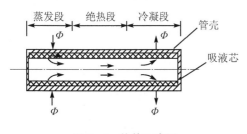

图 9-1 热管示意图

沿轴向可将热管分为三段，即蒸发段、绝热段和冷凝段。其工作原理是：外部热源的热量，通过蒸发段的管壁和浸满工质吸液芯的导热使液体工质的温度上升；液体温度上升，液面蒸发，直至达到饱和蒸气压，此时热量以潜热方式传给蒸气。蒸发段的饱和蒸气压随着液体的温度上升而升高。在压差的作用下，蒸气通过蒸气通道流向低压且温度也较低的冷凝段，并在冷凝段的气液界面上冷凝，放出潜热。放出的热量从气液界面通过充满工质的吸液芯和管壁的导热，传给管外冷源。冷凝的液体通过吸液芯回流到蒸发段，完成一个循环。如此往复，不断地将热量从蒸发段传至冷凝段。绝热段的作用除了为流体提供通道外，还起着把蒸发段和冷凝段隔开的作用，并使管内工质不与外界进行热量传递。

由工作原理可以看出，由于热量是由饱和蒸气传递的，故热管一般近乎等温；此外，热管是利用工质的相变进行热量传递，所以热管比任何金属的传热能力都要大得多。热管的类型虽然很多，但其工作原理都与普通热管相似。

9.1.2 热管的类型

热管可按各种标准来分类。按其工作温度范围，热管可分为以下3种：

① 低温热管 工作温度范围为 0~122 K,热管工质可选用的气体如氢、氖、氮、氧及甲烷等,它们的正常沸点全都低于其相应的工作温度。

② 中温热管 工作温度范围为 122~628 K,热管工质可选用普通制冷剂和液体,如氟利昂、甲醇、氨和水等。在一个标准大气压下,这些工质全都在 122~628 K 之间沸腾。

③ 高温热管 工作温度高于 628 K,热管工质可选用汞、铯、钾、钠、锂及银等液态金属,它们的正常沸点全都在 628 K 以上。

若按冷凝液的回流方式,热管可分为:

① 普通热管 冷凝液靠吸液芯的毛细力作用返回蒸发端。

② 重力辅助热管 冷凝液靠重力作用返回蒸发端。

这是目前在工业界应用最广的两种热管。按冷凝液的回流方式还有旋转热管、电流体动力热管、磁流体动力热管及渗透热管等多种形式,因篇幅所限,本章不做介绍。

热管也可按所用工质来分,并由工质来命名。例如,以丙酮作为工质的热管称为丙酮热管,以水作工质的热管称为热水管,以此类推。

9.1.3 热管的性能和特点

由热管的结构和工作原理可知,与固体热传导相比,热管有如下优点:

① 优良的导热性 由于热管在蒸发段和冷凝段均以相变潜热形式传热,所以与银、铜及铝等金属相比,单位质量的热管可以多传递几个数量级的热量。

② 等温性好 热管工作时,热管内蒸气处于饱和状态,蒸气流动和相变时的温差小,热管的表面温度梯度较小,所以等温性能好。

③ 优良的热响应性 如图 9-2 所示,蒸发段在启动后温度很快上升并稳定到热管的工作温度。

④ 便于从狭窄空间取出热量及远距离传递热量 由于热管的蒸发段和冷凝段可用绝热段隔开,可以在低温差下通过较长距离传递热量,所以有利于在狭窄的空间里,即从热量难以取出的地方向外传递热量。

⑤ 有变换热流密度的功能 若在蒸发段输入高的热流密度,则在冷凝段可输出低的热流密度,例如,按图 9-3 适当设计加热部分和冷却部分的尺寸、形状,即可改变热流密度,实现"热变压器"的功能。

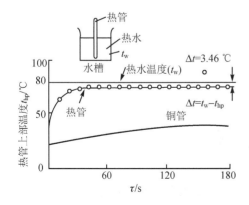

图 9-2 热管的热响应性图

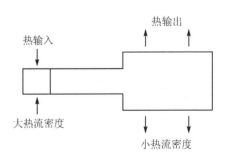

图 9-3 可改变热流密度的热管

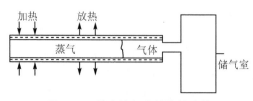

图9-4 带冷储气室的热控冷管

⑥ 选择适宜的工质和管壳材料 可制造出使用温度范围大,寿命长的热管。

⑦ 能在失重状态下工作 可用于宇宙飞船和人造卫星。

⑧ 具有可变热导性和可变热阻性 如图9-4所示,储气室内充填有惰性气体,通过改变工质蒸气与惰性气体分界面的位置来改变冷凝段的有效冷凝面积,从而可改变热管的总热导和总热阻。

⑨ 具有热二极管和热开关的功能 如图9-5和图9-6所示。由工作原理可知,热管中的蒸气和液体在维持质量平衡和力平衡的情况下不断循环,故可采用控制其中一种流体流动的方法控制其工作方式和传热量。如图9-5所示液体堵塞式热二极管,它在冷凝段右端有一储液室,当有热量从蒸发段传到冷凝段时,过量液相工质就被蒸气吹到储液室。只要蒸发段温度高于冷凝段温度,那么这根热管就能正常工作。然而,如果反向使用这根热管,那么过量液体工质被蒸气吹到无储液室的左段,造成液体堵塞冷凝段,从而使热管停止工作。如图9-6(a)所示排液式热开关,通过打开排液器排出液体,可使热管停止工作;如图9-6(b)所示翼片式热开关,用电磁力控制翼片,以截断蒸气流。热二极管、热开关和上述具有可变热导性的这类热管统称控制型热管。

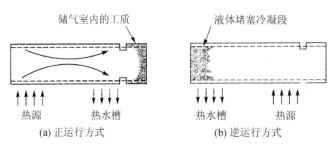

(a) 正运行方式　　　　　　　(b) 逆运行方式

图9-5 液体堵塞式热二极管

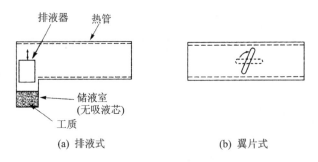

(a) 排液式　　　　　　　(b) 翼片式

图9-6 热开关

⑩ 热管结构简单,质量轻,体积小,工质循环无须消耗电能。

⑪ 无运动部件,无噪声,无振动,可靠性高,维修量小。

9.2　普通热管的毛细现象及阻力特性

普通热管由管壳、吸液芯和工质组成,图9-1为一种典型的普通热管构造原理图。

9.2.1　普通热管的毛细现象

热管工作时,蒸发消耗了液相工质,结果使蒸发段的液体—蒸气分界面缩进吸液芯表面,并导致分界面凹面一侧的蒸气压力 p_v 高于凸面一侧的液体压力 p_1。如图 9-7 所示,在液—气分界面上形成弯月面时,由 $(p_v - p_1)$ 定义的毛细压差可以按拉普拉斯-扬方程(Laplace and Young equation)计算:

$$\Delta p_c = \sigma \left(\frac{1}{R_1} + \frac{1}{R_2} \right) \qquad (9-1)$$

式中:R_1,R_2——弯月面的主曲率半径,m;

σ——液体的表面张力,N/m。

找到对于各种形式吸液芯结构的 $(1/R_1 + 1/R_2)$ 的最大值,即可根据式(9-1)求得最大毛细压差 Δp_{cm}。为了方便起见,实际上在热管应用中一般都把式(9-1)写成以下形式

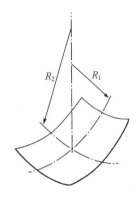

图 9-7　液—气分界面上的弯月面的几何形状

$$\Delta P_{cm} = \frac{2\sigma}{r_e} \qquad (9-2)$$

式中的有效毛细孔半径 r_e 是这样定义的:使 $2/r_e$ 等于各种不同吸液芯结构的 $(1/R_1 + 1/R_2)$ 的最大可能值。如果在液—气分界面上吸液芯毛细孔的几何形状比较简单,那么可以从理论上确定有效毛细孔半径的数值;而对于毛细孔几何形状比较复杂的情况,有效毛细孔的数值则要由实验确定。表 9-1 列出了几种吸液芯的 r_e 表达式。

对于圆柱形毛细孔,有 $R_1 = R_2 = R$,则 R 可由下列方程确定:

$$R = r/\cos \theta \qquad (9-3)$$

式中:r——圆柱形毛细孔的半径;

θ——湿润角(见图 9-8)。

表 9-1　几种吸液芯结构的有效毛细孔半径 r_e 的表达式

吸液芯结构	r_e 的表达式
圆柱	$r_e = r$
矩形槽道	$r_e = w,w$ 为槽道宽度
三角形槽道	$r_e = w/\cos \beta,w$ 为槽道宽度,β 为半夹角
平行细丝	$r_e = w,w$ 为细丝的间距
丝网	$r_e = (w+d)/2,w$ 为细丝的间距,d 为细丝的直径
填充球	$r_e = 0.41 r_{sp},r_{sp}$ 为球的半径

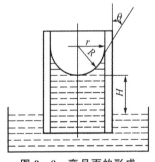

图 9-8　弯月面的形成

将式(9-3)中的 R 代入式(9-1),得出圆柱形毛细孔的毛细压差表达式为

$$\Delta p_c = p_v - p_1 = \frac{2\sigma \cos \theta}{r} \qquad (9-4)$$

当处于静止平衡状态时,此压差与液柱重力应平衡,即

$$\Delta p_c = \rho_1 g H \qquad (9-5)$$

式中:ρ_1——液体密度,kg/m³;

g——重力加速度,m/s²

H——液位提升高度，m。

因此，液位提升高度 H 可表示为

$$H = \frac{2\sigma \cos\theta}{\rho_1 g r} \qquad (9-6)$$

在某些简单结构下，如单管子，有可能从理论上计算毛细提升高度；而在大多数情况下，实验是确定 H 的唯一方法。

9.2.2 普通热管的阻力特性

要保证热管正常工作，必须使热管吸液芯产生的最大毛细压差 $(\Delta p_c)_{max}$ 足以能够克服以下三个阻力之和：

① Δp_1——液体从冷凝段返回到蒸发段的阻力；

② Δp_v——蒸气从蒸发段流到冷凝段的阻力；

③ Δp_g——重力压头，可以是"零"值、"正"值或"负"值，视热管的位置而定。

也就是要保证

$$(\Delta p_c)_{max} \geqslant \Delta p_1 + \Delta p_v + \Delta p_g \qquad (9-7)$$

如果不满足这个条件，就会使蒸发段内的吸液芯干涸，使热管工作停止。

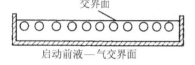

启动前液—气交界面

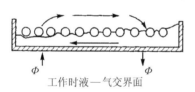

工作时液—气交界面

图 9-9 液—气交界面形状变化

1. $(\Delta p_c)_{max}$

由前述可知，毛细压差值与毛细管曲率半径有关。热管工作时，液—气交界面的形状要发生变化。在蒸发段，蒸发的结果使弯月面曲率半径 R_e 减小，而凝结的结果则使冷凝段液面的曲率半径 R_c 趋向无穷大，如图 9-9 所示。曲率半径的这种差别提供了使工作流体循环起来的毛细驱动力，所产生的压差是

$$\Delta p_c = 2\sigma \left(\frac{\cos\theta_e}{r_e} - \frac{\cos\theta_c}{r_c} \right) \qquad (9-8)$$

当 $\cos\theta_e = 1$ 且 $\cos\theta_c = 0$ 时，毛细压差最大，即

$$(\Delta p_c)_{max} = \frac{2\sigma}{r_e} \qquad (9-9)$$

式中：r_e——蒸发段毛细结构的有效半径，m；

r_c——冷凝段毛细结构的有效半径，m。

当蒸发段处于半球状凹面，冷凝段处平面时，可得到最大毛细压力。在蒸发段，由于工质蒸发，液面形成凹面；在冷凝段，由于蒸气冷凝，液体不断得到补充而形成近似平面，从而达到近似于式(9-9)的条件的状态。

对于在重力场中工作，与垂直方向成倾角 β（见图 9-10），且直径为 d 的热管，尚须考虑法向静压 $\Delta p_\perp$ 和轴向静压 $\Delta p_\parallel$，如下所示：

$$\Delta p_\perp = \rho_1 g d \sin\beta \qquad (9-10)$$

$$\Delta p_\parallel = \pm \rho_1 g l_t \cos\beta \qquad (9-11)$$

由此可得最大有效毛细泵力为

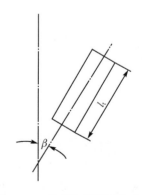

图 9-10 热管与竖直方向夹角

$$p_{p\,max} = p_{cm} - \Delta p_{\perp} - \Delta p_{\parallel} \qquad (9-12)$$

注意,当蒸发段朝下时,$\Delta p_{\parallel}$ 取负号。

2. Δp_1

液体从冷凝段返回蒸发段的流动阻力与吸液芯的结构和形状密切相关。下面的公式对层流流动适用,这也是在热管中遇到的标准流动状态。

（1）卷绕丝网吸液芯（见图 9－18(a)）

在卷绕丝网芯中,液体为层流流动时,由摩擦引起的压差可表示为

$$\Delta p_1 = \frac{\mu_1 q_{m,1} L_e}{\rho_1 K A_w} \qquad (9-13)$$

式中：$q_{m,1}$——液体的质量流量,kg/s;

　　　μ_1——液体的[动力]黏度,Pa·s;

　　　L_e——热管流动的有效长度,m,$L_e = l_a + (l_e + l_c)/2$,其中 l_a 为绝热段长度,l_e 为蒸发段长度,l_c 为冷凝段长度;

　　　ρ_1——液体密度,kg/m³;

　　　K——多孔物质的渗透率,m²;

　　　A_w——与流动方向相垂直的管芯结构的截面积,m²。

（2）覆网槽道吸液芯（见图 9－19(b)）

把网当作光滑表面给出,则

$$\Delta p_1 = \frac{4\mu_1 q_{m,1} L_e}{a^2 b^2 \rho_1 \phi N} \qquad (9-14)$$

式中：a,b——槽宽和槽深,m;

　　　N——槽数;

　　　ϕ——修正系数,可由表 9－2 查得。

表 9－2　修正系数 φ

$\dfrac{a}{b}$	1.0	0.8	0.6	0.4	0.2	0
ϕ	0.141	0.138	0.124	0.1	0.058	0

其他符号同前。

3. Δp_v

当液体吸收了汽化潜热而蒸发后,蒸发段内的温度比冷凝段内的温度稍高一些,因此蒸发段内的饱和压力比冷凝段内的饱和压力也要稍高一些,所产生的压差使蒸气从热管的蒸发段向冷凝段流动。这个压差造成的温降常常作为热管工作成功与否的一个判据,如果此温差小于 1 ℃,则热管常被说成是在"热管工况"下工作,即"等温"工作。

在热管蒸气压力较高、密度较大,而蒸气的流速不大的条件下,可将蒸气的流动看成为不可压缩流动（马赫数 $Ma < 0.2$）,这时

$$\Delta p_v = \frac{8\mu_v q_{m,v} L_e}{\pi \rho_v r_v^4} \qquad (9-15)$$

式中：μ_v——蒸气的[动力]黏度,Pa·s;

$q_{m,v}$——蒸气的质量流量,kg/s;

ρ_v——蒸气密度,kg/m³;

r_v——蒸气通道的半径,m。

4. Δp_g

Δp_g 为液体本身的体积力使液体两端产生的压差,换句话说,Δp_g 为平行热管轴线方向的重力效应所致,即

$$\Delta p_g = \pm \rho_1 g l_t \cos \beta \qquad (9-16)$$

式中:l_t——热管总长度,m;

β——热管与垂直方向的夹角(参见图 9 - 10)。

当热管的蒸发段向下时,重力辅助冷凝液回流,这时 Δp_g 取负号,反之取正号。

9.3　普通热管的传热性能

9.3.1　热管的传热极限

由于热管的工作是按照液相工质和蒸气的质量平衡和流体的力学平衡进行的,所以这些因素的许多限制造成了对传热性能的许多极限。其限制条件大致可分为,有关蒸气流动的限制和有关吸液芯内液体流动的限制。热管的工作温度和轴向热流密度之间的关系如图 9 - 11 所示。热管的工作点必须选择在极限曲线的下方。这些极限曲线的实际形状,随工质和吸液芯的材料以及热管形状等因素而变化。

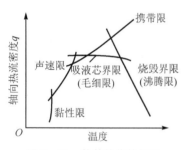

图 9 - 11　热管的传热极限

1. 声速限

所谓声速限是指在热管蒸发段出口蒸气速度不能超过声速的限制。它常用来限制和检查高温热管的工作状态。当蒸发段温度保持恒定,而冷凝段温度太低时,在热管中就出现这种情况,即蒸气密度下降,蒸气速度相应增加,一直到蒸发段出口速度达到声速为止。此时,蒸气流动受到限制,质量流量不再增加,蒸气在蒸发段出口呈现"壅塞"现象,就像在收敛喷管的喉道达到声速时的情况一样,从而破坏了热管的正常工作。如果进一步降低冷凝端温度,则传热热流量不再增加。由于热流量受阻塞流动条件的限制,热管沿轴向的温度变化很大,因而出现声速限。

根据 C. A. Busse 关于等温理想气体的假定,忽略蒸发段蒸气温度的变化,达到声速限的传热热流量为

$$\Phi_s = 0.474 r_s A_v \sqrt{\rho_v p_v} \qquad (9-17)$$

式中:A_v——蒸气通道截面面积,m²;

r_s——工质的汽化潜热,J/kg;

ρ_v——蒸气密度,kg/m³;

p_v——蒸气压力,Pa。

2. 黏性限

当热管在比声速极限区域更低的温度下启动时,蒸气密度极低,随着热管长度的增加,蒸

气黏性力的影响可能大大超过惯性力的影响。对于长热管和在启动时蒸气压很低的液态金属热管,有可能在一定温度下蒸气的全部压头仅够用于克服蒸气流动过程中因黏性力引起的摩擦损失,蒸气的压力在热管的末端达到零,蒸气的速度未达到声速,而热管的传热量达到极限。这一限制称为黏性限。

根据 C. A. Busse 对圆形热管所做的实验,假设热管属一维等温理想气体流动,其黏性限的轴向热流密度为

$$q_v = \frac{r_v r_s}{16 \mu_v L_e} \rho_v p_v \tag{9-18}$$

式中：r_v——蒸气通道半径,m;

$\quad\ \mu_v$——气态工质的[动力]黏度,Pa·s;

$\quad\ L_e$——热管的有效长度,m。

其余符号定义同前。

3. 携带限

热管工作时,蒸气与液体是逆向流动。在气—液交界面上的液体,因受逆向蒸气流剪切力的作用而产生波动。当蒸气流的速度足够高时,在波峰上产生的液滴被刮起并由蒸气携带至冷凝段,造成蒸发段毛细芯干涸,热管停止工作,这种过程称为携带限。携带限在很大程度上与吸液芯材料的表面毛细孔尺寸有关,还与工质的表面张力有关,缩小毛细孔的尺寸和采用表面张力大的流体,可避免携带液体的现象发生。出现携带的判断准则是韦伯尔数(W_e),它的定义为

$$W_e = \frac{\rho_v u^2 \lambda_1}{2\pi\sigma} \tag{9-19}$$

式中：λ_1——表示液体波的波长,m;

$\quad\ \sigma$ ——液体的表面张力,N/m;

$\quad\ u$——蒸气速度, m/s;

$\quad\ \rho_v$——蒸气密度,kg/m³;

$\quad\ W_e$——韦伯尔数,表示蒸气惯性力与液体表面张力之比,当 $W_e = 1$ 时出现携带限。

携带限的轴向热流密度为

$$q_e = \frac{\Phi_e}{A_v} = r_s \sqrt{\frac{\sigma \rho_v}{2r_{h,s}}} \tag{9-20}$$

式中：$2r_{h,s}$——气—液交界面上毛细结构的水力直径。对于槽道式管芯,$2r_{h,s}$ 为取槽的宽度;对于槽道覆盖丝网吸液芯,$2r_{h,s}$ 为取网孔尺寸。

4. 毛细限

毛细限是指热管内蒸气和液体流动等所需的压力降,不能超过毛细结构可能达到的最大毛细压力差。如果热管内蒸气和液体流动所需的压力降超过了最大毛细压力差,则说明在吸液芯内蒸发掉的液体比毛细唧送供给的液体要来得快,此时液—气弯月面就要一直向吸液芯内收缩,直到所有液体用尽为止。这使得蒸发段内的吸液芯干涸,热管停止工作。通常把蒸发段发生干涸前热管达到的最大传热热流量称为毛细限。

一般热管中蒸气流动压降 Δp_v 较小,可以忽略,在吸液芯沿热管长度分布均匀的条件下,毛细限的最大传热热流量为

$$\Phi_{c,max} = \frac{\rho_1 \sigma r_s}{\mu_1} \frac{K A_w}{L_e} \left(\frac{2}{r_e} - \frac{\rho_1 g l_t \cos \beta}{\sigma} \right) \qquad (9-21)$$

式中：l_t——热管总长度；

β——热管与竖直方向的夹角。

其余符号定义同前。

式(9-21)中的第一项均由工质的物性组成，一般称为工质的品质因素 N_1（单位为 W/m²），即

$$N_1 = \frac{\rho_1 \sigma r_s}{\mu_1} \qquad (9-22)$$

N_1 值可查表9-5。

式(9-21)第二项 $K A_w / L_e$ 表示吸液芯的几何特性。当不计重力影响($g=0$)，工质为理想的浸润状态($\cos \theta = 1$)时，最大传热量可写为

$$\Phi_{c,max} = 2 N_1 \frac{K A_w}{r_e L_e} \qquad (9-23)$$

电子设备用的普通热管的传热性能通常可按毛细限进行验算。

5. 沸腾限

热管中工质的相变可以是表面蒸发，也可以是在吸液芯内部的沸腾。所谓沸腾限是指在热管蒸发段输入的热流密度不能超过工质在毛细结构中产生膜态沸腾的临界热流密度的极限，因为膜态沸腾时传热能力要大大降低。

沸腾限的表达式为

$$\Phi'_b = \frac{2\pi L_e \lambda_e T_v}{r_s \rho_v \ln(r_i / r_v)} \left(\frac{2\sigma}{r_n} - \Delta p_c \right) \qquad (9-24)$$

式中：L_e——热管的有效长度，m；

λ_e——饱和吸液芯的有效导热系数，见表9-7，W/(m·K)；

T_v——蒸发端蒸气的热力学温度，K；

r_s——汽化潜热，J/kg；

ρ_v——蒸气密度，kg/m³；

r_i——热管内半径，m；

r_v——蒸气通道半径，m；

σ——表面张力，N/m；

r_n——蒸气泡核心半径，取 $r_n = 2.54 \times 10^{-7}$ m；

Δp_c——毛细压差，Pa。

9.3.2　热管的传热(温度)特性计算

因为传热过程与热阻密切相关，而热阻又直接影响温降，所以分析传热过程就可以找出求热阻的关系式，从而求出各项温降。

从热源经过热管直到冷源的整个传热体系包括以下9个传热过程：

① 从热源到热管蒸发段外表面的传热；

② 蒸发段管壁内部径向传热；

③ 蒸发段吸液芯径向传热；

④ 气—液交界面的蒸发传热；

⑤ 蒸气轴向流动传热；

⑥ 冷凝段气—液交界面的冷凝传热；

⑦ 冷凝段吸液芯径向传热；

⑧ 冷凝段管壁内部径向传热；

⑨ 冷凝段外表面到冷源的传热。

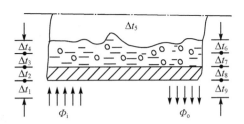

如果引入热阻的概念，则热管的传热过程可用图 9 - 12 所示的等效热路表示，的 $\Delta t_1, \Delta t_2, \cdots, \Delta t_9$ 分别为各相应热阻引起的温差。各个热阻的计算关系式如表 9 - 3 所列。

表 9 - 3 中备注中的数字表示水热管各项热阻的数量级。

表 9 - 3 中各符号的意义如下：

A_e, A_c——分别表示蒸发段和冷凝段的表面面积，m^2；

α_e, α_c——分别表示蒸发段和冷凝段的表面传热系数，$W/(m^2 \cdot K)$；

l_e, l_c——分别表示蒸发段和冷凝段的长度，m；

λ——固体壁面的导热系数，$W/(m \cdot K)$；

d_i, d_0——分别表示圆筒热管的内、外直径，m；

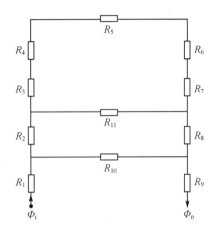

图 9 - 12 热管等效热路图

表 9 - 3 热管传热热阻

热阻名称	热 阻	备 注
热源与蒸发段外表面的传热热阻 R_1	$R_1 = \dfrac{1}{\alpha_e A_e}$	$10^{-3} \sim 10$
蒸发段管壁的径向热阻 R_2	平均结构 $R_2 = \dfrac{\delta}{\lambda A_e}$ 圆管结构 $R_2 = \dfrac{\ln(d_o/d_i)}{2\pi\lambda l_e}$	10^{-1}
蒸发段吸液芯径向热阻 R_3	平板结构 $R_3 = \dfrac{\delta_w}{\lambda_e A_e}$ 圆管结构 $R_3 = \dfrac{\ln(d_i/d_v)}{2\pi\lambda_e l_e}$	10 适用于液态金属，对于非金属，给出的是上限值
蒸发段气—液交界面蒸发热阻 R_4	$R_4 = \dfrac{R_g T_{v,e}^2 (2\pi R_g T_{v,e})^{1/2}}{r_s^2 p_v A_e}$	10^{-5} 可忽略
蒸气流轴向流动热阻 R_5	$R_5 = \dfrac{R_g T^2 \Delta p_{v,e}}{\Phi r_s p_v}$	10^{-8} 可忽略
冷凝段气—液交界面冷凝热阻 R_6	$R_6 = \dfrac{R_g T_{v,e}^2 (2\pi R_g T_{v,e})^{1/2}}{r_s^2 p_{v,e} A_c}$	10^{-5} 可忽略

热阻名称	热 阻		备 注
冷凝段吸液芯径向热阻 R_7	平板结构　$R_7 = \dfrac{\delta_w}{\lambda_e A_c}$		10
	圆管结构　$R_7 = \dfrac{\ln(d_i/d_v)}{2\pi\lambda_e l_c}$		
冷凝段管壁径向热阻 R_8	平板结构　$R_8 = \dfrac{\delta}{A_c}$		10^{-1} 对于薄壁圆管,
	圆管结构　$R_8 = \dfrac{\ln(d_o/d_i)}{2\pi\lambda A_c}$		$\ln(d_o/d_i) = d/r$
冷凝段管壁外表面与冷却介质的热阻 R_9	$R_9 = \dfrac{1}{\alpha_c A_c}$		$10^3 \sim 10$

d_v——蒸气通道直径,m；

δ, δ_w——分别表示热管管壁和吸液芯的厚度,m；

λ_e——吸液芯的有效导热系数（或称组合导热系数,见表 9 - 7）,W/(m·K)；

r_s——工质的汽化潜热,J/kg；

p_v——热管内的蒸气压力,Pa；

R_g——蒸气的气体常数,$R_g = R/M$；

R——通用气体常数,$R = 8.3 \times 10^3$ J/(mol·K)；

M——蒸气的摩尔质量,水蒸气在 100 ℃时 $M = 18$ kg/mol；

T——蒸气的热力学温度,K；

$T_{v,e}, T_{v,c}$——分别表示蒸发段和冷凝段的蒸气热力学温度,K。

按等效热路图 9 - 12 可知,热管的总传热热流量（单位为 W）为

$$\Phi = \frac{\sum \Delta t_n}{\sum R} \tag{9 - 25}$$

式中,$\sum \Delta t_n = \Delta t_1 + \Delta t_2 + \cdots + \Delta t_n$。

由于通过管壁的轴向导热热阻 R_{10} 与吸液芯的轴向导热热阻 R_{11} 较大,在并联热阻回路中予以忽略,故总热阻（单位为 K/W）为

$$\sum R = \sum_{n=1}^{9} R_n \tag{9 - 26}$$

例 9 - 1　对于装在印制电路板上集成电路存储器产生的热量,采用热管散热。试计算所需传热面积。

设计条件：在印制电路板和集成电路之间,插入扁形热管。集成电路和热管接触,并将其热量传给热管。热管的一端装有翅片,采用强制空冷方式,热管的工作位置为水平状态。

① 每个集成电路存储器的耗散功率 $\Phi = 0.5$ W,结壳热阻 $R_{j\text{-}c} = 25$ K/W；

② 集成电路的数量为 4 个；

③ 集成电路与热管间的热阻 $R_{IC\text{-}HPC} = 0.2$ K/W；

④ 热管热阻 $R_{HP} = 1$ K/W；

⑤ 大气温度 $t_a = 30$ ℃；

⑥ 集成电路表面温度(最高)$t_{IC}=70$ ℃;

⑦ 当强制空冷的风速为 2 m/s 时,该热管与空气间的表面传热系数 $\alpha_{HPC-a}=23.26$ W/(m² · K);

⑧ 所采用热管尺寸为 40 mm×15 mm×2 mm。

解:1) 传热计算

① 散热器热流程图如图 9-13 所示。

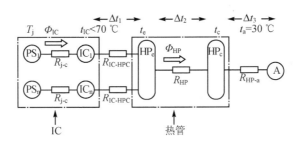

图 9-13　集成电路热管散热器热流程图

图 9-13 中:Φ_{IC}——流过集成电路的热流量,W;

$\qquad\Phi_{HP}$——流过热管的热流量,$\Phi_{HP}=4\Phi_{IC}$,W;

$\qquad R$——热阻,K/W;

$\qquad\Delta t$——温差,$\Delta t_1=t_{IC}-t_e$,$\Delta t_2=t_e-t_c$,$\Delta t_3=t_c-t_a$,℃。

② Δt_1 和 Δt_2 的计算如下:

$$\Delta t_1=\Phi_{IC}R_{IC-HPC}=0.5\times 0.2\ ℃=0.1\ ℃$$
$$\Delta t_2=\Phi_{HP}R_{HP}=2\times 1\ ℃=2\ ℃$$

③ 各部分温度计算如下:

$$t_e=t_{IC}-\Delta t_1=(70-0.1)\ ℃=69.9\ ℃$$
$$t_c=t_e-\Delta t_2=(69.9-2)\ ℃=67.9\ ℃$$
$$\Delta t_3=t_c-t_a=(67.9-30)\ ℃=37.9\ ℃$$

④ 所需传热面积 A 计算如下:

$$A=\frac{\Phi}{\alpha\Delta t}$$

$\Phi=\Phi_{HP}=2.0$ W,当风速为 2 m/s 时,$\alpha_{HPC-a}=23.26$ W/(m² · K),$\Delta t=\Delta t_3=37.9$ ℃,所以

$$A=\frac{\Phi}{\alpha\Delta t}=\frac{2.0}{23.26\times 37.9}\ \text{m}^2=0.002\,3\ \text{m}^2$$

因此,需装设 40 mm×15 mm 的热管 4 片。

2) 设计校核

① 加热部分的热流密度计算如下:

$$q_w=\frac{\Phi_{IC}}{0.4\times 0.2}=6.25\ \text{W/cm}^2$$

② 热管内的热流密度计算如下:

$$q_{HP}=\frac{\Phi_{HP}}{0.4\times 0.2}=25\ \text{W/cm}^2$$

③ 集成电路的汇接点温度计算如下：

已知 $R_{j\text{-}c}=25$ K/W，所以

$$T_j = T_{IC} + \Phi_{IC} R_{j\text{-}c} = (70 + 0.5 \times 25)\ ℃ = 82.5\ ℃$$

例 9 - 2 在已知下列参数的条件下，计算各传热限。

管壳材料：不锈钢，圆形结构，管内径 $\phi 5$ mm，管外径 $\phi 6$ mm。

热管总长：$l_t = 360$ mm，蒸发段和冷凝段的长度 $l_e = l_c = 170$ mm。

吸液芯：五层不锈钢网，厚 0.5 mm，网直径 $d = 0.05$ mm，网间距 $w = 0.5$ mm。

工质：甲醇。

工作温度：40 ℃。

甲醇在 40 ℃时的物性参数（查参考资料）如下：

液体密度 $\rho_1 = 773$ kg/m³；

液体的动力黏度 $\mu_1 = 0.456 \times 10^{-3}$ Pa·s；

表面张力 $\sigma = 20.85 \times 10^{-3}$ N/m；

汽化潜热 $r_s = 11.4 \times 10^5$ J/kg；

蒸气压力 $p_v = 0.4 \times 10^5$ Pa；

蒸气密度 $\rho_v = 0.54$ kg/m³；

蒸气的动力黏度 $\mu_v = 1.01 \times 10^{-5}$ Pa·s。

解：1）毛细泵力计算

毛细半径 $r_e = (w + d)/2 = 2.75 \times 10^{-4}$ m；

最大毛细压力 $p_{cm} = 2\sigma/r_e = 151.6$ Pa；

法向静压 $\Delta p_\perp = \rho_1 g d \sin \beta$；

竖直位置 $\Delta p_\perp = 0$；

水平位置 $\Delta p_\parallel = \rho_1 g d = 37.92$ Pa；

轴向静压 $\Delta p_\parallel = \pm \rho_1 g l_t \cos \beta$；

竖直位置 $\Delta p_\perp = \rho_1 g l_t = 2\ 727$ Pa；

水平位置 $\Delta p_\parallel = 0$；

最大毛细泵力 $\Delta p_{P,max} = p_{cm} - \Delta p_\perp - \Delta p_\parallel$；

竖直位置 $\Delta p_{P,max} = (166.8 - 0 + 2\ 727)\ Pa = 2\ 893.8$ Pa（蒸发段朝下）；

水平位置 $\Delta p_{P,max} = (166.8 - 37.92 + 0)\ Pa = 128.9$ Pa。

2）工质的品质因素计算

$$N_1 = \frac{\rho_1 \sigma r_s}{\mu_1} = \frac{773 \times 20.85 \times 10^{-3} \times 11.4 \times 10^5}{45.6 \times 10^{-5}}\ W/m^2 = 4.03 \times 10^{10}\ W/m^2$$

3）吸液芯渗透率计算

由表 9-6 得

芯子空隙度 $\varepsilon = 1 - \dfrac{\pi s d}{4D} = 1 - \dfrac{\pi \times 1.05 \times 5 \times 10^{-5}}{4 \times 5 \times 10^{-4}} = 0.917\ 5$；

芯子渗透率 $K = \dfrac{d^2 \varepsilon^3}{122(1-\varepsilon)^2} = \dfrac{(5 \times 10^{-5})^2 \times (0.917\ 5)^3}{122 \times (1 - 0.917\ 5)^2}\ m^2 = 2.33 \times 10^{-9}\ m^2$。

4）吸液芯横截面积计算

$$A_w = \frac{\pi(d_i^2 - d_v^2)}{4} = \frac{\pi \times (5^2 - 4^2) \times 10^{-6}}{4} \text{ m}^2 = 7.07 \times 10^{-6} \text{ m}^2$$

式中，$d_v = d_i - 2\delta = (5 - 2 \times 0.5) \times 10^{-3}$ m $= 4 \times 10^{-3}$ m。

5）热管毛细限计算

热管有效长度为

$$L_e = l_a + (l_c + l_e)/2 = [0.02 + (0.17 + 0.17)/2] \text{ m} = 0.19 \text{ m}$$

$$\Phi_{c,max} = 2N_1 \left(\frac{KA_w}{r_e L_e}\right) = 2 \times 4.03 \times 10^{10} \left(\frac{2.33 \times 10^{-9} \times 7.07 \times 10^{-6}}{2.75 \times 10^{-4} \times 0.19}\right) \text{ W} = 25.4 \text{ W}$$

6）声速限计算

$$\Phi_s = 0.474 r_s A_v \sqrt{\rho_v p_v} =$$
$$\left[0.474 \times 11.4 \times 10^5 \times \frac{\pi}{4} \times (4 \times 10^{-3})^2 \times \sqrt{0.54 \times 0.4 \times 10^5}\right] \text{ W} = 997.4 \text{ W}$$

7）携带限计算

$$\Phi_e = A_v r_s \sqrt{\frac{\sigma \rho_v}{2 r_{h,s}}}$$

式中，$r_{h,s}$——取吸液芯半径，$r_{h,s} = 2.5 \times 10^{-4}$ m。

$$\Phi_e = \left[\frac{\pi}{4} \times (4 \times 10^{-3})^2 \times 11.4 \times 10^5 \times \sqrt{\frac{20.85 \times 10^{-3} \times 0.54}{2 \times 2.5 \times 10^{-4}}}\right] \text{ W} = 67.94 \text{ W}$$

8）沸腾限计算

$$\Phi_b = \frac{2\pi L_e \lambda_e T_v}{r_s \rho_v \ln(r_i/r_v)} \left(\frac{2\sigma}{r_n} - \Delta p_c\right)$$

查表 9 - 7 得吸液芯的有效导热系数 λ_e 如下：

$$\lambda_e = \frac{\lambda_1 [(\lambda_1 + \lambda_w) - (1-\varepsilon)(\lambda_1 - \lambda_w)]}{(\lambda_1 + \lambda_w) + (1-\varepsilon)(\lambda_1 - \lambda_w)}$$

式中，甲醇液体的导热系数 $\lambda_1 = 0.2$ W/(m·K)；不锈钢网的导热系数 $\lambda_w = 17.3$ W/(m·K)；吸液芯丝网的空隙率 $\varepsilon = 0.92$，代入上式可得 $\lambda_e = 0.234$ W/(m·K)，蒸气泡核心半径 $r_n = 2.54 \times 10^{-7}$ m。

由于 $2\sigma/r_n \gg \Delta p_c$，所以略去末项，即

$$\Phi_b = \left[\frac{2\pi \times 0.19 \times 0.234 \times (273 + 40)}{11.4 \times 10^5 \times 0.54 \times \ln(5/4)} \times \frac{2 \times 20.85 \times 10^{-3}}{2.54 \times 10^{-7}}\right] \text{ W} = 104.5 \text{ W}$$

由上述计算结果可知，该热管的各传热限值为：毛细限 $\Phi_c = 25.4$ W，声速限 $\Phi_s = 997.4$ W，携带限 $\Phi_e = 67.9$ W，沸腾限 $\Phi_b = 104.5$ W。因此，热管只要设计在低于毛细限的功率范围内工作，则可认为是安全的。

9.4　重力辅助热管和可变导热管

9.4.1　重力辅助热管

重力辅助热管（GAHP，简称重力热管）是在地面重力场中广泛使用的一种热管，其结构如图 9 - 14 所示。

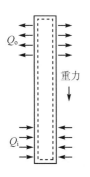

图 9-14　重力辅助热管

重力热管的结构特征是热管的冷凝段置于蒸发段之上,其冷凝液靠重力作用进行回流。因此,重力热管从原理上讲可以不需要吸液芯为液体工质回流提供毛细力了;但实际工程应用中重力热管仍有用吸液芯和不用吸液芯两种类型。不用吸液芯的重力热管常称为两相流热虹吸管,这种热管结构简单,成本低廉,但研究表明,当热流增加时,有可能使沿壁回流的冷凝液还未到达管底部即已干涸。有吸液芯的重力热管在工质充装量足够时不会出现干涸现象,但当达到一定热流密度时会出现沸腾限。

由于重力热管内部传热与流动现象十分复杂,目前对重力热管传热极限的研究还没有成熟的理论,但有相当一部分学者认为,液阻极限是这种热管性能的主要限制。

K. T. Feldman 等人根据液阻极限所导出的临界热流量计算式如下:

$$q_{max} = 0.007\,4(K_T)^{0.817}(\sin\beta)^{0.026}(\psi)^{0.33} \qquad (9-27)$$

式中:$K_T = \rho_v^{0.5} r_s [\sigma g(\rho_1 - \rho_v)]^{0.25}$,$W/m^2$;

ρ_1,ρ_v——分别为液体和蒸气的密度,kg/m^3;

r_s——汽化潜热,kJ/kg;

σ——表面张力,N/m;

g——重力加速度,m/s^2;

β——倾斜角,$1.5° < \beta < 20°$;

ψ——充液量,$2.3\% < \psi < 18\%$(热管容积)。

式(9-27)所得出的临界热流密度与实验结果相比较,其误差在 20% 以内。

实验研究表明,重力热管的最大传热能力 Φ_{max} 或 q_{max} 与各因素的关系如下:

① 热管传热量随倾角 β 的增加而有所增加。对于较少工质充装量的重力热管,其 Φ_{max} 随 β 的增加十分明显;如果充装量较大,则达到一定的 β 值后 Φ_{max} 的增加就显得平缓。这是由于蒸发段端部此时已有液体工质存留,不需再借助于倾角的增加来提高传热量了。由图 9-15 可以看出,重力热管的倾角以 30°～60°为宜。

② 随着充液量(通常是指热管中工质的充填容积和蒸发段容积之比)的增加,开始最大传热能力 Φ_{max} 也增加。但当增加到一定值后 Φ 又逐渐下降。由图 9-16 可以看出,一般情况下

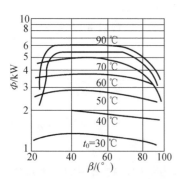

图 9-15　β 值对传热性能影响

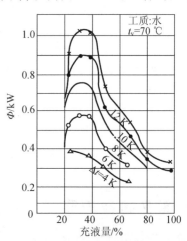

图 9-16　充液量与传热性能的关系

当充液量为 30%～40% 时,传热量达最大值,并随温差 Δt 的增加传热量增大。

③ 最大热流密度 q_{max} 随吸液芯网层数的增加而减小,当层数相同时则随着网芯目数的增加而增加。

重力热管具有结构简单、传热量大、工艺易行和成本低廉等优点,因此,其在电子设备上的推广应用前景广阔,包括地面电子、电气设备的热控制、电子设备的能量转换及能量回收、太阳能集热器等。

9.4.2　可变导热管

图 9-1 所示普通热管虽然有很高的热导,但其热导值几乎是不变的。因此,当热管的热负荷或热沉条件变化时,热管的工作温度亦随之改变。但实际工程应用中,往往要求保持热管的某些部分在整定的范围内。采用一定的方法使热管的热导随着热负荷或热沉条件而改变,从而达到恒定热管某部分温度的目的,这样的热管称之为可变导热管或可控热管。

改变热管热导的方式一般有 3 种:

① 液体流动控制:阻碍工质自冷凝段返回到蒸发段,使蒸发段局部干涸,减小蒸发段面积,使热导降低。

② 蒸气流动控制:用改变蒸气流动通道的办法来改变热导。

③ 冷凝段气体阻塞(充气热管):在冷凝段内充填惰性气体,如氮、氦、氩等,一旦热管启动,蒸气流将驱使气体至冷凝段,因惰性气体为不凝气体,就相当于减少部分冷凝面积,从而使热导减少。

前两种方式,因控制机构比较复杂,较为少用,工程上常用第三种方式。

图 9-17(a)、(b)、(c)、(d)、(e)为充填有惰性气体的可控热管示意图。

在热管工作的时候,蒸气从蒸发段流向冷凝段。结果,存在于蒸气中的任何不凝气体都被一起吹走,而且由于这种气体是不凝结的,因此它们就都在冷凝段积聚起来,从而阻断一部分冷凝段,不凝气体的容积或者可以是自行控制的(即由工质的蒸气压力控制),也可以是反馈控制的(即由外部反馈系统控制)。

图 9-17(a)、(b)、(c)所示的原理图是几种自行控制热管的实例。其工作原理是:如果增加热负荷 Φ,则热管工作温度 T_V 上升,蒸气总压增加,因而压缩不凝气体,使有效冷凝长度增加,热导增大,这样可使热管工作温度 T_V 的上升得到控制。反之,当热负荷减小时,蒸气温度降低,蒸气总压减小,则不凝气体膨胀,有效冷凝长度减小,热导降低,使温度 T_V 不再下降,这样起到了恒定热管工作温度 T_V 的作用。为提高控制,在冷凝段端部连接有储气室,储气室内可有吸液芯与热管吸液芯连通,也可不铺设吸液芯。采用图 9-17(a)所示的无芯冷储气室的结构可以保持不凝气体的温度接近室温,采用图 9-17(b)所示的有芯冷储气室的结构可以保持不凝气体的温度接近于热沉温度,而采用图 9-17(c)所示的有芯热储气室的结构则可以保持不凝气体的温度接近于蒸气温度。

图 9-17(d)表示一种带有外部反馈控制的热管。在这种系统中,传感器(例如热电偶)测量某个基准位置的温度,并把信息传给控制器。控制器把基准温度跟整定值做比较,同时把信号送给控制机构(例如电加热器)。控制机构按要求加热或冷却不凝气体,以保持基准温度跟整定值精确相符。在采用图 9-17(e)所示机械反馈系统的情况下,基准温度升高,使控制流体发生膨胀,结构改变热管波纹管中不凝气体的容积,从而使冷凝段工作部分加长。

由图 9-17 可见,这些可变导热管均以改变蒸气与惰性气体分界面的位置来改变冷凝段

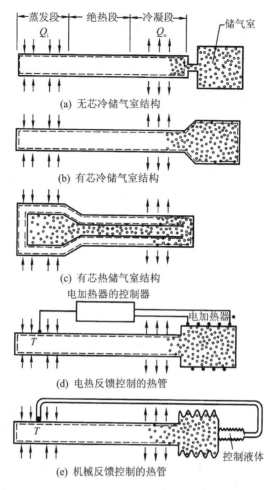

图 9 - 17　几种可控热管的示意图

的有效冷凝面积，从而控制传热量的变化，以达到恒定温度的目的。

　　另外，美国科学家还推出了一种平板式可变导热管，其表面尺寸为 1 270 mm×860 mm，内部热负荷变化为 2～3.61 W/cm^2，控温范围为（20±5）℃，适用于航天飞行器可展开式的大型热辐射器。

9.5　热管设计

　　热管主要由工质、吸液芯及管壳组成。热管设计的任务是根据使用要求及工作条件，选择工质和管壳材料，设计吸液芯结构及管壳几何尺寸，进行工质充装量计算，以及最后进行传热量和强度校核等。

9.5.1　设计技术要求

1. 工作温度

　　根据军用电子元器件和设备的热控制要求，热管的工作温度范围一般为 −45～125 ℃，民用器件的许用范围可宽些。个别器件，如速调管的集电极的许用温度为 270 ℃。工作温度范围是选择热管工质类型和进行管壳耐压能力设计的主要依据。

2. 传热量及传输长度

根据电子器件及设备的耗散功率和工作环境条件确定热管所需传递的功率以及传输的距离,并据此确定热管的尺寸、数量和吸液芯的结构。

3. 温度均匀性

按电子器件均温、恒温或控温要求,进行蒸发段、冷凝段的设计,确定吸液芯形式和管壳的几何形状及尺寸。

4. 环境条件

根据电子设备的工作环境条件(地面、海上、空中或空间等),评估重力对热管工作的影响;根据热管的热环境条件,确定电子设备与蒸发段以及冷凝段与冷却介质的连接方式。

5. 结构尺寸

根据工程应用要求,确定热管外形、尺寸及质量等。

6. 其　他

包括对热管的瞬时特性、制造工艺、可靠性及寿命等方面的要求。

以上设计技术要求,有些可能是相互矛盾或相互制约的,设计者应对各种因素进行综合比较,提出热管设计的优化方案。

9.5.2　工质选择

选择工质是热管设计中很重要的一个方面,它关系到热管的整体性能、寿命及使用可靠性。选用何种工质,在很大程度上取决于流体的物理性质,也取决于流体与管壳和吸液芯的化学相容性。所谓相容性,从腐蚀观点考虑,即当工质对管壳和吸液芯不腐蚀、不产生不凝气体时,则认为有相容性。当不相容时,管壳壁和吸液芯被腐蚀,产生不凝气体。热管中产生这种不凝气体时对它的性能有不利影响。当热管工作时,不凝气体被冲向冷凝段,形成一个停滞的气体区。这样,热量通过这个区传递给液体-吸液芯表面,主要靠传导。由于这种传导比正常冷凝过程中产生的传热慢得多,因此含有停滞气体的区域就不再成为热管的工作部分,结果使热管长度实际上缩短了,因而减弱了总的轴向传输能力。不凝气体区的长度与系统内的工作温度和压力有关。另外,产生的不凝气体也会堵塞吸液芯,影响热管工作。表 9-4 列举了几种工质与常用材料的相容情况。表中所列结果,不是从通常的热管工作中得来的,而是各种研究人员对热管具体试验的结果。

表 9-4　几种工质与常用材料的相容情况

材料工质	不锈钢	铜	铝	镍	钛
水	+	+	-	-	+
氨	+	+	+	+	+
甲醇	+	+	-	+	-
丙酮	+/-	+	+	+	0
氟利昂	0	0	+	0	0

注:"+"号表示工质与材料相容;"+/-"号表示关于这种材料的应用有互相矛盾的报道;"-"号表示材料与工质不相容;"0"号表示缺乏资料。

工质的物理性质对热管性能有很大影响。如工质表面张力大,可以提供较大毛细力;黏性低和密度高可以减少流动阻力;高的汽化潜热有利于轴向传热等。

说明工质性能好坏的一个综合指标即是式(9-22)定义的品质因素(或称输运系数) N_1 ,即

$$N_1 = \frac{\rho_1 \sigma r_s}{\mu_1}$$

式中: μ_1 ——液体的[动力]黏度,Pa·s;

$\quad$ ρ_1 ——液体密度,kg/m³;

$\quad$ r_s ——工质的汽化潜热,J/kg;

$\quad$ σ ——液体的表面张力,N/m。

品质因素越大,说明工质的传热性能越好。对于不同工作温度范围的热管,根据 N_1 值可以找到性能优良的工质。例如,从室温到200℃之间,水是性能最好的工质;但在零下几十度的温度范围内,就不能采用水,比较合适的工质有甲醇、乙醇、丙酮及氟利昂等。航天飞行器上最常用的工质是氨、丙酮及甲醇。虽然水的 N_1 值大,但因与铝材不相容,因此限制了它在航天飞行器上的应用。氨的热性能仅次于水,且与铝和不锈钢相容,所以在航天飞行器上得到广泛使用。

表9-5列出了适合电子设备用的某些热管工质的热物理性能。

表9-5 适合电子设备用工质的热物理性能

工质名称	熔点/℃	沸点/℃	临界温度/℃	临界压力/MPa	工作温度范围/℃	品质因素 N_1/(kW·m⁻²)
甲烷	−184	−161	−82	4.5	−173～−100	
氨	−78	−33	132	11.3	−60～100	11.8×10^7
氟利昂21	−135	9	179	5.1	−103～127	2.2×10^7
氟利昂11	−111	24	198	4.3	−40～120	1.2×10^7
戊烷	−130	28	197	3.2	−20～120	1.6×10^7
氟利昂113	−35	48	197	5.4	−10～100	7.3×10^6
丙酮	−95	57	237	4.7	0～120	3.2×10^7
甲醇	−98	64	240	7.8	10～130	4.7×10^7
乙醇	−112	78	243	6.2	0～130	2.9×10^7
庚烷	−90	98	267	2.6	0～150	1.2×10^7
水	0	100	374	22	30～200	4.6×10^8
导热姆A	12	257			150～395	1.9×10^7

注:(1)临界温度是指在一个大气压下的数值。

$\quad\quad$ (2)沸点时的品质因素 N_1 值。

概括地说,选择工质时要注意以下几点:

① 工质与管壳及吸液芯材料应能长期相容;

② 工质的工作温度范围应选在工质的凝固点与临界温度之间,最好选在正常沸点附近,即内压在0.1MPa左右;

③ 工质的品质因素高;

④ 工质本身化学组成稳定,不发生分解,无毒、不易爆,使用安全;

⑤ 工质导热系数高,润湿性能好。

9.5.3　吸液芯

吸液芯的结构和性能是决定热管性能的关键因素。

1. 对吸液芯的要求

对吸液芯的主要要求是起到一个有效的毛细泵作用。这就是说,在流体与吸液芯结构之间产生的表面张力必须大到能克服管内的全部黏滞压降和其他压降,还要维持所要求的流体循环。因为热管常常要在蒸发段比冷凝段高的重力场中工作,所以吸液芯把工质提升的高度应等于或大于在蒸发段和冷凝段之间的最大高度差。这个要求具有矛盾性,因为一方面为使吸液芯内黏滞损失最小,希望毛细孔尺寸大;而另一方面为了提供足够的毛细唧送力和最大提升高度,又需要毛细孔尺寸小,所以应该探讨某种毛细孔尺寸最佳化的处理方法。除上述工作特性以外,还必须考虑以下几方面的要求:

① 与工质和管壁材料必须相容;

② 具有较高渗透率且传热性能好;

③ 应具有足够的刚性,以保证吸液芯与管壁紧密接触;

④ 便于加工,性能可靠,经济性好。

2. 吸液芯的种类

最普通的吸液芯结构是如图 9-18(a)所示的卷绕丝网芯子,这种芯子以目数表示,即单位长度或单位面积上的孔数。表面孔隙尺寸与目数成反比,液体流动的阻力由卷绕的紧密度控制。要注意的是,这种结构如应用在中温热管中,当低导热系数的液体中断金属芯子时,蒸发段从热管内表面至蒸气—液体界面的径向温降很大;而这种情况可通过采用烧结金属芯子得到缓和,如图 9-18(b)所示。但是,这种毛细孔的尺寸很小,而小毛细孔将使液体从冷凝段流回蒸发段更为困难。

轴向槽道芯子(见图 9-18(c))具有多路金属导热路径,可以减小径向温降。但是,目前的制造技术难以控制毛细孔尺寸。环形和新月形芯子(见图 9-18(d)和图 9-18(e))对液体流动的阻力小,但对低导热系数的液体则可能导致热管的温度特性较差,而且很可能达到沸腾限。干道式芯子(见图 9-18(f))的研制,能减小通过构件径向热流路径的厚度,并对液体从冷凝段流向蒸发段提供低阻力的路径。但是,这种芯子如果本身不能启动,则可能会引起工作困难。干道式芯子必须在启动或干燥后自动充液。

为了产生毛细压力并且使液体流动,所有复合芯子要有一个分离结构,图 9-19 所示的一些结构使液流路径与热流路径分离。例如,网格覆盖在槽道芯子上(见图 9-19(b)),细丝网可提高毛细压力,轴向槽道可以减小液体流动阻力,而金属结构可以减小径向温降。图 9-19(c)所示的扁盘式芯子插到一个容器的内部,由于表面有一层细金属丝网得到高的毛细压力,粗丝网里的平板状芯子辅助液体流动,而丝编槽道使液体均匀分布在圆周上,并提高了径向传热。扁盘式吸液芯和隧道式吸液芯(见图 9-19(d))是既有高传热功率又有良好温度特性的高性能的吸液芯,但是它们的制造成本比较高。

3. 吸液芯的渗透率 K

选择吸液芯时,另一个重要的特性就是它的渗透率。渗透率与特征长度的平方成正比。

渗透率实际上是流体在多孔介质中的流动阻力问题,其值取决于吸液芯内通道的尺寸和几何形状,对层流而言与流动速度及液体性质无关。使液体通过吸液芯材料,测量其沿流动方向的压降,就可以用实验方法测定渗透率。表 9-6 列出了某些材料的典型渗透率数值。

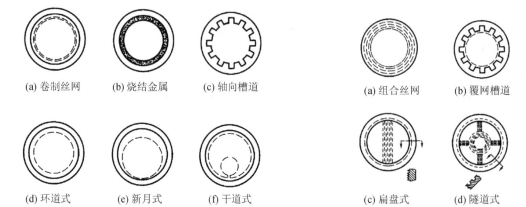

(a) 卷制丝网　　(b) 烧结金属　　(c) 轴向槽道

(a) 组合丝网　　(b) 覆网槽道

(d) 环道式　　(e) 新月式　　(f) 干道式

(c) 扁盘式　　(d) 隧道式

图 9-18　均匀吸液芯结构的一些实例　　　　**图 9-19　组合式吸液芯结构的一些实例**

表 9-6　各种类型吸液芯的渗透率

吸液芯类型	吸液芯示意图	渗透率 K(计算式)	备　注
矩形槽		$$K=\frac{d_h^2}{2(f\cdot Re)}$$ $$d_h=\frac{4(\delta w-A_S)}{w+2\delta}$$	d_h—水力直径; $f\cdot Re=\Phi(w/\delta)$见图 9-20; A_S—弯月面以上面积[①]; w—槽宽; δ—槽深
梯形槽		$$K=\frac{d_h^2}{2(f\cdot Re)}$$ $$d_h=\frac{4\left[\left(1+\dfrac{\delta}{2R_V}\right)\delta\cdot w-A_S\right]}{2\delta+\left(1+\dfrac{\delta}{R_V}\right)w}$$	
丝网芯		$$K=\frac{d^2\varepsilon^2}{122(1-\varepsilon)^2}$$ $$\varepsilon=1-\frac{\pi SNd}{101.6}\quad\left(或\ \varepsilon=1-\frac{\pi Sd}{4D}\right)$$	$S=1.05$,为卷边系数; N—目数; d—丝网直径,mm; D—丝网间距,mm
多层丝网芯 (层间有间隙、 层间无间隙)		$$K_0=\frac{d^2t}{11.27t+9.2d}\quad(有间隙)$$ $$K=K_0+0.026\ 2e^2\left(1-\frac{b_0}{b}\right)-1.26$$	e—间隙宽度; t—丝网中心线距离; b_0—无间隙,多层网总厚度; b—多层网实际总厚度; $\left(1-\dfrac{b_0}{b}\right)=0.16\sim0.49$

吸液芯类型	吸液芯示意图	渗透率 K（计算式）	备　注
烧结粉末芯		$K=\dfrac{d^2\varepsilon^3}{150\times(1-\varepsilon)^2}$	d—粉末球的平均直径
槽道覆盖网		$K=\dfrac{2\delta^2 w^2}{(f\cdot Re)(\delta+w)^2}$	
环道		$K=\dfrac{1}{2(f\cdot Re)}(d_o-d_i)^2$	$f\cdot Re$ 见图 9 - 21； $f\cdot Re=\varPhi\left(\dfrac{d_i}{d_o}\right)$； d_i—通道内直径； d_o—通道外径
平行圆管形		$K=\dfrac{d^2}{3}$	d—通道直径

① $A_S=R_m^2\arcsin\left(\dfrac{w/2}{R_m}\right)-\dfrac{w}{2}\sqrt{R_m^2-\left(\dfrac{w}{2}\right)^2}$，式中 R_m 为液面的曲率半径。

4. 吸液芯的有效导热系数

吸液芯内的传热过程比较复杂，它可以是传导、对流或沸腾，取决于工质、吸液芯的材料和结构形式以及热流大小等因素。对于电子设备用热管，当不考虑吸液芯内液体的沸腾，在蒸发工况下，此过程可近似按照传导考虑，但其导热系数须用综合传导和对流的有效导热系数（或称组合导热系数）λ_e 来代替。各种类型吸液芯的有效导热系数如表 9 - 7 所列。

表 9 - 7　各种类型吸液芯的有效导热系数

吸液芯类型	λ_e 的计算公式	备　注
金属丝网芯	$\lambda_e=\lambda_w\left(\dfrac{B-\varepsilon}{B+\varepsilon}\right)$ 式中，$B=\dfrac{1+\lambda_1/\lambda_w}{1-\lambda_1/\lambda_w}$	λ_w—吸液芯材料的导热系数； λ_1—工质的导热系数； ε—空隙率①
多层卷绕丝网芯	$\lambda_e=\dfrac{\lambda_1\left[(\lambda_1+\lambda_w)-(1-\varepsilon)(\lambda_1-\lambda_w)\right]}{(\lambda_1+\lambda_w)+(1-\varepsilon)(\lambda_1-\lambda_w)}$	
烧结粉末芯	$\lambda_e=\dfrac{\lambda_w(2\lambda_1+\lambda_w)-2(1-\varepsilon)(\lambda_1-\lambda_w)}{(2\lambda_1+\lambda_w)+(1-\varepsilon)(\lambda_1-\lambda_w)}$	
金属纤维烧结管芯	$\lambda_e=\lambda_w\left[1-\varepsilon+\dfrac{\lambda_1}{\lambda_w}\cdot\varepsilon\cdot\exp\left(1-\sqrt{\dfrac{\lambda_1}{\lambda_w}}\right)f\right]\cdot$ $\exp\left[1-\varepsilon\cdot\exp\left(1-\sqrt{\dfrac{\lambda_1}{\lambda_w}}\right)f\right]$ 式中，$f=20\sqrt{\dfrac{\lambda_1}{\lambda_w}}$	

吸液芯类型	λ_e 的计算公式	备　注
轴向槽道	蒸发段 $\lambda_e=\dfrac{w_f\delta\lambda_1\lambda_w+w\lambda_1(0.185w_f\lambda_w+\delta\lambda_1)}{(w+w_f)(0.185w_f\lambda_w+\delta\lambda_1)}$ 冷凝段 $\lambda_e=\dfrac{w\lambda_1+w_f\lambda_w}{w+w_f}$	w —槽道宽度； δ —槽道深度； w_f—肋片宽度； $\varepsilon=w/(w+w_f)$

① ε 为空隙率，$\varepsilon=\dfrac{吸液芯工质的容积}{吸液芯总容积}$。

5. 吸液芯的特性

几种普通吸液芯的特性如表 9－8 所列。

表 9－8　几种普通吸液芯的特性

吸液芯类型	特征尺寸/m	有效毛细孔径/mm	最大提升高度(100 ℃水)/mm	渗透率/m²
30 目网芯	0.5×10^{-3}	0.43	29	25×10^{-10}
100 目网芯	0.14×10^{-3}	0.12	104	1.8×10^{-10}
200 目网芯	0.07×10^{-3}	0.063	197	0.55×10^{-10}
烧结毡或粉末		0.01～0.1	1 250～125	$(0.1～10)\times10^{-10}$
轴向槽道	0.25～1.5	0.25～1.5	50～8	$(35～1\,250)\times10^{-10}$
金属纤维		0.01～0.05	125～350	$(0.1～0.5)\times10^{-10}$

6. 吸液芯的传热系数

几种常用吸液芯的表面传热系数如表 9－9 所列。

表 9－9　几种常用吸液芯的表面传热系数

吸液芯类型	表面传热系数$(\alpha_e、\alpha_c)$ /$[W\cdot(m^2\cdot K)^{-1}]$	备　注
多层丝网芯	600～1 000	厚 1 mm 不锈钢网与低 λ 工质
烧结粉末芯	4 700～6 700	厚 2.5 mm 周向芯与水
单层网组成的干道管芯	3 000～9 000	200 目网芯与低 λ 工质
槽道式管芯	3 000～15 000	铝壁面槽、8～80 槽/cm

矩形槽和环道吸液芯的 $f\cdot Re=\Phi(w/\delta)$、$f\cdot Re=\Phi(r_2/r_1)$，如图 9－20 和图 9－21 所示。

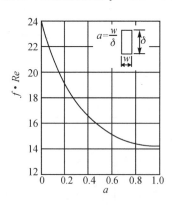

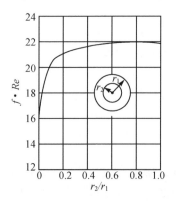

图 9－20　矩形槽中层流时的摩擦系数　　　图 9－21　环形槽道层流时的摩擦系数

9.5.4　管壳设计

热管管壳的设计,包括材料的选用,管壳形状、结构及几何尺寸的确定,以及管壳强度的校核。

1. 管壳材料

管壳材料的选择主要考虑与工质相容性。适合电子设备热管用的管壳材料有紫铜无氧铜、铝合金、不锈钢等,这些材料与工质的相容性可参考表 9 – 10。除此以外,在选择管壳材料时还应考虑湿润性、导热性能、强度、可焊性、机械加工性能,以及是否与腐蚀性气体或液体接触等问题。在与工质相容的前提下,湿润性能好、导热系数高、具有足够机械强度和良好的工艺性能的材料应优先选用。

表 9 – 10　工质与管壳材料的相容性

工质名称	工作温度/ ℃	相容的管壳材料
甲烷	−173～−100	铝、铝合金
氨	−60～100	铝、铝合金、钢、镍、1Cr18Ni9Ti
氟利昂 21	−103～127	铝、铁
氟利昂 11	−40～120	铝、铝合金、不锈钢
戊烷	−20～120	铝、不锈钢
氟利昂 113	−10～100	铝
丙酮	0～120	铝、铝合金、不锈钢、紫铜、黄铜
甲醇	10～130	紫铜、黄铜、镍、不锈钢
乙醇	0～130	不锈钢
庚烷	0～150	铝
水	30～200	紫铜、黄铜、镍、钛
导热姆 A	150～395	铝、碳钢、不锈钢

2. 管壳结构形状

(1) 圆管式热管管壳

圆管是最常用的热管管壳,为使热管与热源或冷源有良好热耦合,常在圆管外焊以鞍座或挤压出平肋形状的座。管内壁可以是光管,在壁面铺丝网构成管芯;也可以在圆管内壁加工成轴向槽或周向螺纹槽形成管芯。轴向槽的宽度取 0.5～0.8 mm,槽深 0.5～1.2 mm,槽数 20～30 个;周向螺纹槽的宽度取 0.15 mm,槽深 0.15 mm,槽数 20～30 个/cm。

(2) 径向热管管壳

为排散电子器件的集中热量,有时使用径向热管。图 9 – 22 所示为 10 kW 调速管热管散热器。径向热管由两个同心圆筒组成,其环形腔体内充填有工质。内圆筒的外壁和外圆筒的内壁均加工成三角形或矩形槽道覆盖有金属网芯,两者有丝网组成的扇形网芯连通。内圆筒的内表面为蒸发段,大功率器件置于其内并贴合紧密;外圆筒的外表面为冷凝

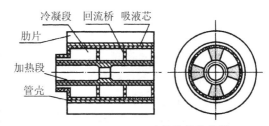

图 9 – 22　10 kW 调速管热管散热器

段,为增加散热面积在外圆筒壁面上装有散热片。

(3) 平板式热管管壳

图 9-23 所示为某板式热管。这种热管的显著特点是有一个输运段,它是一根向不同平面弯曲的长管,里面覆盖有吸液芯,吸液芯是用几层钢丝网组成。蒸发段和冷凝段内表面也有这种网状的多孔覆盖层。热管的输运段能保证从最难到达的热源输出热能。电子器件安装在蒸发段上,为使热源与蒸发段保持良好的热接触,用传热性能良好的材料涂在相近和相接表面上,由通道输入的空气作冷却介质,空气通道由波纹片制成,装在外壳内,管壳由不锈钢制成。

图 9-24 所示为扁平热管,其特点是热管管壳设计成扁平结构,适用于小功率电子器件或集成电路的散热。

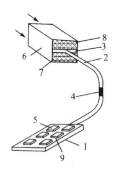

1—蒸发段;2—输运段;3、4—吸液芯;5—电子器件;
6—外壳;7—波纹片;8—通道;9—传热涂料

图 9-23 某板式热管示意图

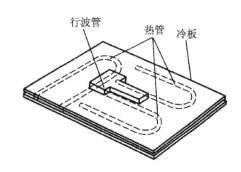

图 9-24 扁平热管

(4) 柔性热管管壳

当某些电子设备的热源与冷却装置需进行相对移动时,通常把绝热段做成便于弯曲的波纹金属管,而蒸发段和冷凝段均为刚性结构。

图 9-25 所示为柔性热管的结构。

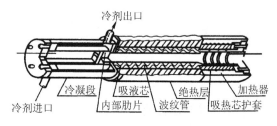

图 9-25 柔性热管

3. 管壳强度校核

由于各种管壳需要承受工质蒸发时所产生的蒸气压力(例如,水在 200 ℃时,蒸气压力可达 1.52 MPa,氨在 40 ℃时达 15.1 MPa),因此需对管壳的强度进行校核,以保证热管安全工作。

热管管壳的强度计算与一般管道相同,一般圆管式热管管壳的强度计算公式为

$$\delta = \frac{pd_i}{2[\sigma]} \tag{9-28}$$

式中:δ——圆形管管壁厚度,m;

p——最高的饱和蒸气压力,Pa;

d_i——圆形管内径,m;

$[\sigma]$——管壳材料的许用压力,Pa。

其他管形的管壳强度校核,可参照有关手册进行。

9.6　热管在电子设备热控制中的应用

热管被广泛应用于冷却电子元器件、电子和电气设备。

图 9-26 所示为一种介电热管,用来冷却高压组件。这种热管能承受高压,并能用来保证电绝缘冷却。它们可以作为到地电位(或接近地电位)的热沉的导热冷却连接件,而无须采用强制对流空气冷却方式。因此,散发热量的电气线路元件,不论是用在便携式设备中,还是用在固定式设备中,都可以仅仅依靠用热管来强化导热这种传热方式,就能既安全而有效地进行冷却。

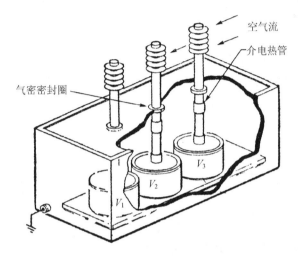

图 9-26　用来冷却高压组件的介电热管示意图

利用旋转热管冷却电动机的结构见图 9-27。电动机转子的轴做成空心轴,它的内径是变化的,端部密封并抽真空,充进少量工质就构成旋转热管。电动机运行时,转子高速旋转,工质液体在空心轴内形成一定厚度的液膜,转子的损耗发热使热管液体蒸发,蒸气把热量带到轴的另一端,使废热通过散热翅片传到冷却空气气流中;冷却空气在流过定子时,将定子的损耗热也带走。

利用热管的航空和舰载电子设备的温控系统是由与电子组件热连接的热管、流体循环回路和闭式空调设备组成的,后两项与通常的电子设备冷却系统相同。热管与组件直接接触将组件产生的热量传给用流体冷却的边壁,因为热管具有很高的导热性能,所以只要热接触良好,组件与冷板之间温差就可以很小。图 9-28 所示为带热管的电子组件的安装形式。总温差由组件与印刷电路板上的热管、热管与电子设备的壳体以及壳体与冷板之间的温差组成。

由于热管具有很高的传热性能和近于等温的工作状态,可控热管又有优良的控制性能,本身又没有运动部件,可靠性高,特别适合于失重和低重力场合使用,所以在航天器电子设备热控制技术中占有重要地位。小到直径为 2~3 mm 的微型热管,大到庞大的热管网,以及各种热开关、热二极管和可控热管,都被广泛用于涉及空间飞行任务所要求的散热、温度均匀化和温度控制等目的。

图 9-29 为欧洲空间局的 MAROTS 通信卫星上的热管辐射器,用来控制 8 个微波晶体管功率放大器模块的温度,工作时每个模块功耗为 37 W。热管辐射器的设计指标为(35±5)℃,

最大辐射能力为 185 W。由于设计的辐射器是围着卫星的壳体结构,距离长,所以需要高性能的热管。选用带毛细芯的冷储气室铝槽道式可变热导热管,工质为氨,热管外径 12 mm,18 个轴向槽,热管带有宽 30 mm、厚 1.5 mm 的翼板。由图 9-29 可看出,因为热管系统是并联安装,一处损坏(如被流星击穿)对整个辐射器的影响较小;另外,辐射器可用变热导热管进行温度调节,故热管辐射器在航天器上得到广泛应用。

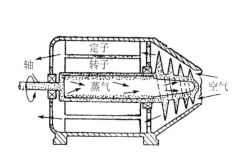

图 9-27 同心旋转热管冷却电机

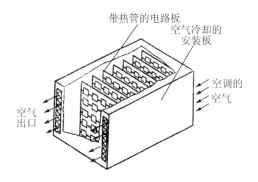

图 9-28 带热管的电子组件的安装形式

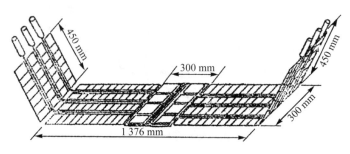

图 9-29 卫星热管辐射器

表 9-11 和表 9-12 为我国自行设计的部分电子设备用热管性能。

表 9-11 部分电子设备用热管性能

电子器件种类	热管结构			尺寸/mm	传输功率/W	冷凝段的冷却形式	总热阻/$(K \cdot W^{-1})$
	管 壳	吸液芯	工 质				
500 A 可控硅	铜	120 目铜网	水		730	风冷	0.063
500～1 000 A 可控硅	铜	100～150 目铜网	水	管外径 25 管内径 24		风冷	0.022
速调管	紫铜	150 目铜网	水		10 000	风冷	
行波管	无氧铜	110 目镍网	水	$\phi 80 \times 140$	1 500～2 000	风冷 $\phi 10 \times 140$ 散热器	
集成组件	不锈钢	不锈钢网	丙酮	截面积 (5.6×2) m² 长 150,厚 0.1	9～11		

表 9-12 电子设备用轴向槽道热管性能

形 式	外径/mm 内径/mm	槽宽/mm× 深/mm×槽数	工 质	工作温度/ ℃	传热系数/[W·(m²·K)⁻¹]	
					蒸发段	冷凝段
轴向槽道热管	6.5/4	0.5×0.7×12	氨	−50～80	$11×10^3$	$23.8×10^3$
			丙酮	0～100	$1.43×10^3$	
	8.5/6	0.5×0.7×18	氨	−50～80	$11.6×10^3$	$21.2×10^3$
	15/10	0.75×1.2×20	氨	−50～80	$8.3×10^3$	$9.4×10^3$
			丙酮	0～100	$1.21×10^3$	$2.54×10^3$
			氮	−170～190	$3.18×10^3$	$1.81×10^3$
			氖	−247		
	14/10	0.5×0.8×30	氨	0～100	$10.6×10^3$	
			氮	−170～190	$4.55×10^3$	$0.8×10^3$

航空航天电子设备热控技术的强烈需求极大地推进了热管理论研究和实验工作的深入开展,世界各主要工业国都十分重视热管在电子设备热控制方面的应用研究。随着热管性能、寿命、可靠性和经济性的提高,其应用范围将越来越广泛。

例 9-3 一个工作在海平面、设计温度为 93.33 ℃ 的水热管,采用直径 $d_o=22.23$ mm、厚度 $\delta_p=1.24$ mm、总长 $l_t=304.8$ mm 的铜管。选用金属丝网格芯子,目数 $N=9.448×10^3$ m^{-1},金属丝直径 $d_w=0.0635$ mm,铜网导热系数 $\lambda_w=389.25$ W/(m·K),芯子由 8 层金属丝网和 8 层间距(间距 $b=0.0635$ mm)卷绕成圆筒形。要求传递热量为 17.58 W,并已知蒸发段长度 $l_e=62.7$ mm,绝热段长度 $l_a=177.8$ mm,冷凝段长度 $l_c=50.8$ mm,装置倾斜角 $\varphi=5°$;冷凝段装有 6 个铜肋片,其外径 $D_f=38.1$ mm,肋厚 $\delta_f=2.54$ mm,肋间距 $s_f=5.08$ mm,冷凝段受到温度为 40 ℃,流速为 3 m/s 的空气冷却,试求蒸发段表面实际温度 T_e 和冷凝段表面温度 T_c。

解:热管的热电模拟如图 9-30 所示。注意从蒸发段到环境的热流有 6 个热阻:

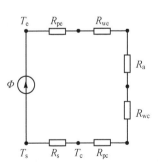

R_{pe}——蒸发段管壁的热阻;

R_{we}——蒸发段芯子的热阻;

R_a——热管绝热段的热阻;

R_{wc}——冷凝段芯子的热阻;

R_{pc}——冷凝段管壁的热阻;

R_{pe}——冷凝段与环境之间的热阻。

由于元件安装在热管蒸发段,因此需要精确计算这些热阻,才可以确定 T_e。

图 9-30 热管热电模拟

1) R_{pe}——蒸发段管壁的热阻

$$R_{pe}=\frac{\ln(d_o/d_i)}{2\pi l_e\lambda_p}$$

对于圆形管子,式中 λ_p 是管壁导热系数。

由题意知:

$$d_o=22.23 \text{ mm}=0.02223 \text{ m}$$

$$d_i = d_o - 2\delta_p = (22.23 - 2 \times 1.24)\ \text{mm} = 19.74\ \text{mm} = 0.019\ 74\ \text{m}$$

$$l_e = 62.7\ \text{mm} = 0.062\ 7\ \text{m}$$

并且铜的导热系数 $\lambda_p = 379\ \text{W/(m·K)}$,所以

$$R_{pe} = \frac{\ln(d_o/d_i)}{2\pi l_e \lambda_p} = \frac{\ln(0.022\ 23/0.019\ 74)}{2\pi \times 0.062\ 7 \times 379}\ \text{K/W} = 7.956 \times 10^{-4}\ \text{K/W}$$

2)R_{we}——蒸发段芯子的热阻

$$R_{we} = \frac{\ln(d_i/d_v)}{2\pi l_e \lambda_e}$$

对于圆形热管,式中 λ_e 是芯子材料的有效导热系数。

已知金属丝直径 $d_w = 0.063\ 5\ \text{mm}$,芯子由 8 层丝网和 8 层间距组成,间距 $b = 0.063\ 5\ \text{mm}$,故芯子厚度为

$$\delta_w = 16 \times (6.35 \times 10^{-5})\ \text{m} = 1.016 \times 10^{-3}\ \text{m}$$

蒸发段芯子直径为

$$d_v = d_i - 2\delta_w = (0.017\ 94 - 2 \times 1.016 \times 10^{-3})\ \text{m} = 0.017\ 7\ \text{m}$$

又芯子卷边系数 $S = 1.05$,目数为 $N = 9.448 \times 10^3\ \text{m}^{-1}$,故芯子空隙度为

$$\varepsilon = 1 - \frac{\pi S N d_w}{4} = 1 - \frac{\pi \times 1.05 \times 9.448 \times 10^3 \times 6.35 \times 10^{-5}}{4} = 0.505$$

水在温度为 93.33 ℃时的导热系数 $\lambda_1 = 0.678\ \text{W/(m·K)}$,则芯子材料的有效导热系数(参见表 9-5)为

$$\lambda_e = \frac{\lambda_1[(\lambda_1 + \lambda_w) - (1-\varepsilon)(\lambda_1 - \lambda_w)]}{(\lambda_1 + \lambda_w) + (1-\varepsilon)(\lambda_1 - \lambda_w)} =$$

$$\frac{0.678[(0.678 + 389.25) - (1 - 0.505)(0.678 - 389.2)]}{(0.678 + 389.25) + (1 - 0.505)(0.678 - 389.25)}\ \text{W/(m·K)} =$$

$$1.998\ \text{W/(m·K)}$$

蒸发段芯子热阻为

$$R_{we} = \frac{\ln(d_i/d_v)}{2\pi l_e \lambda_e} = \frac{\ln(0.019\ 74/0.017\ 70)}{2\pi \times 0.062\ 7 \times 1.998}\ \text{K/W} = 0.138\ 6\ \text{K/W}$$

3)R_a——热管绝热段的热阻

由表 9-2 可知:

$$R_a = \frac{R_g T_v^2 \Delta p_{ve}}{\Phi r_s p_v} = \frac{T_v \Delta p_{ve}}{\Phi r_s \rho_v}$$

式中,Δp_{ve} 为蒸发段和冷凝段的蒸气压力差;R_g 为气体常数。由于在绝热段蒸气压力损失小,通常忽略 R_a。

4)R_{wc}——冷凝段芯子的热阻

$$R_{wc} = \frac{\ln(d_i/d_v)}{2\pi l_c \lambda_e}$$

已知 $l_c = 0.050\ 8\ \text{m}$,故

$$R_{wc} = \frac{\ln(d_i/d_v)}{2\pi l_c \lambda_e} = \frac{\ln(0.019\ 74/0.017\ 70)}{2\pi \times 0.050\ 8 \times 1.998}\ \text{K/W} = 0.170\ 4\ \text{K/W}$$

5)R_{pc}——冷凝段管壁的热阻

$$R_{pc} = \frac{\ln(d_i/d_o)}{2\pi l_c \lambda_p} = \frac{\ln(0.022\ 23/0.019\ 74)}{2\pi \times 0.050\ 8 \times 379} \text{ K/W} = 9.820 \times 10^{-4} \text{ K/W}$$

6）R_{pe}——冷凝段与周围环境之间的热阻

$$R_s = \frac{1}{\alpha A_t}$$

式中：α——热管外壁与周围环境之间的表面传热系数；

A_t——冷凝段的总面积，因冷凝段有肋片，故 $A_t = A_p + \eta A_f$，其中 A_p 是基管表面积；

A_f——肋表面积；

η——肋效率。

空气横掠圆肋片管的情况，布里格斯（Briggs）和杨格（Young）关系式为

$$Nu = 0.134 Re^{0.681} Pr^{1/3} \left(\frac{S_f - \delta_f}{l}\right)^{0.200} \left(\frac{S_f - \delta_f}{\delta_f}\right)^{0.113\ 4}$$

式中，S_f 为肋片间距；l 为肋片高度；δ_f 为肋片厚度。

空气在 40 ℃时的物性参数为

$$\lambda_a = 0.027\ 7 \text{ W/(m · K)}, \quad C_{p,a} = 1.009 \times 10^3 \text{ J/(kg · K)}$$

$$\mu_a = 1.930\ 5 \times 10^{-5} \text{ Pa · s}, \quad \rho_a = 1.105\ 6 \text{ kg/m}^3$$

$$Pr = 0.703, \quad \text{空气流速 } u_a = 3 \text{ m/s}$$

肋片数据如下：

$$S_f = 0.005\ 08 \text{ m}, \quad D_f = 0.038\ 1 \text{ m}, \quad \delta_f = 0.002\ 54 \text{ m}, \quad d_o = 0.022\ 23 \text{ m}$$

$$l = \frac{1}{2} \times (D_f - d_o) = \frac{1}{2} \times (0.038\ 1 - 0.022\ 23) \text{ m} = 0.007\ 94 \text{ m}$$

$$S_f - \delta_f = (0.005\ 08 - 0.002\ 54) \text{ m} = 0.002\ 54 \text{ m}$$

雷诺数如下：

$$Re = \frac{\rho_a u_a d_o}{\mu_a} = \frac{1.105\ 6 \times 3 \times 0.022\ 23}{1.930\ 5 \times 10^{-5}} = 3\ 819.5$$

努塞尔数如下：

$$Nu = 0.134 Re^{0.681} Pr^{1/3} \left(\frac{S_f - \delta_f}{l}\right)^{0.200} \left(\frac{S_f - \delta_f}{\delta_f}\right)^{0.113\ 4} =$$

$$0.134 \times 3\ 819.5^{0.681} \times 0.703^{1/3} \times \left(\frac{0.002\ 54}{0.007\ 94}\right)^{0.200} \times \left(\frac{0.002\ 54}{0.002\ 54}\right)^{0.113\ 4} = 26.09$$

表面传热系数如下：

$$\alpha = \frac{Nu\lambda_a}{d_o} = \frac{26.09 \times 0.027\ 7}{0.022\ 23} \text{ W/(m}^2 \text{ · K)} = 32.51 \text{ W/(m}^2 \text{ · K)}$$

表面积（肋片数=6）为

$$A_p = \pi d_o (l_c - n\delta_f) = [\pi \times 0.022\ 23 \times (0.050\ 8 - 6 \times 0.002\ 54)] \text{ m}^2 = 2.483 \times 10^{-3} \text{ m}^2$$

$$A_f = 2\frac{\pi}{4} n(D_f^2 - d_o^2) = \left[\frac{\pi}{2} \times 6 \times (0.038\ 1^2 - 0.022\ 23^2)\right] \text{ m}^2 = 9.024 \times 10^{-3} \text{ m}^2$$

肋片效率如下：

直径比为

$$\rho = d_o/D_f = 0.022\ 23/0.038\ 1 = 0.583$$

剖面面积为

$$A_p = l\delta_f = (0.007\ 94 \times 0.002\ 54)\ \text{m}^2 = 2.017 \times 10^{-5}\ \text{m}^2$$

肋片性能系数如下：

$$\varphi = l^{3/2} \left(\frac{2\alpha}{\lambda_f A_p}\right)^{1/2} = 0.007\ 94^{3/2} \times \left(\frac{2 \times 32.51}{379 \times 2.017 \times 10^{-5}}\right)^{1/2} = 0.065\ 3$$

查图 2 - 7 得 $\eta = 0.996$。由此得冷凝段与周围环境之间的热阻为

$$R_s = \frac{1}{\alpha A_t} = \frac{1}{\alpha(A_p + \eta A_f)} =$$

$$\frac{1}{32.51 \times (2.483 \times 10^{-3} + 0.996 \times 9.024 \times 10^{-3})}\ \text{K/W} = 2.681\ 5\ \text{K/W}$$

总热阻如下：

$$R_t = R_{pe} + R_{we} + R_{wc} + R_{pc} + R_s =$$

$$(7.956 \times 10^{-4} + 1.381 \times 10^{-1} + 1.704 \times 10^{-1} + 9.82 \times 10^{-4} +$$

$$2.681\ 5)\text{K/W} = 2.991\ 8\ \text{K/W}$$

总温升如下：

$$\Delta t = \Phi R_t = 17.58 \times 2.991\ 8\ ℃ = 52.59\ ℃$$

蒸发段的表面温度如下：

$$T_e = (40 + 52.59)\ ℃ = 92.59\ ℃ \approx 93.33\ ℃$$

可以看出，热管的热阻与热流路径的总热阻相比是很小的。T_e 与 T_c 之间（见图 9 - 30）的热阻为 $R_t - R_s = (2.991\ 8 - 2.681\ 5)\ \text{K/W} = 0.310\ 3\ \text{K/W}$，而通过热管的温降为 $T_e - T_a = (0.310\ 3 \times 17.58)\ ℃ = 5.45\ ℃$。这表明热管近乎是一个等温装置。

因此，人们可以按下式确定热管的总传热系数：

$$\Phi = KA\Delta T$$

式中，A 为管子结构的横截面面积，则总传热系数（单位为 $\text{W}/(\text{m}^2 \cdot \text{K})$）为

$$K = \frac{\Phi}{A\Delta T}$$

在这种情况下得到

$$A = \frac{\pi}{4}d_o^2 = \left(\frac{\pi}{4} \times 0.022\ 23^2\right)\ \text{m}^2 = 3.881\ 2 \times 10^{-4}\ \text{m}^2$$

显然

$$K = \frac{\Phi}{A\Delta T} = \frac{17.58}{3.881\ 2 \times 10^{-4} \times 5.45}\ \text{W}/(\text{m}^2 \cdot \text{K}) = 8\ 311\ \text{W}/(\text{m}^2 \cdot \text{K})$$

这是一个相当大的数字。

最后应指出，热管的工作温度非常接近设计工作温度。

思考题与习题

9 - 1　试用简明的语言阐明热管的典型结构及其工作原理。

9 - 2　与其他热输运装置相比，热管有何特点？根据所用热管特性，举例说明热管在温度展平、等温、恒温、能量传递、变换热流密度、产生恒定热流、单向输入（热二极管）、热开关等方面的应用。

9 - 3　在热管设计中，工质的选择应满足哪些要求？为什么要特别注意工质与管壳和吸

液芯材料的相容性？

9 - 4　在热管设计中,吸液芯的选择应满足哪些要求？为什么必须对吸液芯毛细孔尺寸进行最佳化处理？

9 - 5　在热管设计中,对管壳的基本要求有哪些？

9 - 6　试用简明的语言阐明声速限、携带限、毛细限(吸液限)和沸腾限的物理意义？

9 - 7　简述热管的毛细压差产生的机理,从流体力学传质观点看,要保证热管正常工作,最大毛细压差应满足什么要求？

9 - 8　利用热阻概念,分析从热源经过热管直到冷源的整个传热体系,并指出哪些过程的热阻是主要的,哪些过程的热阻是可以忽略的。

9 - 9　尺寸为 10 mm×10 mm、发热量为 100 W 的大规模集成电路,其表面最高允许温度不能高于 75 ℃,环境温度为 25 ℃,试设计一种能采用自然对流来冷却该电子元件的热管冷却器。

9 - 10　所设计的某电子设备散热用热管符合下列条件：

① 要求热管传递的电子设备耗散热流量为 $\Phi=30$ W,热管的工作温度为 60 ℃；

② 热源的结构和输出热的条件要根据要求尺寸确定：热管总长 $l_t=600$ mm,蒸发段 $l_e=100$ mm,冷凝段 $l_c=200$ mm,绝热段 $l_a=300$ mm；

③ 热管平放,即 $\beta=90°$；

④ 蒸发段与冷凝段间的温差不应大于 6 ℃；

⑤ 热管壳体使用不锈钢,外径 $d_{ou}=10$ mm,内径 $d_{in}=9$ mm；

⑥ 毛细结构是双层不锈钢丝网,网眼透光尺寸为 0.14 mm×0.14 mm,钢丝直径 $d=0.09$ mm,网厚 $\delta=0.18$ mm,吸液芯孔度 $\varepsilon=0.7$,渗透率 $K=2.52×10^{-10}$ m²。

求解：① 选择工质；② 确定热管几何尺寸；③ 检查热管工作极限；④ 计算传递 30 W 热流时热管的温差是否满足 6 ℃要求。

第 10 章　热电制冷器

10.1　概　述

热电学起源于 5 个与热电有关的基本效应：珀耳帖效应（Peltier effect），塞贝克效应（Seebeck effect），汤姆逊效应（Thomson effect），焦耳效应（Joule effect）和傅里叶效应（Fourier effect）。基于这 5 个效应，可以制造出实现热能与电能之间相互转换的热电器件。热电效应的应用可分为两种：热泵和发电器。作为热泵，其作用是沿着温度升高的方向抽热，即依靠消耗电能的方法，将热量从冷面泵至热面，再经散热器以对流和辐射的形式排向周围环境。热电元件泵出热量后，冷表面温度将低于环境温度，故称其为热电制冷器或温差电制冷器，图 10-1 为由 P 型和 N 型半导体组成的电子器件热电制冷装置示意图。之所以采用半导体材料制作热电元件，是因为其珀耳帖效应比一般金属材料强得多，能够在冷面处表现出明显的制冷作用。

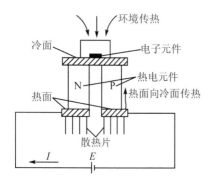

图 10-1　热电制冷示意图

由图 10-1 可以看出，由于冷面的温度为最低温度，因此热电器件泵出的热量中，除电子器件本身耗散的热量外，还包括周围环境和热面向冷面的传热量，这些热量构成了热泵的负载功率。热电效应的另一应用是作为发电器，它是将部分输入的热能转变为电能，如测温热偶。热电发电器超出了本书的讨论范围，故不再赘述。

热电效应早在 1821 年已由塞贝克发现并记述，但由于当时的材料接触热电势差很小，热电效应很微弱，不能产生有效的制冷，难以实际应用，故在很长时间内，热电效应未受到科技界关注。直到 20 世纪 50 年代，半导体材料的出现才使热电器件走出实验室，并在多方面获得成功应用。由于半导体材料内部结构的特点，决定了它产生的热电效应比其他金属要显著得多，所以热电制冷都应用半导体材料，故热电制冷器也常称为半导体制冷器。

热电制冷器在各种需要精密控制温度的特殊应用场合，有很大的实用价值。最常用热电制冷解决温度控制的例子是冷却红外探测器。在室温环境中，用串联热电制冷器可获得低至 −100 ℃ 的温度。

热电制冷器与电子设备封装的机壳壁配置在一起，用于控制电子设备内部的精确温度，如从陀螺仪和加速度计的元件的热点带走热量，冷却航空航天器上的电子系统，使其温度低于环境温度。此外，在很多舰用设备中，也应用了热电空气调节器。

由于热电制冷器结构紧凑，无运动件，可用于冷却在低温下工作的元器件，因而其应用越来越广泛。本章讨论热电效应、热设计和热电制冷器的性能，并列举实例说明设计制冷器的方法。

10.2　热电制冷的基本原理

热电制冷是热电器件的一种功能,它可实现沿温度梯度相反的方向进行抽热,以达到制冷的目的。

热电制冷是由以下 5 种效应构成。

10.2.1　珀耳帖效应

1834 年珀耳帖发现,当一块 N 型半导体(电子型)和一块 P 型半导体(空穴型)联结成一个电偶(见图 10-2),并在串联的闭合回路中通以直流电流时,在其两端的结点将分别产生吸热和放热现象。人们称这一现象为珀耳帖效应。

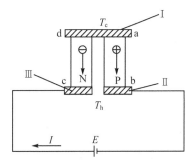

图 10-2　珀耳帖效应

对这一物理现象解释为:当直流电以图 10-2 所示的电流方向通过电偶时,N 型半导体中的电子(用 ⊖ 表示)与 P 型半导体中的空穴(用 ⊕ 表示)在外电场作用下产生运动。由于空穴和电子在半导体内和金属片内具有的势能不一样,势必在金属片与半导体接头处发生能量的传递及转换。因为空穴在 P 型半导体内具有的势能高于空穴在金属片内的势能,在外电场作用下,当空穴通过结点 a 时,就要从金属片 I 中吸收一部分热量,以提高自身的势能,才能进入 P 型半导体内。这样,结点 a 处就冷却下来。当空穴过结点 b 时,空穴将多余的一部分势能传递给结点 b 而进入金属片 II,因此,结点 b 处就热起来。

同理,电子在 N 型半导体内的势能大于在金属片中的势能,在外电场作用下当电子通过结点 d 时,就要从金属片 I 中吸取一部分热量转换成自身的势能,才能进入 N 型半导体内。这样结点 d 处就冷却下来。当电子运动到达结点 c 时,电子将自身多余的一部分势能传给结点 c 而进入金属片 III,因此结点 c 处就热起来。这就是电偶制冷与发热的基本原因。

如果将电源极性互换,则电偶的制冷端与发热端也随之互换。

电偶在结点处的吸热与放热量,取决于半导体的性能和电流的大小。根据珀耳帖效应,在电偶臂结点处吸收的热量为

$$\Phi_P = \pi I \tag{10-1}$$

式中:π——珀耳帖系数,$\pi = (\alpha_P - \alpha_N) \times T_c$,单位为 V,故该系数又称珀耳帖电压。

α_P,α_N——分别为 P 型和 N 型半导体材料的温差电动势,V/K;

I——直流电流,A;

T_c——冷端温度,K。

也可将式(10-1)写为

$$\Phi_P = (\alpha_P - \alpha_N) T_c I \tag{10-2}$$

10.2.2　塞贝克效应

1821 年塞贝克(T. J. Seebeck)发现,在用两种不同导体相互连接而形成的回路中,若在其两端的接头处维持某一温差,则将在回路中产生电动势。如图 10-3 所示,由金属 A 和 B 所

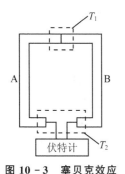

图 10-3　塞贝克效应

连接成的闭合回路,在两结点处分别维持温度 T_1 与 T_2,这时伏特计上将显示 1 μV 读数。如果改变 T_1,此读数也随之改变。伏特计上的电压读数称为塞贝克电动势。此即是在零电流条件下实现热能完全转换为电能的一种现象。人们称这一效应为塞贝克效应。

塞贝克电动势的大小与温差成正比,即

$$dE_S = \pm \alpha dT$$

或

$$E_S = \pm \int_{T_1}^{T_2} \alpha dT \tag{10-3}$$

式中:α——塞贝克系数,单位为 V/K,它与半导体材料的性质有关。

可见,塞贝克效应与珀耳帖效应为互逆效应。

10.2.3　汤姆逊效应

塞贝克效应与珀耳帖效应的热动力学分析,促使威廉·汤姆逊(W. Thomson)预言,在相同材料不同部分之间,如果保持不同温度,一定存在一个电动势。因为在实验室里,他不能证明珀耳帖电压和塞贝克电压是相等的。相反,他证明,如果在一根均匀金属棒的中间加热,并有外部电流从一端流向另一端时,则沿这两部分的导热量是不相等的。

1854 年汤姆逊根据他的理论分析和实验结果提出,当电流流过具有温度梯度的单一均匀导体时,则将发生放热和吸热现象。人们称这一现象为汤姆逊效应。

单位时间内产生的汤姆逊热(吸热或放热)的多少与电流和温度梯度的乘积成正比,即

$$d\Phi_T = \pm \sigma I dT \tag{10-4}$$

式中:σ——汤姆逊系数,V/K。

10.2.4　焦耳效应

当电流流过导体时,由于电阻的存在,因此必将产生热量。热量的多少与电流的平方和电阻值的乘积成正比,即

$$\Phi_J = I^2 R \tag{10-5}$$

式中:R——导体的电阻,Ω;

　　　I——通过导体的电流,A。

10.2.5　傅里叶效应

在热电系统中,由于电偶两结点间存在温差,因此必然存在有导热的效应。根据傅里叶(Fourier)导热定律,其关系式为

$$d\Phi_F = -\lambda A \frac{dt}{dx}$$

或写成

$$\Phi_F = \frac{\lambda A}{L} \Delta t \tag{10-6}$$

式中:λ——导体的导热系数,W/(m·K);

　　　A——导体的横截面面积,m²;

L——电偶的长度,m;

Δt——电偶两结点的温差,K。

10.3 制冷器制冷量设计方程

图 10-4 所示的一对热电元件,冷端工作温度为 T_c,热端温度为 T_h,这一对结点以后将当作一个电偶(这是一个标准术语)。电偶通过串联、并联或混联,可构成热电堆,利用热电堆再组合成多级热电制冷器,也有的文献上直接称热电制冷器为热电堆。元件电偶臂分别用 A 和 B(下标)表示,每种材料有一定的电阻率 ρ、导热系数 λ 和塞贝克系数 α。

温度 T_h 和 T_c 确定了通过电偶的温差为

$$\Delta T = T_h - T_c \qquad (10-7)$$

参考文献[5]详细推导了热电制冷器在各种约策条件下的制冷量设计方程,包括制冷器冷端制冷量(净吸热)的基本方程、最大制冷量(抽吸热)设计方程、最佳性能系数设计方程等。考虑到这些设计方程的推导过程烦琐且对工程设计参考价值有限,故本章将只简略介绍设计方程的推导过程,重点阐述设计方程的物理意义及工程应用。

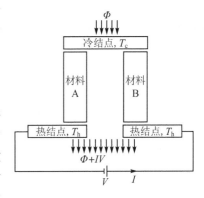

图 10-4 热电制冷器

10.3.1 制冷器制冷量的基本方程

由 10.2 节讨论可知,汤姆逊效应是二次效应,在设计热电制冷器时,忽略汤姆逊系数及汤姆逊热的影响不会引起太大的误差,却能使设计计算大大简化。据此,可以得到图 10-4 所示的一对热电元件组成的热电制冷器的制冷量(冷端的净抽吸热)等于帕尔帖热减去带给冷端的焦耳热损失及由于存在温差由傅里叶效应产生的损失,即冷端的制冷量(冷端的净抽吸热)为

$$\Phi = \alpha I T_c - \frac{1}{2}I^2R - K\Delta T \qquad (10-8)$$

式中,电偶的总热阻(当结点无热阻时)为

$$R = \frac{\rho_A L_A}{A_A} + \frac{\rho_B L_B}{A_B} \qquad (10-9)$$

总热导为

$$K = \frac{\lambda_A A_A}{L_A} + \frac{\lambda_B A_B}{L_B} \qquad (10-10)$$

由式(10-1)知,珀耳帖系数为

$$\pi = (\alpha_A - \alpha_B)T$$

考虑 α_B 与 α_A 异号,可得塞贝克系数为

$$\alpha = |\alpha_A| + |\alpha_B| \qquad (10-11)$$

10.3.2 制冷器最大制冷量设计方程

由式(10-8)可知,获得最大制冷量能力的电流应满足条件 $d\Phi/dI=0$,即

$$\frac{d\Phi}{dI} = \alpha T_c - IR = 0$$

则

$$I = I_{\mathrm{m}} = \frac{\alpha T_{\mathrm{c}}}{R} \qquad (10-12)$$

式中下标 m 表示最大值。

把式(10-12)代入式(10-8)，得到最大制冷量为

$$\Phi_{\mathrm{m}} = \frac{\alpha^2 T_{\mathrm{c}}^2}{2R} - K \Delta T \qquad (10-13)$$

当冷端热绝缘、电偶的电流为 I_{m} 时，珀耳帖效应恰好与焦耳损失及反向热泄漏（傅里叶热）相平衡，由此可以得到最大的温差。这种状态下，由式(10-13)可得

$$0 = \frac{\alpha^2 T_{\mathrm{c}}^2}{2R} - K \Delta T_{\mathrm{m}}$$

或

$$\Delta T_{\mathrm{m}} = \frac{\alpha^2 T_{\mathrm{c}}^2}{2KR} \qquad (10-14)$$

由式(10-14)可以看出，减小 KR 值可提高最大温差，KR 可写成

$$KR = \left(\frac{\rho_{\mathrm{A}} L_{\mathrm{A}}}{A_{\mathrm{A}}} + \frac{\rho_{\mathrm{B}} L_{\mathrm{B}}}{A_{\mathrm{B}}} \right) \left(\frac{\lambda_{\mathrm{A}} A_{\mathrm{A}}}{L_{\mathrm{A}}} + \frac{\lambda_{\mathrm{B}} A_{\mathrm{B}}}{L_{\mathrm{B}}} \right)$$

当 $L_{\mathrm{A}} = L_{\mathrm{B}}$ 时，有

$$KR = \lambda_{\mathrm{A}} \rho_{\mathrm{A}} + \lambda_{\mathrm{B}} \rho_{\mathrm{A}} \frac{A_{\mathrm{B}}}{A_{\mathrm{A}}} + \lambda_{\mathrm{A}} \rho_{\mathrm{B}} \frac{A_{\mathrm{A}}}{A_{\mathrm{B}}} + \lambda_{\mathrm{B}} \rho_{\mathrm{B}}$$

为使 KR 优化，对面积比 $A_{\mathrm{A}}/A_{\mathrm{B}}$ 求导，并令其等于零

$$\frac{\mathrm{d}(KR)}{\mathrm{d}(A_{\mathrm{A}}/A_{\mathrm{B}})} = \lambda_{\mathrm{A}} \rho_{\mathrm{B}} - \lambda_{\mathrm{B}} \rho_{\mathrm{A}} \left(\frac{A_{\mathrm{B}}}{A_{\mathrm{A}}} \right)^2 = 0$$

解该方程，得到最佳 ΔT_{m} 的面积比为

$$\frac{A_{\mathrm{A}}}{A_{\mathrm{B}}} = \sqrt{\frac{\rho_{\mathrm{A}} \lambda_{\mathrm{B}}}{\rho_{\mathrm{B}} \lambda_{\mathrm{A}}}} \qquad (10-15)$$

利用式(10-15)可得到最佳的 KR 值（用 ϕ 表示）

$$\phi = \lambda_{\mathrm{A}} \rho_{\mathrm{A}} + 2 \sqrt{\lambda_{\mathrm{A}} \rho_{\mathrm{A}} \lambda_{\mathrm{B}} \rho_{\mathrm{B}}} + \lambda_{\mathrm{B}} \rho_{\mathrm{B}}$$

或

$$\phi = (\sqrt{\lambda_{\mathrm{A}} \rho_{\mathrm{A}}} + \sqrt{\lambda_{\mathrm{B}} \rho_{\mathrm{B}}})^2 \qquad (10-16)$$

式(10-15)所定义的面积比，只限于 $L_{\mathrm{A}} = L_{\mathrm{B}}$ 的情况。

式(10-14)可改写成

$$\Delta T_{\mathrm{m}} = \frac{1}{2} z T_{\mathrm{c}}^2 \qquad (10-17)$$

z 用来表示材料的品质因数（单位为 K^{-1}），即

$$z = \frac{\alpha^2}{\phi} \qquad (10-18)$$

当面积比由式(10-15)给出，并且两电偶臂的长度相等时，品质因数是元件材料物性 λ_{A}、λ_{B}、ρ_{A}、ρ_{B}、α_{A} 及 α_{B} 的函数。

也可应用式(10-7)和式(10-14)表示的 ΔT 和 ΔT_{m} 来表示最大制冷量 Φ_{m}：

$$\Phi_{\mathrm{m}} = \frac{\alpha^2 T_{\mathrm{c}}^2}{2R} - K\Delta T = \frac{K\alpha^2 T_{\mathrm{c}}^2}{2KR} - K\Delta T =$$

$$K\Delta T_{\mathrm{m}} - K\Delta T = K(\Delta T_{\mathrm{m}} - \Delta T) =$$

$$K\Delta T_{\mathrm{m}}\left(1 - \frac{\Delta T}{\Delta T_{\mathrm{m}}}\right) \tag{10-19}$$

式(10-19)也表明,除非 $\Phi_{\mathrm{m}}=0$,否则要使 $\Delta T=\Delta T_{\mathrm{m}}$ 是不可能的。

把式(10-17)画成最大温差曲线,如图 10-5 所示。由图 10-5 可看出,随着材料工艺水平的改进,其品质因数 z 提高,可获得更高的最大温差。

针对表 10-1 所列特性的电偶,根据式(10-8)画出的性能曲线如图 10-6 所示。该图表示了在施加不同电源电流时,电偶制冷量与温差之间的关系。

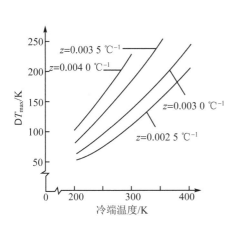

图 10-5　制冷器的最大温差是制冷器
冷端温度的函数

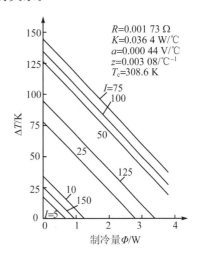

图 10-6　制冷器电流、制冷量与
温差的关系曲线

表 10-1　一种电偶的特性参数

材　料	铋碲,N 和 P	材　料	铋碲,N 和 P
品质因数	$z=0.003\,08/K$	电偶热导	$K=0.036\,4$ W/K
冷边温度	$T_{\mathrm{c}}=308.6$ K(35.6 ℃)	电偶塞贝克系数	$\alpha=0.000\,44$ V/K
电偶电阻	$R=0.001\,73\ \Omega$		

可以看出,对于某一电流值,当不制冷(即 $\Phi=0$)时,能得到最大的温差。

实际上,对于一确定的温差,由式(10-8)通过简单推导就能得到这个结论:

$$\Phi = \alpha I T_{\mathrm{c}} - \frac{1}{2}I^2 R - K\Delta T$$

解得 I:

$$\frac{1}{2}I^2 R - \alpha I T_{\mathrm{c}} + \Phi + K\Delta T = 0$$

$$I^2 - \frac{2\alpha T_{\mathrm{c}}}{R}I + \frac{2}{R}(\Phi + K\Delta T) = 0$$

$$I = \frac{\alpha T_c}{R} \pm \frac{1}{2} \sqrt{\left(\frac{2\alpha T_c}{R}\right)^2 - \frac{8}{R}(\Phi + K\Delta T)}$$

对于物理特性如表 10-1 所列，且 $\Delta T = 50$ K 的制冷器，根据这个方程可画成如图 10-7 所示的曲线。

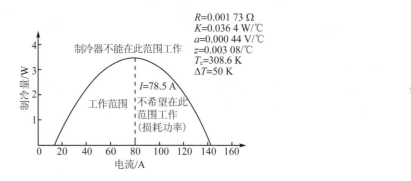

图 10-7　制冷器制冷量是电流的函数（$\Delta T = 50$ K）

显然，对于上述给定的工作条件，制冷器的工作电流值应小于 $I_m = 78.5$ A，这样才能以较小的功率损耗获得较大的制冷量，即最大制冷量的电流（78.5 A）不能得到最大的性能系数。

10.3.3　制冷器最佳性能系数设计方程

再来分析图 10-4 所示的由单元 A 和 B 组成的电偶，热端与冷端之间的温差为

$$\Delta T = T_h - T_c$$

冷端制冷量为

$$\Phi = \alpha I T_c - \frac{1}{2}I^2 R - K\Delta T$$

为了驱动热电器件正常工作，外电路所提供的电压应等于电偶中的塞贝克电压及电阻上的电压降之和，即

$$V = \alpha(T_h - T_c) + IR = \alpha\Delta T + IR \tag{10-20}$$

这样，输入功率

$$P = IV = I(\alpha\Delta T + IR) \tag{10-21}$$

热端散掉的热量

$$\Phi_R = \Phi + P \tag{10-22}$$

电偶的性能系数是制冷量与所需功率之比，即

$$\eta = \frac{\Phi}{P} = \frac{\alpha T_c I - (1/2)I^2 R - K\Delta T}{\alpha\Delta T I + I^2 R} \tag{10-23}$$

对式(10-23)给出的性能系数函数求 I 的导数并令导数 $d\eta/dI = 0$，所得最佳电流 I_0 可使式(10-23)给出最佳性能系数 η_0。I_0 的计算式为

$$I_0 = \frac{\alpha\Delta T}{R\{\sqrt{1 + z[(T_h + T_c)/2]} - 1\}} \tag{10-24}$$

将式(10-24)给出的最佳电流值代入式(10-23)，可得到最佳性能系数 η_0

$$\eta_0 = \frac{\alpha T_c I_0 - (1/2)I_0^2 R - K\Delta T}{I_0(\alpha\Delta T + I_0 R)}$$

设 $\gamma = \sqrt{1 + (z/2)(T_h + T_c)}$（解得 $z = 2(\gamma^2 - 1)/(T_h + T_c)$），代入上式并化简可得

$$\eta_0 = \frac{T_c}{\gamma \Delta T}\left[\frac{2\gamma - 2\gamma(T_h/T_c)}{2(\gamma + 1)}\right]$$

当给电偶施加最佳电流时，可得到最佳性能系数的最后表达式为

$$\eta_0 = \frac{T_c}{\Delta T}\left[\frac{\gamma - (T_h/T_c)}{\gamma + 1}\right] \tag{10-25}$$

10.4 多级制冷器的性能

一般认为，单级制冷器的制冷量较小，其温差约为 $50 \sim 60\ ℃$，为了获得更低的温度和更大的制冷量，通常采取多级制冷器串联、并联或串并联相结合的方式加以实现。

图 10-8 所示为一个两级制冷器，其中制冷负荷量 Φ 在冷端进入第一级，其温度为 T_{c1}。从第一级排出的热量是制冷负荷 Φ_1 和第一级消耗功率的总和，排出热量的温度为 T_{h1}。对于第一级，制冷量为

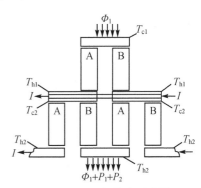

图 10-8 两级热电制冷器

$$\Phi_1 = \alpha T_{c1} I_1 - \frac{1}{2}I_1^2 R - K_1(T_{h1} - T_{c1})$$

所需功率为

$$P_1 = I_1[\alpha(T_{h1} - T_{c1}) + I_1 R_1]$$

性能系数为

$$\eta_1 = \frac{\Phi_1}{P_1}$$

第一级热端所排出的热量等于第二级的制冷负荷：$\Phi_2 = \Phi_1 + P_1$，在没有热损失时，第一级的热端温度即是第二级冷端温度（$T_{h1} = T_{c2}$）。

第二级的热端温度为 T_{h2}，其制冷量为

$$\Phi_2 = \Phi_1 + P_1 = \alpha T_{c2} I_2 - \frac{1}{2}I_2^2 R_2 - K_2(T_{h2} - T_{c2})$$

所需功率为

$$P_2 = I_2[\alpha(T_{h2} - T_{c2}) + I_2 R_2]$$

性能系数（COP 或 η）为

$$\eta_2 = \frac{\Phi_2}{P_2} = \frac{\Phi_1 + P_1}{P_2}$$

两级串联制冷器的总的性能系数为

$$\eta = \frac{\Phi_1}{P_1 + P_2}$$

现在考虑有 n 级的制冷器，其中第 i 级有一热端温度 $T_{h,i}$，冷端温度 $T_{c,i}$，制冷量为 Φ_i，所需功率为 P_i，并可以写成递推关系：

$$T_{c,i+1} = T_{h,i}, \quad i = 1, 2, 3, \cdots \tag{10-26}$$

$$\Phi_{i+1} = \Phi_i + P_i, \quad i = 1, 2, 3, \cdots \tag{10-27}$$

$$\eta_i = \frac{\Phi_i}{P_i}, \quad i = 1, 2, 3, \cdots \tag{10-28}$$

而

$$\eta = \frac{\Phi_1}{\sum_{i=1}^{n} P_i}$$

对式(10-27)进行代数运算

$$\Phi_{i+1} = \Phi_i + P_i = \Phi_i \left(1 + \frac{P_i}{\Phi_i}\right) = \Phi_i \left(1 + \frac{1}{\eta_i}\right) \qquad (10-29)$$

同理可以计算

$$\Phi_{i+2} = \Phi_{i+1} + P_{i+1} = \Phi_{i+1} \left(1 + \frac{P_{i+1}}{\Phi_{i+1}}\right) = \Phi_{i+1} \left(1 + \frac{1}{\eta_{i+1}}\right) = \Phi_i \left(1 + \frac{1}{\eta_i}\right) \left(1 + \frac{1}{\eta_{i+1}}\right)$$

最后,对于第 n 级有

$$\Phi_n = \Phi_{n-1} + P_{n-1} = \Phi_{n-1} \left(1 + \frac{P_{n-1}}{\Phi_{n-1}}\right) = \Phi_{n-1} \left(1 + \frac{1}{\eta_{n-1}}\right)$$

式中,Φ_{n-1} 可以用前面各级的性能系数和制冷负荷 Φ_1 表示。因此,可导出

$$\Phi_n = \Phi_1 \left(1 + \frac{1}{\eta_1}\right) \left(1 + \frac{1}{\eta_2}\right) \cdots \left(1 + \frac{1}{\eta_{n-1}}\right) \qquad (10-30)$$

然而,从另一方面考虑,第 n 级的制冷量也可用制冷负荷 Φ_1 与各级的总功耗之和 $\sum P = P_1 + P_2 + \cdots + P_n$ 表示,即

$$\Phi_n = \Phi_1 + \sum P = \Phi_1 \left(1 + \frac{\sum P}{\Phi_1}\right) = \Phi_1 \left(1 + \frac{1}{\eta}\right) \qquad (10-31)$$

式中,η 定义为整个串联级的性能系数。

使式(10-30)与式(10-31)相等,得

$$\Phi_1 \left(1 + \frac{1}{\eta}\right) = \Phi_1 \left(1 + \frac{1}{\eta_1}\right) \left(1 + \frac{1}{\eta_2}\right) \cdots \left(1 + \frac{1}{\eta_{n-1}}\right)$$

因此

$$1 + \frac{1}{\eta} = \prod_{i=1}^{i=n} \left(1 + \frac{1}{\eta_i}\right)$$

或

$$\eta = \frac{1}{\prod_{i=1}^{i=n} (1 + 1/\eta_i) - 1} \qquad (10-32)$$

对于两级串联制冷器,$n=2$,式(10-32)变成

$$\eta = \frac{1}{(1 + 1/\eta_1)(1 + 1/\eta_2) - 1}$$

经整理得

$$\eta = \frac{\eta_1 \eta_2}{(\eta_2 + 1)(\eta_1 + 1) - \eta_1 \eta_2} = \frac{\eta_1 \eta_2}{\eta_1 + \eta_2 + 1} \qquad (10-33)$$

研究结果表明,当制冷器冷端温度低于250 K,采用多级制冷器结构,可以提高制冷器效率。温度越低,采用多级结构可以获得的效率提高就越显著。

文献[44]指出,当 n 级电偶串联且 $\eta_1 = \eta_2 = \eta_3 = \cdots = \eta_n$ 时,整个热电制冷器将获得最佳性能系数;文献[45]研究得出,一个两级串联的制冷器,级间没有热损失时,铋碲元件的中间级温度($T_{h1} = T_{c2} = T_m$)为

$$T_{\mathrm{m}} = \sqrt{T_{\mathrm{h2}}T_{\mathrm{c1}}} \qquad (10-34)$$

精度大约为 95%。

图 10-9 所示为单级和多级制冷器最大温差 $\Delta T_{\max}$ 与品质因数之间的关系曲线。从图可见,每增加一级能使最大温差 ΔT_{m} 有较大的增加。显然多级结构可获得较低的温度和较高的性能系数,但是随着级数的增加,温度降低的幅度和性能系数提高的幅度都在减小。因此不能无限增加级数。通常热电器件的级数为 2 级、3 级,每级可由 10、20 或 30 个电偶组成。目前最多的达 8 级,当热端温度保持在 333 K(50 ℃)时,冷端温度为 145 K(−128 ℃)。

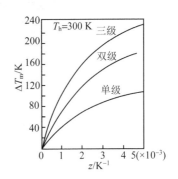

图 10-9　$\Delta T_{\mathrm{m}} = f(z)$ 的关系

如上所述,热电器件两端结点的放热与吸热取决于电流的方向。当电流由 N 型半导体流入 P 型半导体时,该结点为冷端;改变电流方向(由 P 型流至 N 型),结点则转换为热端。若用 Φ_{h} 表示电偶热端放出的热量,则

$$\Phi_{\mathrm{h}} = \Phi_{\mathrm{c}} + P \qquad (10-35)$$

热端的放热效率,可写为

$$\eta_{\mathrm{h}} = \frac{\Phi_{\mathrm{h}}}{P} = 1 + \eta \qquad (10-36)$$

上述关系式表示热端放出的热量大于耗电功率。

10.5　热电制冷器的结构设计

图 10-10 所示为单个电偶组成的热电制冷器的结构示意图。热电制冷器通常由 P 型和 N 型半导体电偶臂、导电接片、电绝缘片、冷板和散热器组成。

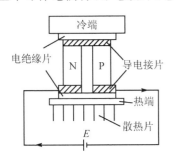

图 10-10　热电制冷器结构示意图

由图 10-10 得知,由电子器件耗散的热量,经冷端(冷板)、电绝缘片、导电接片(铜片),传给 N、P 型半导体材料的电偶臂。另一端经导电接片、电绝缘片与热端的散热器相连。

由于单个电偶的制冷量很小,实际使用中为了满足指定制冷量的要求,需要将电偶如图 10-11 所示,采用串联、并联或者串并联三种连接方式构成多级热电制冷器。电偶臂之间的缝隙用绝缘树脂注塑充填或用合成树脂泡沫材料充填,使得整个制冷器形成一个刚性整体。

导电接片一般用导电性能好的紫铜片制成。考虑到与 N、P 型半导体的焊接性能,可在紫铜片上镀镍,然后再镀锌。接片的厚度一般为 0.3~0.5 mm。

冷板起导出冷量的作用。冷板应与被冷却的电子器件保持良好的热接触。在某些情况下,也可以不用冷板,让冷端直接接触被冷却的电子器件。这时,接触面应具有良好的导热性和电绝缘性。

散热器起热端散热的作用。按冷却条件可以做成不同形式。以前各章介绍的自然空气冷却、强制空气冷却、液冷、相变冷却和各类冷板装置,均可作为热端的散热方式。

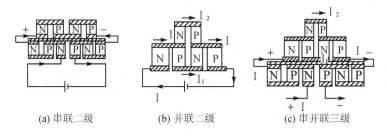

| (a) 串联二级 | (b) 并联二级 | (c) 串并联三级 |

图 10 - 11　多级热电制冷器的连接形式

为了使同一侧结点的热量都能汇集到相邻换热结构(冷板或散热器)上,而又保证各电偶元件之间能够有相互的绝缘性,在制冷器冷端与冷板之间、热端与散热器之间必须用一层能导热却不能导电的物质隔开。该隔层即电绝缘导热层。云母片、涂漆层或不导电的金属氧化物膜片都可以作为电绝缘导热层材料。该层的厚度越小越好,因为它夹在制冷器结点与相邻换热结构(冷板或散热器)之间,将产生附加热阻或附加温度损失。一般每层引起的附加温度损失都在 2 K 以上。

串联型多级热电制冷器的特点是各级的工作电流相等。级与级之间的连接处需要一层电绝缘的导热层隔开,其材料一般采用阳极氧化铍、氧化铝等。为使温差损失较小,应将上一级与下一级的电偶在同一温度层进行连接。通常将下一级电偶断开,使 N 型半导体的冷端与上一级 N 型半导体的热端连接,P 型半导体的冷端与上一级 P 型半导体的热端连接。

并联型多级热电制冷器的工作电流较大,由于级间既要导热又要导电,所以不需要级间电绝缘,也无级间温差。当要求的温差和负荷与串联型制冷器相同时,并联型的制冷器耗电要小些,但是线路设计比较复杂。

表 10 - 2 为国产光电器件冷却用的热电制冷器的结构尺寸与性能。

表 10 - 2　国产光电器件冷却用热电制冷器

半导体材料：Bi_2Te_3

冷却面积：4 mm×8 mm;体积：32 mm×32 mm×40 mm

结构形式：1~2 级并联,3~6 级串联

电绝缘片：氧化铍陶瓷片

实测性能：T_h= 320 K,T_c= 190 K,ΔT= 130 K,Φ_c= 20 mW,P= 15.8 W(I= 3.5 A,V= 4.5 V)

级　数	1	2	3	4	5	6
每级元件对数	1	2	4	8	18	36
元件尺寸/mm	1.8×1.8×5	1.8×1.8×5 2.5×2.5×5	1.9×1.9×3.0	1.9×1.9×3.0	2×2×2	1.9×1.9×3.5

表 10 - 3 为苏联研制的场效应晶体管冷端用的热电制冷器的结构尺寸与性能。

串、并联多级热电器件的组装,一般采取上一级和中间级串联,中间级与第三级并联。

美国研制的用于手提式热像仪冷却的热电制冷器(MI4010 型四级热电制冷器),尺寸为 12.5 mm×19.3 mm×9.3 mm;实测性能：T_h= 300 K(27 ℃),T_c= 195 K(−78 ℃),Φ_c= 50 mW,P= 7.2 W(即 6 V×1.2 A)。

目前热电器件已达到系列化、商品化,可根据制冷量的需要选用合适的热电器件组装成尺

寸和功率等规格不同的制冷器。

表 10－3　一种场效应晶体管用热电制冷器

半导体材料：Bi、Te 和 Se 合金

实测性能：$\Phi_c = 80 \sim 180$ mW；

当 $\Phi_c = 80$ mW 时，$T_c = 166.8$ K（-106.2 ℃）；

当 $\Phi_c = 180$ mW 时，$T_c = 170.5$ K（-102.5 ℃）

热交换器的水流量：4×10^{-5} m³/s，水温 $t_w = 20$ ℃

电源纹波系数 < 6 ％

结构形式：1～2 级为串联，3～5 级为混联

体积：110 mm×110 mm×69 mm

级　　数		1	2	3	4	5
每级元件对数		1	3	10	30	60
元件尺寸/mm	P 型	6×4×5	6×4.6×4	5×4.6×4	5×3.9×4	7.4×6.5×4
	N 型	2.7×2.7×5	6×4×4	5×4.1×4	5×4×4	7.1×4×4
制冷温度*/K * $\Phi_c = 120$ mW		168.3	186.5	205.5	228.2	255.5

图 10－12 和图 10－13 所示为某些典型热电器件性能曲线。

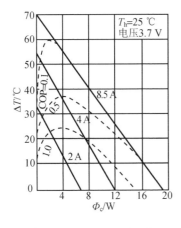

图 10－12　$\Delta T = f(\Phi_c)$

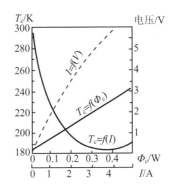

图 10－13　$T_c = f(\Phi_c)$

热电制冷器装置的优点如下：

① 采用热电制冷，不用制冷剂，故无泄漏，无污染，清洁卫生。

② 装置无机械传动部件，故无磨损、无噪声、无振动，维修量少，寿命长，可靠性高。

③ 冷却速度和制冷温度可通过改变工作电流的大小进行调节，灵活性大。

④ 可改变电流极性的方法来达到加热或制冷的目的，故用于高低温恒温器有独到之处。

⑤ 可利用系列化、商品化的热电器件组装尺寸和功率不同的制冷器装置，以满足不同电子设备和元器件的制冷要求。

⑥ 对重力的影响不敏感，故在任何高度、任何方位都可正常工作。

热电制冷器最主要的缺点是性能系数很低，但由于热电制冷器具有上述一系列特点，在某

些场合(如小制冷量、小体积的情况下)往往起着机械制冷所不能起的作用,特别适用于要求制冷量小,制冷温度不太低的电子器件冷却或作为恒温器使用。

10.6 热电制冷器设计计算的工程实例

下面以两个工程实例分别说明最大制冷量和最佳性能系数热电制冷器的设计计算方法。

例 10 - 1 设计一个制冷负荷为 300 W 的制冷器,其地面冷却工作温度为 35.6 ℃,其中制冷器的功耗并不是主要的,散热器在 73.7 ℃时应能散掉 1 200 W 的热量。

解:按最大制冷量制冷器的设计程序进行。

1)材料特性

取电偶臂 A 为 N 型半导体,材料为 Bi_2Te_3;取电偶臂 B 为 P 型半导体,材料为 Bi_2Te_3。

材料特性为

$$\alpha_A = 2.3 \times 10^{-4} \text{ V/K}, \quad \alpha_B = -2.1 \times 10^{-4} \text{ V/K}$$

$$\rho_A = 10^{-3} \ \Omega \cdot cm, \quad \rho_B = 10^{-3} \ \Omega \cdot cm$$

$$\lambda_A = 0.017 \text{ W/(cm} \cdot \text{K)}, \quad \lambda_B = 0.014 \ 5 \text{ W/(cm} \cdot \text{K)}$$

2)元件尺寸

获得最佳 KR 时的面积比

$$\frac{A_A}{A_B} = \sqrt{\lambda_B \rho_A / \lambda_A \rho_B} = 0.924$$

取 $A_B = 0.385 \text{ cm}^2$,则 $A_A = \sqrt{\lambda_B \rho_A / \lambda_A \rho_B} A_B = 0.356 \text{ cm}^2$。

两臂的当量直径分别为 $d_B = 2\sqrt{A_B/\pi} = 0.70 \text{ cm}$,$d_A = 2\sqrt{A_A/\pi} = 0.67 \text{ cm}$。

取两臂长度为 $L_A = L_B = 0.317 \ 6 \text{ cm}$。

3)电偶品质因数

电偶塞贝克系数为

$$\alpha = |\alpha_A| + |\alpha_B| = 4.4 \times 10^{-4} \text{ V/K}$$

电偶品质因数为

$$z = \alpha^2 / (\sqrt{\lambda_A \rho_A} + \sqrt{\lambda_B \rho_B})^2 = 3.08 \times 10^{-5} \text{ 1/K}$$

4)物理参数

一个电偶的总电阻为

$$R = \frac{\rho_A L_A}{A_A} + \frac{\rho_B L_B}{A_B} = 1.73 \times 10^{-3} \ \Omega$$

一个电偶的总热导为

$$K = \frac{\lambda_A A_A}{L_A} + \frac{\lambda_B A_B}{L_B} = 0.036 \ 4 \text{ W/K}$$

5)性能数据

热端温度为

$$T_h = (73.7 + 273) \text{ K} = 346.7 \text{ K}$$

冷端温度为

$$T_c = (35.6 + 273) \text{ K} = 308.6 \text{ K}$$

冷热端温差为

$$\Delta T = T_h - T_c = 38.1 \text{ K} < 50 \text{ K}$$

故采用单级结构制冷器。

6）电气数据

获得最大制冷量能力的电流为

$$I_m = \frac{\alpha T_c}{R} = 78.5 \text{ A/ 电偶}$$

获得最大制冷量能力的电压为

$$V_m = \alpha T_h = 0.152\ 6 \text{ V/ 电偶}$$

所需输入功率为

$$P = I_m V_m = 11.98 \text{ W/ 电偶}$$

7）热数据

制冷器制冷负荷为 $\Phi_T = 300$ W，一个电偶最大制冷量为

$$\Phi_m = \frac{\alpha^2 T_c^2}{2R} - K\Delta T = 3.96 \text{ W/ 电偶}$$

所需串联电偶数目为

$$n = \frac{\Phi_T}{\Phi_m} = 76$$

因此，用所选定 P 型和 N 型半导体制作电偶元件，单级串联 76 个电偶组成制冷器。该制冷器的性能系数为

$$\eta = \frac{\Phi_m}{P} = 0.331$$

总散热量为

$$\Phi_R = \Phi_T + nP = 1\ 210 \text{ W}$$

例 10 - 2　被冷却光电器件要求温度降至 -30 ℃，冷负荷为 5 W，用热电制冷实现冷却。若环境温度 27 ℃，热端传热温差 13 ℃，采用空气对流散热；冷端传热温差 2 ℃。试设计一性能系数最佳的热电制冷器。电偶材料的性质为 $\alpha_P = \alpha_N = 2.0 \times 10^{-4}$ V/K，$\rho_P = \rho_N = 0.9 \times 10^{-3}$ Ω·cm，$\lambda_P = \lambda_N = 1.9 \times 10^{-2}$ W/(cm·K)，$z = 2.3 \times 10^{-3}$ 1/K。

解：按最佳性能系数制冷器设计程序进行。

1）元件尺寸

设电偶臂横截面积分别为 A_P 和 A_N，则由式（10 - 15）得

$$\frac{A_P}{A_N} = \sqrt{\lambda_N \rho_P / \lambda_P \rho_N} = 1$$

即

$$A_P = A_N$$

为制作方便，取两臂横截面积 $A_P = A_N = 0.21$ cm²（可取两臂横截面尺寸为 4 mm × 5.25 mm），则两臂当量直径为

$$d_P = 2\sqrt{\frac{A_P}{\pi}} = 2\sqrt{\frac{0.21}{\pi}} \text{ cm} = 0.517 \text{ cm}$$

$$d_N = d_P = 0.517 \text{ cm}$$

取两臂长度 $L_P = L_N = 0.7$ cm。

2）电偶品质因数

电偶的塞贝克系数为

$$\alpha = |\alpha_P| + |\alpha_N| = 2 \times 2.0 \times 10^{-4} = 4.0 \times 10^{-4} \text{ V/K}$$

电偶品质因数为

$$z = 2.3 \times 10^{-3} \text{ K}^{-1} \quad\quad\quad （给定）$$

3）物理参数

一个电偶的总电阻为

$$R = \frac{\rho_P L_P}{A_P} + \frac{\rho_N L_N}{A_N} = \frac{0.9 \times 10^{-3} \times 0.7}{0.21} \times 2 \text{ } \Omega = 6.0 \times 10^{-3} \text{ } \Omega$$

一个电偶的总热导为

$$K = \frac{\lambda_P A_P}{L_P} + \frac{\lambda_N A_N}{L_N} = \frac{1.9 \times 10^{-2} \times 0.21}{0.7} \times 2 \text{ W/K} = 1.14 \times 10^{-2} \text{ W/K}$$

4）性能数据

热端温度为

$$T_h = (27 + 13) \text{ ℃} = 40 \text{ ℃} = 313 \text{ K}$$

冷端温度为

$$T_c = (-30 - 2) \text{ ℃} = -32 \text{ ℃} = 241 \text{ K}$$

冷热端温差为

$$\Delta T = T_h - T_c = 72 \text{ K} > 50 \text{ K}$$

故须采用两级热电堆。

设级间传热温差为 3 ℃。各级温差的分配应使每级的性能系数尽量相等,在无级间温差时,两级热电堆的中间温度可以近似按下式计算:

$$T_z = \sqrt{T_h T_c} = \sqrt{313 \times 241} \text{ K} = 274.6 \text{ K}$$

据此,初步确定各级的工作温度:

$$T_{h2} = 313 \text{ K}, \quad T_{c2} = 271 \text{ K}, \quad \Delta T_2 = 42 \text{ K}, \quad T_{m2} = 292 \text{ K} \left(\text{即} = \frac{T_{h2} + T_{c2}}{2}\right)$$

$$T_{h1} = 274 \text{ K}, \quad T_{c1} = 241 \text{ K}, \quad \Delta T_1 = 33 \text{ K}, \quad T_{m1} = 257.5 \text{ K}$$

两级均按性能系数最佳状态作热电堆设计。利用式(10-25)分别计算两级的性能系数。首先求中间参量:

$$\gamma_2 = \sqrt{1 + \frac{z}{2}(T_{h2} + T_{c2})} = \sqrt{1 + z T_{m2}} = \sqrt{1 + 2.3 \times 10^{-3} \times 292} = 1.292\ 9$$

$$\gamma_1 = \sqrt{1 + \frac{z}{2}(T_{h1} + T_{c1})} = \sqrt{1 + z T_{m1}} = \sqrt{1 + 2.3 \times 10^{-3} \times 257.5} = 1.261\ 9$$

由此可得两级性能系数为

$$\eta_2 = \frac{T_{c2}}{\Delta T_2}\left[\frac{\gamma_2 - (T_{h2}/T_{c2})}{\gamma_2 + 1}\right] = \frac{271}{42}\left[\frac{1.292\ 9 - (313/271)}{1.292\ 9 + 1}\right] = 0.388\ 1$$

$$\eta_1 = \frac{T_{c1}}{\Delta T_1}\left[\frac{\gamma_1 - (T_{h1}/T_{c1})}{\gamma_1 + 1}\right] = \frac{241}{33}\left[\frac{1.261\ 9 - (274/241)}{1.261\ 9 + 1}\right] = 0.403\ 5$$

两级采用串联,则总性能系数为

$$\eta = \frac{\eta_1 \eta_2}{\eta_1 + \eta_2 + 1} = \frac{0.403\ 5 \times 0.388\ 1}{0.403\ 5 + 0.388\ 1 + 1} = 0.087\ 4$$

5）电气数据

两级采用串联，故各级工作电流相同。

欲获得最佳性能系数的电流为

$$I_0 = \frac{\alpha \Delta T_2}{R(\gamma_2 - 1)} = \frac{4.0 \times 10^{-4} \times 42}{6.0 \times 10^{-3} \times (1.292\ 9 - 1)} \text{ A} = 9.56 \text{ A}$$

为了驱动热电器件正常工作，外电路所提供的电压应等于电偶中的塞贝克电压及电阻上的压降之和。每一电偶上的电压降为

$$V_{02} = \alpha \Delta T_2 + I_0 R = (4.0 \times 10^{-4} \times 42 + 9.56 \times 6.0 \times 10^{-3}) \text{ V} = 0.074\ 2 \text{ V}$$

$$V_{01} = \alpha \Delta T_1 + I_0 R = (4.0 \times 10^{-4} \times 33 + 9.56 \times 6.0 \times 10^{-3}) \text{ V} = 0.070\ 6 \text{ V}$$

由此可得每一电偶上的输入功率：

$$P_{02} = I_0 V_{02} = 9.56 \times 0.074\ 2 \text{ W} = 0.709\ 4 \text{ W}$$

$$P_{01} = I_0 V_{01} = 9.56 \times 0.070\ 6 \text{ W} = 0.674\ 9 \text{ W}$$

总功率

$$P_t = \frac{\Phi_t}{\eta} = \frac{5}{0.087\ 4} \text{ W} = 57.2 \text{ W}$$

每一级上的功率：

$$P_{t1} = \frac{\Phi_t}{\eta} = \frac{5}{0.403\ 5} \text{ W} = 12.4 \text{ W}$$

$$P_{t2} = (57.2 - 12.4) \text{ W} = 44.8 \text{ W}$$

每一级上的电压：

$$V_{t1} = \frac{P_{t1}}{I_0} = \frac{12.4}{9.56} \text{ V} = 1.3 \text{ V}$$

$$V_{t2} = \frac{P_{t2}}{I_0} = \frac{44.8}{9.56} \text{ V} = 4.7 \text{ V}$$

故供电电源电压为

$$V_t = V_{t1} + V_{t2} = (1.3 + 4.7) \text{ V} = 6.0 \text{ V}$$

6）热数据

冷负荷为 $\Phi_t = 5$ W。冷负荷在冷端进入第一级。对于第一级每一电偶上制冷量为

$$\Phi_{10} = \alpha T_{c1} I_0 - \frac{1}{2} I_0^2 R - K \Delta T_1 =$$

$$\left(4.0 \times 10^{-4} \times 241 \times 9.56 - \frac{1}{2} \times 9.56^2 \times 6.0 \times 10^{-3} - 1.14 \times 10^{-2} \times 33 \right) \text{ W} =$$

$$(0.921\ 6 - 0.274\ 2 - 0.376\ 2) \text{ W} = 0.271\ 2 \text{ W}$$

第一级电偶数为

$$n_1 = \frac{\Phi_t}{\Phi_{10}} = \frac{5.0}{0.271\ 2} \text{ 个} = 18 \text{ 个}$$

第一级排出的热量等于第二级的制冷负荷，即

$$\Phi_{t2} = \Phi_t + n P_1 = (5 + 18 \times 0.674\ 9) \text{ W} = 17.15 \text{ W}$$

第二级上单个电偶的制冷量为

$$\Phi_{20} = \alpha T_{c2} I_0 - \frac{1}{2} I_0^2 R - K \Delta T_2 =$$

$$\left(4.0 \times 10^{-4} \times 271 \times 9.56 - \frac{1}{2} \times 9.56^2 \times 6.0 \times 10^{-3} - 1.14 \times 10^{-2} \times 42 \right) \text{ W} =$$

$$(1.036\ 3-0.274\ 2-0.478\ 8)\ \text{W}=0.283\ 3\ \text{W}$$

第二级的电偶数为

$$n_2=\frac{\Phi_{t2}}{\Phi_{20}}=\frac{17.15}{0.283\ 3}\ \text{个}=61\ \text{个}$$

取 $n_2=62$ 个，两级制冷器，第一级采用 $7\times4\times5.25$ mm 的电偶 18 个，第二级采用同尺寸电偶 62 个。

7）验　算

第一级的电偶数为 $n_1=18$，每一电偶上的电压降为 $V_{01}=0.070\ 6$ V。

第二级的电偶数为 $n_2=62$，每一电偶上的电压降为 $V_{02}=0.074\ 2$ V。

两级串联，故总电压降为 $V_0=(0.070\ 6\times18+0.074\ 2\times62)$ V $=5.87$ V。

两级制冷器总电压降略小于供电电源能提供的电压 $V_t=6$ V，且性能指标符合要求，说明制冷器设计合理。

10.7　热电制冷在电子设备热控制中的应用

随着现代技术向高精尖发展，对各类电子元器件的温度控制要求越来越苛刻，而利用热电制冷器正反向工作的特点，能造就一个 $-50\sim+80$ ℃的高低温条件，工作容积可大可小，甚至可以做到非常小，并能逐点进行温度控制，在一些需要微型制冷的场合，热电制冷可以发挥很好的作用，使用非常方便，用途十分广泛。在大规模集成电路、光敏器件、功率元件、高频晶体管、电子仪器等元器件和设备冷却上，热电制冷器有其独特的功用，往往是其他制冷方法无法替代的。热电制冷器可以不同的方式来冷却电子元器件和设备，它既可以把电子元器件装在热电制冷器的冷端，直接得到冷却，也可把电子设备放在有热电制冷的箱里，通过箱内空气的自然对流而得到间接冷却。下面介绍热电制冷在电子设备热控制中的几个工程应用实例。

10.7.1　电子设备热电冷却箱

图 10-14 所示为一典型热电冷却箱的原理图。设被冷却的电子器件其耗散热为 Φ_e，从环境漏进室内的热量为 Φ_L，则必须由热电制冷器冷端抽吸的热负载为 $\Phi=\Phi_L+\Phi_e$，而要从热端散掉的总热负载为 $\Phi_R=\Phi+P$，P 为制冷过程所需功率。

图 10-15 画出了热电冷却箱从内到外的温度曲线。从箱内至冷板 1 的热交换方式是空气自然对流，在用合适的自然对流关系式或用实验方法确定对流热阻后就可以估算箱内与冷板表面之间的温差 $(T_i-T'_i)$。热电制冷器的冷结点和冷板表面间的温差 (T'_i-T_c) 是由板

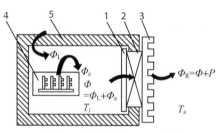

1—冷板；2—热电制冷器；3—散热器；
4—要冷的电子器件；5—箱体

图 10-14　典型热电冷却箱原理图

的传导热阻和结合面的接触热阻构成的。

一个类似的传导热阻是与热交换器基底及其与热结点的分界面相关联的。这个热阻就是引起温差 $(T_h-T'_h)$ 的原因。热交换器的基底与周围环境的最后的温差 $(T_a-T'_h)$ 是由热交换器的对流热阻引起的。

在上述典型热电冷却箱热分析的基础上,只要设计或选用合适的热电元件,就可以达到对电子设备及器件的冷却目的。下面举若干例子说明应用情况。

(1) 专用组件化热电冷却系统

图 10-16 所示组件化热电冷却系统的用途是为高速存储器组件单元提供规定的热环境,存储器组件规范如下:

① 存储器的功耗在 18~36 W 范围内变化;

② 存储器的尺寸为 178 mm×241 mm×419 mm;

③ 热响应时间:加热或冷却 10 min;

④ 环境温度在 10~43 ℃范围内变化;

⑤ 存储器的空气温度(30±3) ℃。

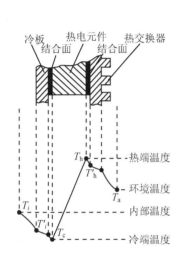

图 10-15　热电冷却箱的温度曲线

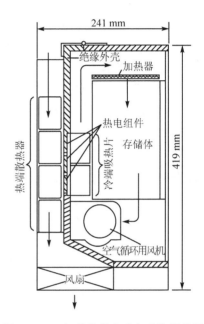

图 10-16　组件化热电冷却系统原理图

该系统共用 6 个 G9-65 型热电元件。冷端通风设备风量为 0.94 m³/min,风压为 9 mm 水柱;热端通风设备风量为 0.74 m³/min,风压为 6 mm 水柱。热电组件冷热两端都有直肋片式散热器。

通过热分析确定,漏进壳体的最大热量为 24 W。因此,热电组件必须有抽吸 60 W(即 36 W+24 W)的能力。分析还得出,当存储器功耗最大时,要维持壳体内温度为 30 ℃。需使冷端的温度为 25 ℃。这些条件决定了热电组件用 7 A 的电流就可得到要求的性能。

调节电流可改变存储器的功耗和环境温度,但由于强迫对流冷却系统的热时间常数比较大,其热响应相当缓慢。为提高热控系统的热响应速度,保证存储器的瞬态热特性符合要求,在设计热控系统时,将一个 100 W 的加热器装在壳体内,并用比例控制器来启动。这种系统的工作情况如下:若环境温度是最高 43 ℃、存储器的最大功耗为 36 W 时,则电流为 7 A 的 6 个热电组件能够维持壳体内的温度为(30±3) ℃;当环境温度或功耗比最大值小时,就打开加热器,以供应足够的热量,满足壳体内的温度要求。

(2) 小型恒温冷却器

许多电子元件要求在恒温条件下工作,例如电阻、电容、电感、晶体管、石英晶体管等。可用热电制冷的方法制作恒温器,为它们提供恒温工作条件。各种小型热电式恒温器容积从 2.5 cm³ 到 300 cm³。采用热电制冷方式使恒温器的温度控制简单、精确。用热敏电阻作感温件,它们的温控精度可达±0.05 ℃。

在标准电器(电池、电容)标定测量中,需要超级恒温槽。采用热电制冷制作的国产超级恒温槽温控精度可达±0.005 ℃。

图 10-17 所示为石英晶体振荡器用的热电恒温器结构示意图。在外界温度变化幅度为-45~-15 ℃时,工作室内温度可以稳定在(10±0.5) ℃。所配备的热电制冷器功率为 30 W,工作电流 3 A。恒温工作室容积为 φ50 mm×138 mm,整个外形尺寸为 144 mm×56 mm×56 mm。热电制冷器热端采用水冷却。

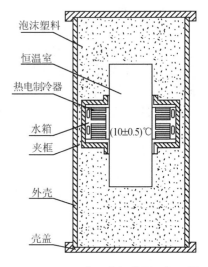

图 10-17 石英晶体振荡器用恒温器

多路通信用的恒温器结构示意图如图 10-18 所示。该恒温器采用的热电制冷器工作电流为 3 A,耗电 5 W,实际效率为 36%。采用空气自然对流的散热方式,散热片面积 0.3 m²。当外界环境温度在-5~+45 ℃ 范围内变化时,恒温室内温度可以稳定在(25±1) ℃。

(3) 热电冷阱及其应用

热电冷阱由于有较宽的工作温度范围,改变电源极性又可正反向供电,能实现从低于室温到高于室温的连续温控,具有体积小、温控稳定、操作方便的特点,在实验室和生产中得到广泛应用。

图 10-19 所示为一种在半导体工业中用于硅外延生长工艺中的冷阱,它由 8 个标准热电堆(每个堆有 20 对制冷元件)串联成单级热电制冷器,工作电流 20 A,耗电 300 W,在空载情况下通电 30 min 后冷阱温度可达-18 ℃(冷却水温度为 20 ℃时)。热电制冷器的热端紧贴在铝制冷却水箱上。由冷却水为热端散热。

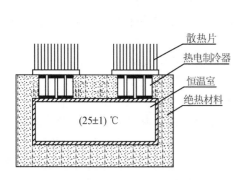

图 10-18 多路通信用恒温器

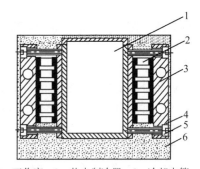

1—工作室;2—热电制冷器;3—冷却水箱;
4—螺钉绝热套管;5—固定螺钉;6—绝热材料

图 10-19 硅外延生长工艺用热电冷阱

10.7.2 光电器件的直接冷却

大规模集成电路、大功率器件及高频晶体管等电子器件对工作温度有严格的要求,由微型热电堆组成的热电冷却器易于和电子元器件组合成一体,非常适合于冷却这些元器件。

1. 大功率三极管的热电冷却器

图 10-20 所示为用二级热电制冷器冷却三极管的典型例子,图 10-20 中(a)和(c)是热电制冷器的两个视图,(b)是三极管外壳端面与热电制冷器冷端接触组合的详图,(d)是热端与散热器的组合图。第一级热电堆采用 $\phi3\ mm\times6\ mm$ 制冷元件,第二级热电堆采用 $\phi2\ mm\times3\ mm$ 制冷元件。被冷却三极管的耗散热通过外壳体传导到热电制冷器冷端,经过第一、二级热电堆传递到热电制冷器热端,再通过热端散热器排散到空气中。热电堆的产冷量和冷端温度可根据三极管的散热量和最佳工作温度来设计。

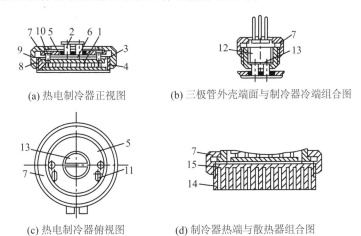

(a) 热电制冷器正视图　　　(b) 三极管外壳端面与制冷器冷端组合图

(c) 热电制冷器俯视图　　　(d) 制冷器热端与散热器组合图

1,2—第二和第一级热电堆；3—硬橡胶外套；4—螺纹连接；5—第一级电连接片；
6—弹性导热体；7—外套硬橡胶螺帽；8—结合面；9—安装间隙；10—定位销；
11—电缆线穿孔；12—被冷却三极管；13—热电制冷器冷端；14—散热片；15—热电制冷器热端

图 10-20　冷却三极管的二级热电冷却器

2. 集成电路的微型热电冷却

图 10-21 所示为用微型热电制冷器冷却集成电路的典型应用实例。集成电路组件与微型热电制冷器组合成一个器件。集成电路组件紧贴在微型热电制冷器的冷面上,结合面涂有导热硅脂以有利于热传导,集成电路组件的热负荷传给冷端面之后,通过微型热电冷却器的制冷功能把热量抽吸到热电制冷器热端面,该热端面紧贴在器件的底座上,整个器件的外壳、底座以及引线脚就成了热端散热器,通过空气的自然对流将集成电路的耗散热排散到空气中。

3. 光电倍增管用热电制冷器

在原子物理学、天文学等科技领域,广泛使用光电管。但其暗电流、噪声、灵敏度等参数主要取决于光电阴极的温度。用二级热电制冷器冷却光电倍增管,能够有效地降低其噪声和暗电流,提高灵敏度。

图 10-22 所示为一种光电倍增管用的三级热电制冷器,为了在一定的电流下增加制冷量,它的第一、二级热电堆采用串联,二、三级采用并联,这样就构成了一个并串联的三级热电制冷器。图中 1 为空气散热器底座,它通过导热绝缘层 2 与第三级热电堆 3 的热端相连,该级的冷端通过导热绝缘层 4 与第二级热电堆 5 的热端相连,而第二级的冷端通过铜导体 6 直接与第一级热电堆 7 的热端相连,作为第一级冷端的铜连接块中有温度信号器 9,冷端铜块与光电倍增管 10 紧密接触,中间涂导热脂以加强传热。热电制冷器外面包有泡沫塑料绝热层和塑

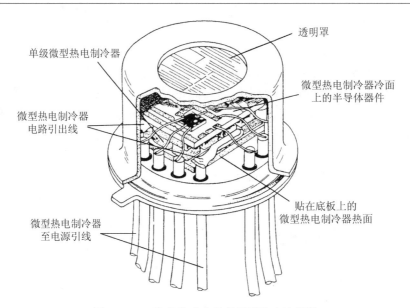

图 10-21　冷却集成电路的微型热电冷却器

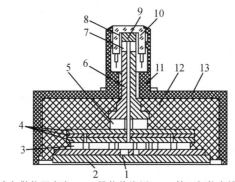

1—空气散热器底座；2—导热绝缘层；3—第三级热电堆的元件；
4—第二、三级之间的导热绝缘层；5—第二级热电堆的元件；
6—第一、二级间连接铜块；7—第一级热电堆的元件；
8—冷端铜连接块；9—温度记号器；10—光电倍增管；
11,12—泡沫塑料；13—塑料外壳

图 10-22　光电倍增管用三级并串联热电制冷器

料外壳，以减少外界热量的渗入。空气散热器与底座之间必须有良好的热接触，因此必须压紧并在接触面上涂导热脂。该制冷器在 14 ℃ 的环境下可得到 107 K 的制冷温差。

其技术数据如下：

① 最大制冷温差（环境温度 40 ℃）102 K；

② 工作电流 52 A；

③ 工作电压 1.0 V；

④ 耗电功率 52 W；

⑤ 达到最低温度的时间为 2 min；

⑥ 停止工作的时间为 4 min；

⑦ 外形尺寸：直径 130 mm，高度 65 mm；

⑧ 质量（无散热器时）250 g。

4. 电子元器件用多级微型热电制冷器

使用条件严格、对温度反应敏感的电子元器件,必须保证它们在低温或恒定的温度条件下工作,才能发挥其性能。例如:红外探测器需要在低温下才能有高灵敏度和探测率。硫化铅、硒化铅红外探测器在－10 ℃时的响应比 20 ℃时的响应要高出几倍;在－78 ℃时,其探测率可以提高一个数量级。

在电子工业、航天技术、红外探测器等高科技领域中,多级微型热电制冷器得到了较多应用。用于电子技术中的微型热电制冷器,根据冷却温度的不同要求,一般可采用一级至四级的热电堆结构,其热电元件多采用 ϕ1 mm～3 mm 圆形截面或 1 mm×1 mm、2 mm×2 mm 的矩形截面结构。这种微型热电元件有的文献也称为"冷柱"。工作状态下的制冷温差分别为(一级至四级)35～40 K、54～60 K、75～80 K、90～95 K。图 10－23 所示为一种四级热电制冷器的结构图。其结构呈宝塔形,底面积比较大,最上面是第一级热电堆的冷端工作面,可获得很低的制冷温度。

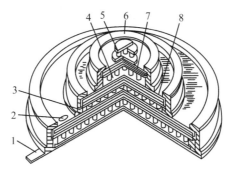

1—电源接线片; 2—级间电路连接(焊接); 3—外壳; 4—级间热连接层(导热绝缘层);
5—热电元件; 6—级间压紧用外罩; 7—热电堆安装板; 8—弹性导热层

图 10－23　四级热电制冷器结构图

10.7.3　热电-热管组合冷却系统

对温控要求严格且耗散热较大的电子器件,可采用图 10－24 所示的热电-热管组合冷却系统。该系统组合时,先把被冷却的电子器件焊在钼垫片上,再把钼垫片钎焊到热电制冷器冷端的铜连接片上,热电制冷器的热端再与热管蒸发器进行热的和机械的连接。热管另一端的冷凝器通过与周围环境进行热交换而散热。

电子器件的热负荷通过钼垫片传给热电制冷器的冷端,通过热电制冷器实现由冷端向热端的连续抽热,再经过热管的"接力"作用,把热抽到周围环境中,实现对电子器件的高效连续冷却。

为了使热电制冷器冷端温度和电子器件的热负荷、发射极-基极结所要求的温度相适应,可以对热电制冷器的工作电流进行调节。

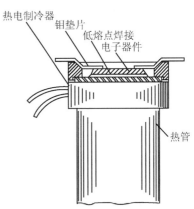

图 10－24　高耗散热电子器件的
热电-热管组合冷却系统

思考题与习题

10-1 试用简明准确的语言阐述与热电有关的五个基本效应，在此基础上说明热电制冷器的工作原理。

10-2 写出珀耳帖系数 π、塞贝克系数 α、塞贝克电压 E_S、汤姆逊系数 σ 的定义式并说明其物理意义，在此基础上写出 α、π 和 σ 的关系式。

10-3 写出热电制冷器冷端制冷量的基本方程，说明方程中每一项的物理意义。

10-4 写出电偶性能系数的定义式并说明其物理意义。

10-5 写出最大制冷量设计方程，该方程是在何种假设条件下得出的？怎样才能以较小的功率获得最大的制冷量？

10-6 什么是制冷器的品质因数，制冷器的品种因数与哪些因素有关？

10-7 在何种情况下可以得到热电制冷器的最大温差？

10-8 写出当给电偶施加最佳电流时，所得到最佳性能系数的表达式。从表达式可看出，最佳性能系数的主要影响因素是什么？当给电偶施加最大制冷量电流时，能否得到最佳的性能系数？

10-9 多级制冷器可获得较低温度和较高性能系数。随着级数增加，多级制冷器温度降低和性能系数提高的幅度的变化趋势是怎样的？通常热电制冷器为多少级？

10-10 试为一台小型恒温器设计一个能获得最大制冷量的热电制冷器。恒温器的热负荷为 3 W，内部温度维持在 -3 ℃，冷端与恒温器内部之间的温差为 2 ℃。热端用水冷却，冷却水温度为 25 ℃，传热温差 3 ℃。电源电压为 1.5 V。热电偶元件材料的性质为

$$\alpha_P = \alpha_N = 1.8 \times 10^{-4} \text{ V/K}, \quad \rho_P = \rho_N = 1.25 \times 10^{-3} \ \Omega \cdot \text{cm}$$

$$\lambda_P = \lambda_N = 1.4 \times 10^{-2} \text{ W/(cm} \cdot \text{K)}, \quad z = 1.8 \times 10^{-3} \text{ 1/K}$$

建议取两臂横截面积 $A_P = A_N = 20.7 \text{ mm}^2 (5.175 \text{ mm} \times 4 \text{ mm})$，取两臂长度 $L_P = L_N = 9 \text{ mm}$。

10-11 试为空用电子设备设计一个热电制冷器，其在 35.6 ℃ 时的制冷负荷为 300 W，其中电气功率是主要热负荷。散热器在 73.7 ℃ 时能散热 900 W。要求设计一具有最佳性能系数的热电制冷器。热电偶材料的性质为

$$\alpha_A = 2.3 \times 10^{-4} \text{ V/K}, \quad \alpha_B = 2.1 \times 10^{-4} \text{ V/K}$$

$$\rho_A = \rho_B = 1.0 \times 10^{-3} \ \Omega \cdot \text{cm}$$

$$\lambda_A = 0.017 \ 0 \text{ W/(cm} \cdot \text{K)}, \quad \lambda_B = 0.014 \ 5 \text{ W/(cm} \cdot \text{K)}$$

10-12 试为功耗 5 W 的电子器件设计一个热电制冷器。要求降温到低于环境温度 55 ℃，假设环境温度为 300 K。供电电源电压为 6 V。制冷器采用强迫通风散热。热电偶材料性质为

$$\alpha_P = \alpha_N = 2 \times 10^{-4} \text{ V/K}, \quad \rho_P = \rho_N = 0.9 \times 10^{-3} \ \Omega \cdot \text{cm}$$

$$\lambda_P = \lambda_N = 1.9 \times 10^{-2} \text{ W/(cm} \cdot \text{K)}, \quad z = 2.3 \times 10^{-3} \text{ 1/K}$$

发热元件是装在一个直径 40 mm、高 25 mm 的紫铜块内部，按空气热交换系数计算，在 55 ℃ 温差下紫铜块表面漏热约为 0.8 W，因此总的热负载 $\Phi_0 = 5.8$ W。

设散热器与空气温差 10~12 ℃，上下级间的寄生温差 3 ℃，热电制冷器冷端与冷却体间传热温差 2 ℃，热电制冷器热端和散热器之间传热温差 3 ℃。因此制冷器热端温差 $\Delta T = 75$ ℃。

要求按最佳制冷系数状态设计。

第 11 章 电子设备的瞬态传热

11.1 瞬态传热的几个概念

11.1.1 绝热条件下受热物体的温升

当电源接通和发生变化时,或者当冷却系统切断而电子设备仍在工作时,电子设备将经受瞬态加热状态;宇宙飞行器改变了相对于太阳的位置,从而改变了太阳热负荷,因此也要经受瞬态加热状态。

当一个物体被加热时,如果热量不能散去,物体的温度将升高。如果加热速率大于散热速率,物体的温度就会继续升高。如果物体完全绝热,则全部外加热都将用于升高物体温度 t,此时,其温度升高是线性的,如图 11-1 所示。

相对时间 τ 的温升可由能量守恒方程推得,即

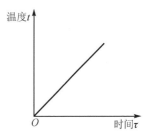

图 11-1 绝热条件下受热物体的均匀温度升高

$$\Phi = mc_p\frac{\mathrm{d}t}{\mathrm{d}\tau} = mc_p\frac{\Delta t}{\Delta\tau}$$

$$\frac{\mathrm{d}t}{\mathrm{d}\tau} = \frac{\Phi}{mc_p} = \frac{\Delta t}{\Delta\tau} \tag{11-1}$$

式中:Φ——输入热流量,W;

m——物体的质量,kg;

c_p——物体比定压热容,J/(kg·K)。

式(11-1)可用来求简单系统在最坏情况下的温升。因为所有实际系统受到内部加热时,均有一定程度的传热性能,所以,最坏情况是假定没有传导、对流或辐射时热耗散的情况。此时,所有的热量都用于升温,从而达到最高的理论温度。

例 11-1 变压器用螺栓刚性连接到质量为 227 g 的铝支座上,变压器耗散功率为 10 W,质量为 1 135 g。变压器一般安装在靠近机箱的角落,通风条件差,而且其周围都是表面光亮的铝制壁,因此不能吸收大量的辐射热。变压器本身通过传导和对流的传热性能也很差,求变压器达到最高允许温度 115 ℃之前大致能工作多长时间。设起始室温为 26.6 ℃。

解:因为有两种紧密接触的不同材料,所以要以稍微不同的形式将式(11-1)改写为

$$\frac{\Delta t}{\Delta\tau} = \frac{\Phi}{m_1c_{p1} + m_2c_{p2}} \tag{11-2}$$

已知:$\Phi = 10$ W(热流量);

$m_1 = 1.135$ kg(变压器质量);

$c_{p1} = 628$ J/(kg·K)(变压器比定压热容);

$m_2 = 0.277$ kg(铝支座质量);

$c_{p2} = 921.1$ J/(kg·K)(铝支座比定压热容)。

将已知条件代入式(11-2)得

$$\frac{\Delta t}{\Delta \tau} = \frac{10}{1.135 \times 628 + 0.227 \times 921.1} \ ℃/s = 0.010\ 8\ ℃/s$$

变压器达到 115 ℃所用时间为

$$\Delta \tau = \frac{\Delta t}{0.010\ 8\ ℃/s} = \frac{115 - 26.6}{0.010\ 8} \ s = 8\ 185\ s = 2.27\ h$$

11.1.2　热容量对瞬态温升的影响

所有的实际系统,当被加热时都有一定的吸热能力。在温升相同的情况下,热容量大的系统比热容量小的系统吸收的热量更多。热容 C(单位为 J/K)定义为使物体温度升高 1 ℃所需要的热量,可表示为

$$C = \rho V c_p = m c_p \tag{11-3}$$

式中,ρ 为材料的密度;V 为其体积。由式(11-3)可知,热容实际上是物体质量与比定压热容的乘积。

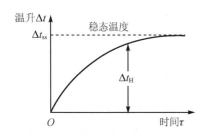

图 11-2　在加热周期内相对于时间的瞬态温升

在电子设备中,电源刚接通时几乎全部的热量都用于升温,因此此时系统损失的热量很少。随着温度升高,热量将寻找各种不同的路径流到其他区域或外部环境,这将有助于减小温度升高的速率。在一个设计良好的设备中,温升将慢慢地降低,直至达到稳态温度;而在一个设计不良的设备中,温度会不断升高,直至某些元件过热,甚至烧坏。无论哪一种情况,电源刚接通时温升很快,以后斜率将逐渐减小,直至达到稳态条件,如图 11-2 所示。

11.1.3　时间常数与温升特性的变化关系

电子器件或设备受到功率驱动后,其有源区温度场要达到稳态,需要一定的弛豫时间,这个弛豫时间可用时间常数 τ_c 来表征。

时间常数是热阻和热容的简单乘积,即

$$\tau_c = RC \tag{11-4}$$

式中：R——热阻,K/W;

C——热容,J/K。

时间常数 τ_c 决定相对时间温升将以多快的速度产生。时间常数大,表明质量大,或者在热流路径中的阻力大,因此温升缓慢;时间常数小,表明质量小,或者在热流路径中的阻力小,因此温升迅速。温升特

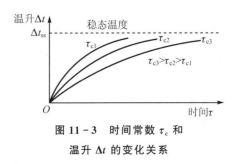

图 11-3　时间常数 τ_c 和温升 Δt 的变化关系

性如图 11-3 所示,从图中可以看出,时间常数 τ_{c1} 最小,其对应的曲线温升迅速,达到稳态温升的时间最短。显然,这对保证电子器件的性能是不利的。

11.1.4　峰值热阻和瞬态热阻

由于电子器件芯片具有一定的几何形状和一定的层次结构,并且是由不同的材料所构成

的,它的有源区的温度分布一般是不均匀的,而且在开关或脉冲功率驱动下会随时间而变化。第 1 章中定义的结温 t_j 只是芯片温度场的一个平均值,而这个温度场中的最高结温称之为峰值结温,记为 t_{jp}。对于功率晶体管,峰值结温可能比平均结温高得多。在这种情况下,如果用平均结温而不是用峰值结温来估计器件寿命,将会引入很大的误差。与峰值结温 t_{jp} 相对应,可定义一个峰值热阻

$$R_{TP} = \frac{t_{jp} - t_e}{\varPhi} \tag{11-5}$$

式中, t_e 为环境温度; $\varPhi$ 为器件的耗散功率。

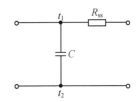

当芯片温度场达到了热平衡时的芯片热阻称为稳态热阻。由于热时间常数 τ_c 的存在,当器件在开关或脉冲状态工作时,芯片温度场随时间变化,芯片的热阻也要随时间变化,这时的芯片热阻不能再用稳态热阻来表征,而要用瞬态热阻抗来描述,它定义为单次脉冲功率引起的芯片等效结温的变化与所加功率的比值,通常由热阻和热容两部分组成。瞬态热阻抗的等效热路图如图 11－4 所示。

图 11－4　瞬态热阻抗的等效热路图

根据该等效热路,当器件施加功率时,由于热容需要吸收热量,故温差 $\Delta t = t_j - t_e$ 不会立即增大,而是随时间增长呈指数上升。考虑到当 $\tau = 0$ 时, $\Delta t = 0$;当 $\tau \rightarrow \infty$ 时, $\Delta t = \varPhi R_{ss}$, R_{ss} 为稳态热阻,可得

$$t_j - t_e = \varPhi R_{ss}\left(1 - e^{-\tau/\tau_c}\right) \tag{11-6}$$

同样,当去除对器件所加功率时,由于热容需要释放热量,故温差不会迅速减小,而是随时间增长呈指数衰减,即

$$t_j - t_e = \varPhi R_{ss} e^{-\tau/\tau_c} \tag{11-7}$$

根据式(1－5)和式(11－6),定义瞬态热阻为

$$R_H = R_{ss}\left(1 - e^{-\tau/\tau_c}\right) \tag{11-8}$$

由上式可见,瞬态热阻总是小于稳态热阻,因此,器件脉冲工作时的最大允许功耗总是比直流工作时的最大允许功耗要大。例如,微波功率晶体管在给定允许峰值结温下,在窄脉冲宽度下的峰值输出功率可为连续额定输出功率的几倍。

11.2　瞬态温度特性的计算方程

11.2.1　加热期间瞬态温升的计算

当稳态温升 Δt_{ss} 已知时,瞬态条件下加热期内出现的温升 Δt_H 可由式(11－6)得到,即

$$\Delta t_H = \Delta t_{ss}\left(1 - e^{-\tau/\tau_c}\right) \tag{11-9}$$

式中: τ——加热时间,s;

τ_c——时间常数,s;

Δt_{ss}——达到稳态条件所需要的温升,℃。

例 11－2　图 11－5 所示功率晶体管采用自然对流冷却,耗散功率为 10 W,安装在带散热片的铝散热器上。散热器的表面面积为 4.645×10^{-2} m²,表面有低发射率的镀铬层,因此辐

射传热少。

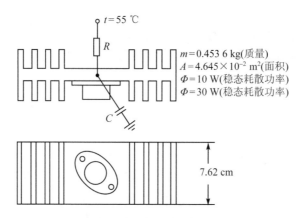

图 11-5 安装在散热器上的功率晶体管(散热片竖直取向)

晶体管必须能在 55 ℃ 的环境中承受 30 W 的耗散功率 15 min。元件允许的最高表面温度为 115 ℃,求该设计是否满足要求。

解:首先求在采用自然对流冷却时 10 W 耗散功率的晶体管的稳态表面温度。在稳态条件下,对流空气附面层的温升可通过竖直平壁自然对流换热表面传热系数公式结合下式求得,即

$$\alpha_c = 1.49\left(\frac{\Delta t}{L}\right)^{0.25} \quad (参考表 5-2)$$

$$\Phi = \alpha_c A \Delta t$$

$$\Phi = 1.49\left(\frac{\Delta t}{L}\right)^{0.25}, \qquad A\Delta t = 1.49A\left(\frac{\Delta t^{1.25}}{L^{0.25}}\right)$$

$$\Delta t_{ss} = \left(\frac{\Phi L^{0.25}}{1.49A}\right)^{0.8} \quad (空气附面层的温升) \tag{11-10}$$

已知:$\Phi = 10$ W,$L = 76.2$ mm $= 76.2 \times 10^{-3}$ m,$A = 4.645 \times 10^{-2}$ m²。

第一种情况:

耗散功率为 10 W 时,晶体管的稳态温升为

$$\Delta t_{ss1} = \left[\frac{10 \times (76.2 \times 10^{-3})^{0.25}}{1.49 \times 4.645 \times 10^{-2}}\right]^{0.8} ℃ = 31.9 ℃$$

耗散功率为 10 W、环境温度为 55 ℃ 时,晶体管的稳态表面温度为

$$t_{ss1} = 55 ℃ + 31.9 ℃ = 86.9 ℃$$

第二种情况:

耗散功率为 30 W 时,晶体管的稳态温升可由式(11-10)求得,即

$$\Delta t_{ss2} = \left[\frac{30 \times (76.2 \times 10^{-3})^{0.25}}{1.49 \times 4.645 \times 10^{-2}}\right]^{0.8} ℃ = 76.9 ℃$$

耗散功率为 30 W、环境温度为 55 ℃ 时,晶体管的稳态表面温度为

$$t_{ss2} = 55 ℃ + 76.9 ℃ = 131.9 ℃$$

由于晶体管允许的最高表面温度仅为 115 ℃,所以很明显,当它在 55 ℃ 的环境中、耗散功率为 30 W 时,肯定不允许达到稳态条件。

当晶体管的耗散功率由 10 W 增加到 30 W 时,它在 15 min 内经受的温升可由式(11-9)

确定。首先求耗散功率为 30 W 时晶体管在短时间内的平均自然对流换热表面传热系数。该值不可能精确地求出，因为温升的确切值还是未知的。因此，需首先估计一个温升值，根据估算得出自然对流换热表面传热系数，再由这个数值计算出温升，并与估算值比较。如果一致性好，问题即获解决；如果一致性差，就需再另行估计温升值。重复上述过程，直至取得良好的一致性为止。

首先假定从环境到晶体管散热器表面的平均温升为 55 ℃，代入求竖直平壁自然对流换热表面传热系数 α_c 的计算公式：

$$\alpha_c = 1.49\left(\frac{\Delta t}{L}\right)^{0.25} = 1.49 \times \left(\frac{55}{76.2 \times 10^{-3}}\right)^{0.25} \text{W/(m}^2 \cdot \text{K)} =$$

$$7.723 \text{ W/(m}^2 \cdot \text{K)}$$

由式(1-10)求热阻 R：

$$R = \frac{1}{\alpha_c A} = \frac{1}{7.723 \times 4.645 \times 10^{-2}} \text{ K/W} = 2.787\ 6 \text{ K/W}$$

由式(11-3)求热容。已知 $m = 0.453\ 6$ kg(总质量)，$c_p = 921.1$ J/(kg·K)，代入式(11-3)得

$$C = mc_p = (0.453\ 6 \times 921.1) \text{ J/K} = 417.81 \text{ J/K}$$

将 R 和 C 值代入式(11-4)，求时间常数：

$$\tau_c = RC = (2.787\ 6 \times 417.81) \text{ s} = 0.323\ 5 \text{ h}$$

在式(11-9)中，对于 30 W 的耗散功率条件，需要知道稳态温升 Δt_{ss}。此时必须利用 10 W 和 30 W 耗散功率之间的瞬时温差，如图 11-6 所示。用 Δt_{ss1} 和 Δt_{ss2} 的值求从 10 W 到 30 W 的温升 Δt_{ss}：

$$\Delta t_{ss} = \Delta t_{ss2} - \Delta t_{ss1} = 76.9 \text{ ℃} - 31.9 \text{ ℃} = 45 \text{ ℃}$$

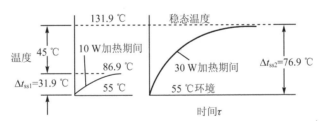

图 11-6 晶体管和散热器的瞬态温度变化

将 τ_c 和 Δt_{ss} 的值代入式(11-9)，利用时间 $\tau = 15$ min = 0.25 h，得

$$\Delta t_H = \Delta t_{ss}(1 - e^{-\tau/\tau_c}) = 45.0 \times (1 - e^{-0.25/0.323\ 5}) \text{ ℃} =$$

$$24.2 \text{ ℃} \quad (0.25 \text{ h，即 15 min 后})$$

在耗散功率为 30 W 时，15 min 后晶体管的表面温度为

$$t_s = t_{ss1} + \Delta t_H = 86.9 \text{ ℃} + 24.2 \text{ ℃} = 111.1 \text{ ℃}$$

图 11-7 所示是晶体管耗散功率为 10 W 和 30 W 时的瞬时温度曲线。由于晶体管的表面温度在 15 min 后低于 115 ℃，所以该设计符合要求。

为了求平均对流换热表面传热系数，曾假定空气对流附面层的平均温升是 55 ℃。实际的空气对流附面层的平均温升，可以在由 $\Delta t_H = 24.2$ ℃ 的值得出的近似平均温升曲线上取 2/3 点求得。该值再与图 11-7 中所示的耗散功率为 10 W 条件下的稳定温度 86.9 ℃ 相加。由

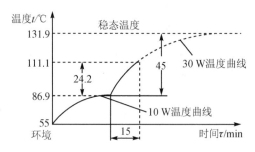

图 11 - 7 晶体管耗散功率 10 W 和 30 W 的温度分布图

于需要平均温升,该值必须与原来的环境温度 55 ℃ 比较:

$$\Delta t_{av} = \left(86.9 + \frac{2}{3} \times 24.2\right) ℃ - 55 ℃ = 48 ℃$$

这个值与原来的 55 ℃ 估计值偏离 7 ℃。但是,根据竖直平壁自然对流换热表面传热系数公式可知,自然对流换热表面传热系数随 Δt 的变化很慢。如果把 48 ℃ 代入该式,则

$$\alpha_c = 1.49 \times \left(\frac{48}{76.2 \times 10^{-3}}\right)^{0.25} W/(m^2 \cdot K) = 7.464\ 6\ W/(m^2 \cdot K)$$

$$误差 = \frac{7.723 - 7.464\ 6}{7.464\ 6} \times 100\% = 3.46\%(误差小)$$

11.2.2 时间常数与瞬态温度曲线

时间常数 τ 能够评价设备的热响应特性,因而有时也用 τ 来估算热设计的大致结果。为绘制热设计方案的瞬态温度曲线,方便的参考点是取时间 τ 等于时间常数 τ_c,即它们之比为 1,由式(11 - 9)得

$$\Delta t_H = \Delta t_{ss}\left(1 - \frac{1}{e}\right) = 0.632\Delta t_{ss} \tag{11 - 11}$$

上式表明,$\tau = \tau_c$ 时,温度增加到稳态温度的 63.2%。当稳态温升是 100 ℃、时间常数 $\tau_c = 0.50$ h 时,则在 0.50 h 后温升将是 63.2 ℃。这样,可根据如下三个参考点画出一条近似的温升曲线:

① 最初的起始点,即时间 $\tau = 0$,温度 $t = 0$ ℃;

② 在时间 $\tau = \tau_c = 0.5$ h 处,温度 $t = 63.2$ ℃;

③ 在三个时间常数即 $\tau = 3\tau_c = 1.5$ h 以后,达到稳态温度的 95%,所以在时间为 1.5 h 处,$t = 95$ ℃。

上述三点便决定了一条如图 11 - 8 所示的瞬态温度曲线。

下面证明第三个参考点,即要求达到稳态温度 95% 的时间 τ。再利用式(11 - 9),则

$$\frac{\Delta t_H}{\Delta t_{ss}} = 0.95 = (1 - e^{-\tau/\tau_c})$$

$$e^{-\tau/\tau_c} = \frac{1}{0.05} = 20$$

$$\frac{\tau}{\tau_c}\ln e = \ln 20$$

得 $\tau/\tau_c = 2.996 \approx 3$,或 $\tau = 3\tau_c$(在 95% 的点处)。

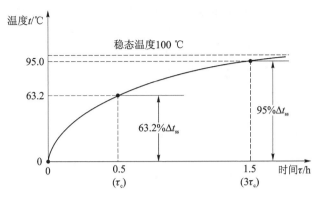

图 11 - 8　瞬态温度曲线

式(1-5)指出,$R=\Delta t/\Phi$,所以有 $R=\Delta t_{ss}/\Phi$,由于 $\tau_c=RC$,故

$$\tau=\frac{\Delta t_{ss}C}{\Phi}$$

因此

$$\tau_{95}=3\left(\frac{\Delta t_{ss}}{\Phi}\right)C \tag{11-12}$$

例 11 - 3　在例 11-2 中(见图 11-5),求晶体管耗散功率为 10 W 时,晶体管及其散热器达到 95% 稳态温度时所需的时间。

解:由例 11-2 可知,Δt_{ss}31.9 ℃,$\Phi=10$ W,$C=417.81$ J/K,代入式(11-12)得

$$\tau_{95}=3\left(\frac{\Delta t_{ss}}{\Phi}\right)C=3\times\frac{31.9}{10}\times417.81\ \text{h}=1.111\ \text{h}$$

图 11-8 依据与时间常数相关的三个参考点画出的近似温度曲线,可用于快速评估设备或元器件热设计的效果和热响应的速度,也可用于快速检验计算机模型或输入数据的错误以及计算机程序的大致精度。

11.2.3　冷却期间瞬态温度的计算

当电源断开或电压降低,或电子设备已工作一段时间后再接通冷却空气时,设备将冷却下来,最初冷却迅速,后来逐渐变慢,如图 11-9 所示。

由式(11-7)得到冷却期间温度的变化 Δt_c,可用下式表示。注意,该式是以式(11-9)表示的加热期间产生的温升 Δt_H 为基础的。因此,使用下式时必须首先求出加热期间的温升 Δt_H。

$$\Delta t_c=\Delta t_H(e^{-\tau/\tau_c}) \tag{11-13}$$

例 11 - 4　晶体管安装在如图 11-5 所示的散热器上,环境温度为 55 ℃。晶体管耗散功率为 30 W,接通 30 min 后断开。求电源切断后 10 min、20 min 时晶体管的表面温度。

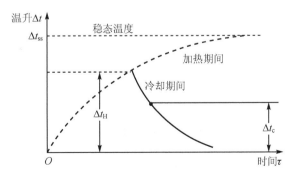

图 11 - 9　冷却期间瞬态温度的下降

解：用式(11-9)求加热期间晶体管的温升。为了得到常数 RC，必须知道空气对流薄膜的热阻。由于对流换热表面传热系数是未知的，所以假定从环境到晶体管表面的温升为 40 ℃，并代入竖壁对流换热表面传热系数的计算公式得

$$\alpha_c = 1.49\left(\frac{\Delta t}{L}\right)^{0.25} = 1.49 \times \left(\frac{40}{76.2 \times 10^{-3}}\right)^{0.25} \ \mathrm{W/(m^2 \cdot K)} =$$

$$7.132 \ \mathrm{W/(m^2 \cdot K)}$$

由式(1-10)求热阻：

$$R = \frac{1}{\alpha_c A} = \frac{1}{7.132 \times 4.645 \times 10^{-2}} \ \mathrm{K/W} = 3.018\ 6 \ \mathrm{K/W}$$

因此

$$\tau_c = RC = 3.018\ 6 \times 417.81 \ \mathrm{s} = 1\ 261.2 \ \mathrm{s} = 0.350\ 3 \ \mathrm{h}$$

$$\tau = 0.50 \ \mathrm{h}(加热时间)$$

$\Delta t_{ss} = 76.9$ ℃(参考例 11-2，在耗散功率 30 W 的情况下，达到稳态条件所需要的温升)

代入式(11-9)，求晶体管工作 30 min 后的温升：

$$\Delta t_H = \Delta t_{ss}(1 - \mathrm{e}^{-\tau/\tau_c}) = 76.9 \times (1 - \mathrm{e}^{-0.50/0.350\ 3}) \ ℃ = 58.4 \ ℃$$

可用计算温升的 2/3，即 58.4 ℃ 的 2/3 得出平均温升，其值为 39 ℃。该值与假定值 40 ℃ 接近，所以上述近似计算是有效的。

在 55 ℃ 的环境中，晶体管的表面温度为

$$t_s = 55 \ ℃ + 58.4 \ ℃ = 113.4 \ ℃$$

使用式(11-13)，分别求冷却 10 min(0.166 6 h)和 20 min(0.333 h)时晶体管的表面温度。已知：$\tau_c = RC$(系统的) $= 0.350\ 3 \ \mathrm{h}$，$\Delta t_H = 58.4 \ ℃$。

在电源切断之后，$\tau = 0.166\ 6 \ \mathrm{h}$，$\Delta t_c = \Delta t_H(\mathrm{e}^{-\tau/\tau_c}) = 58.4 \times \mathrm{e}^{-0.166\ 6/0.350\ 3} \ ℃ = 36.3 \ ℃$。

在 55 ℃ 的环境中，冷却 10 min 后晶体管的表面温度为

$$t_s = 55 \ ℃ + 36.3 \ ℃ = 91.3 \ ℃$$

在电源切断之后，$\tau = 0.333 \ \mathrm{h}$，$\Delta t_c = 58.4 \times \mathrm{e}^{-0.333/0.350\ 3} \ ℃ = 22.6 \ ℃$。

在 55 ℃ 的环境中，冷却 20 min 后晶体管的表面温度为

$$t_s = 55 \ ℃ + 22.6 \ ℃ = 77.6 \ ℃$$

为了更精确地计算冷却期间的瞬态温度，应当对时间增量的平均温度计算自然对流换热表面传热系数。

11.3　温度循环试验的瞬态分析

现代化电子设备的发展趋势是在扩大工作能力的同时实现小型化，这就造成在一个小的外壳中出现更高的热量集中，从而产生更高的工作温度，因而需要采用更先进的技术来散热、测定关键元件的温度以及确定其可靠性的试验方法。

被广泛接受的一种试验方法是温度循环试验，它常被称为振动和烘烤试验(AGREE 试验)。这是一种可靠性试验。在这种试验中，电子设备将经受模拟实际使用的综合环境条件。

在典型的温度循环试验中，试验箱内的环境温度通常是从 −54～55 ℃(有时到 71 ℃)以恒定速率循环。当试验箱内的温度在它的温度极值范围内循环时，加给电子设备的功率也在从 0 到最大值的整个范围内循环。通常使最大功率条件与试验箱内的最高温度一致，以便使

元件经受最大热应力状态。典型的温度循环试验如图 11 - 10 所示。

为计算电子设备瞬态热响应,研究电子设备元件内部产生热流量 Φ_{gen}、质量存储热流量 Φ_{stor} 以及流经热阻 R 到达温度为 t_e 的外部环境的热流量 Φ_{flow} 的一般情况,如图 11 - 11 所示。假定热阻 R 为常数,但由于可能包括对流和辐射热阻,实际上它是变化的,然而这种变化通常很小。当 R 变化较大时,必须采用另外的迭代法以获得高精度。

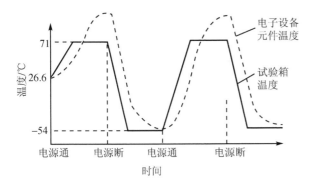

图 11 - 10　电子设备的电源和温度循环　　　　图 11 - 11　电子设备元件的热模型

考虑获得的热量和耗散的热量,可以建立起系统的热平衡。因为热量可以从外部环境到元件或从元件到外部环境的任一方向流动,所以首先考虑热流向元件。

元件所获得的热量是内部产生的热量与外部环境流到元件的热量之和,耗散的热量是元件质量的存储热量,这种存储功能取决于元件质量的热容大小。热容量大的元件可以存储较多的热量,所以它需要更长的加热时间。其热平衡如下:

获得的热流量　　　　　　　　耗散的热流量(质量的存储热)

$$\Phi_{gen} = \Phi \qquad\qquad \Phi_{stor} = mc_p \frac{\mathrm{d}t}{\mathrm{d}\tau}$$

$$\Phi_{flow} = (t_e - t)k$$

由于获得的热量必须等于耗散的热量,所以热平衡方程可以写成

$$\left.\begin{aligned}
&\Phi_{gen} + \Phi_{flow} = \Phi_{stor} \\
&\Phi + (t_e - t)k = mc_p \frac{\mathrm{d}t}{\mathrm{d}\tau} = C\frac{\mathrm{d}t}{\mathrm{d}\tau}
\end{aligned}\right\} \qquad (11 - 14)$$

式中,t 为元件的温度;τ 为时间;k 为热导。

AGREE 试验箱内的温度变化通常按每个温度循环阶段表示为相对于时间的一条直线,如图 11 - 12 所示。因此,温度变化可以利用下式所示的斜率截距式直线方程来表示,即

$$t_e = b + S\tau \qquad (11 - 15)$$

每个阶段在纵向的温度轴上的截距分别用 b_1、b_2 和 b_3 表示。直线斜率是温度随时间的变化,用 S 表示。把这些值代入方程(11 - 14),并经整理得到如下的微分方程:

$$\frac{\mathrm{d}t}{\mathrm{d}\tau} + \frac{k}{C}t = S\frac{k}{C}\tau + \frac{\Phi + bk}{C} \qquad (11 - 16)$$

为方便求解,令

$$D = \frac{\Phi + kb}{C} \qquad (11 - 17)$$

并在方程(11 - 16)两边同乘以积分因子 $e^{k\tau/C}$,得

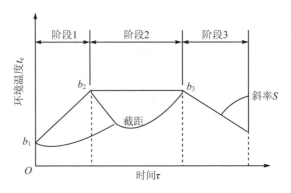

图 11-12　温度与时间的关系

$$\frac{\mathrm{d}t}{\mathrm{d}\tau}\mathrm{e}^{k\tau/C} + \frac{kt}{C}\mathrm{e}^{k\tau/C} = \frac{Sk\tau}{C}\mathrm{e}^{k\tau/C} + D\mathrm{e}^{k\tau/C} \tag{11-18}$$

方程两边同时积分并化简,得

$$t = S\left(\tau - \frac{C}{k}\right) + \frac{DC}{k} + I\mathrm{e}^{-k\tau/C} \tag{11-19}$$

式中,I 是积分常数,由时间 $\tau=0$ 的初始条件确定:

$$\tau = 0, \quad t = t_0(初始温度) \tag{11-20}$$

对积分常数求解,可得

$$I = t_0 + \frac{C}{k}(S - D) \tag{11-21}$$

代入方程(11-19)并化简,得

$$t = S\left(\tau - \frac{C}{k}\right) + \left(b + \frac{\Phi}{k}\right) + \left(t_0\frac{CS}{k} - b - \frac{\Phi}{k}\right)\mathrm{e}^{-k\tau/C} \tag{11-22}$$

该式用以求解电子设备元件本体在任何时间 τ 的瞬时温度。

元件所达到的最高瞬时温度可通过求温度对时间的一阶导数等于零来求得。因此,找到元件温度曲线上斜率为零的点,即循环试验期间元件达到的最高温度点。

$$\frac{\mathrm{d}t}{\mathrm{d}\tau} = S + \left(t_0 + \frac{CS}{k} - b - \frac{\Phi}{k}\right)\left(-\frac{k}{C}\right)\mathrm{e}^{-k\tau/C} = 0 \tag{11-23}$$

解方程,求得

$$\tau = \frac{C}{k}\ln\left(\frac{t_0 k + SC - bk - \Phi}{SC}\right) \tag{11-24}$$

式(11-24)表示在温度曲线上斜率为零的时间点。在该点,元件的温度为最大值。该情况出现在图 11-12 的阶段 3,此处的斜率 S 是负值。

虽然方程(11-22)表示瞬态条件,但它可以通过令斜率为零、时间无限长来评价稳态热条件。这样一来,由式(11-15)可知,截距 b 即是环境温度 t_e,则式(11-22)简化为

$$t = b + \frac{\Phi}{k} = t_e + \frac{\Phi}{k}$$

这就是环境温度加上热阻上的温升,它表示电子设备元件本体达到稳态时的温度。

例 11-5　电子设备机箱放在试验箱内,经受 $-54 \sim +71\ ℃$ 的温度循环试验,如图 11-13 所示。试验从 26.6 ℃ 的室温开始。对于安装在机箱内的任何电子元件,允许印制电路板表面热点的最高温度是 100 ℃。

机箱内有 3 块插入式印制电路板,它们都有厚 1.27 mm 的硬铝芯。每块印制电路板的耗散功率为 4 W。该机箱如图 11-14 所示。元件通过从印制电路板到机箱侧壁和部分端面的热传导进行冷却。机箱通过它与外部环境间的自然对流进行冷却。在 AGREE 试验中,外部环境是试验箱。机箱表面具有低发射率的镀铬层。机箱的顶盖和底板用螺栓连接。

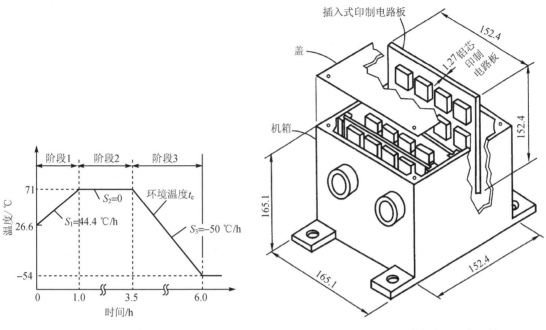

图 11-13　温度循环试验曲线　　　　　图 11-14　自然对流冷却电子设备机箱

求在 AGREE 试验期间印制电路板表面温度将达到的最高预计值(元件温度将稍高于印制电路板温度)。

解:如图 11-15 所示,利用机箱的对称性简化机箱模型,只考虑一半结构。该模型示出了从印制电路板中心到外部试验箱环境的热流路径,它被分解成 3 个独立的串联热阻。

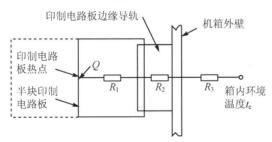

图 11-15　从电路板到试验箱环境的热阻网络

各个热阻值计算如下:

① 半块印制电路板到边缘的传导热阻。

$$R_1 = \frac{L}{\lambda A}$$

已知:$L = 76.2$ mm(半块板长);

　　　$\lambda = 144$ W/(m·K)(铝的导热系数);

　　　$A = 1.27$ m × 152.4 m × $10^{-6} = 1.935 \times 10^{-4}$ m²(印制电路板的横截面面积)。

所以

$$R_1 = \frac{L}{\lambda A} = \frac{76.2 \times 10^{-3}}{144 \times 1.935 \times 10^{-4}} \text{ K/W} = 2.73 \text{ K/W}$$

② 印制电路板边缘到机箱的接触面热阻(用于接触面压力低的铍青铜弹簧夹)。

$$R_2 = \frac{1}{\alpha_i A}$$

已知：$\alpha_i = 170$ W/(m² · K)(导轨上的接触面传热系数)；

$A = 2 \times 2.54 \times 152.4 \times 10^{-6}$ m² $= 7.742 \times 10^{-4}$ m²(表面面积)。

所以

$$R_2 = \frac{1}{\alpha_i A} = \frac{1}{170 \times 7.742 \times 10^{-4}} \text{ K/W} = 7.6 \text{ K/W}$$

③ 从机箱外表面到环境的自然对流热阻(不计辐射)。

$$R_3 = \frac{1}{\alpha A}$$

已知：$\alpha = 5.68$ W/(m² · K)(小机箱的典型平均自然对流换热表面传热系数)；

$L_1 = 165.1$ mm(机箱侧壁高度)；

$L_2 = 86.4$ mm(每半块印制电路板的有效宽度,它包括侧壁和端面的一部分)；

$A = L_1 \times L_2 = 165.1 \times 86.4 \times 10^{-6}$ m² $= 1.43 \times 10^{-2}$ m²(表面面积)。

所以

$$R_3 = \frac{1}{\alpha A} = \frac{1}{5.68 \times 1.43 \times 10^{-2}} \text{ K/W} = 12.3 \text{ K/W}$$

印制电路板中心到试验箱环境的总热阻是各热阻之和：

$$R = R_1 + R_2 + R_3 = 2.7 \text{ K/W} + 7.6 \text{ K/W} + 12.3 \text{ K/W} = 22.6 \text{ K/W}$$

由于热导是热阻的倒数,故得

$$k = \frac{1}{R} = \frac{1}{22.6} \text{ W/K} = 4.42 \times 10^{-2} \text{ W/K}$$

为了得到所要求的答案,必须分别考虑图 11-13 中所示的三个温度循环阶段中的每一个阶段。在阶段 1 末端得到的印制电路板温度是阶段 2 印制电路板的初始温度,在阶段 2 末端得到的印制电路板温度是阶段 3 印制电路板的初始温度。下面列出本题所需数据。

阶段 1 数据：

$S = 44.4$ ℃/h $= 0.012\ 3$ ℃/s(阶段 1 加热期间的斜率)；

$\tau = 1.0$ h $= 3\ 600$ s(阶段 1 的时间)；

$m = 0.226\ 8$ kg(半块印制电路板加上部分机箱的质量)；

$c_p = 1\ 047$ J/(kg · K)(组合质量的比定压热容)；

$C = mc_p = 0.226\ 8 \times 1\ 047$ J/K $= 237.4$ J/K(热容)；

$b = 26.6$ ℃(阶段 1 起始截距)；

$t_0 = 26.6$ ℃(阶段 1 印制电路板初始温度)；

$\Phi = 2$ W(半块板的热流量)；

$k = 4.42 \times 10^{-2}$ W/K(板到环境的热导)。

将这些值代入式(11-22),得阶段 1 末端印制电路板的温度：

$$t = S\left(\tau - \frac{C}{k}\right) + \left(b + \frac{\Phi}{k}\right) + \left(t_0 + \frac{CS}{k} - b - \frac{\Phi}{k}\right)e^{-k\tau/C} =$$

$$0.012\ 3 \times \left(3\ 600 - \frac{237.4}{4.42 \times 10^{-2}}\right)\ ℃ + \left(26.6 + \frac{2}{4.42 \times 10^{-2}}\right)\ ℃ +$$

$$(26.6 + 237.4 \times 0.012\ 3/4.42 \times 10^{-2} - 26.6 - 2/4.42)e^{-4.42 \times 10^{-2} \times 0.012\ 3/237.4}\ ℃ =$$

$$60.8\ ℃$$

接着进入第二阶段，如图 11-13 所示，注意环境温度线的斜率等于零。

阶段 2 数据：

$S = 0\ ℃/s$（阶段 2 的斜率）；

$\tau = 2.5\ h = 9\ 000\ s$（阶段 2 的时间）；

$b = 71\ ℃$（斜率线的截距值）；

$t_0 = 60.8\ ℃$（阶段 2 印制电路板的初始温度，即阶段 1 末端温度）。

将这些值代入式（11-22），得到阶段 2 末端的印制电路板温度 $t = 105.9\ ℃$。

利用下面的数据，由温度线上斜率为零的点确定阶段 3 达到的最高温度。

阶段 3 数据：

$S = -50\ ℃/h = -0.013\ 9\ ℃/s$（阶段 3 温度线的斜率）；

$b = 71\ ℃$（斜率线的截距值）；

$t_0 = 105.9\ ℃$（阶段 3 印制电路板的初始温度，即阶段 2 末端温度）。

将这些值代入式（11-24），得到斜率为零和达到最高温度的时间：

$$\tau = \frac{C}{k}\ln\left(\frac{t_0 k + SC - bk - \Phi}{SC}\right) =$$

$$\frac{237.4}{4.42 \times 10^{-2}}\ln\left[\frac{105.9 \times 4.42 \times 10^{-2} + (-0.013\ 9 \times 237.4) - 71 \times 4.42 \times 10^{-2} - 2}{-0.013\ 9 \times 237.4}\right]\ s =$$

$$697\ s$$

将阶段 3 的有关数据及 $\tau = 697\ s$ 代入式（11-22），即得到温度循环试验达到印制电路板热点的最高温度 $t = 106.6\ ℃$

由于印制电路板的最高温度超过了允许值 $100\ ℃$，这是不允许的，所以必须进行改进。改进的方法包括改进结构设计、改变温度循环，或者换一个功能相同但耗散功率较低的元件来降低功率损耗。

当温度循环试验和耗散功率都不可改变时，则必须改变设备的热设计。

对前面计算的热阻进行分析可以看出，热阻还可以减小，但是需要付出一些代价。图 11-14 和图 11-15 表示的电路板热阻 R_1，可通过把铝芯的厚度从 1.27 mm 增加到 1.52 mm 使其热阻减小 20%。但是，这将导致铝散热片芯的质量增加 20%。电路板边缘导轨的接触面热阻 R_2，通过增加接触面积和接触压力可以减少 50% 以上。但是，这将需要新的设计，增加新的模具制造成本。机箱的自然对流热阻 R_3，通过增加散热片而加大表面面积可以降低 35%。但是，这也将要求改进机箱的设计，增加体积、质量和模具加工成本。

这些假定的改进将使热导和质量热容提高到一个新的数值，如

$$k = 0.079\ W, \quad C = 258\ J/K$$

利用例 11-5 中指出的方法，对改进后的机箱采用上面给出的数据，按图 11-13 可以求出在每个阶段末端印制电路板的温度。

阶段 1 末：$t = 61$ ℃；

阶段 2 末：$t = 94.1$ ℃；

零温度斜率点：$\tau = 0.043$ h $= 156$ s(从阶段 2 末算起)；

达到的印制电路板最高温度：$t = 94.2$ ℃。

由于印制电路板的热点温度低于 100 ℃，所以现在的状态是可以接受的。

当外部环境或散热器温度 t_e 是常数而瞬态条件仍然存在时，斜率 S 将变为零。设式(11-22)中的 $S = 0$、$b = t_e$，就得到下式所示的处于恒温环境中的设备热点温度：

$$t = t_e + \frac{\Phi}{k} + \left(t_0 - t_e - \frac{\Phi}{k}\right)e^{-k\tau/C} \tag{11-25}$$

下面举例说明式(11-25)的应用。

例 11-6 几个封装的放大器组件安装在厚度为 1.31 mm 的铝芯印制电路板上。印制电路板安装在具有刚性侧壁的铝机箱内。断开机箱电源将其置于 -54 ℃ 的试验箱内。然后，从低温试验箱内取出机箱，并迅速放到高温试验箱内的大型支架上。高温箱内保持 58.9 ℃，同时接通机箱电源。当每个放大器耗散功率为 2 W 时，求放大器热点近似的温升曲线，机箱的横截面面积示于图 11-16。为适应在振动和冲击环境下工作，放大器内用环氧和硅复合材料灌封。由于辐射和对流换热少，所以大部分的热量是被传导到侧壁后散掉的。

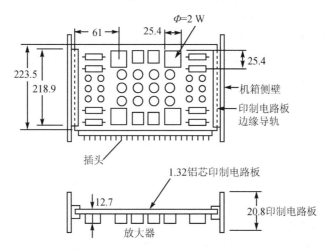

图 11-16 机箱内印制电路板上装有放大器时的机箱横截面

解：由于系统是对称的，所以，为便于分析只需考虑一个放大器。要分析的设备模型示于图 11-17。

从放大器到机箱冷板的热流路径的热导 k，可以通过将热流分解成下述几个增量来求得。

① 在利用图 4-13(b)边缘导轨时，机箱侧壁和印制电路板边缘导轨之间的热导 k_1。

首先求热阻：B 型导轨板的典型热阻值为 0.203 2(m·K)/W，故图 11-17 所示长度为 109.5 mm 的半截导轨的热阻为

$$R_1 = [0.203\ 2/(109.5 \times 10^{-3})]\ \text{K/W} = 1.86\ \text{K/W}$$

$$k_1 = \frac{1}{R_1} = 0.54\ \text{W/K}$$

② 沿铝芯印制电路板从边缘导轨到放大器的热导 k_2(见图 11-16、图 11-17)。

铝芯印制电路板的导热系数 $\lambda = 173$ W/(m·K)，所以

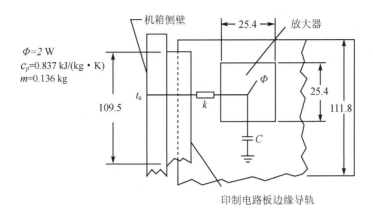

图 11－17　放大器及其安装模型

$$k_2 = \frac{\lambda A}{L} = \frac{173 \times (111.8 \times 1.32 \times 10^{-6})}{61 \times 10^{-3}} \text{ W/K} = 0.42 \text{ W/K}$$

③ 放大器下面在放大器和印制电路板之间的弹性垫片（厚 0.38 mm）的热导 k_3（见图 11－18）。

弹性垫片的导热系数 $\lambda = 2.16$ W/(m·K)，所以

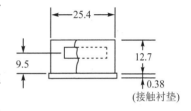

$$k_3 = \frac{\lambda A}{L} = \frac{2.16 \times (25.4 \times 25.4 \times 10^{-6})}{0.38 \times 10^{-3}} \text{ W/K} = 3.66 \text{ W/K}$$

④ 从放大器底部到元件内部热点中心的热导 k_4（见图 11－18）。

图 11－18　灌封的放大器组件

灌封材料的导热系数 $\lambda = 1.15$ W/(m·K)，则

$$k_4 = \frac{\lambda A}{L} = \frac{1.15 \times (25.4 \times 25.4 \times 10^{-6})}{9.5 \times 10^{-3}} \text{ W/K} = 0.78 \text{ W/K}$$

由于所有的热导是串联的，因此

$$\frac{1}{k} = \frac{1}{k_1} + \frac{1}{k_2} + \frac{1}{k_3} + \frac{1}{k_4} =$$

$$\left(\frac{1}{0.54} + \frac{1}{0.42} + \frac{1}{3.66} + \frac{1}{0.078} \right) \text{ K/W} =$$

$$17.33 \text{ K/W}$$

$$k = \frac{1}{17.33} \text{ W/K} = 0.058 \text{ W/K}$$

由式(11－3)求有放大器的印制电路板的热容：

$$C = mc_p = 0.136 \times 837 \text{ J/K} = 113.88 \text{ J/K}$$

另外，$t_0 = -54$ ℃(初始温度)，$\Phi = 2$ W，$t_c = 58.9$ ℃(散热器温度)。根据不同的时间 τ 增量求放大器热点的瞬态温度曲线。用式(11－21)计算 0.50 h、1.0 h 和 2.0 h 之后的温度。

当 $\tau = 0.50$ h $= 1\,800$ s 时，有

$$t = t_e + \frac{\Phi}{k} + \left(t_0 - t_e - \frac{\Phi}{k} \right) e^{-k\tau/C} =$$

$$\left[58.9 + \frac{2}{0.058} + \left(-54 - 58.9 - \frac{2}{0.058} \right) e^{-0.058 \times 1\,800/113.88} \right] \text{℃} = 34.4 \text{ ℃}$$

当 $\tau=1.0$ h $=3\,600$ s 时，$t=69.8$ ℃；

当 $\tau=2.0$ h $=7\,200$ s 时，$t=89.5$ ℃；

当时间无限大时，温度将达到稳态条件，将这个值代入式（11-25）得

$$t=t_e+\frac{\Phi}{k}=58.9\ ℃+\frac{2}{0.058}\ ℃=93.3\ ℃$$

放大器的瞬态热点温度曲线示于图 11-19 中。

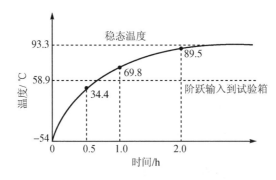

图 11-19 放大器的热点瞬时温度曲线

11.4 工程实例——电子设备吊舱瞬态热载荷分析与计算

合理设计军用飞机电子设备吊舱环境控制系统[①]，以尽可能减小对载机的电源要求和气动性能的影响，是吊舱系统设计中必须认真考虑的一个重要问题。正确分析与计算吊舱热载荷是合理设计吊舱环控系统的基础。

稳定状态下吊舱热载荷的计算是以传入吊舱的热流及吊舱内温度分布不随时间变化为基本前提的。但对现代军用飞机来说，其飞行高度和速度变化较快，真正的稳定状态在飞行中几乎不可能出现；另外，许多热载荷重的飞行状态相对持续时间较短，如按高速飞行的稳态条件设计吊舱环控系统，则要求系统制冷能力大大提高，致使环控系统和整个吊舱的设计产生许多困难。因此，为了使吊舱环控系统既能保证电子设备安全可靠地工作，又经济合理，必须计算动态飞行条件下的瞬态热载荷。

11.4.1 吊舱传热的数学模型

1. 吊舱动态热平衡方程

（1）基本假设

① 吊舱有均匀的速度场和温度场，舱温与排气温度相等，即 $t_c=t_{ex}$。

② 舱内结构及电子设备可用一集中质量代替，其温度 t_m 只受舱温的影响且是均匀的。

③ 透明表面经由导热、对流传递热流的特性当成绝热壁处理，而认为经过透明表面进入舱内的太阳辐射热全部立即传给了舱内空气，直接成为瞬态热载荷的一部分。

④ 空气的各物性参数不随温度变化，舱内对流换热表面传热系数 α 可表示为供气流量 $q_{m,c}$ 的单值函数。本计算中吊舱统一使用：

---

① 有关电子设备吊舱环境控制系统的介绍见 12.2 节。

$$\alpha = 11.33 + 0.010\ 4q_{m,c}$$

式中，$q_{m,c}$ 的单位为 kg/h。

（2）任一时刻吊舱热流量计算

1）流入吊舱热流量

① 供气带入舱内热流量 Φ_{in}，单位为 W。

$$\Phi_{in} = (q_{m,c}/3\ 600)c_p t_{in} \tag{11-26}$$

式中，t_{in} 表示进入舱内的空气温度（即环控系统冷空气出口温度）。

② 电子设备放热的热流量 Φ_e，单位为 W。

③ 以对流方式由舱内壁面传入吊舱的热流量 Φ_w，单位为 W。

$$\Phi_w = \Phi_{wi} + \Phi_{wu} \tag{11-27}$$

式中，$\Phi_{wi} = \alpha A_{wi}(t_{wi-t_c})$，代表由绝热壁（表面积为 A_{wi}）传入吊舱的热流量；$\Phi_{wu} = \alpha A_{wu}(t_{wu} - t_c)$ 代表由非绝热壁（表面积为 A_{wu}）传入吊舱的热流量，则

$$\Phi_w = \alpha[A_{wi}(t_{wi} - t_c) + A_{wu}(t_{wu} - t_c)] \tag{11-28}$$

④ 通过吊舱透明壁的太阳辐射热流量 Φ_s，单位为 W。

经透明表面直接传入吊舱的太阳辐射热流量为

$$\Phi_s = \tau_t R_s A_p \tag{11-29}$$

式中：τ_t——透射比；

R_s——太阳辐射强度，W/m^2；

A_p——太阳垂直照射面积，m^2。

高度 $H < 11$ km 时，太阳辐射强度 R_s 的近似计算式为

$$R_s = 1.163[550 + 53.5H(\tau)]$$

2）流出吊舱热流量

① 吊舱排气带走的热流量 Φ_{ex}，单位为 W。

$$\Phi_{ex} = (q_{m,c}/3\ 600)c_p t_c \tag{11-30}$$

② 传给吊舱内集中质量的热流量 Φ_m，单位为 W。

$$\Phi_m = \alpha A_m(t_c - t_m) \tag{11-31}$$

式中，A_m 为集中质量与吊舱内空气的对流换热面积。

③ 舱内空气储热速率 Φ_k，单位为 W。

$$\Phi_k = m_k c_p \frac{dt_c}{d\tau} \tag{11-32}$$

式中，m_k 为吊舱内空气质量。

热平衡方程：

$$\Phi_{in} + \Phi_s + \Phi_e + \Phi_w - \Phi_{ex} - \Phi_m = \Phi_k \tag{11-33}$$

将式（11-26）～式（11-32）代入式（11-33）得

$$(q_{m,c}/3\ 600)c_p(t_{in} - t_c) + \alpha[A_{wi}(t_{wi} - t_c) + A_{wu}(t_{wu} - t_c)] +$$

$$\alpha A_m(t_m - t_c) + \Phi_e + \tau_t R_s A_p = m_k c_p \frac{dt_c}{d\tau} \tag{11-34}$$

式中，t_{wi} 可由壁面导热方程及其初始、边界条件求出；t_{wu} 可以通过集总参数法求得。对于舱内设备温度的不同假设，可得不同形式的吊舱动态热平衡方程。

（3）两种形式的动态热平衡方程

1）第 1 种形式

设吊舱内结构和各种设备可用一集中质量表示，记为 m，其当量比热容记为 c_m。集中质量各点处温度相同，吊舱内表面传热系数均匀且为 α。吊舱温度变化时，由于舱内空气对流换热作用，此集中质量温度也随之变化。

以集中质量为对象的传热微分方程为

$$mc_m \frac{\mathrm{d}t_m}{\mathrm{d}\tau} = \alpha A_m (t_c - t_m)$$

令 $B = \dfrac{mc_m}{\alpha A_m}$，则有

$$B \frac{\mathrm{d}t_m}{\mathrm{d}\tau} = t_c - t_m \tag{11-35}$$

联立式（11-34）、式（11-35），消去 t_m，并设

$$\beta = \frac{\alpha A_w}{\alpha A_m} = \frac{A_w}{A_m}$$

$$\varphi = \frac{(q_{m,c}/3\,600)c_p}{\alpha A_m} = \frac{q_{m,c}c_p/3\,600}{(11.33 + 0.010\,4q_{m,c})A_m}$$

$$\psi = \frac{m_k c_p}{\alpha A_m} = \frac{m_k c_p}{(11.33 + 0.010\,4q_{m,c})A_m}$$

$$\mu = \frac{1}{\alpha A_m} = \frac{1}{(11.33 + 0.010\,4q_{m,c})A_m}$$

$$\beta_i = \frac{A_{wi}}{A_m}, \quad \beta_u = \frac{A_{wu}}{A_m}$$

可得

$$B \frac{\mathrm{d}}{\mathrm{d}\tau}\left[\psi \frac{\mathrm{d}t_c}{\mathrm{d}\tau} + (\varphi + \beta + 1)t_c - \varphi t_{in} - \beta_i t_{wi} - \beta_u t_{wu} - \mu(\Phi_e - \Phi_s)\right] =$$

$$t_c - \left[\psi \frac{\mathrm{d}t_c}{\mathrm{d}\tau} + (\varphi + \beta + 1)t_c - \varphi t_{in} - \beta_i t_{wi} - \beta_u t_{wu} - \mu(\Phi_e + \Phi_s)\right] \tag{11-36}$$

将等式左边括号中各项对 τ 求导，再代入式（11-36）并略去吊舱内空气质量及热容量影响，即 $m_k = 0(\psi = 0)$，可得第一种吊舱动态热平衡方程

$$B(\beta_i + \varphi + 1)\frac{\mathrm{d}t_c}{\mathrm{d}\tau} + \left(B \frac{11.33c_p/3\,600}{\alpha^2 A_m} \frac{\mathrm{d}q_{m,c}}{\mathrm{d}\tau} + \beta + \varphi\right)t_c =$$

$$B\left(\beta_i \frac{\mathrm{d}t_{wi}}{\mathrm{d}\tau} + \beta_u \frac{\mathrm{d}t_{wu}}{\mathrm{d}\tau}\right) + \beta_i t_{wi} + \beta_u t_{wu} + B\varphi \frac{\mathrm{d}t_{in}}{\mathrm{d}\tau} +$$

$$\left(B \frac{11.33c_p/3\,600}{\alpha^2 A_m} \frac{\mathrm{d}q_{m,c}}{\mathrm{d}\tau} + \varphi\right)t_{in} + \mu \frac{\mathrm{d}(\Phi_s + \Phi_e)}{\mathrm{d}\tau} -$$

$$\frac{0.010\,4(\Phi_s + \Phi_e)}{\alpha^2 A_m} \frac{\mathrm{d}q_{m,c}}{\mathrm{d}\tau} + \mu(\Phi_s + \Phi_e) \tag{11-37}$$

2）第 2 种形式

吊舱内集中质量的温度在稳态条件下与舱温相等，即 $t_{m0} = t_{c0}$，在瞬态飞行时，假设舱内集中质量温度不随吊舱温度变化而变化，一直维持其初始温度值，即稳态值 $t_m = t_{m0} = t_{c0}$，并

与第一种形式一样略去舱内空气热容量,由式(11)得

$$t_c = [\alpha(A_{wi}t_{wi} + A_{wu}t_{wu}) + (q_{m,c}/3\,600)c_p t_{in} + \Phi_e + \Phi_s + \alpha A_m t_{c0}]/$$
$$[(q_{m,c}/3\,600)c_p + \alpha(A_{wi} + A_{wu}) + \alpha A_m] \tag{11-38}$$

设 $\theta_c = t_c - t_{c0}$,其余 $\theta = t - t_{c0}$,则得吊舱相对舱温

$$\theta = \frac{\alpha(A_{wi}\theta_{wi} + A_{wu}\theta_{wu}) + \dfrac{q_{m,c}c_p\theta_{in}}{3\,600} + \Phi_e + \Phi_s}{\dfrac{q_{m,c}}{3\,600}c_p + \alpha(A_w + A_m)} \tag{11-39}$$

式(11-37)与式(11-39)即两种不同形式的吊舱动态热平衡方程。

2. 求解壁温

(1) 求解绝热壁壁温 t_{wi}

由绝热壁面导热方程、初始条件、内边界条件及外边界条件得到需要求解的无量纲边值问题方程为

$$\left.\begin{array}{l}
\dfrac{\partial}{\partial Fo}\theta(\bar{x}, Fo) = \dfrac{\partial^2 \theta(\bar{x}, Fo)}{\partial \bar{x}^2} \\[3mm]
\theta(0, Fo) = \theta_H(Fo) + 3.416\,5 \times 10^{-5} u^2(Fo) \\[3mm]
\dfrac{\partial}{\partial \bar{x}}\theta(1, Fo) = -Bi(Fo)[\theta(1, Fo) - \theta_c(Fo)] \\[3mm]
\theta(\bar{x}, 0) = \theta(0, 1)\left[1 - \dfrac{Bi(0)}{1 + Bi(0)}\bar{x}\right]
\end{array}\right\}$$

式中,$Fo = \dfrac{a\tau}{\delta_i^2}$ 为傅里叶准则;$Bi = \dfrac{a\delta_i}{\lambda}$ 为毕渥准则;$\bar{x} = x/\delta_i$ 是无量纲量,其中 δ_i 为绝热壁厚度;u 为飞行速度,单位为 km/h。

(2) 求解非绝热壁壁温 t_{wu}

对蒙皮等非绝热壁,由于其 λ_u 较大,厚度 δ_u 较小,故可认为蒙皮的热特性在整个表面上均匀一致。按集总参数法导出单位面积蒙皮的热平衡方程为

$$\frac{\mathrm{d}\Delta t_s}{\mathrm{d}\tau} + \frac{\alpha_0}{\rho_u\delta_u c_u}\Delta t_s = \frac{\alpha_0}{\rho_u\delta_u c_u}\Delta T(1 - e^{-\tau_c\tau}) \tag{11-40}$$

式中,ρ_u、δ_u 和 c_u 分别表示绝热壁的材料密度、厚度和比热容;α_0 为非绝热壁外表面的表面传热系数;Δt_s 为蒙皮温度瞬时增量;$\Delta T(1 - e^{-\tau_c\tau}) = \Delta t_e$ 为附面层恢复温度瞬时增量;ΔT 为飞机加速前后恢复温度稳态值之差;τ_c 为决定恢复温度变化快慢的时间常数。

式(11-40)为一阶线性奇次微分方程,其解为

$$\Delta t_s = \Delta T\left[\frac{\xi_s}{\xi_s - \tau_c}(1 - e^{-\tau_c\tau}) - \frac{\tau_c}{\xi_s - \tau_c}(1 - e^{-\xi_s\tau})\right] \tag{11-41}$$

式中,$\xi_s = \dfrac{\alpha_0}{\rho_u\delta_u c_u}$ 为非绝热壁热时间常数,是描写非绝热壁瞬时温升的重要参数。

任一时刻非绝热壁瞬态温度可由式(16)求出,即

$$t_{wu} = t_{s0} + \Delta t_s = t_{c0} + \Delta t_s \approx t_{H0} + \Delta t_s$$

又 $t_{c0} = t_{H0} = 40\ ℃$,于是可得

$$\theta_{wu} = t_{wu} - t_{c0} = \Delta t_s$$

3. 用有限差分法求吊舱瞬态热载荷

使用有限差分法,把描述吊舱传热的各方程差分化后,用其中的壁面导热方程和单值性条件由计算机求出任意飞行时刻 τ 各壁面内表面的温度值,然后使用吊舱热平衡方程式,解出吊舱瞬态温度值。详细计算过程因篇幅有限从略。

11.4.2 典型飞行剖面计算

1. 典型飞行剖面计算的意义

吊舱作剖面飞行时,飞行状态(速度、高度)是飞行时间的函数,供气参数、太阳辐射热和气动力加热等随飞行状态而变化。上述诸因素及吊舱结构参数均会影响吊舱温度。影响吊舱温度的传热过程是一个连续的过程。只有进行剖面计算,才能确定诸因素影响下的吊舱温度,探明它们对吊舱温度的影响程度,为系统的设计提供较准确的依据。

2. 典型飞行剖面

(1) 吊舱环控系统

吊舱飞行剖面计算与吊舱环控系统的形式密切相关。本文所计算的吊舱环控系统采用冲压空气驱动的逆升压回冷式空气循环冷却系统方案。其技术要求是:使用高度 $60 \sim 3\,000$ m;环境温度 $-55 \sim +104$ ℃,电子设备热载荷 $200 \sim 1\,600$ W,要求环控装置出口温度(即制冷涡轮出口空气温度)$10 \sim 35$ ℃。设计考核点:海平面($H=0$ m),大气温度 $t_H = 40$ ℃,飞行马赫数 $Ma = 0.85$。地面停机时,可用地面制冷车冷却。

(2) 飞行剖面

吊舱典型的飞行剖面如图 11-20 所示。飞行总时间为 50 min。其中:

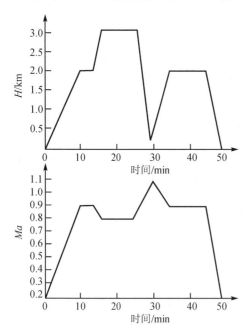

$0 \sim 10$ min——加速爬升;

$10 \sim 13$ min——等速平飞;

$13 \sim 15$ min——减速爬升;

$15 \sim 25$ min——等速巡航平飞;

$25 \sim 30$ min——加速俯冲;

$30 \sim 35$ min——减速爬升;

$35 \sim 45$ min——等速平飞;

$45 \sim 50$ min——减速下降。

(3) 原始参数

1)结构参数

根据理论计算,简化为如表 11-1 所列的三种壁面计算。

2)舱内集中质量

$$m = \sum m_i = 185 \text{ kg}$$

$$A_m = \sum A_{m_i} = 2.64 \text{ m}^2$$

$$c_m = \sum c_i m_i / \sum m_i = 880 \text{ J/(kg·K)}$$

3)电子设备热载荷

$$\Phi_e = 200 \sim 1\,600 \text{ W}$$

图 11-20　吊舱飞行剖面图

表 11-1　三种壁面参数

名　称	面积 A/m^2	厚度 δ/mm	导热系数 $\lambda/[W \cdot (m^2 \cdot K)^{-1}]$	导温系数 $a/[(m^2 \cdot s^{-1}) \times 10^{-6}]$
绝热壁	2.75	5	0.042	0.118
非绝热壁	0.55	2	77.46	83.33
透明玻璃[①]	0.2	10		0.088

①　透射比 $\tau_t = 0.9$。

4）加温时间常数

由 $\Delta t_e = \Delta T(1 - e^{-\tau_c \tau})$，当 $\tau = \tau_{end}$ 时，有

$$\Delta t_e = 0.99 \Delta T$$

代入上式得

$$\tau_c = 4.8 \; s^2/\tau_{end}$$

5）取　值

取 $\Delta \tau = 6 \; s$，共 500 个点，每 10 个点输出一次，即每分钟输出一个值，共 50 个值。

6）供气条件

环控系统进口（进气道出口）温度按下式计算，即

$$T_0^* = T_H(1 + 0.2Ma^2)$$

按照系统的热力性能要求及飞行剖面计算的供气流量如图 11-21 所示。

(4) 计算结果分析

计算程序使用 C 语言编制，在 Turbo C 环境下编译连接，调试通过。根据计算结果绘制的吊舱瞬态温度如图 11-22 所示。

由图 11-22 可以看出，25～30 min 之间的加速俯冲阶段是吊舱热载荷最严重的阶段。如考虑吊舱结构及热容量的影响，所计算吊舱热载荷的最大值达到 2.7 kW 左右；如不考虑热容量的影响，即假定舱内设备温度 t_m 保持不变，其热载荷最大值会达到 3.25 kW 左右。

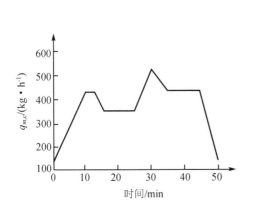

图 11-21　剖面飞行中的供气流量

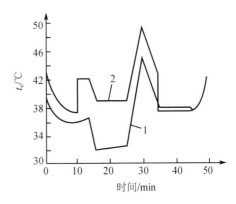

1—考虑结构及设备热容量影响；
2—不考虑结构及设备热容量影响

图 11-22　吊舱瞬态温度

11.4.3　采用"蓄冷节能"的设计思想确定吊舱设计热载荷

如上所述，如不考虑吊舱本身热容量（热惯性）的影响，则吊舱的热载荷最大可达到 3.25 kW。如果按这种最严重状态设计，不仅大大增加载机阻力代偿损失，而且由于吊舱体积、气动设计等多方面条件限制，冲压空气循环冷却系统的设计也是很难实现的。

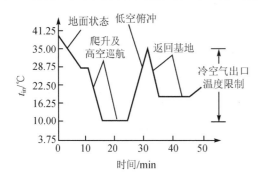

图 11-23　电子吊舱典型热天任务图

根据吊舱的任务剖面图（见图 11-23），考虑到可以充分利用吊舱本身的热惯性，在地面、爬升及高空巡航状态，让吊舱及其电子设备充分冷透，使系统出口冷气温度达到最低限（10 ℃）。这样在载机执行任务作低空俯冲时，气动加热虽导致吊舱温度急剧上升，但由于吊舱在地面、爬升及高空巡航状态时的蓄冷量，等到系统出口空气温度上升到最高限 35 ℃时，其超负荷飞行任务已完成，载机开始升空并返回基地。这样，在整个执行任务过程中，系统出口空气温度始终维持在 10～35 ℃范围内。由于采用这种独特的设计理念，吊舱的额定热载荷可按 2.0 kW 设计。这不仅使吊舱冲压空气循环冷却系统的设计得以实现，而且大大降低了载机阻力代偿损失。

11.4.4　结　论

本节根据热力学和传热学理论建立了吊舱传热的数学模型，并使用有限差分法计算了吊舱瞬态热载荷。

根据动态飞行条件下吊舱瞬态热载荷的计算结果，并考虑吊舱结构及内部设备热容量的影响，可以较大幅度降低吊舱环控系统设计的额定热载荷。这不仅大大减小了载机的阻力代偿损失，也降低了吊舱环控系统的设计难度，使环控系统的设计做到经济合理。

思考题与习题

11-1　绝热条件下质量均匀的受热物体的瞬态温升有何特点？其温升速率主要取决于哪些因素？

11-2　试说明热容 C 和时间常数 τ_c 的物理意义及其对温升过程的影响。

11-3　何谓电子芯片的峰值热阻？何谓电子芯片的瞬态热阻？

11-4　画出电子芯片瞬态热阻抗的等效热路图，并根据等效热路图写出电子芯片加热期间瞬态温升的计算公式和冷却期间瞬态温度变化的计算式。

11-5　电子元器件在瞬态加热期间，当时间 τ 等于其时间常数 τ_c（$\tau = \tau_c$）以及 $\tau = 3\tau_c$ 时，其对应温升值有何特点？试说明利用这些特殊点如何画出瞬态温度曲线。

11-6　在温度循环试验中，为什么通常使最大功率条件与试验箱内的最高温度一致？在温度循环试验的瞬态分析中，如何求取电子设备元件所达到的最高瞬时热点温度？

11-7　试说明集总参数法的物理概念及数学上处理的特点。

11-8　试说明 Bi 的物理意义。$Bi \to 0$ 及 $Bi \to \infty$ 各代表什么样的换热条件？

11-9　一初始温度为 t_0 的固体,被置于室温为 t_∞ 的房间中。物体表面的发射率为 ε,表面与空气间的表面传热系数为 α。物体的体积为 V,参与换热的面积为 A,比热容和密度分别为 c 及 ρ。物体的内热阻可忽略不计,试列出物体温度随时间变化的微分方程式。

提示:物体单位面积上的辐射换热量为 $\varepsilon\sigma(T^4-T_\infty^4)$。

11-10　一热电偶的热接点可近似地看成球形,初始温度为 25 ℃,被置于温度为 200 ℃ 的气流中。问欲使热电偶的时间常数 $\tau_c=1$ s,热接点的直径应为多大? 已知热接点与气流间的表面传热系数为 350 W/($m^2 \cdot$ K),热接点的物性为 $\lambda=20$ W/($m^2 \cdot$ K),$c=400$ J/(kg $\cdot$ K),$\rho=8\,500$ kg/m^3。如果气流与热接点之间还有辐射换热,对所需热接点直径的值有何影响? 热电偶引线的影响忽略不计。

11-11　有一航天器,重返大气层时壳体表面温度为 1 000 ℃,随即落入温度为 5 ℃ 的海洋中。设海水与壳体表面间的表面传热系数为 1 135 W/($m^2 \cdot$ K),试问此航天器落入海洋后 5 min 时,表面温度是多少? 壳体壁面中最高温度是多少? 壳体厚 $\delta=50$ mm,$\lambda=56.8$ W/($m^2 \cdot$ K),$a=4.13\times10^{-6}$ m^2/s,其内侧面可认为是绝热的。

第12章　电子设备热设计技术的新进展

现代电子、计算机和光学技术的进步,产生了一系列具有超高热流密度的设备,应用激光、超导磁体以及高能 X 射线的设备,尤其是每秒执行数以万亿次计算的超高速计算机芯片,已在高科技领域得到迅速推广。这些超高热流密度的设备和器件在它们各自的应用中不仅具有高精度,而且只占有极小的空间。这意味着,伴随这些设备和器件以前所未有的速度小(微)型化的同时,要求提供更高效率的散热冷却技术和设备。这不仅对这些设备核心器件的设计提出了挑战,也对这些设备和器件的热控制提出了严峻挑战。传统的以空气为工质的冷却系统虽然在电子设备热控制领域曾得到普遍应用而且可靠,但随着热流密度的迅速增大,这些空气冷却方式已不能满足现代电子设备的热控制要求。研究和发展电子设备的新型高效热控制技术,在国际上已成为工程热物理领域的研究热点。从已发表的资料看,美、英、法、德、日、俄等国家都在积极进行电子设备热控制机理与技术的研究,尤以美国发表的相关研究论文最多。其发展趋势是对电子设备及元器件的热控制技术及理论的研究由宏观深入到微观,由"点"发展到"场",由稳态发展到瞬态。这中间航空航天电子设备的热控制技术起到了牵引和支撑作用。近年来,航空航天事业取得了巨大进步和发展,与航空航天技术密切相关的电子设备热设计技术,也受到越来越广泛和前所未有的高度重视。有航空航天的应用需求作为强大动力,借助材料、电子、热科学等学科迅猛发展所获得的丰硕成果,许多新理论、新技术、新材料和新工艺不断被应用到电子设备热控制领域,极大地推动了电子设备热设计技术的进步。本章的目的就是力求反映国内外目前采用的和正在研究的一些先进的热设计技术及其发展状况,以供读者在工程应用和科学研究中参考。

12.1　环路热管(LHP)的研究

12.1.1　引　言

随着空间技术的飞速发展和人类进一步探索太空的需要,尤其是大功率卫星、载人飞船、空间平台以及空间站等大型复杂航天器的出现,空间飞行器的发展不断向热控技术提出新的要求。目前,空间技术的发展呈现出三个特点:① 各类航天器,包括高分辨率侦察卫星、雷达、通信卫星以及各种以激光技术为应用核心的军事应用卫星等的功率需求在不断增大,如美国、俄罗斯两国的空间飞行器和空间平台的能耗量级已从最初的几千瓦增至十几千瓦甚至上百千瓦,散热量的增大导致传统热控技术的传热能力无法满足要求。② 由于电子器件的工作性能、稳定性和可靠性与工作温度直接相关,一些器件不仅要求较低的工作温度条件,而且还要求具有很好的温度均匀性,某些精密设备甚至要求十分苛刻的温度控制精度范围,如 $\pm 0.1\ ^{\circ}\mathrm{C}$ 以内。电子设备的这些要求对热控技术提出了新的挑战。③ 航天器在向着微小型化、轻量化、紧凑化和高效化方向发展,实现系统部件和装置的模块化、集成化,要求在提高性能和可靠性的同时便于维修与更换。总之,满足高传热能力、高可靠性、精确控温和模块化设计要求的散热技术,已经成为制约航天器集成化器件进一步发展的瓶颈。为此,各国航天器热控专家们开始寻找更有效和合适的传热元件。

　　传统的航天器热控制系统的核心技术主要是单相流体回路技术和传统热管技术。机械泵驱动的单相流体回路已在空间站、宇宙飞船和航天飞机等航天器上得到应用。如 1996 年 12 月 3 日 NASA 发射的火星探测器采用了机械泵驱动的单相流体回路主动控温技术,工质为 R11,系统的热排散能力为 150 W。我国的"神舟"系列飞船热控系统也采用了单相流体回路技术来控制仪表和舱内空气的温度。机械泵驱动的单相流体回路技术通过调节流量参数来实现温度的控制,常用的工质为水、乙二醇、氟利昂、氨或有机硅化物等。单相流体回路技术相对简单,应用成熟度高,但是系统复杂,靠显热传输热量,热传输效果不理想,温度均匀性差,整个热控系统的质量较大;用泵驱动液体流动不仅要耗费大量能量,同时需要各种阀门来调节与控制,降低了系统的可靠性。随着大型航天器散热量量级的不断增大,单相流体回路技术在空间站和下一代大型航天器上将达到应用极限。此外,依靠工质相变传热的传统热管也已经在航天器热控系统中得到了较广泛的应用,它具有较高的传热性能、可靠性以及良好的启动性能,但是传统热管在进行地面热真空实验时对系统的方位要求十分苛刻,且传热能力受到方位和传输距离的限制,无法适应未来大型复杂航天器的设计要求。

　　两相流体回路是近十几年内重点发展的航天器热控制技术,按驱动方式区分,两相流体回路技术主要包括:机械泵驱动的两相流体回路和毛细泵驱动的两相流体回路。自 20 世纪 80 年代初,美国 NASA 就开始对两相流体回路技术进行多个方案的比较研究,并针对不同的应用背景研制了多个工程样机。NASA 将两相流体回路系统在航天器热控系统中的应用称为仪器热管理的新时代。与单相流体回路技术相比,两相流体回路是利用工质的潜热来传输热量,其传热量大,传输距离远,工质流量小,吸热区域还具有很好的温度均匀性,可实现主动精确控温;而与传统热管相比,两相流体回路还具有不受方位和距离限制的优点。

　　使用机械泵驱动的两相流体回路虽然泵负荷小,能耗少,但是气液两相系统要解决好耐压、泄漏、电绝缘、润滑和气蚀等一系列问题,机械泵的可靠性和寿命问题也使系统的安全性备受考验。而一种可替代的方案就是毛细泵驱动两相流体回路,除了具有机械泵驱动两相流体回路所有优点外,毛细泵驱动两相流体回路依靠毛细力驱动工质循环,无需外加动力,不存在泵气蚀危险,可靠性高。此外,由于工质是在蒸发器内多孔介质表面蒸发,其传热效率和极限传热能力要优于机械泵驱动两相流体回路。表 12-1 比较了单相流体回路、传统热管以及机械泵驱动和毛细泵驱动的两相流体回路的优缺点。

表 12-1　各种热控技术的优缺点

类　　别	单相流体回路	传统热管	两相流体回路	
			机械泵驱动	毛细泵驱动
传热能力/(W·cm^{-2})	0～1	<10	100	100
额外能耗	大	无	小	无
温度均匀性	差	好	好	好
可控温性	控温复杂	可变热导热管	控温简单	控温简单
控温精度/℃	±1	自动控温,±2	±0.1	±0.1
可维修替换性	差	好	一般	好
体积和质量	体积大,质量大	体积小,质量轻	体积小,质量轻	体积小,质量轻
其他优缺点	系统压力低,安全性较好	受到使用方位和长度的限制	存在泵气蚀的危险,可靠性较低	不存在泵气蚀的危险,可靠性较高

目前,毛细泵驱动的两相流体回路主要包括在美国发展起来的毛细抽吸两相回路 CPL (Capillary Pumped Loop)和在苏联发展起来的环路热管 LHP(Loop Heat Pipe),两者的结构示意图分别如图 12-1 和图 12-2 所示。

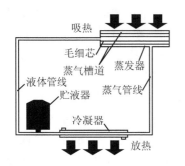

图 12-1　毛细抽吸两相回路系统示意图

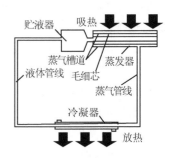

图 12-2　环路热管系统示意图

1966 年,美国 NASA Lewis 研究中心的 Stenger 首先提出了毛细抽吸两相回路的概念,如图 12-1 所示。毛细抽吸两相回路利用工质的相变传热,依靠自身毛细结构提供的毛细力驱动凝结液回流,形成蒸发和凝结循环。该回路的主动控温和传热能力均优于单相回路,又无运动部件,不存在泵气蚀的危险,可靠性高,能有效地用于小温差、长距离、无附加动力的热量传输和回收。毛细抽吸两相回路最近在哈勃望远镜上热控系统中的应用备受关注。2003 年 3 月,代号为 HST/Servicing Mission-3B 的航天飞行任务中,航天员将一套毛细抽吸两相回路的蒸发器安装在近红外相机制冷机表面(图 12-3 为毛细抽吸两相回路蒸发器安装在制冷机表面的示意图),而将冷凝器安装在外辐射板上(图 12-4 是航天员安装毛细抽吸两相回路冷凝器时的照片)。飞行数据显示,毛细抽吸两相回路将红外敏感期温度降到 70 K 左右,并且控温精度达到 ±0.1 ℃。此次应用让各国的热控设计者们对毛细抽吸两相回路优异的传热性能、控温精度以及模块化器件的可维护性留下了十分深刻的印象。

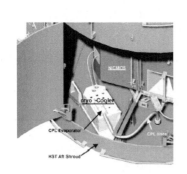

图 12-3　应用于红外相机温度控制的 CPL

图 12-4　航天员在哈勃望远镜上安装 CPL

1971 年,苏联国家科学院的 Y. F. Maidanik 等人提出了环路热管的概念,如图 12-2 所示。环路热管是利用毛细力驱动工质循环完成热量传输的小型两相回路系统。它与毛细抽吸两相回路有许多相似之处,均采用很小的毛细孔产生足够的毛细力来克服传统热管方位和长度限制,而只在蒸发器内设置毛细芯来解决小毛细孔带来的液体流动阻力增大的问题。环路热管与毛细抽吸两相回路的区别主要表现在贮液器与循环系统中其他设备的结合方式。毛细抽吸两相回路在启动时需要对贮液器加热,对蒸发器进行压力灌注,使液体浸润毛细芯。而环路热管的贮液器和蒸发器紧靠在一起,依靠几何约束和对工质充装量的控制就可以保证蒸发器中的毛细芯始终充满液体,不需要在循环运行前对贮液器进行任何操作。

由于具有众多其他传热设备无可比拟的优点,环路热管在航空、航天以及地面电子设备散热等众多领域中具有十分广阔的应用前景。

最初,环路热管技术备受瞩目是因为其在苏联航天器热控系统中的应用。环路热管应用于卫星和飞船热控系统,不仅可以实现高热流密度的散热,解决高发热率仪器的远距离传热问题和通信卫星南北面板温度拉平的难题,还可以实现特殊仪器设备的精确主动温控要求。此外,并联式蒸发器和冷凝器环路热管可实现多热源和热沉的热量传输,而基于环路热管的可展开式辐射器是将来大功率航天器散热的关键技术之一。

2003 年 2 月美国发射的 ICESAT 航天器上安装了一套借助激光测距系统探测南北两极冰层厚度的 GLAS(Geoscience Laser Altimetry System),环路热管被应用于解决高热流发热设备——激光器的散热问题。如图 12-5 所示,每个激光器的发热量为 120 W,激光器所发出的热量被传统热管收集,传输到环路热管蒸发器案座上,蒸发器吸收的热量最终在冷凝器上释放。图 12-6 为环路热管辐射板式冷凝器与太阳帆板的相对方位,太阳帆板正对太阳吸收能量,辐射板与太阳光平行辐射热量。环路热管通过 5 W 的功率对贮液器进行主动控温,最终激光器温度被控制在(17±0.2)℃以内。此外,环路热管的蒸发器和冷凝器之间通过柔性软管连接,安装方便,而且隔绝了蒸发器和冷凝器间的振动。

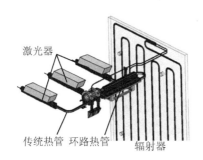

图 12-5　环路热管应用于 GLAS 的热控系统

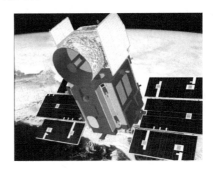

图 12-6　辐射板与太阳帆板的相对方位

环路热管最广阔的工业应用前景是电子设备的散热和冷却,可实现自动和主动温度控制,非常适合用于对设备进行精确控温的场合,而且环路热管具有柔性的循环管线,可满足电子设备的紧凑性和一些特殊安装条件,如笔记本电脑中的 CPU 散热等问题。

各国学者对 CPL/LHP 技术进行了大量研究,这些研究以工程应用为背景,并对工程应用或试验中所产生的问题进行了深入的机理分析,其研究内容包括工作性能、工质的选择、不同环境条件下的工作状态(如运载发射过程中)、LHP 的空间防冻结问题、特殊用途 CPL/LHP (可变热导 CPL、平板型蒸发器、微型蒸发器)等。因篇幅所限,这里只对 CPL/LHP 的工作原理及其特点予以简单介绍。由于 CPL 与 LHP 在原理上相同,只是在具体结构上存在一些差别,因此,这里主要对 LHP 进行描述,并适当介绍 CPL 在结构上的差异。

12.1.2　LHP 的工作原理和组成

1. LHP 的工作原理

环路热管主要由蒸发器、贮液器、冷凝器以及蒸气管线和液体管线等组成。目前,已发展

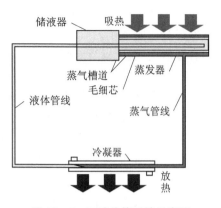

储液器　吸热

蒸气槽道　蒸发器
毛细芯

液体管线

蒸气管线

冷凝器

放热

图 12 - 7　环路热管系统示意图

成如图 12-7 所示的形式,与早期结构(见图 12-2)的显著区别是液体回流管线引入到蒸发器的毛细芯内,这段回流管线被称为液体引管(bayonet)。其工作原理是:当外部热负荷加于蒸发器时,热量通过管壁传入毛细芯内的液体工质,液体工质受热蒸发,蒸气通过蒸气管线流向冷凝器。蒸气在冷凝器凝结并放出汽化潜热,热量通过管壁传递到外部热沉(如辐射器)排散。在冷凝器凝结下来的液体工质则通过液体管线回流至贮液器,而贮液器内的液体工质维持对蒸发器内毛细芯的供给,以保证液体继续吸热、蒸发、流动和循环,连续有效地把热量传输到热沉。

由此可知,这种回路主要由工质的相变和流动传输热量。工质液体蒸发时吸收的热量及凝结时放出的热量均可计为

$$\Phi = q_m r \tag{12-1}$$

式中,Φ 为热流量;q_m 为质量流量;r 为工质的汽化潜热。由于是利用工质的汽化潜热而不是利用显热的变化来传递热量,所以该系统可以做到结构简化、质量轻,并在小温差下传递大的热流量。

LHP 系统中,工质循环流动的驱动力是蒸发器中毛细芯产生的毛细力。毛细芯所能提供的最大毛细力可由 Laplace - Young 表达式确定:

$$\Delta p_{\text{cap,m}} = \frac{2\sigma}{r} \tag{12-2}$$

式中,$\Delta p_{\text{cap,m}}$ 是毛细芯所能提供的最大毛细驱动压头;σ 为工质的表面张力;r 为毛细芯孔径。可见,环路热管的传热能力受到工质表面张力和毛细芯孔径的约束。

为了维持热量的连续传递,毛细芯所提供的驱动压头必须能与整个回路的流动阻力平衡,即

$$\Delta p_{\text{cap,m}} = \Delta p_{\text{t}} = \Delta p_1 + \Delta p_{\text{v}} + \Delta p_{\text{g}} =$$
$$\Delta p_{\text{vg}} + \Delta p_{\text{vl}} + \Delta p_{\text{cond}} + \Delta p_{\text{ll}} + \Delta p_{\text{bay}} + \Delta p_{\text{w}} + \Delta p_{\text{g}} \tag{12-3}$$

式中,Δp_{t} 为整个回路的总的流动阻力;Δp_{v} 为工质蒸气的流动阻力;Δp_1 为工质液体的流动阻力;Δp_{g} 为由重力引起的阻力压降;Δp_{vg}、Δp_{vl}、Δp_{cond}、Δp_{ll}、Δp_{bay} 和 Δp_{w} 分别为蒸气槽道、蒸气管线、冷凝器、液体管线、液体引管和毛细芯的流动阻力。

这种阻力平衡是流体回路系统工作的必需条件。LHP 回路系统中,为实现这种平衡而提供必要的流动驱动力的是毛细芯结构的蒸发器而不是任何需要消耗外功的泵。这是该种回路系统的最大特点和优点。环路热管能够完全自动地运行,蒸发器一旦受热,毛细芯外表面的多孔结构内的液体工质就开始蒸发吸热,形成弯月面,产生毛细压力以驱动工质循环。

实际上,毛细芯孔径分布在一定的尺寸范围内。当热负荷增大时,回路总压降随之增大,毛细芯外表面多孔结构内的弯月面形状也相应地变化以平衡该压降。但当回路压降大于工质在某个尺寸孔径内所能产生的最大毛细力时,弯月面就会被破坏,气液界面向毛细芯内推进。由于更小的毛细孔可以产生更大的毛细力,所以此时弯月面会在更小的孔径上形成,蒸发在芯内继续。一旦毛细孔再也无法提供足够的毛细力驱动工质循环时,蒸气将击穿毛细芯进入液体干道,毛细芯就会烧干,环路热管将无法继续运行。

2. LHP 的主要组成部分

(1) 蒸发器

蒸发器是环路热管的核心部件,实现从热源吸收热量和提供工质循环所需毛细动力这两项主要功能。经过数十年的优化和改进,目前较为普遍的结构形式如图 12 - 8 所示,主要包括蒸发器管壳、主毛细芯和液体引管。主毛细芯外侧的轴向槽道称为蒸气槽道(vapor groove),毛细芯内侧为液体干道(liquid core 或 evaporator core)。此外,当环路热管应用于微重力场合时,液体干道和贮液器还必须使用副毛细芯(金属丝网)进行连接。

毛细芯是蒸发器的核心部件,目前 LHP 常用的毛细芯外形结构如图 12 - 9 所示(俄罗斯国家科学院热物理所样品)。毛细芯提供工质循环的动力,提供液体蒸发界面以及实现液体供给,同时起着阻隔芯外产生的蒸气进入贮液器的作用。LHP 毛细芯一般是使用微米量级的粉末通过烧结等工艺成型,形成微米量级的孔径。常温下孔半径为 1 μm 的毛细芯,在使用氨工质时可提供的毛细力为 30 kPa 左右。图 12 - 10 是一种环路热管毛细芯在电镜下的多孔结构图。环路热管运行

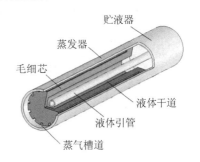

图 12 - 8　蒸发器和贮液器的结构图

时,热量透过蒸发器管壳传到毛细芯外表面,液体在毛细芯外表面蒸发形成弯月面,毛细芯依靠弯月面产生的毛细力沿径向持续对蒸发面进行液体供给。产生蒸气聚积后压力升高,于是蒸气从毛细芯外表面均匀的蒸气槽道流出蒸发器,流向蒸气管线。

图 12 - 9　毛细芯的结构形式(Y. F. Maidanik 提供)

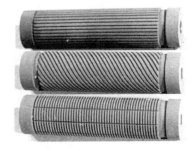

图 12 - 10　电镜下的毛细芯多孔结构

毛细芯内液体干道的存在是为了使液体能沿轴向均匀地对毛细芯进行供液,如果没有液体干道,液体从贮液器流向远离贮液器的毛细芯端时会存在较大阻力,造成供液不足,导致毛细芯产生轴向温差甚至出现局部烧干现象。液体干道内的液体引管将回流液体引入毛细芯内表面而不是直接引入贮液器,当液体干道内产生气泡或聚积了不凝性气体时,液体引管流出的过冷液体可以一方面依靠自己的过冷量对气泡进行冷却和消除,另一方面流动的液体将这些不凝性气体或气泡推出液体干道,以防止毛细芯内外的液体同时发生蒸发相变,导致工质不能沿正确方向流动。

当环路热管在空间微重力条件下的航天器上应用时,蒸发器液体干道和贮液器内工质的气液分布状态是随机的,不像在地面重力场中会存在明显的气液界面,一旦毛细芯内的液体干道产生蒸气,并聚积和堵塞了液体干道,贮液器内的液体工质将无法对主毛细芯进行有效供给,蒸发器就会出现运行温度偏高或小热载荷下即烧干的现象。因此,在空间应用中通常会在

贮液器和液体干道之间安装副毛细芯来保证环路热管的正常运行。副芯一般由筛状金属丝网或其他多孔材料制成，它将贮液器、液体干道和主毛细芯连接起来，通过自身孔隙产生的毛细力将贮液器内的液体工质供给主毛细芯。

需要注意的是，副芯不能完全占据液体干道的空间，必须留下部分空隙作为液体干道内产生的蒸气流向贮液器的通道。

（2）冷凝器

LHP 蒸发器产生的蒸气经过蒸气管线进入冷凝器，在冷凝器中放出热量，冷凝成液体，液体在流出冷凝器出口前会被进一步冷却至过冷。当蒸发器上的热载荷没有超过环路热管的毛细传热极限之前，环路热管的最大传热能力部分取决于冷凝器的冷却能力。目前对环路热管的研究大多针对空间的应用背景，冷凝器主要通过辐射的形式向空间热沉释放热量，所以普遍采用将冷凝管线嵌入到冷凝板上的结构形式。图 12-11 是一种在实验中使用的板式冷凝器结构示意图。LHP 用于地面电子设备冷却时，可采用前面章节中介绍的其他冷凝器形式。

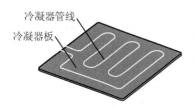

冷凝器管线
冷凝器板

图 12-11 平板式冷凝器

（3）贮液器

与传统热管相比，环路热管在结构上多了贮液器这个部件。贮液器对于环路热管具有两点重要作用：① 保证启动时能对主毛细芯进行有效供液；② 适应运行中蒸发器上热载荷变化引起的系统气液分布变化。

环路热管与毛细抽吸两相回路的区别主要表现在贮液器与循环系统中其他部件的结合方式上。CPL 的贮液器和蒸发器分离，启动前需要预加热贮液器，提高贮液器内两相态的温度和压力，对蒸发器进行液体压力灌注以保证启动时毛细芯被液体浸润。而环路热管的贮液器和蒸发器紧密结合在一起，如图 12-12(a)所示，通过工质充装量的控制和贮液器的几何约束设计可以实现在一定方位下即使外回路被液体完全充满（最恶劣的供液状态），液体仍始终能浸润毛细芯，故环路热管总能自动启动而不需要任何预启动措施。

环路热管在热载荷变化时冷凝器的有效冷凝面积（两相区长度）会随之变化，回路内的气液分布状态会发生变化，贮液器起到调节回路中工质总量的作用。热载荷较小时，如图 12-12(b)所示，冷凝器有效冷凝面积较小，较多的液体工质停留在冷凝器的过冷区，贮液器只容纳较少的液体工质，蒸气区体积较大；当热载荷增大时，如图 12-12(c)所示，冷凝器有

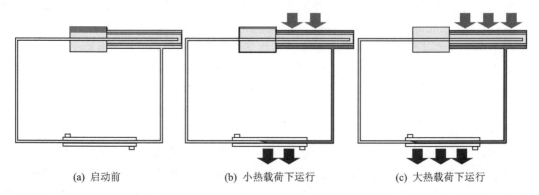

(a) 启动前   (b) 小热载荷下运行   (c) 大热载荷下运行

图 12-12 启动前和运行时贮液器内的气液状态

效冷凝面积增大,两相区长度增大,而过冷区长度减小,多余的液体流向贮液器,贮液器内需要容纳较多的液体工质,而蒸气区体积较小,直到热载荷大到一定程度,贮液器完全被液体充满而处于过冷状态。由于贮液器的存在,使系统存在一个负反馈回路,当环路热管在一定热载荷区域内传热时具有自动温度控制特性。随着传热量的变化,贮液器可以保证冷凝器自动调节有效长度,使回路的工作温度基本稳定。

综上所述可以看出,由于环路热管比毛细抽吸两相回路结构紧凑,可自主工作,不需人工干预,对蒸发器内透过多孔材料的漏热不像毛细抽吸两相回路那么敏感,故可用镍、钛等金属粉末烧结出 $1\sim3~\mu m$ 的小孔,以实现较高的毛细力。基于上述原因,目前关于毛细泵驱动的两相流体回路系统的研究重点已经转向了环路热管。

(4) 蒸气和液体管线

蒸气和液体管线一般为光滑内壁的柔性细管,起到连接蒸发器和冷凝器的作用。工质在光管内流动阻力小,且管线易弯曲、便于安装。管线过细会导致阻力的增大(特别是气态工质流速较快的蒸气管线);而管线太粗则会导致回路中工质充装总量增大、贮液器体积增大等结果。因此,应根据实际应用情况对管径大小作出选择。

为提高环路热管的传热效果,液体管线应采取绝热措施以尽可能减少环境对过冷回流液体的加热。而当热源温度低于环境温度时,蒸气管线也应采取绝热措施。

12.1.3　LHP 的运行规律和特性

环路热管具有许多不同于其他传热设备的运行规律和特性,主要包括环路热管特有的"V"字形稳态工作温度曲线、自动温度控制特性和高精度主动温度控制能力等。

1. "V"字形工作温度曲线

环路热管的工作温度(或运行温度)通常是指环路内的饱和工质温度,它反映了环路热管所处的温度水平。由于蒸发器壳体很薄,一般为 $0.5\sim1~mm$,蒸发器内蒸气温度与蒸发器外壳温度温差很小,在进行实验和理论分析时通常将蒸发器壳体外的温度视为工作温度,这也反映了环路热管外热源的温度水平。

环路热管典型工作温度曲线——"V"字形曲线如图 12-13 所示,实验测试时环境温度高于热沉温度。可以看出,随着热载荷的增大,环路热管的工作温度先是下降,达到一定的温度值后才开始转为逐渐上升。对于多数传热设备而言,其传热温差通常是随着热载荷的增大而增大,这是因为大部分传热设备的热导是固定的或基本固定的。而对于环路热管系统,其总热导的变化规律具有特殊性。根据环路热管总热导的变化规律,其工作区域被分为可变热导区和固定热导区两个部分。

在图 12-13 中,热载荷小于 150 W 的区域为可变热导区。在可变热导区,冷凝器没有被完全利用,贮液器处于气液两相状态。随着热载荷增大,冷凝器两相区的长度增大,环路热管热导也逐渐增大,其工作温度不上升反而逐渐下降。当热载荷大于 150 W 时,环路热管工作在固定热导区。在该区域内,冷凝器内液体会被压向贮液器,冷凝器的两相区长度达到最大值,冷凝器被完全利用,而贮液器则被液体完全充满处于过冷状态。此时,只有蒸发器和冷凝器内两相区的饱和温度可被视为环路热管的工作温度,工作温度开始随着热载荷增大而升高。

2. 自动温度控制特性

环路热管的自动温度控制特性主要是通过工质液体在冷凝器和贮液器中的重新分布来实

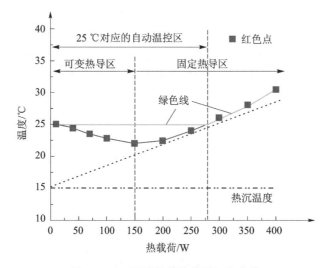

图 12 - 13　环路热管的典型工作曲线

现的。当热沉温度或者是热载荷变化时,贮液器内的工质能量平衡会受到影响,导致回路中的压力和能量平衡改变,进而促使液体在冷凝器和贮液器中的分布发生变化,冷凝器的有效冷凝面积发生变化,从而使环路热管工作温度只在一定范围内变化。

由图 12 - 13 还可以看出环路热管的自动温度控制特性,如红色点连成的工作曲线所示,当热载荷在 0～280 W 变化时,环路热管的工作温度变化不超过 3 ℃。

对于自动温度控制,可控温的热载荷区域取决于要求的控温范围和精度,自动控温范围越大(精度越差),具有自动温控特性的热载荷区域就越大。如图 12 - 14 所示,当控温范围在 T_1～T_2 之间时,控温精度为 ΔT_1,自动控温的热载荷区域为 Q_1～Q_2;而当控温范围在 T_1～T_3 之间时,控温精度为 ΔT_2,自动控温的热载荷区域为 0～Q_3。

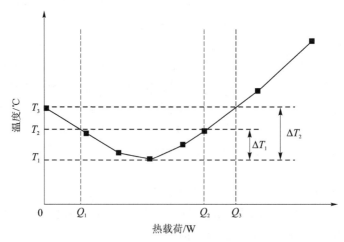

图 12 - 14　环路热管的控温特性

3. 主动温度控制特性

环路热管的主动温控能力是指:当贮液器处于饱和状态时,蒸发器上热载荷在较大范围内变化,对贮液器加上较小的补偿功率即可实现对工作温度的精确控制。例如,如图 12 - 13 中的绿色曲线所示,当蒸发器上热载荷在 0～280 W 范围内变化时,通过小于 5 W 的补偿功率可以控制蒸发器温度在 25 ℃±0.1 ℃范围内。环路热管的主动温度控制能力是两相流体回路系统的一个共同特性,因为贮液器内为饱和状态时,蒸发器与贮液器间温差很小,且两者的饱和压差和温差遵循 Clausis – Clapeyron 关系。贮液器温度上升时,压力上升,液体被压回冷凝器从而减小了冷凝器的有效冷凝面积,因而冷凝器和蒸发器饱和温度随之上升;反之亦然。

　　还有一点需要明确:可进行主动温控的热载荷区域内贮液器应始终是处于两相的饱和状态的,也就是说,当不对贮液器进行主动加热控温时,在整个固定热导区(图 12 – 13 中大于150 W)的热载荷区域内,贮液器始终被液体完全充满而处于过冷状态的;但是,当对贮液器进行主动加热控温时,在固定热导区的一定热载荷区域内(图 12 – 13 中 150~280 W)贮液器仍处于饱和状态。可见,对贮液器主动加热不仅仅改变了环路热管的工作温度,还改变了贮液器及整个回路中的气液分布状态。

12.1.4　地面重力环境下 LHP 运行性能实验研究

1. 地面重力环境下 LHP 启动特性

　　LHP 在各种条件下的启动特性一直是研究的重点,也是 LHP 进入工程应用中必须解决的问题。环路热管能够自启动,不需任何预处理,但是自启动并不意味着立即启动,启动可能持续较长时间,蒸发器温度也会有较大的升高。例如,当蒸气槽道内充满液体时,液体工质发生核态沸腾会需要一定的过热度,启动非常困难,启动过程可能会达到 80 多分钟,启动过程中蒸发器的温度上升可能超过 40 ℃。过长的启动时间在工程应用中是不能接受的,而蒸发器的温度上升过高还可能使仪器设备超过温度上限。

　　通常采用启动温升、启动时间和启动过热度三个参数描述启动性能优劣,如图 12 – 15 所示。启动温升(temperature overshoot)是指蒸发器在工质开始循环之前所达到的最大温度与最终稳态运行温度之差。启动时间(startup time)是指蒸发器开始受热到最终启动经历的时间。而启动过热度(superheat)是指回路内流体开始流动时蒸发器最高温度与回路饱和温度之差,也即是蒸气槽道内液体发生核态沸腾时所需要的过热度。良好的启动性能通常要求启动时间小于 3 min 和启动温升小于 5 ℃。而一个差的启动可能需要超过 40 min 的启动时间和大于 40 ℃ 的启动温升。如果 LHP 启动温升超过被控温设备的最大允许运行温度,即便其工质在回路内形成循环流动,其启动也是失败的。

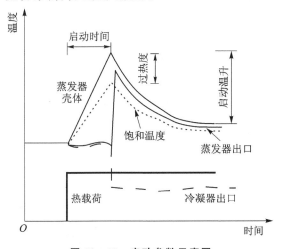

图 12 – 15　启动参数示意图

影响 LHP 启动性能的主要参数有:① 蒸气槽道和液体干道内的气液分布;② 启动热载荷;③ 毛细芯的导热系数;④ 蒸发器和贮液器的相对位置;⑤ 附加质量等。

　　通常在小热负荷(一般小于 10 W)情况下,LHP 会面临严峻的启动问题。对于常规的单贮液器环路热管,根据蒸发器内气液分布状态不同,存在 4 种启动方式,即蒸气槽道和液体干道是否存在蒸气的 4 种组合,如图 12 - 16 所示。第一种启动方式是蒸气槽道存在蒸气而液体干道充满液体,如图 12 - 16(a)所示,这是一种最容易启动的气液分布状态。在蒸发器上加热载荷后毛细芯外侧立即产生蒸气,所产生的毛细驱动压头会驱动蒸气沿蒸气管线、冷凝器和液体管线形成循环流动。尽管工质开始循环,但蒸发器和贮液器温度还是在升高,两者温差逐渐增大。当温差达到一定值,两者温度开始下降直到达到平衡。

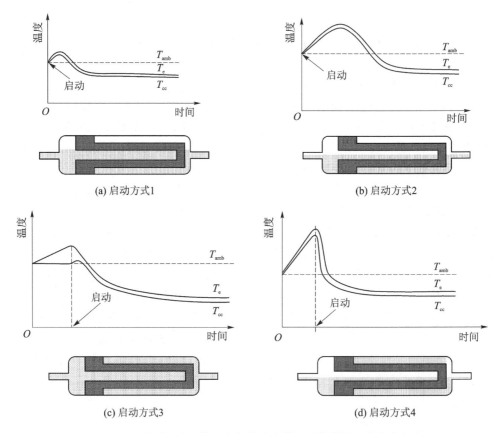

图 12 - 16　地面重力环境下常规单贮液器环路热管的 4 种启动方式

　　第二种启动方式是蒸气槽道和液体干道均存在蒸气,如图 12 - 16(b)所示。由于蒸气槽道内存在蒸气,蒸发器受热工质就开始蒸发循环。同时液体干道存在蒸气,使得蒸发器向贮液器漏热较大,贮液器温度也跟着上升。当蒸气进入冷凝器时,液体干道内逐渐为液体充满,漏热减少,加上回流液体过冷量增大(饱和温度与贮液器入口液体的温度之差增大),对贮液器的冷却量也增大,于是蒸发器和贮液器温度一直下降,直至达到平衡。

　　当蒸气槽道和液体干道均充满液体时便形成了第三种启动方式,如图 12 - 16(c)所示。在蒸发器施加热负荷后,蒸发器壁面温度升高,由于液体发生核态沸腾需要一定的过热度,蒸气槽道并没有立即产生蒸气。当蒸气槽道内液体过热度达到一定值时,蒸气槽道内液体工质发生核态沸腾,蒸气流出蒸气槽道被推入蒸气管线。由于蒸气槽道内液体蒸发吸热,蒸发器温度迅速下降,与此同时,贮液器内的蒸气和液体温度却迅速上升。

第四种启动方式是蒸气槽道内充满液体而液体干道存在气液分界面,如图 12 - 16(d)所示。由于蒸气槽道内存在蒸气,在施加热负荷后工质就开始蒸发并循环流动。同时由于液体干道存在蒸气,导致蒸发器向贮液器漏热较大,贮液器温度也跟着上升。当蒸气进入冷凝器时,液体干道内逐渐为液体充满,漏热减少,加上回流液体过冷量增大(饱和温度与贮液器入口液体的温度之差增大),对贮液器的冷却量也增大,于是蒸发器和贮液器温度一直下降,直至达到平衡。

在上述 4 种启动方式中,第一种启动方式是最容易启动的,而第四种启动方式是最难以启动的,其会导致最高的启动温升和最长的启动时间。不过,现有实验研究表明,环路热管以这4 种启动方式成功启动后,最终的平衡温度都很接近。可见这 4 种启动方式本身对最终的稳态工作温度影响很小。

2. 地面重力环境下 LHP 稳态运行性能

(1) 实验装置

实验测试针对一套氨-不锈钢的双贮液器环路热管(Dual Compensation Chamber Loop Heat Pipe,为 DCCLHP),其蒸发器和贮液器的详细结构如图 12 - 17 所示。双贮液器环路热管在蒸发器的两端各布置了一个贮液器,其目的是解决重力场中液体工质会聚集在下方的贮液器而无法浸润毛细芯的问题。液体引管伸入到毛细芯内液体干道的中间位置,这样可以在任何方位下都起到排除和消除芯内的气泡的作用。由于只进行地面实验,液体干道和贮液器内未安装副芯。毛细芯材料为镍粉,蒸气、液体管线和冷凝器管线均为不锈钢圆管,冷凝器为焊接在铜翅片上的蛇形管道,铜翅片通过螺钉固定在铝制水冷板上,并使用导热硅脂减少接触热阻。冷板侧冷却介质为水,可控温的制冷机可以模拟不同温度的热沉。系统部件都用隔热材料包裹以减少跟环境的换热。将柔性薄膜电阻加热片贴于蒸发器外壳上,通过改变电压电流值来模拟不同热载荷的热源。使用柔性的蒸气和液体管线,可随意调节蒸发器、贮液器和冷凝器的相对位置。

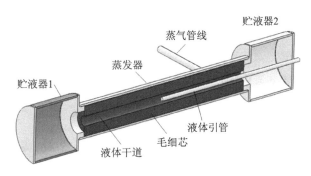

图 12 - 17　环路热管蒸发器和贮液器内部结构

为了便于说明,无液体回流引管穿过的贮液器称为贮液器 1(简称为 CC1),有液体回流引管穿过的贮液器为贮液器 2(简称为 CC2)。在实验中,环路热管水平放置(蒸发器、贮液器和冷凝器处于同一水平面内),采用 Pt100 铂电阻测温系统测量并记录环路热管各个特征点的温度变化,例如,在蒸发器、贮液器 1 和贮液器 2 的外壳中间位置布置测温传感器。将壁面温度视为工质温度而产生的偏差不会影响定性的实验分析。

（2）稳态运行性能

在实验中，施加到蒸发器壳体上的热载荷分别为 150 W、200 W、250 W 和 300 W。图 12-18 给出了热载荷均为 150 W 时共 16 次测量的蒸发器和贮液器的稳态温度分布。可以看出，在相同工况条件下，每次测量的蒸发器和贮液器的稳态温度并不相同。这种现象也已在常规单贮液器环路热管运行性能实验中所证实。结合已有环路热管可视化研究的结果，导致这种现象产生的原因是在液体干道中气泡的生成和不同的蒸气干度所致。

此外，需要说明的是贮液器 1 的温度明显高于贮液器 2 的温度，其原因一方面可能是由于不同的蒸气干度导致蒸发器向贮液器 1 和贮液器 2 的漏热不同，另一方面可能是由于回流液体管线穿过贮液器 2，回流液体的冷却效应也会导致贮液器 2 的温度更低，同时贮液器 2 中的压力也要低于贮液器 1。

图 12-19 给出了地面重力环境中不同热载荷条件下蒸发器稳态温度的变化趋势。实验中环境温度为 26.4 ℃，热沉温度为 20.6 ℃，水平放置的 DCCLHP 的蒸发器和冷凝器具有相同的重力高度。由图 12-19 可以看出，在 150～300 W 热载荷范围内运行温度曲线呈现典型的"V"字形。根据已有研究结果，在热载荷小于 250 W 时 DCCLHP 运行在可变热导区；超过 250 W 后转变为固定热导区。另外，还可以看出，在可变热导区，相同热载荷条件下每次测量得到的运行温度呈现出较大的差别；而在固定热导区，其运行温度差别较小。

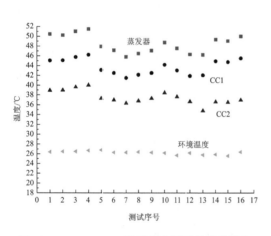

图 12-18　150 W 工况时每次测量的蒸发器和
贮液器的温度

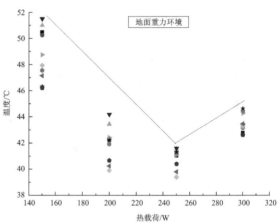

图 12-19　不同热载荷时 DCCLHP 稳态运行温度

12.1.5　过载加速度环境下 DCCLHP 运行性能实验研究

超大规模集成电路的飞速发展，使电子芯片单位面积上产生的热流密度急剧增加，给有效冷却电子元器件保证其可靠工作带来了严峻挑战。尤其是空天飞行器上电子设备及元器件，由于工作环境恶劣，且要求体积小、质量轻、工作可靠，因此必须发展高效液冷、液-气两相流及其他相变冷却技术。由此带来的问题是：空天飞行器上的电子设备往往要承受来自各个方向、不同大小的加速度（其值要超过重力加速度许多倍）。在这种过载加速度环境下，液体的力学特征变化会造成液体冷却剂脱离散热面，甚至管道堵塞和泵抽空，从而导致电子元器件过热损坏。

航天器在火箭发动机推力作用下的发射上升阶段是典型的加速度环境；航天器再入大气

层返回地面时,在空气阻力和人工减速装置作用下要承受加速度值比发射上升段小,而方向与运动方向相反的加速度环境。还有飞机在助力起飞、机动飞行以及着陆阶段要承受方向和过载大小不同的加速度环境。电子设备及其冷却系统所承受的加速度可由装载该设备的飞行器的运动载荷分析或实测数据得到。对图 12‐20 所示空天飞机来说,向前加速度方向为一轴向,翼展方向为另一轴向,正交于这两个轴的轴向为第三轴向。由图 12‐20 可看出,飞行器在前、后、上、下、左、右六个方向上均可产生加速度。通常所说的加速度是指飞行器重心处的加速度。对机

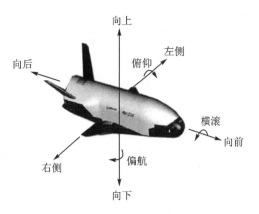

图 12‐20　空天飞机的加速度方向示意图

动性能强的飞行器,装于远离飞行器重心的设备,要考虑由于飞行器作横滚、俯仰和偏航机动飞行引起的附加载荷。由以上分析可以看出,飞行器在飞行中其加速度的方向和大小是不断变化的,飞行器上的设备是在变加速度环境下工作的。

飞行器飞行中加速度值是采用以重力加速度 $g(g=9.8 \text{ m/s}^2)$ 为参考值的过载系数 G 来度量的。过去一般战斗机上设备的加速度环境试验常取 $G=5g$,但随着飞机飞行速度的提高,机动性能的增强,目前试验的过载加速度值已提高到 $10g$。近年来高超声速飞行器(包括高超声速导弹、高超声速飞机、高超声速无人机、空天飞机以及其他须具备高速、高机动能力的飞行器)的研制已提到议事日程,高超声速飞行器飞行高度高、速度快、侧向机动性能好,是 21 世纪航空航天事业发展的一个主要方向,其上电子设备所承受的过载加速度值可达 $15g$ 以上。在如此恶劣的加速度环境下,液体工质脱离散热面造成电子元器件过热烧坏的负面影响将更加凸显出来。因此,针对在航空航天飞行器上有广阔应用前景的环路热管开展过载加速度环境下运行性能的实验研究,具有重要理论意义及工程应用价值。

1. 实验装置

过载加速度环境下双贮液器环路热管运行性能实验系统主要由冷却水循环子系统、数据采集与控制子系统、加速度模拟与控制子系统以及实验件等组成,系统原理图如图 12‐21 所示。冷却水循环子系统由恒温水槽、质量流量计、泵、调节阀、过滤器、换热器、冷板等组成,为 DCCLHP 的冷凝器提供冷却水;数据采集与控制子系统由稳压稳流直流电源、电加热膜、Agilent 数据采集仪、Pt100 温度传感器、计算机等组成,用于对实验件加热、控制及数据采集、记录;加速度模拟与控制子系统由变频器、地坑围护结构、主电机、转臂、液体转换装置、电信号转换装置、接线箱、控制计算机等组成,用于模拟加速度环境。

薄膜型电阻加热片均匀对称地贴于蒸发器外壳上,通过导线将加热片与直流电源相连,改变电源的电压电流值则可模拟蒸发器上不同的热载荷。DCCLHP 冷凝器为嵌在紫铜片上的蛇形不锈钢管,紫铜片与水冷冷板采用螺钉固定,之间涂高导热系数导热脂以减小热阻。DCCLHP 和冷板固定在工装箱体内,而工装箱体固定在离心机转臂上。为减小漏热,DCCLHP 各部分包覆橡塑保温棉,同时在工装箱体内填充硅酸铝棉。

实验中设定转臂上实验件安装位置处离心加速度的大小和启动时间,各工况下离心机启动时间均设为 30 s,最大运行时间为 1 h。实验件外形尺寸为 565 mm×469 mm×25 mm,安装在工装箱体底面上,通过设置离心机转动半径,确保 DCCLHP 各部分承受的加速度值满足

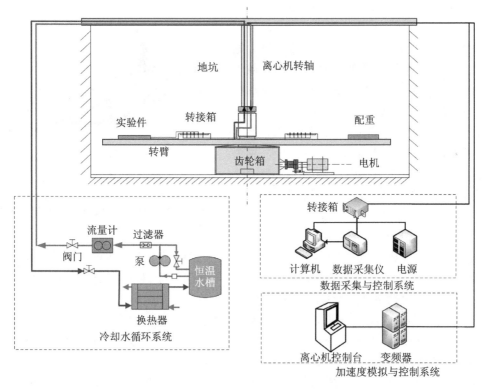

图 12 - 21　实验系统原理示意图

GB/T 2423.15 规定的 90%～130%。

　　实验件为航天五院研制的一套氨-不锈钢双贮液器环路热管,如图 12 - 22 所示,具体设计参数如表 12 - 2 所列。

表 12 - 2　DCCLHP 主要设计参数

蒸发器	外径/内径×壳体长度	20 mm/18 mm×209 mm
	材料	不锈钢
毛细芯	孔径	1.5 μm
	孔隙率	55%
	渗透率	>5×10^{-14} m^2
	外径/内径×长度	18 mm/6 mm×190 mm
	材料	镍粉
蒸气管线	外径/内径×长度	3 mm/2.6 mm×225 mm
	材料	不锈钢
液体管线	外径/内径×长度	3 mm/2.6 mm×650 mm
	材料	不锈钢
冷凝器管线	外径/内径×长度	3 mm/2.6 mm×2 200 mm
	材料	不锈钢
贮液器	外径/内径×长度	27 mm/25 mm×64 mm
	材料	不锈钢
工质	氨	

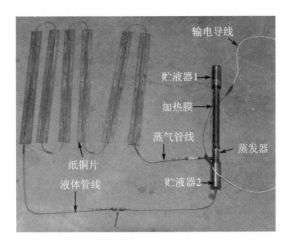

图 12-22　双贮液器环路热管实物

2．过载加速度环境下 DCCLHP 稳态运行性能

（1）实验方案

为了考察过载加速度方向可能对双贮液器环路热管运行性能带来的影响，针对如下 4 种布置方式进行实验：① 布置方式 A——工装箱体水平安装在转臂上，蒸发器轴线沿转臂径向，贮液器 1 靠近转臂旋转轴；② 布置方式 B——工装箱体水平安装在转臂上，蒸发器轴线与旋转臂径向垂直，蒸发器靠近转臂旋转轴；③布置方式 C——工装箱体水平安装在转臂上，蒸发器轴线沿转臂径向，贮液器 2 靠近转臂旋转轴。④ 布置方式 D——工装箱体水平安装在转臂上，蒸发器轴线与旋转臂径向垂直，冷凝器靠近转臂旋转轴。实验中加速度方向和温度测点布置位置如图 12-23 所示。

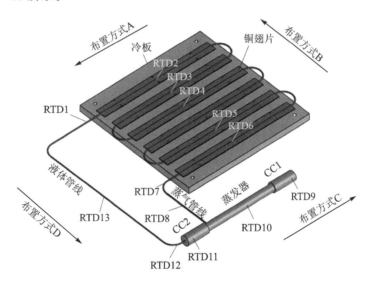

图 12-23　加速度方向和温度测点布置位置示意图

采用 Pt100 铂电阻温度传感器测量 DCCLHP 各部分温度。实验中共布置 16 个测点，其中 RTD1、RTD12、RTD13 分别布置在液体管线进口、出口和中间壁面上，RTD2～RTD6 布置在冷凝器管线上，RTD7 和 RTD8 位于蒸气管线进口和中间壁面上，RTD9 和 RTD11 位于贮

液器上表面,RTD10 布置在蒸发器上表面。RTD15、RTD14 用于测量冷却水进出口温度,RTD16 用来记录环境温度。

针对上述 4 种加速度方向,在加热载荷为 150 W、200 W、250 W 和 300 W 的情况下,先在地面重力场中启动和运行 DCCLHP,达到稳定工作状态后再进行 1g、3g、5g、7g 加速度大小时 DCCLHP 工作性能实验,恒温水槽冷却水温度控制在 20 ℃±0.5 ℃,环境温度变化范围为 24.3～27.5 ℃。

(2) 加速度方向对稳态运行性能的影响

对于 4 种布置方式(即 4 种加速度方向),在 150 W 热载荷和 7g 工况下,整个环路的温度变化曲线如图 12-24 所示。由图 12-24 可见,在施加加速度后,蒸发器和蒸气管线的温度在减小至最小值后保持恒定。地面重力场和过载加速度场中 DCCLHP 稳态运行温度差依次增大,即对应布置方式 A、B、C 和 D 分别为 4.8 ℃、7.6 ℃、9.5 ℃和 17.5 ℃。

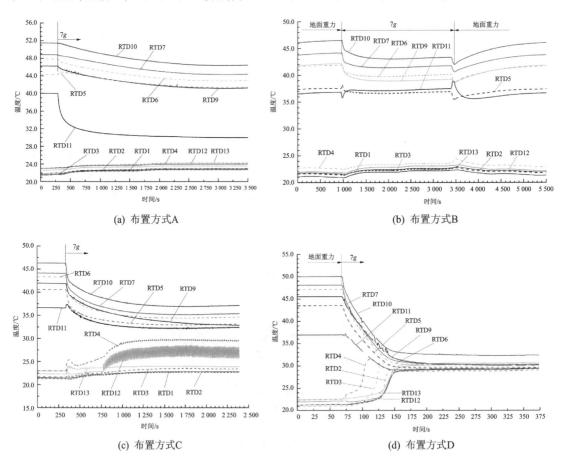

(a) 布置方式A

(b) 布置方式B

(c) 布置方式C

(d) 布置方式D

图 12-24 4 种布置方式、150 W 热载荷和 7g 工况下环路的温度变化

对于如图 12-24(a)所示的布置方式 A,在施加加速度后,贮液器 1 的温度缓慢减小而贮液器 2 的温度迅速减小。导致这种现象的原因是在加速度附加作用力作用下,液体干道和贮液器 1 中的液体被推进贮液器 2 中,导致蒸发器和贮液器中的气液分布发生改变,破坏了之前的热力平衡。这种新的气液分布减小了蒸发器向贮液器的漏热。同时,由于贮液器 2 中液体引管的存在,增强了贮液器 2 的对流冷却效果,导致最终贮液器 2 的温度低于蒸发器温度达

16.9 ℃。在大约 2 700 s 时 DCCLHP 达到稳态,其运行温度为 46.9 ℃。冷凝器上测点 RTD5 和 RTD6 的温度明显高于 RTD2、RTD3 和 RTD4,这表明气液界面应当位于 RTD4 和 RTD5 之间。冷凝器没有被全部利用,DCCLHP 工作在可变热导区。

在布置方式 B 条件下,由于加速度方向垂直于蒸发器轴线,使蒸发器和贮液器内液体被推向其一侧。这与地面重力场中的气液分布有些类似,但是,加速度产生的附加力会阻碍液体回流至蒸发器。在施加 7g 加速度的初始阶段,尽管其切向加速度较小,但是它会给贮液器内气液分布带来一个小扰动,进而影响贮液器的温度。这与布置方式 A 的情形类似,所以蒸发器和贮液器温度将会降低,如图 12 - 24(b)所示。然而,由加速度引起的外回路压降会随加速度的增大而增大,所以应增大毛细压差以平衡外回路阻力。另外,蒸发器温度也需要增加。但实际温度表现出了相反的结果,其原因可能是由于低热载荷时加速度导致实际的液体蒸发面积减小,进而降低了蒸发温度。在运行大约 2 400 s 后回路达到热平衡状态,其稳态运行温度为 43.4 ℃。

对于布置方式 C,DCCLHP 承受与布置方式 A 相反的加速度效应。施加加速度后,蒸发器、贮液器 1 和蒸气管线温度迅速减小,而贮液器 2 温度先增加后降低,如图 12 - 24(c)所示。其原因可能是回路内部气液分布的改变导致贮液器 1 的液体体积分数增大,进而减小了蒸发器到贮液器 1 的漏热。因此,在从液体引管流出的过冷液体共同作用下贮液器 1 的温度降低。此外,RTD4 温度升高表明加速度效应改变了冷凝器的传热性能。局部传热性能恶化和冷凝面积的增大导致回流液体温度(RTD12 和 RTD13)增加,这进而导致贮液器 2 温度增加。在漏热和回流液体过冷的综合作用下,贮液器 2 温度逐渐下降。最终,在回流液体冷却作用下贮液器 1 和贮液器 2 的温度相差不大。在运行至大约 2 350 s 时,蒸发器和贮液器达到稳态,其稳态运行温度为 37.2 ℃。

对于布置方式 D,加速度效应与布置方式 B 相反,其效果类似于重力辅助效应。在图 12 - 24(d)中,地面重力场中 RTD10、RTD9 和 RTD11 的稳态温度分别为 50 ℃、45.5 ℃ 和 37 ℃。RTD7、RTD6、RTD5 和 RTD4 的稳态温度分别为 48.1 ℃、47.2 ℃、43.5 ℃ 和 22.5 ℃,这表明气液界面位于 RTD5 和 RTD4 之间。在施加加速度时,RTD5、RTD6、RTD7、RTD9 和 RTD11 的温度急剧下降,而 RTD2、RTD3 和 RTD4 温度增加。在运行 300 s 后 DCCLHP 运行至稳定状态。可以看出,蒸发器温度降低至 32.4 ℃,而其他部件的温度处于 29.2~30.7 ℃。

4 种布置方式以及 3g 和 7g 工况下不同热载荷时的稳态运行温度和热导如图 12 - 25 所示。需要说明的是,在热载荷小于 300 W 和加速度小于 7g 的工况下,布置方式 A 时 DCCLHP 没有达到稳态。由图 12 - 25(a)可以看出,热载荷越大,不同布置方式之间稳态运行温度差越小。在 3g、150 W 和 200 W 条件下,布置方式 B 的运行温度高于其他 3 种布置方式。对于 150 W 工况,布置方式 C 的运行温度最低,不同布置方式下最大温差为 4.8 ℃。而在 300 W 工况下,其最大温差为 2.1 ℃。由图 12 - 25(b)可以看出,所有布置方式下 DCCLHP 热导随热载荷增大而增大。在布置方式 A、300 W 时热导最大,其值为 16.1 W/K。此外,对于布置方式 B 和 C,在 250 W 和 300 W 工况下 DCCLHP 运行至固定热导区;而对于布置方式 D,当热载荷为 150~250 W 时环路运行在可变热导,当热载荷为 300 W 时环路运行在固定热导。这表明过载加速度可以改变环路热管的运行模式。

对于 7g 工况,布置方式 A 和 D 之间 150 W 时最大运行温差为 14.1 ℃,如图 12 - 25(c)所示。热载荷越小,DCCLHP 运行温差越大。从图 12 - 25(d)可以看出,对于布置方式 A 和 B,可变热导区的热载荷范围为 150~250 W,而对于布置方式 C,其热载荷范围不超过 200 W。

特别是在布置方式 D 时,尽管其热导值变化不大,但其运行模式已由毛细力驱动转变为离心力和毛细力甚至离心力单独驱动的模式。

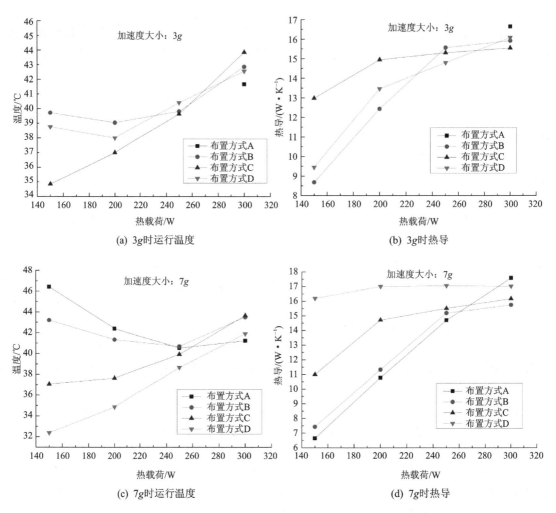

(a) 3g时运行温度

(b) 3g时热导

(c) 7g时运行温度

(d) 7g时热导

图 12-25　4 种布置方式以及 3g 和 7g 工况下稳态运行温度和热导

　　基于上述分析可知,在大多数工况下加速度效应会导致 DCCLHP 运行温度减小。相对于布置方式 A 和 B,在布置方式 C 和 D 时加速度方向导致更低的运行温度和更高的热导。在小热载荷条件下,DCCLHP 运行对加速度方向较为敏感,尤其在大加速度条件。然而,在大热载荷时,加速度效应的影响相对较小。

　　(3) 不同加速度大小结果分析

　　在加速度大小为 1g、3g、5g 和 7g 时,4 种布置方式、200 W 热载荷条件下 DCCLHP 的温度变化曲线如图 12-26 所示。可以看出,对于布置方式 A、B 和 C,热管稳态运行温度随着加速度增加而增加;但在布置方式 D 下则呈现相反的变化趋势。总体上,在布置方式 A、C 和 D 时增大加速度会使回路更快地达到热平衡。其主要机理是过载加速度改变了蒸发器、贮液器内的气液分布以及冷凝器的传热性能。当加速度产生的附加作用力有利于过冷液体回流时,热管可以在更短的时间内达到热平衡。在所有工况下,有液体引管通过的贮液器 2 的温度要低于贮液器 1 的温度。

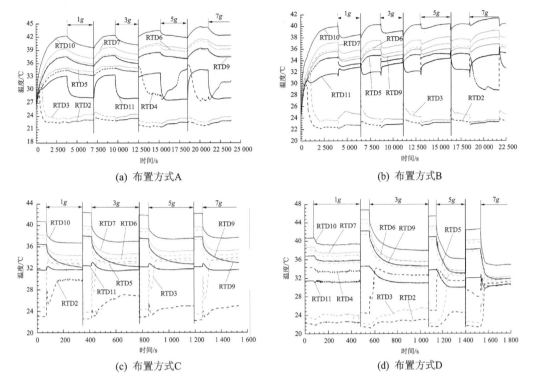

图 12 - 26　4 种布置方式、200 W 热载荷及不同加速度条件下环路温度变化曲线

在图 12 - 26(a)中,布置方式 A 条件下仅有 7g 工况 DCCLHP 运行至稳态,且其稳态运行温度低于地面重力场中的温度。这在一定程度上说明该方向下高加速度可以改善热管运行。RTD2 和 RTD3 温度小于 24 ℃而 RTD5 温度超过 33 ℃,这表明冷凝器未全部利用。对于布置方式 B,如图 12 - 26(b)所示,地面重力场中热管稳态运行温度高于 1g 和 3g 工况下的稳态运行温度,但低于 5g 和 7g 工况下稳态运行温度。重力场中和加速度场中的贮液器 2 的温差随着加速度增加而增大。根据冷凝器各个测点温度,冷凝器也未全部利用。

如图 12 - 26(c)所示,布置方式 C 条件下,1g、3g、5g 和 7g 时的 DCCLHP 稳态温度分别为 36.8 ℃、37.2 ℃、37.6 ℃和 37.7 ℃,这表明加速度对于环路运行温度的影响较小。4 种加速度条件下贮液器 2 的温度相差很小。在 1g 工况下,RTD2 温度上升至 30 ℃,这表明冷凝器已全部被利用。但随着加速度的增加,RTD2 的最终温度减小。在图 12 - 26(d)中,可以看出加速度越大,稳态运行温度越低,有效冷凝面积越大。这表明在高加速度条件下加速度的影响更为显著。在 7g 时,根据 RTD2 的温度变化可以判断冷凝器被完全利用。蒸发器稳态温度为 34.4 ℃,比 1g 工况时的低 4.8 ℃。

此外,在 150 W 时,4 种布置方式和不同加速度大小时环路温度呈现相似的变化趋势。在 5g 和 7g 时,布置方式 D 和 150 W 工况下冷凝器被完全利用。结果表明热管运行模式与加速度大小、方向以及热载荷密切相关。

图 12 - 27 给出了布置方式 C 和 D 条件下环路热管稳态运行温度和热导相对于热载荷和加速度大小的变化曲线,可以看出,重力场中环路热管的稳态运行温度高于加速度场中的温度,而热导则相反。对于大热载荷工况,不同加速度条件下环路热管运行温度差较小,这意味着加速度的影响较弱。而当热载荷较小时,不同加速度条件下的运行温度差别较大。根据热

导值的变化,当热载荷不超过 250 W 时可以认为环路热管运行在可变热导区。但是,由于加速度引起的附加作用力会改变环路热管的运行模式,仅仅通过运行温度或者热导值的变化来判断其运行模式是困难的。

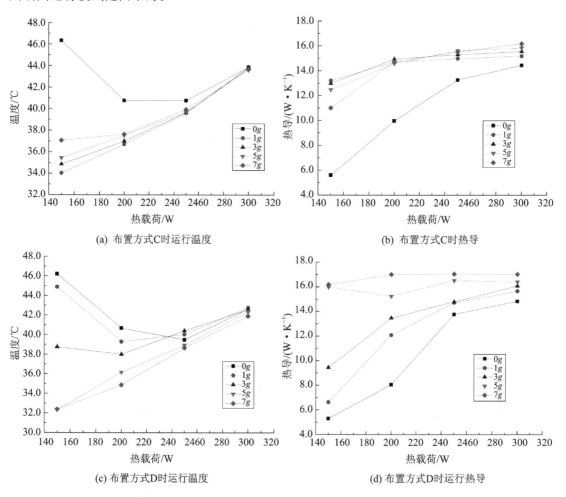

图 12 - 27　布置方式 C 和 D 时 DCCLHP 运行温度和热导

3. 过载加速度环境下 DCCLHP 瞬态运行性能

(1) 实验方案

该实验中,载荷施加方式与稳态运行性能实验研究不同,热载荷和加速度同时施加。加速度方向主要针对布置方式 A、C 和 D 三种相对方位(见图 12 - 23),加速度大小为 $3g$、$5g$、$7g$、$9g$ 和 $11g$。热载荷主要有 25 W、80 W、150 W、200 W、250 W 和 300 W。考虑到安全要求,离心机连续运转时间不超过 1 h。水冷板进口冷却水的温度保持在 19.8~20.8 ℃,环境温度维持在 25.6~27.5 ℃。

实验中调整了环路热管温度测点的位置,如图 12 - 28 所示,共有 15 个测点,其中 RTD 1、RTD 2 和 RTD 6、RTD 7 分别位于贮液器 1、2 上下两侧中间位置,RTD 3、RTD5 分别位于蒸发器与贮液器 1、2 的交界处正上方,RTD4 位于蒸发器上侧中间,RTD 8~RTD11 位于冷凝器管线上,RTD12、RTD13 分别位于液体管线中间。RTD15、RTD 14 用于测量冷却水进出口温度。

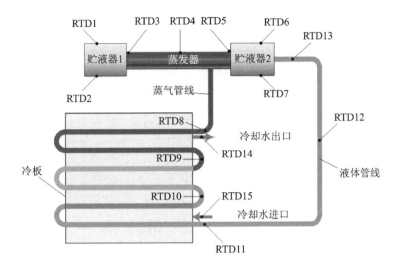

图 12 - 28　环路热管测点布置示意图

（2）加速度方向的影响

图 12 - 29 所示为布置方式 A、C 和 D 在 5g 和 25 W 时 DCCLHP 的温度分布。图 12 - 30 是 3 种布置方式下加速度导致的回路中的气液分布示意图。整个实验过程可分为 3 个阶段：地面稳定阶段、加速度作用阶段和卸载阶段。在地面稳定阶段，DCCLHP 在冷却水的作用下达到稳定运行状态；在加速度作用阶段 DCCLHP 受到加速度和热载荷的作用；卸载阶段为加速度逐渐减小至 0 的阶段。

由图 12 - 29 可以看出，3 种布置方式下环路温度表现出了截然不同的分布。对于布置方式 A，环路温度在前 250 s 内变化缓慢，而布置方式 C 和 D 则在约 200 s 时出现了温度峰值。图 12 - 29(a)中，在 169 s 时过载加速度和热载荷同时加载。当热载荷施加到蒸发器上时，蒸发器和贮液器 1（RTD1 和 RTD2）温度立即升高。蒸气管线出口 RTD8 温度也几乎同时从 22.2 ℃ 迅速上升到 24.4 ℃。这说明随着热载荷的施加蒸发立即发生，蒸气存在于蒸气槽道中。与 RTD4 和 RTD8 的温升相比，冷凝器（RTD9 和 RTD10）和液体管线入口（RTD11）的温度降低了约 1 ℃，尤其是液体管线的温度 RTD12 和 RTD13 在 173 s 时急剧下降。这表明来自冷凝器的过冷液体到达液体管线出口，工质开始循环，环路成功启动，启动时间约 4 s。

当施加过载加速度时，加速度作用导致气液分布发生变化，如图 12 - 30(a)所示。CC1 和液体干道中的液体工质将被推入 CC2。因此，CC1 中工质液面低于液体干道，而 CC2 中工质液面高于液体干道。这种气液分布将增大蒸发器向 CC1 的漏热，减小向 CC2 的漏热。因此，CC1 温度明显升高。由于回流液体作用，CC2 温度开始下降，直到 199 s 时才停止。在加速度作用的初期，冷凝器内温度较低的液体很容易通过右侧 U 形管道进入液体管线进而回流至蒸发器。所以从 RTD9 到 RTD13 各点温度下降。随着冷凝器内冷凝温度的升高，RTD9 ～ RTD13 各点温度依次升高。当回路最终达到平衡状态时，蒸发器、CC1 和 CC2 的温度分别为 25.2 ℃、24.8 ℃ 和 21.7 ℃。在卸载阶段，重力将使贮液器和液体干道中的液体再次处于同一高度。值得注意的是，从蒸发器到 CC2 的漏热增加。因此，随着蒸发器温度的升高，CC2 温度急剧上升。

对于布置方式 C，在 63 s 施加热载荷时，蒸发器的温度急剧上升，如图 12 - 29 (b)所示，而 RTD8 的温度升高约 0.4 ℃，RTD9、RTD10 和 RTD11 的温度变化较小，RTD12 和 RTD13 温

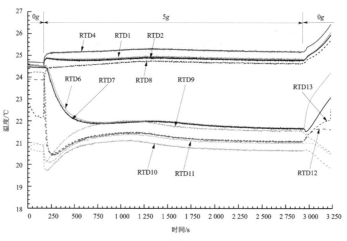

(a) 布置方式A

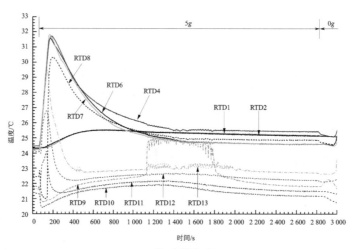

(b) 布置方式C

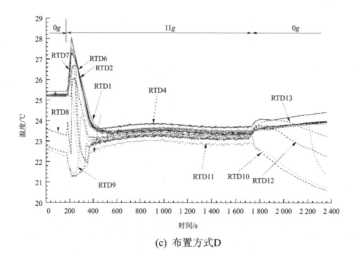

(c) 布置方式D

图 12 - 29 布置方式 A、C 和 D 在 5g 和 25 W 时环路温度变化曲线

度变化不明显。这种现象可能是由于外回路中工质流动受到加速度作用造成的。由于径向过载加速度较小,初始阶段以切向加速度为主,因此冷凝器内温度较低的液体在加速度作用下通过 U 形弯管进入液体管线。

然而,在约 69 s 时 RTD8、RTD9 和 RTD10 的温度开始迅速下降,RTD13 温度明显升高。需要注意的是,RTD11 温度从 71 s 开始急剧上升;RTD12 温度也急剧上升,直到 83 s 时才停止。其原因可以结合图 12-30(b)解释如下:在径向加速度占主导作用时,加速度作用导致环路内的气相和液相工质重新分布,而且很可能在毛细芯内部出现了蒸发。液体从 CC2 和液体干道被推入 CC1,蒸气被推至 CC2,甚至通过液体引管反向进入液体管线。因此,蒸发器向CC2 的漏热增加,但向 CC1 的漏热减少。另外,RTD1 和 RTD2 温度均略有上升,RTD6 和RTD7 温度均急剧上升,且上升幅度相近。液体管线中蒸气的倒流导致 RTD12 和 RTD11 温度升高,使来自冷凝器的液体工质倒流入蒸气管线,故 RTD8 温度下降。

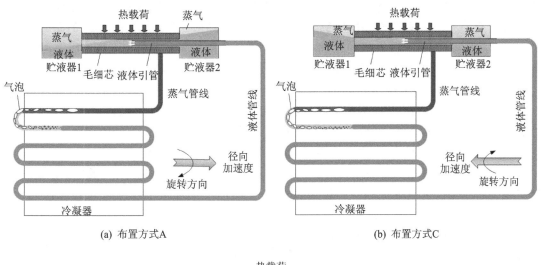

(a) 布置方式A　　　　　　　　　　　　　(b) 布置方式C

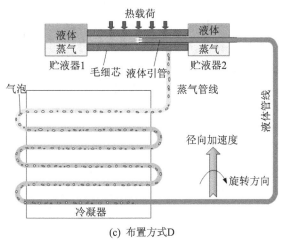

(c) 布置方式D

图 12-30　布置方式 A、C 和 D 环路内气液分布示意图

在约 139 s 时可以看到 RTD8 温度从 21.0 ℃急剧上升到 30.3 ℃,这表明蒸气槽道已产生蒸气,且蒸气到达蒸气管线出口。同时,RTD11 温度迅速下降。而 RTD12 与 RTD13 的温度分别在 141 s、143 s 后呈下降趋势。至此工质开始循环,DCCLHP 成功启动。蒸发器的温度在 183 s 时达到最高,为 31.7 ℃。在 2 400 s 时,蒸发器、CC2 和蒸气管线的温度逐渐降低到一个恒定值。此时可认为整个回路达到平衡状态,蒸发器、CC1 和 CC2 的稳态温度分别为 25.5 ℃、25.3 ℃和 24.6 ℃。在卸载阶段,蒸发器温度从 2 800 s 开始略有下降,然后上升。另外,环路运行过程中 RTD9 温度在 1 125 s 时突然升高并开始波动,同时 RTD13 也出现了波动,且这种波动在持续了约 650 s 后消失。导致这一现象的原因还不是十分清楚。

在图 12-29(c)中,当热载荷施加到约 85 s 时,仅蒸发器和贮液器的温度升高。在约 95 s 时,RTD11 和 RTD13 温度显著升高。这可能是由于切向加速度改变了环路内的气液分布。部分液体从 CC2 和液体干道被推入 CC1,气液分布如图 12-30(c)所示。由于毛细芯内存在气泡或芯内出现蒸气,而且毛细芯内的蒸发先于蒸气槽道发生,蒸气通过液体引管流入液体管线,因此,RTD13 温度迅速升高。在冷凝器中,由于切向过载加速度的作用,液体会在左 U 形弯处聚集,并且液体工质没有明显地流入或流出冷凝器。因此,RTD8、RTD9、RTD10 和 RTD11 的温度没有明显变化。然而,RTD8 温度在约 101 s 时开始下降,这表明液体工质从冷凝器反向流入蒸气管线。值得注意的是,在约 165 s 之前,当 RTD11 和 RTD13 的温度显著升高时,RTD12 温度变化很小。这可能是因为液体管线内的工质在径向加速度作用下形成了环状流。壁面存在一层薄薄的液体工质,限止了温度上升,直至液体完全蒸发成蒸气。

RTD8 温度在约 167 s 时达到最小值 22.1 ℃,RTD11 温度达到最大值 24.8 ℃。之后,RTD8 温度迅速升高,RTD11 温度下降。这表明蒸气通过蒸气管线进入冷凝器,然后流入液体管线。RTD4 和 RTD13 在约 171 s 时分别达到峰值温度 31.0 ℃和 30.0 ℃。根据外回路温度的变化,DCCLHP 在施加热载荷的 82 s 后成功启动。

蒸发器、蒸气管线和 CCs 温度在 171 s 后逐渐下降。但冷凝器的温度先缓慢上升,然后下降。液体管线温度迅速下降到一个恒定值而后迅速上升。DCCLHP 在约 791 s 时,达到平衡,最终运行温度为 23.6 ℃。与布置方式 A 和布置方式 C 的情况明显不同的是,整个回路的温度在 22.8~23.6 ℃之间,高于热沉温度,但低于环境温度。以上现象可解释为:在布置方式 D 下,过载加速度的作用与重力辅助作用相似。在 DCCLHP 启动后,过载加速度促使过冷液体返回到蒸发器,通过毛细芯的毛细压差超过了回路总压降。因此,为了平衡回路的总压降,毛细压差减小,相应的温度差也减小。进而蒸发器向贮液器漏热减小,运行温度降低。另外,当毛细压差减小到 0 Pa 时,回路压力无法达到平衡,此时加速度产生的附加作用力将驱动回路中工质的循环。因此,两相流出现在蒸气管线中,且蒸气和液体都是饱和的。可以确定的是,RTD8、RTD9 和 RTD10 温度基本相等。此外,在这种布置方式下,由于加速度作用,实际液体蒸发面积可能会减小,这也可能导致蒸发温度的降低。

在加速度为 5g 时,3 种不同布置方式、不同热载荷下 DCCLHP 的运行温度和热导率如图 12-31 所示。需要注意的是,在地面重力及热载荷为 25 W、80 W、150 W 和 150 W 的工况下,蒸发器的温度持续上升,环路在给定的时间内无法达到稳态。同样,布置方式 A 在 5g、200 W 和 250 W 时,环路在设定的时间内也无法达到稳态。采用蒸发器最高温度代替稳定运行温度进行比较。

从图 12-31(a)中可以看出,在热载荷小于 200 W 时,不同加速度方向和地面重力环境相比运行温度有很大的不同,而在 300 W 时,两者差别不大。在地面重力环境下,200 W、250 W 和 300 W 时环路运行温度分别为 45.7 ℃、40.0 ℃和 38.5 ℃。布置方式 A、C 和 D 在 300 W 时的运行温度分别为 37.6 ℃、38.4 ℃和 39.0 ℃。在地面重力环境下,DCCLHP 的运行温度高于加速条件下的运行温度。当热载荷在 150~300 W 之间时,地面重力条件下的运行温度与布置方式 A 下的运行温度相差不大。

布置方式 A 在 5g、25 W、80 W 和 300 W 工况时环路运行温度分别为 25.2 ℃、38.6 ℃和 37.6 ℃。但在 150 W、200 W 和 250 W 时，DCCLHP 在给定的时间内无法达到稳定。与地面条件相比，加速度作用改善了 DCCLHP 在小热载荷下的工作性能。然而，在中等热载荷时，会出现相反的效果。布置方式 C 和 D 在 5g 工况下，DCCLHP 可以达到稳态，且运行温度较低。当热载荷小于 150 W 时，布置方式 C 的运行温度大于布置方式 D 的运行温度。当热载荷大于 200 W 时，则反之。

从图 12-31(b) 中可以看出，在过载加速度和地面重力环境下，5g 时的热导率总体上呈现出随热载荷增加而增加的趋势。当热载荷不超过 200 W 时，对于一定热载荷下，不同加速度方向和地面重力环境下的环路热导值差别较大；而热载荷不小于 250 W 时，差别较小；当热载荷超过 150 W 时，地面重力和布置方式 A 在一定热载荷下的热导几乎相同。

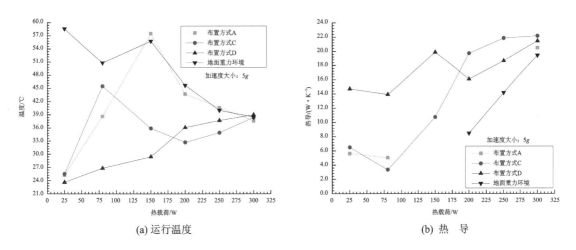

(a) 运行温度　　　　　　　　　　　　　(b) 热　导

图 12-31　地面重力环境和 3 种布置方式、5g 时环路运行温度和热导

在地面重力环境下，热载荷小于 300 W 时冷凝器并未被完全利用，此时 DCCLHP 工作在可变热导模式。对于布置方式 A，在 25 W 和 80 W 时 DCCLHP 在可变热导模式下工作；在 300 W 时，DCCLHP 在固定热导模式下工作。对于布置方式 C，可变热导和固定热导模式的热载荷范围分别为 25~150 W 和 200~300 W。对于布置方式 D，热导范围为 14.7~21.4 W/K。

综上所述，过载加速度改变了 DCCLHP 的启动特性和运行模式。在小热载荷下，过载加速度方向对运行温度有显著的影响（≤150 W），但在大热载荷下，影响较弱。过载加速度方向的影响改变了可变热导模式或固定热导模式的热载荷范围。

（3）加速度大小的影响

针对 3g、5g、7g 和 9g 四种不同加速度工况，图 12-32 给出了布置方式 C、300 W 时环路温度变化曲线。所有加速度条件下 DCCLHP 具有相似的启动特性。在 3g 工况，约 51 s 时施加热载荷后，RTD4 和 RTD8 温度迅速上升。这表明在 300 W 热载荷下，蒸气立即产生并到达蒸气管线出口。再根据 RTD10、RTD11 和 RTD13 温度降低，说明 DCCLHP 成功启动。

由图 12-32 可以明显看到，不同加速度大小时环路热管都存在温度波动。在各个加速度工况下，蒸发器、CC2、冷凝器和蒸气管线的振幅均小于液体管线的振幅。在加速度为 3g 时温度波动的振幅和周期最大。在 5g、7g 和 9g 条件下，周期和振幅差异较小。所有工况下环路热管最终运行至准稳态。蒸发器温度在 $3g$、$5g$、$7g$ 和 $9g$ 时的谷值和峰值分别为 36.9 ℃ 和 37.6 ℃、38.0 ℃ 和 38.4 ℃、37.5 ℃ 和 38.0 ℃、38.1 ℃ 和 38.5 ℃；对应的周期分别为 28 s、18 s、18 s、20 s。

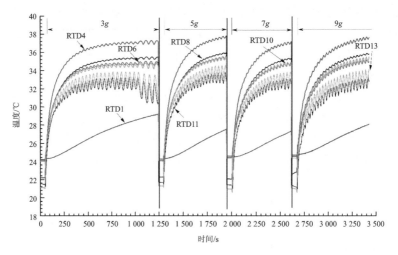

图 12-32　布置方式 C 和 300 W 条件下环路热管温度变化曲线

图 12-33 分别给出布置方式 C 在 $0g$、$3g$、$5g$、$7g$ 和 $9g$ 五种不同加速度和 150 W、250 W 和 300 W 三种热载荷时环路热管运行温度和热导。由于在地面重力环境下 150 W 时环路未能达到稳定状态，采用了其运行的最高温度。在 250 W 和 300 W 时，由于所有加速度工况时均出现温度波动，所以采用了蒸发器的峰值温度。

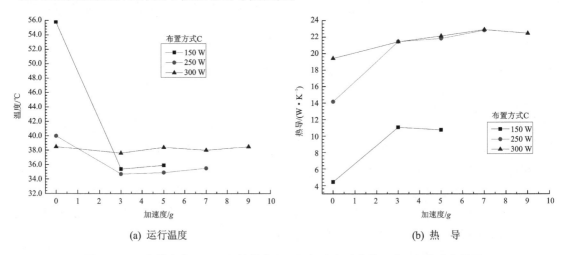

图 12-33　布置方式 C 下不同热载荷和不同加速度对应的环路运行温度和热导

从图 12-33(a) 中可以看出，在布置方式 C，热载荷较大时其运行温度受加速度大小的影响较小。相对于地面重力环境下各个工况，加速度效应显著减小了环路运行温度，尤其在 150 W 时。在各个加速度条件下，总体上环路运行温度随着热载荷的增加呈现增大趋势。在 300 W 和 $0g$、$3g$、$5g$ 工况时，蒸发器温度分别为 55.8 ℃、35.4 ℃、35.9 ℃。在图 12-33(b) 中，各个加速度工况下，250 W 和 300 W 的热导明显大于 150 W。相同加速度条件下，250 W 和 300 W 的热导值几乎相同。在 250 W 和 300 W 时，各工况下的热导变化范围为 21.4～

22.9 W/K。另外,与地面重力环境下环路热导值相比,加速度环境下环路热导较大。

　　针对 3g、5g、7g、9g 和 11g 五种不同的加速度,图 12-34 给出了布置方式 D 在 80 W 时的 DCCLHP 温度变化曲线,可以看出,所有工况下 RTD4 温度均出现了峰值。3g 时的 RTD4 温度远大于其他加速度条件下的温度。在 7g 和 9g 时环路出现了温度波动。DCCLHP 在不同加速度工况下的瞬态运行性能差异较大,且没有明显的规律。

　　对于 3g 工况,施加热载荷后 RTD4 和 RTD8 温度立即大幅上升,这表明蒸气槽道产生蒸气并到达蒸气管线出口。而 RTD10、RTD11 和 RTD13 温度的快速依次下降进一步表明环路内开始了正向循环流动,DCCLHP 启动。对于 5g 至 11g 工况,环路启动过程与 3g 工况类似。在 140～170 s 内,RTD4 的温度曲线有一个小的峰值。随后 RTD4、RTD1 和 RTD6 的温度逐渐升高。大约 1 100 s 时达到稳态。由于贮液器中的气分布与图 12-30(c)所示的类似,从蒸发器到 CC1 和 CC2 的漏热相差不大。因此,RTD1 和 RTD6 的温度几乎相同。根据 RTD10 和 RTD11 的温度可以推断出冷凝器没有全部被利用。

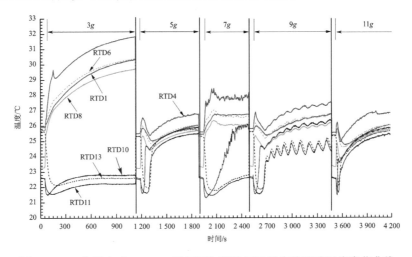

图 12-34　布置方式 D、80 W 时不同加速度工况对应的环路温度变化曲线

　　对于 5g 工况,DCCLHP 启动后,RTD1、RTD4、RTD6 和 RTD8 曲线出现一个大的峰值。环路热管运行至稳态需要约 800 s(图 12-34 未示出),运行温度为 26.7 ℃。除蒸发器外,整个环路温度范围为 25.3～26.0 ℃,这与 3g 工况明显不同。由此可以推断出蒸气管线中存在两相流动,整个冷凝器内的流体也为两相流。此外,11g 工况下环路热管温度分布与 3g 工况类似,除蒸发器温度为 27.0 ℃外,环路温度分布范围为 25.7～26.4 ℃。

　　在 7g 时,只有 RTD4 和 RTD10 温度出现了微小波动,大约 1 400 s 时环路运行至稳态。此时 RTD10 比 RTD9 温度低 2.6 ℃,比 RTD11 温度高 1.7 ℃。这表明冷凝器未完全打开。与 7g 的结果相比,9g 时整个环路热管的温度波动更为明显。温度波动在施加热载荷后大约 136 s 开始,最终在 1 600 s 左右达到准稳态,蒸发器温度在 27.4 ℃左右。由于 RTD11 温度远低于 RTD9 和 RTD10,这意味着冷凝器中存在过冷液体,冷凝器得到充分利用。

　　图 12-35 给出了不同加速度大小时布置方式 D,80 W 和 200 W 的运行温度和热导。如图 12-35(a)所示,加速度大小对布置方式 D 的运行温度有显著影响。随着加速度增大,环路运行温度呈下降趋势。在大加速度条件下,大热载荷时环路运行温度高于小热载荷时的温度。另外,在加速度超过 5g 时,加速度大小对环路热管运行温度影响较小。对于 80 W 工况,DCCLHP 在 3g、5g、7g、9g 和 11g 时的运行温度分别为 32.2 ℃、26.7 ℃、28.4 ℃、27.4 ℃和

27.0 ℃。在 200 W 时，DCCLHP 在 0g、3g、5g、7g、9g 和 11g 时运行温度分别为 45.7 ℃、40.6 ℃、36.0 ℃、33.3 ℃、33.1 ℃ 和 34.1 ℃。

从图 12-35(b)中可以看出，在布置方式 D 下，热导随加速度幅值的增大而显著增大。对应运行温度的变化，加速度条件下大热载荷时的环路热导比小热载荷时大。对于 200 W 工况，加速度小于 7g 时，环路热导变化范围为 8.5～16.0 W/K。当加速度大于 7g 时，热导变化范围为 20.9～22.9 W/K。对于 80 W 工况，在 3～11g 加速度范围内，环路热导从 10.3～19.8 W/K。

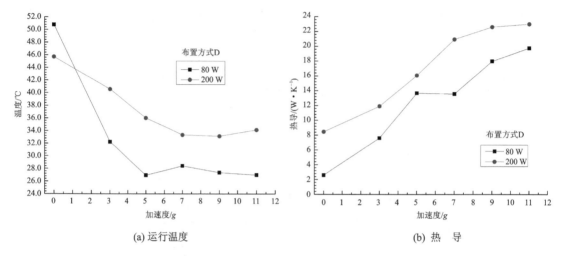

(a) 运行温度　　　　　　　　　　　　　　　　　　(b) 热　导

图 12-35　布置方式 D、80 W 和 200 W 时不同加速度工况对应的运行温度和热导

综上所述，DCCLHP 能在不同加速度大小和方向条件下启动，其运行温度易受加速度大小的影响，总体上随加速度增大而呈减小趋势。在布置方式 D 下，250 W 和 300 W 时，环路热管出现了温度波动并处于准稳态，加速度大小会影响温度波动的振幅和周期。此外，还可以改变环路的工作模式。

4. 周期性过载加速度环境下 DCCLHP 运行性能

(1) 实验方案

考虑到 DCCLHP 的运行对外界条件十分敏感，针对布置方式 A 和布置方式 C 两种加速度方向，设置如下两类加载模式：① 加载模式 1：地面运行稳定后施加过载加速度；② 加载模式 2：加热和过载加速度同时施加。对于周期性过载加速度曲线，设置如下 3 种加速度模式：① 加速度模式 1：0g—3g—0g—3g—0g—3g—0g—5g—0g—5g—0g—5g—0g（0g 表示离心加速度为零）；② 加速度模式 2：0g—3g—5g—3g—5g—3g—5g—0g；③ 加速度模式 3：0g—3g—5g—7g—9g—11g—9g—7g—5g—3g—0g。周期性过载下 0g 时实验 1 分钟，其余过载下实验 5 分钟，具体曲线如图 12-36 所示。热沉温度为 20.3 ℃±0.5 ℃，环境温度为 25.6～26.5 ℃。此外，进行周期性过载加速度实验装置和实验方法与上述方法相同，这里不再赘述。

(2) 周期性过载加速度条件下 DCCLHP 运行性能

为了分析 DCCLHP 在不同周期性过载加速度条件下的运行特性，图 12-37 分别描述了在 150 W、加载模式 1、布置方式 C 与加速度模式 1、2 和 3 下整个环路的温度变化曲线。可以看出，在周期性过载加速度条件下，环路热管的温度明显低于无周期性过载加速度作用时的温度。环路热管的温度随着加速度的周期性变化而周期性波动,且在加速度模式 1 下的温度波动远比模式 2 和 3 的剧烈。加速度越大,热管运行温度越高。

在图 12-37(a) 中,环路热管的温度呈周期性波动。在施加 3g 的加速度之前,蒸发器温度 RTD4 为 55.1 ℃,贮液器 1 和 2 的上下表面温度分别为 54.2 ℃、53.3 ℃、46.8 ℃ 和 37.1 ℃。在施加周期性过载加速度后,RTD1~RTD6 的温度迅速下降,而 RTD7 的温度先上升后迅速下降。导致这种变化的主要原因是在布置方式 C 下,从 CC2 指向 CC1 的加速度效应改变了环路热管内的气液分布,使更多过冷液体进入 CC1,同时更多高温蒸气进入 CC2。因此,当 RTD7 温度急剧升高时 CC1 的温度降低。此外,RTD9 温度显著升高,RTD10 和 RTD11 温度均略有升高,表明气液界面由 RTD8 和 RTD9 之间向前移动到 RTD9 和 RTD10 之间。加速度作用扩大了冷凝器内两相区的长度。根据 RTD9、RTD10

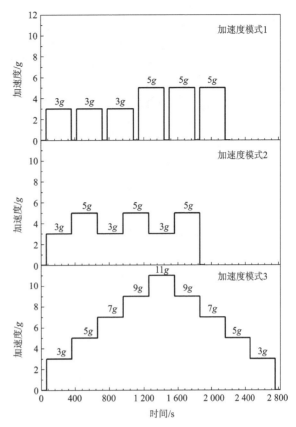

图 12-36　三种周期性过载加速度模式示意图

和 RTD11 的温度变化,可以进一步推断气液界面靠近 RTD9 点。因此,加速度引起的外回路压降可以忽略不计。由于贮液器中这种气液分布有助于减少蒸发器向贮液器的漏热,从而使蒸发器和贮液器的温度不断下降。

在卸载第一个 3g 加速度后,RTD1~RTD6 温度上升,但 RTD7 温度明显下降。其原因是随着加速度的卸载,环路中的气液分布迅速恢复为先前的状态。因此,从蒸发器到贮液器的漏热增加。由于 RTD13 温度变化较小,所以回流液体过冷量基本保持不变。因此,贮液器和蒸发器的温度都相应升高。

在第二个 3g 加速度作用时,环路内气液分布再次发生与第一个 3g 过程类似的变化。RTD1~RTD6 温度下降并保持稳定,而 RTD7 温度升高至稳定值。此外,随着第二个 3g 的卸载,环路温度再次降低。同样,蒸发器和贮液器在第三个 3g 到第四个 3g 期间的温度变化与第二个 3g 作用时的变化相似。蒸发器温度从 36.4 ℃ 增加至 37.2 ℃。当施加 5g 加速度时,稳态工作温度比 3g 时高 0.6 ℃。RTD6 至 RTD9 温度变化相似。这表明更大的加速度可能导致更高的运行温度和温差。在卸载后,环路热管工作在重力环境下。整个环路的气液分布恢复到施加加速度之前的初始状态。蒸发器和贮液器温度在轻微波动后开始升高。最后整个环路达到稳定状态,运行温度为 50.5 ℃,比初始温度低 4.6 ℃。

在图 12-37(b) 中,在施加第一个 3g 加速度时,蒸发器和 CC1 的温度迅速下降,而 CC2 的上表面温度先升高后下降。RTD9 温度显著升高,同时 RTD10 和 RTD11 温度变化不大。这表明气液界面应位于 RTD9 和 RTD10 之间。加速度效应改变了环路中的气液分布,进而

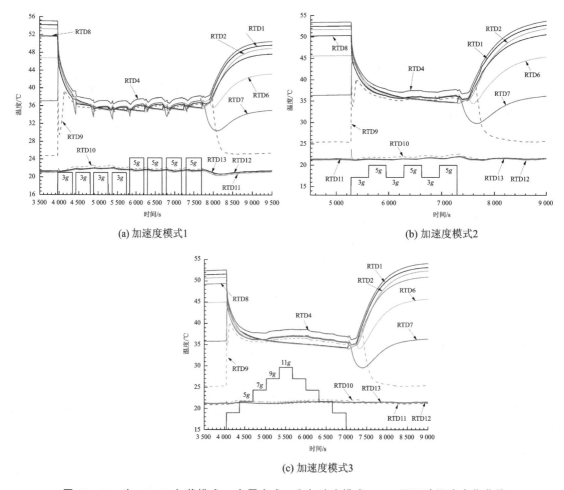

(a) 加速度模式1

(b) 加速度模式2

(c) 加速度模式3

图 12 - 37 在 150 W、加载模式 1、布置方式 C 和加速度模式 1、2、3 下环路温度变化曲线

改变了蒸发器向贮液器的漏热，最终导致了环路温度的显著变化。在第一个 5g 和第二个 3g 作用期间，除 RTD10、RTD11 和 RTD13 温度外，环路温度持续降低。而在第二个 5g 和第三个 3g 和 5g 期间，蒸发器、CC2 和液体管线的温度随加速度增大或减小而略有升高或降低。蒸发器温度在 37.0～37.9 ℃ 之间变化。在卸载加速度后，蒸发器和贮液器的温度升高，最终保持不变。

图 12 - 37(c) 所示的环路温度变化趋势与图 12 - 37(a) 和(b) 相似，特别是施加第一个 3g 和 5g 加速度时，图 12 - 37(c) 中整个环路的温度基本相同。当加速度增大到 7g 时，蒸发器温度下降到约 37.8 ℃。然而，当加速度增大到 9g 和 11g 时，蒸发器温度持续升高到 38.6 ℃。因此，RTD6～RTD9 的温度也略有升高。当加速度从 11g 减小到 3g 时，蒸发器温度逐渐下降到 36.8 ℃ 左右。在整个加速度周期中，CC2 温度不断下降，RTD10～RTD13 温度基本保持不变。在卸载加速后，环路温度呈现与图 12 - 37(b) 相似的变化趋势，最后蒸发器和贮液器温度升高并保持恒定。

此外，值得注意的是，在加载模式 1 和布置方式 C，热载荷分别为 150 W、200 W、250 W 时的稳定运行温度比施加加速度之前的要低。在布置方式 A 时，几乎所有工况下，工作温度都随着周期性加速度的增加而周期性增加。一些工况中出现了过高的运行温度，这将在后续章节中讨论。

（3）过载加速度前后稳态运行温度差

在加载模式 1 的某些工况下，尽管所有条件如热载荷、热沉温度、环境温度等相同，但施加加速度之前 DCCLHP 的稳态运行温度与卸载加速度之后的不同。如图 12-37 所示，加速度模式 1、2、3 在施加周期性加速度前后的稳态运行温差分别为 4.6 ℃、−0.7 ℃、−1.6 ℃。

图 12-38 为布置方式 C、250 W、加速度模式 1 和加载模式 1 时的环路温度分布图。从图 12-38 中可以清楚地看出，DCCLHP 在加速度环境下运行温度低于地面重力环境下的运行温度。而卸载加速度后的运行温度高于施加加速度前的运行温度，并出现轻微的波动。环路温度随周期性过载加速度呈周期性波动，特别是液体管线温度的波动比图 12-37(a) 所示的波动更为明显。

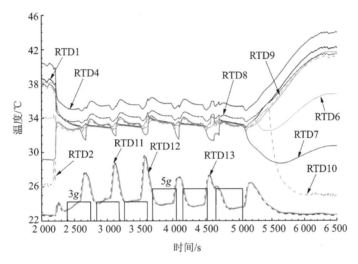

图 12-38　在 250 W、加载模式 1、布置方式 C 和加速度模式 1 下环路温度变化曲线

与图 12-37 所示工况相比，蒸发器和贮液器的温度变化与施加周期性过载加速度条件后相似。但图 12-38 所示工况下蒸发器和贮液器的温度波动幅度更大。气液界面向前移动到 RTD10 和 RTD11 之间。RTD11、RTD12 和 RTD13 温度明显波动表明回流液体过冷度变化较大。而且，温度几乎在两个周期加速之间的所有时间段都迅速升高。这导致蒸发器温度升高，气液界面向前移动，但回流液体过冷度下降。相反，如果在加速度作用期间（3g 或 5g），气液界面会向后移动，导致回流液体过冷度增加。此外，RTD13 温度峰值与 CC2 上表面谷值相对应。此时恰好对应加速度开始施加。在大约 6 400 s 时，整个环路再次达到准稳态，其运行温度约为 43.9 ℃，相对于周期性过载加速度之前的 40.4 ℃，上升了 3.5 ℃。

（4）卸载后运行温度突升

在加载模式 2、大热载荷工况下，卸载周期性加速度后，DCCLHP 运行温度出现了明显突升。图 12-39 所示为布置方式 C、300 W、加速度模式 2 和 3、加载模式 2 时的环路温度变化曲线。由图 12-39(a) 所示，在同时施加热载荷和加速度后，DCCLHP 立即启动。加速度导致环路中气液分布发生变化。随着更多的液体进入 CC1，蒸发器向 CC1 漏热减少，RTD1 和 RTD2 温度缓慢上升。除 RTD1 和 RTD2 点外，环路上其他点出现温度波动。在周期性加速度作用下，蒸发器温度振幅最小，液体管线振幅最大。蒸发器温度约为 37.3 ℃。此外，加速度越大，各点的温度波动的幅度越大。随着加速度在 2 260 s 时的卸载，蒸发器、蒸气管线和 CC2

温度出现了一个明显的峰值,而液体管线和 CC1 温度存在一个明显的谷值。环路运行温度峰值达到 43.7 ℃。在峰值后,蒸发器、CC2 和蒸气管线的温度不断升高。最后,环路达到稳态,最终运行温度大约是 46.9 ℃。此时,冷凝器中的气液界面位于 RTD9 和 RTD10 之间。

在图 12 - 39(b)中,加速度模式 3 时环路温度也出现了类似图 12 - 39(a)加速度模式 2 时环路温度变化。加速效应引起了前 3g 时气液分布的变化,除 CC1 外,蒸发器、CC2、蒸气管线、冷凝器均出现温度波动。蒸发器和液体管线温度的振幅仍分别为最小值和最大值。随着加速度递增,环路各部分的温度幅值均呈阶梯式增加,在 11g 时达到最大值。随后,随着加速度的逐级减小,温度幅值呈现阶梯下降的趋势。在周期加速度条件下,运行温度约为 38 ℃。在约 3 250 s 时卸载加速度,蒸发器、蒸气管线和贮液器温度出现了一个明显的峰值。尤其是蒸气管线的温度,瞬时最大值达到 50.8 ℃。但是液体管线的温度达到了谷值。根据热管上的温度分布,可以得出气液界面位于 RTD9 和 RTD10 之间。

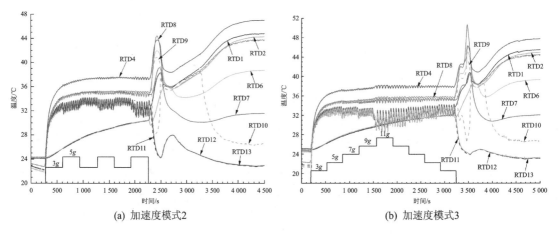

(a) 加速度模式2 (b) 加速度模式3

图 12 - 39   布置方式 C、300 W、加速度模式 2 和 3、加载模式 2 下环路温度变化曲线

实验中还发现在 250 W,加速度模式 2 和 3 中,在相同的加载模式下也出现了温度突升现象。可以肯定的是,这些条件下的温度突升对 DCCLHP 的运行是不利的。产生这一结果的原因可能是由于外环路压差的变化以及卸载加速度后整个环路内工质的重新分布。因此,从蒸发器到贮液器的漏热和蒸发器的温度迅速上升。

图 12 - 40 给出了在布置方式 C、150 W、加速度模式 3 和加载模式 2 时环路温度变化曲线。从图 12 - 40 可以看出,在卸载加速度后没有出现温度突升现象。在 150 W、加载模式 2 和布置方式 C 下,加速度模式 2 的温度变化与图 12 - 40 相似。温度突升可能与热载荷的大小有关。热载荷越大,越有可能发生温度突升。

在周期性过载加速度过程中,RTD4~RTD9 的温度随加速度的增大和减小呈阶梯式变化。然而,CC1 和液体管线的温度没有阶梯式变化。当加速度为 11g 时,蒸发器的最高温度达到 37.9 ℃,气液界面位于 RTD9 点和 RTD10 点之间。在 3 058 s 卸载加速度后,蒸发器温度先下降后持续上升至约 60 ℃。气液界面位于 RTD8 点和 RTD9 点之间。

(5) 温度波动

除了环路热管温度随加速度周期变化而变化外,在周期性载荷作用下环路热管温度波动现象也在许多工况下出现,如布置方式 A 加速度模式 2 或 3、250 W、加载模式 2,以及布置方式 C、300 W、加速度模式 1 或 2、加载模式 1 等。

图 12－41 所示为布置方式 C、300 W、加速度模式 1 和加载模式 1 时环路热管温度曲线。可以看到,在周期性过载加速度作用下,除 CC1 温度外,环路其他部分温度均表现出明显的波动。蒸发器温度在 5g 周期性过载加速度条件下略高于 3g 周期性过载加速度条件下的温度。液体管线的温度幅值大于环路中其他部分温度的幅值。在两种周期性过载加速度之间,环路热管的温度变化最大。

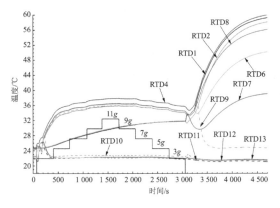

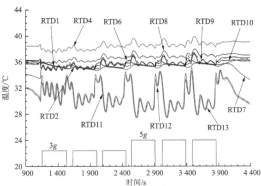

图 12－40　布置方式 C、150 W、加速度模式 3 和加载模式 2 下环路温度变化曲线

图 12－41　布置方式 C、300 W、加速度模式 1 和加载模式 1 下环路温度变化曲线

根据分析可以肯定的是,加速度作用导致了环路热管的温度波动。原因如下:一旦施加了加速度,切向加速度就会立即改变环路热管内的气液分布。从蒸发器向 CC1 的漏热减少,但向 CC2 的漏热有所增加。同时,随着 RTD11、RTD12、RTD13 温度的升高,冷凝器气液界面向前移动,由加速度产生的附加作用力减小。当 RTD11 温度在 1 138 s 左右达到峰值时,加速度产生的附加作用力可能达到最小值。毛细压差需减小到最小值以平衡环路压力,相应的 RTD6 温度应降至一个谷值。与此同时,蒸发器温度也下降并达到谷值。当回流液体过冷量无法平衡漏热时,CC2 温度停止下降并开始上升。

在接下来的波动期间,冷凝器内气液界面开始向后移动。因此,贮液器中的液体通过液体引管占据了蒸气回退所留下的空间。随着气液界面在冷凝器内的向后移动,加速度引起的附加作用力逐渐增大。为平衡回路压力,毛细压差也相应增大,RTD6 温度升高。在此过程中,RTD6 和 RTD11 温度存在相位差。随后,RTD6 温度上升至峰值,然后回落至谷值。相反,RTD11 的温度先下降到谷值,然后上升到峰值。此时,RTD6 和 RTD11 温度的相位差消失。然后下一个循环开始。因此,外回路压力的持续变化和毛细压力的自我调节是引起温度波动的根本原因。

此外,图 12－39 给出了各加速度作用下相似的温度波动。图 12－39 和图 12－41 在频率和振幅上有明显的差别,这可能是由不同的加载模式和周期性的加速度模式引起的。

5. 结　论

① 对于双贮液器环路热管,即使在相同的工作条件下其稳态运行温度也会不同。在大多数情况下,加速度作用会导致环路运行温度减小。特别是在加速度作用有利于液体回流时,环路更容易运行至稳态。在小热载荷时环路运行更易受加速度方向的影响,而大热载荷其影响则不明显。环路热管运行模式的转变与加速度方向、大小和热载荷等有关。在大热载荷时环路热导变化较小。在过载加速度环境下环路运行中存在温度波动和倒流现象。加速度效应可

以抑制温度波动的发生,也可能导致倒流的出现。

② 在热载荷和加速度载荷同时施加时,环路热管可以在 25 W 小热载荷时启动。在大热载荷时环路启动时间很短。对于一定的热载荷,由于蒸发器和贮液器中不同的气液分布,不同加速度方向下环路热管表现出不同的启动性能。地面重力环境下环路热管运行温度总体上高于加速度环境下。加速度效应可以改变环路热管的运行模式。

③ 在周期性过载加速度期间,环路温度随加速度的周期性改变而周期性波动。在加速度模式 1 时的温度波动比加速度模式 2 和 3 的更为明显。加速度越大,环路运行温度越高。对于一定的加载模式、热载荷和加速度模式,布置方式 A 的最大运行温度高于布置方式 C(其运行温度低于 40 ℃)。布置方式 A 时最大运行温度随热载荷增大而减小。但在布置方式 C 时它先降低后升高。在三种加速度模式中加速度模式 3 的最大运行温度是最高的。

12.2　电子设备吊舱的环境控制技术

军用飞机电子设备吊舱是近 20 年来发达国家积极研制并已进入实用的一种高科技武器装备。

1990 年,美国 Martin Marietta 公司研制的前视红外/激光瞄准及低空导航吊舱(LANTIRN)在海湾战争中极大地加强了 F - 15、F - 16 等飞机的战斗力,发挥了重要作用,从而使电子设备吊舱引起全世界的关注。目前装备有各种电子、激光、红外和雷达等设备的吊舱(统称电子吊舱)已在国外战术飞机上普遍使用。

电子吊舱需能机动灵活地外挂在不同的军用飞机上。为保证吊舱中的设备在干燥、清洁和温度适宜的环境中可靠工作,同时又不影响吊舱的通用性和灵活性,必须在吊舱中装备独立的环境控制系统(简称环控系统)。

吊舱环控系统的核心是制冷系统。由于不能直接采用飞机发动机高压引气作为动力源,又受到载机电源紧张和吊舱本身要求体积小、质量轻等条件的限制,因此如何解决吊舱设备的环境控制问题,已成为航空低温制冷领域急待加强研究的一个新课题,它对保证我国各种电子设备吊舱的发展和研制成功具有重要意义。下面将对国内外最具代表性和先进性的三种吊舱环控系统进行研究分析和评述,以供有关人员参考。

12.2.1　蒸气压缩制冷的吊舱环控系统

1. 系统原理

美国 LANTIRN 吊舱的环控系统采用了独立的、能效比高的蒸气循环冷却系统(见图 12 - 42),以保证吊舱内各种设备可靠工作。该吊舱环控系统通过氟利昂 R - 114 在蒸发器内蒸发吸热来冷却液体载冷剂(Coolanal 25),再通过被冷却的液体载冷剂去吸取吊舱内电子设备的热载荷。

冷凝器采用冲压空气作为冷源。当外界环境空气温度较低时,可控制压缩机停机,旁路冷却回路打开,载冷剂直接通过冷凝器/旁路热交换器把热载荷散到冲压空气中去。

在吊舱飞行包线范围内及地面工作时,吊舱热载荷为 0.2～3.3 kW,要求将供给电子设备的载冷剂温度控制在 4～29 ℃ 的范围内。

2．LANTIRN 环控系统的主要设计思想及技术关键

(1)"蓄冷"节能的设计思想

如上所述,吊舱热载荷最大可能达到 3.3 kW,如要按这种最严酷状态设计,那么约需 5 kW 功耗才能去掉这样大的热载荷。为了降低功耗,根据吊舱的任务剖面图(见图 12‐43), 可以充分利用吊舱本身的热惯性,在地面及高空巡航状态,让吊舱及其电子设备充分冷透,使 载冷剂出口温度达到最低限(4 ℃)。这样在载机执行任务低空俯冲时,气动加热虽导致吊舱 温度急剧上升,但由于吊舱在地面及高空巡航状态的蓄冷量,等到载冷剂出口温度上升到最高 限的 29 ℃时,其超负荷飞行任务已完成,载机开始升空并返回基地。这样,在整个执行任务 过程中,载冷剂出口温度始终维持在 4～29 ℃范围内。由于采用这种独特的设计概念,吊舱的 热载荷在各种工作状态下均按 1.8 kW 设计,其最大功耗将不超过 2.7 kW,大幅度降低了吊 舱的功耗。

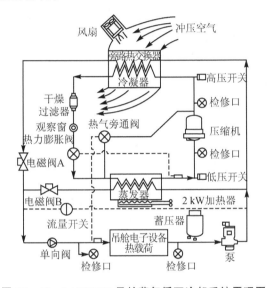

图 12‐42　LANTIRN 吊舱蒸气循环冷却系统原理图　**图 12‐43　LANTIRN 吊舱典型热天任务图**

(2)采用高可靠性全封闭旋转活塞式压缩机

吊舱环控系统采用了先进的全封闭旋转活塞式制冷压缩机,具有体积小、质量轻、能效比 高、运转平稳和安全可靠等特点。它由电动机驱动,两档转速分别是 3 700 r/min 和 4 600 r/min,可通过外部接线来改变转速,提高制冷量。

(3)采用高效板翅式传热型面的紧凑三股流冷凝器/旁路热交换器

板翅式传热型面具有体积小、质量轻和传热性能好的优点。冷凝器和旁路热交换器合二 为一,其芯体翅片层是由空气层、制冷剂层、载冷剂层和空气层等交织而成的。为缩小体积,制 冷剂和载冷剂共用空气边。这种设计方案与单独另设一个旁路回路相比较,在结构上要简单, 质量和体积则减轻和节省很多。

(4)采用适应变工作状态、宽蒸发温度范围的热力膨胀阀

与民用地面制冷系统单一的工作状态不同,吊舱的制冷系统的工作状态是随着飞行高度 和速度的变化而急剧变化的。热力膨胀阀要求覆盖的蒸发温度范围宽达−25～+32 ℃,并能 实现变工况下膨胀阀的膨胀比以及压缩机排气量的迅速自动调节。

总之,LANTIRN 吊舱所装的蒸气循环冷却的环控系统,设计思想新颖,系统和部件设计

都体现了轻巧、效率高、适应工作状态变化的特点,并具有地面制冷能力,加上系统结构的高度紧凑和小型化,使该系统在飞行器环控系统中独树一帜。

12.2.2 逆升压式冲压空气循环制冷的吊舱环控系统

1. 系统原理

英国 GEC-Ferranti 公司研制的热成像/激光瞄准吊舱(TIALD)采用了独立的冲压空气冷却的环控系统,其系统原理如图 12-44 所示。

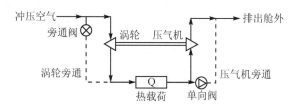

图 12-44 TIALD 吊舱冲压空气冷却系统原理图

冲压空气通过进气道进入系统后,按系统工作方式的不同沿不同的途径流动。当外界环境温度较低时,系统以冲压空气方式工作,此时涡轮旁通阀打开,冲压空气不通过制冷涡轮而直接流向电子设备。在以这种方式工作时,吊舱内空气压力高于吊舱外部环境压力,因此单向阀打开,冲压空气在吸收了设备的热量后通过单向阀直接排出舱外。外界环境温度较高时,系统以空气循环方式工作,此时涡轮旁通阀关闭,由进气道捕获的冲压空气进入冷却涡轮中膨胀降温,涡轮出口的低温空气流入电子设备舱的冷板或散热翅片,冷却各种设备,带走热负荷的空气再经由涡轮带动的压气机增压至适当值排出吊舱外。

2. TIALD 环控系统的主要设计思想及技术关键

(1) 采用逆升压式循环

传统的飞行器环控系统均采用正升压式循环,即系统引气先进入压气机升压以提高涡轮进口压力,然后通过二级热交换器去掉空气在压气机中的温升,再进入制冷涡轮膨胀降温后用于吸收座舱和电子设备舱的热载荷。电子吊舱采用的逆升压式系统,冲压空气是先通过涡轮膨胀降温,然后再流过电子设备吸热。吸热后的空气经压气机抽吸、升压后排出吊舱外。由于压气机的抽吸作用使涡轮排气压力小于环境静压,这样达到增大涡轮膨胀比的效果,即正升压式中提高涡轮进口压力的作用被逆升压式中降低涡轮出口压力的作用所替代,达到"异曲同工"的效果。而逆升压式具有的显著优点就是取消了二级热交换器。

(2) 采用动压空气轴承的涡轮-压气机

涡轮-压气机装置是本系统的核心部件。该装置采用金属箔片式空气轴承,转速可高达 20×10^4 r/min,具备质量轻、性能高和寿命长的优点。因它无需润滑,所以不会带来污染,也无需维修,轴承对水分、灰尘和温度都不敏感,且能在 125 ℃ 的温度下工作。其预期寿命为 10 万次启动停止循环,约相当于军用吊舱中 12 500 h 的平均故障间隔时间(MTBF)。

(3) 采用高总压恢复系数的进气道

本系统唯一的动力源是吊舱随载机飞行通过进气道所捕捉到的冲压空气压头。无论是冲压空气工作方式还是空气循环工作方式,都要靠进气道收集冲压空气并尽可能提高空气压头值。因此,进气道位置的安排和设计是系统成败的关键之一。进气口位置安排应保证在最常遇到的正冲角飞行情况下能正常收集冲压空气,并避开舱体表面附面层的影响。冲压空气进气道的设计应使气动外形能获得最佳总压恢复,并须通过风洞试验来验证它在整个飞行情况下的性能。

3. 系统特点

① 用冲压空气驱动,不需要耗电(仅控制回路需用很少的电)。

② 结构简单、质量轻、可靠性好和成本低。

③ 系统进口压头是随飞行马赫数 Ma 增大而升高的,所以涡轮制冷能力是随 Ma 增大而增加的,这样在一定范围内,能够克服随 Ma 增大而增大的气动热载荷。

本系统无地面冷却能力,所以冲压空气进气口应可兼做与地面空调车匹配的接口。

12.2.3　逆升压回冷式冲压空气循环制冷的吊舱环控系统

本环控系统是北京航空航天大学为我国光电设备吊舱研制配套的环控系统。针对我国吊舱载机电源紧张,国产电子元器件耐温性能较差,对环控要求较高的特点,本方案在 TIALD 环控方案的基础上做了重大改进,并吸收了 12.2.1 小节中蒸气压缩制冷吊舱环控系统方案中"蓄冷节能"的设计思想,从而使能量的利用更为合理,并获得比 12.2.2 小节的方案更低温度的冷空气(见图 12-45)。

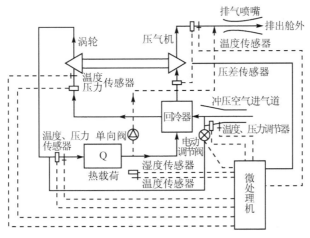

图 12-45　逆升压回冷式冲压空气循环制冷的吊舱环控系统

1. 采用回冷器回收冷量

在 TIALD 吊舱环控系统的逆升压式方案中,冲压空气经进气道直接进入涡轮膨胀降温,在环境空气温度较高时,仍可使吊舱内流经设备的空气温度高达 70~80 ℃。这对耐温能力强、可靠性好的元器件是可以的,但有对有些元器件,特别是有些国产元器件则难以承受这么高的温度。考虑到冷却过电子设备的空气温度仍比系统进口冲压空气温度低,因此在涡轮前增加了一个回冷器(见图 12-45),把从设备出来的空气作为冷源,对系统进口的冲压空气进行预冷。表 12-3 列出了在设计点(飞行高度 $H=0$ m,环境大气温度 $t_H=39$ ℃,飞行马赫数 $Ma=0.85$)采用回冷器和不采用回冷器时环控系统出口参数的比较。

表 12-3　采用和不采用回冷器的环控系统出口参数比较

设备装置流阻/kPa		3	5	7	10
环控装置出口温度/ ℃	采用回冷器	13.06	18.7	22.16	29.37
	不采用回冷器	27.22	31.32	34.29	39.08
出口温度差值/ ℃		14.16	12.62	12.13	9.71

注:$H=0$ m,$t_H=39$ ℃,$Ma=0.85$。

从表12-3可看出,由于增加了回冷器回收冷量,因而大大降低了系统出口的冷气温度。回冷器的设计要求效率高、流阻小,并且必须与增加系统进、出口压差,减小电子设备装置流阻等其他技术措施相配合,否则不能发挥作用。

2. 利用空气动力学理论,扩大环控系统进出口压差

因冲压空气压头低,为保证涡轮有足够的膨胀比,必须尽可能扩大环控系统进出口压差。为此,首先通过优化气动外形设计和实验研究,研制成功具有优良气道型面、高总压恢复系数

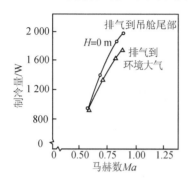

图 12 - 46 排气口设在不同位置时制冷能力随马赫数变化的曲线

的小型冲压空气进气道,有效提高了环控系统进口冲压空气的压头。在此基础上进一步利用空气动力学理论,研究了流场对装置不同部位压力分布的影响。研究表明,当气流流过小拱形或柱形尾部时会在尾端形成一个旋涡分离区。在这个区域,气体的有效压力低于环境大气压。电子吊舱由于长度限制,其尾部常做成小拱形。因此,把压气机排气口放在吊舱尾部这个区域,既保证了压气机排气顺利,又达到有效扩大进出口压差、增加系统制冷能力的效果。图 12 - 46 表示了压气机排气排到尾部旋涡分离区和直接排到环境大气的不同位置时,系统制冷能力随马赫数变化的试验曲线。由图可看出,当排气口放在吊舱尾部时,Ma 越大,环控系统制冷能力也就增加越多。这是由于 Ma 越大,冲压空气排气口处的压力就比环境压力低得越多,系统进出口压差也越大的缘故。空气经增压后从尾部排出还可回收一部分推力,从而进一步减少了阻力代偿损失。本环控系统方案的主要优点在于:使循环空气最后排出吊舱之前,可以从其中取得所有可能利用的能量。

3. 高性能涡轮-压气机组研究

吊舱涡轮的特点是可用压头低,膨胀比和雷诺数都很小,这给产品设计带来很大困难。目前我国航空动压空气轴承涡轮的研究尚未进入实用阶段,故采用了具有成熟技术的高性能滚动轴承涡轮。为提高涡轮效率,主要采取了如下技术措施:

① 叶轮流道采用新的特殊方法进行设计。

② 利用轴向力调节机构将转子轴向力调节到最小,以便最大限度地提高机组机械效率 η_m,从而得到尽可能大的涡轮膨胀比 ε。

4. 新型智能测控子系统研制

测控子系统由微处理器控制器、接口电路、放大器、传感器和电动调节阀等组成。在飞行器环控的测控子系统中首次采用了电阻应变式压力传感器和具有温度补偿功能的湿度传感器,成功地运用具有智能功能的微处理器控制器实现诸如传感器输出数据的采集、存储、处理及通信等功能,达到充分利用能量并实现对工作模式和对吊舱温度、湿度良好控制的目的。测控子系统还具备故障自检,非正常工作状态下应急处理、安全保护及报警等功能。

试验结果表明,本系统达到了预定的设计要求,系统出口冷气温度要比 TIALD 吊舱降低 10～15 ℃,这对提高耐温能力较低的国产电子元器件的可靠性极为有利。

12.2.4 系统比较及发展前景

LANTIRN 吊舱所采用的蒸气循环冷却系统,能效比高,受飞行高度影响较小,温度控制

精确,具有地面制冷能力。采用液体载冷剂可为电子设备提供清洁、干燥的冷源,而且结构紧凑;但系统结构复杂,成本高,耗电量大。该系统适用于对环控系统要求较高的设备吊舱。

TIALD 吊舱所采用的冲压空气冷却系统,用冲压空气作动力源,不需要耗电,有效地解决了一些载机电源紧张的难题。其制冷能力随 Ma 增加而增加,可在一定范围内克服气动热载荷随 Ma 增大而增加的影响。

我国研制的逆升压回冷式冲压空气冷却系统,吸收了 TIALD 吊舱的长处,又增加了回冷器回收冷量,并利用空气动力学理论研究成果,采取一系列措施增大系统进出口压差,从而达到了既显著提高系统制冷能力,又使能量回收利用充分的目的。

冲压空气循环制冷系统虽无地面冷却能力,制冷性能及温度控制精确性也不及蒸气循环冷却系统,但结构简单,成本低,可靠性好,因此越来越多的国家开始研究并应用这种形式的环控系统。研究趋势显示,各种冲压空气循环制冷的环控系统方案,今后不仅在各类吊舱上,而且在机载电子设备和导弹上也会具有广阔应用前景。

今后要做的工作:

① 研制新的制冷剂或混合制冷剂,以进一步改善蒸气循环系统的工作温度范围和热力性能,取代从长远来说属禁用范围的 R-114。有效工作温度范围为 $-40 \sim +104$ ℃ 的制冷工质对电子吊舱来说是理想的。

② 加强对质量轻、性能高、寿命长的动压空气轴承的涡轮-压气机的研制,以取代目前采用滚珠轴承的涡轮-压气机。这是我国环控领域急待攻克的一个技术关键。

以上两项研究工作不仅对电子吊舱,而且对今后发展飞机用闭式循环制冷系统和其他高效环控系统都具有重大实用意义。

12.3　微尺度换热器的理论和实验研究

12.3.1　微尺度换热器产生的背景及相关问题的探讨

超大规模集成电路的飞速发展,使得电路芯片单位表面积上产生的热流密度急剧增加,这给有效地冷却电子元器件、保证其可靠工作带来了严峻的挑战。尤其是航空宇航电子设备及元器件,由于其工作环境恶劣,且可靠性要求高、体积小和质量轻,对电路集成度和热控制提出了较民用产品更为严格的要求。微尺度换热器就是为适应这种要求而发展起来的一种新的高效冷却技术。

微尺度换热器大多具有微槽式或微型管结构,尺寸从几百 μm 至 $1~\mu m$,甚至更小。其特点之一是利用微型槽和管的毛细抽吸作用,达到强化传热的效果;特点之二是单位体积的传热面积大,可达 $5~000~m^2/m^3$ 以上。

用于两种流体进行热交换的微尺度换热器首先由 Swift、Migliori 和 Wheatley 于 1985 年研制出来,其结构如图 12-47 所示。微制造技术的最新成就使人们能够制造出由水力直径为 $10 \sim 10^3~\mu m$ 的微小槽道组成的微尺度换热器。Cross 和 Ramshaw 研制了一个槽宽

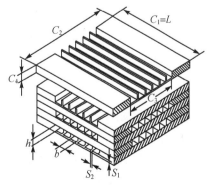

图 12-47　微尺度换热器的结构图

400 μm、深为 300 μm 的印刷线路换热器,它的单位体积换热系数为 7 MW/(m^3 · K)。Friedrich 和 Cang 研制了一个由梯形槽道组成的微型换热器(槽道的底部宽 100 μm、上部宽 260 μm、深80 μm、槽道间距260 μm)。该换热器由 40 片铜箔组成,每片铜箔上有 36 个微型槽道。研究表明,在非常保守的设计和运行条件下,其体积换热系统达到45 MW/(m^3 · K)。

微型槽道散热器的流动槽道一般是在很薄的硅片、金属或其他合适的材料薄片上加工而成的。这些薄片可以单独使用,形成平板式换热器;或者焊在一起,形成顺流、逆流或交叉流换热器。特别要指出的是,微型槽道和/或翅片的加工可用光刻、定向蚀刻、微型工具的精确切削等多种方法,而这些正是生产和组装集成电路的工艺和技术。因此,目前国外有将集成电路和微尺度散热器统一设计和加工的趋势。将批生产集成电路的成本同微尺度散热器的高传热性能相组合,无疑是具有强大竞争力的新技术。

除了微型槽道散热器外,近年来国际上也在探讨研究多孔介质微尺度换热器。多孔结构能引起流体强烈的掺混,即使在低流速下也能大大改善传热状况。因此,用多孔介质强化对流换热越来越受到重视,它是进一步强化传热的有效手段。研究发现:多孔介质中传递过程的主要特征之一,就是通过弥散效应增强传递过程。特别在流速较高时,弥散效应比扩散效应强,在传递过程中将起主导作用。多孔介质能使对流换热系数提高 5～10 倍,热流密度可高达 4×10^7 W/m^2。参考文献[79]对多孔结构用于激光镜的冷却过程进行了全面详尽的综述。激光镜的冷却系统如图 12-48 所示。

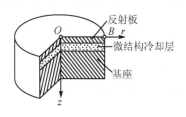

图 12-48 激光镜的冷却系统

无论是微型槽道还是多孔介质微尺度换热器,其性能和工作状态与流体在微小槽道或多孔介质中的流动和传热情况有密切关系。参考文献[70]在总结前人工作的基础上通过理论分析得出如下结论:

① 对微型槽道内流动和传热的研究表明:在 0.5～800 μm 的范围内,流体的流动和传热与常规尺度下的情况不同,但研究结果相互矛盾,其原因可能是微尺度实验所带来的误差,以及微槽相对粗糙度及边界条件与所比较的普通管道不一致的缘故。但可以肯定的是,当尺度小到一定程度后,流体的流动和传热机理肯定会与经典理论不相符,且其临界尺寸与流体性质有关。

② 对于正常压力和温度条件下的层流气体来说,当管道直径大于 140 μm 时,可以认为是连续介质流动;当管道直径在 0.14～140 μm 之间时,可以认为是有速度滑移和温度跳跃的滑流。而对于正常压力和温度条件下气体的湍流流动来说,在 Re 分别等于 3×10^3、3×10^4 和 3×10^5 的条件下,当管道直径分别为 0.32～0.53 mm、0.88～1.47 mm 和 6.62～11.0 mm 时,其流动和传热的机理就可能偏离经典理论。如果微槽壁面很粗糙,则可使阻力系数提高和传热增强;而对于光滑的微槽,在用气体所做的实验研究中,有一些很有可能是处于有速度滑移和温度跳跃的滑流区[$10^{-3} < Kn$(克努森数)< 1]。此时,速度滑移和温度跳跃使阻力系数减小,传热减弱。

③ 对于液体(水)来说,在微小尺寸中的流动和传热机理很复杂,但有一点似乎可以肯定:经典理论所能适用的最小尺寸要比气体中的最小尺寸更小。

④ 对与图 12-49 所示外形尺寸相同,分别由微型槽道和多孔介质形成的平行通道通以相同流量的水,对两者的传热效果进行比较表明:多孔介质对传热的强化效果更好,但同时压力损失更大。在相同的压降下,多孔结构强化传热的效果似更好一些,但所能通过的流量太

小,因此在发展多孔介质式微尺度换热器时,应对其结构进行优化设计。

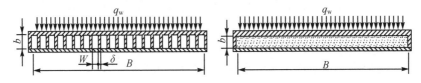

图 12 - 49　微型槽道和多孔介质流道截面图

微尺度散热器在许多新兴技术领域具有很广泛的应用潜力,甚至对技术进步起着关键性的作用,例如电子芯片的冷却、飞机和宇宙飞行器的冷却、低温冷却器(超流体氦、液态氮)、高温超导体的冷却、强激光镜的冷却和 Stirling 发动机的冷却等领域。特别是微尺度散热器的研究工作对解决航空宇航光电设备和元器件的散热问题,提高微电子设备的性能和可靠性,促进计算机的微型化,推动数据和信息处理技术的高速发展具有重要意义,其成果具有广阔应用前景。

12.3.2　矩形微槽内 FC - 72 的单相流动和换热实验研究

1. 实验装置

实验系统图如图 12 - 50 所示,它由三个子系统组成:液体循环与冷却子系统、加热与控制子系统以及温度、压力测量与数据采集子系统。液体循环与冷却子系统的核心部件为恒温水槽,内置液体泵,用于驱动冷却工质在管路中循环。实验中,工质被加热到设定的温度时,由恒温水槽出口流出,经过过滤器后,部分通过旁通回路流回恒温水槽,部分进入实验件的微槽中被加热后流回恒温水槽。加热与控制子系统由加热器、可控硅、热电偶、智能控制器等组成,用于加热微槽槽道以模拟电路板发热。测量与数据采集子系统由热电偶、U 形差压计、HP34907A 型数据采集仪及计算机等组成,用于测量并记录槽道压降和壁面温度等。

实验件材料为紫铜,上表面的矩形微槽由高精度数控线切割机床加工而成,如图 12 - 51 所示。主体上平行槽道方向钻有 4 对直径为 10 mm、深度为 50 mm 的孔,用于插装 8 根圆形电阻棒加热器。在沿工质流动方向的两个侧面上对称地钻有 4 对孔,用于装入热电偶以测量槽底各点壁面温度,由测得的各点壁面温度和布置位置采取加权平均求得微槽底部壁面温度。在实验件矩形微槽上面有顶盖板以封闭微槽通道,两端有端盖,连接实验件与工质流体管路。

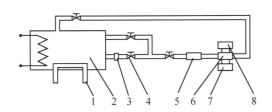

1—冷却水管;2—恒温水槽;3—过滤器;4—调节阀;5—流量计;
6—试件;7—加热与控制系统;8—测量与采集系统

图 12 - 50　实验系统图

图 12 - 51　微槽试件主体结构

2. 实验结果分析

由于实验所用冷却工质 FC - 72 的沸点仅为 56 ℃,对于个别实验件,在较小的流量下,当微槽壁面温度达到或超过 60 ℃时,因产生气泡甚至局部沸腾造成流量计转子大幅振荡,难以读数,微槽壁面温度也大幅度地上下波动。因此,实验中将微槽壁面温度变化范围统一取为 30～60 ℃。

(1)流速对单相强迫对流换热性能的影响

实验中通过增加冷却工质流量来分析流速对传热性能的影响。图 12-52(a)、(b)为实验件 No.4 在相同工质进口温度(20 ℃)、不同流量下的 q-t_w、α-t_w 曲线图。

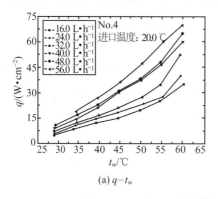 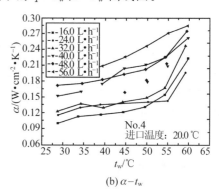

(a) q-t_w (b) α-t_w

图 12-52 No.4 在不同流量下的 q-t_w 和 α-t_w 曲线图

由图 12-52(a)可知,增大冷却工质流量(即增大流速),使得工质出口温度下降,传热温差增大,有助于换热热流密度 q 的增加。特别是在微槽壁面温度较高时,效果更为显著,这与常规尺寸管内流动的情况一致。由图 12-52(b)可知,对同一实验件,增加流量,一般有助于对流换热表面传热系数的提高。关于对流换热表面传热系数 α 的变化规律,从数学上分析下式可以看得更清楚:

$$\alpha = \Phi / A_2 (t_w - t_m) \tag{12-4}$$

式中,A_2 为换热面积;t_w 为微槽平均壁面温度;t_m 为流过微槽的流体平均温度,即工质定性温度。对于同一实验件,A_2 为常数,在 t_w 一定的情况下,增加流量将增大 q,这相当于式(12-4)中的分子 Φ 增大。而微槽出口工质温度将减小,导致 t_m 减小,从而引起 $t_w - t_m$ 增大,即分母增大。这就是说,流量增大时,式(12-4)的分子和分母均增大。因此,α 可能增大,也可能减小。

结合其他试件的实验结果,可以推断,在给定微槽结构和实验工况下,存在一个最佳的工质流量(即最佳流速),使得换热热流密度和换热系数同时取得较理想的值。

(2)工质过冷度对换热性能的影响

实验中工质微槽进口温度变化范围为 15～25 ℃,过冷度为 31～41 ℃。图 12-53(a)、(b)为实验件 No.4 在相同流量(16.0 L·h^{-1})、不同工质进口温度下的 q-t_w、α-t_w 关系图。

由图 12-53(a)、(b)可见,降低冷却工质的进口温度,即增加工质过冷度,能显著提高 q。但是 α 并不一定随着过冷度的增加而增加。这一点同样可以从公式(12-4)分析得到。由图 12-53(b)还可看出,不同微槽进口工质温度下的 α-t_w 曲线有交叉现象,这意味着单纯地降低或增加微槽进口工质温度,并不能确保 α 的增加。此外,随着 t_w 增加,α 也会增加。这与参考文献[87,89]中的有关结论有所不同,具体原因有待于进一步分析。

综合分析不同试件的实验结果,对于给定结构的微槽,存在一个最佳的工质进口温度,使得该温度下的对流换热表面传热系数最大。

(3)微槽结构对换热性能的影响

对实验数据进行分析处理,将不同实验件在工质体积流量相同、进口温度相同条件下的换

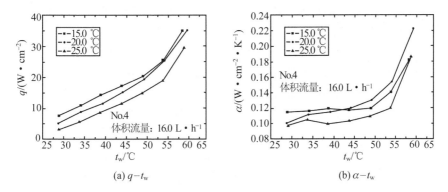

图 12 - 53　No. 4 在不同进口温度下的 q-t_w 和 α-t_w 曲线图

热性能图叠加,进行对比分析。

图 12 - 54(a)、(b)所示是 4 个不同实验件 No. 3、No. 4、No. 5、No. 6 在流量为 24.0 L·
h^{-1}、进口温度为 20.0 ℃时的 q-t_w、α-t_w 曲线图。由图可知,在相同的微槽进口工质温度、
相同的流量和 t_w 下,4 个实验件的 q 相差不大,以 No. 6 的 q 稍微大一点,但以 No. 3 的 α 最
大。产生这种现象可能是因为 4 个实验件的 H/W_c 不同、d_e 不同所致。实验件 No. 6 的
H/W_c 最大,散热面积大,所以 q 稍大些;而实验件 No. 3 的散热面积最小,即式(12 - 4)中的
A_2 最小,所以该实验件的 α 最大。

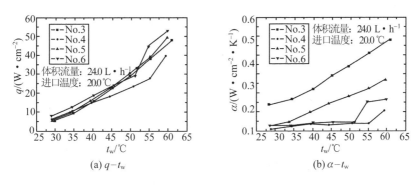

图 12 - 54　不同实验件的 q-t_w 和 α-t_w 曲线图

结合其他实验工况对比分析,在给定工况下,综合考虑热流密度、对流换热表面传热系数
及流动阻力等因素,微槽几何尺寸存在一个最佳值,使得该工况下的热流密度和对流换热表面
传热系数都取得较理想的值。片面地强调大深宽比,将无助于获得最佳的换热性能。

3. 实验关联式

(1) 微槽单相流动阻力特性实验关联式

类似于换热特性,对 FC - 72 在微槽内的流动阻力性能也进行了分析研究。将实验中所
得各实验件在单相流动时的阻力特性数据进行处理,可得工质 FC - 72 在矩形微槽内流动阻
力系数 f 随雷诺数 Re 的增加而大致成反比例下降。对于不同的实验件,在 W_c 相同的条件
下,H 越大,f 越小。实验所得工质 FC - 72 在矩形微槽内流动流型发生转变的临界雷诺数
Re_{cr}＝750～1 250。该流型转变值远低于常规尺寸矩形槽道内的转变值 Re_{cr}＝2 200,也低于
参考文献[90]给出的 Re_{cr}＝1 400～1 800。这表明在本实验条件下,层流向紊流转变的 Re_{cr}
提前。

当 $Re < 750$ 时,工质在矩形微槽内的流动为层流,考虑矩形微槽的形状因素、结构尺寸及入口效应等影响,得出如下实验关联式:

$$f = 0.004\,743 Re^{-0.955\,3} (d_e/L)^{-1.534\,9} \cdot (H/W_c)^{-0.097\,93} \qquad (12-5)$$

统计表明,有 85% 以上的实验点偏差在 ±10% 以内。由式(12-5)可以看出,与通常管槽内层流流动一样,在矩形微槽内层流流动的 f 与 Re 成反比,且 H/W_c 越大、d_e 越大,f 越小。

当 $Re > 1\,250$,流动进入充分发展的紊流区,此时 f 与微槽结构关系不大,得出实验关联式为

$$f = 0.683\,33 Re^{-0.667\,76} \qquad (12-6)$$

按式(12-6)计算的值与所有 $Re > 1\,250$ 的实验点的最大偏差不超过 15%,且 90% 的实验点偏差在 ±12% 以内。

(2) 微槽单相强迫对流换热实验关联式

为进一步得出矩形微槽内单相对流换热特性与其影响因素之间的数值关系,对于 $Re < 750$ 的层流区,综合考虑工质温度、壁面温度、入口效应以及微槽结构尺寸的影响,得出如下关联式:

$$\left. \begin{aligned} Nu &= 0.024\,723\,5 Re^{0.639\,9} Pr_f^{-3.510\,44} \cdot \left(\frac{Pr_f}{Pr_w}\right)^{-0.087\,16} \left(\frac{d_e}{L}\right)^{-2.095\,99} \left(\frac{H}{W_c}\right)^{0.418\,29} \\ 300 &\leqslant Re < 750, \quad 9 < Pr < 12 \end{aligned} \right\} \quad (12-7)$$

式中,Pr_f、Pr_w 分别为冷却工质在 t_m 和 t_w 时的普朗特常数,Nu 为努塞尔数。

根据式(12-7)计算的结果统计,90% 的实验点偏差在 ±15% 以内。

对于 $1\,250 < Re < 3\,000$ 紊流区,槽道结构和表面状况通常不再对换热产生影响,将不同实验段紊流区实验数据进行处理,得出如下换热实验关联式:

$$\left. \begin{aligned} Nu &= 32.05 Re^{1.07} Pr^{-3.529} \\ 1\,250 &< Re < 3\,000, \quad 10 < Pr < 12 \end{aligned} \right\} \quad (12-8)$$

由式(12-8)计算的值表明,80% 以上的实验点偏差在 ±15% 以内。

由关联式(12-7)可知,Re 越大,Nu 越大;H/W_c 越大,Nu 也越大。这表明在层流条件下,深而窄的微槽道,其换热效果较好。由关联式(12-8)所求得的 Nu 高于双面加热条件下的 Nu,而双面加热条件下的 Nu 又明显高于单面加热的情况。这表明矩形微槽内的换热特性受加热方式的影响较大。

4. 结 论

通过实验研究了新型电子设备冷却工质 FC-72 在矩形微槽道内的单相强迫对流换热性能及其流动阻力特性,在本实验条件下,得到如下结论:

① 实验所得工质 FC-72 在矩形微槽内流动流型发生转变的临界雷诺数 $Re_{cr} = 750 \sim 1\,250$。该流型转变值远低于常规尺寸矩形槽道内的转变值 $Re_{cr} = 2\,200$。

② 存在一个最佳的微槽结构尺寸,使得该工况下的热流密度、对流换热表面传热系数和流动阻力取得整体最优。

③ 以 FC-72 为冷却工质,在 60 ℃ 左右的壁面温度下,能够实现 80 W/cm² 以上的较高热流密度的单相对流换热,满足中高强度电子元器件的散热要求。

12.3.3　过载加速度环境下涡旋微槽传热与流动特性实验研究

1. 实验研究目的

近些年的研究表明,微尺度散热器是解决高热流密度芯片和元器件散热问题的有效手段。国内外众多学者对微槽和微细圆管内有相变和无相变传热和流动问题进行了广泛的理论和实验研究。有的研究成果已在工程上得到应用。但遗憾的是微尺度换热器目前多限于平直通道传热和流动的研究。而平直通道的微尺度散热器在过载加速度环境下同样存在冷却液体工质会脱离散热面而不能正常工作的问题。

为解决过载加速度环境下高热流芯片和元器件的散热问题,参考文献[92]提出了一种涡旋微尺度槽道结构及相关传热理论和技术。这种涡旋微槽散热器可利用液体工质在曲率持续变化的弯曲槽道中流动所产生的离心力,来对抗和克服飞行器在机动飞行过程中由于过载加速度诱发的力学环境效应。因为在这种离心力作用下液体工质被驱向微槽周壁,从而使壁面维持润湿状态。同时,涡旋流道产生的离心力会引起流动过程产生二次流,即所谓的 Dean Vortices,如图 12-55 所示。二次流与壁面润湿条件的改善都使涡旋槽道的传热效果远远优于平直槽道。另外,涡旋微槽散热器还具有微槽结构小尺寸效应强化传热的功能,而且涡旋微槽道具有比平直微槽道更大的比表面积。由此可以看出,涡旋微槽散热器具有适应过载加速度环境条件以及传输高热流密度的潜力。

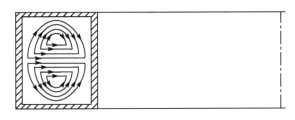

图 12-55　涡旋矩形微槽道中的二次流现象

螺旋管是由固定曲率弯管沿轴线方向回旋伸展而成,涡旋管则是由曲率连续变化的管道在同一平面上盘旋生成(见图 12-56)。之所以选择涡旋微槽散热器作为研究对象而没有选择螺旋,是因为微细尺度螺旋通道较难精确加工形成,也不易和电子元件、芯片结合成一体;而涡旋微细尺度槽道可在很薄的硅片、金属或其他材料薄片上采用光刻、定向刻蚀、微型刀具的精确切削等微细加工技术制成,这些正是生产和组装集成电路的工艺和技术。显然这种平板涡旋微槽散热器易于和电子元件的衬底、芯片以及电路板结合成一体,是冷却电子芯片和元器件的有效形式。同时平板涡旋微槽散热器通过适当结构安排和组合,也可形成叠装结构的冷板或换热器,即平板涡旋微槽散热器是构成其他形式冷板或换热器的基本单元。因此研究平板涡旋微槽散热器传热和流动阻力特性,探索其在过载加速度环境下的作用机理及提高散热能力的有效途径,具有重要应用前景和学术价值。

对涡旋微槽散热器理论和实验研究的主要研究内容和目标如下:

利用微细加工技术制作多种结构尺寸的涡旋微槽散热器,在模拟加速度环境下通过改变冷却工质的水力参数和热力参数进行涡旋微槽散热器的传热和流动特性研究。揭示微槽结构参数(如槽道的水力直径、宽高比,涡旋通道的节距,涡旋槽道的最小、最大和平均曲率半径,见图 12-56)、冷却工质参数(如工质流量、流型、过冷度、热物性参数)在过载加速度环境下对传热的影响,获得可供工程应用的传热与流动阻力的实验关联式。应用CFD技术,进行流场、温度场及动力场的耦合数值模拟研究,以深化对过载加速度环境下传热机理的认识,进一步寻求优化的微槽结构和合理的冷却工质参数匹配,为应用涡旋微槽散热器解决过载加速度环境下高热流密度芯片和元器件的散热问题提供理论依据。

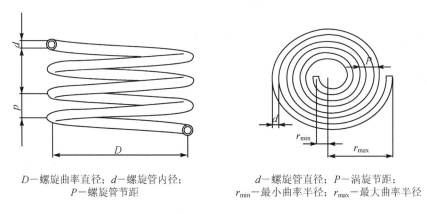

D—螺旋曲率直径;d—螺旋管内径;
P—螺旋管节距 d—螺旋管直径;P—涡旋节距;
r_{min}—最小曲率半径;r_{max}—最大曲率半径

图 12-56　螺旋与涡旋

2. 实验方法与实验装置

(1) 实验系统

大过载加速度环境中涡旋微槽单相流动和传热特性实验系统如图 12-57 所示。考虑到将整个装置放在离心机上时,附加惯性力作用于整个系统,其对系统其他部件的影响会改变微

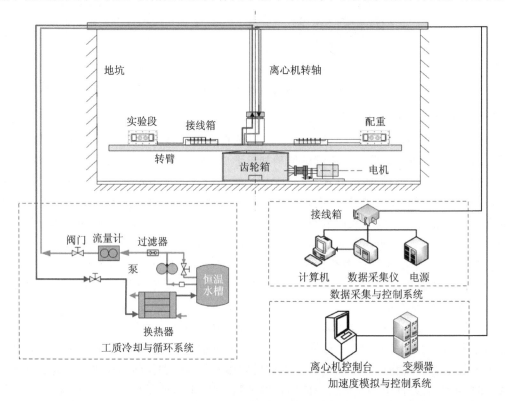

图 12-57　涡旋微槽单相实验系统示意图

槽中工质的流动特性,使所研究的问题复杂化。因此,在已解决好试件与地面实验装置特殊连接问题的基础上,本文采用只将试件安装在恒加速度试验机上的方案,实验系统包括加速度实验台部分和地面部分。

实验系统主要组成部分包括加速度模拟与控制系统、工质循环与冷却系统、数据采集与控制系统等 3 个子系统。加速度模拟与控制系统由离心机、离心机控制台、变频器等组成。离心机高速旋转模拟所需要的过载加速度,离心机控制台用来控制和调整加速度的大小、启动和运行时间等。工质循环与冷却系统由冷却管路、换热器、恒温水槽、泵、调节阀组成,恒温水槽包含一套加热和制冷系统,液体泵用于驱动冷却工质在管路中循环,换热器冷边通自来水,用于工质冷却。进入实验段的工质流量可由系统中的阀门调节,工质进口温度由恒温水槽的加热器和冷却水管调节。数据采集与控制系统由直流稳压稳流直流电源、加热器、压力传感器、温度传感器、质量流量计、数据采集仪以及计算机等组成。实验中加热器采用 6 根加热棒,加热棒与微槽间采用过盈配合。实验件进、出口连接处各留有一测压孔,可用来测量实验件进、出口压力和压差,由此得到流体流经实验件的压降。实验中温度采用 K 型热电偶进行测量,测点主要有工质进、出口温度,以及沿程微槽壁面温度分布情况等。工质流量采用科氏流量计进行测量。

(2) 实验件

图 12 - 58 为涡旋微槽试件实物图,6 个涡旋槽采用微细加工技术在紫铜基板上加工得到,微槽之间的布置非常紧凑。为研究不同结构尺寸对传热性能的影响,选用 10 组不同结构尺寸的实验件,涡旋槽道布置示意图如图 12 - 59 所示,涡旋微槽试件的几何尺寸如表 12 - 4 所列。采用体积浓度 30% 的乙二醇水溶液作为工质。

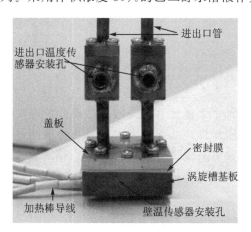

图 12 - 58　涡旋微槽实验件结构

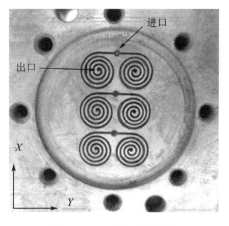

图 12 - 59　涡旋槽道布置

盖板与涡旋槽基板之间采用厚度为 0.5 mm 的聚四氟乙烯薄膜密封,防止液体工质在槽道间的窜流。进出口管焊接在盖板上。液体工质从进口管流入,沿涡旋槽流动 4 圈后从中心流出。在盖板侧面开孔与液体进出口相通,以便安装温度传感器,测量液体工质的进出口温度。在涡旋槽基板侧面距槽底 1.5 mm 处加工了 8 个安装温度传感器的小孔(每个侧面 2 个孔),用来测量涡旋槽壁面温度。8 个测温点从进口处开始分别位于涡旋槽的 0.5π、π、2π、3π、4π、6π、6.5π、7π 处。整个实验件外部保温,使对外热损失可以忽略不计。

在表 12 - 4 中,d_0 为涡旋微槽的基圆直径,W 为微槽截面宽度,H 为微槽深度,d_h 为微槽当量直径，L 为微槽的长度，A_t 为加热面面积。

表 12 - 4   实验件几何结构参数

试 件	d_0/mm	W/mm	H/mm	d_h/mm	L/mm	A_t/mm^2
No. 1	0.7	0.3	0.3	0.3	35	185.5
No. 2	0.7	0.3	0.6	0.4	35	185.5
No. 3	0.7	0.3	0.9	0.45	35	185.5
No. 4	0.7	0.3	1.2	0.48	35	185.5
No. 5	0.7	0.4	0.8	0.533	40	268
No. 6	0.7	0.4	1.2	0.6	40	268
No. 7	0.7	0.4	1.6	0.64	40	268
No. 8	0.7	0.5	1.0	0.677	45	315
No. 9	0.7	0.5	1.5	0.75	45	315
No. 10	0.7	0.5	2.0	0.8	45	315

离心机正是利用惯性离心力具有方向确定(垂直转轴中线指向外侧)，大小只受实验件安装半径和转速影响(安装半径确定后，只受转速影响)来对所研究的实验件进行加载的。实验过程中，微槽所受惯性离心力方向如图 12-59 所示的 X、Y 方向，Z 方向按右手法则为垂直纸面向外。实验研究中加速度值取 $5g$、$10g$ 和 $15g$ 三种，对应的启动时间依次设为 1 min、1 min、1.5 min，实验时间设为 5 min。安装半径为 1.95 m，对应的角速度分别为 5.0 rad/s、7.1 rad/s 和 8.68 rad/s。

3. 实验结果与分析

(1) 工质所受惯性离心加速度分析

工质在涡旋微槽中流动时，由于沿程曲率不断变化，工质在其中所受的惯性离心力也不断变化。为了比较加速度旋转引起的惯性离心力(惯性离心力 I)与微槽曲率变化引起的惯性离心力(惯性离心力 II)的大小，对涡旋微槽试件在几种不同流速下所受的惯性离心加速度计算如表 12-5 所列。假设涡旋微槽中工质流速恒定，则惯性离心加速度大小只与微槽曲率半径有关，实验中所用 10 种试件中，槽宽相同的试件其曲率半径变化规律相同，故以槽宽分类列出其惯性离心加速度值。又试件的曲率连续变化，故列出其中最小曲率半径、最大曲率半径、平均曲率半径对应的惯性离心加速度。

表 12 - 5   涡旋微槽工质流动时所受惯性离心加速度
g

工质流速/ $(\text{m} \cdot \text{s}^{-1})$	$W = 0.3$ mm			$W = 0.4$ mm			$W = 0.5$ mm		
	R_{min}	R_{max}	R_{ave}	R_{min}	R_{max}	R_{ave}	R_{min}	R_{max}	R_{ave}
0.3	26.18	3.39	14.78	26.18	2.96	14.57	26.18	2.55	14.36
0.4	46.55	6.03	26.29	46.55	5.26	25.9	46.55	4.52	25.53
0.5	72.7	9.43	41	72.7	8.23	44.6	72.7	7.1	39.9
1	290.95	37.72	164.3	290.95	32.85	161.9	290.95	28.29	159.62

由表 12-5 可见,流速低于 0.3 m/s 时,涡旋微槽工质流动时所受惯性离心加速度平均值小于 15g。由于惯性离心加速度与速度的平方成正比,只要工质流速大于 0.31 m/s,则惯性离心加速度平均值将大于 15g。实验时,微槽中工质流速均大于 0.31 m/s。实验过程中,工质沿涡旋槽由外向内流动,沿着流动方向涡旋槽曲率半径逐渐减小,则其所受的惯性离心力 II 逐渐增大。

(2) 加速度方向对涡旋微槽流动与传热特性的影响

图 12-60 所示为试件 No.6 在体积流量 15 L/h,174 W,15g,所受惯性离心力方向不同时的流动与传热特性图。由图 12-60 可以看出,离心机启动过程中,在各个方向上随着加速度的增加流动阻力 f_{sw} 逐渐减小。在设定加速度值后 150 s 左右,微槽的流动与传热特性趋于稳定。稳定后,f_{sw} 在微槽惯性离心力方向为 X、$-X$、Y、Z 和 $-Z$ 时与其初始值相比分别减小 7.5%、7.1%、7.7%、10.8% 和 5.6%。停止过程中,f_{sw} 逐渐增大直至达到初始值的水平。Nu 在离心机启动时都会突然上升,随着加速度的增大而逐渐减小,达到稳定后在微槽惯性离心力方向为 X、$-X$、Y、Z 和 $-Z$ 时其值较初始值分别减小 1.6% 和 1.7%、3.1% 和 3.2%、1.9% 和 2%、-0.7% 和 -0.6%、5.6% 和 5.8%。停止过程中,Nu 逐渐恢复到其初始值的水平。可见,不同加速度方向下涡旋微槽流动与传热特性之间的差距均小于 7%,而惯性离心力方向为 Z 和 $-Z$ 时传热特性差别最大。

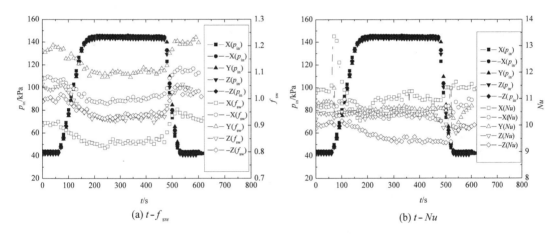

(a) t-f_{sw}　　　　　　　　　(b) t-Nu

图 12-60　加速度方向对涡旋微槽流动与传热特性的影响

(3) 加速度大小对涡旋微槽流动与传热特性的影响

在加速度设定值为 15g 不同惯性离心力方向下,涡旋微槽流动与传热特性的相对变化率均小于 15%。为了研究不同加速度大小对涡旋微槽流动与传热特性的影响,采取将重力场环境下的流动与传热特性与不同加速度值时的流动与传热特性图叠加,分别作出不同加速度值的流动与传热特性图。图 12-61 所示为涡旋微槽试件 No.6 在体积流量 10 L/h,加热功率 100 W,所受惯性离心力方向为 Z 向时,离心机设定不同加速度值时的流动与传热特性图。

由图 12-61 可以看出,在达到离心机设定值后 150 s 左右,微槽的流动与传热特性趋于稳定。稳定后,在加速度设定值为 5g、10g 和 15g 时 f_{sw} 与其初始值相比分别减小 0.3%、5% 和 6.6%;Nu 与其初始值相比分别减小 5.8%、1.9% 和 1.1%。可见,三种大小不同的加速度对涡旋微槽流动与传热特性的影响小于 7%。

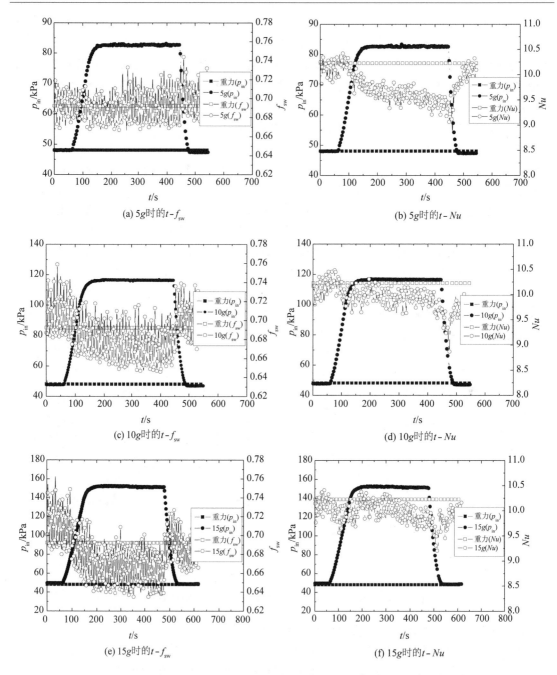

图 12 - 61　加速度大小对涡旋微槽流动与传热特性的影响

（4）不同流量下涡旋微槽流动与传热特性

图 12 - 62 所示为试件 No. 3 在体积流量分别为 17 L/h 和 22 L/h，加热功率分别为121 W 和 135 W，所受惯性离心力方向为 X 方向，离心加速度设定为 15g 时的流动与传热特性图。由图 12 - 62 可以看出，在达到加速度设定值后 150 s 左右，微槽的流动与传热特性趋于稳定。稳定后，在涡旋微槽体积流量为 17 L/h 和 22 L/h 时 f_{sw} 与其初始值相比分别减小 3.1% 和 1.8%；Nu 与其初始值相比分别减小 4.6% 和 0.6%。可见，体积流量较大时，加速度对涡旋微槽流动与传热特性的影响较小。

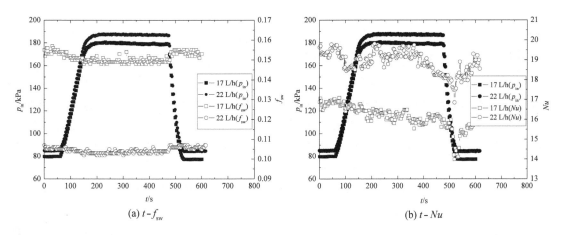

(a) $t - f_{sw}$ (b) $t - Nu$

图 12 - 62　加速度对不同流量涡旋微槽流动与传热特性的影响

（5）不同深宽比涡旋微槽流动与传热特性

图 12 - 63 所示为试件 No.8、No.9、No.10 在体积流量 15 L/h，加热功率 174 W，所受惯性离心力方向为 $-X$ 方向，加速度设定为 15g 时的流动与传热特性图。由图 12 - 63 可以看出，在达到加速度设定值后 150 s 左右，微槽的流动与传热特性趋于稳定。稳定后，涡旋微槽 No.8、No9、No.10 的 f_{sw} 与其初始值相比分别减小 3.8%、6.2% 和 7.1%；Nu 与其初始值相比分别减小 6.8%、6.4% 和 3.2%。可见，在加速度环境下，体积流量相同时，随着深宽比的增加涡旋微槽流动阻力特性和换热特性都得到改善。

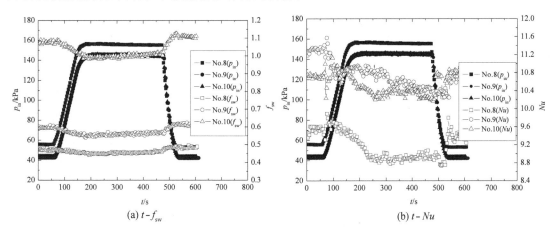

(a) $t - f_{sw}$ (b) $t - Nu$

图 12 - 63　加速度对不同深宽比涡旋微槽流动与传热特性的影响

（6）恒加速度环境下涡旋微槽流动与传热关联式

对恒加速度环境下涡旋微槽采用体积浓度 30%乙二醇水溶液和 FC - 72 单相流动时的流动与传热特性拟合得到如下关联式：

$$\frac{f_{sw}}{f_s} = 0.158 G^{-0.061} \gamma^{0.075} \left(\frac{W}{W_b}\right)^{1.477} Re^{0.463} \tag{12-9}$$

式中，实验中各参数的范围分别为：$5 \leqslant G \leqslant 15, 1 \leqslant \gamma \leqslant 4, 1 \leqslant \dfrac{W}{W_b} \leqslant 1.667, 133 < Re < 2\ 577$。

统计表明，75.3%的工况点误差在 $\pm 50\%$ 以内。

$$Nu = 0.198\gamma^{0.258}G^{-0.047}De^{0.694}Pr^{0.024} \tag{12-10}$$

式中，实验中各参数的范围分别为：$5{\leqslant}G{\leqslant}15, 1{\leqslant}\gamma{\leqslant}4, 57<De<1177, 10.8<Pr<17$。

统计表明，90.4％的工况点误差在±30％以内。

4. 结　论

实验研究表明加速度环境对涡旋微槽流动与传热特性的影响较小。设定离心加速度方向为 Z 向和 $-Z$ 向时，惯性离心力的作用分别使工质流向和背离加热面，故其换热特性差别最大。增大加速度，涡旋微槽流动与传热特性并无恶化现象。增大工质流量，或使用深宽比较大的涡旋微槽可减小加速度对其流动与传热的影响。

由于涡旋微槽中曲率的存在，以及加速度环境所诱发的各种力学效应，使得在加速度环境下涡旋微槽的流动特性受惯性离心力Ⅰ、惯性离心力Ⅱ、科氏力、流体流动惯性力和粘性力等多种因素影响。正是由于惯性离心力Ⅱ的存在，使得涡旋微槽的流动和传热特性受加速度的影响减弱，从而使涡旋微槽试件具有一定的抗过载能力。

12.4　电子薄膜热物性参数测量与分析

12.4.1　引　言

在电子技术和光电子技术中，薄膜和层状结构是极为关键的。半导体器件（晶体管或固态激光器）都是依靠在半导体衬底上的薄膜生长技术制造的。集成电路中各单元间的电互连是采用光刻工艺形成微米宽线条的金属膜来实现。薄膜技术能够提供高精度、高质量的无源元件。应用适当的掩膜，可以在一次抽真空的过程中制成含上百万个薄膜元件的复杂的集成电路。分立的薄膜电容、电阻的特性也优于普通的电容、电阻。薄膜技术被广泛应用于实现电子元件的高质量和小型化。

厚度为微米～亚微米量级的电介质固体薄膜是微电子、光电子、MEMS 等器件中的重要元件，薄膜传热性能的好坏直接影响着器件、系统的性能和可靠性。由于薄膜在一个方向上的尺寸非常小（微米～亚微米），其微细结构与相应体材质不同，声子（晶体点阵振动能的量子、热载子）转移机理不同，这将可能导致薄膜的热物性参数不同于体材质材料值，传热特性也有可能区别于传统的宏观传热，因此急需开展对电子薄膜传热性能的研究。电子薄膜传热性能的研究是微细尺度传热领域的一个重要方面。

在过去几年中，技术发达国家的研究人员采用不同的实验技术获得了 SiO_2、Al_2O_3 和金刚石等一些薄膜的热物性参数，但他们的研究工作主要集中在薄膜的导热系数和热扩散率方面，这对研究薄膜的传热问题是远远不够的，还有非常广泛和深层的问题值得研究。例如：在薄膜传热性能研究中需要考虑的一个重要方面是薄膜的热辐射，因为薄膜一般都有很大的面积/体积比，热辐射的影响是不容忽视的，求取薄膜的发射率是研究薄膜传热性能的一个重要组成部分；此外，薄膜的实验测量技术和理论分析方法也有别于宏观传热领域，例如，在测量体材质的热物性参数时，一般可忽略温度传感器（热探测器）的热容损失，但在进行薄膜热物性参数测量时，通过热探测器热容损失掉的热流可能占相当比例，所以，不考虑薄膜或热探测器自身的比热容会导致较大的实验测量误差。

SiN_x、SiO_2 和 Al_2O_3 薄膜的热物性参数如导热系数、发射率、比热容和热扩散率对微电子元器件的热负荷、热响应时间常数等具有很大影响，进而影响到微电子产品的性能。因此，测量与预测上述薄膜的热物性参数对微电子元器件的设计与加工工艺等具有重大意义。下面介绍一种间接获得薄膜热物性参数的实验测量方法,该方法将金属加热单元和温度探测单元合二为一淀积在自持薄膜上,在考虑热辐射和金属线条(即温度探测单元)热容对薄膜传热性能影响的基础上,采用稳态方法测取了 SiN_x、SiO_2 和 Al_2O_3 薄膜的导热系数和发射率,采用瞬态方法测取了比热容和热扩散率,并对实验结果进行了分析讨论。

12.4.2　实验方法

在硅(Si)片上采用低压化学汽相淀积(LPCVD)方法淀积 SiN_x 薄膜,通过掩膜、光刻、刻蚀等工艺来获得长 b、宽 $l+g$、厚 d_s 的自持薄膜,且满足 $b \gg l+g$,从而获得 SiN_x 单层自持薄膜结构(见图 12-64(a))。由于 SiO_2、Al_2O_3 薄膜自身的机械强度较差,很难获得独立的自持薄膜结构,所以选用机械强度好的 SiN_x 薄膜来作为 SiO_2、Al_2O_3 薄膜的支撑膜,从而形成 SiO_2/SiN_x 和 Al_2O_3/SiN_x 双层自持薄膜结构(见图 12-64(b))。之所以要采用自持薄膜结构,是为了有效分离衬底的影响,以保证实验测量精度。为进行实验测量,在已获得的自持薄膜上通过真空蒸发淀积一导电性良好的金属(Au)线条作为电阻式热探测器(见图 12-64(c)),其宽为 g、厚为 d_b,且满足 $g \ll l$。由于对流换热问题分析非常复杂,为简化问题分析,消除对流对实验的影响,将薄膜放在自行设计、制造的高真空(5×10^{-3} Pa)"黑环境"容器内进行实验测量。

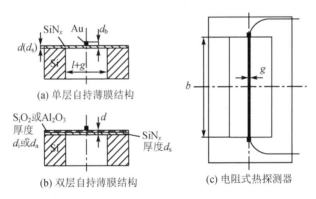

图 12-64　实验原理图

按上述方法制成三类实验样件,以分别用于测取 SiN_x、SiO_2 和 Al_2O_3 薄膜的热物性参数。实验样件包括:① 厚 0.38 μm 和 0.78 μm 的两种单层 SiN_x 自持薄膜;② 在 0.78 μm SiN_x 薄膜上采用 EBE 法沉积厚 0.83 μm 和 1.21 μm SiO_2 的两种双层 SiO_2/SiN_x 自持薄膜;③ 在 0.78 μm SiN_x 薄膜上采用 PECVD 法沉积厚 0.82 μm 和 1.16 μm Al_2O_3 的两种双层 Al_2O_3/SiN_x 自持薄膜。对于单层 SiN_x 自持薄膜和双层 SiO_2/SiN_x(Al_2O_3/SiN_x)自持薄膜,实验方法是一样的,但前者得出的物性参数是 SiN_x 薄膜的,而后者得到的物性参数是 SiO_2/SiN_x(或 Al_2O_3/SiN_x)双层薄膜结构的。为此,必须先求出单层 SiN_x 自持薄膜的热物性参数,然后从获得的双层薄膜结构热物性参数中,分离出淀积在 SiN_x 自持薄膜上的 SiO_2(或 Al_2O_3)薄膜的热物性参数。

12.4.3　稳态方法测量薄膜导热系数 λ 和发射率 ε

给自持薄膜上的金属(Au)线条通一恒定电流 I_0,从而导致金属(Au)线条的温度升高,进

而引起电阻变化。当达到稳态时，通过稳态传热分析可得到金属线条的平均温升为

$$\Delta T_{bm} = \frac{N}{2\lambda db\mu \coth\left(\mu \frac{l}{2}\right) + 4(\varepsilon + \varepsilon_b)\sigma T_0^3 gb} \times \left[1 - \frac{2}{v\,b}\tanh\left(v\,\frac{b}{2}\right)\right] \quad (12-11)$$

式中，T_0 为初始温度（环境温度）；$N = I_0^2 R_T$ 为电流加热功率，R_T 为达到稳态（下标 T 为稳态时的温度）时金属（Au）线条的电阻值；$\sigma = 5.67 \times 10^{-8}$ W/(m²·K⁴) 为黑体辐射常数，且

$$v^2 = \frac{2\lambda db\mu \coth\left(\mu \frac{l}{2}\right) + 4(\varepsilon + \varepsilon_b)\sigma T_0^3 gb}{gb(\lambda_b d_b + \lambda d)}$$

$$\mu^2 = 8\varepsilon\sigma T_0^3 / (\lambda d)$$

λ、ε、λ_b、ε_b 分别为自持薄膜、金属（Au）线条的导热系数和发射率。

式(12-11)中，金属（Au）线条的平均温升 ΔT_{bm} 可通过达到稳态时金属（Au）线条的电阻值变化来间接确定，即

$$\Delta T_{bm} = \Delta R / (R_0 \beta) \quad (12-12)$$

式中，ΔR 为金属（Au）线条达到稳态时与初始电阻值之差，即阻值变化；R_0 为金属（Au）线条初始电阻值，即温度为 T_0 时的电阻值；β 为金属（Au）线条的电阻温度系数。

金属（Au）线条的导热系数 λ_b 可根据适用于具有良好导热性能金属薄膜的威德曼-弗朗兹定律（Wiedemann-Franz Law）来确定，即

$$\lambda_b \rho_e = L_0 T \quad (12-13)$$

式中，ρ_e 为金属（Au）线条的电阻率；$L_0 = 2.45 \times 10^{-8}$ V²K⁻² 为洛伦兹数（Lorentz-number）。

金属（Au）线条的发射率 ε_b 可根据 Woltersdorff 关系式确定，即

$$\varepsilon_b = 2R_\sharp \frac{d_b}{\rho_e} \Big/ \left(1 + R_\sharp \frac{d_b}{\rho_e}\right)^2 \quad (12-14)$$

式中，$R_\sharp = \mu_0 c_0 / 2$。μ_0 为真空磁导率；c_0 为真空光速。

这样式(12-11)中只含有两个未知变量 λ 和 ε，但是只有一个方程，所以要求测量两组不同长度（厚度相同）的薄膜样件，通过建立方程组和迭代方法求得 λ 和 ε。

12.4.4　瞬态方法测量薄膜热扩散率 a 和比热容 ρc

在时间 $t = 0$ 的时刻给金属（Au）线条施加阶跃函数形式的直流恒流源 I_0，即

$$I(t) = \begin{cases} I_0 & (t \geqslant 0) \\ 0 & (t < 0) \end{cases} \quad (12-15)$$

通过建立热探测器微元体瞬态热平衡方程可得到一非线性微分方程，利用线性化技术和级数展开理论，可求得瞬态下热探测器温度随时间变化的平均值 $\Delta T_{bm}(t)$ 的近似解为

$$\Delta T_b(t) = \Delta T_{bm}(1 - e^{-t/\tau_0}) \quad (12-16)$$

式中，ΔT_{bm} 为达到稳态时金属（Au）线条的温升；τ_0 为样件结构的时间常数。经过瞬态传热分析及数学处理，τ_0 可由如下超越方程定义，即

$$\frac{\rho cd + \rho_b c_b d_b}{(\lambda d + \lambda_b d_b)\tau_0} - \frac{4(\varepsilon + \varepsilon_b)\sigma g T_0^3 + 2\lambda dm \coth(ml/2)}{(\lambda d + \lambda_b d_b)g} - \frac{\pi^2}{b^2} = 0 \quad (12-17)$$

式中，ρc、$\rho_b c_b$ 分别为薄膜、金属（Au）线条的比热容；$m^2 = \mu^2 - 1/(a\tau_0)$；$a = \lambda / (\rho c)$ 为薄膜的热扩散率。

实验中通过高速数据采集系统来测定金属(Au)线条电阻值变化 $\Delta R(t)$ 随时间的变化,进而确定 $\Delta T_b(t)$ 随时间的变化,由式(12-16)可得到样件结构的时间常数 τ_0。式(12-17)中由于金属(Au)线条总比热容在结构总比热容中占的比重很小,所以 $\rho_b c_b$ 用体材质值代入所引起的误差不大,而 λ、ε、λ_b、ε_b 等已在稳态实验分析测量中求出,故由式(12-17)可求得薄膜的比热容 ρc,进而可得到热扩散率 a。

当样件为单层 SiN_x 时,λ、ε、ρc 和 a 分别为 SiN_x 薄膜的导热系数 λ_s、发射率 ε_s、比热容 $\rho_s c_s$ 和热扩散率 a_s;当样件为双层 SiO_2/SiN_x 薄膜时,λ、ε、ρc 和 a 为双层结构的物性参数,在首先利用上述实验方案获得 SiN_x 自持薄膜的物性参数的基础上,可利用下式分离出双层结构中淀积在 SiN_x 薄膜上层的 SiO_2 薄膜的导热系数 λ_i、比热容 $\rho_i c_i$ 和热扩散率 a_i:

$$\lambda_i = [\lambda(d+d_s) - \lambda_s d_s]/d \tag{12-18}$$

$$\rho_i c_i = [\rho c(d+d_s) - \rho_s c_s d_s]/d \tag{12-19}$$

$$a_i = \lambda_i/(\rho_i c_i) \tag{12-20}$$

Al_2O_3 薄膜的导热系数 λ_a、比热容 $\rho_a c_a$ 和热扩散率 a_a 同理可得。

由于双层薄膜很薄,且其总有效发射率 ε 与层间界面、各层厚度和辐射波长有关,要分离出上层薄膜的发射率目前还比较困难,所以该方法只能测量双层结构总的有效发射率。

12.4.5　实验结果及分析

图 12-65~图 12-67 分别为实验测得的 SiN_x、SiO_2 和 Al_2O_3 物性参数随温度、厚度变化的关系图,其中图 12-66、图 12-67 中 ε 分别反映的是 SiO_2/SiN_x、Al_2O_3/SiN_x 双层薄膜结构的半环总发射率。

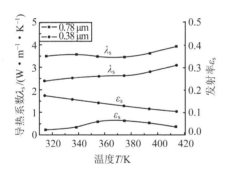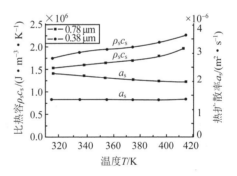

图 12-65　SiN_x 薄膜物性参数

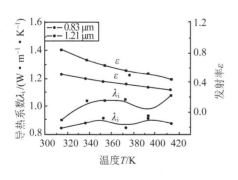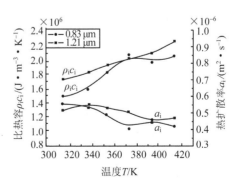

图 12-66　SiO_2 薄膜物性参数

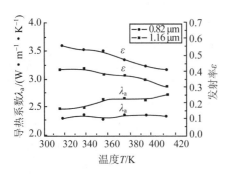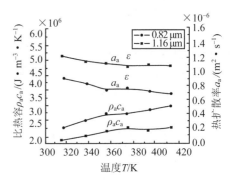

图 12-67 Al₂O₃ 薄膜物性参数

SiN_x 体材质在温度为 300 K 时 $\lambda_s=16$ W/(m·K)，温度为 400 K 时 $\lambda_s=12.9$ W/(m·K)；SiO_2 体材质在温度为 300 K 时 $\lambda_s=1.38$ W/(m·K)，温度为 400 K 时 $\lambda_s=1.51$ W/(m·K)；Al_2O_3 体材质的导热系数在温度为 318.4 K 时为 31 W/(m·K)，温度为 394 K 时为 23.9 W/(m·K)。比较可知，厚度为微米级的 SiN_x 薄膜、SiO_2 薄膜和 Al_2O_3 薄膜的导热系数比相应体材质值分别小 70%、30% 和 90% 左右。固体的导热系数可以简单地用 $\lambda=1/3Clv$ 来表示（其中，C 为单位体积热容，l 为热载子的平均自由程，v 为热载子的平均速度）。在电介质中，热载子主要是声子，由于薄膜在厚度方向上的尺寸与声子平均自由程在数量级上相当，声子在薄膜边界散射严重，引起平均自由程 l 降低，从而导致薄膜导热系数比体材质的低，体现出明显的尺寸效应。因此，体材质的热物性参数在薄膜情况下不再适用。

在 300~400 K 温度范围内，SiN_x 体材质法向总发射率 $\varepsilon_{s,n}$ 约为 0.90，根据半球总发射率与法向总发射率之间的关系可知 SiN_x 体材质总发射率 ε_s 约为 0.84；SiO_2 和 Al_2O_3 体材质的半球总发射率分别约为 0.76 和 0.53。比较可以看出，SiN_x 薄膜的半球总发射率比相应体材质值低 80% 左右，同样显示出明显的尺寸效应；SiO_2/SiN_x 薄膜结构的半球总发射率小于 SiO_2、SiN_x 体材质的半球总发射率，且随温度升高，SiO_2/SiN_x 薄膜结构的半球总发射率下降比较快。在较低温度时，厚度为 0.83 μm 的 SiO_2 和厚度为 0.78 μm 的 SiN_x 薄膜结构半球总发射率与 SiO_2/SiN_x 体材质值相当；Al_2O_3/SiN_x 薄膜结构的半球总发射率略小于 Al_2O_3/SiN_x 体材质的半球总发射率。

从曲线走势还可以看出 SiN_x 薄膜导热系数随厚度的增加、温度升高有所增大，而 SiN_x 薄膜发射率 ε_s 随厚度的增加、温度的升高而有减小的趋势；SiO_2 薄膜导热系数在 300~400 K 范围内几乎不随温度变化，但有随厚度增大而略有增大的趋势；Al_2O_3 薄膜导热系数在 300~400 K 范围内几乎不随温度变化，但随厚度增大略有增大。

SiN_x 体材质在温度为 300 K 时比热容 $\rho_s c_s=1.66\times10^6$ J/(m³·K)，在温度为 400 K 时比热容 $\rho_s c_s=1.87\times10^6$ J/(m³·K)；SiO_2 和 Al_2O_3 体材质比热容分别约为 2.25×10^6 J/(m³·K) 和 3.5×10^6 J/(m³·K)。比较可知，SiN_x、SiO_2 和 Al_2O_3 薄膜的比热容均与体材质的相差不大，所以在微米量级的薄膜中比热容的尺寸效应几乎没有。由于 SiO_2 薄膜密度为 2 300 kg/m³，略小于体材质密度 2 660 kg/m³，所以其比热容略比相应体材质值小些。

在 300~400 K 温度范围内，SiN_x、SiO_2 和 Al_2O_3 体材质的热扩散率分别为 9.65×10^{-6} m²/s、0.78×10^{-6} m²/s 和 $12.45\sim8.27\times10^{-6}$ m²/s。由于微米级薄膜的导热系数体现出了非常明显的尺寸效应，所以相关的热扩散率也不例外，图 12-65~图 12-67 中的热扩散

率值证实了这一点。

12.4.6　结　论

① 采用一种新的实验测量方案,将加热单元与温度探测单元合二为一,在考虑薄膜热辐射和温度探测器热容对薄膜传热性能影响的基础上,间接测取了分别都有两种不同厚度的 SiN_x、SiO_2 和 Al_2O_3 薄膜的导热系数、发射率、比热容和热扩散率。

② 从实验结果可以看出,在微尺度范围内,三种薄膜的导热系数、发射率和热扩散率远比相应体材质的低,体现出明显的尺寸效应,而且还与薄膜的温度、厚度等有关,而三种薄膜的比热容与体材质相差不大。

12.5　纳米流体强化传热研究

12.5.1　引　言

为了有效冷却航空航天器上高功率密度电子设备和组件,航空航天器上往往装有采用液体工质实现对流换热的热控制系统。鉴于航空航天器上特殊环境的要求,目前所采用的液体传热工质往往是冰点低、比热容大、黏度小、腐蚀性小和无毒的化合物,但这类工质的导热系数一般都很低。例如,在航天器上采用的一种液体工质,其导热系数在 10 ℃时为 $0.137\ W/(m \cdot ℃)$,仅是相同温度下水导热系数的 22%。显然,低导热系数的换热工质已成为研究新一代高效冷却技术的主要障碍之一。要进一步研制体积小、质量轻和传热性能好的高效紧凑式热交换设备,满足航空航天电子设备高负荷传热要求,在对传热表面强化传热技术进行深入研究的同时,必须从工质本身入手研制高导热系数、传热性能好的高效新型换热工质。

提高液体导热系数的一种有效方式是在液体中添加金属、非金属或聚合物固体粒子。自从 Maxwell 理论发表以来,许多学者进行了大量关于在液体中添加固体粒子以提高其导热系数的理论和实验研究,并取得了一些成果。由于固体粒子的导热系数比液体大几个数量级,因此,悬浮固体粒子的液体的导热系数要比纯液体大得多。然而,在 20 世纪 90 年代以前,这些研究都局限于用毫米或微米级的固体粒子悬浮于液体中,由于这些毫米或微米级粒子在实际应用中易于沉降,无法形成长期稳定的悬浮液系统,以及容易引起磨损、堵塞管道等不良后果,而大大限制了其在工业实际中的应用。

随着纳米材料科学的迅速发展,自 20 世纪 90 年代以来,研究人员开始探索将纳米材料技术应用于强化传热领域的途径。1995 年,美国 Argonne 国家实验室 Choi 等人提出了一个崭新的概念——纳米流体,即以一定的方式和比例在液体中添加纳米级金属或金属氧化物粒子,形成一类新的传热冷却工质。Choi 等人的实验结果显示,以不到 5% 的体积比在水中添加氧化铜纳米粒子,形成的纳米流体导热系数比水提高了 60% 以上。Argonne 国家实验室 Lee 等人探索用纳米流体和微型热交换器构成高效冷却系统,以解决在高强度 X 射线作用下晶体硅晶片的散热问题,该系统的冷却强度可达 $30\ MW/m^2$。我国南京理工大学一个研究小组在航天用液体工质中添加一定比例的 Cu 纳米粒子(平均粒径 26 nm),测量了纳米流体在不同温度下的导热系数。实验结果表明,添加 2.5% 体积比的 Cu 纳米粒子,形成的纳米流体导热系数比原纯液体提高了约 45%。

以上研究结果表明,在液体传热工质中添加纳米粒子,可以显著增加液体工质的导热系数,大大提高热交换系统的传热性能,显示了纳米流体在强化传热领域具有广阔的应用前景。将纳米流体应用到航空航天领域,提高热控系统的高效、低阻和紧凑等性能指标,满足航空航天器内高功率密度电子系统及部件的温度控制要求,对于保障航空航天器的可靠性有重要意义。

12.5.2 纳米流体介质导热机理初探

添加纳米粒子显著增大原纯液体工质导热系数的原因可能有以下几个方面。

1. 布朗运动的作用

粒子分散入液体后,产生布朗运动。当粒子尺度较大时,布朗运动速度很小,可以忽略不计,粒子在悬浮液内可以近似认为处于静止状态,固相对悬浮液导热系数的影响可以按纯粹传导来计算。

由于纳米粒子的小尺寸效应,悬浮的纳米粒子受布朗力等力的作用,作无规行走(扩散),布朗扩散、热扩散等现象存在于纳米流体中,纳米粒子的微运动使得粒子与液体间有微对流现象存在,这种微对流增强了粒子与液体间的能量的传递,增大了纳米流体的导热系数。最重要的是,纳米流体中悬浮的纳米粒子在作无规行走的同时,粒子所携带的能量也发生了迁移,粒子运动所产生的这部分能量迁移大大增强了纳米流体内部能量的传递,纳米粒子就成为纳米流体内部不同区域换热的主要媒介。显然,纳米粒子携带能量的能力越强,微运动的速率越大,纳米流体内能量传递的强度也就越大,则纳米流体的导热系数就越高。所以纳米流体的有效导热系数是传导和纳米粒子迁移共同作用的结果。

2. 改变了基础液体的结构,增强了悬浮液内部的能量传递过程

其具体体现在如下两个方面:

(1) 非限域热传递对纳米流体导热的影响

应用傅里叶原理描述热传导过程,必须满足一个前提条件,即热流所传递的区域足够大,使得热能载体(在晶体材料中主要是声子)在该区域内充分散射,在区域的每一点处,均处于局部热平衡,这种情况下边界的影响可以忽略不计。然而,纳米粒子的尺度接近或小于晶体材料的声子平均自由程,这时边界将起重要的作用,晶格振动波受纳米粒子界面强烈的散射,傅里叶定律不再满足,热流的传递是跳跃式和非限域的。图 12-68 表示了在不同尺度一维区域内的热传递模式,区域的上下边界分别处于不同的温度 T_2 和 T_1,Λ 为声子的平均自由程。如图 12-68(a)所示,当 L 远大于 Λ 时,热传递满足傅里叶定律,在区域内每一点,热流连续。当 L 接近或小于 Λ 时(见图 12-68(b)),傅里叶定律不再满足,热流是不连续的,在界面处出现温度跳变,热流的传递是跳跃式和非限域的,这种情况下,需应用 Boltzmann 方程来描述热传导过程。

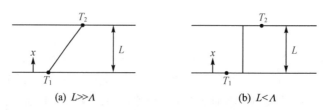

图 12-68 不同尺度区域内热传递模式

当悬浮液内纳米粒子的尺度小于声子平均自由程时,热流的非限域传播可以穿透液体,进入液体中;当两个纳米粒子的间距很小时,声子可能从一个粒子直接传播到另一邻近的粒子,相当于两纳米粒子间出现热短路(其热阻接近于固相热阻)。纳米流体导热系数的增大,可能与该机制有关,然而需要更进一步的实验测试和理论分析来证实。

(2) 固液界面液膜层对纳米流体导热的影响

如果固体粒子分散入另一种基体介质中,粒子和基体接触面处往往存在接触热阻,接触热阻会阻碍热流通过界面传递,降低混合物的有效导热系数,而且分散相粒子越小,界面热阻效果越明显。然而当纳米粒子加入到液体中时,界面热阻可以忽略不计,而且,在固液界面上会形成一层厚度为几个原子距离的液膜。图 12-69 表示了在纳米粒子表面存在的液膜层,液膜层内液体分子受纳米粒子表面原子排列的影响,趋向固相,其排列远比不受约束的液体规则,这层液膜的导热系数也远大于液体本身。

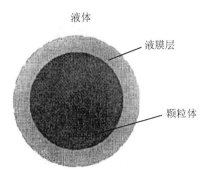

**图 12-69　纳米流体内纳米粒子
表面液膜示意图**

单个纳米粒子表面存在的液膜层,可以提高纳米流体的导热系数,而这种表面包有液膜层的纳米粒子在小区域内接近(聚集),只要不发生团聚沉降,将有助于进一步提高有效导热系数。这是因为纳米流体内纳米粒子间的范德瓦耳斯力是长程吸引力,在某种程度上使粒子彼此靠拢,而静电排斥力又阻止粒子团聚沉降,所以在悬浮液中存在粒子间距很小、彼此分散且稳定的纳米粒子富集区域,其理想状况如图 12-70(a)所示。在这些区域内,如果纳米粒子间距小到 1 nm 以下,如图 12-70(b)所示,两个粒子表面附着液膜层接触甚至部分重叠,而这些固液界面处液膜层内的液体分子规则排列,导致其导热系数增大,这样两个纳米粒子间相当于直接接触,出现热短路,极大地降低了热阻,从宏观来看,即增大了悬浮液的有效导热系数。如果悬浮液内存在大量的这种粒子富集区,则有可能使悬浮液的导热系数获得较大的增加。

(a) 粒子彼此分散　　　　　　(b) 粒子表面液膜层重叠

图 12-70　悬浮液内纳米粒子富集区

12.5.3　纳米流体的制备

在纳米粒子的悬浮液中,由于粒子表面的活性使它们容易团聚在一起,形成带有若干弱连接界面的较大的团聚体。团聚体容易沉降,这会降低悬浮液内纳米粒子的含量,并导致在悬浮液内出现无固相区域,从而增大了热阻,降低了悬浮液的导热系数。因此,如何使纳米粒子均匀、稳定地分散在液体介质中，形成分散性好、稳定性高、持久及低团聚的纳米流体，是将纳米流体应用于强化传热的关键一步。常用以下三种方法来解决纳米流体的悬浮稳定性问题：① 改变悬浮液的 pH 值；② 使用表面活性剂和（或）分散剂；③ 使用超声振动。所有这些方法的目的在于通过改变粒子的表面特性，抑制粒子团聚的发生，以获得悬浮稳定的纳米流体。

如何选择合适的活性剂和分散剂主要依赖于工质液体及纳米粒子的性质。比如，亲水性的分散剂适合于水-粒子悬浮液，亲油性的分散剂适合于油-粒子悬浮液。

进一步研究还得出，纳米流体的导热系数同时依赖于粒子的体积份额和球形度。对于一给定的粒子形状，悬浮纳米固体粒子的纳米流体的导热系数随着粒子体积份额的增加而增大；当粒子体积份额一定时，通过减小粒子的球形度可以增大纳米流体的导热系数，这说明了纳米粒子的形状和性质对纳米流体的导热系数有很大的影响。

还有一点需要强调的是，航空航天器上低温、微重力等特殊环境有可能影响到纳米流体的性能。例如，常温、地面条件下可通过添加表面活性剂、分散剂等方法使纳米粒子均匀稳定地分散在液体工质中，从而避免纳米粒子的团聚和沉降现象发生；但低温、微重力条件下纳米粒子间的作用力会产生变化，液体中的对流现象消失，浮力消失，流体的静压力消失，液体仅由表面张力约束，润湿和毛细现象加剧，纳米粒子的团聚和沉降现象有可能消失，这些因素对纳米流体导热性能的综合效果难以估量。因此必须研究低温、微重力条件下纳米流体的制备技术。

12.6　多功能机/电/热复合结构热控制概念的研究

12.6.1　新世纪航天器的发展趋势和多功能结构设计

美国国防部（DOD）和航空航天局（NASA）在 21 世纪规划中提出要研制和发射大量质量轻、成本低的小型航天器，以完成一系列科学研究和军事探测任务。为实现这一目标，必须对现有航天器的结构及研制方法进行革命性的变革。这种变革只有通过真正意义上的多专业协同和一体化的工程方法，综合结构、热控制、微电子、微型仪器/传感器、动力和推进子系统等专业的最新技术成就才能实现。

美国 Lockheed Martin 宇航公司的科学家认为，航天器的设计主要是由研制高相对有效载重和高性能、低成本小卫星的发展趋势所推动。这是因为卫星是先进的天地信息获取与处理系统的关键组成部分，是军用和民用领域应用最多、最广的航天器。研制高性能、低成本和具有高相对有效载重的小卫星，将对空间技术的进步起到技术牵引和支撑的作用。

传统的卫星设计包括光电设备、热控制和总体结构设计等部分，是由不同专业的研究人员按分系统完成的。虽然在卫星设计及研制过程中，各个专业的人员会互相配合，认真协调，力求获得最佳的卫星总体和分系统设计，但是由于卫星设计的复杂性，以及设计人员专业思想的局限，这种设计方法难以使卫星的性能和小型化同时达到理想的效果。

Lockheed Martin 公司的科学家在充分研究近年来大规模集成电路封装技术、轻质复合材料结构以及高导热系数材料的最新技术进步的基础上，提出了一种具有重要意义的新的设计、制造与集成技术，称之为多功能结构（multifunctional structures）。多功能结构总的概念是把光、电、热和机械结构功能集成到卫星的舱壁板上，将电子设备组件［例如：多芯片组件（multichip modules）］、传感器、执行机构连同传送功率和信号用的电缆一起嵌装到承力结构中去。图 12-71 表示多功能结构的示意图。它由集成有热控制部件的结构承力壁板、铜/聚酰亚胺柔性电路板、多芯片组件插接件以及提供电磁屏蔽和保护的成型盖板等组成。通过采用铜/聚酰亚胺柔性连接设计,取消了粗重的电缆/线束和插头座,在复合材料壁板上的柔性电路连接可直接提供全部功率和信号的分配功能。二维和三维的多芯片组件也是通过柔性电路板直接安装在结构承力板上的,从而取消了大的机壳和电路板。由于传统的电路板、机箱和大型插头座等辅助部件的质量可占到卫星总质量的 50%,因而采用多功能结构的集成技术可大大减轻卫星的质量、减小体积和降低成本。

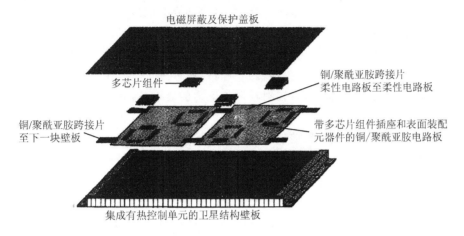

图 12 - 71　多功能结构示意图

多功能结构将使电缆和电子设备封装的质量减轻 70%,从而增加航天器 40% 的有效内部容积。此外,多功能结构至少还在两方面对航天器的发展十分有利。① 多功能结构本身是一种模块化、组合化的结构,这极有利于大批量生产和装配,从而使寿命周期成本大大降低。② 取消电缆和接头,使航天器最后集成阶段的手工操作大大减少,从而可显著提高可靠性和电连接强度。

为加速多功能结构的产业化和商品化,在 NASA 和美国空军的支持和资助下,Lockheed Martin 公司组成了专门的多功能结构研发队伍,自 1996 年起准备分 4 个阶段推进多功能结构的应用研究。据资料分析,目前已完成样件的地面热分析和真空试验,以及小片实验样件在外层空间的强度、电性能和热性能考核。预计 2010 年以前,美国将把以多功能结构作为主承载结构的"无电缆航天器"送入太空。

由于技术保密等多方面原因,Lockheed Martin 公司在公开的资料中只是给出了如图 12 - 71 所示的多功能结构原理图,没有透露设计、研制和试验的详细情况。但毫无疑问,多功能结构是一种革命性的设计方法,它把电、热和结构功能集成到卫星的舱壁板上,为研制高性能、低成本和具有高相对有效载重的卫星提供了正确途径。

进入新世纪,迎来了我国航天技术发展的黄金时代。但是从总体看,我国目前的技术发展水平和能力与未来航天型号发展需求差距较大,与国外发达国家相比技术竞争力较弱。我国要在 21 世纪提高航天技术的起点,实现技术大跨度发展,立即着手多功能结构的研究是一条捷径。

12.6.2　多功能结构热控制的新概念

综上所述可看出,多功能结构设计是通过最大限度地提高基本电子元器件体积对总体封装体积的比值,从而大大增加了卫星的相对有效载重。实现这一目标的有效途径之一是大量采用先进的多芯片组件(MCM)。高密度 MCM 使微电子电路封装体积和内部信号传递滞后都显著下降,与此同时也产生了更高的耗散热流密度。要保证微电子设备正常工作和具有满意的可靠性,必须首先解决好微电子设备的热设计问题。

对电性能和热性能二者的综合考虑,MCM 设计师需要选择合适的衬底、芯片连接固定材料、内部连接方法以及封装材料。例如:对于某些电子元器件,可采用砷化镓衬底取代硅衬底。因为砷化镓对于高温不敏感,从而可以降低对冷却介质温度及工作负荷的要求。除此之外,多功能结构设计的最大变革就是取消了传统上又大又笨重的机箱,它将执行特定功能的MCM 或 MCM 堆直接安装在高导热系数的热沉板(或称倍散热器)上,热沉板与夹芯蜂窝结构的壁板相连,夹芯板将耗散热从卫星传输到空间。夹芯板同辐射板(radiation fin)结合在一起,元件安装面上的热流密度越大,对辐射板散热能力的要求越高,以维持元件在允许的温度范围内。

采用柔性电路板代替常规环氧玻璃纤维制作的硬性电路板,使电子设备集成到航天器结构壁板上成为可能,同时也可使高功率密度的 MCM 通过柔性电路板直接与夹芯蜂窝结构辐射板相连,为电子设备至耗散空间之间提供了一条热阻尽可能低的通路。多功能结构还提供了敷设电缆和内部连接的新方式,通过采用铜/聚酰亚胺柔性连接设计,取消了粗重的电缆/线束和插头座,不仅提供了全部功率和信号的分配和传输功能,而且改善了散热条件。

12.6.3　热控制方案的研究

高集成化 MCM 单元的应用会产生高热流密度,并造成充分散热的困难,除了要改善MCM 本身的热设计外,充分重视微电子设备的热控制技术研究,是实现多功能结构的关键之一。

对于多芯片组件,其功率密度高,而封装尺寸小,要把 MCM 耗散热有效传输到辐射板上,在热流方向上必须具有良好的热传导性能。与传统机箱相比,一个具有相同功率和小封装尺寸的 MCM 壳体则更依赖于辐射板材料的散热能力。

通过对导热方程和辐射传热方程的分析可知,若封装尺寸减小,导热长度增加,则会降低辐射板效率。为抵消这种影响,必须采用高导热系数的材料,增加垂直于热流方向上的横截面积。但实际上,材料的导热系数和横截面积都有一定的限制。当这些参数不能再增加时,必须增加散热器件,如热沉板(或倍散热器)和热管等。散热器件的作用是尽可能使辐射板恢复到接近等温状态。因为等温辐射是最有效的,所需面积最小,可降低对体积和质量的要求。图 12-72 表示几种具有应用前景的热控制方案(包括高导热系数热沉板、热管、可展开辐射器以及毛细抽吸两相流体回路),可用于较宽范围的热负荷。

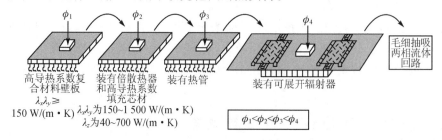

图 12-72　电子元器件热负荷增加时的几种热控制方案

概括起来,多功能结构的热控制方案可从如下几方面着手研究:

(1) 高导热系数复合材料承力结构壁板与蜂窝结构组合单元的强度及传热特性研究

高导热性能壁板,诸如 K13C2U 或 K1100 等纤维增强的氰酸盐脂复合材料,常用于散去中度热负荷。为保证强度和获得良好的传热性能,高导热性能壁板必须与铝制蜂窝结构结合组成组合单元。研究这种组合单元的最佳设计和工艺实施方案,提高其强度及传热性能,是实现多功能结构的基础。

(2) 高导热系数填充芯材、热沉底板及热界面材料的传热特性研究

以上材料和单元均置于多芯片组件下,以将热量从多芯片组件传送到辐射器。它们各自的传热特性及组合方式对多芯片组件的散热有重要影响。例如,具有 $\lambda_x = \lambda_y = \lambda_z = 200$ W/(m·K) 的 Carbon-Carbon 材料已经在航空和航天器电子设备系统中成功用作机箱下的倍散热器。此外,高导热系数的芯体填充材料[沿厚度方向 $\lambda = 400 \sim 800$ W/(m·K)]已用于结构承力壁板中。

图 12-73 中在保证蜂窝结构高导热

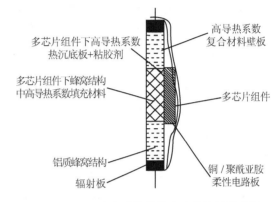

图 12-73　一种多功能结构实验样件的原理图

系数填充材料与壁板紧密连接的前提下,使沿板厚度方向的导热系数从未填充芯材的 0.15 W/(m·K) 增加到填充芯材区的 0.53 W/(m·K),即导热系数增加了近 3 倍。

(3) 微型热管、可展开式辐射器的研制及实验研究

在对电子设备和组件的严格质量和性能要求的推动下,下一代小卫星将把高导热系数壁板与嵌入式微型热管以及可展开式辐射器结合在一起,以散去更大热负荷。如前所述,散热器件的作用可以使辐射器(或壁板)接近等温状态,而等温辐射是最有效的,可减小对散热面积的要求,从而降低对体积和质量的要求。嵌入式微型热管是能实现这种功能的有效散热器件。研制直径仅 3 mm 的微型热管势在必行。

(4) 薄膜、夹层结构及纳米技术在多功能系统热设计中的应用研究

在电子技术和光电技术中,薄膜和夹层结构的传热性能支配着微电子设备的传热能力;多功能结构面板实质上也是一种夹层结构;纳米材料独特的物理和化学性质有可能在辐射器表面制成高发射率的薄层。

(5) 多功能系统传热数学模型的建立、传热性能分析和计算

在系统和元件级进行传热分析和计算可以支持热/结构/材料设计的方案论证,获得最佳解决方案,减少研制工作量和降低成本。因此,建立多功能结构的物理-数学模型,开发适用于多功能结构强度和热分析的仿真软件,并对设计方案进行数值仿真,包括强度分析、稳态和瞬态温度场的数值计算、热特性分析等,以选取可行的多功能结构设计方案,将会有力地推进多功能结构的研制成功。

12.6.4　结　论

① 对多功能结构的研究,首先必须认识到它是一种新的设计理念、新的设计方法。多功能结构的设计研制必须采用多专业协同和一体化的工程方法,要求真正意义上的纵览全局、协

同一致、并行设计和互相制约,从而使卫星的综合性能和小型化同时达到理想效果。专业的局限性或设计、研制过程中任何一点细节上的疏忽,都有可能削弱多功能结构的效用。因此研究电子设备(组件)/机械结构/热控制一体化设计技术十分重要。

② 多功能机/电/热复合结构是一种革命性的设计方法,它使卫星的电缆和电子设备封装的质量减轻 70%,从而增加卫星 40% 的有效内部容积。采用多功能结构的设计理念和集成技术是实现轻质量、低成本小型航天器工程化,推进我国空间技术大跨度发展的有效途径。

③ 解决好微电子设备的热控制问题是实现多功能结构的关键技术之一。为此必须重视多芯片组件、柔性电路板及电路连接件等的结构设计和热设计,同时采用高导热系数复合材料制造结构承力壁板,并综合采用高导热系数热沉底板、填充芯材以及微型热管和可展开的辐射器等措施,以最大限度地排散多芯片组件的热量。

12.7 几项有应用前景的微小卫星热控新技术

卫星是先进的天地信息获取与处理系统的关键组成部分,是军用和民用领域应用最多、最广的航天器。卫星从某种意义上来讲是光电设备的集成。卫星,特别是微小卫星的热控技术,对高热流密度电子设备热控制和热设计技术的进步起到了技术牵引和支撑作用。下面介绍几种近年来刚开始发展而又具有应用前景的微小卫星热控技术。

12.7.1 智能型热控涂层

智能型热控涂层(或主动热控涂层)可以按卫星的温度高低自动改变自身的发射率或太阳热吸收率,从而提高卫星的自主热管理能力。智能型热控涂层质量轻,无移动部件,可靠性高,不耗电或只需很少耗电,具有很大吸引力,成为未来热控涂层的重要选择。可变发射率热控涂层可以用到卫星散热面的外表面和舱壁的内表面。在 0~40 ℃ 范围内,若发射率变化 50%~100%,可使散出的热量变化 1 倍。这种涂层最简单的工作模式是在某个特定温度下其发射率发生变化,例如,当温度低于 20 ℃ 时,发射率约为 0.4;而当温度高于 20 ℃ 时,发射率变为0.8。当温度由高到低,或由低到高变化时,涂层发射率应有重复性。据美国 NASA 文献报道,智能型热控涂层技术可以节省系统电加热功率 90% 左右,减轻热控质量 75% 左右。

可变发射率的智能型热控涂层对控制工作模式多变的卫星设备温度,尤其是遥感卫星设备的温度具有重要作用,非常适合在电功率和质量受到苛刻限制的微小型卫星中应用。

从原理上说,智能型热控涂层实现方法有几种:基于 MEM 技术制造的微型机械热控百叶窗、电致变色(electrochromic)、电泳(electrophoretic)、热致变色(thermochromic)。美国于 2004 年发射的 ST-5 微小卫星,其进行的飞行试验就包括基于 MEMS 技术制造的微型机械热控百叶窗和电致变色热控涂层。

相比较于其他几种辐射特性变化方法,热致变方法简单、可靠,不需外加能量与动力,并具有良好的自适应反馈调节等优点,因此,在电子设备热控制领域更具应用前景。

热致变色功能材料表面选用的基础材料是钙钛矿锰氧化物材料。钙钛矿锰氧化物的一般表达式为 $RMnO_3$(其中,R 代表三价稀土元素,如 La、Pr、Nd、Sm、Eu、Gd、Ho、Tb、Y 等,通常称为 A 位)。当 A 位掺杂 Sr、Ca、Ba、Pb 等二价碱土金属元素(表示为 $R_{1-x}A_xMnO_3$)时,由于二价离子 A 的引入,出现了 Mn^{4+}。Mn^{3+} 和 Mn^{4+} 之间存在着通过氧位交换电子的双交换作用,材料晶格结构发生畸变,当在合适的掺杂浓度条件下,钙钛矿锰氧化物材料在居里温度 T_C

附近发生铁磁金属态–顺磁绝缘态（ferromagnetic metallic – paramagnetic insulator）的转变，呈现独特的光学、电学以及磁学特性。研究表明，当钙钛矿锰氧化物材料的温度在居里温度点附近变化时，其表面辐射特性随之发生转变，当低于相变温度 T_p 时，$R_{1-x}A_xMnO_3$ 呈现低发射率的铁磁金属特征；当高于相变温度 T_p 时，$R_{1-x}A_xMnO_3$ 呈现高发射率的顺磁绝缘体状态，呈现热致改变辐射特性的特征。显然，用这类材料制作的热辐射表面，贴覆于电子设备表面，可以根据设备的温度水平，自主地调节自身辐射特性，控制设备和外界环境之间的辐射能量交换，实现对设备温度的自主控制与管理。

我国对于热致变色功能材料的研究还只是刚起步，今后须重点加强如下两方面的工作：

① 热致变色功能材料表面辐射特性转变机制的研究；

② 热致变色功能材料表面辐射特性控制方法研究。

微型机械热控百叶窗技术将在 12.7.7 小节中介绍。

12.7.2　高导热复合材料

近 30 年来，碳纤维及其复合材料由于其密度低、模量高和参数性能的可设计等优点而发展迅速。据报道，目前国外的高模量碳纤维的导热系数可达到 640 W/(m·℃)，有的碳纤维导热系数甚至达到 1 180 W/(m·℃)，是铜的 3 倍，而密度只有铜的 1/4。基于石墨纤维 K1100 的导热系数可以达到 1 100 W/(m·℃)，比普通的铝材高 8 倍。20 世纪 90 年代末，我国已开展了这方面的研究，目前实验室研制出来的样品，其导热系数达到 600 W/(m·℃)左右。这些材料经过进一步改进力学性能和加工工艺后，可以应用到微小卫星的多功能复合结构中，实现卫星的等温化设计和解决高热流密度设备和器件的散热问题。

除了碳纤维及其复合材料外，近几年美国致力研究的泡沫碳和泡沫石墨等新型材料，为研制高效排热结构或配套热控部件，并尽可能减轻航天器结构质量提供了一条有效途径。

泡沫碳是一种在碳基中均匀分布着大量连通孔的新型轻质多功能材料，如图 12 – 74 所示。泡沫碳有高的导热系数，泡沫碳中的孔隙引入大量的有效传热面积，同时对工质流动产生有效扰动，从而达到强化传热效果。有关文献表明在相同的条件下，泡沫碳芯体的散热效果将高出紧凑板翅式散热芯体 40%，但泡沫碳的密度仅为 0.54 kg/cm³，只是铝合金密度（2.7 kg/cm³）的 20%，是不锈钢密度（7.9 kg/cm³）的 6.8%。

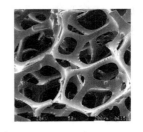

图 12 – 74　泡沫碳微观结构

泡沫碳可以整体成型，其结构紧凑可靠。泡沫碳本质材料是碳，因此，可将碳纤维引入泡沫碳作为龙骨，形成强度高，抗机械和热冲击性能好，又具有优良导热性能的功能/结构一体化材料。用其制造电子设备机箱、承力结构、传热设备和器件，以及小型航空航天器（如卫星）的舱体等，显然具有传统材料无可比拟的质量和性能优势。

泡沫石墨除和泡沫碳一样具有轻质（密度仅为 0.59 kg/cm³）等特点外，该材料在一个方向（水平方向）的导热系数高达 1 500 W/(m·K)，是铝[$\lambda = 160$ W/(m·K)]的 9.4 倍，铜[$\lambda = 386$ W/(m·K)]的 3.9 倍；而在另一方向（垂直方向）的导热系数仅为 10 W/(m·K)。由于人们总希望热流按一定的方向和路径排散，因此，泡沫石墨导热的高度方向性，如在卫星等航天器上加以合理利用，无疑将大大提高其排热能力。泡沫石墨的另一显著优点是最高工作温度可达 2 800 ℃（不锈钢约为 1 000 ℃，铝仅为 270 ℃），是优良的耐高温材料。此外，与铝和不锈钢相比较，泡沫碳和泡沫石墨还具有极低的温度膨胀系数。

除了优良的热物理性能外,有试验证明,石墨晶体的强度非常高,泡沫石墨材料的刚性比铝蜂窝结构高 2 倍。更令人感兴趣的是,它在三维方向上都能保持高机械性能,而铝蜂窝结构和玻璃纤维复合材料只能在二维方向有高的强度。

另外,一些国外资料还报道,泡沫碳(石墨)还具有良好的缓冲吸能和电磁防护性能,是一种很有前途的减振、降噪并兼具电磁防护功能的材料。

泡沫碳、泡沫石墨的应用前景广阔,其主要用途包括:

① 泡沫碳、特别是泡沫石墨优良的导热性能和机械性能,完全可以代替卫星和其他航天器中的玻璃纤维和铝制蜂窝结构材料,并且可进一步用泡沫碳或泡沫石墨作为基体,制成具有超高强度的复合材料结构,为研制具有轻质、高排热能力的卫星铺平道路。

② 各种航空航天器的环控生保系统、电子设备冷却系统、能源及动力等系统中装有大量不锈钢和铝制换热器,如用泡沫碳换热器取代铝制换热器,其传热效率可以提高 40%,而质量可以减轻 80%;如采用泡沫碳换热器取代不锈钢换热器,则传热效率可成倍增长,而质量则可减轻 93.2%。显然,如能采用泡沫石墨并利用其导热方向性,则传热效率的提高和减轻质量的效果会更惊人。总之,采用泡沫碳或泡沫石墨取代传统材料制作换热器,可以大大减轻航空航天器质量,提高有效载荷和提升航空航天器的性能。

③ 泡沫碳(石墨)具有密度低、导热系数高和工作性能稳定等特点,可制成高效气冷、液冷冷板和其他散热元件,满足航空航天器高功率电子设备和集成系统散热要求,同时可为电子设备提供抗热振、耐热冲击,并具有减振、降噪、电磁防护功能的多功能机箱,不仅能有效保障各种光电设备安全可靠工作,而且可大幅度减小航空航天器的体积,减轻质量。

④ 如前所述,泡沫碳(石墨)与其他碳纤维增强的复合材料相结合,可制成优良的功能/结构一体化材料,特别是可以把集成电路、微型传感器、作动器及其热控部件嵌装在泡沫碳(石墨)夹层中,形成多功能机/电/热一体化结构,从而可取消传统的机箱、电路板和电缆等重质量结构。这种多功能集成结构可节省小型航天器(如卫星)30%～50% 的体积和减轻 50% 以上的质量,可为我国航天器提供一种新型、轻质、低成本、多功能结构的平台,为航天器的结构设计带来革命性突破。

12.7.3 微型热管

微小卫星内部往往由于结构紧凑、构造复杂,传统的热管很难被直接采用,需要发展微型、可柔性的热管。微型热管(micro heat pipe)对高热流密度器件的散热很有吸引力,比如随着微处理器芯片的快速发展及相应能耗增加到 20 W,常规的散热技术已不能满足要求,这时利用高效微型热管传递微处理器的热量就显得很有价值。尽管微型热管的理论是成熟的,但对于在如此小尺度下制造工艺的要求是很高的,难度也非常大,需要应用微机械制造技术。

表 12-6 列出了外径为 3 mm 的无氧铜/乙醇小型热管的结构及性能参数。目前人们正在进行直径 2 mm 微型热管的研究和制造。

平板微型热管是近几年发展起来的一种热管,其厚度一般为 1～6 mm,宽度为 10 mm 左右。平板微型热管的主要特性是可以实现将小面积上的点热源变换到较大的冷却面积上的面热源,且具有高热流传输特性。

Bell 实验室开发和研制了一种带有纵向槽道的铝平板热管,工质为苯,用来冷却硅控整流器(SCR)。平板热管被附在平表面上,冷凝器部分由自然空气对流来冷却。

Florida 大学的研究者采用工质为水的铜平板热管给一种受控半导体闸流管(MCT)散

热。小铜平板热管的尺寸为 82 mm(L)×7 mm(W)×2.8 mm(T)，在内表面上具有很细的轴向槽道（0.1 mm 宽），被嵌入或直接制造在热沉上，通过蒸发器区与冷凝器区传热面积的变化，使 MCT 散出的热量被有效扩展到了大的面积上，即从在芯片表面上 100 W/cm^2 的量级变到热沉表面上的 1 W/cm^2 量级，再采用空气冲击冷却的方法从肋热沉散热。微型热管的最大传热量为 40 W，蒸发器的最大热流为 18.3 W/cm^2。

将微小型平板热管技术进一步拓展，研究预埋网络热管，有可能作为现有辐射器的替代技术。

表 12 - 6　小型热管的参数

结构及性能参数	数　值
外径/mm	3
内径/mm	1.8
毛细结构尺寸/mm	0.2×0.2，矩形槽，加一层铜网（200 目）
槽数	20
长度/mm	250
质量每米/(kg·m^{-1})	0.035
工作温度范围/℃	20～100
毛细力极限热流量试验值/(W·m)	1.5
蒸发传热系数/[W·(m^2·℃)$^{-1}$]	>1 000
凝结传热系数/[W·(m^2·℃)$^{-1}$]	>1 000

12.7.4　热开关

热开关不仅可以作为传热元件，而且还可以作为在需要的时候实现导热和绝热切换的热控制部件，比如既可以将低温制冷器件和热环境隔离开，也可以将个别怕冷的器件与低温环境隔离开。热开关可以保证在仪器发热功率变化数倍的情况下，仪器温度波动较小。在解决微小型卫星多工作模式和瞬态热耗变化较大的仪器热控方面，热开关具有很高的应用价值，是理想的热控器件。

热开关的实现原理有很多种，本小节重点介绍一种在航天器已得到实际应用的膨胀热开关。

膨胀热开关是利用各种材料在不同温度时的膨胀率不同而产生体积差，从而产生应力而驱动热开关的闭合和断开。这种类型的热开关有两种工作方式，一种是直接利用不同材料的不同膨胀率而产生的体积变化，使该种材料断开与热开关一个部分或两个部分的热连接；另外一种是利用各种材料产生不同膨胀时而产生应力驱动热开关接触面的断开。例如巴西正在研究的一种双金属热开关属于第一种工作方式，美国 JPL 实验室研制的石蜡热开关属于第二种工作方式。

巴西 Santa Catarina 联邦大学卫星热控实验室 F. H. Milanez 和 M. B. H. Mantelli 在 2000 年开始对双金属热开关进行了理论和试验研究。如图 12 - 75 所示，双金属热开关结构组成包括两个螺帽、一根螺纹杆和一个盘状物。盘状物形似一个厚的垫圈，放置在两个螺帽之间。螺纹杆由低热膨胀率的材料制造，盘状物由高热膨胀率的材料制造。一个螺帽固定在卫星结构上,另一个与低温传感器连接。当低温传感器冷却时,螺纹杆和盘状物收缩的不同使螺帽和盘状物之间的接触压力减小,从而使接触面的接触热阻增大,热开关的综合热阻就相应地增大。当接触压力达到零时,热开关的综合热阻达到最大值且保持不变。综合热阻是热开关平均温度的函数。热开关的断开温度在 104.7~111.4 K 之间。

美国 JPL 实验室以及卫星系统研究公司 SRC(Starsys Research Corporation)联合研制了用于火星表面探测装置的石蜡驱动热开关。热开关安装在电池装配体和外部散热器之间。根据预先确定的温度范围,开关的导热系数变化近两个数量级,以帮助控制电池温度。热开关的工作完全是机械和自适应控制的,且依赖于石蜡熔化和凝固的温度。

热开关的机械行为是由一个密封筒内石蜡的熔化和凝固的转换引起的。当石蜡熔化且随着温度的升高不断膨胀时,其体积增加将两个表面拉近并接触在一起而提供传热路径。当石蜡冷凝冻结时,收缩的弹力将两个表面推开而断开了原来的传热路径。热开关是为 MER(漫游者号火星探测器)任务设计的,由上、下两个配合的半圆柱体组成,如图 12 - 76 所示。附着在外部辐射器上的活动圆柱体与 4 根安装在内部的杆子固定,通过杆子的伸缩完成与热开关上部固定的圆柱体的接触和断开。杆子在传热上是独立的,但是在开关断开时仍然有部分热量通过它们传导。石蜡密封筒安装在热开关上部固定的圆柱体内,因此密封筒的激活取决于该圆柱体的安装部件以及探测器电源组件的温度。热开关的物理尺寸及外形在很大程度上受限于热开关在开/关时要求的导热系数。如图 12 - 76 所示,热开关处于闭合状态时直径为 36 mm,长为 51 mm,打开状态时开关两部分隔开约 1 mm。漫游者号探测器上的电池允许的温度变化范围是:放电时为 -20~+30 ℃,充电时为 0~+30 ℃。石蜡的激活温度点为 +18 ℃,热开关"开"状态的热导为 1.0 W/K,"关"状态的热导为 0.017 W/K,即通过开关控制热导能达到近 59 倍的变化。整个热开关质量约120 g。热开关已成功应用到美国间谍卫星"复眼"(brilliant eyes)上的低温探测器件和火星探测器"漫游者"上的蓄电池热控制等,对控制航天器中相关设备温度水平,使探测器能够有效地完成探测任务起到重要作用。

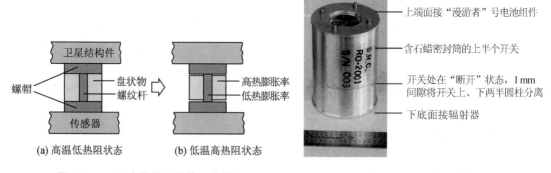

图 12 - 75 双金属热开关的工作原理   图 12 - 76 石蜡热开关

除了上述两种热开关外,参考文献[124]介绍了低温用氢气气隙式热开关和微分热膨胀式热开关。氢气气隙热开关平时断开,需要时则通过加热氢化物吸收器释放氢气来导通热开关,其导通后的热导为 1 W/K,断开后的热阻为 1 000~1 500 K/W,运行温度范围为 15~300 K。微分热膨胀式热开关平时导通,需要时则通过加热不锈钢桶使其膨胀而打开缝隙,从而断开热开关,其导通后热导大于 1 W/K,断开后热阻为 1400 K/W。

利用热开关可以对航天器的局部热控进行优化,它对于一些利用传统热控技术难以解决的、有较高温度要求和较复杂热边界的仪器设备非常有效。未来热开关的研究重点应是提高热开关导通和断开时的热导比率和减轻热开关的质量，并根据不同的应用场合进行针对性的设计。

12.7.5　自主适应的电加热控温技术

目前我国航天器上主动热控一般采用的是电加热主动热控技术，这种技术虽然比较成熟，但由于中间环节比较复杂，需要控温仪、加热器、温度传感器和控制线路等，不仅质量大、功耗高、可靠性低，而且在控温回路数目和功耗上往往限制比较大，因此这种技术不可能在微小卫星中大量应用。

比较理想的方法是"自控加热"，就是自主适应的电加热控温技术。这种加热技术就是只有与电源相连的加热器，没有控制线路和温度传感器，因此非常简单，减少了中间环节的复杂性和不可靠性。其工作原理是当设备温度超过设定值时，加热器电阻急剧增大，使其通过的电流接近0。而当设备温度低于设定值时，加热器电阻迅速减小，使通过的电流达到最大。通过加热器电阻随温度的变化自动调节加热回路的电流，控制设备温度。这种技术的另外一个优点是，加热器可以按照需要随意切割，不用再重新设计和加工，这样对于强调快、好、省的微小卫星来说也是很有吸引力的。

目前这种技术在工业中已有一定的应用基础，经进一步研究和发展后，可以在未来微小卫星中应用。

12.7.6　基于热技术的微机电系统(MEMS)

微机电系统 MEMS(Micro Electro Mechanical System)是集多个微机构、微传感器、微执行器、信号处理、控制电路、通信接口及电源于一体的微型电子机械系统。MEMS 是当今世界的研究热点。其示意图如图 12-77 所示。它首先起源于微电子技术，并在航空航天领域、机械领域或机电一体化领域拓宽和延伸。微机电系统根据其用途不同，形成了光 MEMS(MOEM 技术)、射频/微波无线电通信系统中的 MEMS(即 RF MEMS 技术)以及用于未来微型空间飞行器热控制的 MEMS(THERM MEMS 技术)等。

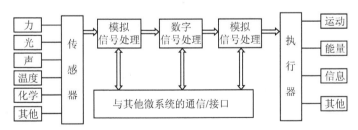

图 12-77　微机电系统基本组成示意图

未来的微型航天器的物理尺寸小于 0.5 m，功率水平小于 50 W。这些微型航天器典型的硬件比现在航天器上的硬件要小一个量级。一些正在为将来而研究的微/纳航天器，其系统往往集成在一个芯片上，尺寸小到边长为 10~15 cm，而高仅为 5~10 cm。虽然微型航天器的功率水平小于 50 W，但一些电子器件和敏感器的热流密度可高于 25 W/cm²。这些高功率密度器件的应用需要基于热技术的微电子机械系统(MEMS)，以提供将来微型空间飞行器的热控制。正在研究的基于热技术的 MEMS 包括单相和两相微通道、循环流体的微型泵、调节热排散的可变发射率辐射器、热开关、热控百叶窗和热控阀等。

美国喷气推进实验室 JPL(Jet Propulsion Laboratory)正在研制一个基于 MEMS 的泵液体回路系统,如图 12-78 所示。该系统用泵驱使液体流过一个贴在电子器件外壳上的用硅胶底片所蚀刻的微通道,高热流密度电子设备的耗散热由液体带走并排散到另一个换热器,再进入航天器冷却系统热沉。

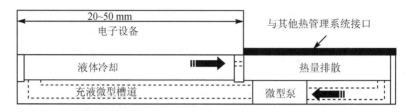

图 12-78　用于微/纳级别科学探测器的 MEMS 泵冷却回路

12.7.7　微型百叶窗技术

热控百叶窗是一种利用低辐射率可动叶片不同程度地遮挡高辐射率的仪器散热表面的办法来控制温度的装置。现在已经使用的航天器百叶窗系统的当量辐射率的变化最大的已达近12 倍,所控制的排热能力的变化已达 20 倍,因此,这种系统对仪器设备的温度控制是相当有效的,但传统常规尺寸的百叶窗无法满足微小航天器热控的需要,而微小型、质量轻、高效的百叶窗热控制装置已成为百叶窗技术的发展趋势。近年来出现的 MEMS 百叶窗就是适应微小航天器研制需要而发展起来的新技术。

MEMS 百叶窗是指应用 MEMS 的超微型加工技术和集成技术,将百叶窗系统中的各部分组件高度集成,实现微型化、超轻量化。相对于传统百叶窗,MEMS 百叶窗具有高效、轻质、灵敏、精确等优点,且 MEMS 百叶窗成本低,生产周期短,能耗低,在微型航天器热控方面有独特优势。

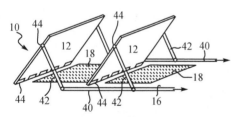

图 12-79　单层平板结构图

2003 年 NASA 研制了一套 MEMS 百叶窗,其驱动装置、叶片等结构均集成在硅基片(芯片)上,叶片尺寸为微米量级(几微米～几百微米)。图 12-79 显示了 MEMS 百叶窗的单层平板状叶片结构图,叶片 12 的一端通过铰链 44 与基底相连。两侧各有一个铰链与两个可动曲臂 42 相连,后者与水平驱动杆 40 相连,当 40 做水平往复运动时,叶片就能实现开启与闭合。装置的材料选用硅,为了得到更低的热辐射系数,叶片上分区镀几百 nm 厚的金。每个 MEMS 百叶窗由若干个叶片组成,考虑到单元的独立性和驱动装置的大小,一般来说每个单元包含的叶片不会很多,每个单元可以独立进行控制,从而可以精确控制每个单元的有效发射率。MEMS 百叶窗的驱动控制可采用热电变形驱动、电磁驱动、压电驱动以及静电梳齿驱动等。其中静电梳齿驱动采用硅微细加工工艺,设计加工易于实现,驱动控制电路简单,是目前应用最为广泛的一种微驱动方法。其存在的问题是工作电压相对来说较高,需引入额外驱动电路;另外,外太空的带电粒子对电信号的干扰也是一个需要解决的问题。而电热驱动(如双金属片等)可能是较为理想的 MEMS 百叶窗驱动方式。

国际上正在进一步发展微型记忆合金窗技术。目前,我国有关单位已经研制出质量为

0.916 kg的小型合金百叶窗,在进一步解决驱动机构对温度的敏感性、可靠性,并且应用MEMS技术进一步减轻质量和减小尺寸后,可以在未来的微小型卫星中应用。

12.8 射流冷却技术研究

12.8.1 基本原理

蒸发相变吸热是已知的最有效的传热方式,从理论上讲,水蒸发的吸热量是温升为 10 ℃ 的液体吸热量的 58 倍。射流技术是蒸发相变与冷却循环系统的结合,通过微喷嘴把冷却介质雾化后喷向冷却对象,冷却介质受热后汽化(蒸发相变)带走热量,然后汽化介质在专用的热交换器内冷凝成液体并循环使用。据 ISR 公司资料报道,采用射流冷却时几克的液体就可带走 80 J 的热量,而用液体冷却只能带走 1 J 的热量。因此,射流冷却的吸热量远大于液体对流冷却。图 12 - 80 是 ISR 公司研制的射流系统工作原理示意图。

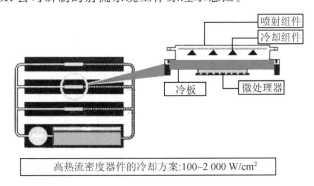

图 12 - 80 射流系统工作原理示意图

射流冷却时被雾化的冷却介质沿芯片法线方向冲击传热表面,冲击处速度和温度的边界层非常薄,因而传热效果非常好。图 12 - 81 是不同冷却方式和冷却介质下的散热性能比较,可以看出射流冷却的换热系数高于一般的蒸发冷却;另外,射流冷却是减小蒸发冷却剂质量的有效方法。

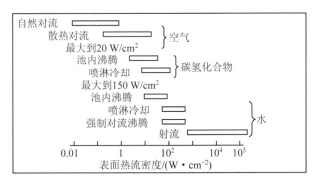

图 12 - 81 不同方式和冷却介质下的散热性能比较

12.8.2 国内外研究情况

以 F - 22 的 CIP(Common Integrated Processor)为代表的第四代航空电子系统首次采用

了液体冷却回路技术，使机载电子设备的冷却技术达到了一个新的高度，也使液体冷却技术得到了新的发展。而国外新一代战机(JSF)的成本尽管有了大幅度的降低，但在冷却技术方面则与F-22基本一致，说明冷却装置所占的比重得到进一步的提高。从20世纪末以来，射流冷却(spray cooling)成为电子设备冷却领域的热门话题，特别是美国在这方面投入了大量的人力和物力。2003年和2004年DSPO(the Defense Standardization Program Office)和VITA(the VMEbus International Trade Association)组织的两次会议(Advanced Liquid Cooling of Electronics Workshop)都集中对射流冷却进行了讨论。以亚利桑那大学(University of Arizona)和马里兰大学(University of Maryland)为首的研究机构在理论上进行了深入的研究。而ISR、Parker等公司则可提供部分产品。目前3M公司研制的射流冷却剂Perfluorocarbon(PFC)应用较多，其沸点为+55 ℃，冷却能力为500 W/cm^2，并保持芯片温度低于75 ℃。就连为F-22提供集成机架和LRM模块的DHY公司也准备在下一代机载电子设备上采用射流冷却技术。其主要思路是多种冷却方式并存以及选用多用途的冷却剂。目前美国陆、海、空军等都有多个关于

图12-82　射流冷却系统结构示意图

射流冷却研究项目正在进行。从几方面的资料都可以看出，射流冷却技术将成为美国下一代军用电子设备冷却技术的发展方向。图12-82是ISR公司为EA-6B提供的射流冷却系统。表12-7是ISR公司对传统液体循环系统和射流冷却进行的对比，从表中可以明显看出射流冷却的优势。

表12-7　传统液体循环系统和射流冷却系统的对比

项　目	液冷循环	射流冷却	对比结果
带走电子设备每kW热量需要的工质体积/(m^3·kW^{-1})	0.235	0.065	降低为液冷的28%
带走电子设备每kW热量需要的工质质量/(kg·kW^{-1})	55.3	20.5	降低为液冷的37%
带走电子设备每kW热量所需要的冷却系统的功耗/(W·kW^{-1})	210	30	降低为液冷的14%
可负荷的CPU数量和速度	160 CPU,60 MHz	220 CPU,80 MHz	提高1.2倍
系统设备之间的温度不均匀度/K	40	2	增大MTBF(平均故障间隔时间)
启动和运行的温差/K	50	25	增大MTBF
硬件成本(No NRE)	$1 100 000	$500 000	降低为液冷的45%

射流冷却技术研究在国内尚处于起步阶段，与国外的差距较大。虽然部分高校的研究人员在这方面进行过一些尝试，但多属于理论和实验室研究范畴，尚未进入实际工程应用。北京工业大学马重芳等以最新微电子设备冷却剂L123078为工质，试验研究了用圆形自由射流冲击模拟电子芯片的局部对流换热的情况，测定了驻点换热系数的径向分布，发现了驻点换热随射流Re和热流密度的增加及喷嘴直径的减小而增强。上海理工大学陈文奎等进行了小温差喷雾碰壁蒸发的实验研究，研究了喷嘴在不同的流量和喷距下热流密度、壁温和换热系数之间

的关系。实验发现,在常压下,水雾在加热表面沸腾的过热度约为 10 K,此时的沸腾换热系数将急剧增大,壁温上升的斜率显著下降。

12.8.3 主要研究内容

由于射流冷却近几年才开始应用于电子设备,故在基础理论和工程应用方面尚有很多问题需要深入研究。

(1) 射流冷却过程研究

通过对射流冷却过程进行研究,建立数学/物理模型,为系统研究打下理论基础。

(2) 低压射流喷头研究

由于雾化后的液体直接喷向芯片或冷板,系统的压力不能太高,如何能在较低的压力下使液体雾化是一个难点。主要研究喷头的几何形状、喷射角度、喷射距离、喷射压力以及微结构表面粗糙程度等参数对液体雾化和冷却效果的影响。近年来,各国科学家对圆形射流冲击做了深入的讨论,但大多数的喷嘴直径大于 1 mm。随着电子芯片向微型化发展,须对更小尺寸的喷头进行研究。对于相同出口速度的射流冲击而言,小尺寸喷嘴的流体沿壁面加速的行程较短,从层流到湍流的过渡发生较快,因此小尺寸喷嘴驻点区的换热系数比大尺寸喷嘴要大。

(3) 射流介质研究

射流冷却是靠介质的汽化潜热带走热量,因此介质的热物性参数对冷却效果有决定性的影响,通过研究不同介质的沸点、凝固点和汽化潜热等参数,选择或研制得到最佳性能指标的工作介质。

(4) 射流系统研究

研究耗散功率与系统容量的关系,确定系统参数。研究射流系统如何满足机载条件,优化系统设计。

12.8.4 应用前景

随着微电子技术的飞速发展,电子设备呈现出高性能、小型化的发展趋势,所处环境特别是热环境更为恶劣,面临的挑战更为严峻,集中表现在以下几个方面:

① 电子设备的功率密度不断提高。虽然驱动电压的降低可以减小门电路的功耗,但由于集成度和工作频率的提高导致芯片的功率密度越来越高。

② 目前,国外新一代战机(JSF)中广泛采用 COTS 产品,这是机载电子设备降低研制费用、缩短研制周期的必由之路,也是今后机载电子设备发展的主流趋势。在机载条件下采用 COTS 产品最主要的是散热问题,研究冷却技术就是为工业档的产品创造适当的小环境,使其能适应机载条件并可靠工作。

③ 随着微电子技术的发展,大功耗电子封装已发展成一个完整的机械式组件,芯片仅占一小部分空间,而冷却结构部分含量大大提高,技术难度相应增加。以 F-22 的 CIP 为代表的新一代综合化航空电子系统,大量采用了多芯片组件(MCM);另外随着技术的发展,SoC (System on Chip)也将逐步应用于航空电子领域。这些都对冷却技术提出了新的更高的要求。从上述发展特点可以看出,冷却技术是下一代航空电子系统面临的关键技术之一,对机载电子设备能否可靠、稳定地工作起着决定性的作用。而传统的冷却技术已很难满足未来航空电子设备的要求,研究新一代机载电子设备冷却技术已成为当务之急。近年发展起来的射流冷却技术是冷却技术的发展方向。

从理论上讲,射流冷却是目前已知的最有效的冷却方式。射流冷却技术研究在国外也处于起步阶段,这使此项研究有一个较好地缩小与国外差距的机遇。因此,开展以射流冷却为代表的冷却技术研究是未来电子设备面临的关键研究内容,这项技术具有广泛的应用前景。

12.9 基于固液相变冷却的钛酸锂电池热管理研究

12.9.1 动力电池热管理背景

安全性因素一直是锂离子电池大规模应用过程中不可忽略的重要因素,特别是新能源汽车领域。电池在大规模使用的同时,热失控引发的安全事故也频频出现,比亚迪、特斯拉等知名品牌新能源车自燃事故时有报道。人们对锂离子电池的安全性的关注越来越多。

除了热失控引发的安全因素之外,电池组的温度对电池的工作性能以及使用寿命有着重要影响。电池运行存在一个最优工作温度范围,并在此温度范围内获得性能和循环寿命的最佳平衡。在高温环境下,电池内部不可逆反应增加,不可逆反应将会导致电池的可用容量减少,从而导致电池组可用容量衰减,当达到最大容量的 80% 时,电池寿命终结。电池组温差导致电池之间内阻不同,长期工作会使各个电池生热不均,进而导致电池之间存在容量差距。而电池组的容差与最差电池容量一致,所以电池内部温度差异同样不可忽视。随着电池装机容量的逐步增加,由于电池内外温度差异以及散热局限,电池组内不同模块以及电池组内部各个单体电池之间产生了不均衡温度分布,从而造成单体电池之间的性能不匹配,导致电池组过早失效。另外,电池温度过低不仅影响电池使用寿命,而且会影响电池的充放电容量,可能的原因包括电解液受冻凝固等。电池在低温条件下工作时,电池的可充入容量和可放出的容量均降低。

电池组的热管理对于保证电池安全运行有着重大的意义,特别是对于空间有限的电动汽车,其内部密集布置的许多单体锂电池,热失效将会导致电池组性能的急剧下降和整车安全风险激增。所以,在没有解决电池的自发热效应之前,高效的电池热管理技术是保障锂电池发展和大规模工程应用的关键。

12.9.2 动力电池热管理技术介绍

1. 风冷热管理

风冷热管理系统是以空气作为介质对电池组进行温度控制,是通过气体和电池表面进行对流换热。由于空气容易获得,对电池没有腐蚀,因此风冷热管理系统最先应用于电池热管理系统,也是目前电池热管理系统研究中常见的一种冷却方式。影响风冷热管理系统性能的因素主要包括电池排列方式、电池间距、风道、风速或风量等。

2. 液冷热管理

锂电池液冷热管理系统的冷却工质通常为乙二醇、水或者乙二醇水溶液,这些工质的比热容很大,因此其对流换热系数大、均温性好,对电池组的冷却/加热速度较快。在相同使用条件下,液体热管理系统具有较大冷却负荷的能力,因此采用液体工质对电池进行热管理近年来逐渐引起重视,并进入商业应用。

液冷热管理系统按冷却工质是否直接接触热源可以分为直接冷却与间接冷却。直接冷却首先要求冷却工质具有电绝缘性。工质的流速、导热系数以及比热容是衡量直接冷却性能的重要参数；其次要求系统有着良好的密封措施，避免漏液造成热管理系统失效；最后，常用的冷却液如导热油通常黏度较高，驱动工质流动需要消耗一定功率。间接冷却通常是制作板式换热器来实现工质与热源的间接接触同时保证高效的换热。间接冷却对工质的电绝缘性没有要求，但仍需要驱动工质运动的泵以及系统密封良好。从可维护性角度，间接冷却更好。间接冷却液冷系统的传热性能决定于冷板的几何结构、工作介质的热物性参数及流动速度等。

3. 热管热管理

热管因具优异的等温性、良好的导热能力、热响应能力、结构简单无运动部件等优点而在余热回收、电子设备冷却、航空航天等领域的应用研究快速发展。但在锂离子电池冷却领域使用热管作为散热方式尚未出现实际应用，主要的研究仍处于实验室研究阶段，应用研究主要在计算机类、通信类和消费类电子产品领域。

4. 新型热管理系统

传统热管理系统，如风冷热管理系统以及液冷热管理系统需要额外能源驱动冷却工质循环，热管冷凝段强化换热也需要一定能耗，这些热管理系统在电池热管理应用中通常是以牺牲电池用于动力输出的容量和功率的代价来获得电池良好的工作温度，进而换取较长的运行寿命；另外，传统热管理系统复杂，占用的空间较大，维护复杂。采用相变材料的电池热管理系统则可望克服这些缺点。以相变热管理为代表的被动式热管理方式具有系统简单、无功耗的优点，得到了越来越多的关注。相变材料有很大的相变潜热，把相变材料用于电池的热管理，当电池的温度达到并超过相变材料的相变温度时，相变材料开始发生相变，吸收电池产生的热量，并且相变材料在发生相变过程中材料的温度保持不变或变化范围很小，可以使电池在安全温度范围内工作。使用相变材料作为热管理系统冷源，是一种方便且无需增加额外耗能设备的热管理系统。

另外，单一热管理方式通常能够满足低放大倍率、小容量电池组的热管理需求。随着电池装机容量越来越大，电池快速充放电的要求使得电池组整体发热量越来越高，极端环境下，单一热管理方式越来越难以满足锂离子动力电池的散热要求，综合运用两种或多种热管理方式的综合型热管理系统将成为未来解决锂离子电池热安全性问题的重要手段。在已有研究中，通常是将风冷热管理系统、液冷热管理系统等传统热管理方式与热管、相变材料等新型热管理方式相结合，或者新型热管理方式之间相互匹配、补充构成综合热管理系统。

12.9.3　动力电池热管理系统理论

1. 生热模型

电池生热特性是其内部复杂电化学反应以及电能-热能转换综合作用的结果。通常在电池正常工作过程中，电池产生的总热量主要由可逆的电化学反应热以及不可逆的焦耳热组成，副反应热以及混合热通常很小以至于可以忽略。因此，结合 Bernardi 等人根据电池能量平衡给出的电池生热率计算方法，电池生热速率计算模型可简化为

$$q_t = i(E - U) - iT \frac{\partial E}{\partial U} = i^2 R(i, \text{SOC}) - iT \frac{\partial E(\text{SOC})}{\partial T} \qquad (12-21)$$

$$R(i, \text{SOC}) = \frac{E(\text{SOC}) - U(i, t)}{i} \qquad (12-22)$$

式中:q——电池发热功率,W;

i——充放电电流,A,充电过程为负,放电过程为正;

T——电池温度,K;

$i(E-U)$——不可逆焦耳热;

SOC——电池荷电状态;

$iT\dfrac{\partial E}{\partial T}$——电化学反应热;

R——电池内热阻。

不可逆焦耳热大小主要取决于电池直流内阻,且不为定值,这是因为参与电化学反应的活性物质的组成、电解液的浓度和温度都在不断地改变。直流内阻主要由欧姆内阻以及极化内阻(包括电化学极化以及浓差极化)构成。欧姆内阻取决于电池材料以及各部分材料的组装结构,受荷电状态的影响较小,遵守欧姆定律。极化电阻是指电池的正极与负极在进行电化学反应时极化所引起的内阻,大小与电池荷电状态(SOC)有关,极化内阻随电流密度增加而增大。

锂电池大电流充放电过程中不可逆焦耳热为主要热量形式。但在测试直流内阻过程中为了充分获取动态工况下电池端电压的变化量,需要根据经验来选取合适时间长度的数据段用于计算直流内阻,时间长度的选取往往会引入不同程度的偏差,这种方法计算效率较低。

2. 散热模型

电池在热量传递过程中,除了电池体吸收一部分热量(q_c)之外,电池和热管理系统之间通过对流(q_h)、导热(q_d)以及辐射(q_r)三种方式进行热量交换,其中,由于大多数电池在正常工作过程中的运行温度低于 60 ℃,辐射散热量较少,可忽略。液体热管理系统中热量通过导热形式传递给热管理系统中的换热设备,然后换热设备以对流形式传递给工作介质;在热管热管理系统以及相变材料热管理系统中,电池产生的热量主要以导热形式传递给相变介质。在空气热管理系统中,电池散热形式主要为对流散热,根据能量平衡方程:

$$\rho cV(T_t - T_0) = -\int \frac{T_t - T_\infty}{R_h}\mathrm{d}t + \Phi \tag{12-23}$$

式中,ρ 为电池密度;c 为电池比热容;V 为电池体积;T_t 与 T_0 分别为 t 时刻与初始时刻的电池温度;Φ 为电池发热量;R_h 为对流热阻;T_∞ 为环境温度。

对于电池传热问题,其控制方程可表述为

$$\rho c\frac{\partial T}{\partial t} = \frac{\partial}{\partial t}\left(k_x\frac{\partial T}{\partial x}\right) + \frac{\partial}{\partial t}\left(k_y\frac{\partial T}{\partial y}\right) + \frac{\partial}{\partial t}\left(k_z\frac{\partial T}{\partial z}\right) + q \tag{12-24}$$

假设组成电池的材料介质均匀,密度相同,各处的导热系数相同。比热容和导热系数不受温度的影响。电池在任何时刻,其内部温度都趋于一致,即在同一瞬间电池存在同一温度下,电池可看作一个质点。电池温度仅仅是与时间有关而与空间坐标无关。此时解决电池瞬态传热问题可以采用集中参数法。另外,当实验测试过程中电池温度数据的采集周期足够小,则在每个采集周期内(τ)可假设电池发热功率为定值。此时空气热管理系统中的电池能量平衡方程以及方程解析解可表述为

$$\rho cV\frac{\partial T}{\partial t} = q_t - \frac{T_t - T_\infty}{R_h}, \quad t \leqslant \tau \tag{12-25}$$

$$t = 0, \quad T = T_0$$

$$\frac{q_{\mathrm{t}}R_{\mathrm{h}}-(T-T_{\infty})}{q_{\mathrm{t}}R_{\mathrm{h}}-(T_{0}-T_{\infty})}=\exp\left(-\frac{1}{\rho cVR_{\mathrm{h}}}t\right)=\exp\left(-\frac{1}{B}t\right) \tag{12-26}$$

式中，B 为时间常数，$B=\rho cVR_{\mathrm{h}}$。当电池发热量为 0 W 时，即电池处于冷却状态时，B 可以通过如下方程计算：

$$\frac{T-T_{\infty}}{T_{0}-T_{\infty}}=\exp\left(-\frac{1}{B}t\right)$$

$$B=t\ln\frac{T_{0}-T_{\infty}}{T-T_{\infty}} \tag{12-27}$$

R_{h} 可以通过下式计算得到：

$$R_{\mathrm{h}}=\frac{T_{\max}-T_{\infty}}{Q} \tag{12-28}$$

式中，Q 为热源温度；$T_{\max}$ 为稳态温度。

在工程上，当电池毕渥数 $Bi<0.1$ 时，物体中最大与最小的过余温度之差小于 5%，可近似认为物体内部温度一致，则电池发热量计算如下：

$$q=\frac{1}{R_{\mathrm{h}}}\left[\frac{T-T_{0}}{1-\exp\left(-\dfrac{t}{B}\right)}+T_{0}-T_{\infty}\right] \tag{12-29}$$

在电池初始温度、环境温度、不同时刻电池温度分布、对流热阻以及电池物性参数已知的情况下，可计算得出不同荷电状态下的电池发热量。

3. 温升模型

(1) 综合冷却热管理系统温升模型

图 12-83 所示为相变-风冷综合热管理系统散热过程热阻网络图。与风冷热管理系统相比，在综合热管理方式下，电池产生的热量，传递的热量除了电池自身吸热升温、对流散热和辐射散热之外，相变材料承担了一定的散热量。由于电池表面温度水平较低，辐射散热可忽略。

根据前面章节，电池 $Bi<0.1$，电池自身存储热量（q_{s}）可表示为

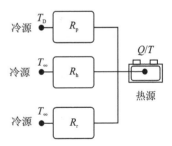

图 12-83　综合热管理系统散热过程热阻网络图

$$q_{\mathrm{s}}=\rho cV\frac{\mathrm{d}T}{\mathrm{d}t} \tag{12-30}$$

假设电池 $\mathrm{d}t$ 时间内，电池温度为定值 T，则风冷散热量与环境温度以及对流热阻有关，风冷散热量（q_{h}）可表示为

$$q_{\mathrm{h}}=\frac{T-T_{\infty}}{R_{\mathrm{h}}},\quad R_{\mathrm{h}}=\frac{1}{hA_{\mathrm{h}}} \tag{12-31}$$

不同风量下电池具有不同的 R_{h}。

相变材料吸热方式有两种，分别为显热与潜热。然而对于某一极端时间区间（$0<\tau<\mathrm{d}t$），无论是显热还是潜热，综合热管理系统中冷源温度 T_{Dt} 均可以视为定值。相变材料吸热量为

$$q_{\mathrm{p}}=\frac{T-T_{\mathrm{Dt}}}{R_{\mathrm{p}}} \tag{12-32}$$

不同时刻以及熔融状态下，T_{Dt} 具有不同的值。当相变材料初始时刻温度低于相变温度

时,相变材料吸热方式为显热吸热。当相变材料以显热方式吸收热量,相变材料温升过程为导热吸热与对流散热耦合传热过程,温升幅度受到吸热量以及风量的影响。对于发热量较大的场合,相变材料的显热极为有限,与潜热相比,可忽略,即假设相变材料初始时刻温度始终处于相变温度区间之内时,即 $T_{Dt} = T_D$。

根据电池散热机理,计算得到了不同充放电倍率下电池发热量随充放电时间变化曲线。当充放电时间为 t 时,可得到该时刻的电池发热量。在每个数据采集周期内(τ),在采集周期很小的情况下电池发热量以及冷源(相变材料)的温度均可视为定值,如图 12 - 84 所示。根据电池组热平衡可得

$$\rho c V \frac{dT}{dt} = q - \frac{T - T_\infty}{R_h} - \frac{T - T_{Dt}}{R_p} \tag{12-33}$$

对上面的方程求解,可得到综合热管理系统温升模型:

$$T = \left[\frac{qR_h - T_D + T_\infty}{1 + \dfrac{R_h}{R_p}} - (T_0 - T_D) \right] \left[1 - \exp\left(-\frac{1 + \dfrac{R_h}{R_p}}{\rho c V R_h} t \right) \right] + T_0, \quad 0 < t < \tau$$

$$\tag{12-34}$$

令过余温度 $\theta = T - T_\infty$,相变过余温度 $\theta_D = T_D - T_\infty$,$\xi = \dfrac{R_h}{R_p}$,则

$$\theta = \left(\frac{qR_h + \xi\theta_D}{1 + \xi} - \theta_0 \right) \left[1 - \exp\left(-\frac{1 + \xi}{\rho c V R_h} t \right) \right] + \theta_0, \quad 0 < t < \tau \tag{12-35}$$

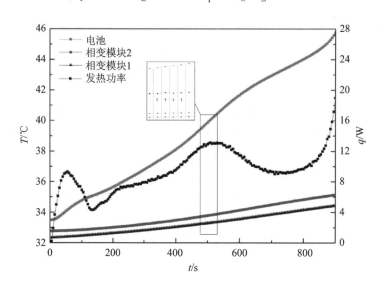

图 12 - 84 电池温升过程中发热功率离散

从上述模型可以看出,影响综合热管理系统中电池温度的主要参数除了电池本身热参数以外(电池发热量及物性参数),还有对流热阻、导热热阻、环境温度、相变温度、电池初始温度。在上述参数已知的情况下,可对电池组温升特性进行预测。在实际充放电过程中,充放电完成的时间为 t_{total},每个数据采集周期为 τ。分别计算 t_{total}/τ 个周期内的电池温升即可获得整个充放电过程中的温度变化曲线,其过程如图 12 - 84 所示。

在复合相变材料间接冷却热管理系统中,相变材料承担主要散热负荷,自然对流承担少量的散热负荷。而在综合热管理系统中,强迫风冷承担的散热负荷取决于对流换热系数大小。综合热管理方式中风冷与相变冷却承担散热比例可用下式表示

$$\mu = \xi \left(1 - \frac{T_D - T_\infty}{T - T_\infty} \right) \tag{12-36}$$

当 $\mu > 1$ 时,表示相变材料承担了主要散热负荷;当 $\mu < 1$ 时,表示风冷承担了主要散热负荷;当 $\mu = 1$ 时,表示风冷与相变材料承担相同的散热负荷。

(2) 风冷热管理系统温升模型

对于风冷热管理系统,可视为相变材料吸热热阻无穷大 $(R_p = +\infty)$,即 $\dfrac{R_h}{R_p} = 0$,则风冷热管理系统温升模型为

$$T = (qR_h - T_0 + T_\infty) \left[1 - \exp\left(-\frac{1}{\rho c V R_h} t \right) \right] + T_0, \quad 0 < t < \tau \tag{12-37}$$

$$\theta = (qR_h - \theta_0) \left[1 - \exp\left(-\frac{1}{\rho c V R_h} t \right) \right] + \theta_0, \quad 0 < t < \tau \tag{12-38}$$

从模型中可以看出,充放电周期内影响风冷热管理系统电池温升特性的外部参数主要有:初始温度、与风量/风速有关的对流热阻、环境温度。

(3) 相变材料热管理系统温升模型

对于相变材料等直接接触冷却的情况,对流热阻可视为无穷大 $(R_h = +\infty)$,则直接接触热管理系统温升模型为

$$T = (qR_p - T_0 + T_D) \left[1 - \exp\left(-\frac{1}{\rho c V R_p} t \right) \right] + T_0, \quad 0 < t < \tau \tag{12-39}$$

不同于风冷热管理系统,影响直接接触相变材料热管理系统温升特性的外部因素主要有:初始温度、相变材料温度、导热热阻。环境温度对电池温升不会产生影响。当相变材料接触热源进行冷却时,其导热热阻将仅取决于相变材料的导热系数以及换热面积,因此通常直接接触冷却的降温效果优于间接冷却。而对于冷板、热管等单一热管理系统,式(12-39)同样适用,区别在于不同热管理系统具有不同的 T_D 以及 R_p。

12.9.4　案例介绍

1. 对　象

将钛酸锂作为负极材料取代常规锂离子电池常用的石墨负极,能够极大地提升电池的循环寿命、快速充电能力以及安全性能。钛酸锂电池能够提供超高的倍率快速充放能力(超过20 C)。为提高电池功率密度,动力电池电堆越来越密集,然而密集电堆高倍率充放电过程会带来温度过高的风险。特别是钛酸锂电池不同于常规电池是圆柱形和方形结构,圆柱形和方形结构较易通过对流、辐射和导热的方式把电池的耗散热传递到周围环境中去。图 12-85 和图 12-86 分别示出了钛酸锂电池模组及单片结构,从图中可看出,钛酸锂电池模组是由片状电芯密集重叠排布而成,电池热量的导出是一个十分困难的问题,电池在高倍率放电以及高环境温度下,单纯采取强制通风的措施已不能满足钛酸锂电池组的散热要求。必须根据钛酸锂电池的具体结构与使用要求,提出既环保节能,又可实施性强的综合热管理方案。

表 12-8 为钛酸锂电池的结构及性能参数。

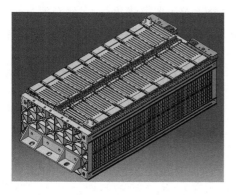

图 12-85　钛酸锂电池模组结构

图 12-86　钛酸锂片状电池

表 12-8　钛酸锂电池结构及性能参数

类　型	软包装钛酸锂可充电电池
尺寸	(6.1 ± 0.2) mm $\times(203\pm1.0)$ mm $\times(127\pm2.0)$ mm
额定容量	10 A·h(23 ℃±2 ℃,1 C 放电至 1.5 V)
最大持续放电电流	150 A
推荐使用的温度范围	充电 $-10\sim+45$ ℃； 放电 $-25\sim+55$ ℃； 储存 $-20\sim+35$ ℃

2. 热管理系统设计

电池热管理的目的是降低电池最高温度,保证电池组内部温度的均匀性,使电池工作在最佳温度范围,从而提高电池寿命,避免电池出现安全性事故。目前,随着电池装机容量越来越大,电池组整体发热功率越来越高,单一热管理方式在维持电池合理工作温度方面效果有限,采用集成多种热管理方式的综合热管理系统成为解决问题的有效方法。另外,传统的以廉价空气、水为冷却介质的电池热管理方式需要额外能源驱动冷却介质循环,在电池热管理应用中往往是以牺牲电池容量和功率的代价换取电池安全工作温度以及较长的运行寿命,而且这些传统的热管理方式系统复杂且占用的空间较大,而采用相变材料的电池热管理系统则可克服这些缺点。本小节将复合相变材料热响应装置应用于钛酸锂动力电池组,构建了一种新型相变/风冷综合热管理系统,并对该系统性能进行了实验研究。结合电池实际运行环境,对比分析了风冷热管理系统、复合相变材料热管理系统以及相变/风冷综合热管理系统温控性能。定性分析了环境温度、电池充放电循环初始温度、相变温度、对流热阻、电池和相变材料交界面导热热阻等因素对电池热管理性能的影响。

(1) 相变-风冷综合热管理系统

相变-风冷综合热管理系统中电池模组使用 12 片单体电池。单体电池安装固定在多孔相框中,原电池表面覆盖有一厚度为 0.35 mm 的铝片[见图 12-87(a)],其主要作用是保护电池以及保证单片电芯温度均匀。为了把电池的耗散热引出,对该铝片进行了改进设计,增加图 12-87(b)所示的伸出部分,从而形成了一块覆盖整片电芯表面的铝导热片,除了原有铝片的保护和均温功能外,其主要作用是引出电池热量。一方面,空气可通过由导热片和多孔相框构成的通道中流经电池表面散热,如图 12-87(b)所示;另一方面,可通过把铝导热片嵌入铜连接翅片(见图 12 - 88),将电池热量引出到相变材料模块中去。

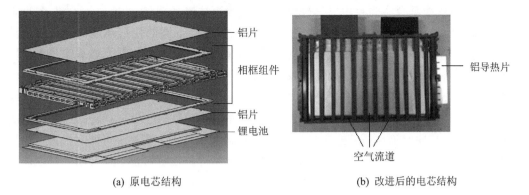

(a) 原电芯结构　　　　　　　　　　(b) 改进后的电芯结构

图 12 - 87　相变-风冷综合热管理系统通风结构

图 12 - 88 为安装了基于相变材料的综合热管理系统的电池模组。两组复合相变材料热响应装置布置在电池模组侧边,可减少热响应对相框内部气流通道的影响。每组复合相变材料热响应装置采用由纯度为 99% 的正二十烷以及孔隙率为 95% 的镀镍泡沫铜构成的复合相变材料。相变材料的相变温度为 36~38 ℃。对于相变-风冷综合热管理系统,电池充放电过程中产生的热量一部分从电池表面通过导热片-铜连接翅片-集热块传递至相变模块;另一部分以对流散热形式传递至空气中。

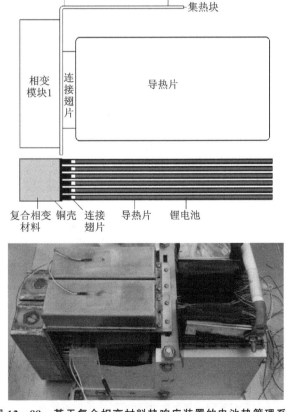

图 12 - 88　基于复合相变材料热响应装置的电池热管理系统

(2) 充放电-热性能耦合测试实验台

充放电-热性能耦合实验台由三部分组成,分别为充放电系统、热性能测量系统、数据采集系统。系统工作流程为:首先使用热性能测试系统模拟电池不同的使用环境;其次,当电池所处环境状态稳定后,使用充放电系统对电池充放电;最后,在充放电过程中,数据采集系统同步采集温度、压力、流量、充放电电流电压等参数。

充放电系统用于模拟电池在不同充放电倍率下的发热情况。放电过程中,电池模组以2 C/20 A、3 C/30 A、4 C/40 A恒流放电;充电过程中,以2 C、3 C、4 C恒流充电,然后恒压充电至截止电流。热性能测试系统用于模拟不同环境温度和风速。实验中可调节风量。进风温度分别为28 ℃、35 ℃和42 ℃。通过调节实验段中试验件的位置可进行复合相变材料热管理系统以及相变-风冷综合热管理系统性能测试。电池组内部温度传感器均匀布置在三个不同位置的电池表面,每个电池表面布置两个Pt100铂电阻温度传感器。充放电-热性能耦合测试实验台和传感器布置方式如图12-89所示。

3. 动力电池生热特性分析

(1) 不同充放电倍率下电池产热量

图12-90给出了环境温度为35 ℃,充放电倍率分别为2 C、3 C、4 C充放条件下电池发热功率。可以看出集总参数热模型计算出的电池发热功率在不同充放电倍率下有较大差异,且充放电倍率越大,电池发热功率越大,这与前面分析结果以及式(12-21)相符合。根据计算结果,如图12-90(a)所示,放电过程中电池发热量变化分成5个不同的阶段。在放电状态(DOD)分别为0.05、0.55以及1,电池产热功率存在3个明显的峰值功率。当放电过程开始后,电池发热功率小幅直线上升并在DOD=0.05时达到区域峰值。当0.55>DOD>0.05时,电池发热功率先小幅下降后逐步上升,并在DOD=0.55时达到第二个区域峰值。当

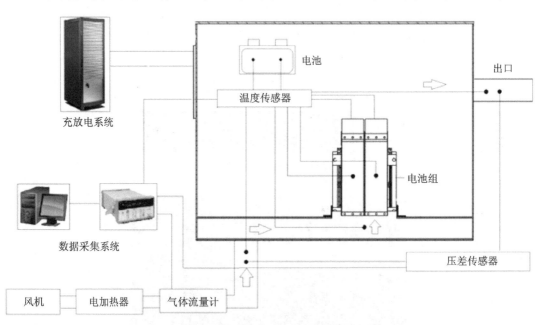

(a) 相变-风冷综合热管理系统测试

图12-89 充放电-热性能耦合测试实验台

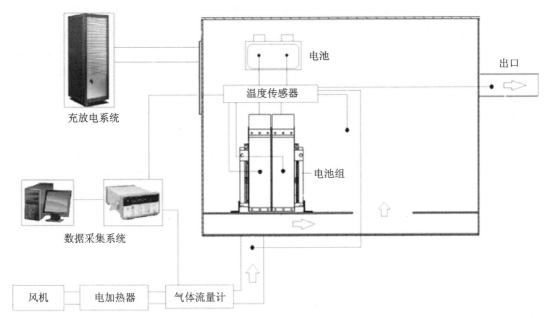

(b) 复合相变材料热管理系统测试

图 12 - 89　充放电-热性能耦合测试实验台(续)

$0.95 > DOD > 0.6$ 时,发热功率逐步下降。当 $DOD > 0.9$ 时,即放电接近完全时,电池的发热功率急剧上升,并在放电完成时功率达到最大值。由于电池在较高的发热功率下长期工作极易导致电池超温,因此,实际应用中放电过程应避免过度放电($DOD > 0.9$)。

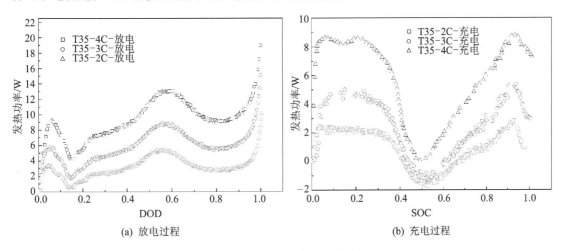

(a) 放电过程　　　　　　　　(b) 充电过程

图 12 - 90　35 ℃下电池发热功率

图 12 - 90(b)为充电过程发热功率随荷电状态(SOC)的变化。充电过程电池发热功率变化与放电过程发热功率变化有着明显的差异。充电过程电池平均发热功率小于放电过程,且当 $SOC = 0.05$ 和 $SOC = 0.9$ 时,电池存在两个明显的峰值功率,且两个峰值功率相差不多。当 SOC 处于 0.05 与 0.3 之间时,放电过程发热功率变化较小。当 $SOC = 0.55$ 时,电池充电过程发热功率存在明显的峰谷。电池产热功率由不可逆焦耳热以及反应热组成。不可逆焦耳取决于充电倍率以及直流内阻,恒为正。放电反应热恒为负值。2 C 与 3 C 充电电池发热功

率出现负值,表明这一阶段放电过程中电化学反应吸热量大于不可逆焦耳热。而 4 C 充电发热功率不为负值表明充电倍率越大,不可逆反应热占发热功率比例越大。当发热功率 SOC 大于 90％时,电池产热量迅速减小,主要是由于电池在充电后期由恒流充电转为恒压充电,电池充电电流迅速减小。充放电过程产热功率变化曲线与电池温度变化趋势结果基本吻合。

(2)不同环境温度下电池产热功率

环境温度水平除了影响电池电阻值外,还会对电池充放电过程中的电化学反应热产生影响。为衡量温度变化对电池发热功率的影响,图 12 - 91 中显示了 3 C 充放电,环境温度分别为 42 ℃、35 ℃和 28 ℃条件下的电池发热功率。图 12 - 91(a)结果显示,当放电深度小于 0.55 时,42 ℃、35 ℃和 28 ℃温度下,电池发热功率变化基本一致,电池产热功率差异较小。当放电深度大于 0.55 时,发热功率变化开始产生明显分化,且环境温度越高,电池发热功率越小。图 12 - 91(b)中的充电过程发热功率计算结果也表明,环境温度越高,电池发热功率越小,但发热功率差异主要体现在峰值与峰谷附近,当荷电状态区间为 0.2～0.4 和 0.6～0.8 时,电池发热功率仅存在较小的差异。

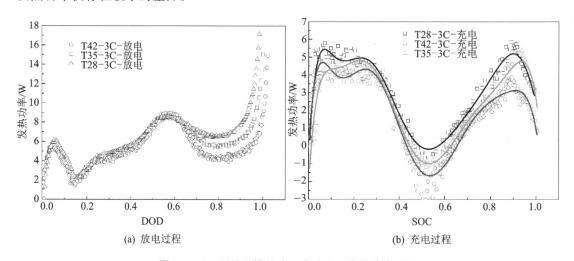

(a) 放电过程　　　　　　　　　　　　(b) 充电过程

图 12 - 91　不同环境温度下电池 3 C 发热功率对比

4. 综合热管理温升特性影响参数分析

(1)相变过余温度对电池温升的影响

图 12 - 92 为自然对流工况下,不同相变过余温度对电池温升的影响。相变过余温度是指相变温度高于环境温度的值。当相变过余温度从 -7 ℃上升到 10 ℃时,电池最大温升幅度从 11 ℃上升到 15.6 ℃。降低相变过余温度有助于降低电池温升幅度。当相变过余温度为 10 ℃时,电池温升曲线与无相变工况相近。相变过余温度过高将不利于综合热管理系统的性能发挥。

图 12 - 93 为不同过余温度下相变材料吸热与风冷散热量之比。根据式(12 - 36),$\mu > 1$ 表示相变材料承担了主要散热负荷,$\mu < 1$ 表示风冷承担了主要散热负荷。降低过余温度显著提升综合热管理系统中相变材料吸热量。放电初期,当相变过余温度小于 0 ℃时,即相变温度低于环境温度,此时散热比远大于 1,相变材料承担几乎全部的散热量。随着放电时间的增加,相变材料承担的散热负荷逐渐下降并趋于稳定,且稳定值为 5.9。当相变过余温度大于 0 ℃时,即环境温度低于相变温度,此时放电初期散热比为负值,风冷承担绝大部分的散热量。

随着时间的增加,电池表面温度逐渐上升,相变材料承担散热负荷逐渐增加。当相变过余温度分别为 0.9、7 和 10 时,散热比达到 1 时的时间分别为 75 s、560 s 和 825 s。放电结束后,散热比分别为 3.3、1.9 和 1.2。显示过余温度越低,相变材料达到承担主要散热负荷所需要的时间越短,越有利于综合热管理系统性能的发挥。

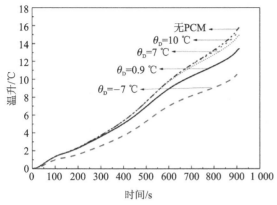

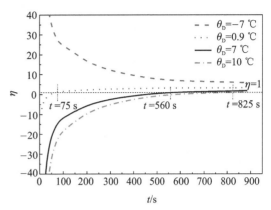

图 12 - 92　相变过余温度对电池温升的影响　　　　图 12 - 93　不同过余温度散热量之比

相变过余温度主要与相变温度以及环境温度有关,降低相变温度或者提高环境温度均能降低相变过余温度。图 12 - 94 为环境温度 35 ℃ 下,不同相变温度(T_D)对电池温升的影响,图中 3 个相变温度分别为 28.2 ℃、36.5 ℃ 和 40.2 ℃。从结果可以看出相变温度越高,电池最高温度值越大。当相变温度为 40.2 ℃ 时,电池温升幅度与无相变工况下相接近,表明高相变温度下,相变材料未承担主要散热负荷。其主要原因是,当相变温度过高时,相变材

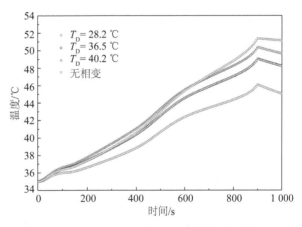

图 12 - 94　不同相变温度下电池温度变化

料融化吸热的量很少甚至不发生融化,导致相变材料以显热方式吸收热量,承担散热负荷降低。因此,热管理系统设计时应避免选择相变温度过高的相变材料以避免相变热管理系统失效。当相变温度为 28.2 ℃ 时,电池最高温度明显下降。但过低的相变温度可能导致相变材料吸收环境热量,进而减小相变热管理系统整体工作时间,因此,相变材料选择时应保证其相变温度尽可能低,同时保证不受外界环境的影响。

图 12 - 95 为自然对流条件下,不同环境温度对综合热管理系统中电池温升的影响。图 12 - 95(a)显示,28 ℃、35 ℃ 和 42 ℃ 工况下电池最大温升分别为 16 ℃、14 ℃ 和 10.3 ℃,电池最大温升之差为 3.7 ℃。环境温度越高,综合热管理系统中电池最大温升越低。产生上述现象的主要原因是:与低温环境相比,在高温环境下,相变材料承担了更多的散热负荷,进而导致电池温升幅度减小。另外,42 ℃ 环境自然对流条件下,综合热管理系统与强迫风冷有着相似的冷却效果,但没有消耗额外的电池电量。环境温度越高,电池最高温度越高。42 ℃ 情况下,电池最高温度接近安全温度极限值,表明高温环境下虽然能减小电池生热率,降低相变过

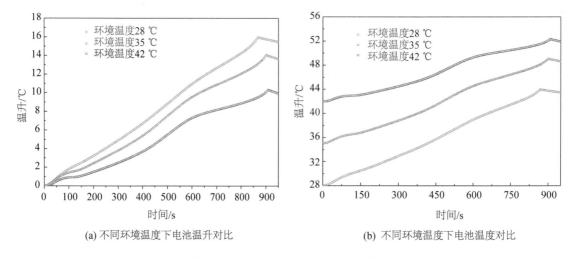

(a) 不同环境温度下电池温升对比   (b) 不同环境温度下电池温度对比

图 12 - 95   环境温度对电池温升的影响

余温度,增加相变材料吸热量,但并不足以使电池最高温度降低,因此,综合热管理系统中,应避免电池在高温环境下运行。

（2）热阻的影响

根据综合热管理系统温升模型,导热热阻以及对流热阻是影响电池温升的关键参数。图 12 - 96 为环境温度为 35 ℃情况下,不同导热热阻以及对流热阻条件下电池温升对比。较低的导热热阻将使相变材料吸收更多的热量,从而导致电池温度下降。综合热管理系统中导热热阻主要与热响应装置中的连接翅片、导热片和集热块等零件的材质与结构尺寸有关。对流热阻与风量或者风速直接相关。无论是减小对流热阻还是导热热阻均能显著降低电池表面温度。但由于综合热管理系统中,降低对流热阻意味着提高风量,这将增加系统能耗,减少电池可用能源。减小导热热阻是应用相变材料热管理系统的主要方向,例如采取提高相变材料导热系数,增加换热面积,减少接触热阻等措施。

图 12 - 96 中在热阻比分别为 11.25 和 0.52 条件下,电池温升曲线基本一致,相同的冷却效果但两者的系统工作方式不一样,即二者相变材料与风冷承担不同的散热量。图 12 - 97 为不同热阻比条件下,相变材料散热与风冷散热之比。当放电开始后,相变材料散热比逐渐上升

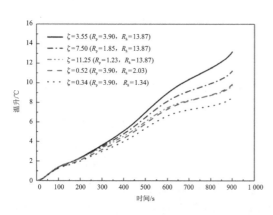

图 12 - 96   不同 R_h 和 R_p 对电池温升的影响

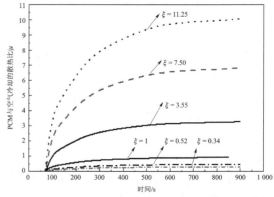

图 12 - 97   不同的热阻比 ξ 对散热负荷比的影响

并随着时间增加趋于稳定,最终稳定值趋于热阻比 ξ。因此,热阻比是决定综合热管理系统中哪种散热方式为主要散热途径的关键参数。尽管复合相变材料热管理系统(热阻比大于 1)冷却效果不如综合热管理系统冷却效果,但其相变材料承担的散热比例远高于综合热管理系统,因此复合相变材料热管系统不易受到外界因素变化。在放电过程中,提高相变材料散热比例有助于提高电池能量利用率。而对于充电过程,由于存在外部电源,因此提高风量来增加风冷散热比例将有助于增加相变材料工作时间、降低充电过程电池温度以及迅速冷却电池以降低放电过程初始温度。

(3) 初始温度的影响

为分析初始温度对综合热管理系统温升的影响,设定环境温度分别为 28 ℃、35 ℃ 和 42 ℃,相变材料以潜热吸收热量且相变温度为 36.5 ℃,电池以 4C 放电,不同初始温度下电池温升对比如图 12-98 所示。从结果可以看出初始温度越高,在放电期间电池的最高温度值越大。因此,电池在充放电循环过程中,应尽可能避免初始温度过高。但不同热阻,初始温升对电池最高温度的影响不同。

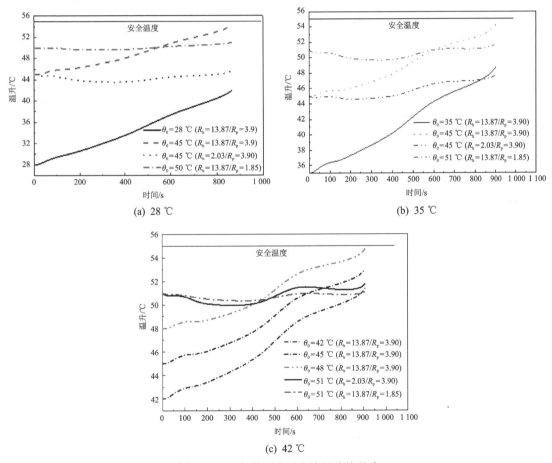

图 12-98　初始温度对电池温升的影响

12.9.5　结　论

本文采用数值仿真和实验测量相结合的方法,对比研究了风冷热管理、复合相变材料热管理以及相变-风冷综合热管理三种方式下钛酸锂电池的温控性能,分析了充放电倍率、环境温度对电池发热功率的影响以及热阻、初始温度、相变温度、环境温度对不同热管理系统中电池温升特性的影响。通过分析与讨论得出以下结论：

① 对泡沫铜/石蜡复合相变材料热响应装置热性能研究发现：相变材料由于有着较大的潜热值，相变材料热响应装置在无需消耗电池电量的条件下能有效控制热源温度，且降温效果优于自然对流冷却；环境温度以及加热功率变化时，对相变材料装置的影响较小，能更好地维持电池温度稳定。但当环境温度持续偏高、相变材料全部融化后则难以满足电池在恶劣环境下的散热要求。

② 风冷热管理系统中，当环境为 42 ℃时，风量小于 7 m³/h，4 C 放电情况下电池组温度将超过高限值 55 ℃。强迫风冷条件下，电池组极易因空气流速分布不均导致电池内部温差过大。

③ 相变-风冷综合热管理系统中，将热管理系统与电池组结构进行一体化设计，致使相变材料热响应装置能采用间接方式吸收电池耗散热，从而避免了采用直接吸热方式时相变材料全部熔化后导致电池散热性能急剧恶化的弊病。

相变-风冷综合热管理系统散热效果优于单独的风冷热管理系统和复合相变材料热管理系统。改变风量以及环境温度仅对风冷散热量有影响，而对相变系统散热量影响较小，因此外界因素对综合热管理系统性能影响小于风冷热管理系统。相变材料完全熔化后，相变材料不再提供散热负荷，而风冷提供了主要散热负荷，因此电池组温度未出现明显上升，综合热管理系统可靠性得到较大提高。

采用相变材料-风冷交替对电池进行热管理有着最好的温控性能，其在放电过程采用相变冷却，充电过程由于存在外部电源采用相变-风冷综合冷却。该方案在不消耗车载电池电量的条件下能有效控制电池温度并大大提高了相变材料工作时间。其循环充放电过程最高温度仅为 49 ℃，电池箱内部温差仅为 3 ℃，可进行的循环充放电次数达到 6 次，满足在规定的使用环境条件下对电池热管理系统的性能要求。

12.10　功率器件芯片级先进散热技术

电子器件芯片级的热控制是提高电子器件性能和微型化的关键技术之一。本节将以 GaN 功率器件为例来说明电子器件芯片级先进散热技术的现状及发展方向。以 GaN 为代表的新一代半导体材料具有宽带隙、高击穿场强、高电子饱和速度、耐高压高温等独特的优势，综合特性远高于 GaAs 和 Si 等半导体材料，特别适用于固态大功率器件及高频微波器件，在航空航天、电子对抗和移动通信等军、民用领域受到高度关注。然而随着功率器件高集成度和大功率化的发展，以及对微电子器件提出的更小尺寸、更轻质量及更大功率的发展模式，使 GaN 器件在高功率密度下的热积累效应更加明显，导致 GaN 器件的性能和可靠性急剧衰退，即产生功率器件的"自热效应"。

12.10.1　功率器件的自热效应

通常在 GaN 半导体微波功率器件中，其沟道区是器件的主要源区，位于芯片有源区的源漏位置下端区域，因电场集中，其产热量很大。有源区只占整个半导体芯片面积的极小的部分，即功耗的集中区即是热源区，如图 12-99 所示。针对传统的 SiC 衬底 GaN 器件，其工作时热源区的热量主要是通过芯片内部的 GaN 外延层、SiC 衬底层传递至芯片封装的热沉上进行耗散,如果将芯片和封装热沉作为一个整体,则芯片内部的热传递热阻占整体传热热阻的50％以上。由于 SiC 衬底和 GaN 外延材料本身导热能力所限制,即便封装级的散热能力极好,也难以解决其芯片在大功率条件下有源区的热积累。因此,如何提升 GaN 芯片内部的热传递能力,尤其是热源区附近的传热能力,成为解决功率器件热瓶颈和实现大功率特性的关键途径。

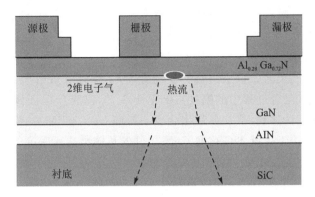

图 12 - 99　GaN 器件热源区结构

由于 GaN 芯片的微纳结构尺度和电路的功能性导致其芯片级的散热技术开发极为困难,国际上将电子器件热管理领域的开发上升至芯片层级的系统研究,最早是 2011 年由美国 DARPA(美国国防先进研究计划局)进行顶层的项目设计和牵引支助,其目的是解决 GaN 器件的热瓶颈问题。从目前各研究机构报道的技术途径来讲,主要分为两类:一是将高导热材料与芯片内的热源区进行集成,增大芯片内部的热传递能力,有效抑制热积累,属于被动散热技术;二是将液体工质引入芯片内部的热源区附件,通过和液体工质的热交换,有效地将热源区的热量带走,该技术属于主动散热技术。本节首先介绍被动散热技术,被动散热途径因结构设计和工艺开发的不同可分为三大类。

12.10.2　芯片级被动散热技术

1. 金刚石衬底 GaN 器件散热技术

2011 年 DARPA 启动的 NJTT(Near - Junction Thermal Transport,近结热传输)项目,其概念是利用高热导率的金刚石材料替换传统 GaN 大功率器件的 SiC 衬底,增大其芯片内部的热传输能力,使其输出功率密度达到传统芯片的 3 倍以上,解决 GaN 近结区的热积累,提升其器件的大功率特性和可靠性。该技术的实现目前主要有以下两个途径。

(1) GaN 外延生长金刚石技术

其技术过程是利用 Si 基 GaN 外延层,采用临时键合将 Si 衬底及其高界面热阻层(GaN/Si)移除,随后在 GaN 外延层上直接生长 100 μm 的金刚石多晶材料,实现金刚石衬底的 GaN 结构,如图 12 - 100 所示。该技术途径开发难点是实现高质量的金刚石多

图 12 - 100　基于 GaN 外延生长技术的金刚石衬底 GaN 结构

晶的生长,其研发团队采用 HFCVD 和 MPCVD 方式生长技术,并引入几纳米的过渡层,以保

证金刚石及其和 GaN 界面的质量,实现衬底的高热导和界面的低热阻特性。利用该技术成功研制出金刚石衬底 GaN HEMT,在 RF 模式下实现了 3.87 倍于传统 SiC 衬底的 GaN 器件的功率密度,且其金刚石和界面热阻可低至 29 $m^2 K/GW$。

(2)异质键合技术

基于异质键合的技术过程是利用 SiC 基 GaN 外延层,采用临时键合将 SiC 衬底及其界面热阻层(GaN/SiC)移除,随后利用异质键合的技术将 GaN 外延层和金刚石多晶衬底进行直接粘结,进而实现金刚石衬底的 GaN 结构,如图 12-101 所示。该技术途径开发难点是实现低温、高质量界面的异质键合工艺开发。研发团队采用的是在 GaN 外延层和金刚石衬底上分别蒸发粘结介质,在特定的工艺条件下进行异质键合,为了保证其键合质量,其两个键合面的粗糙度要求小于 1 nm,其键合过程中的温度可低至 150 ℃,以充分保证该技术和器件制备技术的兼容性。依据上述设计途径,成功研制出金刚石衬底 GaN HEMT,实现了 11 W/mm 的 RF 输出功率密度,是该结构下传统 SiC 衬底 GaN 器件的总输出功率密度的 3.6 倍。

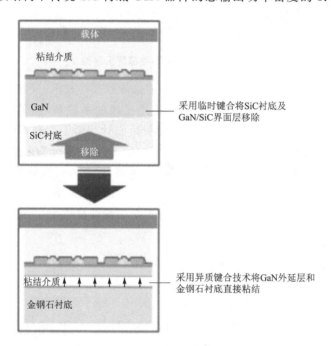

图 12-101　金刚石衬底 GaN 异质键合技术

2. 金刚石嵌入式散热柱技术

金刚石嵌入式散热柱技术的设计概念是将高热导率的金刚石材料嵌入到 GaN 器件有源区下端的 SiC 衬底中,使金刚石接近热源端,使热源区域热量通过金刚石散热柱有效扩散,进而解决 GaN 近结区的热积累,其结构如图 12-102(a)所示。其技术路径是利用 SiC 基 GaN 器件,在其有源区下端的区域对 SiC 衬底进行深度刻蚀,并采用研究团队开发的 MPCVD 的生长技术对刻蚀孔进行金刚石材料的生长,实现金刚石嵌入式散热柱结构,其制备工艺如图 12-102(b)所示。所形成的金刚石和 SiC 衬底接触区域的界面热阻低至 9.5 $m^2 K/GW$,金刚石散热柱的热导率高达 1 350 W/mK,远高于其 SiC 衬底的理论热导率 490 W/mK。

3. 高导热钝化层散热技术

高导热钝化层散热技术是利用金刚石薄膜材料替换原有源区的传统钝化层 SiN_x 材料,

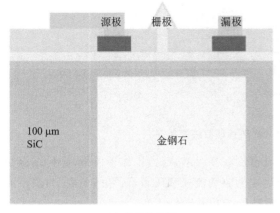

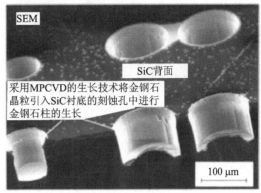

(a) 热设计结构　　　　　　　　　　(b) 制备工艺

图 12－102　金刚石嵌入式散热柱结构

利用金刚石薄膜的高导热特性,增加其热源区的横向热传递能力,有效避免有源区的热积累。其采用的技术路径是基于传统的 Si 基 GaN 器件,在有源区的栅两侧采用 MPCVD 的生长技术进行纳米级金刚石薄膜层的生长,实现高导热钝化层散热结构如图 12－103 所示。研究人员制备了对应的 GaN 器件,验证实现了 10 W/mm 功率密度,在 5 W/mm 功率时该散热结构比常规的 GaN 器件结温降低 20%。

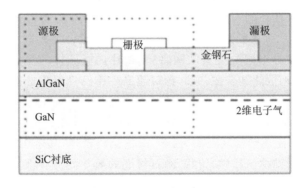

图 12－103　高导热钝化层散热结构

12.10.3　芯片级主动散热技术

如前所述,芯片级近结区的被动散热技术最高满足 $1.0\ kW/cm^2$ 热流密度散热,更高的芯片热流密度的散热则需要在片内近结区集成微流冷却的综合散热技术。因此,2013 年 DAPAR 又进一步开展了"片内/片间微流增强冷却(ICECool)"计划,探索 GaN 器件片内革命性热管理技术,进一步消减功率器件的大小、质量和功耗。ICECool 计划的片内热管理散热概念如图 12－104 所示,是在芯片热积累 100 μm 的近结区衬底中直接嵌入微流道,将微流体引入其中直接进行交换散热,从而大幅降低器件的热积累,实现 $1.0\ kW/cm^2$ 以上芯片热流密度的散热,满足 GaN 射频功率放大器和嵌入式高性能计算领域的大功率特性需求。相关设计技术及制备工艺研究内容如下。

1. SiC 衬底结构片内微流散热技术

在 SiC 衬底微流道散热结构设计方面(最具代表性的是采用类似图 12－104 的矩形微流

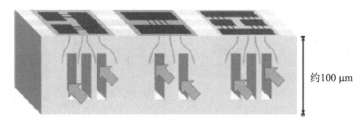

约100 μm

图 12－104　ICECool 片内热管理散热概念

道散热结构),研究了满足 GaN HEMT 管芯热流密度在 30 kW/cm² 工作条件下,器件结温小于 250 ℃时的单相流和两相流散热结构设计和对应的驱动流速和压力,研究结果表明:微流流速越大,微流体与 SiC 衬底的热交换系数越大,散热能力也就越好。

在 SiC 衬底结构片内微流散热技术的器件研发方面,Lockheed Martin 的研究团队设计了圆柱针状微流道散热结构,并采用光刻和物理刻蚀技术突破 SiC 衬底近结微流道的制备工艺,研制出了 GaN MMIC 验证器件,内部流体采用丙二醇和水混合溶液进行单相散热,在 DC 工作模式下实现了 GaN HEMT 芯片热流密度为 1.0 kW/cm²,达到了 5 倍于传统 SiC 衬底同等器件结构的热流密度。

2. 金刚石衬底结构片内微流散热技术

在金刚石衬底内微流散热技术的 GaN 器件研发方面,Raytheon 基于设计的矩形微流道散热结构,采用刻蚀技术在金刚石内部制备了宽度 25 μm,深度 191 μm 的微流道,并采用 Si 基板进行键合集成密封。Si 基板作为引流和密封作用,其键合工艺选取 SiC 气相沉积键合或焊料直接键合,Si 基板设计多层的引流结构,以实现片内微流体的集成驱动。该技术将金刚石被动散热和微流体主动散热结合在一起,针对超高功率密度器件的散热应用具有极大的研发潜力和价值。

Raytheon 研究了不同矩形微流道散热结构对散热能力及其结构可靠性的影响,结果表明在微流道尺寸为 25 μm,距离热源区距离为 20 μm 的结构设计,其单相流的散热能力和可靠性能力达到最优,相对于同结构 SiC 衬底和金刚石衬底的散热能力有极大的提升。GaN MMIC 器件的结温由 SiC 衬底结构的 676 ℃ 先降低到金刚石衬底结构的 282 ℃,最终降低到片内微流结构的 182 ℃,同时,管芯热流密度达到 38 kW/cm²,芯片热流密度达到 1.25 kW/cm²。Stanford University 的热结构设计工作则是将金刚石微流道设计为三角形状,以增加其热交换面积,并利用铜材料板集成密封,如图 12－105 所示。热交换方式是采用两相流气液蒸发散热,该结构设计可承载芯片热流密度最高达到 1.3 kW/cm²,是目前国际上报道的最高水平。

3. 复合衬底结构片内微流散热技术

复合衬底结构片内微流散热的具体结构是在传统 SiC 衬底中进行矩形微流道散热制备,同时在微流道内部生长一层金刚石层,增大固液之间的传热能力,进一步提升器件片内微流的散热效率。

在复合衬底结构片内微流散热结构设计方面 Northrop Grumman AS 采用喷流式(冲击射流式)的驱动方式,在器件管芯热源区下端设计一个微流道,如图 12－106 所示。微流道中心位置为微流体的喷入口,两端位置为流出口;采用 Si 基板进行键合密封和实现微流引入管控。该设计可以降低 SiC 衬底片内微流道内金刚石层的生长难度,实现复合衬底片内微流结构样品的研制。

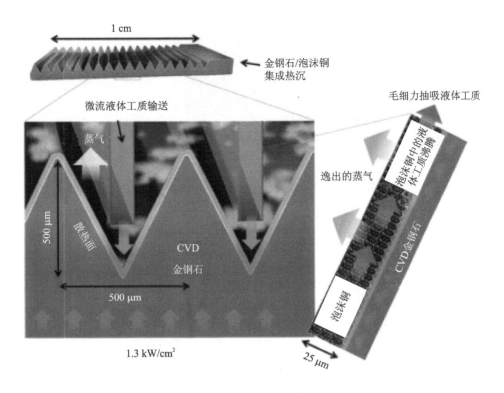

图 12 - 105　金刚石片内微流的散热能力分析

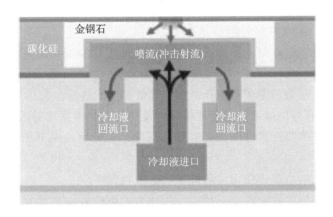

图 12 - 106　SiC 和金刚石复合衬底片内微流结构

Northrop Grumman AS 基于设计的喷流式微流道结构,设计了阵列式 MMIC 器件,如图 12 - 107 所示。突破了金刚石与 SiC 界面低热阻控制和金刚石层的 CVD 生长技术,研制出了新型 GaN MMIC 器件,并结合与 Si 衬底的异质集成工艺完成片内微流散热能力及器件性能验证。研制的片内微流散热结构 GaN MMIC 芯片级热流密度达到了 1.16 kW/cm^2,输出功率比传统 SiC 衬底结构提升了 4.3 倍,在 20 GHz 工作条件下输出效率提升了 18.75%。

需要说明的是,上面介绍的 GaN 功率器件芯片级的散热技术具有极大的创新性和颠覆性,实现的方式和技术途径取决于衬底材料和工艺开发,目前的应用成熟度不高,多数仍在实验室研发阶段,但该技术的发展潜力极大,是解决未来高功率密度器件热积累瓶颈的重要发展方向。

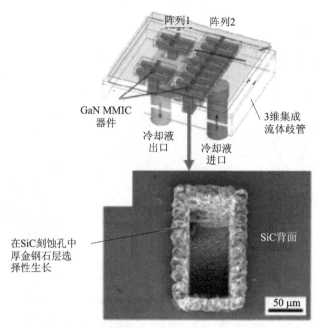

图 12 - 107　新型 RF MMICs 的微流结构

思考题与习题

12 - 1　阐述毛细抽吸两相流体回路(CPL)/环路热管(LHP)的工作原理、组成、功能及特点，并说明 CPL 与 LHP 的不同之处。

12 - 2　电子吊舱环境控制系统有哪几种形式？其各自的工作原理、结构形式及优、缺点是什么？

12 - 3　试分别阐明微型槽道和多孔介质两种微尺度散热器强化传热的机理，并说明为什么涡旋微槽散热器具有适应过载加速度环境条件及传输高热流密度的潜力。

12 - 4　开展电子薄膜传热性能研究的意义是什么？定性说明书中测量电子薄膜热物性参数的原理和方法。

12 - 5　谈谈你对纳米流体强化传热机理的认识和理解。

12 - 6　多功能结构的设计理念是什么？为什么说解决好微电子设备的热控制问题是实现多功能结构的关键之一？实施多功能结构的关键技术有哪些？

12 - 7　为什么说微小卫星的热控技术对电子设备热控和热设计技术的进步起到技术牵引和支撑作用？最具应用前景的微小卫星热控技术有哪些？

12 - 8　射流冷却的基本原理是什么？为什么射流冷却效率会如此之高？射流冷却在基础理论和工程应用方面尚有哪些问题需要深入研究？

12 - 9　12.9 节的研究表明，相变-风冷综合热管理系统散热效果优于单独的风冷热管理系统和复合相变材料热管理系统。试说明复合相变材料热管理系统的设计方案和结构特点，以及该系统和风冷系统在控制钛酸锂电池温度中各发挥了何种作用。

12 - 10　试说明功率芯片被动冷却和主动冷却的创新性以及各自实现的方式和技术途径。

第 13 章　电子设备数值热模拟方法

13.1　概　述

随着计算机计算能力的日益提高,越来越多的数值模拟方法用于电子设备的热设计和热分析中。数值模拟将分析域离散成有限个结点,并生成一系列的线性方程,方程中的未知量是不同结点处的温度值。这种方法最大的优点是它对计算域的几何结构和热源数目没有限制,并且对热源随时间变化的关系也没有限制。另一个优点是数值模拟允许在计算域中进行热、流动、光、机械等不同性能的耦合计算。本章以电子设备热特征为对象进行数值热模拟方法的介绍,并列举了元件级、(电路)板级及系统级的典型算例说明电子设备数值热模拟方法的实际应用。

13.2　数值模拟方法介绍

13.2.1　控制方程

数值模拟用的控制方程都表达为非线性偏微分方程,其具有类似的表达形式。

1. 质量守恒方程(连续性方程)

在直角坐标系下质量守恒方程可表达为

$$\frac{\partial \rho}{\partial t} + \frac{\partial}{\partial x_i}(\rho u_i) = 0 \tag{13-1}$$

式中,ρ 为密度;t 为时间;u_i 为各个坐标轴(x_1,x_2 和 x_3)方向上的速度,下标 i 分别取 1,2,3,表示对应坐标轴方向。

2. 动量微分方程

牛顿流体的动量微分方程可表达为

$$\frac{\partial}{\partial t}(\rho u_i) + \frac{\partial}{\partial x_i}(\rho u_i u_j) = \frac{\partial}{\partial x_i}\left(\mu \frac{\partial u_j}{\partial x_i}\right) - \frac{\partial p}{\partial x_j} + S_j \tag{13-2}$$

式中,μ 为动力粘滞系数;p 为压力;S_j 为单位体积上的体积力项,可以是重力、浮升力、弯曲流动时出现的离心力、导电流体通过电磁场出现的电磁力等。

3. 能量微分方程

能量微分方程可表达为

$$\frac{\partial}{\partial t}(\rho c_p T) + \frac{\partial}{\partial x_i}(\rho c_p u_i T) = \frac{\partial}{\partial x_i}\left(\lambda \frac{\partial T}{\partial x_i}\right) + S_h \tag{13-3}$$

式中,T 为温度;c_p 为比定压热容;λ 为导热系数;S_h 为单位体积上的内热源,对于流动换热问题,$S_h=0$;对于固体导热问题,$u_i=0$,式(13-3)可简化为

$$\frac{\partial}{\partial t}(\rho c_p T) = \frac{\partial}{\partial x_i}\left(\lambda \frac{\partial T}{\partial x_i}\right) + S_h$$

4. 湍流方程

湍流双方程模式的湍动能 k 的方程和湍动能耗散率 ε 的方程为

$$\left.\begin{array}{l}\dfrac{\partial}{\partial t}(\rho k) + \dfrac{\partial}{\partial x_i}(\rho u_i k) = \dfrac{\partial}{\partial x_i}\left(\dfrac{\mu_t}{\sigma_k}\dfrac{\partial k}{\partial x_i}\right) + G - \rho\varepsilon \\[3mm] \dfrac{\partial}{\partial t}(\rho\varepsilon) + \dfrac{\partial}{\partial x_i}(\rho u_i\varepsilon) = \dfrac{\partial}{\partial x_i}\left(\dfrac{\mu_t}{\sigma_\varepsilon}\dfrac{\partial\varepsilon}{\partial x_i}\right) + (c_1 G - c_2\rho\varepsilon)\left(\dfrac{\varepsilon}{k}\right)\end{array}\right\} \quad (13-4)$$

式中，c_1,c_2 为常数，μ_t 为湍流动力粘性系数；σ_k 为湍动能 Prandtl 数；σ_ε 为湍动能耗散率 Prandtl 数；G 为湍动流产生项，即

$$G = \mu_t\left(\frac{\partial u_i}{\partial x_j} + \frac{\partial u_j}{\partial x_i}\right)\frac{\partial u_i}{\partial x_j}$$

其他各种湍流模型的适用范围和选择方法见参考文献[168]和[170]。

13.2.2　有限容积法

有限容积法（Finite Volume Method）将计算域划分为一系列不重复的控制体积，并使每个网格点周围都有一个控制体积；将待解的微分方程对每一个控制体积积分，然后对积分式进行离散化处理，求解离散化方程。其中控制体的选取直接影响最终的计算精度。守恒方程的通用形式如下，其通用变量为 ϕ：

$$\frac{\partial}{\partial t}(\rho\phi) + \frac{\partial}{\partial x_i}(\rho u_i\phi) = \frac{\partial}{\partial x_i}\left(\Gamma\frac{\partial\phi}{\partial x_i}\right) + S_\phi \quad (13-5)$$

式中，S_ϕ 为源项（比如 S_j 和 S_h）。

在结点 P 周围的控制体积内，对上式进行积分并简化后，最终的离散方程为

$$A_P\phi_P = A_E\phi_E + A_W\phi_W + A_N\phi_N + A_S\phi_S + A_T\phi_T + A_B\phi_B + b$$

式中，A 和 b 的值可根据邻近的控制体积界面计算得出，下标 E、W、N、S、T 和 B 分别指与 P 邻近的东、西、北、南、中和底部的结点。

该方程可通过逐次迭代法进行求解。如图 13-1 所示为结点 P 的三维控制体积。

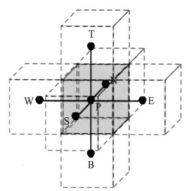

图 13-1　结点 P 周围的三维控制体

13.2.3　有限元法

有限元法（Finite Element Method）的求解思路是力求整体误差的最小化。有限元法的主要优点是，它可以对复杂形状进行建模，并可以用非结构化网格来离散其计算域。在有限元法中，用来求解的偏微分方程可以写成以下形式：

$$L(\phi) - f = 0 \quad (13-6)$$

式中，L 为偏微分算子；ϕ 为变量，比如温度；f 可以为一个常数或者函数。

在加勒金 Galerkin 有限元法中，ϕ 的形式可表达为

$$\hat{\phi}(\bar{x},t)=\sum_{i=1}^{N}W_i(\bar{x})\phi_i(t) \tag{13-7}$$

式中，W_i 和 ϕ_i 为函数；$\bar{x}=(x,y,z)$ 为坐标标量；t 为时间。

为使误差最小化，可以定义误差为

$$\varepsilon(\bar{x},t)=L(\hat{\phi}(\bar{x},t))-f \tag{13-8}$$

在整个控制体积内积分，得出最小总体误差为

$$\int_v \varepsilon(\bar{x},t)W_i(\bar{x},t)\mathrm{d}V=0 \tag{13-9}$$

对于二维不可压缩流，其动量方程可以写成

$$\frac{\partial}{\partial x}(\rho uu)+\frac{\partial}{\partial y}(\rho uv)-\frac{\partial}{\partial x}\left(\mu\,\frac{\partial u}{\partial x}\right)-\frac{\partial}{\partial y}\left(\mu\,\frac{\partial u}{\partial y}\right)+\frac{\partial P}{\partial x}=S_x \tag{13-10}$$

$$\frac{\partial}{\partial x}(\rho uv)+\frac{\partial}{\partial y}(\rho vv)-\frac{\partial}{\partial x}\left(\mu\,\frac{\partial v}{\partial x}\right)-\frac{\partial}{\partial y}\left(\mu\,\frac{\partial v}{\partial y}\right)+\frac{\partial P}{\partial y}=S_y \tag{13-11}$$

用变分法可以将以上两式写成

$$\int_\Omega w_1\left[\frac{\partial}{\partial x}(\rho uu)+\frac{\partial}{\partial y}(\rho uv)-\frac{\partial}{\partial x}\left(\mu\,\frac{\partial u}{\partial x}\right)-\frac{\partial}{\partial y}\left(\mu\,\frac{\partial u}{\partial y}\right)+\frac{\partial P}{\partial x}-S_x\right]=0 \tag{13-12}$$

$$\int_\Omega w_2\left[\frac{\partial}{\partial x}(\rho uv)+\frac{\partial}{\partial y}(\rho vv)-\frac{\partial}{\partial x}\left(\mu\,\frac{\partial v}{\partial x}\right)-\frac{\partial}{\partial y}\left(\mu\,\frac{\partial v}{\partial y}\right)+\frac{\partial P}{\partial y}-S_y\right]=0 \tag{13-13}$$

式中，w_1 和 w_2 分别为 u 和 v 的测试函数。

通过对连续型方程进行数学推导和变分处理，方程的最终形式可以写成

$$\begin{bmatrix}[K^{11}]&[K^{12}]&[K^{13}]\\&[K^{22}]&[K^{23}]\\&&[K^{33}]\end{bmatrix}\begin{Bmatrix}\{u\}\\\{v\}\\\{p\}\end{Bmatrix}=\begin{Bmatrix}\{F^1\}\\\{F^2\}\\0\end{Bmatrix} \tag{13-14}$$

以上方程可以通过迭代的方法求解。

13.2.4　方程的求解

守恒方程的偏微分控制方程常常会导致代数方程的耦合。这一系列的方程往往需要通过迭代来求解。由于质量、动量守恒方程是非线性、耦合的，速度场和压力场的求解比较麻烦。同样，对于湍流和自然对流问题，湍动能 k 和耗散率 ε 的守恒方程也是耦合的。

在基于有限容积法的求解器中，方程的求解往往是通过半隐式的方法来进行的，首先需要对方程进行离散化，然后给每个迭代变量（如速度、压力、体积分数、温度、湍流特性等）一个初始分布，再按一定的顺序从一个变量的值求出另一变量的值，直至得出收敛的物理解。由于方程的非线性和强耦合，如果迭代初始值与实际发生的流动差别较大，那么虽然可以得到方程容许的一个收敛解，但这一解却很可能不是物理解。从初始值求出物理解的过程，即迭代流程，是多种多样的，下面简要介绍两种方法：

1. Simple 法

① 估计全场的压力分布 P^*。

② 用 P^* 代入动量方程，得到速度 V_i 的分布。

③ 求解压力校正方程，得到压力校正值 P'。

④ 校正压力分布，$P=P^*+\beta_P P'$；$\beta_P=0.5\sim0.8$。

⑤ 求速度校正值 V_i',校正速度分布 $V_i = V_i^* + V_i'$。

⑥ 其他因变量的求解可插在上述步骤之间,通常是在速度场基本收敛之后再解其他变量。在有些情况下需要对上述第②步至第⑥步进行多次循环才能得到收敛解。

2. Simpler 法

① 估计速度分布 V_i^0。

② 计算准速度分布 $\hat{V}_i$。

③ 解压力方程得出压力分布。

④ 把解出的压力分布作为 P^*,解动量方程得到 V_i^*。

⑤ 解压力校正方程得到压力校正值 P'。

⑥ 求出速度校正值 V_i',校正速度分布,但不用 P' 校正压力分布。

⑦ 如果需要,求解其他变量的方程。

⑧ 重复上述第②至第⑦步,直至收敛。

Simpler 与 Simple 的主要不同在于前者使用速度分布解压力方程得压力场,而不是用估计加校正的方法,这就绕过了压力校正的困难。

有限元法的求解器还常常采用加入一个惩罚因子以耦合压力项和速度项。

13.3　数值模拟步骤

13.3.1　问题的定义

在开始建模过程之前,任何热分析的目的和所要求的精确度都要通过考虑分析的适用范围来决定。作为热分析对象,电子设备的特征尺寸有很大的跨度,从几米大小的机箱到亚毫米级的元件引脚、焊球,虽然它们在热性能上有一定关联性,但要在同一个计算域中建模和划分网格显然是不可能实现的。为了保证模拟分析的精确性,通常把它们划分为元件级、板级和系统级三个层次。

1. 元件级

元件级的热分析主要是为了获得元件内部的详细温度分布,指导进一步的热机械性能分析,为合理选择和设计内部结构奠定理论基础;其次,可获得元件外在表现出来的总体热特征,如元件热阻。随着元件发热量越来越高,内部结构越来越复杂,元件级的热分析就显得尤其重要。因为在解决元件发热造成的局部大热流密度的问题上,在元件级进行分析并采取相应散热措施显然要比板级和系统级效率高且成本低。此外,元件级热分析还是评估民用电子产品用于恶劣机载环境的可行性的唯一手段。

元件级热分析主要是通过求解复合材料结构中的一些有限元或有限容积结点的能量方程进行的。元件级热分析基本是用来解决如下需求:

① 得到元件内详细的温度场。这可以用来进行热力学分析,以估计结构体内的压力和帮助元件级子系统的设计,比如引线架、芯片、硅片,以及各种粘接层。

② 确定封装表面的整体热特性。大家一般视为结点到封装表面的热阻(R_{jc})。选择元件冷却方案时,应参考该热阻值。热分析可用于假设分析研究以帮助减少封装的热阻,而无需进行详细的测量计算。

随着能量耗散的增加,元件级热设计越来越复杂。对于现在 BGA 或 PGA 等元件的阵列技术,或单芯片工作元件 PQFP,从元件到箱体之间的传热路径变得很复杂。这就需要选择合适的散热器或其他加强散热的装置,以保持低的热阻值。进行热分析还可以优化基片和散热器的尺寸。

2. 板　级

板级的热分析除了获得板上不同元件、不同布局下的详细温度分布图外,还可以指导板上元件的优化布局,以期在一定的条件下获得最小的结点温度。但随着电路板发热量的增加,单纯优化布局对降低结点温度的作用已经显得有点微不足道。所以,板级热分析常被用来指导各种散热措施(如板间导热金属板、板间空冷冷板和液冷冷板等)的设计和实施。

板级热分析是针对由元件组成的印制电路板。实际上这是各个不同面上的导热系数给定的导热型的热分析。其基本要求如下:

① 能得到电路板的详细的温度场。电路板和部件的温度场可用于求解焊头的压力和进行疲劳计算。这给元件级和板级的有效耦合设计提供了重要的数据。

② 通过板级热分析,可以得到整个温度场,从而确定元件的最佳分布位置。元件的最佳分布位置即要使各部件的温度最小化。但是,必须指出,要找到元件的最佳分布位置是很麻烦的。从热学、力学和加工制造方面考虑,设计的目的和最佳解决方案也会有很大的不同。

③ 印制电路板的散热通路设计和其他加强传热的措施,需要进行板级热分析,可能包括电路板或元器件的选择和冷却技术。

3. 系统级

系统级热分析的目的是研究发热部件和散热部件(如散热翅片、冷板等)间相互的热关系,通过求解内部的温度场和流场,获得系统的总体热特性。对于商业电子设备,系统级的热分析通常用来解决以下问题:

① 系统的整体热分析,研究系统内复杂的热流和气流路径,确定系统的流阻特性曲线,为选择各种气流驱动方式提供依据。

② 确定冷却气流流动过程中由于各种阻碍或气流驻流、涡流造成的热核心区域,为针对性地采取散热措施提供理论依据。

③ 优化自然对流冷却环境中发热部件和散热孔的位置。

④ 根据系统级温度和流场的分析结果,修正元件级和板级热分析中所施加的边界条件(如对流换热系数等),从而减小其模拟误差。

⑤ 研究系统外部流动和热条件对系统内部件热性能的影响。

⑥ 评估不同系统级的散热措施(如自然对流、强迫对流和液冷等)的散热效果。

13.3.2　计算域的确定

热分析问题一经定义,下一步就是进行计算域的确定。如前所述,在热分析的早期阶段,保证计算域的简单尤为重要。以下介绍一些元件级/板级和系统级热分析中在计算域内减少复杂度的技巧。

1. 元件级/板级热分析

对于元件级或板级热分析,选择正确的计算域是关键的一步。减小计算域主要靠以下三点:

① 几何对称。

根据封装表面的性质,计算域可通过对称来简化。但是,几何对称指的是元件对称的内部结构,可根据引线架和芯片互相连接的层的位置以及其他参数来确定。

② 外部热边界条件的对称。

封装的适用环境也决定了能否使用对称。在对于自然对流冷却的具体环境中,元件竖直放置,受到水平位置的自然对流冷却,由于引力的作用,只有一半的元件可视作对称。

③ 与下一级封装的热联系。

与下一级封装的热联系,是指沿着封装表面的印制电路板进行建模。焊点常常是封装和电路板之间的热联系。因此,合适的元件级热分析应包括合适的电路板底部的尺寸,该尺寸与求解的问题类型、封装的结构和发热功率大小有关。

尺寸规格的多样性和材料的多样性也使得建模工作复杂化,在计算机模型中对所有特征建模,需要很大的网格尺寸,通过分层或集总模型可以减小网格尺寸:

① 分层模型。

在某些模型中可以对内部互相联系的结构分层建模。以 PQFP 为例,其中包含引线架的层可建模成有效的热物性的材料。它也可用于对含有焊球和另一种材料的层建模。有效导热系数 λ_{eff} 则可以表示为

$$\lambda_{eff} = \lambda_A \beta + \lambda_B (1 - \beta), \quad W/(m \cdot K) \tag{13-15}$$

式中:λ_A——材料 A 的导热系数,$W/(m \cdot K)$;

λ_B——材料 B 的导热系数,$W/(m \cdot K)$;

β——材料 A 的体积分数。

② 集总模型。

集总模型是简化焊球或引线架等内部互相联系的结构的另一种方法。该方法将一些引线架和焊球集总成一个,以方便粗糙的网格大小的使用。在后面 13.4.1 小节中的例子中,所研究的封装共有 184 个引脚。如果对每一个引脚建模,则会导致网格尺寸很大。实际建模的时候,将每 4.6 个引脚集总成一个,这就使引脚的总数目从 184 个减少为 40 个。

2. 系统级热分析

系统级热模型特别包括对电子设备内的温度场和流场有很大影响的元件,包括电缆、连接器、滤波器、通风口和风扇。大型的电子元件、印制电路板、供电设备和热沉,这些都是放热和有热耗散的设备。这里讨论了对电子设备中遇到的元件和部件进行建模的不同技巧。

影响温度场或流场的元件并不一定每次都要建模得很详细。比如,如果需要计算流过放置在滑轨上电路板及封装的气流温度,就要在其中一块印制电路板上增加一个 BGA 芯片的具体模型,这在计算上就显得很浪费。BGA 芯片可近似看作系统级模型的体积热源。系统级热分析的温度场和流场不受小东西(如引脚和焊球)的影响,虽然封装和板级热分析中包含了这些小东西。在板级和元件级热分析中,只要可能,就可以使用对称性来减少计算域。

(1) 风扇和风机

风扇和风机等通风装置以给定压力输送一定体积流量的空气。产品说明书中一般画出了风扇或风机工作时静压(p_s)和体积流量(q_v)之间的关系。虽然建模一个风扇或风机比较容易,但这些模型的计算网格需要力求更佳的旋转性和平滑性,并且放入系统级模型后细节上依然不能令人满意。热力工程师往往比较在意风扇可以在风道内驱动的空气流量。

许多软件包都有风扇这一元件或边界条件,用户可以输入风扇或风机的性能曲线,或者多

项式函数 $p_s = \sum_i A_i q_v^i$（其中 A_i 为多项式系数），作为一系列（p_s, q_v）的数据点。这些元件可以大大简化模型。如果风扇不适用，可用二维出风口和回风口来代替，其速度应为给定的，并正交于该平面。如果风扇置于电子设备内部，可以将其建模成上游为回风口和下游为流量相同的送风口的模型。固体元件或壁面，置于回风口和送风口之间，以降低收敛的难度。

同样应该注意记录下生成性能曲线时空气的温度。根据风扇的工作规律，空气密度的变化会改变风扇的性能，由相似性原理（风扇转速和外径不变的情况下）可知：

$$p_s = p_s'\left(\frac{\rho}{\rho'}\right), \quad \text{Pa} \tag{13-16}$$

风扇和风机的性能曲线应进行调整以说明预计的温度或海拔引起空气密度的变化。如果软件包的风扇元件没有对温度作代偿，而预计温升很大，就要用迭代算法来计算。

（2）出风口、栅格和电磁屏蔽栅

许多采用空气冷却的电子封装，入口空气和出口排气会在主要流道内相遇。栅格、电磁屏蔽栅和过滤网也是平面流动阻力元件的例子。由于没有必要对每个洞或开口建模，这些元件与软件包中的压降区特别相似。经过流阻的压降 Δp 一般表达为无量纲损失系数 K 与动压头的乘积：

$$\Delta p = K\frac{\rho u^2}{2}, \quad \text{Pa} \tag{13-17}$$

式中：ρ——流体密度，kg/m^3；

u——来流通过障碍物的方向的平均速度，m/s。

损失系数也可能与流阻的几何形状的函数有关。

由于经过了一系列速度变化，或者特别依赖于速度和流态（层流、过渡过程和湍流），给定流阻的损失系数可能正好不变。大多数软件包只要求用户输入常数值 K，也就是指它可以很容易就得出模型收敛时基于速度的 K 系数的值。

（3）电缆和电线

任何电子设备中都有电缆和电线，如果电缆和电线接近流道，则应将它们纳入系统级分析中。捆绑在一起的电缆和电线可以建模成一个固体元件。对于间隔较大的电线，可视之为采用出风口的平面压降区域。流阻元件的阻力可由通过光管、内嵌管、叉排管的压降计算得到。

（4）散热翅片

散热器可近似看作与给定流阻和热阻的等尺寸体积。这些值一般可以从散热器的产品说明书中得到。普通的强制对流散热器，其热阻比较容易确定，可由下式计算得出

$$\theta = \frac{1}{\eta_0 h A_s} + \frac{1}{\dot{m}c_p}, \quad \text{K/W} \tag{13-18}$$

式中：η_0——翅片表面效率；

$\quad A_s$——散热翅片的总换热面积，m^2；

$\quad \dot{m}$——冷却流体的质量流量，kg/s；

$\quad c_p$——冷却流体的比定压热容，J/(kg·K)；

$\quad h \quad$ 冷却流体流过散热翅片换热表面时的对流换热表面传热系数，$\text{W/(m}^2\text{·K)}$。

经过同样的散热器的流阻 K_{hs} 可近似为

$$K_{hs} = f\frac{L}{D_h} + 1, \quad \text{Pa} \tag{13-19}$$

式中：f——沿程摩擦阻力因子；

　　D_h——一个通道的水力直径，m；

　　L——流通方向散热器的尺寸，m。

矩形管道内层流摩擦因子的方程如下：

$$f = \frac{96}{Re_{D_h}}(1 - 1.355\,3\alpha + 1.946\,7\alpha^2 - 1.701\,2\alpha^3 + 0.956\,4\alpha^4 - 0.253\,7\alpha^5)$$

$$(13-20)$$

式中，α 为散热器流道的宽高比$(0 \leqslant \alpha \leqslant 1)$；$Re_{D_h} = \dfrac{\rho u D_h}{\mu}$。

13.3.3　计算网格

创建好物理域后，就要将其离散为控制体积（或控制单元）。称物理域内的一系列控制体积为计算网格或栅格，它决定模型的精度和求解时的数值稳定性。各个软件的网格生成和处理能力各不相同，有限元法和有限容积法也有不同，本小节仅简单描述了网格类型、网格生成、网络细化和网格独立。

1. 网格类型

用两种网格的有限容积结点可以使计算域离散化。

结构网格：可用于矩形笛卡儿网格，体网格属于这种类型。

非结构网格：可用于四面体之类的形状，并可以更有效地对复杂形状建模和对结点细化。

基于有限元思想的编程代码主要用于非结构化网格。一些代码可以选择更高阶的单元，这需要附加结点以提高精确度。

2. 网格生成

等计算域所需要的所有部件和特征如印制电路板、元件等的几何模型建立好以后，就可以进行网格生成过程了。典型的网格生成步骤如下：

① 计算域内不同的表面可以看作是性质不变的。这些表面包括不同物质的界面，比如电路板和空气或者板和插在其上的元件。

② 面网格由内表面和外表面生成。这是通过定义二维网格实现的，如薄壳不同面上的三角网格。

③ 接着用合适的元件，在计算域的不同区域内生成体网格。

3. 网格细化

生成网格的最终目的是为了创建可以解决模型的所有相关细节的网格，而不影响计算时间和稳定性。网格细化是建模在影响较大的区域增加网格，而在影响不大的区域减少网格的技巧。在模型里的相关元件（如元件、进风口、散热器等）的局部区域创建稠密的网格，可减少计算时间，并增加稳定性和精确度。

网格细化一般是在体网格生成过程中进行的。对于导热分析的情况（预给定传热边界的板极或元件级热分析），可用统一的网格；但是，细化网格要能有效地解决封装结构的细部构造。对于涉及到层流的复合问题，应该注意对固液界面的网格进行细化，以确定边界层。应取好近壁面网格的间距，网格密度应由边界层向流体逐渐减小。

4. 网格独立

建模的时候,求解精度和计算网格的数目之间往往可以达到平衡。随着网格数的增加,求解时间也增加;但是,存在附加网格对求解影响开始很小的一个点。在这个点上,任何收敛的解都可看作是独立于网格的。用不同数目的网格计算这些模型,如果任意两种情况中的温度、压降等的相关解差别不大(小于 5%),则必有一种解法是独立于网格的。

13.3.4 物理模型的选择

生成计算域并画出网格后,选择合适的物理模型就可确定热分析的类型和范围。反过来,通过这些模型又可以确定求解问题所需的边界条件,这又可用于下一步骤。这一小节的基本物理模型包括稳态和瞬态问题、复合传热和辐射传热、层流和湍流,以及不可压流和可压缩流。

选择物理模型前需要知道电子设备内的基本常识,一些假设和合适的规则可用于弥补信息或实验数据的不足。预计的温度场和流场可以通过实验数据和初解等经更新的数据,重新运行模型而进行校正。比如,如果换热器内的流体可看作层流,经检验速度的收敛解后发现流体为湍流,那么就应选择合适的湍流封闭模型,并得到新的解。

1. 等温、导热和复合热传递问题

忽略热传递而只计算流场的问题称为等温问题(只对质量和动量的守恒型控制方程进行了求解)。相反地,热传导问题中仅求解能量方程。但是,在电子设备的热分析中,从元件到环境的热传递包括导热、对流和辐射传热三部分。复合热传递是指多种传热模式的效果。很多研究中都包括了热传递的三种模式。

2. 瞬态模型

瞬态的热分析可用于精确地估计有瞬态耗散功的电子元件的温度,或者别的时变边界条件。瞬态模型同样可以用于仿真从最初升高到最后稳定期间的元件温度。趋于不稳定的稳态问题,当得到其稳态解而迭代终止时,可以作为瞬态问题求解。建模瞬态情况时,需要选择时间间隔 Δt,加以任何与时间独立的边界条件,并应用初始条件($t = 0$)。

3. 可压缩流和不可压流

在电子冷却中,空气流速和压力的变化一般较小,可以假定流体为亚声速的、不可压的(比如密度仅随温度变化而变)。马赫数(Ma)小于 1 时,空气压缩性的影响可以忽略。马赫数定义如下:

$$Ma = \frac{u}{\sqrt{\gamma RT}} \tag{13-21}$$

式中:u——平均气体速度,m/s;

$\quad\quad R$——通用气体常数,J/(kg·K);

$\quad\quad T$——气体温度,K;

$\quad\quad \gamma$——绝热指数,$\gamma = c_p / c_V$。

如果马赫数大于 1,则流体为超声速和可压缩流(气体密度为温度和压力的函数)。一些热分析软件合并了这些特殊方程和求解方法,用来求解可压缩流场。

4. 层流和湍流

除了为亚声速和不可压流外,电子封装内气流的低速还保证其处于层流区。有时,速度会高到使流体转变为湍流,其流体随机运动的特点包括波动、旋涡、流体物性的随机变化、自持运动和混合等。因此,选择物理模型之前,必须知道流场为层流还是湍流。

电子设备中的流场往往是有限制壁面的,因而,用雷诺数可以判别流场,即

$$Re_{L_c} = \frac{\rho u L_c}{\mu} \tag{13-22}$$

式中,u——平均速度,m/s;

ρ——密度,kg/m³;

μ——动力粘滞系数,kg/(m·s);

L_c——特征长度,m。

鉴于几何形体的复杂性和尺寸的多样性,特征尺寸的选择往往很麻烦。对于圆形管道,流动区域为层流时 $Re_{L_c} < 2\,300$,为过渡阶段时 $2\,300 < Re_{L_c} < 4\,000$,为湍流时 $Re_{L_c} > 4\,000$。这些数值范围和特征长度都可以用于判断某一研究区域内流体为层流还是湍流。如果 Re_{L_c} 处于过渡区域,就可以用层流和湍流共同来求解并进行检验。

5. 辐射模型

在热分析中加入辐射作用,将使模型复杂化,但会使求解该物理现象时更加精确。当辐射换热量 Q_{rad} 相对对流换热或导热占相当比例时(比如自然对流问题,外太空或真空换热问题等),应考虑辐射传热作用。

灰体某表面净辐射换热量为

$$Q_{rad\_i} = A_i(J_i - G_i), \quad W \tag{13-23}$$

有效辐射传热

$$J_i = \varepsilon_i E_{bi} + (1 - \varepsilon_i) \sum_{j=1}^{N} X_{i,j} J_j, \quad W/m^2 \tag{13-24}$$

投入辐射

$$G_i = \sum_{j=1}^{N} X_{ij} J_j, \quad W/m^2 \tag{13-25}$$

由式(13-23)～式(13-25)可得

$$Q_{rad\_i} = \frac{E_{bi} - J_i}{(1 - \varepsilon_i)/(\varepsilon_i A_i)}, \quad W \tag{13-26}$$

式中:E_{bi}——同温度黑体辐射力,$E_{bi} = \sigma T_i^4$,W/m²;

σ——斯蒂芬-玻耳兹曼常数;

ε_i——发射率;

A_i——辐射表面面积,m²;

$X_{i,j}$——表面 i 与 j 间的角系数。

表面 i 与其他表面间的净换热量为

$$Q_{rad\_i} = \sum_{j=0}^{N} \frac{J_i - J_j}{1/(X_{i,j} A_i)}, \quad W \tag{13-27}$$

两个灰体表面间的辐射换热量为

$$Q_{i,j} = \frac{E_{bi} - E_{bj}}{\dfrac{1 - \varepsilon_i}{\varepsilon_i A_i} + \dfrac{1}{A_i X_{i,j}} + \dfrac{1 - \varepsilon_j}{\varepsilon_j A_j}}, \quad W \tag{13-28}$$

只要解出各表面的有效辐射 J_i 就可以确定各个表面的净辐射换热量。求解有效辐射 J_i 的思路是把基尔霍夫直流电路定律应用于辐射换热等效电路网络中的每个 J_i 结点，使流入结点的电流总和等于零，即可列出各结点有效辐射的联立方程组。联立方程组的求解在数值仿真软中体现为不同辐射散热模型的选取和求解。三维问题中，电子设备不同表面间的辐射换热角系数计算很复杂，需额外占用较多的计算时间，必要时需要减少次要辐射表面的选择。

13.3.5　材料的选择及物性参数

定义好物理模型后，就要定好求解域内的不同材料及其物性。许多软件包都有一些常用材料的库，但是，首先应参考资料对库内的参数值进行校核。这些材料主要是流体或固体。所需要的材料的参数取决于要进行的热分析的类型，如表 13-1 所列。如果模型中考虑了辐射换热，就需要知道发射率和吸收率的值。同样应该注意软件中指定的参数值是否正确。

表 13-1　仿真计算所需的物性参数

分析类型	计算所需的物性参数	是否与温度有关
仅流动仿真	密度 ρ，粘性系数 μ	否
仅稳态传热仿真	导热系数 λ	是
仅瞬态传热仿真	密度 ρ，比定压热容 c_p，导热系数 λ	是
流动传热耦合仿真	密度 ρ，粘性系数 μ，比定压热容 c_p，导热系数 λ	是

1. 与温度有关的属性

尽管材料属性值一般可视作常数，但是进行热传递和流体流动的精确建模时，与温度有关的属性很重要。比如，在自然对流或混合对流中，空气密度必须定义为温度的函数。在使用液体的高级热处理系统中，粘性受温度影响很大，也应定义为温度的函数。一些软件允许用户用不同的形式表达温度的影响，如分段线性变化、多项式函数或分子运动理论中的理想气体定律。

2. 印制电路板的有效热导率

多层印制电路板由于其结构特征（见图 13-2），导热率一般表现为各向异性，平面和法线方向的有效导热率关系式为

$$\lambda_\parallel = \frac{\sum \lambda_e t_{e,i} + \sum \lambda_c t_{c,i}}{t}, \quad W/(m \cdot K) \tag{13-29}$$

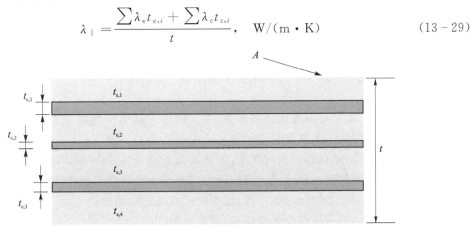

图 13-2　多层电路板结构示意图

$$\lambda_{\perp} = \frac{t}{\sum t_{e,i}/\lambda_e + \sum t_{c,i}/\lambda_c}, \quad W/(m \cdot K) \tag{13-30}$$

式中:λ_e——电路板树脂材料 FR4 的导热系数,$W/(m \cdot K)$;

$\quad\quad\lambda_c$——电路板铜布线层导热系数,$W/(m \cdot K)$;

$\quad\quad t_{e,i}$——电路板树脂材料 FR4 各层厚度,m;

$\quad\quad t_{c,i}$——电路板铜布线层各层厚度,m;

$\quad\quad t$——电路板厚度,m。

13.3.6 边界条件

求解模型之前,必须施加计算域的边界条件以确定温度场和流场。

1. 几何边界条件

几何边界条件包括对称、循环或周期性。

(1) 对 称

对称边界条件通常用来简化物理模型,除此之外,还可以对几何结构、流场和温度场对称的模型施加对称边界条件。对称边界条件上各参数的法向梯度和法向速度都为零,即对称面零通量。对于几何轴对称问题,可以在几何体的中心线处应用边界条件。对有几何对称性的模型施加对称或轴对称边界条件时,要求不仅结构对称,而且温度场和流场也应具有对称特征。

(2) 循环或周期性

当几何结构、温度场和流场具有循环或周期性特征时,就可以通过施加循环或周期性边界条件简化计算和约束对称特征。比如流过一组错列翅片或者流经一排发热元件时的流体流动就符合这一特征,在对称界面上施加循环或周期边界条件可以使计算简化,只需获得一个循环或周期内的仿真结果即可。

2. 流动边界条件

对于等温或耦合传热问题主要有两种流动边界条件:速度边界条件和压力边界条件。如果是湍流流动,还需要其他附加的边界条件,比如湍动能、湍动能耗散率、特征长度以及湍流强度等。

(1) 速度边界条件

根据几何模型或网格的定义,流速可表达成直角坐标系速度、切线速度、柱面-极坐标系速度和角分量速度的形式。速度边界条件可施加在流体域的入口、出口和壁面上。由于速度为矢量,速度的符号就表明速度的方向是位于坐标轴的正向还是负向。

(2) 压 力

在流体域的进、出口可施加压力边界条件,一般用于进出口流量或速度未知,而经过流体域的压降已知时的情况。尤其是对于流体域不止一个出口的情况,比如电子机箱往往存在不止一个出风口。此外,在自然对流问题中,流体流动方向和大小都未知,施加压力边界条件可促使流体在计算域中的流入和流出。施加压力边界条件也可以实现在同一位置上的流体流入和流出计算,比如一个出风口处的空气回流模拟。在流进和流出边界上,压力边界条件分别用总压和静压来表征。不可压缩流的总压 p_t 可表示为

$$p_t = p_s + \frac{\rho u^2}{2}, \quad Pa \tag{13-31}$$

式中：p_s——静压，Pa；

　　ρ——密度，kg/m³；

　　u——压力边界上的法向速度，m/s。

对于电子设备的系统级热分析问题，通常在流体入口处施加速度边界条件（类似风扇的作用），在流体出口处施加压力边界条件（用以模拟多个出风口情形，此时若采用速度边界条件会引起计算不收敛）。如果速度未知，或者在入口处既有流体流入也有流出，则入口处亦可设置为采用任一假定值的压力边界条件。当解收敛以后，可通过比较计算流量值与期望流量值，调整压力边界条件输入值。

3. 热边界条件

热分析中有三类热边界条件：恒温、恒热流和对流边界。辐射效应可采用有效辐射传热系数作为对流边界条件施加。

（1）恒温（第一类热边界条件）

恒温边界条件多用于流体入口设置。尽管在实际的电子设备中很少有表面温度已知并且恒定的情况，但有时为了确定不同参数影响下的元件封装或系统热特征，需要在计算域内的表面上施加恒温边界条件。

（2）恒热流（第二类热边界条件）

如果表面上的热流恒定，就可以使用该边界条件。与恒温边界条件一样，实际情况中这种边界条件也是不常见的。不过对于绝热壁面需要施加恒热流值为零的热边界条件来保证。

（3）对流边界（第三类热边界条件）

绝大多数的电子设备热模型都是对流热边界条件。由于在该边界条件中散热表面的温度以及环境空气的温度必须已知，所以热模型的对流边界条件往往很难准确确定。流体的对流换热与流体的流动状态密切相关，因而需要先确定流速，然后再选用自然对流和强迫对流的经验关联式或解析关系式，从而获得精确近似的表面对流传热特征。如果对流表面附近的流体流速未知，可先施加恒温边界条件计算获得近似的速度值。

4. 辐 射

电子设备的自然对流传热分析中往往需要考虑辐射换热的影响。黑体表面的辐射换热为

$$Q_{rad} = \sigma A(T_w^4 - T_\infty^4), \quad W \tag{13-32}$$

式中：T_w——表面温度，K；

　　T_∞——环境温度，K。

大空间内的高热流密度元件级和板级的辐射换热可以采用下面的辐射换热系数 h_r 表达，即

$$h_r = \frac{Q_{rad}}{A\Delta T} = \sigma(T_w^2 + T_\infty^2)(T_w + T_\infty), \quad W/(m^2 \cdot K) \tag{13-33}$$

将辐射换热系数 h_r 加入对流换热系数 h，得到考虑了辐射换热的有效换热系数 h_T，即

$$h_T = h + h_r, \quad W/(m^2 \cdot K) \tag{13-34}$$

5. 自然对流换热经验关联式

自然对流本质上是由密度不同引起的浮升力所造成的对流热传递。自然对流换热量与流体的热物性参数相关，比如密度、比热容、热导率、粘性系数和热膨胀系数等，综合在一起可由瑞利数 Ra 表达。

(1) 等温壁面

等温壁面的自然对流流体 Ra 可表示为

$$Ra_{L_c} = \frac{g\beta(T_w - T_\infty)L_c^3}{\upsilon\alpha} \tag{13-35}$$

式中：L_c——特征长度，m；

  g——重力加速度，m/s²；

  β——流体体积热膨胀系数，K^{-1}；

  υ——流体的运动粘滞系数，m²/s；

  α——流体的热扩散率，m²/s。

对于竖直散热壁面，特征长度为竖壁的高度。

在许多实际的自然对流传热情况中，散热壁面的温度是未知的，因此，对应有等热流壁面和等体生热率壁面。

(2) 等热流壁面

通常元器件密集布置的高热流密度电路板可视为等热流壁面，其瑞利数定义为

$$Ra_{L_c} = \frac{g\beta q''DL_c^3}{\lambda\upsilon\alpha} \tag{13-36}$$

式中：q''——热流值，W/m²；

  D——与传热有关的另一特征尺寸，理想状态等于壁面上的热边界层厚度，m；

  λ——流体的热导率，W/(m·K)。

(3) 等体生热率壁面

对于高热流密度元器件，比如 PQFP，可认为其发热量在整个体积上是均匀一致的，此时的瑞利数定义为

$$Ra_{L_c} = \frac{g\beta q'''VDL_c^3}{\lambda\upsilon\alpha A} \tag{13-37}$$

式中：q'''——体生热率，W/m³；

  A——元器件的湿周面积或者传热表面面积，m²；

  V——发热体的体积，m³。

自然对流换热关联式为

$$Nu_{L_c} = \frac{hL_c}{\lambda} = CRa^m Pr^n \tag{13-38}$$

式中，Nu 为努塞尔数；Pr 为普朗特数；C、m 和 n 为常数。对于不同的自然对流情形和瑞利数范围，关联式有不同的表达形式，根据特征尺寸的大小和瑞利数选择合适、准确的关联式是自然对流热分析的重要决定性因素。

6. 强制对流换热经验关联式

传热学文献中的强制对流换热经验关联式一般以流型来分类。按流场是否被固体边界包围，粘性流体的流动可分为内流与外流两种形式。被限制在固体壁面之内的粘性流动称为内流，其边界层增加或流体流动受约束，从固壁上速度为零到流体内部最大速度区形成明显的速度梯度。比如在被加热的管道中的流动和印制电路板间的流动都属于内流。外流通常是指流体对物体的外部绕流，固体壁面对流动的影响通常局限在有限范围内，流场可以是无界的，换热表面上的流动边界层可以自由增长。

（1）外　流

流过发热平面、柱面或球面等表面的强制对流换热有不同的经验关联式。平面上的外流对流换热表面的关联式为

$$Nu_{L,T} = 0.664 Re_L^{1/2} Pr^{1/3}$$
$$Nu_{L,H} = 0.906 Re_L^{1/2} Pr^{1/3} \qquad (Re_L < 5 \times 10^5, Pr > 0.6) \Bigg\} \qquad (13-39)$$

式中，下标 L 表示特征尺寸取为平板的长度 L。

（2）内流——矩形管道

电子设备中的流动通道大多是由层叠布置的电路板板间构成的矩形通道，此时内流的对流换热经验关联式形式与外流类似，只是特征尺寸取为当量直径 d_e，即

$$d_e = \frac{4 \times 横截面积}{湿周} = \frac{2ab}{a+b}, \quad m \qquad (13-40)$$

式中：a, b——分别为矩形通道截面的宽和高，m；

电子设备的流动槽道一般比较短，层流边界层和温度边界层在流道出口处都没有得到充分发展。图 13-3 给出了随无量纲参数 x^* 变化的正在发展的对流换热 Nu 曲线。

$$x^* = \frac{L/d_e}{Re_{d_e} Pr} \qquad (13-41)$$

式中：L——流动通道长度，m。

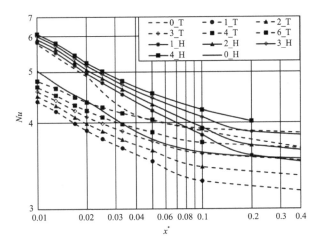

注：i_T 或 i_H 中的 i 表示槽道高宽比，$i = b/a$；T 表示等温热边界条件；H 表示等热流边界条件。

图 13-3　随无量纲参数 x^* 变化的正在发展的 Nu 曲线

当 $x^* > 0.1$ 时，流体可以看作是充分发展的。图 13-4 给出了随槽道截面高宽比 b/a 变化的等温或等热流边界矩形槽道内层流流动充分发展的 Nu 曲线。若槽道内的流动为湍流（$Re_{d_e} > 4\ 000$），则 b/a 对于 Nu 的影响可以忽略，Nu 可根据参考文献[173]中标准的圆管内流动换热关联式计算。

（3）内流-阵列元件间

当电路板上布置了复杂多样的发热电子器件（比如电容、封装、微处理器和电缆等）时，热分析中往往会将它们看作统一尺寸的元件阵列（见图 13-5）来进行简化处理。

对于完全流动的空气介质：

$$Nu_{L_x} = 0.6 Re_{L_x}^{0.5} Pr^{0.33} \qquad (13-42)$$

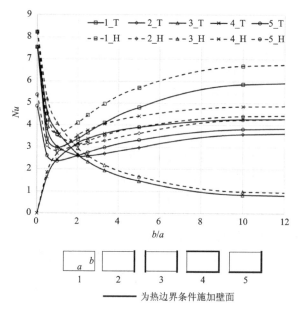

注:i_T 或 i_H 中的 i 表示槽道热边界条件类型;T 表示等温热边界条件;H 表示等热流边界条件。

图 13 - 4   随槽道截面高宽比 b/a 变化的层流流动充分发展的 Nu 曲线

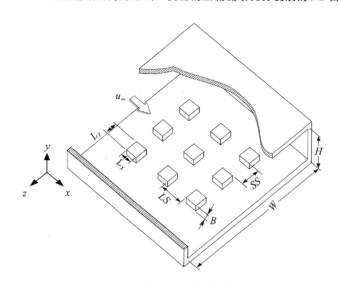

图 13 - 5   阵列元件电路板间气流流动示意图

其中,$Re_{L_x} \leqslant 5\,000$,$2.67 < L_x/B < 8.75$,$1.5 < H/B < 10.0$。

$$Nu_{L_x} = 0.082 Re_{L_x}^{0.72} \tag{13-43}$$

其中,$Re_{L_x} > 5\,000$,$0.25 < \dfrac{L_x L_z}{LS \cdot SS} < 0.69$。

对于完全流动的液体介质:

$$Nu_{L_x} = 0.158 Re_{L_x}^{0.655} Pr^{0.5} \left(\frac{\mu_f}{\mu_w}\right)^{0.13} \left(\frac{LS}{H}\right)^{0.125} \left(\frac{H-B}{L_x}\right)^{0.05} \tag{13-44}$$

其中,$610 < Re_{L_x} < 68\,850$,$6 < Pr < 25.2$,$0.025 < LS/H < 3.29$,$0.06 < (H-B)/L_x < 3.87$。

7. 接触热阻的建模

电子设备中的接触热阻常用有效传热系数(详见 4.6 节)来表示,将固体微接触点产生的传导热阻和间隙气体或油脂的传导热阻视为并联关系,则有

$$h_j = \frac{1}{R_j} = h_c + h_g$$

式中:h_j——接触热阻有效传热系数,$W/(m^2 \cdot K)$;

R_j——接触热阻,$(m^2 \cdot K)/W$;

h_c——固体微接触点产生的有效传热系数,$W/(m^2 \cdot K)$;

h_g——间隙气体或油脂产生的有效传热系数,$W/(m^2 \cdot K)$。

$$h_c = 1.25(\lambda_s m/\sigma)(p/H)^{0.95} \tag{13-45}$$

$$\lambda_s = \frac{2\lambda_1\lambda_2}{\lambda_1 + \lambda_2}$$

式中:λ_s——两个固体接触材料的平均导热系数,$W/(m^2 \cdot K)$。

λ_1——材料 1 导热系数,$W/(m \cdot K)$。

λ_2——材料 2 导热系数,$W/(m \cdot K)$。

m——表面粗糙度坡度的均方根;$m = (m_1^2 + m_2^2)^{0.5}$,非常光滑至非常粗糙表面的 m 变化范围为 $0.01 < m < 0.13$。

σ——表面粗糙度的均方根,m;$\sigma = (\sigma_1^2 + \sigma_2^2)^{0.5}$,一般为 $0.2\ \mu m < \sigma < 4\ \mu m$。

p——接触压力,N/m^2。

H——接触的两个材料中比较软的材料硬度,N/m^2,一般为 $10^{-5} < p/H < 10^{-2}$。

$$h_g = \frac{\lambda_g}{Y + \sigma M} \tag{13-46}$$

$$M = \frac{\alpha\beta\Lambda}{\sigma}$$

式中:λ_g——间隙填充材料(空气或油脂等)的导热系数,$W/(m^2 \cdot K)$。

M——有效间隙参数;对于一个大气压下的空气,温度为 15 ℃和 100 ℃时的 M 分别取 0.277 和 0.081;对于液体、油和脂类的间隙填充材料,$M = 0$。

Y——两个接触面平均面间的间距,m;$Y = 1.184\sigma\left(-\ln\frac{3.132p}{H}\right)^{0.547}$。

α——有效调节参数,一般 $2 < \alpha < 10$。

β——空气参数,$\beta = \dfrac{2\gamma}{Pr(\gamma+1)}$,一般为 $1 < \beta < 2$,Pr 为普朗特数。

γ——空气绝热指数,$\gamma = 1.4$。

Λ——间隙填充材料的分子平均自由程,m;$\Lambda = \Lambda_0\left(\dfrac{T}{T_0}\right)\left(\dfrac{p_{g0}}{p_g}\right)$,下标 0 表示一个大气压,15 ℃条件下的参数值,一般为 $0.04\ \mu m < \Lambda_0 < 0.19\ \mu m$,$0.01 < \Lambda_0/\sigma < 1.0$。

13.3.7　求解策略

对于有限容积法和有限元法,解代数方程组的方法有很多种,都需要迭代求解。本小节讨论不同流动和传热问题所用的求解器、插值方法和求解器参数。

1. 求解器

(1) 逐点高斯-赛德尔求解器

这是一种简单的迭代求解器,各网格结点处的变量通过特定顺序求解。例如,对于如下的离散方程:

$$A_P T_P = \sum A_{nb} T_{nb} + b \qquad (13-47)$$

式中,下标 nb 代表结点 P 的一个邻点。T_P 可表示为

$$T_P = \frac{\sum A_{nb} T_{nb}^* + b}{A_P} \qquad (13-48)$$

式中,T_{nb}^* 表示上一步迭代的解,T_P 为当前迭代的解。

(2) 逐行高斯-赛德尔求解器

逐行高斯-赛德尔求解器采用一次迭代求解计算域中一行结点解的求解方案,同一行上的计算方向称为扫描方向。求得一行的解再行进至下一行进行计算。从一行到另一行的求解方向称为行进方向。

(3) 三对角线矩阵求解器(TDMA)

三对角线矩阵求解器对于求解带状矩阵很有用,它也要沿行进方向进行逐行扫描求解。

2. 使用迭代求解器的准则

行进方向和扫描方向的选择需根据实际的特定问题确定。比如,对于流动方向已知(比如发热器件或散热翅片间没有回流的强迫对流换热)的情况,行进方向须选择流体流动方向,扫描方向选择垂直于流动方向。这样可以保证沿流动方向流体的边界条件没有变化。对于无特定流动方向(比如一个密闭机箱内的自然对流换热)的情况,行进方向和扫描方向的确定就比较麻烦,此时可采用交替变化的扫描方向,即先扫描 I 方向的网格结点,再扫描 J 方向的网格结点。

扫描次数也是一个重要参数,往往通过试错得到。一个方程的扫描次数是指一个方程的求解次数。通常动量方程和标量方程各自被求解一次(每扫描一次),而压力校准方程可以在一次迭代中扫描求解五次。但是,对于耦合传热问题,能量方程可能需要更多的扫描求解次数(5~20 次)以保证收敛。因此,需要根据不同的传热具体问题选择最合适的扫描次数。

3. 插值方法

求解离散方程时,要进行插值以得到控制体积边界上的值。Patankar 总结了一些插值方法,如中心差分法、幂定律法、指数法等。其中应用最广的是幂定律法,对流-扩散方程在一个方向上的准确解就是用这种方法近似获得的;为了加速曲线流动求解的收敛性,可以采用像 QUICK 格式这样的二阶算法。QUICK 格式采用一个包括三个邻近结点值的二次函数进行插值,可以减少数值扩散引起的误差。

4. 加速收敛的方法

为加速数值计算的收敛性,可利用以下措施:

(1) 低松弛因子

应根据具体问题的情况并通过反复试错来确定低松弛因子。一般速度项的低松弛因子取 0.2~0.5,压力和压力校正项取 0.4~0.8,温度项取 0.9~1.0。增大低松弛因子可以加速收敛。另外,如果解发散,则应减小低松弛因子以保证收敛性。

（2）复杂性递进

可以通过逐步提高求解对象复杂性的方式来增进数值计算的收敛性。例如,在耦合传热问题中可以将热负荷从一个较低值慢慢加到需求值;对于强迫对流的流动和传热问题,可以先进行等温流动计算,然后再加上热源。对于辐射耦合传热问题,可以在计算辐射换热之前,先求出仅导热和对流耦合的收敛解。

（3）多级网格加速

对于逐行迭代求解器,从一个结点到另一个结点的数据传送受到扫描方向和行进方向的限制。如果网格尺寸比较大,流场和温度场内的各向异性参数(比如耦合传热中不同细微结构的材料物性参数)的变化不能得以有效体现,就会导致收敛速度比较慢。可以采用粗细网格结合的多级网格加速法进行求解,以减少整体误差。

5. 收敛判别标准

收敛判别标准通常是检验其总的标准残差。同时,还需检验能量平衡残差来验证结果的正确性。

13.3.8　后处理

计算收敛后即可获得以网格结点表示的温度场和流场(速度矢量、压力),表面热流密度,进出口流量等结果,采用各种后处理方法就可以进行图像分析。

13.4　数值仿真算例介绍

13.4.1　元件级 PQFP 热模拟

1. PQFP 模型

图 13-6(a)为 184 引脚 PQFP 元件的详细模型图。芯片(Die)用粘结剂(Adhesive)贴装在芯片垫(Die Paddle)上,并通过金丝(Wire Bond)与引线架(Lead Frame)相连,再通过外接引脚(Lead)引出封装(Mold Compound)外,整个元件内部结构采用模塑封装以隔离外界环境。PQFP 各部分材料的热物性参数如表 13-2 所列。

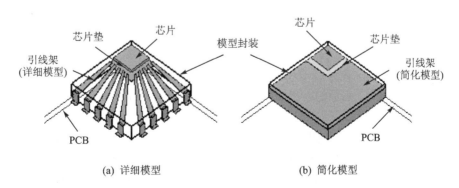

(a) 详细模型　　　　　　　　　(b) 简化模型

图 13-6　PQFP 的详细和简化模型

如果对每一个引脚都如实建模,那将需要庞大的计算内存和花费很长的计算时间,考虑引脚数目对元件热性能的影响较小,所以按如下方法建立了元件的详细模型:

表 13 - 2　PQFP 材料物性参数

材料名称	$\rho/(\mathrm{kg \cdot m^{-3}})$	$c_p/[\mathrm{J \cdot (kg \cdot K)^{-1}}]$	$\lambda/[\mathrm{W \cdot (m \cdot K)^{-1}}]$
芯片	2 330	660	$154.86(300/T(\mathrm{K}))^{4/3}$
粘接剂	1 800	1 200	2.5
芯片垫	4 215.2	214	170
模塑封装	1 070	795	0.8
引线架	8 933	381	387.6

① 根据对称性,取元件四分之一结构建模。

② 每 4.6 个引脚简化为 1 个,则元件每边有 10 个插脚,这样可得到合理的网格大小划分。

③ 芯片和引线架间的金丝极细,忽略其传热,不予建模。

④ 忽略元件次要尺寸,元件和插脚大致简化为矩形。

根据上述原则建立的 PQFP 详细模型如图 13 - 6(a)所示。然而,在电子设备的板极和系统级热模拟研究或元件级的瞬态分析过程中,图 13 - 6(a)的详细模型仍会产生局部过密的计算网格,所以还需进一步简化元件模型。图 13 - 6(b)所示的简化模型将内部的引脚引线架简化为一个连续的金属矩形环层,外接引脚也简化为导热系数为空气和引脚各取权 50% 的同等体积材料。

为了避免或减小印制电路板特征参数(如铜布线层的厚度、布线扇出面积等)的不规范对研究元件热性能的影响,采用 JEDEC 标准的高、低导热电路板作为安装板进行热分析。其中低导热电路板上、下表面分别被覆厚度为 71 μm 的铜布线层,覆盖率均为 30%,因此,获得的电路板板导热物性为各向异性,平面方向为 5.505 W/(m・K),法线方向为 0.366 W/(m・K);高导热电路板上、下表面的铜布线层覆盖率均为 50%,厚度仍为 71 μm,板间加两层 35 μm 的铜布线层,覆盖率为 30%,此时平面方向导热系数为 19.18 W/(m・K),法线方向为 0.403 W/(m・K)。184 引脚 PQFP 外形尺寸为 32 mm×32 mm×3.4 mm,标准印制板尺寸取为 101.6 mm×114.3 mm,研究表明,当电路板面积与元件覆盖面积之比大于 4 时,电路板面积的大小对元件的热性能几乎没有影响。元件下表面与电路板间为 0.1 mm 厚的空气层,导热系数为 0.026 W/(m・K)。

PQFP 芯片的生热量为 3.5 W,取四分之一为 0.875 W,以体生热载荷的形式加在芯片上。计算域选取包括整个四分之一的电路板及周围的自然对流空气,尺寸为 100 mm×100 mm×30 mm,对称边界上为绝热条件。考虑元件、电路板表面与环境的辐射换热,电路板上、下表面和元件的上表面的发射率均为 0.9,并向具有环境温度的空间辐射散热。其他边界为零相对压力的环境温度的自然对流条件。对于该固-流耦合的传热问题采用有限容积法求解,对电路板和元件表面的边界层区域进行了较密的网格划分,网格单元数为 45.5 万,结点数为 46.9 万,此时计算结果已与网格结点数目无关。所以相对于施加经验的自然对流换热边界条件的有限元数值模拟方法,本方法更加符合元件与环境换热的实际情况。

2. PQFP 热模拟结果

图 13 - 7 所示即为四分之一 PQFP 表面贴装于低导热电路板时详细模型的稳态等温云图。由图 13 - 7 可以看出,当发热量为 3.5 W 时,芯片结点最高温度达到了 139.5 ℃,并且在

元件中心围绕芯片形成了一个高温集中区,温度由中心逐渐向封装外缘降低,其中在芯片垫边缘、引线架与芯片中间金丝所在的区域形成了较大的温度梯度,达到了 $-30\ ℃/mm$,图 13-8 表示了由芯片中心沿引线架至封装外的热流路径上的温度曲线和温度梯度曲线。如此高的温度梯度可能会不利于金丝的热可靠性,产生的热应力会导致金丝的机械连接失效,从而导致元件的电功能丧失。图 13-8 中,芯片和模塑封装、引线架间的温差达到 $45\ ℃$,很明显这种情况下封装结构没有起到良好的散热作用,即使选用铜材质的引线架也收效甚微。

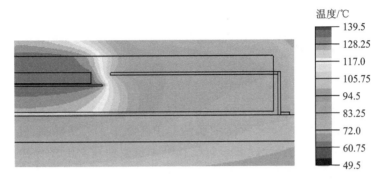

图 13-7　四分之一 PQFP 详细模型的稳态等温云图

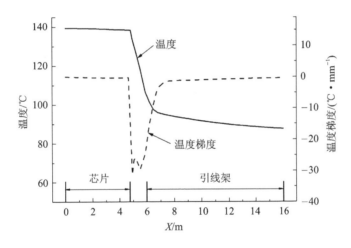

图 13-8　热流路径上的温度曲线和温度梯度曲线

　　PQFP 不同散热途径间的散热比例如图 13-9 所示,图中,通过引脚和模塑封装下表面向低导热电路板的导热量占总散热量的比例分别为 21.8% 和 45.3%,导热量总比例达到了 67.1%,由此说明贴装于电路板表面上、工作状态下的 PQFP 元件处于自然对流环境中时,大部分发热量是通过向电路板导热散掉的。所以,如果只针对孤立的电子元件进行数值热模拟,那么获得的模拟结果是无法如实表达它的实际热特性的,因为建立的模型中不包括电路板。另一方面,各个散热途径间为并联关系,如果认为最终热量都散给了环境(如本例),那么散热比例最大的热流途径,即热量由芯片至模塑封装下表面、经电路板导热,最终通过电路板表面散给环境的途径,对应的散热热阻最小,因此,对影响该途径散热的因素进行改进应该是强化元件散热的直接切入点。其次,因为芯片直接或间接通过模塑封装散走的热量占总发热量的比例为 78.2%,因此,可以推断模塑封装材料是决定 PQFP 内部热特性的一个主要因素。

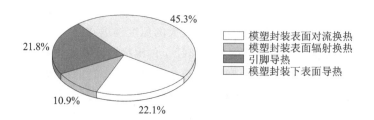

图 13 - 9　PQFP 不同散热途径的散热比例

13.4.2　板级热模拟

1. 板级热模型

印制电路板模型如图 13 - 10(a)所示,板尺寸为 210 mm×150 mm×3 mm。板上半部分别置有两个184 引脚的 PQFP 和两个16 引脚的 DIP,PQFP 的发热功率、尺寸和结构同前面元件级讨论的一致。另外还有两个次要发热元件分别放在两对 DIP 的旁边。电路板的下半部表面置有 6 个发热功率各为 5 W 的芯片,以 2 排 3 列的形式分布,每个芯片的表面上都贴装有矩形针状散热翅片(见图 13 - 11)。印制电路板为符合 JEDEC 标准的高导热电路板,其材料物性为各向异性,平行于板面方向导热系数为 19.13 W/(m·K),垂直于板面方向导热系数为 0.4 W/(m·K)。

对于板级电子设备的热分析,在有限元建模上有详细模型和简化模型两种。

(1) 板上元件详细模型(见图 13 - 10(a))

详细模型中,主要元件如 PQFP、DIP 和芯片-翅片组合(Chip - Fin Module)都按元件级的分析模型进行建模,如实地反映元件中不同材料间的相互结构关系。由于 DIP 旁边的两个元件的发热功率较小,对周围元件和电路板的热性能影响很小,属于次要元件,所以详细模型中以发热的矩形块为代表,其下表面与电路板贴合。在该模型中对元件采用六面体单元、对电路板采用自适应四面体单元进行有限元网格划分,得到的网格单元数为 18.8 万个,结点数为 27.3 万个。

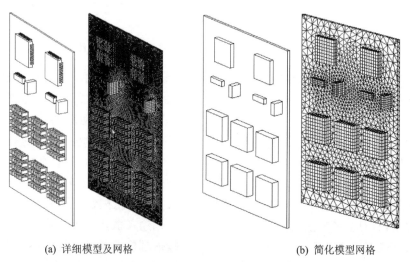

(a) 详细模型及网格　　　　　　　　　　　　(b) 简化模型网格

图 13 - 10　印制电路板模型

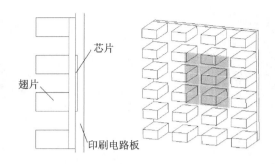

图 13 - 11　芯片翅片组合结构示意图

（2）板上元件简化模型（见图 13 - 10(b)）

电路板上发热元件的简化建模有多种方法，一般都应满足以下两个条件：

① 由几何结构引起的流动阻碍应能用简洁的方式表达出来，并与实际系统相似。

② 应能较好地反映热源分布及其散热途径。

基于上述两个条件，将元件和散热翅片简化为相应大小的矩形块置于电路板上元件的发热以体生热的形式均匀分布在整个矩形块上。在板级热分析中，重点是模拟电路板上的热源分布和所有重要的流动阻力影响因素，而模拟准确的元件结点温度在板级的热分析中已经不是重点。所以，采用这种板上元件简化模型是可行的。简化模型依然对元件采用六面体单元、对电路板采用自适应四面体单元进行有限元网格划分，得到的网格单元数为 8 055，结点数为 13 317 个。

2. 边界条件

在进行系统级热分析之前，气流在系统中的流动情况是未知的。对于板级热分析来说，冷却空气流经整个板时，在不同元件位置处的流速大小和方向也是未知的。在这种情况下，使用一种名义上的边界条件进行板级热模拟。因为电路板上元件造成的空气流动阻力的存在，所以模型按湍流求解，并采用流速平均分布为名义边界条件（如空气流速为 3.8 m/s，温度为 49.5 ℃）。电路板和简化元件的对流换热系数采用式（3 - 42）和式（3 - 43）计算。PQFP 元件和 DIP 元件下表面和电路板间的空气层很薄，均小于 0.5 mm，所以认为该空气层中的传热形式仅为导热。

3. 模拟结果分析

经有限元分析计算得到的详细模型和简化模型等温云图分别如图 13 - 12(a)和(b)所示。图 13 - 12 中，使用简化模型得到的温度分布与详细模型的分布趋势基本一致。芯片-翅片组合的最高温度相对于详细模型的差别只有 1.9 ℃，说明这种模块式的板上元件简化建模方式能够比较准确地模拟芯片-翅片组合。

图 13 - 13 比较了两模型上的元件表面温度曲面，分别如图(a)、(b)、(c)、(d)所示，由图可知，简化模型上各元件的表面温度普遍要比详细模型上的高，其中，元件 PQFP 上温度高 8～10 ℃，相对误差约为 11.78%；元件 DIP 上的温度高约 4 ℃，相对误差约为 5.8%；针状翅片表面上的温度要高 2～4 ℃，相对误差约为 3.9%。此外，电路板表面温度在翅片区域也平均要高 2～3 ℃。在温度梯度上，简化模型上的元件表面温度梯度要小于详细模型上的元件表面温度梯度，这在翅片表面和 PQFP 元件表面表现得比较明显。

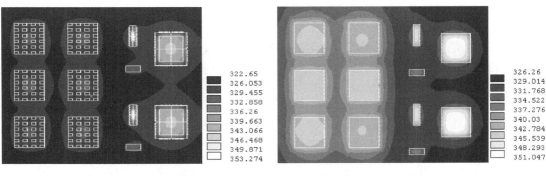

(a) 详细模型表面温度云图   (b) 简化模型表面温度云图

图 13-12 电路板表面等温云图(单位:K)

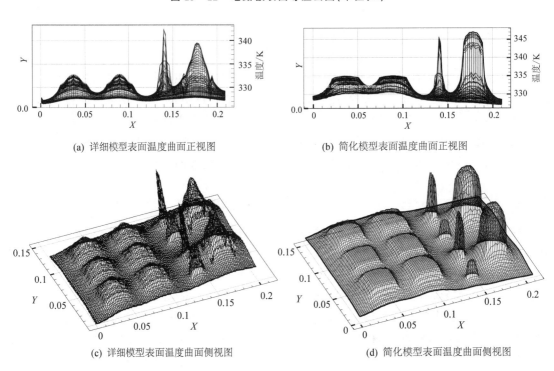

(a) 详细模型表面温度曲面正视图   (b) 简化模型表面温度曲面正视图

(c) 详细模型表面温度曲面侧视图   (d) 简化模型表面温度曲面侧视图

图 13-13 详细模型和简化模型表面温度曲面图比较

13.4.3 系统级热模拟

1. 研究对象建模

图 13-14 所示为 X 型密闭机盒结构图,机盒竖直安装。其中,内部电路板 1 上各有一个发热量为 2.5 W 的 CPU 元件和发热量为 1.5 W 的 ROM 元件,电路板 2 上有一个发热量为 0.75 W 的 MC1416 元件,分别如图 13-15(a)和(b)所示;z 方向的底板上还装有 4 个发热量为 1.5 W 的稳压块,如图 13-15(c)所示;相比之下,其他元件的发热量很小,这里不一一列举。采用上一节板级热分析中的简化建模方法,将所有发热元件建模为具有体生热特征的贴装于电路板表面的块状结构,并采用元件的模塑封装材料。取计算域外边界为壁面以外 40 mm 处,机盒内、外空气均为自然对流。

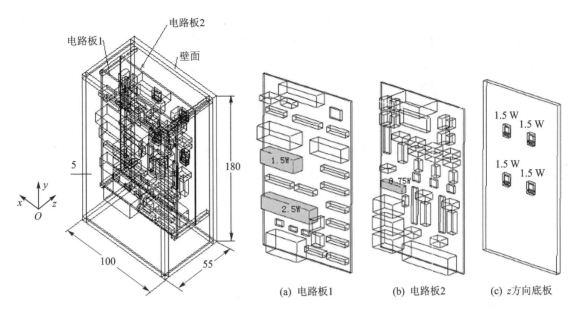

图 13 - 14　X 型密闭温控盒的结构图　　　　图 13 - 15　密闭温控盒内主要发热元件分布图

密闭机盒壁面为铝制材料,电路板 1 和 2 的厚度均为 1.5 mm,衬底材料为 FR - 4。板正、反两表面都有铜布线层,厚度为 0.035 mm,表面覆盖率为 30%,此时电路板的导热性能为各向异性,沿法线方向的导热系数为 0.366 W/(m·K),平面方向上的导热系数为 5.505 W/(m·K)。每个电路板工作时铜布线层的发热功率为 0.1 W。

2. 边界条件、载荷、网格划分及求解

密闭机盒中元件传导和辐射的热量最终都通过盒壁面散至外界环境,由于大的温差主要存在于几个发热量大的元件和密闭机盒壁面之间,所以计算中暂只考虑这些主要发热元件与密闭机盒内表面间的热辐射。计算表明,与考虑机盒内所有元件、电路板与机盒壁表面间辐射时的计算结果相比误差小于 5%,但计算时间节省了大约一半。环境温度取为恶劣环境下的 49.5 ℃,重力方向为 Y 轴的负方向;计算域边界取为零相对压力、零相对速度和环境温度的自然对流条件;元件发热以体热源的形式加载。对计算域进行非结构化的六面体单元网格划分。经计算得知,当区域划分加密得到的网格单元数大于 111 530 时,计算结果相对于该单元数情况下的误差小于 2%,故认为此时计算结果与单元数的多少无关。对于这一流-固耦合的传热问题采用有限容积法求解。

3. 结果讨论

(1) 温度、速度分布

图 13 - 16 和图 13 - 17 分别表示通过图 13 - 15 中 CPU 元件和 MC1416 元件中心垂直于 z 轴的切平面上的温度分布曲面图。

密闭机盒具有一个明显的热特点,即机盒 4 个侧壁的温度基本均匀一致,为 63 ℃,说明在进行数值模拟分析时,完全可以将侧壁简化为参数集总的面,忽略厚度的影响,认为平行于壁面方向的热阻为无穷大,垂直于壁面方向的热阻可以忽略。

由于浮力引起的盒外侧空气流动,使得 y 方向上顶面处的空气温度比底面高了 6~8 ℃。图 13 - 18 中的气流流场分布也说明了这一问题,随 y 方向坐标的增大(即图 13 - 14 中壁面高

度的增加),气流流速不断增高,在顶部脱离壁面后达到最大值。盒内部气流经板面左侧关键元件加热,上升至盒顶冷却后由右侧下降,形成环流,即所谓的热虹吸现象。

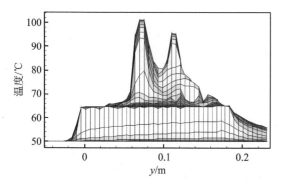

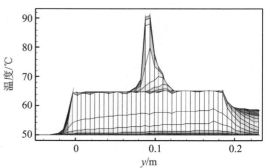

图 13-16　通过 2.5 W 元件中心垂直于
z 轴的温度分布

图 13-17　通过 0.75 W 元件中心垂直于
z 轴的温度分布

(a) 垂直于 z 轴

(b) 垂直于 x 轴

图 13-18　机箱内、外自然对流的气流平面速度分布

(2) 耦合传热分析

密闭机箱内的发热元件通过电路板导热、内部空气自然对流和辐射三条途径将热量传递给机箱壁面,元件产生的热量沿每条散热途径分配的热流有所不同,如图 13-19 所示。由

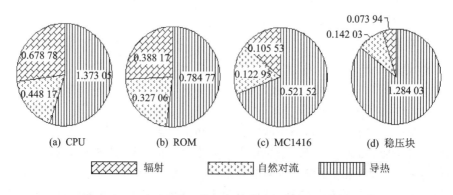

(a) CPU　　　　　　(b) ROM　　　　　　(c) MC1416　　　　　　(d) 稳压块

▨ 辐射　　　▨ 自然对流　　　▥ 导热

图 13-19　主要发热元件三条散热途径的不同热流比例图

图 13-19 可知,各元件的导热散热量均占了各自总散热量的二分之一强,尤其是安装于壁板上的稳压块的导热量占了约 80%。自然对流散热占的比例较小,这是由于机箱内的气流传热可视为竖直封闭气体夹层的自然对流换热(近似于气体的纯导热)。由图 13-19 还可以看出,辐射散热对元件总散热的贡献与自然对流换热差不多,有时还会更强些,这说明对于密闭的电子设备,辐射是一个不可忽略的散热途径,如果只进行导热-对流的热耦合分析,势必会引入一定的模拟误差,从而导致分析获得的密闭系统热特性和相应的热控制措施的不准确。

思考题与习题

13-1　在电子设备热设计过程中,数值仿真与理论分析的关系是怎样的?

13-2　数值仿真过程中的哪些步骤会影响计算结果的准确性?

13-3　试用简化模型建立一个元器件和电路板的自然对流散热模型,仿真分析辐射散热量所占的比例,以及不考虑辐射换热引起的模拟误差。

13-4　针对由风扇驱动的风冷机箱模型,分别用理论计算方法和数值仿真方法确定系统风量以及结点温度,对比分析两者的差异及原因。

13-5　讨论数值仿真建立散热翅片模型的手段和方法,分析简化模型和复杂模型的差异及应用场合。

附录 电子设备热性能实验大纲与指导书

伴随集成电路(IC)的高度集成化和微型化,工作时形成的高热流密度成了阻碍其功能和运算速度发展的主要因素之一。电子设备的热点往往是印制电路板(PCB)上某个或某几个大功率、高集成度元件,如果能在元件级采取针对性措施解决这些热点的散热问题,那么热控制成本就会降低很多。所以,不同冷却措施下电子元件热特性的实验测量和研究是进行电子设备热控制的基础。

本附录介绍了几种不同冷却条件下电子元件热特性实验内容,包括:

① 空气自然对流冷却条件下电子元件热特性测量;
② 空气强迫对流冷却条件下电子元件热特性测量;
③ 相变储能装置热控制条件下电子元件热特性测量;
④ 涡旋微槽液冷条件下电子元件热特性测量;
⑤ 电子薄膜热物性参数测量。

电子设备热性能实验的目的就是对热设计的效果进行检验。在本书中增加"电子设备热性能实验大纲与指导书"的内容,一方面是希望通过这些实验课让学生掌握进行电子设备热性能实验的基本原理、思路和方法,锻炼动手能力,培养工程素质;另一方面也期望通过这一理论联系实际的环节,让学生进一步深入掌握本书核心内容,激发创新思维能力,全面提高科研能力。由于各学校、各单位具体研究方向和实验条件有所不同,因此本附录只起抛砖引玉的作用,各单位在使用本书时可根据自身条件和实际需要,增减相应实验课内容。

附录 A 空气自然对流冷却条件下电子元件热特性测量

1. 实验目的

在自然对流环境下,对安装在标准电路板上的单芯片 PQFP 工作元件进行热特性测试;通过实验了解标准热测试环境的构建方法,熟悉电子元件热测试仪器仪表的使用方法。

2. 实验原理

由电子元件、输出负载和外部终端网络消耗的总功耗包括以下三个主要方面:

① 闲置(standby)功耗;
② 动态(dynamic)功耗;
③ 输入/输出(I/O)功耗。

闲置功耗由闲置状态的输入电流(ICCINT)产生;动态功耗由元件内部的开关转换产生(内部结点上电容的充电和放电);输入/输出功耗来源于外部开关转换(连接到元件外引脚上的外部负载电容的充、放电)、输入/输出驱动(I/O drivers)和外部终端网络。热功耗是实际在元件封装上消耗掉的那部分总功耗,其他的功耗则由外部负载消耗掉。

在元件级热分析中,通常以封装外表面为界,将元件划分为内、外两部分,与它们对应的热阻分别称为内热阻 R_{jc}(结点至封装表面的热阻)和外热阻 R_{ca}(封装表面至环境的热阻),内、

外热阻构成元件的总热阻 R_{ja}，相应的表达式为

$$R_{jc} = (T_j - T_c)/\Phi \qquad (A-1)$$

$$R_{ca} = (T_c - T_a)/\Phi \qquad (A-2)$$

$$R_{ja} = R_{jc} + R_{ca} \qquad (A-3)$$

式中，T_j、T_c 和 T_a 分别为元件结点温度、封装表面温度和环境温度；Φ 为元件热功耗。由上式可知，芯片温度的高低与热阻有着非常密切的关系，降低元件的 R_{jc} 或 R_{ca} 均会对热性能产生一定的影响。半导体元器件内芯片产生的热量通过封装、引脚或焊球的导热传递至封装表面和贴装的电路板，然后再由封装和电路板表面的对流和辐射传递至环境。R_{ca} 的测量有助于电子工程师通过元件封装表面温度 T_c 预测芯片结点温度 T_j。

在标准的测试环境中进行热特性测量有助于了解不同元件封装形式的散热效果。

（1）实验样件

被测实验样件封装形式为 208 引脚的 PQFP，如图 A-1 所示。要求元件发热量可调，必须能使 T_j 相对于 T_a 的最小温升大于 20 ℃（最好有 40～50 ℃），以保证热测量的准确性。

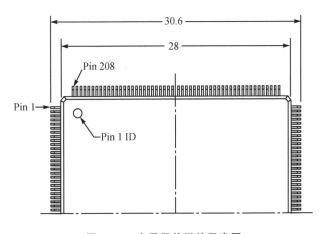

图 A-1　电子元件样件示意图

T_j 的测量由被测元件内部集成芯片上的寄生单向二极管(a parasitic forward diode)或金属薄膜电阻实现，加热电路和测量电路共用同一条电路，它们之间应能实现快速和方便的转换。测量电流通常为 1 mA。连接电路的设计要尽量保证被测元件测量时的发热状态与它实际的工作状态一致。

T_c 的测量采用元件封装表面贴装温度传感器(Pt100)实现，T_a 的测量亦由 Pt100 实现，Pt100 采用四线法连接。

在标准低导热电路板和高导热电路板的中心分别装置一个相同的被测元件，并根据不同的测量需求设计元件表面是否贴装翅片或改变影响元件周围热环境的因素。

（2）自然对流实验环境

实验设备包括自然对流实验箱(见图 A-2)和高温恒温箱。

相关的仪器仪表有直流稳压电源、数据采集仪和计算机等。

3. 实验步骤

① 实验样件置入自然对流环境箱，检查各连接线路和设备状态，确定无误后接通数据采集仪电源，记录箱内环境温度。

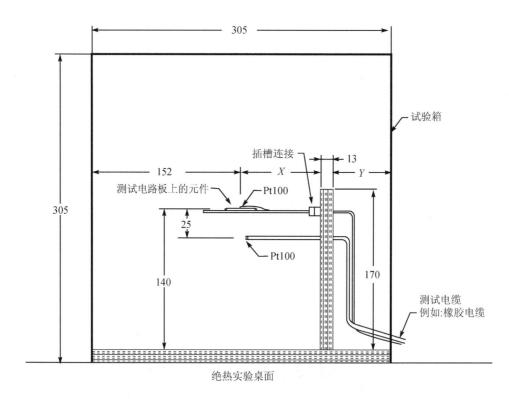

图 A-2　自然对流箱及内部样件安装图示

② 接通电子元件样件电源,在闲置状态下,记录元件的温升变化、电源输入参数和负载参数,直至温度趋于稳定。

③ 分别对元件施加不同的负载电阻,记录元件的温升变化、电源输入/输出参数和负载参数,直至温度趋于稳定。

④ 将第①步的自然对流环境箱置入高温恒温箱中,设置高温箱内环境温度至需要测试的恶劣环境温度,直至自然对流箱内温度稳定。

⑤ 重复第②和③步实验内容,记录相关数据。

⑥ 结束数据测量,关闭实验样件电源。关闭高温恒温箱的加热开关,并继续通风至室温。提取采集到的数据文件,分析并撰写实验报告。

4. 注意事项

① 放置实验样件时,必须轻拿轻放,避免不当操作造成接口损坏。

② 施加负载时应实时检测元件表面中心温度不能高于 70 ℃,避免元件热失效。

③ 关闭高温恒温箱加热开关后需继续保持恒温箱通风至室温。

5. 测试结果及分析

① 获取电子元件在空气自然对流冷却条件下结点温度和封装表面温度随发热量和环境温度变化的曲线。

② 获取空气自然对流环境下的电子元件的热阻(内热阻和外热阻)值。

③ 考察电子元件热阻随发热量和自然对流环境温度变化的情况。

④ 考察电子元件结点温度和封装表面温度的动态热响应性能。

⑤ 分析测试结果并撰写实验报告。

6. 参考文献

［1］EIA/JEDEC Standard：JESD 51—1. Integrated Circuits Thermal Measurement Method–Electrical Test Method(Single Semiconductor Device)［EB/OL］. http：//www.jedec.com，October 1999.

［2］EIA/JEDEC Standard：JESD 51—3. Low Effective Thermal Conductivity Test Board for Leaded Surface Mount Packages［EB/OL］. http：//www.jedec.com，October 1999.

［3］EIA/JEDEC Standard：JESD 51—7. High Effective Thermal Conductivity Test Board for Leaded Surface Mount Packages［EB/OL］. http：//www.jedec.com，October 1999.

［4］EIA/JEDEC Standard：JESD 51—2. Integrated Circuits Thermal Test Method Environment Conditions–Natural Convection(Still Air)［EB/OL］. http：//www.jedec.com，October 1999.

附录 B　空气强迫对流冷却条件下电子元件热特性测量

1. 实验目的

在强迫对流环境下，对安装在标准电路板上的单芯片电子元件进行热特性测试；通过实验了解标准热测试环境的构建方法，熟悉电子元件热测试仪器仪表的使用方法。

2. 实验原理

电子元件热特性测试实验原理同附录 A。

(1) 实验样件

被测实验样件亦同附录 A 中空气自然对流冷却条件下电子元件热特性测量。

(2) 强迫对流实验环境

实验段实验样件安装如图 B-1 所示，实验设备包括小型吹风式风洞(见图 B-2)、离心式风机和变频器等。

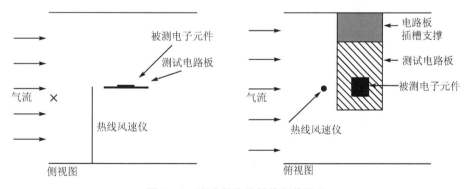

图 B-1　实验段实验样件安装图示

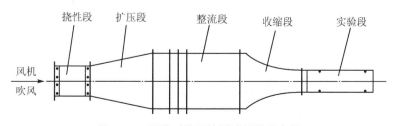

图 B-2　强迫对流环境测试风洞示意图

T_c 的测量采用元件封装表面贴装温度传感器(Pt100)实现,Pt100采用四线法连接。

风速测量及控制采用热线式风速变送器和控制模块实现。

相关的仪器仪表有直流稳压电源、数据采集仪和计算机等。

3. 实验步骤

① 实验样件置入小型风洞实验段,固定好后检查各连接线路和设备状态,确定无误后接通数据采集仪电源,记录箱内环境温度。

② 接通电子元件样件电源,在无风速状态下,分别记录闲置状态和不同负载电阻状态下元件结点和封装表面的温升变化、电源输入/输出参数和负载参数,直至温度趋于稳定。

③ 接通变频器电源,微调风机转速改变实验段风速,分别为 0.5 m/s、1 m/s、2.5 m/s、5 m/s、8 m/s 和 9.5 m/s,记录对应风速下元件在闲置状态和不同负载电阻状态下的元件结点和封装表面的温升变化、电源输入/输出参数和负载参数,直至温度趋于稳定。

④ 结束数据测量,关闭实验样件和小型风洞电源,提取采集到的数据文件。

4. 注意事项

① 放置实验样件时,必须轻拿轻放,避免不当操作造成接口损坏。

② 施加负载时应实时检测元件表面中心温度,不能高于 70 ℃,避免元件热失效。

③ 风机转速调整须从 0 开始缓慢调节,避免损坏风速仪。

5. 测试结果及分析

① 获取电子元件在空气强迫对流冷却条件下结点温度和封装表面温度随发热量和强迫对流风速变化的情况。

② 获取空气强迫对流环境下不同风速对应的电子元件的热阻(内热阻和外热阻)值。

③ 考察电子元件热阻随发热量和强迫对流风速变化的情况。

④ 考察电子元件结点温度和封装表面温度的动态热响应性能。

⑤ 分析测试结果并撰写实验报告。

6. 参考文献

[1] EIA/JEDEC Standard：JESD 51—6. Integrated Circuits Thermal Test Method Environment Conditions - Forced Convection(Moving Air) [EB/OL]. http://www.jedec.com，October 1999.

附录 C 相变储能装置热控制条件下电子元件热特性测量

固—液相变储能装置有良好的恒温性以及巨大的相变潜热,能有效地解决短时、周期性大功率电子器件的散热问题,在国外航空、航天和微电子等系统上得到越来越广泛的应用。

泡沫金属是一种在金属基体中均匀地分布着大量连通和不连通孔洞的新型轻质多功能材料,其结构具有密度小、孔隙率高、比表面积大等特点,将其作为填充材料运用到相变储能装置中,可大大提高相变材料的整体传热性能和储能效率,具有较高的工程实用价值。

1. 实验目的

对比由纯石蜡普通相变材料与泡沫铜-石蜡复合相变材料构成的两种相变储能装置对相同发热量电子元件的冷却效果,检测在两种不同相变储能装置作用下电子元件表现出的不同热特性,分析两种储能装置储热性能的不同,对泡沫铜-石蜡复合相变装置的储能特性及储能效率提高程度有定性了解;熟悉常用测试仪器仪表的使用方法。

2．实验原理

（1）实验样件

被测电子元件样件同附录 A。电子元件与相变储能装置结合在一起的实验样件,按是否填充泡沫铜制作成两种形式。

实验样件(1)采用软铅焊将泡沫铜与铜底板和铜顶板焊接在一起,形成"三明治"结构芯体(见图 C-1),芯体四周由 4 块酚醛树脂绝热壁板闭合密封,如图 C-2 所示,四周的绝热壁板保证了热量被相变材料充分吸收,减小了热损失和热分流。采用真空灌注法将石蜡填充到泡沫铜中,真空度≤1.0 Pa,这样可保证相变材料填充的均匀度。用导热胶将铜底板与电子元件封装上表面可靠地粘合在一起。实验样件(2)相对于实验样件(1)只是少了泡沫铜,样件壳体由铜底板、顶板和四周绝热壁密封组成,中间充灌纯石蜡相变材料。

图 C-1　"三明治"结构芯体

图 C-2　实验件外观

电子元件结点温度和封装表面温度的测量同附录 A。

相变材料内部沿厚度方向布置 5 个测温层,共 25 个测温点,测温点布置如图 C-3 所示。

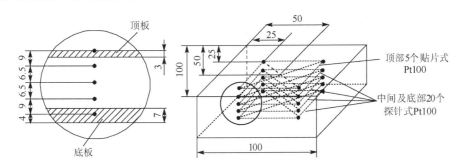

图 C-3　相变储能装置芯体尺寸及测温点布置示意图

（2）实验环境

为保证实验环境基本一致,实验在恒温箱内进行。为防止熔化后的液态石蜡出现自然对流,影响实验结果,可将实验件倒悬放置,使热流自上而下传递。

（3）实验原理

电子元件热特性测试实验原理同附录 A。

假设只考虑潜热储能为有效储能,则泡沫铜-石蜡复合相变材料的储能速率 q^* 和纯石蜡的储能速率 q 分别为

$$q^* = \frac{V\varepsilon\rho_{PCM}L_{PCM}}{\Delta t^*} \qquad (C-1)$$

$$q = \frac{V\rho_{PCM}L_{PCM}}{\Delta t} \qquad (C-2)$$

式中,V 为相变装置芯体体积;Δt^* 和 Δt 分别为泡沫铜-石蜡复合相变材料和纯石蜡相变材料完全熔化所需时间;ρ_{PCM} 为相变材料密度;L_{PCM} 为相变材料潜热;ε 为泡沫铜孔隙率,则泡沫铜-石蜡复合相变材料与纯石蜡相变材料的储能速率之比为

$$\xi'_{foam/PCM} = \frac{q^*}{q} = \frac{\varepsilon\Delta t}{\Delta t^*} \qquad (C-3)$$

3. 实验步骤

① 将实验样件固定在高温恒温箱的支架上,检查各连接线路和设备状态,确定无误后接通数据采集仪电源,记录箱内环境温度。

② 设定实验所需环境温度,打开高温恒温箱的加热开关,待实验箱内环境温度稳定至所需环境温度后,测量实验件内部温度。

③ 接通实验样件(元件)电源,分别记录闲置状态和不同负载电阻状态下实验样件(1)的元件结点、封装表面以及相变材料内部的温度变化、电源输入/输出参数和负载参数,直至相变材料完全熔化。

④ 同样,分别记录闲置状态和不同负载电阻状态下实验样件(2)的元件结点、封装表面以及相变材料内部的温度变化、电源输入/输出参数和负载参数,直至相变材料完全熔化。

⑤ 结束数据测量,关闭实验样件电源。关闭高温恒温箱的加热开关,并继续通风至室温。提取采集到的数据文件。

4. 注意事项

① 实验件测量线连接时应注意保护装置引线,防止因拉扯或其他不当操作破坏引线。

② 实验前要保证实验件及环境稳定到初始温度状态。

③ 正式进行加热采集数据前,对每一数据通道进行检查,发现坏点应标注出来。

④ 为防止后期实验加热熔化过程中石蜡体积改变产生过大的膨胀应力,灌注过程应保持整个系统温度稳定在 55 ℃,灌注后进行密封处理,使装置在冷却后留有一定真空空隙。

⑤ 实验中应在顶层相变结束后较短时间就结束测量并关闭电源,防止液态相变材料因温升过高、体积膨胀破坏实验件。

5. 测试结果及分析

① 获取两样件电子元件结点温度和封装表面温度随发热量和相变过程变化的动态热响应曲线。

② 获取两样件电子元件的热阻(内热阻和外热阻)值随发热量和相变过程变化的数据。

③ 考察两样件在瞬态大功率发热状态下的动态热特性。

④ 获取不同加热功率下两样件的相变材料熔化时间和储能速率比,分析泡沫铜-石蜡复合相变材料热控能力的增强效果。

⑤ 分析测试结果并撰写实验报告。

6. 参考文献

[1] 张涛,余建祖.泡沫铜作为填充材料的相变储热实验研究.北京航空航天大学学报,2007,33(9):1021-1024.

[2] 曹建光,步柄根,李强,等.泡沫铝在相变储能装置中的应用.卫星热控制技术研讨会论文集.北京：中国人民解放军总装备部卫星技术专业组,2003：297-305.

附录 D 涡旋微槽液冷条件下电子元件热特性测量

超大规模集成电路的飞速发展,使得电子芯片单位面积上产生的热流密度急剧增加,对有效冷却电子元件、保证其可靠工作提出了严峻的挑战。涡旋微槽是指槽道为涡旋状的微槽。由于其流道为弯曲槽道,流体在流动过程中受到离心力的作用,将使流体流动结构发生变化,从而导致涡旋微槽与平直微槽中的流动和传热特性有很大的不同。一方面涡旋微槽具有较高的传热能力,另一方面涡旋微槽还具有克服航空电子设备在飞行器做机动飞行时由于力学环境变化造成的散热条件恶化的潜力。因此,对涡旋微槽液冷条件下的电子元件热特性进行测量具有重要的实用价值。

1. 实验目的

以体积浓度30％的乙二醇水溶液为工质,在槽宽0.3 mm、槽深0.3 mm的矩形截面涡旋微槽冷却条件下,对电子元件的热特性进行实验研究,并考察涡旋微槽的冷却性能；通过实验了解微尺度传热标准实验环境的构建方法,掌握微尺度传热元件热参数的测量方法,并熟悉常用测试仪器仪表的使用方法。

2. 实验原理

(1) 实验样件

被测电子元件样件同附录 A。

涡旋微槽结构如图D-1所示,采用微细加工技术在紫铜涡旋微槽基板上加工出6个涡旋微槽。涡旋微槽试件结构示意如图D-2所示,盖板与涡旋微槽基板之间采用聚四氟乙烯板密封,以防止液体工质在槽道间的窜流。进出口管焊接在盖板上。液体工质从进口管流入,沿涡旋微槽流动4圈后从中心流出。在盖板侧面开孔与液体进出口相通,以安装温度传感器,测量液体工质的进出口温度。在涡旋微槽基板侧面开了8个安装温度传感器的小孔(每个侧面2个孔),用来测量涡旋微槽壁面温度。8个测温点从进口处开始分别位于涡旋微槽的0.5π、π、2π、3π、4π、6π、6.5π、7π处。

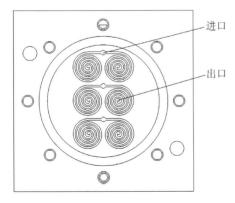

图 D-1 涡旋微槽结构图

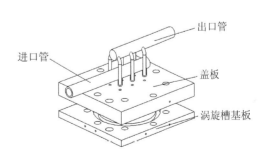

图 D-2 涡旋微槽试件示意图

用导热胶将涡旋微槽基板底面与电子元件封装上表面可靠地粘合在一起。对样件进行隔热保温，采用稳态方法对不同乙二醇水溶液流量、不同发热功率下的电子元件热特性和涡旋微槽的传热特性进行测量。

（2）实验装置

实验装置示意图如图 D-3 所示。实验系统由液体循环与冷却系统和参数测量与数据采集系统等组成。冷却工质从恒温水槽流出，由泵提高压力后分为两路，一路流经实验样件，另一路进入旁通回路。通过阀门可以调节流经样件的流量，根据流量范围不同，选用了 2 个流量计。在涡旋微槽进出口处的工质温度由 K 型热电偶测量，其探头直径为 1 mm；在涡旋微槽下方布置的用来测量涡旋微槽壁面温度的热电偶探头直径为 0.5 mm，精度为±0.5 ℃。所有这些测量信号经 HP34970 A 高速数据采集系统传输到计算机中。

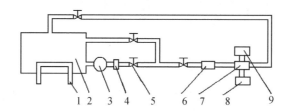

1—冷却水管；2—恒温水槽；3—水泵；4—过滤器；5—调节阀；6—流量计；

7—涡旋微槽；8—电子元件；9—测量与采集系统

图 D-3　实验装置示意图

（3）实验原理

电子元件热特性测试实验原理同附录 A。

实验过程中涡旋微槽的换热流量 Φ（即电子元件的发热量）可由下式得出，即

$$\Phi = \rho V c_p \Delta T \tag{D-1}$$

式中，ρ 为工质密度；V 为体积流量；c_p 为比定压热容；$\Delta T = (T_{out} - T_{in})$ 为工质温升。

工质与涡旋微槽壁面的平均对流表面传热系数可由下式得出，即

$$\alpha = \Phi/(N A_w \Delta T_m) \tag{D-2}$$

平均换热温差由下式计算，即

$$\Delta T_m = T_w - \frac{1}{2}(T_{in} + T_{out}) = \frac{1}{8}\sum_1^8 T_{im} - \frac{1}{2}(T_{in} + T_{out}) \tag{D-3}$$

式中，T_w 为微槽壁面平均温度；T_{in}、T_{out} 分别为工质进出口温度；T_{im} 为利用热电偶测得的温度并由能量守恒对测点位置进行修正得到的壁面温度值。这里将 8 个测点的平均值作为涡旋微槽壁面平均温度。

而冷却工质的平均努塞尔数 Nu 可由下式得出，即

$$Nu = \alpha D_h/\lambda \tag{D-4}$$

式中，λ 为定性温度下工质的导热系数。

以上各式中工质的物性参数计算均以进出口温度的平均值作为特征温度。

Dean 对水在圆截面螺旋槽道的流动研究中，首次对弯曲槽道的"二次流"进行了深入的理论分析，采用小曲率假设（即认为槽道半径与螺旋半径相比为无穷小量）对动量方程和连续性方程进行了简化。在这个假设条件下，可用无量纲参数得到包括二次流和主流轴向流动的动态近似解，该无量纲参数为

$$2Re^2\left(\frac{d}{D}\right) \tag{D-5}$$

这里，Re 的特征尺度为管道水力直径。这个无量纲数的后半部分开方就得到了所谓的 Dean 数，用 De 表示，以此表彰其在该领域做出的杰出贡献，即

$$De = Re\left(\frac{d}{D}\right)^{1/2} \tag{D-6}$$

可见 De 为惯性力与离心力和黏性力之比，由于"二次流"是由离心力和黏性力的相互作用引起的，所以 De 是"二次流"强度的量度。

取中心涡旋的曲率直径作为涡旋微槽的名义曲率直径。由于中心涡旋的曲率直径是连续变化的，所以 De 也是连续变化的。又本书研究的涡旋微槽为矩形截面，故式（6）中 d 取槽道的水力直径 d_h。对 De 进行平均，即取

$$De = \frac{\int_l Re\left(\frac{d_h}{D}\right)^{1/2}\mathrm{d}l}{L} \tag{D-7}$$

为涡旋微槽中"二次流"强度的度量。

3. 实验步骤

① 打开旁通阀门，打开泵，调节流经实验样件的流量，调节恒温水槽的温度。

② 待流经试件的流量稳定后，打开电源开关，调节电子元件发热功率，在稳定发热功率下对实验样件结点温度、封装表面温度以及涡旋微槽壁面温度进行观测，保证其不致过热。

③ 当各温度值和冷却工质进出口温度达到稳定时，测量并记录实验样件结点温度、封装表面温度、涡旋微槽壁面温度以及冷却工质进出口温度。

④ 改变电子元件发热功率，重复步骤②、③。

⑤ 调节流经实验样件的冷却工质流量，重复步骤②、③、④，进行不同流量下电子元件的热特性测量和涡旋微槽的传热特性测量。

⑥ 关闭电子元件电源，待壁面温度下降至安全温度范围时，关闭泵、阀门和恒温水槽。

⑦ 提取采集到的数据文件。

4. 注意事项

① 实验样件组装时应保证密封垫的孔与涡旋微槽进出口孔连通，盖板与试件组装时螺钉连接可靠，保证密封。

② 测量壁面温度的传感器探头直径较小，极易损坏，装拆过程均要小心，避免探头与硬物碰撞。

③ 实验前，应保证试剂纯净，管路清洁无杂质，否则易造成涡旋槽道堵塞。

④ 实验样件精细脆弱，必须妥善保管。

5. 测试结果及分析

① 获取实验样件电子元件结点温度和封装表面温度随发热量及不同冷却工质流量变化的动态热响应情况，以及进出涡旋微槽的冷却工质温度和壁面温度。

② 获取实验样件电子元件的热阻（内热阻和外热阻）值随发热量和冷却工质流量变化的数据。

③ 获取涡旋微槽在不同冷却工质流量下热流密度和表面传热系数随涡旋微槽壁面温度

变化的曲线。

　　④ 获取涡旋微槽的 Nu 和 De，并与其他液体冷却方式比较。

　　⑤ 分析测试结果并撰写实验报告。

6. 参考文献

［1］ 席有民,余建祖,谢永奇,等.涡旋微槽内的单相强迫对流换热性能实验.北京航空航天大学学报,2009.

［2］ Dean W R. Note on the Motion of Fluid in a Curved Pipe. The London, Edinburgh & Dublin Philosophical Magazine and Journal of Science. 1927,4:208-233.

附录 E　电子薄膜热物性参数测量

　　Al_2O_3 薄膜是一种性能优良、应用广泛的介质薄膜,在半导体集成电路中常用作 MOSFET 器件的栅极氧化绝缘层,或用作表面钝化层、微型薄膜电容器的介质等。Al_2O_3 薄膜的热物性参数如导热系数、发射率、比热容和热扩散率对微电子元器件的热负荷、时间常数等具有很大影响,进而影响到微电子产品的性能。研究表明,薄膜的热物性参数不同于相应的体材质参数,因此,测量与预测 Al_2O_3 薄膜的热物性参数对微电子元器件的设计和加工工艺等具有重大意义。

1. 实验目的

　　采用自持薄膜结构-焦耳加热器实验研究方案,测量厚度为 $1.16~\mu m$ 的 Al_2O_3 薄膜的导热系数和发射率;通过实验了解构建电子薄膜热物性测量实验环境的方法,掌握微米级薄膜热物性参数的测量方法,深化对微米级薄膜尺寸效应的认识,并熟悉常用测试仪器仪表的使用方法。

2. 实验原理

　　将金属加热单元和温度探测单元合二为一(即图 E-1 中的金属丝)淀积在自持薄膜上(为了有效分离衬底的影响),在考虑热辐射和金属线条(即温度探测单元)热容对薄膜传热性能影响的基础上,采用稳态方法测取 Al_2O_3 薄膜的导热系数和发射率。实验原理如图 E-2 所示。

(1) 实验样件

　　由于 Al_2O_3 薄膜自身的机械强度较差,很难获得独立的自持薄膜结构,所以选用机械强度非常好的 SiN_x 薄膜来作为 Al_2O_3 薄膜的支撑膜。在硅(Si)片(直径 50 mm、厚 0.5 mm)上采用低压化学汽相淀积(LPCVD)方法淀积 SiN_x 薄膜,然后在其上面用 EBE 法沉积 Al_2O_3 薄膜。再通过掩膜、光刻、刻蚀等工艺来获得长 b、宽 $l+g$、厚 d_s 的自持薄膜,且满足 $b \gg l+g$,从而获得具有 SiN_x 单层支撑薄膜结构的 Al_2O_3/SiN_x 双层自持薄膜结构。为进行实验测量,在已获得的自持薄膜上通过真空蒸发淀积一导电性良好的金属(Au)线条作为电阻式热探测器,其宽为 g,厚为 d_b,且满足 $g \ll l$。

(2) 实验环境

　　由于对流换热问题分析非常复杂,为简化问题分析,消除对流对实验的影响,将薄膜放在自行设计、制造的高真空(5×10^{-3} Pa)、"黑环境"的真空箱内进行实验测量。结合工程实际,我们设计了电子薄膜热物性参数测量实验台(简图见图 E-3)。

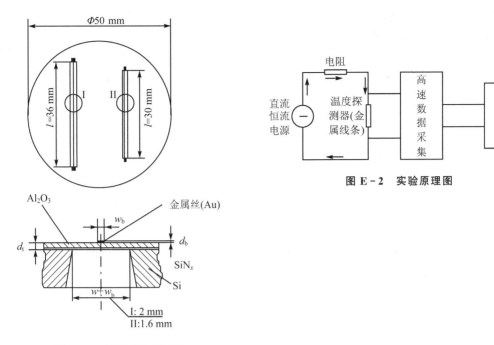

图 E-2　实验原理图

图 E-1　薄膜样件示意图

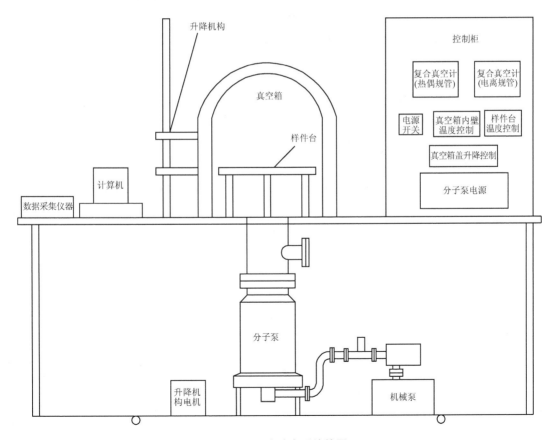

图 E-3　实验台系统简图

实验台的主要部件包括真空箱烘炉、分子泵、分子泵电源、机械泵、真空箱内壁温度控制器、复合真空计、数据采集和计算机软硬件系统等。

(3) 实验原理

通过理论分析和数学推导,可得单层或多层自持薄膜的导热系数 λ_s 和发射率 ε_s 满足如下的关系式:

$$\varphi = \left[\frac{2\lambda_s d_s \mu \coth\left(\dfrac{w}{2}\mu\right) + 4(\varepsilon_s + \varepsilon_b)\sigma_0 T_0^3 w_b}{(\lambda_s d_s + \lambda_b d_b)w_b} \right]^{\frac{1}{2}} \tag{E-1}$$

$$\theta_{bm} = \frac{N}{(\lambda_s d_s + \lambda_b d_b)w_b l \varphi^2}\left[1 - \frac{2}{\varphi l}\tanh\left(\frac{\varphi l}{2}\right)\right] \tag{E-2}$$

式中: λ_s——自持薄膜的导热系数;

d_s——自持薄膜的厚度;

ε_s——自持薄膜的发射率;

ε_b——金属线条的发射率;

σ_0——斯忒藩-玻耳兹曼常数,其值为 5.67×10^{-8} W/(m^2 · K^4);

T_0——真空箱内壁面温度。

为了能从式(E-2)中求得自持薄膜的导热系数 λ_s 和发射率 ε_s,实验中需要确定其他相关变量。自持薄膜和金属线条的几何尺寸参数在实验样件加工过程中可以确定。稳态时金属线条的平均温升 θ_{bm} 可通过实验中其电阻值的变化来间接确定:

$$\theta_{bm} = \frac{\Delta R}{R_0 \beta} \tag{E-3}$$

式中: R_0——金属线条初始温度时的电阻值;

β——金属线条的电阻温度系数。

金属线条加热功率 N 可由施加的恒流源电流 I 和稳态时金属线条的电阻 R_T 来确定:

$$N = I^2 R_T \tag{E-4}$$

金属线条的导热系数 λ_b 可根据适用于具有良好导热性能金属薄膜的 Wiedemann-Franz 定律来确定,即

$$\lambda_b = \left(\frac{\pi^2 B^2}{3e_0^2}\right)\frac{T}{\rho_e} \tag{E-5}$$

式中: B——玻耳兹曼常数,1.38×10^{-23} J/K;

e_0——基本电荷常数,1.602×10^{-19} C;

ρ_e——金属电阻率,可根据金属线条的电阻和几何尺寸计算得到。

金属线条的发射率 ε_b 可根据 Woltersdorff 关系式来确定:

$$\varepsilon_b = \frac{\mu_0 c_0 \dfrac{d_b}{\rho_e}}{\left(1 + \dfrac{\mu_0 c_0}{2}\dfrac{d_b}{\rho_e}\right)^2} \tag{E-6}$$

式中: μ_0——真空磁导率,$4\pi \times 10^{-7}$ H/m;

c_0——真空光速,3.00×10^8 m/s。

至此，式(E-2)中只有 λ_s 和 ε_s 两个未知量，但只有一个方程，因此需要测量至少两组厚度 d_s 相同、长度 l 或(和)宽度 $w+w_b$ 不同的自持薄膜样件，以达到建立方程组的目的，通过迭代等数学处理方法即可同时得到自持薄膜的导热系数 λ_s 和发射率 ε_s。

实验样件为 Al_2O_3/SiN_x 双层自持薄膜，所以 λ_s、ε_s 为双层结构的物性参数，需要再利用上述实验方案获得 SiN_x 单层支撑薄膜(厚度为 d_t)的导热系数 λ_t，则可分离出双层结构中上层的 Al_2O_3 薄膜导热系数 λ：

$$\lambda = \frac{\lambda_s d_s - \lambda_t d_t}{d_s - d_t} \tag{E-7}$$

本实验中 SiN_x 薄膜的 λ_t、ε_t 已经事先测量并计算得出，由实验指导老师作为已知参数给出。

由于双层薄膜很薄，且其总有效发射率 ε_s 与层间界面、各层厚度和辐射波长有关，要分离出上层薄膜的发射率目前还比较困难，所以该方法只能测量双层结构总的有效发射率。

3. 实验步骤

① 真空实验台抽真空至 10^{-5} Pa。

② 加热真空环境至 60 ℃，测量并记录两金属丝通电时的阻值变化(记录时间 2 s，采集频率 50 Hz)，测量真空环境温度，测量实验样件托盘温度。

③ 加热真空环境至 80 ℃，测量并记录两金属丝通电时的阻值变化(记录时间 2 s，采集频率 50 Hz)，测量真空环境温度，测量实验样件托盘温度。

④ 加热真空环境至 100 ℃，测量并记录两金属丝通电时的阻值变化(记录时间 2 s，采集频率 50 Hz)，测量真空环境温度，测量实验样件托盘温度。

⑤ 等待真空环境降温至室内环境温度。

⑥ 真空环境进气。

⑦ 关闭真空实验台，提取采集到的数据文件。

4. 注意事项

① 放置实验样件时，必须轻拿轻放，保证托盘上无灰尘杂质和颗粒异物，金属压杆定位时必须保证 4 个铜压杆同时压在或离开金属丝的 4 个端点上。

② 真空实验台抽真空时先由真空泵抽至 10 Pa 以下，再由分子泵抽至要求的真空度，分子泵工作时必须保证冷却水路的畅通。

③ 实验完毕，在降低真空度前必须先将真空环境温度降至环境温度，以免实验样件氧化。

④ 实验样件精细脆弱，必须妥善保管。

5. 测试结果及分析

① 获取实验样件上两金属丝随时间变化的阻值曲线。

② 获得 Al_2O_3/SiN_x 双层薄膜的导热系数和发射率。

③ 获得 SiN_x 单层薄膜的导热系数和发射率。

④ 获得 Al_2O_3 单层薄膜的导热系数和发射率，并与 Al_2O_3 体材质的导热系数和发射率进行比较。

⑤ 分析测试结果并撰写实验报告。

6. 参考文献

［1］余雷,余建祖,高泽溪.一种用于电子薄膜导热系数和发射率测量的实验方案.航空学报，2001，22(3)：227-230.

［2］Pichard C R，Ouarbya L，Bouhala Z，et al. General Expressions for the Wiedemann‐Franz Law in Metallic Layers. Journal of Materials Science Letters，1984，3：725-727.

［3］Woltersdorff W. Über die Optischen Konstanten Dünner Metallschichten im Langwelligen Ultrarot. Z. Physick，1934，91：230.

参考文献

[1] 杨世铭,陶文铨. 传热学. 3 版. 北京:高等教育出版社,1998.

[2] Steinberg D S. Cooling Techniques for Electronic Equipment. John Wiley Inc, 1980.

[3] 谢德仁. 电子设备热设计. 南京:东南大学出版社,1989.

[4] 钱滨江. 简明传热学手册. 北京:高等教育出版社,1983.

[5] Kraus A D,Cohen A B. Thermal Analysis and Control of Electronic Equipment. Wash:Hemisphere Pub, 1983.

[6] 俞佐平. 传热学. 2 版. 北京:高等教育出版社,1985.

[7] 斯坦伯格 D S. 电子设备冷却技术. 傅军,译. 北京:航空工业出版社,1989.

[8] 阿伦 D 克劳斯,艾弗兰·马科恩. 电子设备的热控制与分析. 赵惇殳,秦荻辉,王世萍,译. 北京:国防工业出版社,1992.

[9] 伊藤谨司. 电子机器的热设计. 电子技术,1983,25(9).

[10] Joel Sloan L. Design and Packaging of Electronic Equipment. New York,1985.

[11] Feldmanis C J. Environmental Control System for Military. Project,1976.

[12] 王松汉,等. 板翅式换热器. 北京:化学工业出版社,1984.

[13] 国家标准局. 半导体器件散热器 叉指形散热器:GB 7423.3—87. 北京:中国标准出版社,1987.

[14] Kays W M,London A L. 紧凑式热交换器. 宣益民,张后雷,译. 北京:科学出版社,1997.

[15] 杨邦朝,张经国. 多芯片组件(MCM)技术及其应用. 西安:西安电子科技大学出版社,2001.

[16] 庄奕琪. 微电子器件应用可靠性技术. 北京:电子工业出版社,1996.

[17] 徐德胜. 半导体制冷与应用技术. 2 版. 上海:上海交通大学出版社,1999.

[18] 邱海平. 电子元器件及仪器的热控制技术. 北京:电子工业出版社,1991.

[19] 齐铭. 制冷附件. 北京:航空工业出版社,1992.

[20] 余建祖. 换热器原理与设计. 北京:北京航空航天大学出版社,2005.

[21] Kukac S, Bergles A E,et al. Heat Exchangers - Thermohydraulic Fundumentals and Design. New York: McGraw Hill, 1981.

[22] 李诗久. 工程流体力学. 北京:机械工业出版社,1980.

[23] 周亨达. 工程流体力学. 北京:冶金工业出版社,1983.

[24] MIL—HDBK—251. Reliability/Design Thermal Applications.

[25] MIL—HDBK—251. Thermal Design of Vaporization Cooled Electronic Equipment.

[26] 张涛,余建祖. 泡沫铜作为填充材料的相变储热实验. 北京航空航天大学学报,2007,33(9):1021-1024.

[27] 张涛,余建祖,高红霞. 填充材料——泡沫铜的高效相变储能实验. 2008 年全国博士生学术论坛——能源与环境领域,杭州,2008.

[28] Dunn P D, Reay D A. Heat Pipe. 3rd ed. Peragman Press, 1982.

[29] 马同泽,侯增祺,吴文铣. 热管. 北京:科学出版社,1983.

[30] 纪 S W. 热管理论与实用. 蒋章焰,译. 北京:科学出版社,1981.

[31] 池田义雄,伊藤谨司,槌田昭. 实用热管技术. 商政宋,李鹏龄,译. 北京:化学工业出版社,1988.

[32] 张祉佑. 制冷原理与设备. 北京:机械工业出版社,1987.

[33] 中华人民共和国航天工业部. 电子设备热设计规范:QJ 1474—88//机箱的热设计,1988.

[34] 王健石,等. 电子设备结构设计标准手册. 北京:中国标准出版社,1993.

[35] 张祉佑,石秉三. 制冷及低温技术. 北京：机械工业出版社,1981.

[36] 张国刚. 微型制冷器. 北京：国防工业出版社,1984.

[37] 吴业正. 制冷原理及设备. 西安：西安交通大学出版社,1997.

[38] Kays W M,London A L. Compact heat exchangers. New York：McGraw Hill，1964.

[39] 曹剑锋. 卫星用可展开式热辐射器技术. 卫星热控制技术研讨会论文集,2003：232-234.

[40] Hajec R G,Benjamin H L. Selecting fans for high altitude cooling of electronic equipment. Electronic. Packaging and Production Magazine，July 1966.

[41] Campen C F,et al. Handbook of Geophysics. Macmillan，1961.

[42] U S Standard Atmosphere. National Aeronautics and Space Administration，USAF，1966.

[43] MIL—HDBK—217C. Reliability prediction of electronic equipment. Department of Defense,Washington,D C,1979.

[44] Rittner E S. On the Theory of the Peltier Heat Pump. J Appl Phys,1959,30：702-707.

[45] LeBlanc R. Personal communication. February 1963.

[46] Burshtein A J. An investigation of the steady-state heat flow through a current carrying conductor. J Sov Phys Tech Phys，1957,2：1397-1406.

[47] Sherman B，Heikes R，Ure R. Calculation of efficiency of thermoelectric devices. J Appl Phys,1960,31：1-16.

[48] Metais B，Eckert E R G. Forced，mixed and free convection regions. Trans ASME，Ser C，1964，86：295-300.

[49] Osborne D G，Incropera F P. Experimental study of mixed convection heat transfer for transitional and turbulent flow between horizontal parallel plates. Int J Heat Mass Transfer，1985，28：1337-1346.

[50] Incropera F P，Knox A J，Maughan J R. Mixed convection flow and heat transfer in the entry region of a horizontal rectangular duct. ASME J Heat Transfer，1987，109(2)：434-439.

[51] Maugham J R，Incropera F P. Mixed convection heat transfer for air flow in a horizontal and inclined channel. Int J Heat Mass Transfer，1987，30：1307-1318.

[52] Laura P A A，Gutierrez R H. Transient temperature distribution in thermally orthotropic plates of complicated boundary shape. Institute of Applied Mechanics，Naval Base，Puerto Belgrano，Argentina，1977.

[53] 张寅平,王馨. 固—液相变强化传热物理机制及影响因素分析. 中国科学,2002,32(4):485-490.

[54] Fluid power reference issue. Machine Design Magazine，September 27，1979.

[55] Allan W Scott. Cooling of electronic equipment. John Wiley & Sons，1974.

[56] 曹建光,步槟根,李强,等. 泡沫铝在相变储能装置中的作用. 卫星热控制技术研讨会论文集,2003：297-305.

[57] General electric heat transfer data book. General Electric Co，Schenectady，N Y，1975.

[58] 余建祖,陈延民,苏楠. 电子设备吊舱瞬态热载荷分析与计算. 北京航空航天大学学报,2000,26(1)：70-74.

[59] 航天 501 部毛细抽吸两相流体回路课题组. 毛细抽吸两相流体回路(CPL). 航天 501 部,1999.

[60] 张红星. 环路热管两相传热技术的理论和实验研究. 北京:北京航空航天大学,2006.

[61] 余建祖. 电子吊舱环境控制技术的发展. 国际航空,1997(2)：55-57.

[62] 航空航天工业部第 628 研究所. 夜间低空导航和瞄准红外(LANTIRN)系统.国外机载设备吊舱文集,1991,12.

[63] Morris T，Godecker W，Crowe L，et al. Environmental control of an aircraft pod mounted electronics system. SAE Paper 820869,1982.

[64] Houston A. TIALD—An advanced electro-optics pod. Proceedings of the conference (A91 – 29462 11 –

06），London，Royal Aeronautical Society，1990：41-49.

[65] GEC－Ferranti Defence Systems Ltd. Specification：Thermal and TV Imaging Airborne Laser Designator (TIALD). GEC－Ferranti Defence Systems Ltd,1992.

[66] 余建祖,钱翼稷. 电子吊舱冲压空气驱动的环境控制系统研制. 航空学报,1997,18(1)：96-99.

[67] Zentner R C, Kramer T J. Development and testing of forced air cooled enclosures for high density electronic equipment. SAE paper 840952, 1984.

[68] Grabow R M, Kreter T W, Limberg G E. A ram air driven air cycle cooling system for avionics pods. SAE paper 860912, 1986：27-34.

[69] Grabow R M, Kazan T J. Design of a ram air driven air cycle cooling system for fighter aircraft pods. AIAA 96－1907, 1996;1-14.

[70] 姜培学,王补宣,任泽霈. 微尺度换热器的研究及相关问题的探讨. 工程热物理学报,1996,17(3)：328-332.

[71] Kang S D. Micro cross－flow heat exchanger. D. Engr, diss. , Louisiana Tech University, Ruston, LA, 1992.

[72] Tuckerman D B, Pease R F W. High performance heat sinking for VLSI. IEEE Electron Device Letters, EDL2, 1981：126-129.

[73] Swift G W, Migliori A, Wheatley T C. Micro channel cross flow fluid heat exchanger and method for its fabrication. US Patent 4 516 632, 1985.

[74] Wild S, Oellrich L R, Hofmann A, et al. Comparison of experimental and computed performance of micro feat exchangers in the ranges of LHE and LN_2 temperatures. Heat Transfer 1994－Proc. of the Tenth Int. Heat Transfer Conf. , Brighton UK, 1994,4：441-445.

[75] Weisbery A, Bau H H, Zemel J N. Analysis of microchannels for integrated cooling. Int J Heat Mass Transfer, 1992, 35(10):2465-2474.

[76] Cross W T, Ramshaw C. Process Intensification：laminar flow heat transfer. Chem Eng Res Des, 1986, (64):293-301.

[77] Friedrich C R, Kang S D. Micro heat exchangers fabricated by diamond machining. Precision Engineering, 1994, 16(1)：56-59.

[78] Nasr K, Ramadhyani S, Viskanta R. An Experimental Investigation on Forced Convection Heat Transfer from a Cylinder Embedded in a Packed Bed. J of Heat Transfer, 1994, 116:73-80.

[79] Subbojin V I, Haritonov V V. Thermophysics of cooled laser mirrors (in Russian). Teplofizika Vys, Temp, 1991, 29(2)：365-375.

[80] Wu P Y, Little W A. Measurement of friction factors for the flow of gases in very fine channels used for microminiature Joule-Thomson refrigerators. Cryogenics, 1983;273-277.

[81] Pfahler J, Harlay J, Bau H. Gas and liquid flow in small channels, in microstructures, sensors and actuators. ASME DSC,1991,32：49-60.

[82] Choi S B, Barron R, Warrington R. Fluid flow and heat transfer in microtubes, in microstructures, sensors and actuators. ASME DSC,1991,32：123-134.

[83] Rohsenow W M, et al. Handbook of heat transfer fundamentals. 2nd ed. New York：McGraw－Hill, 1985.

[84] Isachenko V P, Oxipova V A, Sukomel A S. Heat transfer (in Russian). Energy Press, 1981.

[85] Flik I, Choi B I, Goodson K E. Heat transfer regimes in microstructures. J of Heat Transfer, 1992;666-674.

[86] 谢永奇,余建祖,赵增会,等. 矩形微槽内 FC－72 的单相流动和换热实验研究. 北京航空航天大学学报,2004,30(8)：739-743.

［87］Xie Y Q，Yu J Z，Zhao Z H. Experimental investigation of flow and heat transfer for the ethanol－water solution and FC－72 in rectangular microchannels. Heat Mass Transfer 2005，(41)：695-702.

［88］Zhao Zenghui，Yu Jianzu. Single－phase forced convection heat transfer in micro rectangular channels. Chinese Journal of Aeronautics，2003，16(1)：7-11.

［89］Wang Buxuan，Peng Xiaofeng. Experimental investigation on liquid forced convection heat transfer through microchannels. International Journal of Heat and Mass Transfer，1994，37(1)：73-82.

［90］辛明道，师晋生. 微矩形槽道内的受迫对流换热性能研究. 重庆大学学报，1994，17(3)：117-122.

［91］Wu P Y，Little W A. Measurement of heat transfer characteristics of gas flow in fine channel heat exchangers used for micro miniature refrigerators. Cryogenics，1984，24(8)：415-420.

［92］余建祖. 大过载加速度环境下涡旋微槽道传热与流动特性研究. 国家自然科学基金申请书，2006.

［93］余雷，余建祖. 一种用于测量电子薄膜热物性参数的实验方法. 航空学报，2001，22(3)：227-230.

［94］张亚南，张梅. 对交叉领域研究的探讨. 中国科学基金，1997，11(5)：149-152.

［95］杜经宁，迈耶 J W，费尔德曼 L C. 电子薄膜科学. 黄信凡，杜家芳，陈坤基，译. 北京：科学出版社，1997.

［96］孔庆升. 薄膜电子学. 北京：电子工业出版社，1994.

［97］Okuda M，Ohkubo S. A novel method for measuring the thermal conductivity of submicrometre thick dielectric films. Thin Solid Films，May 1992，213：176-181.

［98］Cahill D G，Poul R O. Thermal conductivity of amorphous solids above the plateau. Physical Review B：Solid State，1987，35(8)：4067-4073.

［99］Lee S M，Cahill D G，Allen T H. Thermal conductivity of sputtered oxide films. Physical Review B：Solid State，1995，52(1)：253-257.

［100］Lee S M，Cahill D G. Influence of interface thermal conductance on the apparent thermal conductivity of thin films. 2nd U S/Japan Molecular and Microscale Phenomena Conf，Univ of California，Santa Barbara，CA，1996(8).

［101］Lambropoulos J C，Jacobs S D，Burns S J，et al. Thermal conductivity of thin films：measurements and microstructural fffects. This Film Heat Transfer：Properties and Processing. American Society of Mechanical Engineers，HTD，New York，1991，184：21-32.

［102］Anderson R J. The thermal conductivity of rare-earth-transition-metal films as determined by the Wiedemann-Franz Law. Journal of Applied Physics，1990，67(11)：6914-6916.

［103］Graebner J E，Mucha J A，Seibles L，et al. The thermal conductivity of chemical vapor deposited diamond films on silicon. Journal of Applied Physics，1992，71(7)：3143-3146.

［104］Goodson K E. Thermal conduction in non-homogeneous CVD diamond layers in electronic microstructures. Journal of Heat Transfer，1996，118：279-286.

［105］Schafft H A，Suehle J S，Mirel P G A. Thermal conductivity measurements of thin film-silicon dioxide. Proceedings of the IEEE 1989 International Conference on Microelectronic Test Structures，1989，2(1)：121-125.

［106］Kowalski G J，Whalen R A. Microscale heat transfer effects under high incident heat flux condition. SPIC proceedings，1997，3151：18-26.

［107］Redondo A，Beery J G. Thermal conductivity of optical coatings. Journal of Applied Physics，1996，60(11)：3882-3885.

［108］Kimura M，Hayasaka J I. New type thermal analyzer with a micro-air-bridge heater. SPIE Proceedings，1997，3242：311-318.

［109］Woltersdorff W. Über die optischen kostanten d nner metallschichten in langwelligen. Ultrarot，Zf Phys.，1934，91：230.

［110］余雷，余建祖，王永坤. SiN_x 薄膜热物性参数实验测量与分析研究. 物理学报，2004，53(2)：401-405.

［111］Yu Lei，Yu Jianzu，Wang Yongkun，et al. Measurement and analysis of thermophysical properties of alumina thin films. Proceedings of the 7th Asian Thermophysical Properties Conference，August 2004：23-28.

［112］余建祖，高红霞，余雷. 电子薄膜热物性参数测量与分析. 中国工程热物理学会第十一届年会论文集，2005.

［113］宣益民，李强. 纳米流体强化传热研究. 工程热物理学报，2000，21(4)：466-470.

［114］谢华清，奚同庚，王锦昌. 纳米流体介质导热机理初探. 物理学报，2003，52(6)：1444-1449.

［115］余建祖，余雷. 多功能机/电/热复合结构热控制概念的研究. 卫星热控制技术研讨会论文集，2003：26-31.

［116］麻慧涛. 微小型卫星热控概念研究. 卫星热控制技术研讨会论文集，2003：38-41.

［117］李强，宣益民，钱吉裕. 航天器热控制新技术. 卫星热控制技术研讨会论文集，2003：21-25.

［118］张加迅，向艳超，侯增祺，等. 当前和未来航天器热控制领域的技术发展. 卫星热控制技术研讨会论文集，2003：1-9.

［119］徐小平，麻慧涛，范含林. 空间攻防系统中热控技术的概念研究. 卫星热控制技术研讨会论文集，2003：10-13.

［120］曲伟. 新型热管的研究进展和应用现状. 卫星热控制技术研讨会论文集，2003：248-261.

［121］苗建印，邵兴国，李亭寒，等. 航天器用热管的发展及其应用. 卫星热控制技术研讨会论文集，2003：169-177.

［122］王冬生，王春明，胡桂珍. MEMS 技术概述. 机械设计与制造，2006，4：106-108.

［123］侯增祺，张加迅. 美国喷气推进实验室(JPL)在深空探测研究方面的先进热控技术. 卫星热控制技术研讨会论文集，2003：67-70.

［124］Marland B，Bugby D，Stouffer C. Development and testing of advanced cryogenic thermal switch concepts. STAIF，2000.

［125］GJB/Z 27—92. 电子设备可靠性热设计手册. 北京：国防科工委军标出版发行部，1992.

［126］MIL—STD—1389D. Design requirements for standard electronic modules.

［127］田沣. 机载电子模块冷却技术研究. 航空计算技术，2003，33(增刊)：280-284.

［128］周定伟，马重芳，刘登瀛. L12378 圆形射流冲击和浸没冷却传热. 西安交通大学学报，2001，35：958-961.

［129］陈文奎，罗行，张春明，等. 小温差喷雾碰壁蒸发的实验研究. 工程热物理学报，2007，28：277-279.

［130］Wen D X. The flow dynamic. Beijing：High Education Press，1990.

［131］Sun H，Ma C F，Nakayama W. Local characteristics of convective heat transfer from simulated microelectronic chips to impinging submerged round water jet. ASME Journal of Electronic Packaging，1993，115：71-77.

［132］田沣. 射流冷却技术研究. 航空计算技术，2006，5：4-7.

［133］寿荣中，何慧珊. 飞行器空气调节. 北京：北京航空航天大学出版社，1990.

［134］Ambirajan A，Adoni A A，Vaidya J S，et al. Loop heat pipes：A review of fundamentals，operation，and design. Heat Transfer Engineering，2012，33(4-5)：387-405.

［135］张红星. 环路热管两相传热技术的理论和实验研究. 北京：北京航空航天大学，2006.

［136］Chuang P Y A，Cimbala J M，Brenizer J S. Experimental and analytical study of a loop heat pipe at a positive elevation using neutron radiography. International Journal of Thermal Sciences，2014，77：84-95.

［137］Zhang Q，Lin G，Shen X，et al. Visualization study on the heat and mass transfer in the evaporator-compensation chamber of a loop heat pipe. Applied Thermal Engineering，2020，164：114472.

［138］Cimbala J M，Brenizer J S，Chuang A P Y，et al. Study of a loop heat pipe using neutron radiography.

Applied Radiation and Isotopes，2004，61(4)：701-705.

[139] Xie Y，Zhang J，Xie L，et al. Experimental investigation on the operating characteristics of a dual compensation chamber loop heat pipe subjected to acceleration field. Applied Thermal Engineering，2015，81：297-312.

[140] Xie Y，Zhou Y，Wen D，et al. Experimental investigation on transient characteristics of a dual compensation chamber loop heat pipe subjected to acceleration forces. Applied Thermal Engineering，2018，130：169-184.

[141] Xie Y，Li X，Han L，et al. Experimental study on operating characteristics of a dual compensation chamber loop heat pipe in periodic acceleration fields. Applied Thermal Engineering，2020，176：115419.

[142] Ku J T. Operating Characteristics of Loop Heat Pipes [R]. Society of Automotive Engineers，Paper NO. 1999-01-2007，1999.

[143] Shi S，Xie Y，Li M，et al. Non-steady experimental investigation on an integrated thermal management system for power battery with phase change materials. Energy Conversion & Management，2017，138：84-96.

[144] 施尚，余建祖，谢永奇，等. 锂电池相变材料/风冷综合热管理系统温升特性. 北京航空航天大学学报，2017，43(06)：1278-1286.

[145] 施尚，余建祖，陈梦东，等. 基于石蜡/泡沫铜的锂电池热管理系统性能实验. 化工学报，2017，68(7)：2678-2683.

[146] Shi S，Gao H X，Li M，et al. Calculation of Coach Body Heat Transfer Coefficient for the High-Speed Railway Train in China. Advanced Materials Research，2013，805-806(310)：562-569.

[147] Xie Y，Tang J，Shi S，et al. Experimental and numerical investigation on integrated thermal management for lithium-ion battery pack with composite phase change materials. Energy Conversion and Management，2017，154：562-575.

[148] Xie Y，Shi S，Tang J，et al. Experimental and analytical study on heat generation characteristics of a lithium-ion power battery. International Journal of Heat and Mass Transfer，2018，122：884-894.

[149] 迟蓬涛. 泡沫金属-相变材料复合结构热特性的理论及应用研究. 北京：北京航空航天大学，2012.

[150] 迟蓬涛，谢永奇，余建祖，等. 一种新型储能装置充冷过程的实验及分析. 北京航空航天大学学报，2011，37(9)：1070-1075.

[151] 唐堃，金虹，潘广宏，等. 钛酸锂电池技术及其产业发展现状. 新材料产业，2015(9)：12-17.

[152] 赵佳腾，饶中浩，李意民. 基于相变材料的动力电池热管理数值模拟. 工程热物理学报，2016，37(6)：1275-1280.

[153] 田华，王伟光，舒歌群，等. 基于多尺度、电化学-热耦合模型的锂离子电池生热特性分析. 天津大学学报，2016，49(7)：734-741.

[154] Guo H X，Chen T S，Shi S. Transient simulation for the thermal design optimization of pulse operated AlGaN/GaN HEMTs. Micromachines，2020，11(1)：76.

[155] Martin Horcajo S，Wang A，Romero M F，et al. Simple and accurate method to estimate channel temperature and thermal resistance in AlGaN/GaN HEMTs. IEEE Transactions on Electron Devices，2013，60(12)：4105.

[156] Altman D，Tyhach M，McClymonds J，et al. Analysis and characterization of thermal transport in GaN HEMTs on diamond substrates // Fourteenth Intersociety Conference on Thermal and Thermomechanical Phenomena in Electronic Systems (ITherm). NY，USA：IEEE，2014.

[157] Pengelly R S，Wood S M，Milligan J W，et al. A review of GaN on SiC high electron-mobility power transistors and MMICs. IEEE Transactions on Microwave Theory and Techniques，2012，60(6)：

1764-1783.

[158] Ranjan K, Ing N G, Arulkumaran S, et al. Enhanced DC and RF performance of AlGaN/GaN HEMTs on CVD-diamond in high power CW operation //Electron Devices Technology and Manufacturing Conference (EDTM). NY, USA: IEEE, 2019.

[159] Tadjer M J, Anderson T J, Ancona M G, et al. GaN-on-diamond HEMT technology with TAVG=176 ℃ at PDC, max=56 W/mm measured by transient thermoreflectance imaging. IEEE Electron Device Letters, 2019, 40(6): 881-884.

[160] Singhal S, Li T F, Chaudhari A, et al. Reliability of large periphery GaN-on-Si HFETs. Microelectronics Reliability, 2006, 46(8): 1247-1253.

[161] Guggenheim R, Rodes L. Roadmap review for cooling high power GaN HEMT devices //International Conference on Microwaves, Antennas, Communications and Electronic Systems (COMCAS). NY, USA: IEEE, 2019.

[162] Bar Cohen A, Maurer J J, Sivananthan A. Near-junction microfluidic cooling for wide bandgap devices. Energy and Sustainability, 2016, 1(2): 181-195.

[163] Won Y, Houshmand F, Agonafer D. Microfluidic heat exchangers for high power density GaN on SiC// Compound Semiconductor Integrated Circuit Symposium (CSICS). NY, USA: IEEE, 2014.

[164] Ditri J, Hahn J, Cadotte R, et al. Embedded cooling of high heat flux electronics utilizing distributed microfluidic impingement jets //International Technical Conference and Exhibition on Packaging and Integration of Electronic and Photonic Microsystems (IPACK). NY, USA: IEEE, 2015.

[165] Palko J W, Lee H, Zhang C, et al. Extreme two-phase cooling from laser-etched diamond and conformal, template fabricated microporous copper. Advanced Functional Materials, 2017: 1703265.

[166] 顾鹏飞, 郭怀新, 沈国策, 等. GaN 功率器件片内微流热管理技术研究进展. 电子元件与材料, 2020, 39(6): 1-7.

[167] 郭怀新, 孔月婵, 韩平, 等. GaN 功率器件芯片级热管理技术研究进展. 固体电子学研究与进展, 2018, 38(5): 316-323.

[168] Jerry Sergen, Al Krum. Thermal Management Handbook: for electronic assemblies. McGraw-Hill, 1998.

[169] 杨世铭. 传热学. 2 版. 北京: 高等教育出版社, 1993.

[170] 倪浩清, 沈永明. 工程湍流流动、传热及传质的数值模拟. 北京: 中国水利水电出版社, 1996.

[171] 王永康. ANSYSIcepak 电子散热基础教程. 北京: 国防工业出版社, 2015.

[172] 丁祖荣. 流体力学. 北京: 高等教育出版社, 2003.

[173] 凯斯 W M, 伦敦 A L. 紧凑式热交换器. 北京: 科学出版社, 1997.

[174] Wirtz R A. Forced Air Cooling of Low-Profile Package Arrays. Air Cooling Technology for Electronic Equipment. New York: CRC Press, 1996.

[175] Morris G K, Garimella S V. Composite Correlations for Convective Heat Transfer from Arrays of Three-dimensional Obstacles. International Journal of Heat and Mass Transfer, 1997, 40(2): 493-498.

[176] Patankar S. Numerical Heat Transfer and Fluid flow. Washington D. C: Hemisphere Publishing Company, 1980.

[177] Younes Shabany. Heat Transfer Thermal Management of Electronics. New York: CRC Press, 2009.

[178] EIA/JEDEC Standard: JESD 51-3. Low Effective Thermal Conductivity Test Board for Leaded Surface Mount Packages. (1999-10). http://www.jedec.com.

[179] EIA/JEDEC Standard: JESD 51-7. High Effective Thermal Conductivity Test Board for Leaded Surface Mount Packages. (1999-10). http://www.jedec.com.

［180］ Mostafa Aghazadeh，Debendra Mallik. Thermal Characteristics of Single and Multi-Layer High Performance PQFP Packages. Sixth IEEE SEMI-THERMTM Symposium，1991：33-39.

［181］ 高红霞，余建祖，等. 带引脚表面贴装元件的数值热分析. 北京航空航天大学学报，2006，32(7).

［182］ Gao Hongxia，Xiao Zhan，et al. Numerical simulation of coupling heat transfer in sealed airborne electronic equipments. Applied Mechanics and Materials，2013，275-277：642-648.